De Gruyter Studium

Friedrich/Pietschmann · Numerische Methoden

Hermann Friedrich
Frank Pietschmann

Numerische Methoden

Ein Lehr- und Übungsbuch

De Gruyter

Prof. Dr. Hermann Friedrich
Fakultät Mathematik/Naturwissenschaften
Hochschule Zittau/Görlitz – University of Applied Sciences
Theodor-Körner-Ring 16
02763 Zittau
E-Mail: hermann-friedrich@t-online.de

Prof. Dr. Frank Pietschmann
Fakultät Mathematik/Naturwissenschaften
Hochschule Zittau/Görlitz – University of Applied Sciences
Theodor-Körner-Ring 16
02763 Zittau
E-Mail: f.pietschmann@hs-zigr.de

2010 Mathematics Subject Classification: Primary 65-01. Secondary 65C05, 65D05, 65D07, 65D25, 65D30, 65H04, 65L06, 65T40, 65T50

ISBN 978-3-11-021806-0
e-ISBN 978-3-11-021807-7

Bibliografische Information der Deutschen Nationalbibliothek

Die Deutsche Nationalbibliothek verzeichnet diese Publikation in der Deutschen Nationalbibliografie; detaillierte bibliografische Daten sind im Internet über http://dnb.d-nb.de abrufbar.

© 2010 Walter de Gruyter GmbH & Co. KG, Berlin/New York

Satz: Da-TeX Gerd Blumenstein, Leipzig, www.da-tex.de
Druck und Bindung: AZ Druck und Datentechnik GmbH, Kempten
∞ Gedruckt auf säurefreiem Papier

Printed in Germany

www.degruyter.com

Vorwort

Da die meisten praktischen Probleme im Ingenieurwesen und in der Ökonomie numerisch gelöst werden müssen, gehören die numerischen Methoden zu den mathematischen Grundlagenfächern an Hochschulen, insbesondere an Hochschulen, wo die Studenten besonders engen Bezug zur Praxis in der Ausbildung erhalten. Dabei müssen die mathematischen Grundlagen der numerischen Algorithmen beim Studium vermittelt und natürlich an Hand von geeigneten Beispielen und Aufgaben demonstriert und gefestigt werden. Es ist wichtig, dass der Student nicht nur das Rechenprogramm zu einem numerischen Verfahren kennt und anwenden kann, sondern dass er durch Kenntnis der mathematischen Hintergründe die Fähigkeit zum richtigen Einsatz der Verfahren (Beachtung der Einsatzvoraussetzungen, Kenntnis über Konsequenzen bei Verletzung der Einsatzbedingungen, Zurückgreifen auf ein anderes Verfahren), zum eventuell notwendigen selbständigen Eingriff in das Rechenprogramm und zum Neuprogrammieren eines auf einen bestimmten Rechnertyp zugeschnittenen, dann meistens effektiveren Programms besitzt. Der Anwender eines numerischen Verfahrens muss Kenntnisse über die Stabilität des Algorithmus und über zu erwartende Fehler von Näherungslösungen besitzen. Der Student sollte mittels zahlreicher angemessener Aufgaben zum selbständigen Arbeiten angeregt und befähigt werden. Natürlich gehören auch umfassende Kenntnisse über programmierbare Rechenanlagen und die Programmiertechnik dazu; diese zu vermitteln, ist aber Aufgabe der Informatik.

In elf Kapiteln des Buches werden ausgewählte numerische Methoden behandelt, die jedoch nur einen Einblick in das weit ausgebaute Gebiet der numerischen Mathematik geben können.

Im ersten Kapitel erfolgt eine Zusammenstellung benötigter Grundlagen aus den Bereichen Matrizen, Determinanten und Normen. Auf die bei numerischen Methoden wichtigen Probleme der Fehlerentstehung, Fehlerfortpflanzung und Konditionszahlen sowie der Fehlerabschätzungen bei numerischen Rechnungen ist im zweiten Kapitel eingegangen. Fehlerabschätzungen werden durchgängig bei allen behandelten Methoden abgeleitet und benutzt.

Die Kapitel drei bis neun behandeln klassische Verfahren der numerischen Mathematik. Zunächst wird im dritten Kapitel auf Grundlagen und Methoden bei Iterationsverfahren (Bisektionsmethode, Regula falsi, Newtonsches Iterationsverfahren, Verfahren von Aitkin, Steffensen-Verfahren) eingegangen. Das vierte Kapitel beschäftigt sich mit der Lösung linearer Gleichungssysteme sowohl mit Eliminationsverfahren als auch mit Iterationsverfahren (Gaußscher Algorithmus, Choleski-Verfahren, Givens-Verfahren, Jacobi-Verfahren, Gauß-Seidel-Verfahren).

Den für praktische Probleme wichtigen Approximations- und Interpolationsverfahren werden die folgenden beiden Kapitel gewidmet. Schwerpunkte des fünften Kapitels sind diskrete Approximation (Methode der kleinsten Quadrate, Linearisierung), stetige Approximation (Legendresche Polynome, Trigonometrische Funktionen, Komplexe Fourier-Reihen) und lokale Approximation (Taylor-Reihen). Im sechsten Kapitel folgen Polynomiterationen (Interpolationsverfahren von Lagrange, Newtonsches Interpolationsverfahren, Hermite-Interpolation), Splineinterpolationen (Lineare Splines, Quadratische Splines, Kubische Splines, B-Splines) und Interpolationen mit periodischen Funktionen (Interpolation mit komplexen Exponentialfunktionen, Interpolation mit trigonometrischen Funktionen, Schnelle Fourier-Transformation).

Numerische Umsetzungen der Differential- und Integralrechnung sind Gegenstand der nächsten beiden Kapitel. Zuerst wird auf die numerische Differentiation eingegangen. Danach sind im achten Kapitel numerische Integrationsmethoden behandelt (Trapezformel, Simpsonsche Formel, Verfahren von Romberg, Adaptive Simpson-Quadratur, Gauß-Integrationsformeln). Im neunten Kapitel sind numerische Lösungsverfahren für Anfangswertaufgaben bei gewöhnlichen Differentialgleichungen erörtert (Verfahren von Picard-Lindelöf, Euler-Cauchy Polygonzugverfahren, Runge-Kutta-Verfahren, explizite und implizite Mehrschrittverfahren, Prädiktor-Korrektor-Verfahren, steifer Differentialgleichungen).

Die restlichen beiden Kapitel behandeln numerische Hilfsmittel und Methoden, die in speziellen Problemen oftmals von Bedeutung sind, in Einführungen in die numerische Mathematik aber in der Regel nicht vorkommen. Im zehnten Kapitel wird ausführlich auf reelle und komplexe Polynome eingegangen (Wertberechnung, Abspaltung von Polynomen niedrigerer Ordnung, Berechnung von reellen und konjugiertkomplexen Nullstellen unter Benutzung von ein- und mehrzeiligen einfachen und vollständigen Horner-Schemata). Ein ausführlicher Abschnitt behandelt Aussagen zur Anzahl und Lage von Nullstellen bei reellen und komplexen Polynomen. Das elfte Kapitel enthält selten dargestellte Grundlagen und Methoden der numerischen Simulation von Zufallsgrößen (Zufallsgrößen, Zufallsgeneratoren, Anwendungen von Zufallszahlen zur numerische Berechnung bestimmter Integrale).

Allen Kapiteln sind zahlreiche Übungsaufgaben mit Lösungen beigegeben. Wenn zusätzliches Interesse an weiter gehenden numerischen Verfahren besteht oder für numerische Aufgabenstellungen spezielle Verfahren benötigt werden, kann auf die reichlich vorhandene und im Literaturverzeichnis aufgelistete Literatur zurückgegriffen werden.

Die Autoren danken allen, die durch Diskussion, kritische Hinweise und fördernde Anregungen zum Entstehen des Buches beigetragen haben. Besonderer Dank gilt Herrn Dr. Robert Plato, Herrn Simon Albroscheit und Frau Friederike Dittberner, die die Veröffentlichung ermöglicht und gefördert haben.

Berlin/Zittau, Oktober 2009

H. Friedrich
F. Pietschmann

Inhaltsverzeichnis

Vorwort v

1 Grundlagen 1
   1.1 Aufgabenstellung 1
   1.2 Matrizen und Determinanten 2
      1.2.1 Matrizen 2
      1.2.2 Determinanten 9
      1.2.3 Quadratische Matrizen 14
   1.3 Betrag und Normen 23
      1.3.1 Betrag 23
      1.3.2 Vektor- und Matrixnormen 23
   1.4 Aufgaben 26

2 Numerisches Rechnen und Fehler 29
   2.1 Fehler 29
      2.1.1 Fehlerarten 29
      2.1.2 Numerisch stabile und instabile Algorithmen 30
   2.2 Maschinenzahlen 31
      2.2.1 Zahlendarstellungen 33
      2.2.2 Rundung 34
      2.2.3 Unterlauf, Überlauf 35
   2.3 Fehlerfortpflanzung 35
      2.3.1 Maximalfehler 35
      2.3.2 Fehlerquadratsumme 37
   2.4 Konditionszahlen 39
      2.4.1 Konditionszahlen bei Funktionen 39
      2.4.2 Konditionszahlen bei linearen Gleichungssystemen 40
   2.5 Aufgaben 42

3 Iterationsverfahren 43
   3.1 Iterationsprobleme 43
      3.1.1 Einführung 43
      3.1.2 Zwischenwertsatz 44
      3.1.3 Iterationsverfahren 44
      3.1.4 Fixpunktsatz 47
   3.2 Anschauliche Deutung des Iterationsverfahrens 53

3.3	Fehlerabschätzungen	55
3.4	Abbruchkriterien bei Iterationsverfahren	59
3.5	Konvergenzordnung	60
3.6	Spezielle Iterationsverfahren	61
	3.6.1 Bisektionsmethode	61
	3.6.2 Regula falsi	64
	3.6.3 Newtonsches Iterationsverfahren	68
3.7	Konvergenzverbesserung	73
	3.7.1 Verkleinern der Lipschitzkonstanten	73
	3.7.2 Verfahren von Aitken	75
	3.7.3 Steffensen-Verfahren	76
3.8	Aufgaben	77

4 Lineare Gleichungssysteme · 80

4.1	Aufgabenstellung	80
4.2	Eliminationsverfahren	81
	4.2.1 Gaußscher Algorithmus	81
	4.2.2 Pivotstrategie	87
	4.2.3 Givens-Verfahren	89
	4.2.4 Cholesky-Verfahren bei symmetrischer Koeffizientenmatrix	95
	4.2.5 Nachiteration	99
	4.2.6 Berechnung der inversen Matrix	101
	4.2.7 Abschätzung der Fehlerfortpflanzung	104
4.3	Iterationsverfahren	107
	4.3.1 Gesamtschritt- oder Jacobi-Verfahren	107
	4.3.2 Abbruch beim Gesamtschrittverfahren	109
	4.3.3 Einzelschritt- oder Gauß-Seidel-Verfahren	110
	4.3.4 Abbruch beim Einzelschrittverfahren	110
	4.3.5 Konvergenz beim Gesamtschrittverfahren	111
	4.3.6 Konvergenz beim Einzelschrittverfahren	113
	4.3.7 Fehlerabschätzung bei Iterationsverfahren	114
4.4	Aufgaben	118

5 Approximation von Funktionen · 122

5.1	Problemstellungen	122
5.2	Diskrete Approximation	122
	5.2.1 Die Ausgleichsgerade nach der Methode der kleinsten Quadrate	122
	5.2.2 Approximation durch weitere Funktionen	125
	5.2.3 Linearisierungen	131
5.3	Stetige Approximation	138
	5.3.1 Orthonormalsysteme	142
	5.3.2 Legendresche Polynome	145

		5.3.3	Approximation durch trigonometrische Funktionen	148
		5.3.4	Die komplexe Form der Fourier-Reihe	156
	5.4	Lokale Approximation		162
		5.4.1	Problemstellung	162
		5.4.2	Die Taylor-Entwicklung	163
	5.5	Aufgaben		169

6 Interpolationsprobleme 173

	6.1	Problemstellung		173
	6.2	Polynominterpolation		174
		6.2.1	Interpolationsverfahren von Lagrange	175
		6.2.2	Der Fehler der Polynominterpolation	178
		6.2.3	Newtonsches Interpolationsverfahren	180
		6.2.4	Hermite-Interpolation	192
	6.3	Splineinterpolation		199
		6.3.1	Lineare Splines	200
		6.3.2	Quadratische Splines	201
		6.3.3	Kubische Splines	205
		6.3.4	B-Splines	214
	6.4	Interpolation mit periodischen Funktionen		247
		6.4.1	Problemstellung	247
		6.4.2	Die diskrete Fourier-Transformation	248
		6.4.3	Interpolation mit komplexen Exponentialfunktionen	261
		6.4.4	Interpolation mit trigonometrischen Funktionen	264
		6.4.5	Schnelle Fourier-Transformation	270
	6.5	Aufgaben		284

7 Numerische Differentiation 288

	7.1	Vorbemerkungen	288
	7.2	Numerische Bestimmung von ersten Ableitungen	289
	7.3	Rundungsfehler	296
	7.4	Numerische Bestimmung von höheren Ableitungen	298
	7.5	Aufgaben	299

8 Numerische Integrationsmethoden 301

	8.1	Aufgabenstellung		301
	8.2	Trapezformel		302
		8.2.1	Herleitung	302
		8.2.2	Abbruchbedingung bei der Trapezformel	304
	8.3	Simpsonsche Formel		307
		8.3.1	Herleitung	307
		8.3.2	Abbruchbedingung bei der Simpsonschen Formel	311

8.4	Fehlerabschätzungen	314
8.5	Verfahren von Romberg	318
	8.5.1 Herleitung	318
	8.5.2 Abbruchbedingung beim Romberg-Verfahren	322
	8.5.3 Fehlerabschätzung beim Romberg-Verfahren	324
8.6	Adaptive Simpson-Quadratur	325
	8.6.1 Herleitung	325
	8.6.2 Fehlerschranke	328
8.7	Gauß-Integration	334
	8.7.1 Vorbemerkungen	334
	8.7.2 Integration auf dem Intervall $[-1, 1]$	336
	8.7.3 Gauß-Integration über ein beliebiges Intervall	340
8.8	Aufgaben	341

9 Gewöhnliche Differentialgleichungen 343

9.1	Begriffe und Beispiele	343
	9.1.1 Differentialgleichungen erster Ordnung	344
	9.1.2 Technische und ökonomische Beispiele	345
	9.1.3 Das Verfahren von Picard-Lindelöf	346
9.2	Taylor-Methoden	349
	9.2.1 Der Euler-Cauchy Polygonzug	349
	9.2.2 Methoden höherer Ordnung	354
	9.2.3 Fehlerschranken	358
9.3	Runge-Kutta-Verfahren	358
9.4	Mehrschrittverfahren	364
	9.4.1 Explizite Mehrschrittverfahren	365
	9.4.2 Implizite Mehrschrittverfahren	371
	9.4.3 Prädiktor-Korrektor-Verfahren	379
9.5	Steife Differentialgleichungen	380
9.6	Weitere Anfangswertaufgaben	390
	9.6.1 Differentialgleichungssysteme erster Ordnung	391
	9.6.2 Differentialgleichungen höherer Ordnung	395
9.7	Aufgaben	397

10 Polynome 401

10.1	Reelle Polynome	401
	10.1.1 Horner-Schema	401
	10.1.2 Abspaltung eines Linearfaktors	403
	10.1.3 Vollständiges Horner-Schema	404
	10.1.4 Newtonsches Näherungsverfahren	407
10.2	Allgemeine Horner-Schemata	409
	10.2.1 m-zeiliges Horner-Schema	409

         10.2.2 Verallgemeinertes m-zeiliges Horner-Schema 413
         10.2.3 Newtonsches Näherungsverfahren mit den m-zeiligen
                Horner-Schemata 415
         10.2.4 Spezialfälle und Beispiel 416
         10.2.5 Bestimmung konjugiert-komplexer Nullstellen von
                Polynomfunktionen mit reellen Koeffizienten 418
  10.3 Komplexe Polynome 420
         10.3.1 Komplexes Horner-Schema 420
         10.3.2 Newtonsches Näherungsverfahren 421
  10.4 Anzahl und Lage der Nullstellen von Polynomen 423
         10.4.1 Abschätzungen zu Nullstellen bei Polynomen mit reellen
                Koeffizienten 423
         10.4.2 Berechnung der Anzahlen der voneinander verschiedenen
                Nullstellen von Polynomfunktionen 427
  10.5 Aufgaben 435

11 Numerische Simulation von Zufallsgrößen   **439**
  11.1 Zufallsgrößen 439
         11.1.1 Charakterisierung von Zufallsgrößen 439
         11.1.2 Monte-Carlo-Methode 440
         11.1.3 Historische Entwicklung 441
         11.1.4 Zufallszahlen 442
         11.1.5 Genauigkeit der Monte-Carlo-Methode 445
  11.2 Zufallszahlengeneratoren 447
         11.2.1 Erzeugung gleichmäßig verteilter Zufallszahlen 447
         11.2.2 Erzeugung beliebig verteilter Zufallszahlen 448
         11.2.3 Erzeugung normalverteilter Zufallszahlen 451
         11.2.4 Statistische Tests 452
  11.3 Anwendungen der Monte-Carlo-Methode 452
         11.3.1 Übersicht 452
         11.3.2 Berechnung bestimmter Integrale 453
         11.3.3 Bestimmung von π 456
  11.4 Aufgaben 458

A Lösungen   **459**

B Zufallszahlentabelle   **505**

Literaturverzeichnis   509

Abbildungsverzeichnis   515

Tabellenverzeichnis   519

Index   523

Kapitel 1
Grundlagen

1.1 Aufgabenstellung

Die Mathematik ist in allen Bereichen der modernen Gesellschaft ein wichtiges Hilfsmittel, um bei der Lösung der vielfältigen Probleme mit zu wirken. Insbesondere sind dabei die Technik, die Naturwissenschaften und die Ökonomie zu nennen. Die Mitwirkung mathematischer Methoden bei der Lösung praktischer Aufgaben in diesen Bereichen vollzieht sich in folgenden Schritten:

- Präzise Formulierung des Problems

Die Aufgabenstellung muss klar erkennbar werden. Es ist kenntlich zu machen, welche Effekte hervorzuheben sind, welche Schwerpunkte zu setzen sind.

- Erarbeitung eines mathematischen Modells des Problems

Aus der technischen, ökonomischen oder sonstigen Aufgabenstellung ist ein für die mathematische Behandlung geeignetes Modell zu entwickeln. Dabei sind Idealisierungen vorzunehmen und Forderungen zu realisieren, um das Ausgangsproblem einer mathematischen Behandlung zugänglich zu machen.

- Analyse des entstandenen mathematischen Problems

Es ist zu beurteilen, mit welchen mathematischen Methoden das abgeleitete mathematische Modell behandelt werden kann, ob das Modell eine eindeutig bestimmte Lösung besitzt. Gegebenenfalls muss das Modell verändert werden, um günstigere Lösungsalgorithmen benutzen zu können. Es ist abzuschätzen, ob sich eine analytische Lösung finden lässt oder ob numerische Methoden einzusetzen sind. Falls das mathematische Modell eine analytischen Lösung zulässt, ist diese Lösung aufzusuchen.

- Numerische Berechnung der Lösung

Falls numerische Methoden benutzt werden müssen, sind geeignete Algorithmen und die erforderlichen Rechenhilfsmittel auszuwählen. Es sind die Anforderungen an den numerischen Algorithmus bezüglich Rechenzeit und Rechengenauigkeit zu formulieren. Bei der Ausführung der numerischen Rechnungen sind Abschätzungen der zu erwartenden Rechenfehler vorzunehmen und Bedingungen für die Beendigung des Rechenganges zu kontrollieren.

- Auswertung der erzielten Resultate

Die durch analytische oder numerische Berechnungen erzielten Lösungen des mathematischen Modells müssen auf das Ausgangsproblem übertragen, ausgewertet und bewertet werden. Es ist zu entscheiden, ob eine ausreichende Lösung des praktischen Problems erzielt worden ist oder ob durch Zusätze an das mathematische Modell bzw. durch ein verbessertes mathematisches Modell eine nochmalige mathematische Behandlung erfolgen soll.

Im Folgenden werden ausgewählte numerische Methoden vorgestellt, die aber nur einen Einblick in das weit ausgebaute Gebiet der numerischen Mathematik geben können. Wenn Interesse an weiter gehenden numerischen Verfahren besteht oder für numerische Aufgabenstellungen spezielle numerische Verfahren benötigt werden, kann auf die reichlich vorhandene und im Literaturverzeichnis aufgelistete Literatur zurück gegriffen werden.

1.2 Matrizen und Determinanten

Neben der Verwendung von Variablen $x, y, \ldots$, die in der Regel reelle Zahlen annehmen können, und von Funktionen $f(x), g(y), \ldots$ dieser Variablen werden in der Numerik häufig auch Vektoren und Matrizen benutzt. Besonders bei der Behandlung von linearen Gleichungssystemen erweist sich die Einführung von Vektoren und Matrizen als nützlich, da dadurch die Lösungsverfahren einfacher und übersichtlicher dargestellt werden können. Einfache Variable x werden in Abgrenzung zu Vektoren und Matrizen als Skalare bezeichnet. Wir gehen im Folgenden überwiegend davon aus, dass in den Skalaren, Vektoren und Matrizen reelle Zahlen auftreten. Erweiterungen sind möglich und in der Literatur dargestellt.

1.2.1 Matrizen

Definitionen

Definition 1.1. Die Zusammenfassung reeller Zahlen a_{ij} ($i = 1, 2, \ldots, m; j = 1, 2, \ldots, n$) zu dem rechteckigen Schema

$$\mathbf{A} = \begin{pmatrix} a_{11} & a_{12} & \ldots & a_{1n} \\ a_{21} & a_{22} & \ldots & a_{2n} \\ \vdots & \vdots & \ddots & \vdots \\ a_{m1} & a_{m2} & \cdots & a_{mn} \end{pmatrix} \quad (1.1)$$

heißt *Matrix vom Typ* (m, n). Die Matrix wird mit dem Symbol $\mathbf{A}$ bezeichnet.

Die Horizontalreihen der Matrix $\mathbf{A}$ heißen *Zeilen*, die Vertikalreihen *Spalten*. Zeilen und Spalten werden unter der gemeinsamen Bezeichnung *Reihen* zusammengefasst. Die a_{ij} werden *Elemente* der Matrix $\mathbf{A}$ genannt. Der Index i gibt die Zeilennummer und der Index j die Spaltennummer an. Gilt $m = n$, heißt $\mathbf{A}$ eine *quadratische Matrix vom Typ* (n, n) oder eine *n-reihige Matrix*.

Abschnitt 1.2 Matrizen und Determinanten

Beispiel 1.1. Gegeben sind die Matrizen

$$\mathbf{A} = \begin{pmatrix} 4 & 3 & 1 \\ 2 & 0 & -1 \\ 6 & -3 & 5 \\ -4 & 0 & 2 \end{pmatrix}, \quad \mathbf{B} = \begin{pmatrix} 1 & \frac{1}{2} & \frac{1}{3} \\ \frac{1}{2} & \frac{1}{3} & \frac{1}{4} \\ \frac{1}{3} & \frac{1}{4} & \frac{1}{5} \end{pmatrix}.$$

$\mathbf{A}$ ist eine Matrix vom Typ $(4, 3)$ mit $a_{32} = -3, a_{12} = 3$.
$\mathbf{B}$ ist eine Matrix vom Typ $(3, 3)$ mit $b_{13} = 1/3, b_{32} = 1/4$.

Definition 1.2. Die Diagonale der Matrix $\mathbf{A}$ mit den Elementen $a_{11}, a_{22}, \ldots$ heißt *Hauptdiagonale*.

Beispiel 1.2. Hauptdiagonale von $\mathbf{A}$: 4 0 5. Hauptdiagonale von $\mathbf{B}$: 1 1/3 1/5.

Definition 1.3. Die spezielle Matrix vom Typ $(1, n)$, also die Zusammenfassung von Elementen $a_{11}, a_{12}, \ldots, a_{1n}$ in der Form

$$\mathbf{a} = (a_{11} \ a_{12} \ \ldots \ a_{1n})$$

heißt *Zeilenvektor*. Die spezielle Matrix vom Typ $(m, 1)$, die Zusammenfassung von Elementen $b_{11}, b_{21}, \ldots, b_{m1}$ in der Form

$$\mathbf{b} = \begin{pmatrix} b_{11} \\ b_{21} \\ \vdots \\ b_{m1} \end{pmatrix}$$

heißt *Spaltenvektor*.

Unter dem Begriff *Vektor* wird im Folgenden ein Spaltenvektor verstanden.

Beispiel 1.3.

$$\mathbf{a} = (2 \ 0 \ -1), \quad \mathbf{b} = \begin{pmatrix} 2 \\ 3 \\ 4 \end{pmatrix}.$$

Gleichheit von Matrizen

Definition 1.4. Zwei Matrizen $\mathbf{A}$ und $\mathbf{B}$ sind genau dann *gleich*, wenn sie den gleichen Typ besitzen und in den entsprechenden Elementen übereinstimmen.

Beispiel 1.4. Für die Matrizen

$$\mathbf{A} = \begin{pmatrix} 1 & 2 \\ 3 & 4 \end{pmatrix}, \quad \mathbf{B} = \begin{pmatrix} 5 & 6 \\ 7 & 8 \end{pmatrix}, \quad \mathbf{C} = \begin{pmatrix} 5 & 6 \\ 7 & 8 \end{pmatrix}, \quad \mathbf{D} = \begin{pmatrix} 5 & 6 & 7 \\ 8 & 9 & 10 \\ 11 & 12 & 13 \end{pmatrix}$$

gilt beispielsweise $\mathbf{A} \neq \mathbf{B}, \mathbf{B} = \mathbf{C}, \mathbf{A} \neq \mathbf{D}, \mathbf{C} \neq \mathbf{D}$.

Addition und Subtraktion von Matrizen

Definition 1.5. Sind zwei Matrizen $\mathbf{A}$ und $\mathbf{B}$ vom gleichen Typ (m, n)

$$\mathbf{A} = \begin{pmatrix} a_{11} & a_{12} & \dots & a_{1n} \\ \vdots & \vdots & \ddots & \vdots \\ a_{m1} & a_{m2} & \dots & a_{mn} \end{pmatrix}, \quad \mathbf{B} = \begin{pmatrix} b_{11} & b_{12} & \dots & b_{1n} \\ \vdots & \vdots & \ddots & \vdots \\ b_{m1} & b_{m2} & \dots & b_{mn} \end{pmatrix},$$

so gilt

$$\mathbf{A} + \mathbf{B} = \begin{pmatrix} a_{11} + b_{11} & a_{12} + b_{12} & \dots & a_{1n} + b_{1n} \\ \vdots & \vdots & \ddots & \vdots \\ a_{m1} + b_{m1} & a_{m2} + b_{m2} & \dots & a_{mn} + b_{mn} \end{pmatrix}. \tag{1.2}$$

Die Subtraktion von Matrizen ist ebenfalls nur für Matrizen gleichen Typs möglich und in Analogie zur Matrizenaddition definiert.

Beispiel 1.5. Die Matrizen

$$\mathbf{A} = \begin{pmatrix} 1 & 2 \\ 3 & 4 \\ 0 & 1 \end{pmatrix}, \quad \mathbf{B} = \begin{pmatrix} 5 & 6 \\ 7 & 8 \\ 3 & -3 \end{pmatrix}$$

sind vom gleichen Typ. Als Summe und Differenz erhält man

$$\mathbf{A} + \mathbf{B} = \begin{pmatrix} 6 & 8 \\ 10 & 12 \\ 3 & -2 \end{pmatrix}, \quad \mathbf{A} - \mathbf{B} = \begin{pmatrix} -4 & -4 \\ -4 & -4 \\ -3 & 4 \end{pmatrix}.$$

Für die Matrizenaddition gelten das Kommutativgesetz und das Assoziativgesetz

$$\mathbf{A} + \mathbf{B} = \mathbf{B} + \mathbf{A}$$
$$\mathbf{A} + (\mathbf{B} + \mathbf{C}) = (\mathbf{A} + \mathbf{B}) + \mathbf{C}. \tag{1.3}$$

Abschnitt 1.2 Matrizen und Determinanten

Beispiel 1.6. Gegeben seien die Matrizen

$$\mathbf{A} = \begin{pmatrix} 1 & 2 \\ 0 & 1 \end{pmatrix}, \quad \mathbf{B} = \begin{pmatrix} 0 & 1 \\ 2 & 1 \end{pmatrix}, \quad \mathbf{C} = \begin{pmatrix} 1 & 1 \\ 0 & 2 \end{pmatrix}.$$

Dann erhält man

$$\mathbf{A} + (\mathbf{B} + \mathbf{C}) = \begin{pmatrix} 1 & 2 \\ 0 & 1 \end{pmatrix} + \begin{pmatrix} 1 & 2 \\ 2 & 3 \end{pmatrix} = \begin{pmatrix} 2 & 4 \\ 2 & 4 \end{pmatrix},$$

$$(\mathbf{A} + \mathbf{B}) + \mathbf{C} = \begin{pmatrix} 1 & 3 \\ 2 & 2 \end{pmatrix} + \begin{pmatrix} 1 & 1 \\ 0 & 2 \end{pmatrix} = \begin{pmatrix} 2 & 4 \\ 2 & 4 \end{pmatrix}.$$

Definition 1.6. Die Matrix

$$\mathbf{O} = \begin{pmatrix} 0 & 0 & \ldots & 0 \\ \vdots & \vdots & \ddots & \vdots \\ 0 & 0 & \ldots & 0 \end{pmatrix} \tag{1.4}$$

heißt *Nullmatrix*. Es gilt $\mathbf{A} - \mathbf{A} = \mathbf{O}$ und $\mathbf{A} + \mathbf{O} = \mathbf{A}$.

Beispiel 1.7. Für die folgende Matrix $\mathbf{A}$ und die Nullmatrix gleichen Typs $\mathbf{O}$

$$\mathbf{A} = \begin{pmatrix} 1 & 2 \\ 3 & 4 \\ 5 & 6 \end{pmatrix} \quad \text{und} \quad \mathbf{O} = \begin{pmatrix} 0 & 0 \\ 0 & 0 \\ 0 & 0 \end{pmatrix}$$

gelten

$$\mathbf{A} - \mathbf{A} = \begin{pmatrix} 1 & 2 \\ 3 & 4 \\ 5 & 6 \end{pmatrix} - \begin{pmatrix} 1 & 2 \\ 3 & 4 \\ 5 & 6 \end{pmatrix} = \begin{pmatrix} 0 & 0 \\ 0 & 0 \\ 0 & 0 \end{pmatrix} = \mathbf{O},$$

$$\mathbf{A} + \mathbf{O} = \begin{pmatrix} 1 & 2 \\ 3 & 4 \\ 5 & 6 \end{pmatrix} + \begin{pmatrix} 0 & 0 \\ 0 & 0 \\ 0 & 0 \end{pmatrix} = \begin{pmatrix} 1 & 2 \\ 3 & 4 \\ 5 & 6 \end{pmatrix} = \mathbf{A}.$$

Multiplikation einer Matrix mit einer reellen Zahl

Definition 1.7. Ist c eine reelle Zahl und $\mathbf{A}$ eine Matrix vom Typ (m, n)

$$\mathbf{A} = \begin{pmatrix} a_{11} & a_{12} & \ldots & a_{1n} \\ \vdots & \vdots & \ddots & \vdots \\ a_{m1} & a_{m2} & \ldots & a_{mn} \end{pmatrix},$$

so gilt

$$c \cdot \mathbf{A} = \begin{pmatrix} c \cdot a_{11} & c \cdot a_{12} & \ldots & c \cdot a_{1n} \\ \vdots & \vdots & \ddots & \vdots \\ c \cdot a_{m1} & c \cdot a_{m2} & \ldots & c \cdot a_{mn} \end{pmatrix}. \tag{1.5}$$

Beispiel 1.8.

$$\mathbf{A} = \begin{pmatrix} 1 & 2 \\ 0 & 1 \end{pmatrix}, \quad 2 \cdot \mathbf{A} = \begin{pmatrix} 2 & 4 \\ 0 & 2 \end{pmatrix}, \quad (-2) \cdot \mathbf{A} = \begin{pmatrix} -2 & -4 \\ 0 & -2 \end{pmatrix}.$$

Für Matrizen $\mathbf{A}$ und $\mathbf{O}$ vom gleichen Typ und reelle Zahlen c und d gelten

$$0 \cdot \mathbf{A} = \mathbf{O}$$
$$c \cdot \mathbf{O} = \mathbf{O} \quad (1.6)$$
$$(c + d) \cdot \mathbf{A} = c \cdot \mathbf{A} + d \cdot \mathbf{A}.$$

Multiplikation von Matrizen

Definition 1.8. Es sind $\mathbf{A}$ eine Matrix vom Typ (m, n) und $\mathbf{B}$ eine Matrix vom Typ (q, p). Die Multiplikation $\mathbf{C} = \mathbf{A} \cdot \mathbf{B}$ ist ausführbar, falls $n = q$ gilt. Die Elemente c_{ik} der Produktmatrix

$$\mathbf{C} = \begin{pmatrix} c_{11} & \cdots & c_{1p} \\ \vdots & \ddots & \vdots \\ c_{m1} & \cdots & c_{mp} \end{pmatrix}, \quad (1.7)$$

die vom Typ (m, p) ist, ergeben sich als Produktsumme der i-ten Zeile von $\mathbf{A}$ und der k-ten Spalte von $\mathbf{B}$ zu

$$c_{ik} = a_{i1}b_{1k} + a_{i2}b_{2k} + \cdots + a_{1n}b_{nk} \quad (i = 1, \ldots, m; \, k = 1, \ldots, p). \quad (1.8)$$

Schematisch

$$\begin{pmatrix} c_{11} & \cdots & c_{1k} & \cdots & c_{1p} \\ \vdots & & \vdots & & \vdots \\ c_{i1} & \cdots & \boxed{c_{ik}} & \cdots & c_{ip} \\ \vdots & & \vdots & & \vdots \\ c_{m1} & \cdots & c_{mk} & \cdots & c_{mp} \end{pmatrix} = \begin{pmatrix} a_{11} & \cdots & a_{1n} \\ \vdots & & \vdots \\ \boxed{a_{i1} \; \cdots \; a_{in}} \\ \vdots & & \vdots \\ a_{m1} & \cdots & a_{mn} \end{pmatrix} \cdot \begin{pmatrix} b_{11} & \cdots & \boxed{b_{1k}} & \cdots & b_{1p} \\ \vdots & & \vdots & & \vdots \\ b_{n1} & \cdots & \boxed{b_{nk}} & \cdots & b_{np} \end{pmatrix}.$$

Die Produktbildung bei Matrizen ist reihenfolgeabhängig:

$$\mathbf{A} \cdot \mathbf{B} \neq \mathbf{B} \cdot \mathbf{A}. \quad (1.9)$$

Beispiel 1.9. Mit den Matrizen

$$\mathbf{A}_1 = \begin{pmatrix} 1 & 2 & 3 \\ 4 & 5 & 6 \end{pmatrix}, \quad \mathbf{A}_2 = \begin{pmatrix} 2 & 1 & 0 \\ 5 & 2 & 1 \\ -1 & 1 & -2 \end{pmatrix}, \quad \mathbf{B}_1 = \begin{pmatrix} 1 & 2 & 0 \\ 2 & 0 & 1 \\ 3 & -2 & 1 \\ 0 & 1 & 1 \end{pmatrix},$$

$$\mathbf{B}_2 = \begin{pmatrix} 1 & 2 \\ 0 & 3 \\ 1 & 2 \end{pmatrix}, \quad \mathbf{C}_1 = \begin{pmatrix} 2 & 0 \\ -1 & -3 \\ 0 & 4 \end{pmatrix}, \quad \mathbf{C}_2 = \begin{pmatrix} 2 \\ -1 \end{pmatrix}$$

Abschnitt 1.2 Matrizen und Determinanten

kann man beispielsweise die Produkte

$$\mathbf{A}_1 \cdot \mathbf{A}_2 = \begin{pmatrix} 9 & 8 & -4 \\ 27 & 20 & -7 \end{pmatrix}, \quad \mathbf{B}_1 \cdot \mathbf{B}_2 = \begin{pmatrix} 1 & 8 \\ 3 & 6 \\ 4 & 8 \\ 1 & 5 \end{pmatrix}, \quad \mathbf{C}_1 \cdot \mathbf{C}_2 = \begin{pmatrix} 4 \\ 1 \\ -4 \end{pmatrix}$$

bilden. Die Produkte $\mathbf{P}_2 = \mathbf{A}_2 \cdot \mathbf{A}_1$, $\mathbf{P}_4 = \mathbf{B}_2 \cdot \mathbf{B}_1$, $\mathbf{P}_6 = \mathbf{C}_2 \cdot \mathbf{C}_1$ können dagegen **nicht** gebildet werden.

Für die Matrizenmultiplikation gelten das Assoziativgesetz

$$(\mathbf{A} \cdot \mathbf{B}) \cdot \mathbf{C} = \mathbf{A} \cdot (\mathbf{B} \cdot \mathbf{C}), \tag{1.10}$$

falls die Produkte der Matrizen bildbar sind, und die Distributivgesetze

$$(\mathbf{A} + \mathbf{B}) \cdot \mathbf{C} = \mathbf{A} \cdot \mathbf{C} + \mathbf{B} \cdot \mathbf{C} \quad \text{und}$$
$$\mathbf{A} \cdot (\mathbf{B} + \mathbf{C}) = \mathbf{A} \cdot \mathbf{B} + \mathbf{A} \cdot \mathbf{C}, \tag{1.11}$$

falls die Summen und Produkte der Matrizen gebildet werden können.

Beispiel 1.10. Betrachtet werden die Matrizen

$$\mathbf{A} = \begin{pmatrix} 1 & 2 \\ 0 & 1 \end{pmatrix}, \quad \mathbf{B} = \begin{pmatrix} 0 & 1 \\ 2 & 1 \end{pmatrix}, \quad \mathbf{C} = \begin{pmatrix} 1 & 1 \\ 0 & 2 \end{pmatrix}.$$

Für diese Matrizen gilt nach dem Assoziativgesetz bzw. Distributivgesetz

$$(\mathbf{A} \cdot \mathbf{B}) \cdot \mathbf{C} = \begin{pmatrix} 4 & 3 \\ 2 & 1 \end{pmatrix} \cdot \begin{pmatrix} 1 & 1 \\ 0 & 2 \end{pmatrix} = \begin{pmatrix} 4 & 10 \\ 2 & 4 \end{pmatrix},$$

$$\mathbf{A} \cdot (\mathbf{B} \cdot \mathbf{C}) = \begin{pmatrix} 1 & 2 \\ 0 & 1 \end{pmatrix} \cdot \begin{pmatrix} 0 & 2 \\ 2 & 4 \end{pmatrix} = \begin{pmatrix} 4 & 10 \\ 2 & 4 \end{pmatrix},$$

$$(\mathbf{A} + \mathbf{B}) \cdot \mathbf{C} = \begin{pmatrix} 1 & 3 \\ 2 & 2 \end{pmatrix} \cdot \begin{pmatrix} 1 & 1 \\ 0 & 2 \end{pmatrix} = \begin{pmatrix} 1 & 7 \\ 2 & 6 \end{pmatrix},$$

$$\mathbf{A} \cdot \mathbf{C} + \mathbf{B} \cdot \mathbf{C} = \begin{pmatrix} 1 & 5 \\ 0 & 2 \end{pmatrix} + \begin{pmatrix} 0 & 2 \\ 2 & 4 \end{pmatrix} = \begin{pmatrix} 1 & 7 \\ 2 & 6 \end{pmatrix},$$

$$\mathbf{A} \cdot (\mathbf{B} + \mathbf{C}) = \begin{pmatrix} 1 & 2 \\ 0 & 1 \end{pmatrix} \cdot \begin{pmatrix} 1 & 2 \\ 2 & 3 \end{pmatrix} = \begin{pmatrix} 5 & 8 \\ 2 & 3 \end{pmatrix},$$

$$\mathbf{A} \cdot \mathbf{B} + \mathbf{A} \cdot \mathbf{C} = \begin{pmatrix} 4 & 3 \\ 2 & 1 \end{pmatrix} + \begin{pmatrix} 1 & 5 \\ 0 & 2 \end{pmatrix} = \begin{pmatrix} 5 & 8 \\ 2 & 3 \end{pmatrix}.$$

Transponierte einer Matrix

Definition 1.9. Werden in einer Matrix $\mathbf{A}$ vom Typ (m, n) die Zeilen mit den Spalten vertauscht, ergibt sich die *Transponierte* $\mathbf{A}^T$ der Matrix $\mathbf{A}$

$$\mathbf{A}^T = \begin{pmatrix} a_{11} & a_{21} & \ldots & a_{m1} \\ a_{12} & a_{22} & \ldots & a_{m2} \\ \vdots & \vdots & \ddots & \vdots \\ a_{1n} & a_{2n} & \ldots & a_{mn} \end{pmatrix}. \tag{1.12}$$

Die Transponierte $\mathbf{A}^T$ ist vom Typ (n, m).

Beispiel 1.11.

$$\mathbf{A} = \begin{pmatrix} 1 & 2 & 3 \\ 4 & 5 & 6 \end{pmatrix}, \quad \mathbf{A^T} = \begin{pmatrix} 1 & 4 \\ 2 & 5 \\ 3 & 6 \end{pmatrix}, \quad \mathbf{B} = \begin{pmatrix} 1 & \frac{1}{2} & \frac{1}{3} \\ \frac{1}{2} & \frac{1}{3} & \frac{1}{4} \\ \frac{1}{3} & \frac{1}{4} & \frac{1}{5} \end{pmatrix}, \quad \mathbf{B^T} = \begin{pmatrix} 1 & \frac{1}{2} & \frac{1}{3} \\ \frac{1}{2} & \frac{1}{3} & \frac{1}{4} \\ \frac{1}{3} & \frac{1}{4} & \frac{1}{5} \end{pmatrix}.$$

Es gilt

$$(\mathbf{A}^T)^T = \mathbf{A}. \tag{1.13}$$

Sind $\mathbf{A}$ eine Matrix vom Typ (m, n) und $\mathbf{B}$ eine Matrix vom Typ (n, p) gilt

$$(\mathbf{A} \cdot \mathbf{B})^T = \mathbf{B}^T \cdot \mathbf{A}^T. \tag{1.14}$$

Beispiel 1.12. Zweimalige Transposition führt wieder zur Ausgangsmatrix

$$\mathbf{A} = \begin{pmatrix} 1 & 2 & 3 \\ 4 & 5 & 6 \end{pmatrix}, \quad \mathbf{A}^T = \begin{pmatrix} 1 & 4 \\ 2 & 5 \\ 3 & 6 \end{pmatrix}, \quad (\mathbf{A}^T)^T = \begin{pmatrix} 1 & 2 & 3 \\ 4 & 5 & 6 \end{pmatrix}.$$

Für die Matrizen $\mathbf{A}$ und $\mathbf{B}$ und ihre Transponierten

$$\mathbf{A} = \begin{pmatrix} 1 & 2 \\ 0 & 1 \\ -2 & 3 \end{pmatrix}, \quad \mathbf{B} = \begin{pmatrix} -1 & 1 \\ 0 & 2 \end{pmatrix}, \quad \mathbf{A}^T = \begin{pmatrix} 1 & 0 & -2 \\ 2 & 1 & 3 \end{pmatrix}, \quad \mathbf{B}^T = \begin{pmatrix} -1 & 0 \\ 1 & 2 \end{pmatrix}$$

erhält man

$$(\mathbf{A} \cdot \mathbf{B})^T = \begin{pmatrix} -1 & 5 \\ 0 & 2 \\ 2 & 4 \end{pmatrix}^T = \begin{pmatrix} -1 & 0 & 2 \\ 5 & 2 & 4 \end{pmatrix} \quad \text{und}$$

$$\mathbf{B}^T \cdot \mathbf{A}^T = \begin{pmatrix} -1 & 0 \\ 1 & 2 \end{pmatrix} \cdot \begin{pmatrix} -1 & 0 & -2 \\ 2 & 1 & 3 \end{pmatrix} = \begin{pmatrix} -1 & 0 & 2 \\ 5 & 2 & 4 \end{pmatrix}.$$

1.2.2 Determinanten

Definitionen

Definition 1.10. Eine *Determinante n-ter Ordnung* ist ein quadratisches Schema aus n Zeilen und n Spalten

$$A = \begin{vmatrix} a_{11} & a_{12} & \cdots & a_{1n} \\ a_{21} & a_{22} & \cdots & a_{2n} \\ \vdots & \vdots & \ddots & \vdots \\ a_{n1} & a_{n2} & \cdots & a_{nn} \end{vmatrix}, \qquad (1.15)$$

dem ein Wert A zugeordnet ist. Sind die Elemente a_{ik} reelle Zahlen, ist A ebenfalls eine reelle Zahl.

Beispiel 1.13. Determinanten

$$\text{2. Ordnung: } A = \begin{vmatrix} 2 & -3 \\ 5 & 1 \end{vmatrix}, \quad \text{3. Ordnung: } B = \begin{vmatrix} -3 & 8 & 2 \\ -6 & 10 & 1 \\ 9 & -2 & 7 \end{vmatrix}.$$

Ist die Matrix **A** vom Typ (n, n)

$$\mathbf{A} = \begin{pmatrix} a_{11} & \cdots & a_{1n} \\ \vdots & \ddots & \vdots \\ a_{n1} & \cdots & a_{nn} \end{pmatrix},$$

kann mit den Elementen der Matrix **A** eine Determinante $A = \det \mathbf{A}$ gebildet werden.

Beispiel 1.14.

$$\mathbf{A} = \begin{pmatrix} 2 & 1 \\ 0 & 3 \end{pmatrix}, \quad A = \begin{vmatrix} 2 & 1 \\ 0 & 3 \end{vmatrix}, \quad \mathbf{B} = \begin{pmatrix} 1 & \frac{1}{2} & \frac{1}{3} \\ \frac{1}{2} & \frac{1}{3} & \frac{1}{4} \\ \frac{1}{3} & \frac{1}{4} & \frac{1}{5} \end{pmatrix}, \quad B = \begin{vmatrix} 1 & \frac{1}{2} & \frac{1}{3} \\ \frac{1}{2} & \frac{1}{3} & \frac{1}{4} \\ \frac{1}{3} & \frac{1}{4} & \frac{1}{5} \end{vmatrix}.$$

Berechnung von Determinanten

Definition 1.11. Streicht man in der Determinante n-ter Ordnung A die i-te Zeile und die k-te Spalte und multipliziert die entstehende Unterdeterminante $(n-1)$-ter

Ordnung mit dem Faktor $(-1)^{i+k}$, ergibt sich die *Adjunkte* A_{ik} zu dem Element a_{ik}

$$A_{ik} = (-1)^{i+k} \begin{vmatrix} a_{1,1} & \cdots & a_{1,k-1} & a_{1,k+1} & \cdots & a_{1,n} \\ \vdots & & \vdots & \vdots & & \vdots \\ a_{i-1,1} & \cdots & a_{i-1,k-1} & a_{i-1,k+1} & \cdots & a_{i-1,n} \\ a_{i+1,1} & \cdots & a_{i+1,k-1} & a_{i+1,k+1} & \cdots & a_{i+1,n} \\ \vdots & & \vdots & \vdots & & \vdots \\ a_{n,1} & \cdots & a_{n,k-1} & a_{n,k+1} & \cdots & a_{n,n} \end{vmatrix}. \qquad (1.16)$$

Beispiel 1.15.

$$A = \begin{vmatrix} 2 & -3 \\ 5 & 1 \end{vmatrix}, \qquad A_{11} = (-1)^{1+1} |1| = 1,$$

$$B = \begin{vmatrix} -3 & 8 & 2 \\ -6 & 10 & 1 \\ 9 & -2 & 7 \end{vmatrix}, \qquad B_{12} = (-1)^{1+2} \begin{vmatrix} -6 & 1 \\ 9 & 7 \end{vmatrix}.$$

Entwicklungssatz von Laplace

Satz 1.12. *Der Wert einer Determinante n-ter Ordnung ist gleich der Summe über die Produkte aus den Elementen einer beliebigen Reihe (Zeile oder Spalte) und den zugehörigen Adjunkten*

$$\begin{aligned} A &= a_{i1}A_{i1} + a_{i2}A_{i2} + \cdots + a_{in}A_{in} \quad (1 \leq i \leq n) \\ &= a_{1k}A_{1k} + a_{2k}A_{2k} + \cdots + a_{nk}A_{nk} \quad (1 \leq k \leq n). \end{aligned} \qquad (1.17)$$

Spezielle Fälle:

$n = 1: \ A = |a_{11}| = a_{11},$

$n = 2: \ A = \begin{vmatrix} a_{11} & a_{12} \\ a_{21} & a_{22} \end{vmatrix} = a_{11}A_{11} + a_{12}A_{12} = a_{11}a_{22} - a_{12}a_{21},$

$n = 3: \ A = \begin{vmatrix} a_{11} & a_{12} & a_{13} \\ a_{21} & a_{22} & a_{23} \\ a_{31} & a_{32} & a_{33} \end{vmatrix} = a_{11}A_{11} + a_{12}A_{12} + a_{13}A_{13}$

$\qquad = a_{11} \begin{vmatrix} a_{22} & a_{23} \\ a_{32} & a_{33} \end{vmatrix} - a_{12} \begin{vmatrix} a_{21} & a_{23} \\ a_{31} & a_{33} \end{vmatrix} + a_{13} \begin{vmatrix} a_{21} & a_{22} \\ a_{31} & a_{32} \end{vmatrix}$

$\qquad = a_{11}(a_{22}a_{33} - a_{32}a_{23}) - a_{12}(a_{21}a_{33} - a_{31}a_{23})$
$\qquad\quad + a_{13}(a_{21}a_{32} - a_{31}a_{22})$

Abschnitt 1.2 Matrizen und Determinanten

$$= (a_{11}a_{22}a_{33} + a_{12}a_{23}a_{31} + a_{13}a_{21}a_{32})$$
$$- (a_{31}a_{22}a_{13} + a_{32}a_{23}a_{11} + a_{33}a_{21}a_{12}).$$

Beispiel 1.16.

$$A = |-2| = -2,$$

$$A = \begin{vmatrix} -2 & -3 \\ 5 & 1 \end{vmatrix} = -2 + 15 = 13, \quad B = \begin{vmatrix} 8 & 2 \\ 10 & 1 \end{vmatrix} = 8 - 20 = -12,$$

$$A = \begin{vmatrix} -3 & 8 & 2 \\ -6 & 10 & 1 \\ 9 & -2 & 7 \end{vmatrix} = [-210 + 72 + 24] - [180 + 6 - 336] = 36,$$

$$B = \begin{vmatrix} 1 & 1 & 0 \\ 1 & 0 & 1 \\ 0 & 1 & 1 \end{vmatrix} = [0 + 0 + 0] - [0 + 1 + 1] = -2.$$

Das Berechnen von Determinanten nach dem Entwicklungssatz von Laplace ist für größere n aufwändig und umständlich. Die Rechnung kann aber formalisiert werden.

Vorgehen:

a) Wähle eine Zeile oder Spalte zur Entwicklung aus (günstig ist eine Zeile oder Spalte, in der viele Elemente gleich 0 sind).

b) Vergebe an die Elemente der ausgewählten Zeile/Spalte zusätzliche Vorzeichen nach der Schachbrettregel (oben links mit + beginnend). Diese neuen Vorzeichen belassen das alte Vorzeichen (tritt bei + auf) oder drehen es um (tritt bei − auf). Die Schachbrettregel sorgt dafür, dass die Vorzeichen der Adjunkten richtig festgelegt werden. Die Multiplikation mit den Potenzen von −1 ist bei diesem Vorgehen also nicht mehr nötig.

c) Bilde zu jedem Element der Entwicklungszeile/-spalte Unterdeterminanten durch Streichen der zum jeweiligen Element gehörenden Zeile und Spalte der Determinante und multipliziere die Unterdeterminanten mit diesem (nach der Schachbrettregel Vorzeichen behafteten) Element.

d) Bilde die Summe dieser Unterdeterminanten.

e) Setze das Verfahren für die Unterdeterminanten fort, bis Determinanten 2. oder 3. Ordnung erreicht sind, die einfach berechnet werden können.

Beispiel 1.17. Der Wert der Determinante

$$\det \mathbf{A} = \begin{vmatrix} 1 & 0 & 1 & 0 \\ 2 & 4 & 7 & 11 \\ 0 & 2 & 3 & 0 \\ 1 & 7 & 0 & 0 \end{vmatrix}$$

soll bestimmt werden. Zur Entwicklung wird die 4. Spalte ausgewählt, da in Ihr die meisten Elemente gleich 0 sind. Die Elemente der 4. Spalte werden nun nach der Schachbrettregel mit Vorzeichen belegt:

$$\begin{vmatrix} ^+1 & ^-0 & ^+1 & ^-0 \\ 2 & 4 & 7 & ^+11 \\ 0 & 2 & 3 & ^-0 \\ 1 & 7 & 0 & ^+0 \end{vmatrix}$$

Die Elemente der 4. Spalte müssen nun mit den Unterdeterminanten, die durch Streichen der Zeile und Spalte des jeweiligen Elements gebildet wurden, multipliziert und die Ergebnisse aufsummiert werden.

$$\det \mathbf{A} = \begin{vmatrix} 1 & 0 & 1 & 0 \\ 2 & 4 & 7 & 11 \\ 0 & 2 & 3 & 0 \\ 1 & 7 & 0 & 0 \end{vmatrix} = -0 \begin{vmatrix} 2 & 4 & 7 \\ 0 & 2 & 3 \\ 1 & 7 & 0 \end{vmatrix} + 11 \begin{vmatrix} 1 & 0 & 1 \\ 0 & 2 & 3 \\ 1 & 7 & 0 \end{vmatrix} - 0 \begin{vmatrix} 1 & 0 & 1 \\ 2 & 4 & 7 \\ 1 & 7 & 0 \end{vmatrix} + 0 \begin{vmatrix} 1 & 0 & 1 \\ 2 & 4 & 7 \\ 0 & 2 & 3 \end{vmatrix}$$

$$= 11 \begin{vmatrix} 1 & 0 & 1 \\ 0 & 2 & 3 \\ 1 & 7 & 0 \end{vmatrix}.$$

Damit ist der erste Schritt abgeschlossen. Die Determinante 4. Ordnung ist in 4 Determinanten 3. Ordnung entwickelt worden. Für die weitere Rechnung braucht man nur die zweite Unterdeterminante, da alle anderen Unterdeterminanten mit 0 multipliziert werden. Die Determinante 3. Ordnung kann jetzt nach der Regel von Sarrus, die im Anschluss an dieses Beispiel behandelt wird, bestimmt oder weiter entwickelt werden. Hier wird ein weiterer Entwicklungsschritt gewählt, wobei die Entwicklung nach der ersten Zeile vorgenommen wird.

$$\det \mathbf{A} = \begin{vmatrix} 1 & 0 & 1 & 0 \\ 2 & 4 & 7 & 11 \\ 0 & 2 & 3 & 0 \\ 1 & 7 & 0 & 0 \end{vmatrix} = 11 \begin{vmatrix} 1 & 0 & 1 \\ 0 & 2 & 3 \\ 1 & 7 & 0 \end{vmatrix} = 11 \left(+1 \begin{vmatrix} 2 & 3 \\ 7 & 0 \end{vmatrix} - 0 \begin{vmatrix} 0 & 3 \\ 1 & 0 \end{vmatrix} + 1 \begin{vmatrix} 0 & 2 \\ 1 & 7 \end{vmatrix} \right)$$

$$= 11 \left(+1(2 \cdot 0 - 3 \cdot 7) - 0(0 \cdot 0 - 1 \cdot 3) + 1(0 \cdot 7 - 1 \cdot 2) \right)$$

$$= 11 (-21 - 0 - 2) = -253.$$

Regel von Sarrus

Diese Regel gilt nur für Determinanten 3. Ordnung und formalisiert deren Berechnung in einem Rechenschema. Zur Berechnung der Determinante

$$\det \mathbf{A} = \begin{vmatrix} a_{11} & a_{12} & a_{13} \\ a_{21} & a_{22} & a_{23} \\ a_{31} & a_{32} & a_{33} \end{vmatrix}$$

Abschnitt 1.2 Matrizen und Determinanten

schreibt man die ersten beiden Spalten noch einmal hinter die Determinante, anschließend werden die Produkte in Hauptdiagonalenrichtung (durch dünne Linien gekennzeichnet) gebildet und addiert und die Produkte in Nebendiagonalenrichtung (dicke Linien) subtrahiert:

$$\begin{vmatrix} a_{11} & a_{12} & a_{13} \\ a_{21} & a_{22} & a_{23} \\ a_{31} & a_{32} & a_{33} \end{vmatrix} \begin{matrix} a_{11} & a_{12} \\ a_{21} & a_{22} \\ a_{31} & a_{32} \end{matrix} = \begin{matrix} a_{11}a_{22}a_{33} + a_{12}a_{23}a_{31} + a_{13}a_{21}a_{32} \\ -a_{13}a_{22}a_{31} - a_{11}a_{23}a_{32} - a_{12}a_{21}a_{33}. \end{matrix}$$

Beispiel 1.18. Für die Determinante

$$\det \mathbf{A} = \begin{vmatrix} 1 & 2 & 4 \\ 2 & 1 & 1 \\ 3 & 4 & 2 \end{vmatrix}$$

ergibt sich nach der Regel von Sarrus

$$\begin{vmatrix} 1 & 2 & 4 \\ 2 & 1 & 1 \\ 3 & 4 & 2 \end{vmatrix} \begin{matrix} 1 & 2 \\ 2 & 1 \\ 3 & 4 \end{matrix} = 2 + 6 + 32 - 12 - 4 - 8 = 16.$$

Eigenschaften von Determinanten

Eigenschaft I
Sind in einer Reihe einer Determinante nur Nullen, ist der Wert der Determinante null.

Beispiel 1.19.

$$A = \begin{vmatrix} 2 & 3 & 1 \\ 0 & 0 & 0 \\ -5 & 4 & 6 \end{vmatrix} = 0.$$

Eigenschaft II
Bei der Multiplikation einer Determinante mit einem Faktor c sind alle Elemente einer Reihe mit diesem Faktor zu multiplizieren. Umgekehrt kann ein gemeinsamer Faktor einer Reihe als Faktor vor die Determinante gezogen werden.

Beispiel 1.20. Multiplikation einer Determinante mit einem Faktor

$$A = \begin{vmatrix} -3 & 8 & 2 \\ -6 & 10 & 1 \\ 9 & -2 & 7 \end{vmatrix} = 36, \quad 5 \cdot A = \begin{vmatrix} -15 & 8 & 2 \\ -30 & 10 & 1 \\ 45 & -2 & 7 \end{vmatrix} = \begin{vmatrix} -3 & 8 & 2 \\ -30 & 50 & 5 \\ 9 & -2 & 7 \end{vmatrix} = 180.$$

Herausziehen eines konstanten Faktors einer Reihe aus der Determinante

$$\begin{vmatrix} -3 & 8 & 2 \\ -6 & 10 & 1 \\ 9 & -2 & 7 \end{vmatrix} = 2 \cdot \begin{vmatrix} -3 & 4 & 2 \\ -6 & 5 & 1 \\ 9 & -1 & 7 \end{vmatrix} = 2 \cdot (-3) \cdot \begin{vmatrix} -1 & 4 & 2 \\ -2 & 5 & 1 \\ 3 & -1 & 7 \end{vmatrix}.$$

Eigenschaft III
Wird zu einer Reihe einer Determinante ein beliebiges Vielfaches einer anderen Reihe addiert, ändert sich der Wert der Determinante nicht.

Beispiel 1.21.

$$B = \begin{vmatrix} 3 & 6 & 12 \\ 5 & 2 & 8 \\ 1 & 0 & 16 \end{vmatrix} = \begin{vmatrix} 3 & 12 & 12 \\ 5 & 12 & 8 \\ 1 & 2 & 16 \end{vmatrix} \quad \text{(2. Spalte} + 2 \cdot 1. \text{Spalte)}$$

$$= \begin{vmatrix} 3 & 12 & 0 \\ 5 & 12 & -4 \\ 1 & 2 & 14 \end{vmatrix} \quad \text{(3. Spalte} - 2. \text{Spalte)}.$$

Die Eigenschaften werden benutzt, um Determinanten so umzuformen, dass möglichst viele Elemente zu null werden, ohne dass sich der Wert der Determinante ändert. Eine geeignete Methode zur Berechnung einer Determinante ist die Überführung der Determinante in eine obere oder untere Dreiecksform. Dann ergibt sich der Wert der Determinante als Produkt der Elemente in der Hauptdiagonalen:

$$A = \begin{vmatrix} u_{11} & u_{12} & \dots & u_{1n} \\ 0 & u_{22} & \dots & u_{2n} \\ \vdots & \vdots & \ddots & \vdots \\ 0 & 0 & \dots & u_{nn} \end{vmatrix} = u_{11} \cdot u_{22} \cdots u_{nn}. \tag{1.18}$$

Beispiel 1.22.

$$A = \begin{vmatrix} -3 & 8 & 2 \\ -6 & 10 & 1 \\ 9 & -2 & 7 \end{vmatrix} = \begin{vmatrix} -3 & 8 & 2 \\ 0 & -6 & -3 \\ 0 & 22 & 13 \end{vmatrix} = \begin{vmatrix} -3 & 8 & 2 \\ 0 & -6 & -3 \\ 0 & 0 & 2 \end{vmatrix} = 36,$$

$$B = \begin{vmatrix} 1 & 1 & 0 \\ 1 & 0 & 1 \\ 0 & 1 & 1 \end{vmatrix} = \begin{vmatrix} 1 & 1 & 0 \\ 1 & -1 & 0 \\ 0 & 1 & 1 \end{vmatrix} = \begin{vmatrix} 2 & 0 & 0 \\ 1 & -1 & 0 \\ 0 & 1 & 1 \end{vmatrix} = -2.$$

1.2.3 Quadratische Matrizen

Für die numerische Lösung von linearen Gleichungssystemen besonders bedeutungsvoll sind quadratische Matrizen vom Typ (n, n). Die oben für Matrizen angegebenen

Abschnitt 1.2 Matrizen und Determinanten

Definitionen und Folgerungen gelten insbesondere auch für quadratische Matrizen. Im Folgenden werden weitere Operationen und Eigenschaften für quadratische Matrizen erklärt.

Eigenschaften quadratischer Matrizen

Symmetrische Matrix

Definition 1.13. Ist die Matrix $\mathbf{A}$ vom Typ (n,n) gleich ihrer Transponierten $\mathbf{A}^T$, gilt $\mathbf{A}^T = \mathbf{A}$, nennt man $\mathbf{A}$ *symmetrische Matrix*.

Beispiel 1.23.

$$\mathbf{A} = \begin{pmatrix} 1 & 2 & 3 \\ 2 & 4 & 5 \\ 3 & 5 & 6 \end{pmatrix}, \quad \mathbf{A}^T = \begin{pmatrix} 1 & 2 & 3 \\ 2 & 4 & 5 \\ 3 & 5 & 6 \end{pmatrix}, \quad \mathbf{B} = \begin{pmatrix} 1 & \frac{1}{2} & \frac{1}{3} \\ \frac{1}{2} & \frac{1}{3} & \frac{1}{4} \\ \frac{1}{3} & \frac{1}{4} & \frac{1}{5} \end{pmatrix}, \quad \mathbf{B}^T = \begin{pmatrix} 1 & \frac{1}{2} & \frac{1}{3} \\ \frac{1}{2} & \frac{1}{3} & \frac{1}{4} \\ \frac{1}{3} & \frac{1}{4} & \frac{1}{5} \end{pmatrix}.$$

Einheitsmatrix

Definition 1.14. Die Matrix vom Typ (n,n)

$$\mathbf{E}_n = \begin{pmatrix} 1 & 0 & \ldots & 0 \\ 0 & 1 & \ldots & 0 \\ \vdots & \vdots & \ddots & \vdots \\ 0 & 0 & \ldots & 1 \end{pmatrix}$$

heißt *n-reihige Einheitsmatrix*.

Für Matrizen $\mathbf{A}$ vom Typ (n,n) gilt $\mathbf{A} \cdot \mathbf{E}_n = \mathbf{E}_n \cdot \mathbf{A} = \mathbf{A}$.

Beispiel 1.24. Einheitsmatrizen:

$$2-\text{reihig} \ \mathbf{E}_2 = \begin{pmatrix} 0 & 1 \\ 1 & 0 \end{pmatrix}, \quad 3-\text{reihig} \ \mathbf{E}_3 = \begin{pmatrix} 1 & 0 & 0 \\ 0 & 1 & 0 \\ 0 & 0 & 1 \end{pmatrix}.$$

Dreiecksmatrizen

Definition 1.15. Eine Matrix vom Typ (n,n) heißt *obere Dreiecksmatrix* **U**, wenn alle Elemente unterhalb der Hauptdiagonalen null sind

$$\mathbf{U} = \begin{pmatrix} u_{11} & u_{12} & \dots & u_{1n} \\ 0 & u_{22} & \dots & u_{2n} \\ \vdots & \vdots & \ddots & \vdots \\ 0 & 0 & \dots & u_{nn} \end{pmatrix}. \tag{1.19}$$

Eine Matrix vom Typ (n,n) heißt *untere Dreiecksmatrix* **L**, wenn alle Elemente oberhalb der Hauptdiagonalen null sind

$$\mathbf{L} = \begin{pmatrix} l_{11} & 0 & \dots & 0 \\ l_{21} & l_{22} & \dots & 0 \\ \vdots & \vdots & \ddots & \vdots \\ l_{n1} & l_{n2} & \dots & l_{nn} \end{pmatrix}. \tag{1.20}$$

Beispiel 1.25.

Obere Dreiecksmatrizen $\mathbf{U}_1 = \begin{pmatrix} 2 & 1 \\ 0 & 1 \end{pmatrix}$, $\mathbf{U}_2 = \begin{pmatrix} 1 & 2 & 3 \\ 0 & 5 & 6 \\ 0 & 0 & 9 \end{pmatrix}$.

Untere Dreiecksmatrizen $\mathbf{L}_1 = \begin{pmatrix} 2 & 0 \\ 3 & 1 \end{pmatrix}$, $\mathbf{L}_2 = \begin{pmatrix} 1 & 0 & 0 \\ 4 & 5 & 0 \\ 7 & 8 & 9 \end{pmatrix}$.

Reguläre Matrix

Definition 1.16. Eine Matrix **A** vom Typ (n,n) heißt *reguläre Matrix*, wenn die zugehörige Determinante $A = \det \mathbf{A}$ ungleich null ist. Ist die zugehörige Determinante $A = \det \mathbf{A}$ gleich null, wird die Matrix **A** als *singulär* bezeichnet.

Beispiel 1.26.

$$\mathbf{A} = \begin{pmatrix} 2 & 1 \\ 1 & 1 \end{pmatrix}, \qquad A = \det \mathbf{A} = \begin{vmatrix} 2 & 1 \\ 1 & 1 \end{vmatrix} = 1 \neq 0 \quad \mathbf{A} \text{ ist regulär.}$$

$$\mathbf{B} = \begin{pmatrix} 1 & -1 \\ -1 & 1 \end{pmatrix}, \quad B = \det \mathbf{B} = \begin{vmatrix} 1 & -1 \\ -1 & 1 \end{vmatrix} = 0 \quad \mathbf{B} \text{ ist singulär.}$$

Positiv definite Matrix

Definition 1.17. Es ist

$$A = \det \mathbf{A} = \begin{vmatrix} a_{11} & a_{12} & \cdots & a_{1n} \\ a_{21} & a_{22} & \cdots & a_{2n} \\ \vdots & \vdots & \ddots & \vdots \\ a_{n1} & a_{n2} & \cdots & a_{nn} \end{vmatrix}.$$

Die Unterdeterminanten

$$A_i = \begin{vmatrix} a_{11} & a_{12} & \cdots & a_{1i} \\ a_{21} & a_{22} & \cdots & a_{2i} \\ \vdots & \vdots & \ddots & \vdots \\ a_{i1} & a_{i2} & \cdots & a_{ii} \end{vmatrix} \qquad (1.21)$$

werden als *Hauptminoren* oder *Hauptabschnittsunterdeterminanten* i-ter Ordnung bezeichnet.

Definition 1.18. Eine symmetrische Matrix **A** heißt *positiv definit*, wenn alle Hauptminoren A_i ($i = 1, 2, \ldots, n$) positiv sind.

Bei numerischen Verfahren spielen positiv definite Matrizen eine große Rolle.

Beispiel 1.27. Die Matrix

$$\mathbf{A} = \begin{pmatrix} 4 & 2 & 1 & 3 \\ 2 & 3 & 1 & 0 \\ 1 & 1 & 3 & 2 \\ 3 & 0 & 2 & 4 \end{pmatrix}$$

hat die Hauptminoren

$$A_1 = |4| = 4 > 0, \quad A_2 = \begin{vmatrix} 4 & 2 \\ 2 & 3 \end{vmatrix} = 8 > 0, \quad A_3 = \begin{vmatrix} 4 & 2 & 1 \\ 2 & 3 & 1 \\ 1 & 1 & 3 \end{vmatrix} = 21 > 0,$$

$$A_4 = \begin{vmatrix} 4 & 2 & 1 & 3 \\ 2 & 3 & 1 & 0 \\ 1 & 1 & 3 & 2 \\ 3 & 0 & 2 & 4 \end{vmatrix} = 48 > 0.$$

A ist daher positiv definit.

Die Matrix

$$\mathbf{B} = \begin{pmatrix} 1 & \frac{1}{2} & \frac{1}{3} \\ \frac{1}{2} & \frac{1}{3} & \frac{1}{4} \\ \frac{1}{3} & \frac{1}{4} & \frac{1}{5} \end{pmatrix}$$

besitzt die Hauptminoren

$$B_1 = |1| = 1 > 0, \quad B_2 = \begin{vmatrix} 1 & \frac{1}{2} \\ \frac{1}{2} & \frac{1}{3} \end{vmatrix} = \frac{1}{12} > 0, \quad B_3 = \begin{vmatrix} 1 & \frac{1}{2} & \frac{1}{3} \\ \frac{1}{2} & \frac{1}{3} & \frac{1}{4} \\ \frac{1}{3} & \frac{1}{4} & \frac{1}{5} \end{vmatrix} = \frac{1}{2160} > 0.$$

B ist ebenfalls positiv definit.

Inverse Matrix

Definition 1.19. Es sei **A** eine reguläre Matrix vom Typ (n, n). Ist **B** eine Matrix vom Typ (n, n) mit der Eigenschaft

$$\mathbf{A} \cdot \mathbf{B} = \mathbf{E}_n, \tag{1.22}$$

so heißt **B** die zu **A** *inverse Matrix* und wird mit $\mathbf{B} = \mathbf{A}^{-1}$ bezeichnet.

Beispiel 1.28. Zwei quadratische Matrizen und ihre Inversen:

$$\mathbf{A} = \begin{pmatrix} 1 & 2 \\ 0 & 1 \end{pmatrix}, \quad \mathbf{A}^{-1} = \begin{pmatrix} 1 & -2 \\ 0 & 1 \end{pmatrix}, \quad \mathbf{B} = \begin{pmatrix} 1 & 2 & 0 \\ 2 & 4 & -1 \\ 0 & 1 & 3 \end{pmatrix}, \quad \mathbf{B}^{-1} = \begin{pmatrix} 13 & -6 & -2 \\ -6 & 3 & 1 \\ 2 & -1 & 0 \end{pmatrix}.$$

Für reguläre Matrizen vom Typ (n, n) gilt:

$$(\mathbf{A}^T)^{-1} = (\mathbf{A}^{-1})^T. \tag{1.23}$$

Die inverse Matrix $\mathbf{A}^{-1}$ einer Matrix **A** kann mit Hilfe von Determinanten berechnet werden.

Definition 1.20. Es seien **A** eine reguläre Matrix vom Typ (n, n)

$$\mathbf{A} = \begin{pmatrix} a_{11} & a_{12} & \ldots & a_{1n} \\ \vdots & \vdots & \ddots & \vdots \\ a_{1n} & a_{n2} & \ldots & a_{nn} \end{pmatrix},$$

Abschnitt 1.2 Matrizen und Determinanten

$A = \det \mathbf{A}$ und A_{ij} die Adjunkten zu a_{ij}. Dann gilt

$$\mathbf{A}^{-1} = \frac{1}{\det \mathbf{A}} \begin{pmatrix} A_{11} & A_{21} & \ldots & A_{n1} \\ A_{12} & A_{22} & \ldots & A_{n2} \\ \vdots & \vdots & \ddots & \vdots \\ A_{1n} & A_{2n} & \ldots & A_{nn} \end{pmatrix}. \qquad (1.24)$$

Beispiel 1.29. Betrachtet wird die Matrix

$$\mathbf{A} = \begin{pmatrix} 2 & 3 & 2 \\ 1 & 2 & 1 \\ 1 & -1 & 0 \end{pmatrix}.$$

Die zugehörige Determinante ergibt sich zu

$$A = \det \mathbf{A} = \begin{vmatrix} 2 & 3 & 2 \\ 1 & 2 & 1 \\ 1 & -1 & 0 \end{vmatrix} = -1.$$

Die Adjunkten sind

$A_{11} = 1, \quad A_{21} = -2, \quad A_{31} = -1, \quad A_{12} = 1, \quad A_{22} = -2, \quad A_{32} = 0,$
$A_{13} = -3, \quad A_{23} = 5, \quad A_{33} = 1.$

Damit folgt für die Inverse

$$\mathbf{A}^{-1} = \frac{1}{(-1)} \begin{pmatrix} 1 & -2 & -1 \\ 1 & -2 & 0 \\ -3 & 5 & 1 \end{pmatrix} = \begin{pmatrix} -1 & 2 & 1 \\ -1 & 2 & 0 \\ 3 & -5 & -1 \end{pmatrix}.$$

Für die Matrix

$$\mathbf{B} = \begin{pmatrix} 1 & \frac{1}{2} & \frac{1}{3} \\ \frac{1}{2} & \frac{1}{3} & \frac{1}{4} \\ \frac{1}{3} & \frac{1}{4} & \frac{1}{5} \end{pmatrix}$$

folgt

$$B = \det \mathbf{B} = \begin{vmatrix} 1 & \frac{1}{2} & \frac{1}{3} \\ \frac{1}{2} & \frac{1}{3} & \frac{1}{4} \\ \frac{1}{3} & \frac{1}{4} & \frac{1}{5} \end{vmatrix} = \frac{1}{2160}.$$

Die Adjunkten ergeben sich zu

$$B_{11} = \frac{1}{240}, \quad B_{21} = -\frac{1}{60}, \quad B_{31} = \frac{1}{72}, \quad B_{12} = -\frac{1}{60}, \quad B_{22} = \frac{4}{45},$$

$$B_{32} = -\frac{1}{12}, \quad B_{13} = \frac{1}{72}, \quad B_{23} = -\frac{1}{12}, \quad B_{33} = \frac{1}{12}.$$

Man erhält damit die Inverse

$$\mathbf{B}^{-1} = 2160 \cdot \begin{pmatrix} \frac{1}{240} & -\frac{1}{60} & \frac{1}{72} \\ -\frac{1}{60} & \frac{4}{45} & -\frac{1}{12} \\ \frac{1}{72} & -\frac{1}{12} & \frac{1}{12} \end{pmatrix} = \begin{pmatrix} 9 & -36 & 30 \\ -36 & 192 & -180 \\ 30 & -180 & 180 \end{pmatrix}.$$

Orthogonale Matrizen

Definition 1.21. Erfüllt eine n-reihige quadratische Matrix $\mathbf{A}$ die Bedingung

$$\mathbf{A} \cdot \mathbf{A}^T = \mathbf{A}^T \cdot \mathbf{A} = \mathbf{E_n},$$

wird sie als *orthogonale Matrix* bezeichnet.

Orthogonale Matrizen spielen in der analytischen Geometrie bei der Beschreibung von Drehungen eine große Rolle. Sie können gleichfalls bei der Lösung linearer Gleichungssysteme dienlich sein.

Beispiel 1.30. Es sei im speziellen Fall $n = 3$ die Matrix $\mathbf{A}$ gegeben durch

$$\mathbf{A} = \begin{pmatrix} a_{11} & a_{12} & a_{13} \\ a_{21} & a_{22} & a_{23} \\ a_{31} & a_{32} & a_{33} \end{pmatrix} = \begin{pmatrix} \mathbf{a_1} & \mathbf{a_2} & \mathbf{a_3} \end{pmatrix},$$

wobei $\mathbf{a_i}$ der i-te Spaltenvektor ist. Dann folgt

$$\mathbf{A} \cdot \mathbf{A}^T = \begin{pmatrix} a_{11} & a_{12} & a_{13} \\ a_{21} & a_{22} & a_{23} \\ a_{31} & a_{32} & a_{33} \end{pmatrix} \cdot \begin{pmatrix} a_{11} & a_{21} & a_{31} \\ a_{12} & a_{22} & a_{32} \\ a_{13} & a_{23} & a_{33} \end{pmatrix}$$

$$= \begin{pmatrix} a_{11}^2 + a_{12}^2 + a_{13}^2 & a_{11}a_{21} + a_{12}a_{22} + a_{13}a_{23} \\ a_{21}a_{11} + a_{22}a_{12} + a_{23}a_{13} & a_{21}^2 + a_{22}^2 + a_{23}^2 \\ a_{31}a_{11} + a_{32}a_{12} + a_{33}a_{13} & a_{31}a_{21} + a_{32}a_{22} + a_{33}a_{23} \end{pmatrix}$$

$$\begin{pmatrix} a_{11}a_{31} + a_{12}a_{32} + a_{13}a_{33} \\ a_{21}a_{31} + a_{22}a_{32} + a_{23}a_{33} \\ a_{31}^2 + a_{32}^2 + a_{33}^2 \end{pmatrix}$$

$$= \begin{pmatrix} \mathbf{a_1}^T \cdot \mathbf{a_1} & \mathbf{a_1}^T \cdot \mathbf{a_2} & \mathbf{a_1}^T \cdot \mathbf{a_3} \\ \mathbf{a_2}^T \cdot \mathbf{a_1} & \mathbf{a_2}^T \cdot \mathbf{a_2} & \mathbf{a_2}^T \cdot \mathbf{a_3} \\ \mathbf{a_3}^T \cdot \mathbf{a_1} & \mathbf{a_3}^T \cdot \mathbf{a_2} & \mathbf{a_3}^T \cdot \mathbf{a_3} \end{pmatrix} = \begin{pmatrix} 1 & 0 & 0 \\ 0 & 1 & 0 \\ 0 & 0 & 1 \end{pmatrix}.$$

Die Skalarprodukte der Spaltenvektoren $\mathbf{a_i}^T \cdot \mathbf{a_i} = 1$, $\mathbf{a_i}^T \cdot \mathbf{a_j} = 0$ zeigen, dass die $\mathbf{a_i}$ orthogonal zueinander sind.

Aus der Definition folgen die Eigenschaften:

a) Mit $\mathbf{A}$ ist auch $\mathbf{A}^T$ orthogonal.

b) Die orthogonale Matrix $\mathbf{A}$ besitzt die transponierte Matrix $\mathbf{A}^T$ als inverse Matrix, $\mathbf{A}^{-1} = \mathbf{A}^T$. Damit ist die inverse Matrix $\mathbf{A}^{-1}$ eine orthogonale Matrix.

c) Für die Determinante der orthogonalen Matrix $\mathbf{A}$ folgt: $\det \mathbf{A} = \pm 1$.

d) Das Produkt $\mathbf{A} \cdot \mathbf{B}$ zweier orthogonaler Matrizen $\mathbf{A}, \mathbf{B}$ ergibt wiederum eine orthogonale Matrix.

Bei der Auflösung linearer Gleichungssysteme kann die spezielle orthogonale *Givensrotationsmatrix* $\mathbf{G}^{(ik)}(\phi)$ benutzt werden. Die n-reihige quadratische Matrix $\mathbf{G}^{(ik)}(\phi)$ ist erklärt durch (siehe Gander [31])

$$\mathbf{G}^{(ik)}(\phi) = \begin{pmatrix} 1 & \cdots & 0 & & & & & \cdots & 0 \\ \vdots & \ddots & \vdots & & & & & & \vdots \\ 0 & \cdots & 1 & & & & & & \\ \vdots & & & c & 0 & \cdots & 0 & s & \\ & & & 0 & 1 & \cdots & 0 & 0 & \\ & & & \vdots & \vdots & \ddots & \vdots & \vdots & \\ & & & 0 & 0 & \cdots & 1 & 0 & \\ & & & -s & 0 & \cdots & 0 & c & \vdots \\ & & & & & & & 1 & \cdots & 0 \\ \vdots & & & & & & & \vdots & \ddots & \vdots \\ 0 & \cdots & & & & & & \cdots & 0 & \cdots & 1 \end{pmatrix} \begin{matrix} \\ \\ \\ i\text{-te Zeile} \\ \\ \\ \\ k\text{-te Zeile} \\ \\ \\ \end{matrix}$$

 i-te k-te
 Spalte Spalte

Dabei bedeuten $g_{ii} = g_{kk} = c = \cos\phi$, $g_{ik} = -g_{ki} = s = \sin\phi$. $\mathbf{G}^{(ik)}(\phi)$ unterscheidet sich von der n-reihigen Einheitsmatrix $\mathbf{E}_n$ an den vier Positionen $g_{ii}, g_{ik}, g_{ki}, g_{kk}$. Es kann nachgewiesen werden, dass $\mathbf{G}^{(ik)}(\phi)$ eine orthogonale Matrix ist. Also gilt

$$\left(\mathbf{G}^{(ik)}(\phi)\right)^T \cdot \mathbf{G}^{(ik)} = \mathbf{E}_n \quad \text{bzw.} \quad (\mathbf{G}^{(ik)})^{-1} = (\mathbf{G}^{(ik)})^T.$$

Weiter lässt sich aus den Eigenschaften folgern, dass Produkte von Givensrotationsmatrizen wiederum orthogonale Matrizen ergeben.

Bei der Multiplikation der Givensrotationsmatrix $\mathbf{G}^{(ik)}(\phi)$ mit einem n-reihigen Spaltenvektor $\mathbf{x} = (x_1, \ldots, x_n)^T$ ergibt sich ein Spaltenvektor, der sich vom Ausgangsvektor in der i-ten und k-ten Reihe unterscheidet. Die neuen Elemente erhält man zu $x_i^{\text{neu}} = cx_i + sx_k$ und $x_k^{\text{neu}} = -sx_i + cx_k$. Insgesamt folgt

$$\mathbf{G}^{(ik)}(\phi) \cdot \begin{pmatrix} x_1 \\ \vdots \\ x_n \end{pmatrix} = \begin{pmatrix} x_1 \\ \vdots \\ cx_i + sx_k \\ \vdots \\ -sx_i + cx_k \\ \vdots \\ x_n \end{pmatrix} \begin{matrix} \\ \\ i\text{-te Zeile} \\ \\ k\text{-te Zeile} \\ \\ \end{matrix}$$

Beispiel 1.31. Diese Eigenschaften werden für $n = 4$ illustriert. Mit

$$\mathbf{G}^{(2,3)}(\phi) = \begin{pmatrix} 1 & 0 & 0 & 0 \\ 0 & c & s & 0 \\ 0 & -s & c & 0 \\ 0 & 0 & 0 & 1 \end{pmatrix}, \quad \mathbf{G}^{(3,4)}(\phi) = \begin{pmatrix} 1 & 0 & 0 & 0 \\ 0 & 1 & 0 & 0 \\ 0 & 0 & c & s \\ 0 & 0 & -s & c \end{pmatrix}, \quad \mathbf{x} = \begin{pmatrix} x_1 \\ x_2 \\ x_3 \\ x_4 \end{pmatrix}$$

ergeben sich die Ergebnisse

$$\left(\mathbf{G}^{(2,3)}(\phi)\right)^T \cdot \mathbf{G}^{(2,3)}(\phi) = \begin{pmatrix} 1 & 0 & 0 & 0 \\ 0 & c & -s & 0 \\ 0 & s & c & 0 \\ 0 & 0 & 0 & 1 \end{pmatrix} \cdot \begin{pmatrix} 1 & 0 & 0 & 0 \\ 0 & c & s & 0 \\ 0 & -s & c & 0 \\ 0 & 0 & 0 & 1 \end{pmatrix}$$

$$= \begin{pmatrix} 1 & 0 & 0 & 0 \\ 0 & c^2+s^2 & cs-sc & 0 \\ 0 & sc-cs & s^2+c^2 & 0 \\ 0 & 0 & 0 & 1 \end{pmatrix} = \begin{pmatrix} 1 & 0 & 0 & 0 \\ 0 & 1 & 0 & 0 \\ 0 & 0 & 1 & 0 \\ 0 & 0 & 0 & 1 \end{pmatrix},$$

da $c^2 + s^2 = (\sin(\phi))^2 + (\cos(\phi))^2 = 1$ ist.

$$\mathbf{G}^{(2,3)}(\phi) \cdot \mathbf{G}^{(3,4)}(\phi) = \begin{pmatrix} 1 & 0 & 0 & 0 \\ 0 & c & s & 0 \\ 0 & -s & c & 0 \\ 0 & 0 & 0 & 1 \end{pmatrix} \cdot \begin{pmatrix} 1 & 0 & 0 & 0 \\ 0 & 1 & 0 & 0 \\ 0 & 0 & c & s \\ 0 & 0 & -s & c \end{pmatrix} = \begin{pmatrix} 1 & 0 & 0 & 0 \\ 0 & c & sc & s^2 \\ 0 & -s & c^2 & sc \\ 0 & 0 & -s & c \end{pmatrix}.$$

$$\left(\mathbf{G}^{(2,3)}(\phi) \cdot \mathbf{G}^{(3,4)}(\phi)\right)^T \cdot \left(\mathbf{G}^{(2,3)}(\phi) \cdot \mathbf{G}^{(3,4)}(\phi)\right)$$

$$= \begin{pmatrix} 1 & 0 & 0 & 0 \\ 0 & c & -s & 0 \\ 0 & sc & c^2 & -s \\ 0 & s^2 & sc & c \end{pmatrix} \cdot \begin{pmatrix} 1 & 0 & 0 & 0 \\ 0 & c & sc & s^2 \\ 0 & -s & c^2 & sc \\ 0 & 0 & -s & c \end{pmatrix}$$

$$= \begin{pmatrix} 1 & 0 & 0 & 0 \\ 0 & c^2+s^2 & sc^2-sc^2 & s^2c-s^2c \\ 0 & sc^2-sc^2 & s^2c^2+c^4+s^2 & s^3c+sc^3-sc \\ 0 & cs^2-s^2c & s^3c+sc^3-sc & s^4+s^2c^2+c^2 \end{pmatrix} = \begin{pmatrix} 1 & 0 & 0 & 0 \\ 0 & 1 & 0 & 0 \\ 0 & 0 & 1 & 0 \\ 0 & 0 & 0 & 1 \end{pmatrix}$$

mit $c^2(c^2+s^2)+s^2=1$, $s^2(s^2+c^2)+c^2=1$, $sc(s^2+c^2-1)=0$.

$$\mathbf{G}^{(3,4)}(\phi) \cdot \mathbf{x} = \begin{pmatrix} 1 & 0 & 0 & 0 \\ 0 & 1 & 0 & 0 \\ 0 & 0 & c & s \\ 0 & 0 & -s & c \end{pmatrix} \cdot \begin{pmatrix} x_1 \\ x_2 \\ x_3 \\ x_4 \end{pmatrix} = \begin{pmatrix} x_1 \\ x_2 \\ cx_3+sx_4 \\ -sx_3+cx_4 \end{pmatrix}.$$

1.3 Betrag und Normen

1.3.1 Betrag

Bei Näherungsverfahren tritt stets das Problem auf, Informationen oder Abschätzungen zur Genauigkeit der erzielten Näherung finden zu müssen. Grafisch entspricht dies der Abstandsmessung von zwei Punkten.

Auf der reellen Zahlengeraden wird der Abstand zwischen zwei Punkten a und b durch den Betrag der Differenz von a und b bestimmt.

Definition 1.22. Der *Betrag* einer reellen Zahl a ist erklärt durch

$$|a| = \begin{cases} a & a > 0 \\ 0 & \text{für } a = 0 \\ -a & a < 0 \end{cases}. \tag{1.25}$$

Der so eingeführte Betrag besitzt die Eigenschaften

$$\begin{aligned} |a| &> 0 & (a \in R, a \neq 0) \\ |c \cdot a| &= |c| \cdot |a| & (c, a \in R) \\ |a+b| &\leq |a| + |b| & (a, b \in R) \,. \end{aligned} \tag{1.26}$$

1.3.2 Vektor- und Matrixnormen

Eine solche Abstandsmessung muss bei numerischen Rechnungen ebenfalls für Vektoren und Matrizen

$$\mathbf{a} = \begin{pmatrix} a_1 \\ a_2 \\ \vdots \\ a_n \end{pmatrix}, \quad \mathbf{A} = \begin{pmatrix} a_{11} & \cdots & a_{1n} \\ \vdots & \ddots & \vdots \\ a_{n1} & \cdots & a_{nn} \end{pmatrix} \quad (a_j, a_{ik} \in R, i, j, k = 1, 2, \ldots, n)$$

möglich sein. Anstelle des oben erklärten Betrages für reelle Zahlen werden Normen für Vektoren **a** und Matrizen **A** definiert, die in den wesentlichen Eigenschaften dem eingeführten Betrag gleichen. Von Normen für Vektoren **a**, mit $\|\mathbf{a}\|$ bezeichnet, und für Matrizen **A**, mit $\|\mathbf{A}\|$ bezeichnet, wird gefordert

$$\|\mathbf{a}\| > 0 \qquad (\mathbf{a} \neq \mathbf{o})$$
$$\|c \cdot \mathbf{a}\| = |c| \cdot \|\mathbf{a}\| \qquad (c \in R) \qquad (1.27)$$
$$\|\mathbf{a} + \mathbf{b}\| \leq \|\mathbf{a}\| + \|\mathbf{b}\|$$

$$\|\mathbf{A}\| > 0 \qquad (\mathbf{A} \neq \mathbf{O})$$
$$\|c \cdot \mathbf{A}\| = |c| \cdot \|\mathbf{A}\| \qquad (c \in R) \qquad (1.28)$$
$$\|\mathbf{A} + \mathbf{B}\| \leq \|\mathbf{A}\| + \|\mathbf{B}\| \, .$$

Sowohl für die Norm von Vektoren als auch für die Norm von Matrizen lassen sich jeweils verschiedene Definitionen angeben, die die geforderten Eigenschaften befriedigen. Da Vektoren und Matrizen gleichzeitig in numerischen Rechnungen zu messen sind, z. B. bei der Auflösung linearer Gleichungssysteme, müssen die jeweils benutzten Definitionen der Norm für Vektoren und Matrizen zueinander passend (verträglich, kompatibel) sein (siehe Maess [48]).

Definition 1.23. Als *Norm* für einen Vektor $\mathbf{a} = (a_1, a_2, \ldots, a_n)^T$ $(a_i \in R)$ werden benutzt

$$(I) \quad \|\mathbf{a}\|_2 = \sqrt{\sum_{i=1}^{n} a_i^2} \qquad \textit{Euklidische Norm,}$$

$$(II) \quad \|\mathbf{a}\|_\infty = \max_i |a_i| \qquad \textit{Maximumnorm,} \qquad (1.29)$$

$$(III) \quad \|\mathbf{a}\|_1 = \sum_{i=1}^{n} |a_i| \qquad \textit{Betragssummennorm.}$$

Beispiel 1.32. Die oben eingeführten Normen für den Vektor $\mathbf{a} = (3 \ -2 \ 1)^T$ sind

$$\|\mathbf{a}\|_2 = \sqrt{(9 + 4 + 1)} = 3.7417 \, ,$$
$$\|\mathbf{a}\|_\infty = \max\{|3|, |-2|, |1|\} = 3 \, ,$$
$$\|\mathbf{a}\|_1 = |3| + |-2| + |1| = 6 \, .$$

Für den Vektor $\mathbf{b} = (6 \ -5 \ 2 \ -8)^T$ ergeben sich folgende Normen

$$\|\mathbf{b}\|_2 = \sqrt{(36 + 25 + 4 + 64)} = 11.3578 \, ,$$
$$\|\mathbf{b}\|_\infty = \max\{|6|, |-5|, |2|, |-8|\} = 8 \, ,$$
$$\|\mathbf{b}\|_1 = |6| + |-5| + |2| + |-8| = 21 \, .$$

Abschnitt 1.3 Betrag und Normen

Definition 1.24. Als zu den Vektornormen passende Normen für eine Matrix

$$\mathbf{A} = \begin{pmatrix} a_{11} & \cdots & a_{1n} \\ \vdots & \ddots & \vdots \\ a_{n1} & \cdots & a_{nn} \end{pmatrix} \quad (a_{ij} \in R)$$

können verwendet werden

$$(I) \quad \|\mathbf{A}\|_2 = \sqrt{\sum_{i=1}^{n}\sum_{j=1}^{n} a_{ij}^2} \quad \text{Schursche Norm,}$$

$$(II) \quad \|\mathbf{A}\|_\infty = \max_i \sum_{j=1}^{n} |a_{ij}| \quad \text{Zeilensummennorm,} \quad (1.30)$$

$$(III) \quad \|\mathbf{A}\|_1 = \max_j \sum_{i=1}^{n} |a_{ij}| \quad \text{Spaltensummennorm.}$$

Beispiel 1.33. Für die Matrix

$$\mathbf{A} = \begin{pmatrix} 2 & -3 \\ 4 & 1 \end{pmatrix}$$

ergeben diese Normen die Werte

$$\|\mathbf{A}\|_2 = \sqrt{(4+9+16+1)} = 5.4772,$$
$$\|\mathbf{A}\|_\infty = \max\{(|2|+|-3|),(|4|+|1|)\} = 5,$$
$$\|\mathbf{A}\|_1 = \max\{(|2|+|4|),(|-3|+|1|)\} = 6.$$

Die Matrix

$$\mathbf{B} = \begin{pmatrix} 1 & -3 & 5 \\ -2 & 4 & -6 \\ 0 & -1 & 7 \end{pmatrix}$$

hat folgende Normen

$$\|\mathbf{B}\|_2 = \sqrt{1+9+25+4+16+36+0+1+49} = 11.8743,$$
$$\|\mathbf{B}\|_\infty = \max\{(|1|+|-3|+|5|),(|-2|+|4|+|-6|),$$
$$(|0|+|-1|+|7|)\} = 12,$$
$$\|\mathbf{B}\|_1 = \max\{(|1|+|-2|+|0|),(|-3|+|4|+|-1|),$$
$$(|5|+|-6|+|7|)\} = 18.$$

Im Weiteren werden die Vektornormen $\|\mathbf{a}\|_1$ bzw. $\|\mathbf{a}\|_\infty$ und die Matrixnormen $\|\mathbf{A}\|_1$ bzw. $\|\mathbf{A}\|_\infty$ benutzt.

1.4 Aufgaben

Aufgabe 1.1. Gegeben sind die Matrizen **A** vom Typ (4, 4) und **B** vom Typ (2, 4). Welche der folgenden Matrizenoperationen sind ausführbar?

$\mathbf{A}+\mathbf{B}$, $\mathbf{A}^T+\mathbf{B}^T$, $\mathbf{A}\cdot\mathbf{B}$, $\mathbf{B}\cdot\mathbf{A}$, $\mathbf{A}^T\cdot\mathbf{B}$, $\mathbf{A}\cdot\mathbf{B}^T$, $\mathbf{B}\cdot\mathbf{A}^T$, $\mathbf{B}^T\cdot\mathbf{A}$, $\mathbf{A}^T\cdot\mathbf{B}^T$, $\mathbf{B}^T\cdot\mathbf{A}^T$.

Aufgabe 1.2. Gegeben sind die Matrizen

$$\mathbf{A}=\begin{pmatrix} 2 & -1 & 5 & 3 \\ 3 & -6 & -1 & 4 \\ -2 & 5 & 7 & -3 \end{pmatrix}, \quad \mathbf{B}=\begin{pmatrix} 1 & 4 & 7 \\ -3 & -4 & -2 \\ 4 & 0 & -1 \end{pmatrix}, \quad \mathbf{C}=\begin{pmatrix} 8 & -9 & 3 \\ -7 & 2 & -5 \\ 3 & -6 & -2 \end{pmatrix}.$$

Berechnen Sie, falls möglich, die Matrizenausdrücke

$2\cdot\mathbf{A}$, $\quad 3\cdot\mathbf{B}-5\cdot\mathbf{C}$, $\quad 4\cdot\mathbf{C}+\mathbf{A}^T$, $\quad 9\cdot\mathbf{C}^T-7\cdot\mathbf{B}$, $\quad \mathbf{A}+\mathbf{B}^T-\mathbf{C}$.

Aufgabe 1.3. Gegeben sind die Matrizen

$$\mathbf{A}=\begin{pmatrix} 3 & -2 & 1 \\ 4 & 3 & -5 \\ -1 & -4 & 0 \\ 5 & -6 & 2 \end{pmatrix}, \quad \mathbf{B}=\begin{pmatrix} 3 & -4 \\ -2 & 7 \\ 1 & 5 \end{pmatrix}, \quad \mathbf{C}=\begin{pmatrix} 2 & 6 & -1 & 3 \\ -3 & 0 & 4 & -5 \end{pmatrix}.$$

Bestimmen Sie, falls möglich, die Matrizenprodukte

$\mathbf{A}\cdot\mathbf{B}$, $\quad \mathbf{B}\cdot\mathbf{A}$, $\quad \mathbf{A}\cdot\mathbf{C}$, $\quad \mathbf{C}\cdot\mathbf{A}$, $\quad \mathbf{A}\cdot\mathbf{B}\cdot\mathbf{C}$, $\quad \mathbf{A}^T\cdot\mathbf{B}$, $\quad \mathbf{A}\cdot\mathbf{B}^T$, $\quad \mathbf{C}\cdot\mathbf{B}^T$,

$\mathbf{C}^T\cdot\mathbf{B}$, $\quad \mathbf{A}^T\cdot\mathbf{C}\cdot\mathbf{B}^T$, $\quad \mathbf{C}^T\cdot\mathbf{A}\cdot\mathbf{B}^T$.

Aufgabe 1.4. Gegeben sind die Matrizen

$$\mathbf{A}=\begin{pmatrix} 2 & 1 \\ 3 & -2 \end{pmatrix}, \quad \mathbf{B}=\begin{pmatrix} 1 & 2 & 3 & 4 \\ 2 & 3 & 4 & 5 \\ 3 & 4 & 5 & 6 \\ 4 & 5 & 6 & 7 \end{pmatrix}.$$

Sind die Matrizen **A**, **B** symmetrisch?
Geben Sie für die Matrizen **A**, **B** jeweils die obere und untere Dreiecksform an.
Prüfen Sie, ob **A**, **B** reguläre Matrizen sind.

Aufgabe 1.5. Gegeben sind die symmetrischen Matrizen

$$\mathbf{A}=\begin{pmatrix} 4 & -2 & 1 \\ -2 & 6 & 3 \\ 1 & 3 & 5 \end{pmatrix}, \quad \mathbf{B}=\begin{pmatrix} 6 & 1 & 3 & -1 \\ 1 & 4 & 2 & 0 \\ 3 & 2 & 5 & 1 \\ -1 & 0 & 1 & 7 \end{pmatrix}.$$

Prüfen Sie, ob **A**, **B** positiv definite Matrizen sind.

Aufgabe 1.6. Gegeben sind die Matrizen

$$A = \begin{pmatrix} 2 & 1 \\ 3 & -2 \end{pmatrix}, \quad B = \begin{pmatrix} 4 & -3 & 2 \\ -3 & 7 & -1 \\ 2 & -1 & 4 \end{pmatrix}, \quad C = \begin{pmatrix} 1 & 2 & 3 & 4 \\ 2 & 3 & 4 & 5 \\ 3 & 4 & 5 & 6 \\ 4 & 5 & 6 & 7 \end{pmatrix}.$$

Bilden Sie die inversen Matrizen A^{-1}, B^{-1}, C^{-1}.
Berechnen Sie für die Matrizen die Normen $\|\cdot\|_1$, $\|\cdot\|_\infty$.

Aufgabe 1.7. Bestimmen Sie den Wert der folgenden Determinanten

$$\begin{vmatrix} 1 & 2 & 3 \\ 4 & 5 & 6 \\ 7 & 8 & 9 \end{vmatrix}, \quad \begin{vmatrix} 2 & 0 & -3 & 4 \\ 0 & 1 & 1 & -2 \\ 1 & -4 & 0 & -3 \\ 3 & -1 & 2 & -4 \end{vmatrix}, \quad \begin{vmatrix} 1 & 2 & 0 & 3 & -2 \\ -1 & -1 & 6 & 0 & 2 \\ 0 & 1 & 3 & 0 & 0 \\ -5 & 4 & 3 & 0 & 1 \\ 2 & 0 & 1 & 5 & 4 \end{vmatrix}.$$

Aufgabe 1.8. Für welche Werte des Parameters λ ist der Wert der Determinante gleich null?

$$\begin{vmatrix} 1+\lambda & 2 \\ 3 & 1-\lambda \end{vmatrix}, \quad \begin{vmatrix} 1+\lambda & 2-\lambda & \lambda \\ 1 & 0 & 3+\lambda \\ 2 & 1 & 0 \end{vmatrix}, \quad \begin{vmatrix} 1 & 4\lambda & 3 \\ 0 & -2\lambda & 6 \\ 6 & -3\lambda & 5 \end{vmatrix}.$$

Aufgabe 1.9. Berechnen Sie den Wert der Determinante

$$\begin{vmatrix} 1 & 1 & 1 \\ \cos t & \sin t & 0 \\ -\sin t & \cos t & 0 \end{vmatrix}, \quad \begin{vmatrix} 2+3i & 1-4i \\ -1-4i & 2-3i \end{vmatrix}, \quad \begin{vmatrix} 1+i & i & -1+2i \\ 0 & 2i & 1 \\ -1-2i & 0 & -2i \end{vmatrix}.$$

Aufgabe 1.10. Bestimmen Sie den Wert der Vandermondeschen Determinante V und den Wert der Determinante D

$$V = \begin{vmatrix} 1 & x_1 & x_1^2 & \cdots & x_1^{n-1} \\ 1 & x_2 & x_2^2 & \cdots & x_2^{n-1} \\ \vdots & \vdots & \vdots & \ddots & \vdots \\ 1 & x_n & x_n^2 & \cdots & x_n^{n-1} \end{vmatrix}, \quad D = \begin{vmatrix} a & b & b & \cdots & b & b \\ b & a & b & \cdots & b & b \\ b & b & a & \cdots & b & b \\ \vdots & \vdots & \vdots & \ddots & \vdots & \vdots \\ b & b & b & \cdots & a & b \\ b & b & b & \cdots & b & a \end{vmatrix} \quad \text{für } a \neq b.$$

Aufgabe 1.11. Zeigen Sie, dass sich der Flächeninhalt A eines Dreiecks mit den drei Eckpunkten $P_i(x_i, y_i)$ ($i = 1, 2, 3$) berechnet zu

$$A = \frac{1}{2} \begin{vmatrix} 1 & x_1 & y_1 \\ 1 & x_2 & y_2 \\ 1 & x_3 & y_3 \end{vmatrix}.$$

Aufgabe 1.12. Schreiben Sie die Systeme von Funktionen in Matrizenform und lösen Sie diese Systeme nach den Variablen x_i auf

$$\begin{aligned} y_1 &= x_1 + 2x_2 - x_3 \\ y_2 &= - x_2 + 4x_3 \\ y_3 &= -x_1 - 3x_2 + 5x_3 \end{aligned} \quad , \quad \begin{aligned} y_1 &= 2x_1 - x_2 - x_3 + x_4 \\ y_2 &= -x_1 + x_2 - x_3 + 3x_4 \\ y_3 &= -2x_1 + 4x_2 + x_3 - 3x_4 \\ y_4 &= 2x_2 - 3x_3 + 4x_4 \end{aligned}.$$

Aufgabe 1.13. Beweisen Sie, dass das Produkt zweier orthogonaler Matrizen wieder eine orthogonale Matrix ergibt.

Kapitel 2
Numerisches Rechnen und Fehler

2.1 Fehler

2.1.1 Fehlerarten

In allen numerischen Methoden und Rechnungen treten Fehler auf. Wir müssen uns von Anfang an darüber im Klaren sein, dass immer Fehler vorhanden sind, auch wenn in der Behandlung der Methoden nicht ständig explizit davon gesprochen wird. Es muss ebenfalls berücksichtigt werden, dass in gewissen Fällen die Fehlerfortpflanzung von an sich kleinen Fehlern schließlich zu unsinnigen Ergebnissen führen kann. Daher gehört zu den numerischen Verfahren korrekterweise eine Abschätzung der möglichen Fehler, die sich allerdings in der Praxis nicht immer nachvollziehen lässt. Bei numerischen Berechnungen werden zwei Arten von Fehlern unterschieden:

- absolute Fehler und
- relative Fehler.

Definition 2.1. Es sei $x \neq 0$ ein exakter Zahlenwert und $\tilde{x}$ ein Näherungswert für x. Dann ist

$$\Delta = \Delta x = \tilde{x} - x \qquad \text{der } \textit{absolute Fehler},$$

$$\delta = \delta x = \frac{\tilde{x} - x}{x} = \frac{\Delta x}{x} \qquad \text{der } \textit{relative Fehler}.$$

In numerischen Rechnungen vorkommende Fehler lassen sich in drei Gruppen einteilen:

- Fehler in den Eingabedaten

Messdaten haben nur eine begrenzte Genauigkeit. Durch Rundung der Werte können Fehler in den Eingabedaten entstehen.

- Verfahrensfehler

Sie verkörpern den Unterschied zwischen dem analytischen und dem numerischen Vorgehen bei der Lösung des Problems und können verschiedene Ursachen haben.

Beispielsweise können digitale Rechner nur die Grundrechenarten ausführen, und zwar nur Folgen von endlich vielen Operationen. Daher müssen nichtrationale Funktionen (Wurzeln, Logarithmen, Winkelfunktionen usw.) durch endliche Folgen arithmetischer Operationen ersetzt werden. Die Exponentialfunktion kann zum Beispiel

durch
$$e^x \approx 1 + x + \frac{x^2}{2} + \frac{x^3}{6}$$
approximiert werden. In numerischen Verfahren wird oft das zu lösende Problem diskretisiert. So entstehen bei Auswertungen von bestimmten Integralen Fehler durch die Diskretisierung des Integranden
$$\int_a^b f(x)dx \approx \sum_{i=1}^{n} f(\xi_i) \Delta x_i$$
mit $x_1 = a, x_n = b, \Delta x_i = x_i - x_{i-1}, \xi_i \in [x_{i-1}, x_i]$ $(i = 1, 2, \ldots, n)$.
- Rundungsfehler

2.1.2 Numerisch stabile und instabile Algorithmen

Das Problem der *numerischen Stabilität* von Algorithmen soll an einem Beispiel demonstriert werden. Dieses Beispiel kann auch als Aufforderung verstanden werden, numerischen Berechnungen mit einer gewissen Skepsis zu begegnen.

Es ist die Zahl π zu bestimmen. Beim Einheitskreis gilt für den Kreisumfang $U = 2\pi$. Bereits der griechische Mathematiker Archimedes schätzte den Kreisumfang U durch einbeschriebene Polygone ab und konnte somit Näherungen für π finden.

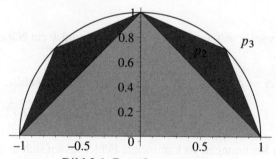

Bild 2.1. Berechnung von π.

Zeichnet man z. B. in den Einheitskreis ein gleichseitiges Viereck oder 2^2-Eck bzw. ein gleichseitiges Achteck oder 2^3-Eck, so ergeben sich die Seitenlängen q_2 des gleichseitigen Vierecks bzw. q_3 des gleichseitigen Achtecks zu (s. Bild 2.1)
$$q_2 = \sqrt{2}, \quad q_3 = \sqrt{2 - \sqrt{2}}.$$
Es sei U_n der Umfang eines dem Einheitskreis einbeschriebenen 2^n-Ecks, und es bezeichne $p_n = U_n/2$. Für das gleichseitige Viereck und das gleichseitige Achteck folgen
$$p_2 = 2\sqrt{2}, \quad p_3 = 4\sqrt{2 - \sqrt{2}}.$$

Das Vorgehen kann fortgeführt werden, so dass dem Einheitskreis nacheinander jeweils ein 2^n-Eck für $n = 4, 5, \ldots$ einbeschrieben ist. Für die halben Umfänge p_n dieser 2^n-Ecke hat Archimedes die Rekursionsformel

$$p_1 = 2, \quad p_n = 2^{n-1} \sqrt{2\left\{1 - \sqrt{\left(1 - \frac{p_{n-1}^2}{2^{2n-2}}\right)}\right\}} \quad (n = 2, 3, 4, \ldots) \qquad (2.1)$$

gefunden. Es kann bewiesen werden, dass $\lim_{n \to \infty} p_n = \pi$ gilt. Theoretisch streben die Zahlen p_n mit größer werdendem n gegen die Zahl π.

Die in der Tabelle 2.1 zusammengestellten numerischen Auswertungen von Formel (2.1) bei Begrenzung auf zehn bzw. zwanzig Dezimalstellen führen zu unsinnigen Ergebnissen. Da der Algorithmus richtig ist, kommt es durch sich verstärkende Fehler bei den numerischen Rechnungen zu den falschen Ergebnissen.

Durch Umrechnung kann die Formel (2.1) in eine andere Gestalt überführt werden. Es ergibt sich nacheinander

$$p_n = 2^{n-1} \cdot \sqrt{2\left\{1 - \sqrt{\left(1 - \frac{p_{n-1}^2}{2^{2n-2}}\right)}\right\}}$$

$$p_n^2 = 2^{2n-2} \cdot 2\{1 - \sqrt{\ldots}\} = \frac{2^{2n-2} \cdot 2\{1 - \sqrt{\ldots}\}\{1 + \sqrt{\ldots}\}}{1 + \sqrt{\ldots}}$$

$$= \frac{2^{2n-2} \cdot 2\left\{1 - \left(1 - \frac{p_{n-1}^2}{2^{2n-2}}\right)\right\}}{1 + \sqrt{\ldots}} = \frac{4 \cdot p_{n-1}^2}{2\{1 + \sqrt{\ldots}\}}$$

$$p_n = \frac{2 \cdot p_{n-1}}{\sqrt{2\left\{1 + \sqrt{\left(1 - \frac{p_{n-1}^2}{2^{2n-2}}\right)}\right\}}} . \qquad (2.2)$$

Die numerische Auswertung der Formel (2.2) ergibt eine Zahlenfolge $p_1, p_2, \ldots$, die auch bei endlicher Stellenzahl stets zu einer Näherung für die Zahl π führt. Der numerisch *instabile* Algorithmus in der Formel (2.1) ist durch diese Umstellung in den numerisch *stabilen* Algorithmus in der Formel (2.2) überführt worden. In der dritten Spalte der Tabelle 2.1 ist die Auswertung der Formel (2.2) bei Begrenzung auf zwanzig Dezimalstellen angeführt.

2.2 Maschinenzahlen

Bereits einfache Beispiele zeigen einen besonders zu beachtenden Punkt bei numerischen Rechnungen. Anstelle von beliebigen reellen Zahlen muss mit *Maschinenzahlen* gerechnet werden.

n	p_n nach (2.1) 9 Dezimalen	p_n nach (2.1) 20 Dezimalen	p_n nach (2.2) 20 Dezimalen
1	2.000000000	2.00000000000000000000	2.00000000000000000000
2	2.828427125	2.82842712474619009760	2.82842712474619009760
3	3.061467459	3.06146745892071817383	3.06146745892071817382
4	3.121445153	3.12144515225805228554	3.12144515225805228556
5	3.136548491	3.13654849054593926390	3.13654849054593926380
6	3.140331164	3.14033115695475291226	3.14033115695475291230
7	3.141277258	3.14127725093277286776	3.14127725093277286804
8	3.141513781	3.14151380114430108032	3.14151380114430107632
9	3.141572714	3.14157294036709141850	3.14157294036709138414
10	3.141586274	3.14158772527715986672	3.14158772527715970064
11	3.141594618	3.14159142151120050140	3.14159142151119997400
12	3.141594618	3.14159234557011644158	3.14159234557011774234
13	3.141661371	3.14159257658487388445	3.14159257658487266568
14	3.141928372	3.14159263433855725314	3.14159263433856298908
15	3.142996147	3.14159264877684442058	3.14159264877698566948
16	3.142996147	3.14159265238692353568	3.14159265238659134580
17	3.142996147	3.14159265329264752603	3.14159265328899276526
18	3.210595196	3.14159265351138841423	3.14159265351459312016
19	2.621440000	3.14159265356607363628	3.14159265357099320888
20	0	3.14159265378481452445	3.14159265358509323106
21	.	3.14159265334733274808	3.14159265358861823660
22	.	3.14159265509725985321	3.14159265358949948800
23	.	3.14159266209696826395	3.14159265358971980084
24		3.14159260609930054130	3.14159265358977487906
25		3.14159271809463498846	3.14159265358978864862
26		3.14159271809463498847	3.14159265358979209100
27		3.14159092616880472792	3.14159265358979295160
28		3.14158375845526273214	3.14159265358979316676
29		3.14161242921131017638	3.14159265358979322054
30		3.14149774461714521132	3.14159265358979323398
31		3.14149774461714521133	3.14159265358979323734
32		3.14149774461714521133	3.14159265358979323818
33		3.12678338857460069443	3.14159265358979323838
34		3.09714496243378424793	3.14159265358979323842
35		2.97564062940748689726	3.14159265358979323844
36		3.43597383680000000000	3.14159265358979323844
37		0	.
38		.	.

Tabelle 2.1. Auswertung der Näherungsformel für π.

In der reellen Analysis erfolgen die Untersuchungen auf der Menge der reellen Zahlen $\mathbb{R}$. Die Rechengesetze auf dieser Menge sind als bekannt vorausgesetzt. Auf Rechenautomaten können reelle Zahlen nur mit endlich vielen Stellen als Maschinenzahlen gespeichert und verarbeitet werden. Sie sind nur eine Teilmenge der Menge der reellen Zahlen. Es zeigt sich, dass die Rechengesetze für die reellen Zahlen nicht in vollem Umfang für Maschinenzahlen gelten, was zu Fehlleistungen der Rechenmaschinen führen kann.

2.2.1 Zahlendarstellungen

Man kann Maschinenzahlen mit verschiedenen Festlegungen benutzen. Wir werden zu Übungszwecken unterschiedliche Darstellungen in den Beispielen zulassen.

Spricht man von Zahlen mit m *Dezimalen*, dann bedeutet das, dass diese Zahlen m Ziffern nach dem Dezimalpunkt oder -komma haben: $g_2 g_1.z_1 z_2 \ldots z_m$.

Beispiel 2.1. Zahlen mit fünf Dezimalen: 3.41063, 0.02031, 678.00201.

Diese Form wird als *Fixpunktdarstellung* bezeichnet. Auf die Fixpunktdarstellung gehen wir nicht ein, da sie bei modernen Rechnern keine große Rolle spielt. Rechner arbeiten meistens mit einer *Gleitpunktdarstellung* der Art

$$y = (\text{sgn})\, a \cdot 10^e \tag{2.3}$$

für Maschinenzahlen. Bei der Gleitpunktdarstellung heißen a die *Mantisse* und e der *Exponent*. Die Mantisse besteht aus m Ziffern $d_1, d_2, \ldots, d_m$. Es gibt zwei Arten der Normung:

I. $a = d_1.d_2 \ldots d_m$ ($d_1 \neq 0$),

II. $a = 0.d_1 d_2 \ldots d_m$ ($d_1 \neq 0$).

Beide Arten sind äquivalent. Für die d_i gilt $0 \leq d_i \leq 9$ ($i = 1, 2, \ldots, m$).

Wir werden beide Darstellungsformen als Demonstration nebeneinander benutzen. In Computern ist häufig die zweite Art realisiert.

Der Exponent e ist eine Vorzeichen behaftete ganze Zahl. Für den Exponenten e ist je nach Maschine und Software ein gewisses Intervall $-\underline{K} \leq e \leq \overline{K}$ zugelassen. Der übliche Bereich in Taschenrechnern ist z. B. $-99 \leq e \leq 99$.

Die reelle Zahl 0 wird davon abweichend durch $0 = 0.00\ldots0 \cdot 10^0$ dargestellt.

Die betragsmäßig kleinste von null verschiedene Maschinenzahl und die betragsmäßig größte Maschinenzahl zweiter Art sind

$$y_{\min} = 0.10\ldots0 \cdot 10^{-\underline{K}} \quad \text{und} \quad y_{\max} = 0.99\ldots9 \cdot 10^{\overline{K}}.$$

Die Menge der Maschinenzahlen ist endlich. Sie besteht aus der Null und allen mit m Ziffern und den Exponenten e darstellbaren Zahlen.

2.2.2 Rundung

Da mit den Maschinenzahlen nur ein Teil der Menge der reellen Zahlen erfasst werden kann, muss es eine Vorschrift geben, um die anderen reellen Zahlen auf jeweils eine der Maschinenzahlen abzubilden, und sie dann so weiter zu verarbeiten. Es gibt zwei Vorgehensweisen, um einer beliebigen reellen Zahl x eine Maschinenzahl y zuzuordnen. Das Vorgehen wird für die Darstellungsart II. beschrieben. Bei der Darstellungsart I. ist das Vorgehen äquivalent.

Aus der Analysis ist bekannt, dass jede reelle Zahl x durch einen Dezimalbruch darstellbar ist, der in der Form

$$x = (\text{sgn}) \cdot (0.d_1 d_2 \ldots d_m d_{m+1} \ldots) \cdot 10^e \quad (2.4)$$

geschrieben werden kann. Bei der Zuordnung x zu y geht es darum, über d_{m+1} und die nachfolgenden Dezimalstellen Aussagen zu treffen.

Abbruch

Definition 2.2. Es gilt

$$y = \text{chp}(x) = \text{sgn} \cdot (0.d_1 d_2 \ldots d_m) \cdot 10^e. \quad (2.5)$$

Die überzähligen Dezimalstellen $d_{m+1}, \ldots$ werden weggelassen. Man spricht von m *gültigen Ziffern* für die Zahl x.

Beispiel 2.2.

$$x = 0.1198 = 0.1198 \cdot 10^0, \qquad m = 2: \; y = 0.11 \cdot 10^0,$$
$$x = -3624 = -0.3624 \cdot 10^4, \qquad m = 2: \; y = -0.36 \cdot 10^4,$$
$$x = 4.899999 = 0.4899999 \cdot 10^1, \qquad m = 4: \; y = 0.4899 \cdot 10^1.$$

Rundung

Definition 2.3. Es gilt

$$y = \text{rd}(x) = (\text{sgn}) \cdot (0.d'_1 d'_2 \ldots d'_m) \cdot 10^e. \quad (2.6)$$

Ist $d_{m+1} \leq 4$ bleibt d_m erhalten. Bei $d_{m+1} \geq 5$ wird d_m um 1 erhöht. Durch eventuelle Überträge kann diese Erhöhung auch auf d_j mit $1 \leq j \leq (m-1)$ wirken.

Beispiel 2.3.

$$x = 0.1198 = 0.1198 \cdot 10^0, \qquad m = 2: \; y = 0.12 \cdot 10^0,$$
$$x = -3624 = -0.3624 \cdot 10^4, \qquad m = 2: \; y = -0.36 \cdot 10^4,$$
$$x = 4.899999 = 0.4899999 \cdot 10^1, \qquad m = 4: \; y = 0.4900 \cdot 10^1.$$

2.2.3 Unterlauf, Überlauf

Definition 2.4. Ist $|x| < y_{\min}$, wird $y = 0.00\ldots 0 \cdot 10^0$ gesetzt. Es wird in der Regel kein Fehler angezeigt und mit dem Zwischenergebnis null weiter gerechnet. Ist $|x| > y_{\max}$, wird der Maschinenzahlbereich überschritten. Die Rechnung wird infolge Überlauf abgebrochen.

2.3 Fehlerfortpflanzung

Ein wesentliches Problem bei Benutzung numerischer Methoden ist die Fortpflanzung von Fehlern, die bereits mit den Eingangsdaten eingebracht werden. Wie wirken sich solche Eingangsfehler auf das Endresultat aus und welche Fehlerschranken müssen bei erhaltenen numerischen Ergebnissen berücksichtigt werden?

2.3.1 Maximalfehler

Wir betrachten eine Funktion $z = f(x, y)$ in dem Definitionsbereich D. Die Funktion sei in D nach beiden Variablen differenzierbar.

Die Untersuchungen lassen sich ohne Schwierigkeiten auf Funktionen von mehreren Variablen ausbauen.

Bei der numerischen Rechnung sind die Variablen x und y durch Näherungswerte $\tilde{x}$ und $\tilde{y}$ gegeben. Wenn damit nach der Funktionsvorschrift das Resultat $\tilde{z} = f(\tilde{x}, \tilde{y})$ berechnet wird, so ist $\tilde{z}$ ebenfalls nur ein Näherungswert für den exakten Wert z. Gesucht werden Abschätzungen für die Abweichungen

$$\Delta z = \tilde{z} - z \quad \text{bzw.} \quad \delta z = \frac{\tilde{z} - z}{z},$$

wenn Abweichungen $\Delta x, \Delta y$ bzw. $\delta x, \delta y$ in D bekannt sind.

Wir benutzen die Taylorreihenentwicklung der Funktion $f(\tilde{x}, \tilde{y})$ in D an der Stelle $(x, y) \in D$ und brechen die Reihenentwicklung nach den linearen Gliedern ab:

$$\begin{aligned} f(\tilde{x}, \tilde{y}) &= f(x + \Delta x, y + \Delta y) \\ &= f(x, y) + \frac{\partial f(x, y)}{\partial x} (\tilde{x} - x) + \frac{\partial f(x, y)}{\partial y} (\tilde{y} - y) + \cdots \\ &\approx f(x, y) + \frac{\partial f(x, y)}{\partial x} (\tilde{x} - x) + \frac{\partial f(x, y)}{\partial y} (\tilde{y} - y). \end{aligned}$$

Unter Berücksichtigung von

$$f(\tilde{x}, \tilde{y}) - f(x, y) = \tilde{z} - z = \Delta z$$

folgt bei Beschränkung auf lineare Glieder

$$\Delta z = \frac{\partial f(x, y)}{\partial x} \Delta x + \frac{\partial f(x, y)}{\partial y} \Delta y. \tag{2.7}$$

Hieraus lässt sich in D eine Maximalabschätzung für Δz gewinnen:

$$|\Delta z| \leq \left|\frac{\partial f(x,y)}{\partial x}\right| |\Delta x| + \left|\frac{\partial f(x,y)}{\partial y}\right| |\Delta y|. \tag{2.8}$$

Um eine Maximalabschätzung für die Abweichung des Näherungswertes $\tilde{z}$ vom exakten Wert z zu erhalten, müssen Abschätzungen der partiellen Ableitungen der Funktion $f(x,y)$ sowohl nach x als auch nach y im Definitionsbereich der Funktion $f(x,y)$ möglich sein.

Auf ähnliche Weise kann eine Maximalabschätzung für die relativen Fehler gefunden werden. Es gilt

$$\delta z = \frac{\tilde{z}-z}{z} = \frac{\Delta z}{f(x,y)} = \frac{x}{f(x,y)} \frac{\partial f(x,y)}{\partial x} \frac{\Delta x}{x} + \frac{y}{f(x,y)} \frac{\partial f(x,y)}{\partial y} \frac{\Delta y}{y}.$$

Daraus folgt als Maximalabschätzung im D

$$|\delta z| \leq \left|\frac{x}{f(x,y)} \frac{\partial f(x,y)}{\partial x}\right| |\delta x| + \left|\frac{y}{f(x,y)} \frac{\partial f(x,y)}{\partial y}\right| |\delta y|. \tag{2.9}$$

Beispiel 2.4. Gegeben sind folgende Eingangsgrößen und Abweichungen:

$$\tilde{x} = 3.4, \quad \Delta x = -0.04, \quad \delta x = -1.163 \cdot 10^{-2},$$
$$\tilde{y} = 68, \quad \Delta y = 0.4, \quad \delta y = 5.92 \cdot 10^{-3}.$$

Für die Funktion

$$z = f(x,y) = x + y \quad (D: x > 0, y > 0)$$

ergeben sich

$$\frac{\partial f}{\partial x} = 1, \quad \frac{\partial f}{\partial y} = 1 \quad \text{und} \quad |\Delta z| \leq 1 \cdot 0.04 + 1 \cdot 0.4 = 0.44.$$

Als Ergebnis folgt

$$\tilde{z} = 71.4 \quad \text{und} \quad \Delta z \leq 0.44 \quad \text{oder} \quad z = 71.4 \pm 0.44.$$

Für den relativen Fehler erhält man:

$$|\delta z| \leq \left|\frac{x}{x+y} \cdot 1\right| \cdot 1.163 \cdot 10^{-2} + \left|\frac{y}{x+y} \cdot 1\right| \cdot 5.92 \cdot 10^{-3}$$
$$\leq 1.163 \cdot 10^{-2} + 5.92 \cdot 10^{-3} = 1.755 \cdot 10^{-2}.$$

Der relative Fehler ist kleiner als 1.8 %.

Abschnitt 2.3 Fehlerfortpflanzung

Beispiel 2.5. Die Schwingungsdauer T des mathematischen Pendels der Länge l beim Wirken der Erdbeschleunigung g berechnet sich zu

$$T = 2\pi \sqrt{\frac{l}{g}} \quad (D: l > 0, g > 0).$$

Die Größen l und g haben einen relativen Messfehler von höchstens 0.1 %. Welchen prozentualen Fehler für den Wert T hat man höchstens zu erwarten?

Es sind $\delta l = \Delta l / l = 0.001$ sowie $\delta g = \Delta g / g = 0.001$ gegeben und $\delta T = \Delta T / T$ gesucht. Mit

$$T = T(l, g) = 2\pi \sqrt{\frac{l}{g}} \quad \text{folgen} \quad \frac{\partial T}{\partial l} = \frac{\pi}{\sqrt{g \cdot l}} \quad \text{und} \quad \frac{\partial T}{\partial g} = -\pi \sqrt{\frac{l}{g^3}}.$$

Damit ergibt sich

$$\delta T = \frac{l}{T(l,g)} \cdot \frac{\partial T}{\partial l} \cdot \delta l + \frac{g}{T(l,g)} \cdot \frac{\partial T}{\partial g} \cdot \delta g$$

$$= \frac{l}{2\pi \sqrt{\frac{l}{g}}} \cdot \frac{\pi}{\sqrt{g \cdot l}} \cdot \delta l - \frac{g}{2\pi \sqrt{\frac{l}{g}}} \cdot \pi \sqrt{\frac{l}{g^3}} \cdot \delta g = \frac{1}{2}\delta l - \frac{1}{2}\delta g.$$

Man erhält $|\delta T| \leq 1/2 |\delta l| + 1/2 |\delta g| = 0.001$. Der relative Fehler von T ist ≤ 0.1 %.

2.3.2 Fehlerquadratsumme

Da bei den Maximalabschätzungen die Vorzeichen der Abweichungen unberücksichtigt bleiben, überlagern sich alle Einflüsse in einer Richtung, was im allgemeinen zu überhöhten Maximalschranken führt. Gauß hat eine Abschätzung mit der Fehlerquadratsumme eingeführt.

Definition 2.5. Als Fehlerquadratsumme wird in D erklärt

$$\Delta z_m = \sqrt{\left[\frac{\partial f(x,y)}{\partial x} \cdot \Delta x\right]^2 + \left[\frac{\partial f(x,y)}{\partial y} \cdot \Delta y\right]^2}. \tag{2.10}$$

Δz_m heißt *mittlerer absoluter Fehler*, $\frac{\Delta z_m}{z}$ *mittlerer relativer Fehler*.

Wie der Name ausdrückt, geben die mittleren Fehler keine oberen Schranken an. Sie können in ungünstigen Fällen überschritten werden.

Beispiel 2.6. In einem Experiment werden Temperaturen T_1 und T_2 gemessen, die absoluten Fehler ΔT_1 und ΔT_2 seien bekannt. In der Auswertung sind Abschätzungen des absoluten Fehlers Δz und des mittleren absoluten Fehlers Δz_m der Temperaturdifferenz $z = T_2 - T_1$ gesucht.

Mit $\partial z/\partial T_1 = -1$, $\partial z/\partial T_2 = 1$ ergeben sich als Abschätzungen für den absoluten Fehler

$$|\Delta z| \leq |\Delta T_1| + |\Delta T_2|$$

und für den mittleren absoluten Fehler

$$\Delta z_m = \sqrt{(-\Delta T_1)^2 + (\Delta T_2)^2}.$$

Im speziellen Fall $\Delta T_1 = \Delta T_2 = \Delta T$ werden $|\Delta z| \leq 2\Delta T$ und $\Delta z_m = \sqrt{2}\,\Delta T$.

Beispiel 2.7. Die Knickkraft F eines runden Stabes mit dem Durchmesser d, der Länge l und dem Elastizitätsmodul E berechnet sich zu

$$F(d,l,E) = \frac{\pi^3}{64} \cdot \frac{d^4 E}{l^2}.$$

Für die Eingangsgrößen d, l, E sind die relativen Fehler $\delta d, \delta l, \delta E$ bekannt. Zu bestimmen ist der relative mittlere Fehler $\Delta F_m/F$.

Es gilt

$$\frac{\partial F}{\partial d} = \frac{\pi^3}{64}\frac{4d^3 E}{l^2}, \quad \frac{\partial F}{\partial l} = \frac{\pi^3}{64}\frac{(-2d^4 E)}{l^3}, \quad \frac{\partial F}{\partial E} = \frac{\pi^3}{64}\frac{d^4}{l^2}.$$

Damit folgt für den mittleren absoluten Fehler

$$\Delta F_m = \frac{\pi^3}{64}\sqrt{\left(\frac{4d^3 E}{l^2}\right)^2 \cdot \Delta d^2 + \left(\frac{2d^4 E}{l^3}\right)^2 \cdot \Delta l^2 + \left(\frac{d^4}{l^2}\right)^2 \cdot \Delta E^2}$$

$$= \frac{\pi^3}{64}\sqrt{16\frac{d^6 E^2}{l^4} \cdot \Delta d^2 + 4\frac{d^8 E^2}{l^6} \cdot \Delta l^2 + \frac{d^8}{l^4} \cdot \Delta E^2}.$$

Als relativer mittlerer Fehler ergibt sich

$$\frac{\Delta F_m}{F} = \frac{\frac{\pi^3}{64}\sqrt{\cdots}}{\frac{\pi^3}{64}\frac{d^4 E}{l^2}} = \sqrt{16\left(\frac{\Delta d}{d}\right)^2 + 4\left(\frac{\Delta l}{l}\right)^2 + \left(\frac{\Delta E}{E}\right)^2}$$

$$= \sqrt{16\delta d^2 + 4\delta l^2 + \delta E^2}.$$

Ausführliche Untersuchungen zur Fehlerfortpflanzung und -abschätzung bei numerischen Rechnungen gehen über den Rahmen dieser Einführung hinaus. Insbesondere ist dazu auch eine gemeinsame Behandlung von Eingangs-, Verfahrens- und Rundungsfehlern erforderlich.

Als Hinweis wird angeführt:
Die Grenze der erreichbaren Genauigkeit bei numerischen Rechnungen wird durch die Rundungsfehler gesetzt. Eingangs- und Verfahrensfehler können durch entsprechende Maßnahmen heruntergedrückt werden. Rundungsfehler werden durch den benutzten Algorithmus und die benutzten Hilfsmittel, z. B. Computer mit endlicher Stellenzahl für reelle Zahlen initiiert.

Es ist sinnlos, in der numerischen Rechnung weitere Näherungen zu bestimmen, wenn der Verfahrensfehler bis zur Größenordnung der Rundungsfehler gesunken ist. Wenn keine besseren Informationen oder Abschätzungen vorliegen, kann als Faustregel benutzt werden:

> Die numerischen Rechnungen werden mit einer höheren Stellenzahl ausgeführt als für das Ergebnis gebraucht werden. Üblicherweise wird mit zwei bis drei sogenannten Schutzstellen gerechnet.

Falls das Ergebnis z. B. auf vier Stellen genau sein soll, ist mit sechs oder sieben Stellen zu rechnen, um den Einfluss der Rundungsfehler möglichst klein zu halten.

2.4 Konditionszahlen

2.4.1 Konditionszahlen bei Funktionen

Bei den Abschätzungen der absoluten bzw. relativen Fehler spielten die partiellen Ableitungen der zu berechnenden Funktion $f(x, y)$ eine große Rolle. Die Höchstwerte der partiellen Ableitungen in D bestimmen wesentlich die Fehlerfortpflanzung. Um ein Maß für den Einfluss der Fehlerfortpflanzung zur Verfügung zu haben, sind die Konditionszahlen eingeführt worden.

Definition 2.6. Die in der Formel
$$\Delta z = \frac{\partial f(x, y)}{\partial x} \Delta x + \frac{\partial f(x, y)}{\partial y} \Delta y \qquad (2.11)$$

auftretenden partiellen Ableitungen
$$\left| \frac{\partial f(x, y)}{\partial x} \right| \quad \text{bzw.} \quad \left| \frac{\partial f(x, y)}{\partial y} \right| \qquad (2.12)$$

werden als *absolute Konditionszahlen* bezeichnet. Die in
$$\delta z = \frac{x}{f(x, y)} \frac{\partial f(x, y)}{\partial x} \cdot \delta x + \frac{y}{f(x, y)} \frac{\partial f(x, y)}{\partial y} \cdot \delta y \qquad (2.13)$$

vorkommenden Ausdrücke
$$\left| \frac{x}{f(x, y)} \frac{\partial f(x, y)}{\partial x} \right| \quad \text{bzw.} \quad \left| \frac{y}{f(x, y)} \frac{\partial f(x, y)}{\partial y} \right| \qquad (2.14)$$

heißen *relative Konditionszahlen*.

Die Konditionszahlen sind von der betrachteten Stelle (x, y) abhängig. Sie können im vorgegebenen Definitionsbereich abgeschätzt werden. Mit den Konditionszahlen lässt sich die Verstärkung der Eingangsfehler in einem numerischen Algorithmus charakterisieren. Sie stellen ein Maß für die numerische Stabilität des Algorithmus dar.

Beispiel 2.8. Es wird wieder die Funktion

$$z = f(x, y) = x + y \quad (D: x > 0, \ y > 0)$$

aus Beispiel 2.4 betrachtet. Aus $\partial f/\partial x = 1$ und $\partial f/\partial y = 1$ folgt, dass die absoluten Konditionszahlen 1 sind. Die Eingangsfehler werden durch den Algorithmus nicht verstärkt. Mit

$$\left| \frac{x}{f(x,y)} \frac{\partial f}{\partial x} \right| = \frac{x}{x+y} \cdot 1 \leq 1 \quad \text{und} \quad \left| \frac{y}{f(x,y)} \frac{\partial f}{\partial y} \right| = \frac{y}{x+y} \cdot 1 \leq 1$$

sind die relativen Konditionszahlen höchstens gleich 1. Die relativen Eingangsfehler werden folglich nicht verstärkt.

Beispiel 2.9. Für die Funktion

$$T(l, g) = 2\pi \sqrt{\frac{l}{g}} \quad (D: l > 0, \ g > 0)$$

folgen

$$\left| \frac{\partial T}{\partial l} \right| = \frac{\pi}{\sqrt{g \cdot l}} \quad \text{und} \quad \left| \frac{\partial T}{\partial g} \right| = \pi \sqrt{\frac{l}{g^3}}.$$

Die absoluten Konditionszahlen zeigen, dass für $0 < g < 1$ und $0 < l \cdot g < 1$ eine Verstärkung der Eingangsfehler zu erwarten ist. Für die relativen Konditionszahlen ergeben sich

$$\left| \frac{l}{T} \frac{\partial T}{\partial l} \right| = \frac{1}{2} \quad \text{und} \quad \left| \frac{g}{T} \frac{\partial T}{\partial g} \right| = \frac{1}{2}.$$

Der relative Fehler wird durch den Algorithmus nicht verstärkt.

2.4.2 Konditionszahlen bei linearen Gleichungssystemen

Zur Fehleranalyse bei der numerischen Lösung von linearen Gleichungssystemen

$$\mathbf{A} \cdot \mathbf{x} = \mathbf{b} \tag{2.15}$$

mit

$$\mathbf{A} = \begin{pmatrix} a_{11} & \cdots & a_{1n} \\ \vdots & \ddots & \vdots \\ a_{n1} & \cdots & a_{nn} \end{pmatrix}, \quad \mathbf{x} = \begin{pmatrix} x_1 \\ \vdots \\ x_n \end{pmatrix} \quad \text{und} \quad \mathbf{b} = \begin{pmatrix} b_1 \\ \vdots \\ b_n \end{pmatrix} \tag{2.16}$$

werden die Konditionszahlen für das System $\mathbf{A} \cdot \mathbf{x} = \mathbf{b}$ benötigt. Sie sind mit Hilfe der Koeffizientenmatrix $\mathbf{A}$ definiert.

Abschnitt 2.4 Konditionszahlen

Definition 2.7. Es seien $\mathbf{A}$ eine reguläre Matrix vom Typ (n, n) und $\|\cdot\|_p$ eine gewählte Matrixnorm. Dann heißen

$$\text{acond}_p(\mathbf{A}) = \|\mathbf{A}\|_p \quad \text{bzw.} \quad \text{cond}_p(\mathbf{A}) = \|\mathbf{A}^{-1}\|_p \cdot \|\mathbf{A}\|_p \qquad (2.17)$$

die *absolute* bzw. *relative* Konditionszahl des Systems $\mathbf{A} \cdot \mathbf{x} = \mathbf{b}$ bezüglich der Norm $\|\cdot\|_p$.

Beispiel 2.10. Für die folgende Matrix $\mathbf{A}$ und ihre Inverse

$$\mathbf{A} = \begin{pmatrix} 2 & 3 & 2 \\ 1 & 2 & 1 \\ 1 & -1 & 0 \end{pmatrix}, \quad \mathbf{A}^{-1} = \begin{pmatrix} -1 & 2 & 1 \\ -1 & 2 & 0 \\ 3 & -5 & -1 \end{pmatrix}$$

erhält man bezüglich der Spaltensummennorm

$$\|\mathbf{A}\|_1 = \max\{4, 6, 3\} = 6, \qquad \|\mathbf{A}^{-1}\|_1 = \max(5, 9, 2) = 9,$$
$$\text{acond}_1(\mathbf{A}) = 6, \qquad \text{cond}_1(\mathbf{A}) = 9 \cdot 6 = 54.$$

Für die Zeilensummennorm gilt

$$\|\mathbf{A}\|_\infty = \max\{7, 4, 2\} = 7, \qquad \|\mathbf{A}^{-1}\|_\infty = \max\{4, 3, 9\} = 9,$$
$$\text{acond}_\infty(\mathbf{A}) = 7, \qquad \text{cond}_\infty(\mathbf{A}) = 9 \cdot 7 = 63.$$

Beispiel 2.11. Für die Hilbertmatrix $\mathbf{B}$ und ihre Inverse

$$\mathbf{B} = \begin{pmatrix} 1 & \frac{1}{2} & \frac{1}{3} \\ \frac{1}{2} & \frac{1}{3} & \frac{1}{4} \\ \frac{1}{3} & \frac{1}{4} & \frac{1}{5} \end{pmatrix}, \quad \mathbf{B}^{-1} = \begin{pmatrix} 9 & -36 & 30 \\ -36 & 192 & -180 \\ 30 & -180 & 180 \end{pmatrix}$$

ergeben sich analog

$$\|\mathbf{B}\|_1 = \max\left\{\frac{11}{6}, \frac{13}{12}, \frac{47}{60}\right\} = \frac{11}{6}, \qquad \|\mathbf{B}^{-1}\|_1 = \max\{75, 408, 390\} = 408,$$
$$\text{acond}_1(\mathbf{B}) = \frac{11}{6}, \qquad \text{cond}_1(\mathbf{B}) = 748,$$
$$\|\mathbf{B}\|_\infty = \max\left\{\frac{11}{6}, \frac{13}{12}, \frac{47}{60}\right\} = \frac{11}{6}, \qquad \|\mathbf{B}^{-1}\|_\infty = \max\{75, 408, 390\} = 408,$$
$$\text{acond}_\infty(\mathbf{B}) = \frac{11}{6}, \qquad \text{cond}_\infty(\mathbf{B}) = 748.$$

Weitere ausführliche Untersuchungen zur Fehleranalyse und zu Konditionszahlen sind bei Maess [48], Becker-Dreyer-Haacke-Nabert [4], Schwetlick-Kretzschmar [74] zu finden.

2.5 Aufgaben

Aufgabe 2.1. Bestimmen Sie die Konditionszahlen $\text{acond}_p(\cdot)$ und $\text{cond}_p(\cdot)$ der Matrizen

$$A = \begin{pmatrix} 2 & 1 \\ 3 & -2 \end{pmatrix}, \quad B = \begin{pmatrix} 1 & 4 & 7 \\ -3 & -4 & -2 \\ 4 & 0 & -1 \end{pmatrix}, \quad C = \begin{pmatrix} 2 & -1 & 5 & 3 \\ 3 & -6 & -1 & 4 \\ -2 & 5 & 7 & -3 \\ -1 & 0 & -4 & 0 \end{pmatrix}$$

jeweils mit der $\|\cdot\|_1$- und $\|\cdot\|_\infty$-Norm.

Aufgabe 2.2. Bestimmen Sie die Konditionszahlen $\text{acond}_p(\cdot)$ und $\text{cond}_p(\cdot)$ der symmetrischen Matrizen

$$A = \begin{pmatrix} 2 & 3 \\ 3 & -2 \end{pmatrix}, \quad B = \begin{pmatrix} 4 & -3 & 2 \\ -3 & 7 & -1 \\ 2 & -1 & 4 \end{pmatrix}, \quad C = \begin{pmatrix} 1 & 2 & 3 & -4 \\ 2 & 3 & -4 & 5 \\ 3 & -4 & 5 & 6 \\ -4 & 5 & 6 & 7 \end{pmatrix}$$

jeweils mit der $\|\cdot\|_1$- und $\|\cdot\|_\infty$-Norm.

Kapitel 3
Iterationsverfahren

3.1 Iterationsprobleme

3.1.1 Einführung

In den Ingenieur- und Naturwissenschaften ist häufig die Aufgabe gestellt, Lösungen von Gleichungen bzw. Vektor- oder Matrizengleichungen aufzusuchen.

Im Folgenden sei $y = f(x)$ eine in einem Intervall $[a, b]$ stetige und differenzierbare Funktion einer unabhängigen Variablen. Für diese Funktion ist eine Nullstelle x^* zu bestimmen, es ist also die Lösung x^* einer Gleichung $f(x) = 0$ zu suchen.

Es wird angenommen, dass die Lösung mit Näherungsverfahren ermittelt werden muss. Polynomgleichungen lassen sich zwar bis 4-ten Grades theoretisch noch analytisch geschlossen auflösen, aber bereits bei Polynomgleichungen 3-ten Grades sind die Lösungsformeln kompliziert und unübersichtlich und dadurch für praktische Berechnungen ungeeignet. Für Polynomgleichungen höheren als 4-ten Grades gibt es nach einem Beweis von Abel im Allgemeinen keine geschlossenen Lösungen mehr. Ebenso können für transzendente Gleichungen, wie z. B. $\tan x - x = 0$ oder $e^x + \ln x = 0$ Lösungen nur mit Näherungsverfahren gefunden werden.

Wenn die Gleichung $f(x) = 0$ mit einem Näherungsverfahren zu lösen ist, tritt sofort das Problem der Genauigkeit auf. Es wird vom Näherungsverfahren eine hinreichend gute Genauigkeit oder eine vorgegebene Genauigkeit verlangt.

Zuerst ist zu überlegen, was beim numerischen Rechnen eigentlich unter der Bestimmung einer Zahl x^*, so dass $f(x^*) = 0$ wird, zu verstehen ist. Die Frage, ob $f(x^*) = 0$ gilt, kann in der Numerik nicht sinnvoll gestellt werden. Zwei Zahlenwerte lassen sich nicht oder nur selten auf Gleichheit prüfen, da reelle Zahlen bei Rechnungen mit endlicher Stellenzahl nur angenähert angegeben werden können.

Es können also bereits die Eingangsdaten durch Rundung auf die verfügbare Stellenzahl mit Fehlern behaftet sein. Diese Fehler pflanzen sich in der numerischen Rechnung fort. Außerdem ist es möglich, dass im Verlauf der Rechnung weitere Rundungsfehler entstehen. Diese Fehler bewirken, dass zwei Zahlen bei numerischen Rechnungen ungleich sind, die streng theoretisch gleich sein müssten.

Deshalb ist es sinnvoller zu fordern, dass die Bedingung $|f(x^*)| < \epsilon$ erfüllt ist. Dabei muss ϵ als eine kleine positive Zahl entsprechend der Problemstellung vorgegeben werden.

3.1.2 Zwischenwertsatz

Betrachtet wird eine Funktion $f(x)$ auf einem abgeschlossenen Intervall $[a,b]$, wobei $f(a) \cdot f(b) < 0$ gilt. Diese Forderung besagt, dass sich die Funktionswerte von f an den Intervallgrenzen im Vorzeichen unterscheiden.

Satz 3.1 (Zwischenwertsatz von Bolzano). *Eine stetige Funktion $y = f(x)$ nimmt im abgeschlossenen Intervall $[a,b]$ jeden Wert zwischen $f(a)$ und $f(b)$ mindestens einmal an.*

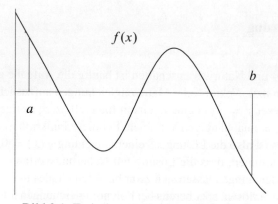

Bild 3.1. Zwischenwertsatz von Bolzano.

Aus diesem Satz folgt, dass im Fall $f(a) \cdot f(b) < 0$ die Funktion $f(x)$ mindestens eine Nullstelle x^* mit $a < x^* < b$ besitzt (s. Bild 3.1).

3.1.3 Iterationsverfahren

Die näherungsweise Bestimmung der Lösung der Gleichung $f(x) = 0$ kann schrittweise erfolgen.

- Es wird eine grobe Näherungslösung $x^{(0)}$ (auch *Startwert* genannt) ermittelt.
- Diese Näherung wird verbessert, bis eine geforderte Genauigkeit erreicht ist.

Definition 3.2. Ein numerisches Verfahren, bei dem von einem Startwert $x^{(0)}$ ausgehend eine Folge von Näherungswerten $x^{(1)}, x^{(2)}, \ldots$ erhalten wird, heißt *Iterationsverfahren*.

Zur Auffindung eines geeigneten Startwertes können u. a. Wertetabellen und einfache grafische Methoden benutzt werden.

Beispiel 3.1. Gegeben ist $y = f(x) = x^2 - \cos x = 0 \; (0 \leq x \leq \pi)$. Gesucht wird ein Startwert $x^{(0)}$ durch eine Wertetabelle (s. Tabelle 3.1).

Abschnitt 3.1 Iterationsprobleme

x	y	x	y	x	y
0.0	−1.0000	0.4	−0.7611	0.8	−0.0567
0.2	−0.9401	0.6	−0.4653	1.0	0.4597

Tabelle 3.1. Wertetabelle für die Kurve $y = f(x)$.

Mit $\overline{x} = 1$, $f(\overline{x}) > 0$ und $\underline{x} = 0.8$, $f(\underline{x}) < 0$ folgt $x^{(0)} = (1 + 0.8)/2 = 0.9$.

Beispiel 3.2. Gegeben ist $y = f(x) = x^2 - \cos x = 0$ ($0 \leq x \leq \pi$). Gesucht wird ein Näherungswert auf grafischem Wege (s. Bild 3.2). Aus der Grafik kann $x^{(0)} = 0.83$ abgelesen werden.

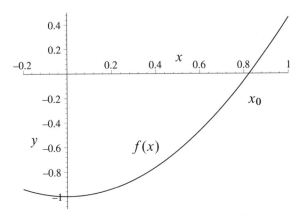

Bild 3.2. Skizze für die Kurve $y = f(x)$.

Beispiel 3.3. Gegeben sei $y = f(x) = x^3 + 0.1 \cdot \cos x - 1 = 0$ ($0 \leq x \leq 1$). Zu suchen ist ein Startwert $x^{(0)}$ durch eine Skizze. Dabei wird die gegebene Funktion $f(x)$ zerlegt in $f(x) = f_1(x) - f_2(x)$ und ein Schnittpunkt $x^{(0)}$ im vorgegebenen Intervall bestimmt. Die Funktionen f_1 und f_2 sollten möglichst einfach zu zeichnen sein. Die Graphen der Funktionen $f_1(x) = x^3 - 1$ und $f_2(x) = -0.1 \cdot \cos x$ ergeben durch ihren Schnitt bei $x^{(0)} = 0.95$ den gesuchten Startwert (s. Bild 3.3).

Bei der Untersuchung von Iterationsverfahren spielt der Begriff der Konvergenz eine zentrale Rolle.

Definition 3.3. Erzeugt das Iterationsverfahren ab einem gewissen i Näherungswerte $x^{(i)}, x^{(i+1)}, \ldots$, die die gesuchte Lösung x^* der Gleichung mehr und mehr annähern, gilt also $|x^{(i)} - x^*| > |x^{(i+1)} - x^*|$ ($i = i_0, i_0 + 1, \ldots$), so heißt das Verfahren *konvergent*.

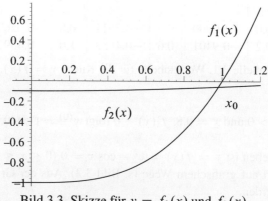

Bild 3.3. Skizze für $y = f_1(x)$ und $f_2(x)$.

Allgemein lautet die Aufgabenstellung für das Iterationsverfahren:
Wenn für eine im gegebenen Intervall $a \leq x \leq b$ stetige und differenzierbare Funktion $y = f(x)$ eine Anfangsnäherung $x^{(0)}$ für die Lösung der Gleichung $f(x) = 0$ bestimmt ist, sind rekursive Beziehungen der Art

$$x^{(k+1)} = \phi_{k+1}(x^{(0)}, x^{(1)}, \ldots, x^{(k)}) \quad (k = 0, 1, 2, \ldots) \quad (3.1)$$

zu finden und Zahlenfolgen $x^{(0)}, x^{(1)}, x^{(2)}, \ldots$ in $a \leq x \leq b$ zu konstruieren, die gegen die Lösung x^* mit $x^* \in [a, b]$ konvergieren. Dabei hat die Wahl der Funktionen ϕ großen Einfluss sowohl auf die Konvergenz selbst als auch auf die Schnelligkeit der Annäherung. Wir nehmen zwei Vereinfachungen vor:

(i) Die Funktion ϕ hänge nicht von k ab, also $\phi_{k+1}(\ldots) = \phi(\ldots)$ in $a \leq x \leq b$.

(ii) Die Näherung $x^{(k+1)}$ benötigt zur Berechnung nur die vorhergehende Näherung $x^{(k)}$, also

$$x^{(k+1)} = \phi(x^{(k)}) \quad \text{in } a \leq x \leq b. \quad (3.2)$$

Verfahren mit der Eigenschaft (i) heißen stationär. Bei Vorliegen der Eigenschaft (ii) spricht man von Einschrittverfahren. Im Folgenden beschäftigen wir uns mit stationären Einschrittverfahren. Aus einer vorgegebenen Gleichung $f(x) = 0$ kann ein stationäres Einschrittverfahren z. B. durch folgende Umformung gewonnen werden:

$$f(x) = 0 \quad \Rightarrow \quad f(x) = x - \phi(x) = 0 \quad \text{mit } \phi(x) = -f(x) + x$$
$$\Rightarrow \quad x^{(k+1)} = \phi(x^{(k)}).$$

Die Umformung der Gleichung $f(x) = 0$ in einen Iterationsalgorithmus ist im Allgemeinen auf verschiedene Arten möglich. Da davon die Konvergenz und die Effizienz des Verfahrens abhängen kann, ist man gegebenenfalls zu mehreren Anläufen gezwungen. Eine allgemeine Regel lässt sich nicht angeben.

Abschnitt 3.1 Iterationsprobleme

Beispiel 3.4. Gegeben ist die Gleichung $f(x) = x - \tan(x) = 0$. Es sind verschiedene Umwandlungen in einen Iterationsalgorithmus möglich:

a) $\phi(x) = \tan(x) \Rightarrow x^{(k+1)} = \tan(x^{(k)})$.

b) $x = \tan(x) \Rightarrow \arctan(x) = x \Rightarrow \phi(x) = \arctan(x) \Rightarrow x^{(k+1)} = \arctan(x^{(k)})$.

Da nicht jede Umformung einen konvergenten Iterationsalgorithmus liefert, möchte man Kriterien kennen, bei deren Beachtung ein praktisch gut funktionierendes Verfahren entsteht. Wir gehen von der Vorschrift

$$x^{(k+1)} = \phi(x^{(k)}) \quad \text{in } a \leq x \leq b$$

aus und stellen zwei Fragen:

1) Unter welchen Bedingungen konvergiert die Zahlenfolge $\{x^{(k)}\}$ in $[a, b]$?

2) Falls Konvergenz vorhanden ist, stellt der Grenzwert x^* eine Lösung der Gleichung dar?

3.1.4 Fixpunktsatz

Es wird angenommen, dass x^* eine Lösung von $x = \phi(x)$ in $[a, b]$ ist, das heißt, dass $x^* \in [a, b]$ und $x^* = \phi(x^*)$ gilt. Aus $x^{(n+1)} = \phi(x^{(n)})$ ergibt sich durch Subtraktion gleicher Ausdrücke auf beiden Seiten der Gleichung

$$x^{(n+1)} - x^* = \phi(x^{(n)}) - \phi(x^*).$$

Da die Funktion $\phi(x)$ als stetig in $[a, b]$ und differenzierbar in (a, b) vorausgesetzt ist, kann für das Intervall $[x^{(n)}, x^*] \subset [a, b]$ der Mittelwertsatz der Differentialrechnung angewendet werden. Danach gibt es im Intervall $[x^{(n)}, x^*]$ einen Wert $x = \xi^{(n)}$, für den gilt

$$\frac{\phi(x^{(n)}) - \phi(x^*)}{x^{(n)} - x^*} = \phi'(\xi^{(n)}).$$

Setzt man dies in die obige Gleichung ein und benutzt die Absolutbeträge, folgt

$$x^{(n+1)} - x^* = \phi'(\xi^{(n)}) \cdot (x^{(n)} - x^*)$$
$$|x^{(n+1)} - x^*| = |\phi'(\xi^{(n)})| \cdot |x_n - x^*|.$$

Entsprechend ergibt sich (immer in $[a, b]$)

$$|x^{(n)} - x^*| = |\phi'(\xi^{(n-1)})| \cdot |x^{(n-1)} - x^*|$$
$$\vdots$$
$$|x^{(2)} - x^*| = |\phi'(\xi^{(1)})| \cdot |x^{(1)} - x^*|$$
$$|x^{(1)} - x^*| = |\phi'(\xi^{(0)})| \cdot |x^{(0)} - x^*|.$$

Wir nehmen an, dass die Ableitung der Funktion $\phi(x)$ auf dem Intervall $[a,b]$ beschränkt ist, also
$$|\phi'(x)| \leq M \quad (x \in [a,b]).$$
Damit folgt
$$|x^{(n+1)} - x^*| \leq M \cdot |x^{(n)} - x^*|,$$
$$|x^{(n)} - x^*| \leq M \cdot |x^{(n-1)} - x^*|,$$
$$\vdots$$
$$|x^{(1)} - x^*| \leq M \cdot |x^{(0)} - x^*|.$$

Setzen wir diese Ausdrücke von unten nach oben der Reihe nach ein, ergibt sich
$$|x^{(n+1)} - x^*| \leq M^{n+1} \cdot |x^{(0)} - x^*|.$$

Im Fall $M < 1$ erhält man daraus
$$\lim_{n \to \infty} |x^{(n)} - x^*| = 0 \quad \text{oder} \quad \lim_{n \to \infty} x^{(n)} = x^*. \tag{3.3}$$

Damit ist eine hinreichende Bedingung für die Konvergenz des Iterationsverfahrens gefunden. Der Fixpunktsatz kann so formuliert werden:

Satz 3.4. *Liegen $x^{(0)}, x^{(1)}, \ldots$ und die Lösung x^* der Gleichung $x = \phi(x)$ in einem Intervall $[a,b]$, in dem $\phi(x)$ stetig und differenzierbar ist, und ist in diesem Intervall stets $|\phi'(x)| \leq M < 1$, so konvergiert das durch $x^{(n+1)} = \phi(x^{(n)})$ beschriebene Iterationsverfahren gegen die Lösung x^*.*

Dieser Satz kann auf weniger strenge Voraussetzungen verallgemeinert werden. Dazu sollte man sich in der entsprechenden Literatur informieren.

Aus dem Fixpunktsatz sind für konkrete Aufgabenstellungen Aussagen in verschiedenen Richtungen zu folgern. So kann geprüft werden, ob ein gegebener Algorithmus $x^{(n+1)} = \phi(x^{(n)})$ konvergent gegen eine Lösung $x^* \in [a,b]$ ist. Andererseits lassen sich die Konvergenzbereiche des Iterationsalgorithmus feststellen.

Beispiel 3.5. Für die Funktion $f(x) = x \cdot \ln x - 1$ gilt $f(1.5) = -0.3918$ und $f(2) = 0.3863$. Wegen ihrer Stetigkeit hat sie mindestens eine Nullstelle x^* im Intervall $[1.5, 2]$. Gesucht ist ein Iterationsalgorithmus zur Berechnung dieser Nullstelle.

Erster Versuch zur Bestimmung eines Iterationsalgorithmus:
$$x \cdot \ln x - 1 = 0 \quad \Rightarrow \quad x = \frac{1}{\ln x} = \phi(x).$$

Abschnitt 3.1 Iterationsprobleme

Der Betrag der Ableitung $\phi'(x) = -\frac{1}{x \cdot (\ln x)^2}$ ist im Intervall $[1.5, 2]$ monoton fallend und nimmt deshalb sein Minimum in der oberen Intervallgrenze an. Daraus erhält man für alle $x \in [1.5, 2]$:

$$|\phi'(x)| \geq \frac{1}{2 \cdot (\ln 2)^2} = 1.047 > 1.$$

Der abgeleitete Iterationsalgorithmus $x^{(n+1)} = \frac{1}{\ln x^{(n)}}$ ist im vorgegebenen Intervall unbrauchbar, da die Konvergenz der entstehenden Zahlenfolge $x^{(0)}, x^{(1)}, \ldots$ nicht gesichert werden kann (s. Tabelle 3.2).

k	$x^{(k)}$	$x^{(k)}$	k	$x^{(k)}$	$x^{(k)}$	k	$x^{(k)}$	$x^{(k)}$
0	1.60000	1.90000	3	3.55849	1.22957	6	n.d.	−2.19627
1	2.12764	1.55799	4	0.78781	4.83884	7		n.d.
2	1.32448	2.25533	5	−4.19286	0.63425			

Tabelle 3.2. Näherungsfolgen mit verschiedenen Startwerten für Beispiel 3.5.

Untersuchung eines zweiten Algorithmus:

$$x \cdot \ln x - 1 = 0 \quad \Rightarrow \quad \ln x = \frac{1}{x} \quad \Rightarrow \quad e^{\ln x} = x = e^{\frac{1}{x}} = \phi(x).$$

Der Betrag der Ableitung

$$\phi'(x) = -\frac{e^{\frac{1}{x}}}{x^2}$$

ist für positive x monoton fallend. Das Maximum liegt also am linken Rand des betrachteten Intervalls $[1.5, 2]$. Damit wird

$$|\phi'(x)| \leq \frac{e^{\frac{1}{1.5}}}{1.5^2} = 0.8657 < 1.$$

Der Iterationsalgorithmus

$$x^{(n+1)} = \exp\left(\frac{1}{x^{(n)}}\right)$$

ergibt für jeden Anfangswert $x^{(0)} \in [1.5, 2]$ eine Zahlenfolge $x^{(0)}, x^{(1)}, \ldots$, die gegen die Nullstelle $x^\star$ von $f(x) = 0$ konvergiert.

Einige Beispiele für Iterationsfolgen bei Rechnung mit 5 Dezimalstellen sind in der nachfolgenden Tabelle 3.3 angeführt. Dabei zeigt sich, dass das tatsächliche Einzugsgebiet für den Iterationsalgorithmus in diesem Beispiel weit über das vorgegebene Intervall hinausgeht. Die Eigenschaft $|\phi'(x)| \leq 1$ ist für alle $x > 1.42153$ erfüllt. Die Startwerte der Beispielrechnungen in den beiden hinteren Spalten der Tabelle genügen dieser Bedingung zwar nicht, die Iterationsfolge springt aber in beiden Fällen in den Konvergenzbereich des Verfahrens (s. Tabelle 3.3).

k	$x^{(k)}$	$x^{(k)}$	$x^{(k)}$	k	$x^{(k)}$	$x^{(k)}$	$x^{(k)}$
0	1.80000	1.00000	0.10000	12	1.76326	1.76194	1.75924
1	1.74291	2.71828	22026.0	13	1.76320	1.76395	1.76549
2	1.77492	1.44467	1.00005	14	1.76324	1.76281	1.76194
3	1.75665	1.99811	2.71816	15	1.76322	1.76346	1.76395
4	1.76697	1.64950	1.44469	16	1.76323	1.76309	1.76281
5	1.76110	1.83353	1.99808	17	1.76322	1.76330	1.76346
6	1.76443	1.72529	1.64951	18	1.76322	1.76318	1.76309
7	1.76254	1.78535	1.83352	19		1.76325	1.76330
8	1.76361	1.75087	1.72529	20		1.76321	1.76318
9	1.76300	1.77029	1.78534	21		1.76323	1.76325
10	1.76335	1.75924	1.75088	22		1.76322	1.76321
11	1.76315	1.76549	1.77029	23		1.76322	1.76323

Tabelle 3.3. Verschiedene Startwerte für Beispiel 3.5.

Beispiel 3.6. Es wird ein Algorithmus zur Bestimmung der Nullstelle der Funktion

$$f(x) = x - \frac{1}{x^2 + 2}$$

gesucht. Als Iterationsalgorithmus bietet sich an

$$x - \frac{1}{x^2 + 2} = 0 \quad \Rightarrow \quad x = \frac{1}{x^2 + 2} = \phi(x).$$

Für die Ableitung

$$\phi'(x) = -\frac{2x}{(x^2 + 2)^2}$$

erhält man die Abschätzungen

$$|x| \leq 1 : \quad |\phi'(x)| = \frac{2|x|}{(x^2 + 2)^2} \leq \frac{2}{(x^2 + 2)^2} \leq \frac{2}{2^2} = \frac{1}{2},$$

$$|x| > 1 : \quad |\phi'(x)| = \frac{2|x|}{(x^2 + 2)^2} = \frac{2}{(\frac{2}{\sqrt{|x|}} + \frac{x^2}{\sqrt{|x|}})^2} \leq \frac{2}{(\frac{2}{\sqrt{|x|}})^2} \leq \frac{1}{2}.$$

Insgesamt gilt daher $|\phi'(x)| \leq 0.5 < 1$.

Die Bedingung $|\phi'(x)| \leq M < 1$ ist für alle x erfüllt. Das Iterationsverfahren $x^{(n+1)} = \phi(x^{(n)})$ konvergiert auf der gesamten x-Achse. Jede reelle Zahl kann als Ausgangswert $x^{(0)}$ einer Iterationsfolge $x^{(0)}, x^{(1)}, \ldots$ gewählt werden, die gegen die einzige Nullstelle $x^\star$ von $f(x)$ strebt.

Beispiel 3.7. Gesucht sind die Nullstellen der Funktion $f(x) = x^2 - 2x - 8$.
Bestimmung eines ersten Iterationsalgorithmus ϕ:

$$x^2 - 2x - 8 = 0 \quad \Rightarrow \quad x(x-2) = 8 \quad \Rightarrow \quad x = \frac{8}{x-2} = \phi(x).$$

Feststellen von Konvergenzgebieten für den Algorithmus:
Die erste Ableitung

$$\phi'(x) = -\frac{8}{(x-2)^2}$$

erfüllt die Konvergenzbedingung $|\phi'(x)| < 1$ für $-\infty < x < -0.828$ und $4.828 < x < \infty$. Mit einem Anfangswert $x^{(0)}$ aus dem Intervall $(-\infty, \infty) \setminus [-0.828, 4.828]$ ergibt der Iterationsalgorithmus

$$x^{(n+1)} = \frac{8}{x^{(n)} - 2}$$

eine Folge von Zahlen $x^{(0)}, x^{(1)}, x^{(2)}, \ldots$, die gegen die Nullstelle $x^\star$ von $f(x) = 0$ in diesem Intervall konvergiert.

Folgen mit unterschiedlichen Anfangswerten sind etwa (bei Rechnung mit 5 Dezimalstellen) in Tabelle 3.4 angegeben.

Das Gebiet, aus dem ein geeigneter Anfangswert $x^{(0)}$ für eine konvergente Iterationsfolge gegen $x^\star = 2$ gewählt werden kann, ist in der Regel größer als das durch die Abschätzung garantierte Intervall. Alle konvergenten Folgen aus dem vorbestimmten Intervall streben mit diesem Iterationsalgorithmus gegen die Nullstelle $x^\star$, die durch den Fixpunktsatz vorausbestimmt ist.

Über weitere Nullstellen lässt sich mit diesem Algorithmus und seinen Abschätzungen allgemein keine Aussage angeben. Wird als Startwert $x^{(0)}$ die im Konvergenzbereich liegende Nullstelle x^* gewählt, kommt natürlich keine Iteration zustande.

Beispiel 3.8. Zweite Ableitung eines Iterationsalgorithmus ϕ für die Funktion $f(x)$ aus Beispiel 3.7 durch

$$x^2 - 2x - 8 = 0 \quad \Rightarrow \quad x^2 = 2x + 8 \quad \Rightarrow \quad x = \sqrt{2x + 8} = \phi(x).$$

Es gilt

$$\phi'(x) = \frac{1}{\sqrt{2x+8}} \quad \min_{x \in [-0.828, 4.828]} \sqrt{2x+8} = 2.519 \quad \Rightarrow \quad |\phi'(x)| \leq 0.397 < 1.$$

Damit folgt als Konvergenzgebiet

$$\frac{1}{\sqrt{2x+8}} < 1 \quad \Rightarrow \quad 1 \leq 2x + 8 \quad \Rightarrow \quad x > -3.5.$$

k	$x^{(k)}$	$x^{(k)}$	$x^{(k)}$	$x^{(k)}$
0	−1.00000	5.00000	1.00000	3.50000
1	−2.66667	2.66667	−8.00000	5.33333
2	−1.71429	12.00000	−0.80000	2.40000
3	−2.15385	0.80000	−2.85714	20.00000
4	−1.92593	−6.66667	−1.64706	0.44444
5	−2.03774	−0.92308	−2.19355	−5.14286
6	−1.98131	−2.73684	−1.90769	−1.12000
7	−2.00939	−1.68889	−2.04724	−2.56410
8	−1.99532	−2.16867	−1.97665	−1.75281
9	−2.00234	−1.91908	−2.01174	−2.13174
10	−1.99883	−2.04130	−1.99415	−1.93623
11	−2.00059	−1.97956	−2.00293	−2.03240
12	−1.99971	−2.01027	−1.99854	−1.98393
13	−2.00015	−1.99488	−2.00073	−2.00807
14	−1.99993	−2.00256	−1.99963	−1.99597
15	−2.00004	−1.99872	−2.00018	−2.00201
16	−1.99998	−2.00064	−1.99991	−1.99899
17	−2.00001	−1.99968	−2.00005	−2.00050
18	−2.00000	−2.00016	−1.99998	−1.99974
19	−2.00000	−1.99992	−2.00001	−2.00013
20	−2.00000	−2.00004	−1.99999	−1.99994

Tabelle 3.4. Verschiedene Startwerte für Beispiel 3.7.

Mit einem Anfangswert $x^{(0)}$ aus dem Intervall $-3.5 < x^{(0)} < \infty$ konvergiert der Iterationsalgorithmus $x^{(n+1)} = \sqrt{2x^{(n)} + 8}$ ($n = 1, 2, \ldots$) gegen die Nullstelle $x^\star$ von $f(x) = 0$ in dem bestimmten Intervall. Folgen mit unterschiedlichen Anfangswerten $x^{(0)}$ sind etwa (bei Rechnung mit 5 Dezimalstellen) in Tabelle 3.5 zu sehen.

Falls die Kontraktivitätsbedingung $|\phi(x)'| \leq M < 1$ immer erfüllt ist, kann nach folgendem Vorgehen ein Intervall gefunden werden, in dem die Nullstelle $x^\star$ liegt:
Es wird ein beliebiger Wert a gewählt und $b = \phi(a)$ bestimmt. Weiter wird eine Zahl $0 < q < M < 1$ gewählt und damit $r = \frac{|b-a|}{1-q}$ berechnet. Dann liegt die Nullstelle $x^\star$ in dem Intervall $[a - r, a + r]$.
Dazu ist nachzuweisen, dass aus $a - r < x < a + r$ stets $a - r < \phi(x) < a + r$ folgt. Dies ist gleich bedeutend damit, dass aus $|x - a| < r$ immer $|\phi(x) - a| < r$ folgen muss. Wenn die Kontraktivitätsbedingung erfüllt ist, gilt für beliebige x_1, x_2

$$|\phi(x_1) - \phi(x_2)| \leq M|x_1 - x_2|.$$

k	$x^{(k)}$	$x^{(k)}$	$x^{(k)}$	$x^{(k)}$
0	0.00000	3.00000	6.00000	−2.00000
1	2.82843	3.74166	4.47214	2.00000
2	3.69552	3.93488	4.11634	3.46410
3	3.92314	3.98369	4.02898	3.86370
4	3.98074	3.99592	4.00724	3.96578
5	3.99518	3.99899	4.00181	3.99144
6	3.99880	3.99974	4.00045	3.99786
7	3.99970	3.99994	4.00011	3.99946
8	3.99992	3.99998	4.00001	3.99987
9	3.99998	4.00000	4.00000	3.99997
10	4.00000	4.00000	4.00000	3.99999

Tabelle 3.5. Verschiedene Startwerte für Beispiel 3.8.

Für jedes x aus dem Intervall $|x - a| < r$ ergibt sich aus dem Fixpunktsatz

$$|\phi(x) - b| = |\phi(x) - \phi(a)| \leq M |x - a| \leq M \cdot r,$$

und weiter

$$|\phi(x) - a| = |\phi(x) - b + b - a| \leq |\phi(x) - b| + |b - a|$$
$$\leq M \cdot r + (1 - q) r = (1 + M - q) r < r,$$

wie gefordert.

Beispiel 3.9. Im Beispiel 3.6 können damit abhängig von der Wahl der Werte a und q Intervalle konstruiert werden, die die Nullstelle $x^\star$ von $f(x)$ enthalten.

$$a = 0, \ b = \phi(a) = -0.50 : \quad q = 0.60 \quad \Rightarrow \quad x^* \in [-1.25, 1.25],$$
$$q = 0.51 \quad \Rightarrow \quad x^* \in [-1.02, 1.02],$$
$$a = 2, \ b = \phi(a) = 0.1667 : \quad q = 0.60 \quad \Rightarrow \quad x^* \in [-2.58, 6.58],$$
$$q = 0.51 \quad \Rightarrow \quad x^* \in [-1.74, 5.74].$$

Einige Beispielfolgen mit Anfangswerten $x^{(0)}$ (bei Rechnung mit 5 Dezimalstellen) sind in Tabelle 3.6 aufgeführt.

3.2 Anschauliche Deutung des Iterationsverfahrens

In den folgenden Skizzen ist die Konvergenz und Divergenz von Iterationsverfahren anschaulich dargestellt. Das Bild 3.4 zeigt eine „flache" Iterationsfunktion $\phi(x)$, das heißt mit der Eigenschaft $|\phi'(x)| < 1$. Die Hilfslinien sollen dabei die Konstruktion der Folge $x^{(0)}, x^{(1)}, \ldots$ veranschaulichen.

k	$x^{(k)}$	$x^{(k)}$	$x^{(k)}$	$x^{(k)}$
0	0.00000	1.25000	−5.00000	10.00000
1	0.50000	0.28070	0.03704	0.00980
2	0.44444	0.48104	0.49966	0.49998
3	0.45505	0.44814	0.44451	0.44445
4	0.45308	0.45437	0.45504	0.45506
5	0.45345	0.45321	0.45309	0.45309
6	0.45339	0.45343	0.45345	0.45345
7	0.45339	0.45339	0.45338	0.45339
8		0.45339	0.45339	0.45339
9			0.45339	

Tabelle 3.6. Verschiedene Startwerte für Beispiel 3.9.

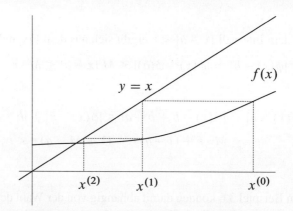

Bild 3.4. Konvergenz der Iterationsfolge.

Wie aus Bild 3.4 ersichtlich ist, konvergiert diese Folge monoton gegen die gesuchte Stelle x^*. Dieses Verhalten ist eine Folge des positiven Anstiegs von $\phi(x)$. Dem interessierten Leser sei die Anfertigung einer analogen Skizze für den Fall $-1 < \phi'(x) < 0$ empfohlen, in der eine anschauliche Darstellung für die in diesem Falle alternierende Konvergenz der Iterationsfolge gegen x^* erkennbar wird.

Im Bild 3.5 ist im Gegensatz dazu eine „steile" Iterationsfunktion, das heißt mit $|\phi'(x)| > 1$, dargestellt. Die in Analogie zu Bild 3.4 eingetragene Folge $x^{(0)}, x^{(1)}, \ldots$ divergiert. Im Bild 3.4 hat x^*, der Fixpunkt der Iterationsvorschrift $x^{(n+1)} = \phi(x^{(n)})$, die Eigenschaft $|\phi'(x^*)| < 1$ und die Iterationsfolge konvergiert gegen x^*. Ein solcher Fixpunkt heißt *anziehend*. Ein Fixpunkt wie im Bild 3.5 heißt *abstoßend*.

Grafiken der oben verwendeten Art sind ein nützliches und häufig eingesetztes Hilfsmittel zur Veranschaulichung des Verhaltens konkreter Iterationsalgorithmen.

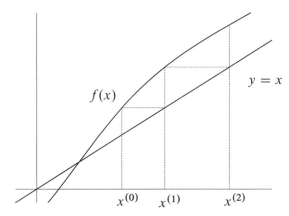

Bild 3.5. Divergenz der Iterationsfolge.

3.3 Fehlerabschätzungen

Natürlich will man bei einer Iteration wissen, wie weit man mit der erreichten Näherung noch vom exakten Wert entfernt ist. Da eine exakte Angabe bei unbekanntem genauen Wert nicht möglich ist, muss man versuchen, Abschätzungen zu gewinnen.

Nach dem Mittelwertsatz gibt es zwischen allen $x^{(n)}$ und $x^{(n-1)}$ aus der Iterationsfolge jeweils ein $\xi^{(n)}$ mit der Eigenschaft

$$\frac{\phi(x^{(n)}) - \phi(x^{(n-1)})}{x^{(n)} - x^{(n-1)}} = \frac{x^{(n+1)} - x^{(n)}}{x^{(n)} - x^{(n-1)}} = \phi'(\xi^{(n)}).$$

Mit $|\phi'(\xi^{(n)})| \leq M < 1$ erhält man

$$|x^{(n+1)} - x^{(n)}| \leq M \cdot |x^{(n)} - x^{(n-1)}|. \qquad (3.4)$$

Aus (3.4) können zwei allgemeine Fehlerabschätzungen gewonnen werden. Bessere Fehlerschranken ergeben sich natürlich, wenn die speziellen Eigenschaften der Funktion $\phi(x)$ berücksichtigt werden können.

Zunächst wird geschrieben

$$\begin{aligned} |x^{(n+1)} - x^{(n)}| &\leq M |x^{(n)} - x^{(n-1)}| \\ &\leq MM |x^{(n-1)} - x^{(n-2)}| \\ &\vdots \\ &\leq MM \cdots M |x^{(1)} - x^{(0)}|. \end{aligned} \qquad (3.5)$$

Also gilt

$$|x^{(n+1)} - x^{(n)}| \leq M^n |x^{(1)} - x^{(0)}|. \qquad (3.6)$$

Es sei jetzt $m > n + 1$ beliebig und n fest. Damit erhält man

$$|x^{(m)} - x^{(n)}| \le |x^{(m)} - x^{(m-1)} + x^{(m-1)} - x^{(m-2)} + \cdots + x^{(n+1)} - x^{(n)}|$$

$$\le |x^{(m)} - x^{(m-1)}| + |x^{(m-1)} - x^{(m-2)}| + \cdots + |x^{(n+1)} - x^{(n)}|$$

$$\le M^{m-1}|x^{(1)} - x^{(0)}| + M^{m-2}|x^{(1)} - x^{(0)}| \tag{3.7}$$

$$+ \cdots + M^n |x^{(1)} - x^{(0)}|$$

$$= (M^{m-1} + M^{m-2} + \cdots + M^n)|x^{(1)} - x^{(0)}|$$

$$= M^n (M^{m-n-1} + M^{m-n-2} + \cdots + 1)|x^{(1)} - x^{(0)}|. \tag{3.8}$$

Da $M < 1$ ist, folgt für die endliche geometrische Reihe

$$1 + \cdots + M^{m-n-2} + M^{m-n-1} = \frac{1 - M^{m-n}}{1 - M}. \tag{3.9}$$

Daraus ergibt sich

$$|x^{(m)} - x^{(n)}| \le \frac{M^n (1 - M^{m-n})}{1 - M}|x^{(1)} - x^{(0)}| = \frac{M^n - M^m}{1 - M}|x^{(1)} - x^{(0)}|$$

$$\le \frac{M^n}{1 - M}|x^{(1)} - x^{(0)}|. \tag{3.10}$$

Durch den Grenzübergang $m \to \infty$ und $\lim_{m \to \infty} x^{(m)} = x^\star$ folgt

$$|x^\star - x^{(n)}| \le \frac{M^n}{1 - M}|x^{(1)} - x^{(0)}|. \tag{3.11}$$

Definition 3.5. Die Formel (3.11) heißt *a-priori-Abschätzung*.

Beispiel 3.10. Gegeben ist die oben bereits behandelte Gleichung

$$f(x) = x^2 - 2x - 8, \quad \phi(x) = \frac{8}{x - 2}, \quad \phi'(x) = -\frac{8}{(x - 2)^2}.$$

Es wird eine Nullstelle im Intervall $[-2.5, -1]$ gesucht. Mit $f(-2.5) = 3.25$ und $f(-1) = -5$ erhält man

$$|\phi'(x)| \le \frac{8}{(-3)^2} = 0.8889 = M.$$

Der Anfangswert $x^{(0)} = -1$ ergibt $x^{(1)} = -2.66667$. Als a-priori-Abschätzung erhält man

$$|x^\star - x^{(n)}| \le \frac{(0.8889)^n}{1 - 0.8889}|-2.66667 + 1| = (0.8889)^n \cdot 15.0018$$

$$\le 15.1 \cdot (0.8889)^n.$$

Nach $n = 18$ Näherungen ergibt die a-priori-Abschätzung $|x^\star - x^{(18)}| < 1.813$. Der Vergleich mit der ausgeführten Näherungsfolge zeigt, dass diese Abschätzung relativ ungenau ist. Das liegt vor allem an dem großen M-Wert.

Beispiel 3.11. Im Beispiel 3.6 wurde bereits zur Nullstellenbestimmung der Funktion

$$f(x) = x - \frac{1}{x^2 + 2}$$

der Iterationsalgorithmus

$$\phi(x) = \frac{1}{x^2 + 2} \quad \text{mit } \phi'(x) = -\frac{2x}{(x^2 + 2)^2}$$

verwendet. Dabei wurde nachgewiesen, dass für alle x-Werte $|\phi'(x)| \leq 0.5 = M$ gilt. Mit $x^{(0)} = 0$ folgt $x^{(1)} = 0.5$. Als a-priori-Abschätzung ergibt sich

$$|x^\star - x^{(n)}| \leq \frac{(0.5)^n}{1 - 0.5} |0.5 - 1| = (0.5)^n \ .$$

Nach $n = 7$ Näherungen folgt hieraus $|x^\star - x^{(7)}| \leq (0.5)^7 = 0.00781$.

Beispiel 3.12. Die Funktion $f(x) = x - e^{-(\frac{x}{2})}$ hat wegen $f(0) = -1$ und $f(1) = 0.3935$ eine Nullstelle im Intervall $[0, 1]$. Ein möglicher Iterationsalgorithmus zur Bestimmung dieser Nullstelle ist

$$\phi(x) = e^{-(\frac{x}{2})} \ .$$

Damit folgt $\phi'(x) = -0.5 \cdot e^{-(\frac{x}{2})}$ und $|\phi'(x)| \leq 0.5 = M$ in $0 < x < 1$. Mit den Anfangswerten $x^{(0)} = 0.8$ und $x^{(1)} = 0.6703$ erhält man die a-priori-Abschätzung

$$|x^\star - x^{(n)}| \leq \frac{(0.5)^n}{1 - 0.5} |0.6703 - 0.8| = (0.5)^{n-1} \cdot 0.1297 < 0.13 \cdot (0.5)^{n-1} \ .$$

Mit obigen Anfangswerten kann man eine Näherungsfolge berechnen. In der Tabelle 3.7 werden für einige Näherungen die wahren Abweichungen zum exakten Wert $x^\star = 0.70346742$ und die a-priori-Abschätzungen gegenüber gestellt.

n	$x^{(n)}$	$|x^\star - x^{(n)}|$	a-priori
5	0.7030	0.0005	0.0081
7	0.7034	0.0001	0.0020
9	0.7035	0.0000	0.0005

Tabelle 3.7. Näherungsfolge zu Beispiel 3.12.

Als weitere Anwendung der a-priori-Abschätzung kann vor Beginn des Iterationsprozesses abgeschätzt werden, wie viele Iterationen auszuführen sind, um eine vorgegebene Genauigkeitsschranke ϵ zum exakten Wert $x^\star$ zu unterschreiten.

Aus

$$|x^\star - x^{(n)}| \leq \frac{M^n}{1-M}|x^{(1)} - x^{(0)}| < \epsilon \qquad (3.12)$$

folgt

$$M^n < \frac{\epsilon(1-M)}{|x^{(1)} - x^{(0)}|} \quad \text{und} \quad n(-\ln M) > -\ln\epsilon - \ln(1-M) + \ln|x^{(1)} - x^{(0)}|.$$

Damit erhält man für die Mindestanzahl der nötigen Iterationsschritte

$$n > \frac{-\ln\epsilon - \ln(1-M) + \ln|x^{(1)} - x^{(0)}|}{-\ln M}. \qquad (3.13)$$

Beispiel 3.13. Setzt man im Beispiel 3.6 als Genauigkeitsschranke $\epsilon = 10^{-3}$, so ergibt sich $n > 9.96$ aus der Formel (3.13), das bedeutet, dass mindestens 10 Iterationsschritte ausgeführt werden müssen.

Im Beispiel 3.12 erhält man mit $\epsilon = 10^{-3}$ aus (3.13)

$$n > \frac{6.9078 + 0.6931 - 2.0425}{0.6931} = 8.02, \quad \text{also} \quad n = 9.$$

Andererseits wird angestrebt, aus der Differenz der jeweils letzten beiden Näherungswerte den verbleibenden Restfehler abzuschätzen. Ausgangspunkt ist wieder

$$|x^{(n+1)} - x^{(n)}| \leq M|x^{(n)} - x^{(n-1)}|.$$

Für $m > n+1$ beliebig und n fest gilt

$$|x^{(m)} - x^{(n)}| = |x^{(m)} - x^{(m-1)} + x^{(m-1)} - x^{(m-2)} + \cdots + x^{(n+1)} - x^{(n)}|$$
$$\leq |x^{(m)} - x^{(m-1)}| + |x^{(m-1)} - x^{(m-2)}| + \cdots + |x^{(n+1)} - x^{(n)}|.$$

Unter Benutzung von

$$|x^{(m)} - x^{(m-1)}| \leq M \cdot |x^{(m-1)} - x^{(m-2)}| \leq M^2 \cdot |x^{(m-2)} - x^{(m-3)}| \leq \cdots$$
$$\leq M^{m-n} \cdot |x^{(n)} - x^{(n-1)}|$$

kann weiter gefolgert werden

$$|x^{(m)} - x^{(n)}| \leq |x^{(n)} - x^{(n-1)}|\{M^{m-n} + M^{m-n-1} + \cdots + M\}$$
$$= M|x^{(n)} - x^{(n-1)}|\{1 + \cdots + M^{m-n-1}\}$$
$$= M\frac{1 - M^{m-n}}{1-M}|x^{(n)} - x^{(n-1)}|,$$
$$|x^{(m)} - x^{(n)}| \leq \frac{M}{1-M}|x^{(n)} - x^{(n-1)}|.$$

Mit $\lim_{m\to\infty} x^{(m)} = x^\star$ folgt

$$|x^\star - x^{(n)}| \leq \frac{M}{1-M}|x^{(n)} - x^{(n-1)}|. \qquad (3.14)$$

Definition 3.6. Die Formel (3.14) wird als *a-posteriori-Abschätzung* bezeichnet.

Beispiel 3.14. Für die Funktion $f(x) = x - e^{-(\frac{x}{2})}$ und die zugehörige Iterationsvorschrift $\phi(x) = e^{-(\frac{x}{2})}$ wurde im Beispiel 3.12 $|\phi'(x)| \leq 0.5 = M$ ($0 \leq x \leq 1$) nachgewiesen. Daraus ergibt sich als a-posteriori-Abschätzung

$$|x^\star - x^{(n)}| \leq \frac{0.5}{1-0.5}|x^{(n)} - x^{(n-1)}| = |x^{(n)} - x^{(n-1)}|.$$

Ein Vergleich der a-posteriori-Abschätzung und des wahren Fehlers für einige Iterationsschritte ist in Tabelle 3.8 gegeben.

n	$x^{(n)}$	$|x^\star - x^{(n)}|$	wahrer Fehler
0	0.8000		
6	0.7036		
7	0.7034	0.0002	0.0001
8	0.7035	0.0001	0.0000
9	0.7035	0.0000	0.0000

Tabelle 3.8. a-posteriori-Abschätzung für Beispiel 3.12.

3.4 Abbruchkriterien bei Iterationsverfahren

Ein Iterationsverfahren muss durch eine vorgegebene Vorschrift gestoppt werden. Solche Vorschriften können sein:

a) Falls $n \geq N_0$, dann abbrechen.

b) Falls $|x^\star - x^{(n)}| < \epsilon_1$, dann abbrechen.

c) Falls $|x^{(n)} - x^{(n-1)}| < \epsilon_2$, dann abbrechen.

Beim numerischen Rechnen wird die einfache Abbruchbedingung c) häufig benutzt. Es ist aber zu beachten, dass diese Bedingung eine Abbruchschranke ist und keine Fehlerschranke zu sein braucht.

Aus der a-posteriori-Abschätzung für den Fehler folgt

$$|x^\star - x^{(n)}| \leq \frac{M}{1-M}|x^{(n)} - x^{(n-1)}| < \frac{M}{1-M}\epsilon_2. \qquad (3.15)$$

Eine Fehlerschranke ϵ_1 für den Abstand der n-ten Näherung $x^{(n)}$ zur exakten Lösung erhält man aus der Abbruchbedingung durch Multiplikation mit dem Faktor $M/(1-M)$, wobei $|\phi'(x)| \leq M < 1$ ist.

3.5 Konvergenzordnung

Mit dem Nachweis der Konvergenz einer Iterationsfolge $\{\mathbf{x}^{(n)}\}$ ($n = 1, 2, \ldots$) für den Iterationsalgorithmus $\mathbf{x}^{(n+1)} = \boldsymbol{\phi}(\mathbf{x}^{(n)})$ mit dem Fixpunkt $\mathbf{x}^\star$ ist noch nicht geklärt, wie rasch diese Folge sich dem gesuchten Vektor $\mathbf{x}^\star$ nähert. Das aber hat durch die Anzahl der notwendigen Operationen Auswirkungen auf die Rechendauer und die auftretenden Fehler.

Als ein vorteilhaftes Kriterium zur Beurteilung eines Iterationsalgorithmus hat sich die *Konvergenzordnung* bewährt.

Definition 3.7. Bei dem Iterationsalgorithmus $\mathbf{x}^{(n+1)} = \boldsymbol{\phi}(\mathbf{x}^{(n)})$ ergibt sich ausgehend von einem Anfangswert $\mathbf{x}^{(0)}$ in einem Intervall I eine Folge von Näherungswerten $\mathbf{x}^{(n)}$ ($n = 1, 2, \ldots$), die gegen den *exakten Vektor* $\mathbf{x}^\star$ streben.

Diese Konvergenz gegen $\mathbf{x}^\star$ ist von *p-ter Ordnung*, wenn es eine positive Konstante q so gibt, dass mit einer der eingeführten Normen gilt:

$$\lim_{n \to \infty} \frac{\|\mathbf{x}^{(n+1)} - \mathbf{x}^\star\|}{\|\mathbf{x}^{(n)} - \mathbf{x}^\star\|^p} = q. \tag{3.16}$$

Die Konvergenzordnung p besagt, dass der Fehler $\boldsymbol{\Delta}^{(n+1)} = \mathbf{x}^{(n+1)} - \mathbf{x}^\star$ der $(n + 1)$-ten Näherung $\mathbf{x}^{(n+1)}$ etwa gleich der p-fachen Potenz des Fehlers $\mathbf{x}^{(n)} - \mathbf{x}^\star$ der n-ten Näherung $\mathbf{x}^{(n)}$ ist.

Es gilt

$$\|\boldsymbol{\Delta}^{(n+1)}\| \approx q \|\boldsymbol{\Delta}^{(n)}\|^p. \tag{3.17}$$

Falls die Iterationsvorschrift $\boldsymbol{\phi}$ p-mal stetig differenzierbar in I ist und

$$\boldsymbol{\phi}(\mathbf{x}^\star) = \mathbf{x}^\star,$$
$$\boldsymbol{\phi}'(\mathbf{x}^\star) = \boldsymbol{\phi}''(\mathbf{x}^\star) = \cdots = \boldsymbol{\phi}^{(p-1)}(\mathbf{x}^\star) = 0, \quad \boldsymbol{\phi}^{(p)}(\mathbf{x}^\star) \neq 0 \tag{3.18}$$

gilt, dann lässt sich q bestimmen zu

$$q = \frac{1}{p!} \max_{\mathbf{x} \in I} \|\boldsymbol{\phi}^{(p)}(\mathbf{x})\|. \tag{3.19}$$

Die Bestimmung der Konvergenzordnung p gehört zur theoretischen Untersuchung eines aufgestellten Iterationsalgorithmus. Eine experimentelle Gewinnung der Konvergenzordnung für einen laufenden Iterationsalgorithmus ist kaum möglich. Bei den behandelten Iterationsverfahren ist auf die zugehörige Konvergenzordnung hingewiesen.

Bei $p = 1$ heißt der Iterationsalgorithmus von *linearer Konvergenz*, bei $p = 2$ von *quadratischer Konvergenz*.

Abschnitt 3.6 Spezielle Iterationsverfahren

Beispiel 3.15. Es ist die Nullstelle $x^\star$ der Funktion $f(x) = x \ln x - 1$ im vorgegebenen Intervall $[1.5, 2.0]$ aufzusuchen.

Als möglicher Iterationsalgorithmus war im Beispiel 3.5

$$x^{(k+1)} = \phi(x^{(k)}) = e^{\frac{1}{x^{(k)}}} \quad \text{mit } |\phi'(x)| \leq 0.8657 < 1$$

gefunden worden.

k	$x^{(k)}$	k	$x^{(k)}$	k	$x^{(k)}$
0	1.60000	8	1.76133	16	1.76320
1	1.86825	9	1.76430	17	1.76323
2	1.70795	10	1.76262	18	1.76322
3	1.79592	11	1.76357	19	1.76323
4	1.74511	12	1.76303	20	1.76322
5	1.77363	13	1.76333	21	1.76322
6	1.75736	14	1.76316		
7	1.76656	15	1.76326		

Tabelle 3.9. Iterationsfolge zu Beispiel 3.15 mit linearer Konvergenz.

k	$x^{(k)}$	k	$x^{(k)}$
0	1.60000	3	1.76322
1	1.76870	4	1.76322
2	1.76323		

Tabelle 3.10. Iterationsfolge mit quadratischer Konvergenz.

Für jeden Anfangswert aus $[1.5, 2.0]$ ist die Konvergenz des Iterationsalgorithmus gegen die eindeutige Lösung $x^\star \in [1.5, 2.0]$ gesichert. Um aber vom Ausgangswert $x_0 = 1.6$ ausgehend eine Genauigkeit auf fünf Dezimalstellen nach dem Punkt zu erreichen, werden bei diesem Iterationsalgorithmus mit linearer Konvergenz 21 Iterationsschritte benötigt (s. Tabelle 3.9). Bei Benutzung eines Iterationsalgorithmus mit quadratischer Konvergenz (z. B. Newton-Verfahren, siehe Abschnitt 3.6.3) benötigt man wesentlich weniger Schritte (s. Tabelle 3.10).

Für die schlechte Konvergenz des ersten Iterationsverfahrens sind die große Lipschitzkonstante $M = 0.8657$ und vor allem die niedrige Konvergenzordnung verantwortlich. Es ist anzustreben, bei langsam konvergierenden Verfahren Möglichkeiten aufzufinden, die Konvergenz zu beschleunigen (siehe Abschnitt 3.7).

3.6 Spezielle Iterationsverfahren

3.6.1 Bisektionsmethode

Vorgehen

Eine einfache Methode zur Berechnung von Nullstellen ist die *Bisektionsmethode* oder *Intervallhalbierungsmethode*. Es sei $f(x)$ eine im Intervall $[a, b]$ stetige Funktion, und es gelte für zwei verschiedene x-Werte $a^{(0)} < b^{(0)}$ aus dem Intervall

$f(a^{(0)}) \cdot f(b^{(0)}) < 0$. Dann hat die Funktion $f(x)$ nach dem Zwischenwertsatz im Intervall $(a^{(0)}, b^{(0)})$ mindestens eine Nullstelle $x^\star$.

Eine erste Näherung ist

$$x^{(1)} = \frac{a^{(0)} + b^{(0)}}{2}.$$

Man berechnet $f(x^{(1)})$. Es seien $f(a^{(0)})$ bekannt und $f(x^{(1)}) \neq 0$.

Gilt $f(x^{(1)}) \cdot f(a^{(0)}) > 0$, dann liegt die Nullstelle $x^\star$ im Intervall $(x^{(1)}, b^{(0)})$. Man setzt $a^{(1)} = x^{(1)}, b^{(1)} = b^{(0)}$.

Gilt $f(x^{(1)}) \cdot f(a^{(0)}) < 0$, dann liegt die Nullstelle $x^\star$ im Intervall $(a^{(0)}, x^{(1)})$. Man setzt $a^{(1)} = a^{(0)}, b^{(1)} = x^{(1)}$.

Zur zweiten Näherung

$$x^{(2)} = \frac{a^{(1)} + b^{(1)}}{2}$$

ist $f(x^{(2)})$ zu berechnen. $f(a^{(1)})$ sei bekannt.

So fortfahrend, gilt allgemein für $m = 0, 1, 2, \ldots$:

- Für die m-te Näherung sind bekannt $a^{(m)}, b^{(m)}, f(a^{(m)}), f(b^{(m)})$.
- Die $(m+1)$-te Näherung ergibt sich mit

$$x^{(m+1)} = \frac{a^{(m)} + b^{(m)}}{2}$$

und $f(x^{(m+1)})$, dabei sei $f(x^{(m+1)}) \neq 0$.

- Gilt $f(x^{(m+1)}) \cdot f(a^{(m)}) > 0$, dann setzt man $a^{(m+1)} = x^{(m+1)}, b^{(m+1)} = b^{(m)}$.
- Gilt $f(x^{(m+1)}) \cdot f(a^{(m)}) < 0$, dann setzt man $a^{(m+1)} = a^{(m)}, b^{(m+1)} = x^{(m+1)}$ (s. Bild 3.6).

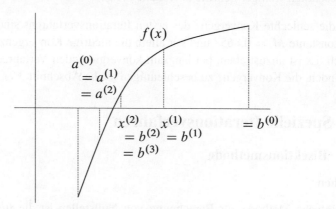

Bild 3.6. Bisektionsmethode.

Abschnitt 3.6 Spezielle Iterationsverfahren

Fehlerabschätzung

Bei der Bisektionsmethode entsteht eine Folge von Intervallen, die alle eine Lösung von $f(x) = 0$ enthalten und von denen jedes halb so lang wie das vorhergehende ist.

Nach n Schritten ist eine Nullstelle im Intervall $(a^{(n)}, b^{(n)})$ eingeschlossen. Die Intervalllänge ist $|b^{(n)} - a^{(n)}| = 2^{-n}|b^{(0)} - a^{(0)}|$. Für den Fehler der n-ten Näherung $x^{(n)}$ gilt

$$|x^{(n)} - x^\star| \leq \frac{|b^{(0)} - a^{(0)}|}{2^n}. \tag{3.20}$$

Bei einer vorgegebenen Genauigkeitsschranke ϵ als Abbruchbedingung ist solange zu halbieren bis sich

$$\frac{|b^{(0)} - a^{(0)}|}{2^n} < \epsilon$$

ergibt.

Ein Vorteil der Bisektionsmethode ist, dass keine Ableitungen berechnet werden müssen. Die Methode konvergiert relativ langsam. Die Konvergenz ist prinzipiell für jede stetige Funktion gesichert, solange man das Vorzeichen von $f(x)$ bestimmen kann. Falls bei der Auswertung der Funktion Rundungsfehler zu einem falschen Vorzeichen führen, so wird die falsche Hälfte des Intervalls gewählt, und eine Verbesserung ist nicht mehr erzielbar. Bei der Anwendung der Bisektionsmethode ist zu empfehlen, die maximale Anzahl der Iterationen von vornherein festzulegen.

Für ein auf d Stellen nach dem Dezimalpunkt genaues Ergebnis muss der Fehler kleiner sein als $\epsilon = 0.5 \cdot 10^{-d}$. Damit ergibt sich

$$\frac{|b^{(0)} - a^{(0)}|}{2^n} < 0.5 \cdot 10^{-d} \quad \Rightarrow \quad n > 1 + \frac{d + \log|b^{(0)} - a^{(0)}|}{\log 2}. \tag{3.21}$$

Beispiel 3.16. Die Lösung der Gleichung $f(x) = xe^x - 1 = 0$ ist mit Hilfe der Bisektionsmethode auf drei Dezimalstellen genau zu bestimmen. Es gilt

$$f(0.5) = -0.175, \quad f(0.6) = 0.093, \quad d = 3.$$

Damit erhält man

$$n > 1 + \frac{\log 0.1 + 3}{\log 2} = 1 + \frac{2}{\log 2} = 7.64.$$

Es sind 8 Iterationsschritte erforderlich. Die Ergebnisse dieser 8 Schritte sind in der folgenden Tabelle 3.11 zusammengefasst.

Die auf drei Dezimalstellen genaue Lösung ist $x^\star = 0.567$.

k	$a^{(k)}$	$b^{(k)}$	$x^{(k+1)}$	$f(x^{(k+1)})$
0	0.5000	0.6000	0.5500	−0.04670
1	0.5500	0.6000	0.5750	0.02185
2	0.5500	0.5750	0.5625	−0.01285
3	0.5625	0.5750	0.5688	0.00458
4	0.5625	0.5688	0.5657	−0.00398
5	0.5657	0.5688	0.5673	0.00043
6	0.5657	0.5673	0.5665	−0.00178
7	0.5665	0.5673	0.5669	−0.00067

Tabelle 3.11. Bisektionsmethode für Beispiel 3.16.

3.6.2 Regula falsi

Vorgehen

Die Funktion $f(x)$ habe im Intervall $[a, b]$ eine einfache Nullstelle $x^\star$. Es wird vorausgesetzt, dass

$$0 < m_1 \leq |f'(x)| \leq M_1 \quad (x \in [a, b]) \tag{3.22}$$

gilt.

Man wähle eine feste Stelle $x^{(0)}$ mit $f(x^{(0)}) \neq 0$ aus $[a, b]$. Als erste Näherung wird eine Stelle $x^{(1)}$ so gesucht, dass $f(x^{(1)}) \cdot f(x^{(0)}) < 0$ gilt. Dann liegt die Nullstelle $x^\star$ zwischen $x^{(0)}$ und $x^{(1)}$.

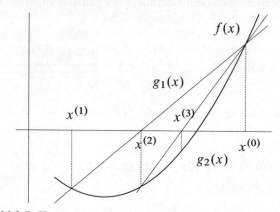

Bild 3.7. Konvergenz der ersten Variante der Regula falsi.

Es werden die Punkte $P_0(x^{(0)}, f(x^{(0)}))$ und $P_1(x^{(1)}, f(x^{(1)}))$ durch die Gerade g_1 mit der Gleichung

$$\frac{y - f(x^{(1)})}{x - x^{(1)}} = \frac{f(x^{(1)}) - f(x^{(0)})}{x^{(1)} - x^{(0)}} \tag{3.23}$$

Abschnitt 3.6 Spezielle Iterationsverfahren

verbunden. Diese Gerade schneidet an der Stelle $x^{(2)}$ mit

$$x^{(2)} = x^{(1)} - \frac{x^{(1)} - x^{(0)}}{f(x^{(1)}) - f(x^{(0)})} f(x^{(1)}) \qquad (3.24)$$

die x-Achse. Im nächsten Schritt wird der Punkt $P_2(x^{(2)}, f(x^{(2)}))$ mit dem Startpunkt P_0 durch die Gerade g_2 verbunden und danach von dieser Geraden die Stelle $x^{(3)}$, an der sie die x-Achse schneidet, berechnet.

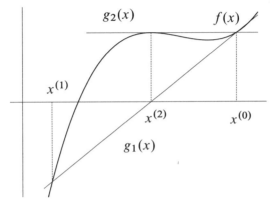

Bild 3.8. Versagen der ersten Variante der Regula falsi.

So fortfahrend ergibt sich eine Folge von Werten $x^{(0)}, x^{(1)}, \ldots, x^{(n)}, \ldots$ mit

$$x^{(n)} = x^{(n-1)} - \frac{x^{(n-1)} - x^{(0)}}{f(x^{(n-1)}) - f(x^{(0)})} f(x^{(n-1)}) = \phi(x^{(n-1)}) \qquad (3.25)$$

als Resultat eines Iterationsalgorithmus, der *Regula falsi*. Es lässt sich nachweisen, dass unter obigen Bedingungen die Folge $x^{(0)}, x^{(1)}, x^{(2)}, \ldots$ gegen die Nullstelle $x^\star$ in $[a,b]$ konvergiert. Die Konvergenzordnung ist $p = 1$ (s. Maeß [47]).

Falls die Funktion $f(x)$ im Intervall $[a,b]$ eine Extremwertstelle x_m besitzt, so dass die Bedingung (3.22) wegen $f'(x_m) = 0$ verletzt ist, kann es zum Versagen der Regula falsi kommen. Bild 3.8 veranschaulicht diese Möglichkeit.

Das Vorgehen der Regula falsi kann abgeändert werden, indem zur Gewinnung der Näherungen $x^{(n)}$ ($n = 1, 2, \ldots$) der Punkt $P_0(x^{(0)}, f(x^{(0)}))$ nicht mehr als fest vorausgesetzt wird. Wie oben erfolgt der Start mit zwei Werten $x^{(0)}$ und $x^{(1)}$, für die $f(x^{(0)}) \cdot f(x^{(1)}) < 0$ gelten muss. Dann wird ein Wert $x^{(2)}$, in dem die Gerade g_1 die x-Achse schneidet durch

$$x^{(2)} = x^{(1)} - \frac{x^{(1)} - x^{(0)}}{f(x^{(1)}) - f(x^{(0)})} f(x^{(1)})$$

bestimmt. Nun erfolgt eine Prüfung der Stelle $x^{(2)}$:

- Gilt $f(x^{(2)}) \cdot f(x^{(0)}) < 0$, dann liegt die Nullstelle x^* zwischen $x^{(0)}$ und $x^{(2)}$. Die Stelle $x^{(0)}$ wird weiter verwendet, und wie oben wird ein neuer Wert ermittelt

$$x^{(3)} = x^{(2)} - \frac{x^{(2)} - x^{(0)}}{f(x^{(2)}) - f(x^{(0)})} f(x^{(2)}). \qquad (3.26)$$

- Gilt $f(x^{(2)}) \cdot f(x^{(0)}) > 0$, dann liegt die Nullstelle x^* zwischen $x^{(1)}$ und $x^{(2)}$. Daher wird $x^{(0)}$ durch $x^{(1)}$ ersetzt, und der neue Wert $x^{(3)}$ errechnet sich durch

$$x^{(3)} = x^{(2)} - \frac{x^{(2)} - x^{(1)}}{f(x^{(2)}) - f(x^{(1)})} f(x^{(2)}). \qquad (3.27)$$

So fortfahrend ergibt sich nach der Vorschrift

$$x^{(n+1)} = x^{(n)} - \frac{x^{(n)} - x^{(k)}}{f(x^{(n)}) - f(x^{(k)})} f(x^{(n)}) \quad (k = 0, 1, \ldots; n = 1, 2, \ldots) \qquad (3.28)$$

eine Folge von Werten $x^{(0)}, x^{(1)}, \ldots, x^{(k)}, \ldots, x^{(n)}, \ldots$. Dabei ist k der größte Indexwert kleiner als n, der die Bedingung $f(x^{(n)}) \cdot f(x^{(k)}) < 0$ erfüllt. Vorausgesetzt ist, dass $f(x^{(l)}) \neq 0$ ($l = 0, 1, 2, \ldots$) gilt, da ansonsten $x^* = x^{(l)}$ eine Lösung darstellt.

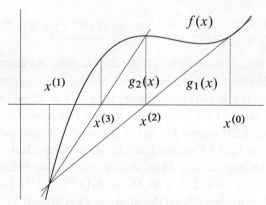

Bild 3.9. Regula falsi, 2. Variante.

Es ist auch hier nachgewiesen, dass die Folge $x^{(0)}, x^{(1)}, \ldots$ gegen die Nullstelle x^* in $[a, b]$ konvergiert und dass die Konvergenzordnung im allgemeinen $p = 1$ ist. Diese Variante der Regula falsi konvergiert immer unter der Voraussetzung, dass $f(x)$ in $[a, b]$ stetig ist und dass $f(a) \cdot f(b) < 0$ gilt.

Fehlerabschätzung

Die zweite Form der Regula falsi gestattet eine einfache Abschätzung des Fehlers. Sind $x^{(p)}$ und $x^{(q)}$ mit $p < q$ zwei Werte der Folge $\{x^{(n)}\}$, die die Bedingung $f(x^{(p)}) \cdot f(x^{(q)}) < 0$ erfüllen, liegt die gesuchte Lösung x^* im Intervall $x^{(p)} < x^* < x^{(q)}$.

Ein weiteres häufig benutztes Iterationsverfahren ist das *Sekantenverfahren*. Dieses Verfahren hat zwar eine bessere Konvergenzordnung $p = (1 + \sqrt{5})/2 \approx 1.618$, gehört aber nicht mehr zur Klasse der stationären Einschrittverfahren. Deshalb wird hier auf seine Behandlung verzichtet.

Beispiel 3.17. Für die Funktion $f(x) = e^{\frac{1}{x}} - x$ ist eine Nullstelle im Intervall $[1.5, 2]$ gesucht.

Die erste Variante der Regula falsi mit festem $x^{(0)} = 2$ und zweitem Startwert $x^{(1)} = 1.6$ ergibt den in der Tabelle 3.12 zusammengestellten Iterationsverlauf.

k	$x^{(k)}$	$f(x^{(k)})$	$|x^{(k)} - x^{(k-1)}|$
0	2.000000	−0.3512788	
1	1.600000	0.2682459	
2	1.773195	−0.0155870	0.173195
3	1.762664	0.0008759	0.010531
4	1.763254	−0.0000489	0.000590
5	1.763221	0.0000029	0.000033
6	1.763223	−0.0000003	0.000002
7	1.763223	−0.0000003	0.000000

Tabelle 3.12. Iteration mit Regula falsi, 1. Variante.

Im Vergleich dazu ergibt die zweite Variante der Regula falsi mit identischen Anfangswerte die folgende Iteration (s. Tabelle 3.13).

k	$x^{(k)}$	$f(x^{(k)})$	$|x^{(k)} - x^{(k-1)}|$
0	2.000000	−0.3512788	
1	1.600000	0.2682459	
2	1.773195	−0.0155871	0.173195
3	1.763684	−0.0007227	0.009511
4	1.763244	−0.0000332	0.000440
5	1.763224	−0.0000019	0.000020
6	1.763223	−0.0000003	0.000001
7	1.763223	−0.0000003	0.000000

Tabelle 3.13. Iteration mit Regula falsi, 2. Variante.

Beispiel 3.18. Gesucht ist eine Nullstelle von $f(x) = x^2 - 2x - 8$ im Intervall $[0, 5]$.
Es wird die erste Variante der Regula falsi mit der festen Stelle $x^{(0)} = 0$ und dem zweiten Startwert $x^{(0)} = 5$ verwendet. Die Funktion $f(x)$ hat in $x = 1$ eine Extremwertstelle, die Bedingung (3.22) ist also verletzt. Das Verfahren konvergiert nicht (s. Tabelle 3.14).

k	$x^{(k)}$	$f(x^{(k)})$	$\|x^{(k)} - x^{(k-1)}\|$
0	0.00000	−8.00000	
1	5.00000	7.00000	
2	2.66667	−6.22221	2.33333
3	−6.66659	49.77664	9.33326

Tabelle 3.14. Iteration mit Regula falsi, 1. Variante und Startwert $x^{(0)} = 5$.

Bei der Wahl des festen Wertes $x^{(0)} = 2$ und des zweiten Startwertes $x^{(1)} = 5$ liegt die Extremstelle nicht mehr im betrachteten Intervall. Mit diesen Startwerten konvergiert die erste Variante der Regula falsi (s. Tabelle 3.15).

k	$x^{(k)}$	$f(x^{(k)})$	$\|x^{(k)} - x^{(k-1)}\|$
0	2.000000	−8.000000	
1	5.000000	7.000000	
2	4.066667	0.404446	0.933333
3	3.967213	−0.195647	0.099457
⋮	⋮	⋮	⋮
14	4.000016	0.000010	0.000048
15	3.999992	−0.000048	0.000024
16	4.000004	0.000024	0.000012
17	4.000000	0.000000	0.000004

Tabelle 3.15. Iteration mit Regula falsi, 1. Variante und Startwert $x^{(0)} = 2$.

Die mit den gleichen Anfangswerten gestartete zweite Variante der Regula falsi erreicht diese Genauigkeit mit weniger Schritten (s. Tabelle 3.16).

3.6.3 Newtonsches Iterationsverfahren

Vorgehen

Das am weitesten verbreitete Verfahren zur Auflösung von nichtlinearen Gleichungen ist das *Iterationsverfahren von Newton*. Ein großer Vorteil ist, dass es bei hinreichend guter Anfangsnäherung schneller konvergiert als die bisher behandelten Verfahren. Die Konvergenzordnung ist $p = 2$, d. h., der Fehler in jedem Schritt ist proportional dem Fehlerquadrat des vorhergehenden Schrittes.

Abschnitt 3.6 Spezielle Iterationsverfahren

k	$x^{(k)}$	$f(x^{(k)})$	$|x^{(k)} - x^{(k-1)}|$
0	2.000000	−8.000000	
1	5.000000	7.000000	
2	3.600000	−2.240000	1.400000
3	3.930394	−0.359963	0.330394
4	3.991266	−0.052328	0.051872
5	3.998751	−0.007493	0.007485
6	3.999820	−0.001080	0.001069
7	3.999974	−0.000156	0.000154
8	3.999996	−0.000024	0.000022
9	3.999999	−0.000006	0.000003
10	4.000000	0.000000	0.000001

Tabelle 3.16. Iteration mit Regula falsi, 2. Variante und Startwert $x^{(0)} = 2$.

Es sei $f(x)$ stetig und zweimal stetig differenzierbar. Gesucht ist eine Lösung $x^\star$ von $f(x) = 0$.

Mit $x^{(0)}$ werde ein erster Näherungswert von $x^\star$ bezeichnet. Die Taylor-Reihe für $f(x)$ um $x^{(0)}$ ergibt

$$f(x) = f(x^{(0)}) + f'(x^{(0)})(x - x^{(0)}) + \frac{f''(\xi)}{2}(x - x^{(0)})^2. \tag{3.29}$$

Dabei ist $\xi \in (x, x^{(0)})$. Für $x = x^\star$ erhält man mit mit $f(x^\star) = 0$

$$0 = f(x^{(0)}) + f'(x^{(0)})(x^\star - x^{(0)}) + \frac{f''(\xi)}{2}(x^\star - x^{(0)})^2.$$

Die Auflösung nach $x^\star$ liefert

$$x^\star = x^{(0)} - \frac{f(x^{(0)})}{f'(x^{(0)})} - \frac{f''(\xi)}{2f'(x^{(0)})}(x^\star - x^{(0)})^2.$$

Liegt der Näherungswert $x^{(0)}$ genügend dicht bei $x^\star$, kann der Term

$$R_2 = -\frac{f''(\xi)}{2f'(x^{(0)})}(x^\star - x^{(0)})^2$$

unterdrückt werden. Die verbleibende Gleichung ergibt zwar nicht den exakten Wert $x^\star$, aber eine gegenüber dem Startwert $x^{(0)}$ verbesserte Näherungslösung. So fortfahrend kann allgemein aus einer Näherung $x^{(n)}$ eine verbesserte Näherung $x^{(n+1)}$ durch folgende Iterationsvorschrift erhalten werden (s. Bild 3.10):

$$x^{(n+1)} = x^{(n)} - \frac{f(x^{(n)})}{f'(x^{(n)})} = \phi(x^{(n)}). \tag{3.30}$$

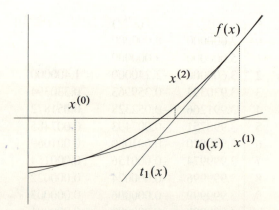

Bild 3.10. Iterationsverfahren nach Newton.

Es ist zu untersuchen, welche Bedingung ein Anfangswert $x^{(0)}$ erfüllen muss, um eine konvergente Iterationsfolge $x^{(0)}, x^{(1)}, x^{(2)}, \ldots$ zu erzeugen.

Die Konvergenz ist nach dem Fixpunktsatz gesichert, wenn $|\phi'(x)| \leq M < 1$ für alle x-Werte in der Nähe der Nullstelle erfüllt wird. Aus

$$\phi(x) = x - \frac{f(x)}{f'(x)} \quad \text{und} \quad \phi'(x) = \frac{f(x) \cdot f''(x)}{(f'(x))^2}$$

folgt die hinreichende Bedingung für die Konvergenz

$$\left| \frac{f(x) \cdot f''(x)}{(f'(x))^2} \right| \leq M < 1. \tag{3.31}$$

Diese Bedingung muss insbesondere der Anfangswert $x^{(0)}$ erfüllen. Da die Folge $x^{(0)}, x^{(1)}, x^{(2)}, \ldots$ gegen $x^\star$ konvergiert, ist die Bedingung dann auch für alle anderen Näherungen erfüllt. Man braucht die Bedingung daher nur für den Anfangswert $x^{(0)}$ nachzuprüfen.

Das Newtonsche Iterationsverfahren kann bei Verletzung der Bedingung (3.31) versagen. Bild 3.11 veranschaulicht einen solchen Fall.

Fehlerabschätzung

Beim Newtonschen Verfahren wird in der Regel die Abbruchbedingung

$$|x^{(n)} - x^{(n-1)}| < \epsilon \tag{3.32}$$

mit vorgegebenen ϵ benutzt. Durch die Fixpunkteigenschaft ist bei gesicherter Konvergenz die Folge der Verbesserungen $|x^{(n)} - x^{(n-1)}|$ $(n = 0, 1, 2, \ldots)$ monoton

Abschnitt 3.6 Spezielle Iterationsverfahren

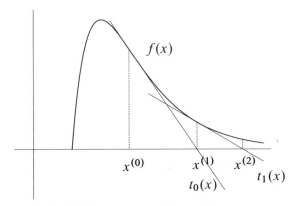

Bild 3.11. Versagen der Newton-Iteration.

fallend. Falls für ein n_0 gilt $|x^{(n_0)} - x^{(n_0-1)}| < \epsilon$, so ist diese Schranke für alle $n > n_0$ ebenfalls erfüllt.

Die Abschätzung des Fehlers ist aufwändiger. Dazu wird vorausgesetzt, dass die Funktion $f(x)$ im betrachteten Intervall $[a, b]$, das die Nullstelle $x^\star$ enthält, zweimal stetig differenzierbar ist und dass

$$|f'(x)| \geq k > 0 \quad \text{und} \quad |f''(x)| \leq K \quad (x \in [a, b]) \tag{3.33}$$

gilt. Die Entwicklung von $f(x)$ an der Stelle $x^\star$ in eine Taylor-Reihe ergibt

$$f(x) = f(x^\star) + (x - x^\star)f'(\xi) = (x - x^\star)f'(\xi) \quad (\xi \in (x, x^\star)).$$

Für $x = x^{(n)}$ folgt dann

$$f(x^{(n)}) = (x^{(n)} - x^\star)f'(\xi) \quad (\xi \in (x^{(n)}, x^\star))$$
$$|f(x^{(n)})| = |x^{(n)} - x^\star||f'(\xi)|$$
$$\geq |x^{(n)} - x^\star|k. \tag{3.34}$$

Die Entwicklung von $f(x)$ in eine Taylor-Reihe an der Stelle $x = x^{(n-1)}$ ergibt

$$f(x) = f(x^{(n-1)}) + (x - x^{(n-1)})f'(x^{(n-1)})$$
$$+ \frac{1}{2}(x - x^{(n-1)})^2 f''(\xi') \quad (\xi' \in (x, x^{(n-1)})).$$

Für $x = x^{(n)}$ folgt daraus

$$f(x^{(n)}) = f(x^{(n-1)}) + (x^{(n)} - x^{(n-1)})f'(x^{(n-1)})$$
$$+ \frac{1}{2}(x^{(n)} - x^{(n-1)})^2 f''(\xi')$$
$$= \frac{1}{2}(x^{(n)} - x^{(n-1)})^2 f''(\xi')$$
$$|f(x^{(n)})| = \frac{1}{2}|x^{(n)} - x^{(n-1)}|^2 |f''(\xi')|$$
$$\leq \frac{1}{2}|x^{(n)} - x^{(n-1)}|^2 K. \tag{3.35}$$

Die Ungleichungen (3.34) und (3.35) ergeben zusammen

$$k|x^{(n)} - x^\star| \leq |f(x^{(n)})| \leq \frac{1}{2}|x^{(n)} - x^{(n-1)}|^2 K$$

beziehungsweise

$$|x^{(n)} - x^\star| \leq \frac{K}{2k}|x^{(n)} - x^{(n-1)}|^2. \tag{3.36}$$

Diese Fehlerabschätzung wird als a-posteriori-Abschätzung bezeichnet. Durch die Bestimmung von k und K ist sie praktisch schwer handhabbar.

Beispiel 3.19. Die Funktion $f(x) = x \ln x - 1$ hat eine Nullstelle im Intervall $[1.5, 2]$. Gesucht ist die a-posteriori-Abschätzung für die Newtonsche Iterationsvorschrift. Die Ableitung der Funktion ist $f'(x) = \ln x + 1$, ihr Betrag ist auf dem Intervall $[1.5, 2]$ monoton wachsend. Das Minimum wird also in der unteren Intervallgrenze angenommen

$$|f'(x)| \geq \ln 1.5 + 1 > 1.4 = k.$$

Der Betrag der zweiten Ableitung $f''(x) = 1/x$ ist auf dem betrachteten Intervall monoton fallend, daher wird das Maximum ebenfalls in der unteren Grenze des Intervalls angenommen

$$|f''(x)| \leq \frac{1}{1.5} < 0.7 = K.$$

Daraus ergibt sich als a-posteriori-Abschätzung

$$|x^{(n)} - x^*| \leq 0.25 \cdot |x^{(n)} - x^{(n-1)}|^2.$$

Abschließend sollen noch einige Beispiele die Arbeit mit dem Newton-Verfahren illustrieren.

Beispiel 3.20. Gesucht wird die Nullstelle von $f(x) = e^x - x^2 + 2x - 2 = 0$ im Intervall $[0, 1]$ mit der Genauigkeitsschranke $\epsilon = 5.0 \cdot 10^{-6}$. Die Ableitungen sind

Abschnitt 3.7 Konvergenzverbesserung

$f'(x) = e^x - 2x + 2$ und $f''(x) = e^x - 2$. Ein nahe liegender Anfangswert ist $x^{(0)} = 0.5$ mit

$$f(0.5) = 0.398721, \quad f'(0.5) = 2.648721 \quad \text{und} \quad f''(0.5) = -0.351279.$$

Dieser Anfangswert ist wegen

$$\left| \frac{f(x^{(0)}) \cdot f''(x^{(0)})}{[f'(x^{(0)})]^2} \right| = \frac{0.398721 \cdot 0.351279}{2.648721^2} = 0.019964 < 1$$

anwendbar. Der Iterationsverlauf ist in Tabelle 3.17 dargestellt.

k	$x^{(k)}$	$f(x^{(k)})$	$f'(x^{(k)})$	$\|x^{(k)} - x^{(k-1)}\|$
0	0.5000000	0.3987210	2.648721	
1	0.3495000	−0.0047920	2.719358	$1.5 \cdot 10^{-1}$
2	0.3512620	−0.0000015	2.718336	$1.8 \cdot 10^{-3}$
3	0.3512626			$5.5 \cdot 10^{-7}$

Tabelle 3.17. Iterationsverlauf zu Beispiel 3.20.

Es ergibt sich als hinreichende Näherung $x^\star = 0.35126$.

Beispiel 3.21. Die Funktion $f(x) = x^2 - a$ mit $a > 0$ hat die Nullstellen $\pm\sqrt{a}$. Ihre Ableitungen sind $f'(x) = 2x$ und $f''(x) = 2$. Als Newton-Formel erhält man

$$x^{(n+1)} = x^{(n)} - \frac{f(x^{(n)})}{f'(x^{(n)})} = x^{(n)} - \frac{(x^{(n)})^2 - a}{2x^{(n)}} = \frac{1}{2}\left(x^{(n)} + \frac{a}{x^{(n)}}\right).$$

Die Folge $x^{(0)}, x^{(1)}, x^{(2)}, \ldots$ strebt gegen $\sqrt{a}$, wenn für den Anfangswert $x^{(0)}$ gilt

$$\left| \frac{f(x^{(0)}) \cdot f''(x^{(0)})}{[f'(x^{(0)})]^2} \right| = \left| \frac{((x^{(0)})^2 - a) \cdot 2}{4 \cdot (x^{(0)})^2} \right| = \frac{1}{2}\left|1 - \frac{a}{(x^{(0)})^2}\right| < 1.$$

Im speziellen Fall $a = 211$, $\epsilon = 10^{-3}$ und $x^{(0)} = 15$ ergibt sich der in Tabelle 3.18 angegeben Ablauf der Iteration. Die hinreichende Näherung ist $\sqrt{211} = 14.525839$.

Für $a = 0.0376$, $\epsilon = 10^{-4}$ und $x^{(0)} = 1$ ist die Iteration in Tabelle 3.19 gegeben. Als hinreichende Näherung ergibt sich $\sqrt{0.0376} = 0.193907$.

3.7 Konvergenzverbesserung

3.7.1 Verkleinern der Lipschitzkonstanten

Wenn die Ableitung der Iterationsvorschrift $\phi'(x)$ im betrachteten Intervall $[a, b]$ die Bedingung $|\phi'(x)| \leq M < 1$ erfüllt, wenn aber $M > 0.5$ gilt, ist die Konvergenz *langsam*.

k	$x^{(k)}$	$\|x^{(k)} - x^{(k-1)}\|$
0	15.000000	
1	14.533333	0.46777
2	14.525840	0.00749
3	14.525839	0.000001

Tabelle 3.18. Erster Iterationsverlauf für Beispiel 3.21.

k	$x^{(k)}$	$\|x^{(k)} - x^{(k-1)}\|$
0	1.000000	
1	0.518800	0.4812
2	0.295630	0.2232
3	0.211400	0.0842
4	0.194630	0.0168
5	0.193900	0.00072
6	0.193907	0.000007

Tabelle 3.19. Zweiter Iterationsverlauf für Beispiel 3.21.

Für die zweite (konvergente) Iterationsvorschrift $\phi(x) = e^{\frac{1}{x}}$ des Beispiels 3.5 wurde dort die Abschätzung

$$|\phi'(x)| \leq 0.8657 = M \quad (x \in [1.5, 2])$$

bestimmt. Damit ergibt sich für diesen Algorithmus gemäß (3.14) die a-posteriori-Abschätzung

$$|x^{(n)} - x^*| \leq \frac{0.8657}{0.1343}|x^{(n)} - x^{(n-1)}| = 6.4460|x^{(n)} - x^{(n-1)}|.$$

Der Genauigkeitsgewinn pro Schritt wird nur gering sein. Diese Iterationsvorschrift sollte in einen neuen Iterationsalgorithmus transformiert werden, der die Konvergenz gegen denselben x^*-Wert garantiert, bei dem aber die Lipschitzkonstante M unterhalb von 0.5 liegt.

Die Ausgangsbeziehung wird mit einem Parameter μ umgeformt in

$$x - \mu x = \phi(x) - \mu x.$$

Daraus erhält man

$$x = \frac{\phi(x) - \mu x}{1 - \mu} = \Phi(x) \quad \text{und} \quad \Phi'(x) = \frac{\phi'(x) - \mu}{1 - \mu}.$$

Der Parameter μ ist so festzulegen, dass $\Phi'(x)$ in der Nähe der einfachen Nullstelle x^* möglichst klein wird. Der beste Wert wäre $\mu = \phi'(x^*)$. Da aber x^* nicht bekannt ist, muss eine Näherung $\bar{x}$ gewählt werden: $\mu = \phi'(\bar{x})$. Der Iterationsalgorithmus lautet dann

$$x^{(n)} = \Phi(x^{(n-1)}) = \frac{\phi(x^{(n-1)}) - \phi'(\bar{x}) x^{(n-1)}}{1 - \phi'(\bar{x})}. \tag{3.37}$$

Beispiel 3.22. Für den im Beispiel 3.5 benutzten Iterationsalgorithmus

$$x = \phi(x) = e^{\frac{1}{x}} \quad (x \in [1.5, 2.0])$$

ergibt sich bei der Wahl von $\bar{x} = 1.6$ mit $\phi'(x) = -e^{\frac{1}{x}}/x^2$ der Parameter $\mu = \phi'(\bar{x}) = -0.72978$. Die resultierende Iterationsvorschrift

$$x^{(n)} = \frac{e^{\frac{1}{x^{(n-1)}}} + 0.72978 x^{(n-1)}}{1.72978}$$

führt wesentlich rascher zu einer guten Näherung (s. Tabelle 3.20).

n	$x^{(n)}$	n	$x^{(n)}$	n	$x^{(n)}$
0	1.60000	2	1.76315	4	1.76322
1	1.76247	3	1.76322		

Tabelle 3.20. Näherungen mit verbesserter Lipschitz-Konstanten.

3.7.2 Verfahren von Aitken

Es sei ein konvergenter Iterationsalgorithmus

$$x^{(n)} = \phi(x^{(n-1)}) \quad \text{mit } |\phi'(x)| \leq M < 1 \quad (x \in [a,b])$$

gegen eine einfache Lösung $x^\star$ von $f(x) = 0$ vorgegeben, der aber nur langsam konvergent ist. Mit den Abweichungen $\delta^{(n)} = x^{(n)} - x^\star$ kann mit $\xi^{(n)} \in (x^{(n)}, x^\star)$ nach dem Mittelwertsatz der Differentialrechnung

$$\frac{\delta^{(n)}}{\delta^{(n-1)}} = \frac{\phi(x^{(n-1)}) - \phi(x^\star)}{x^{(n-1)} - x^\star} = \phi'(\xi^{(n-1)})$$

gebildet werden. Mit $n \to \infty$ streben sowohl $x^{(n)} \to x^\star$ als auch $\xi^{(n)} \to x^\star$. Das ergibt

$$\lim_{n \to \infty} \frac{\delta^{(n)}}{\delta^{(n-1)}} = \lim_{n \to \infty} \phi'(\xi^{(n-1)}) = \phi'(x^\star). \tag{3.38}$$

Daher gilt näherungsweise

$$\frac{\delta^{(n)}}{\delta^{(n-1)}} \approx \phi'(x^\star) \quad \text{bzw.} \quad \frac{\delta^{(n+1)}}{\delta^{(n)}} \approx \phi'(x^\star) \quad \text{und} \quad \frac{\delta^{(n+1)}}{\delta^{(n)}} \approx \frac{\delta^{(n)}}{\delta^{(n-1)}}. \tag{3.39}$$

Daraus kann gefolgert werden

$$x^\star \approx \frac{x^{(n+1)} x^{(n-1)} - (x^{(n)})^2}{x^{(n+1)} - 2x^{(n)} + x^{(n-1)}} = x^{(n-1)} - \frac{(x^{(n)} - x^{(n-1)})^2}{x^{(n+1)} - 2x^{(n)} + x^{(n-1)}}.$$

Diese Näherung für x^* wird mit $z^{(n+1)}$ bezeichnet. Es kann nachgewiesen werden, dass die Folge $z^{(n+1)}$ ($n = 1, 2, \ldots$) schneller gegen x^* konvergiert als die Folge $x^{(n)}$ ($n = 0, 1, 2, \ldots$). Der Rechengang besteht darin, im $(n + 1)$-ten Schritt neben $x^{(n+1)}$ mit den bereits ermittelten Werten von $x^{(n)}$ und $x^{(n-1)}$ die Näherung $z^{(n+1)}$ ($n = 1, 2, \ldots$) zu berechnen und die Folge $z^{(n)}$ als Iterationsfolge zu betrachten.

Beispiel 3.23. Es wird wieder die zweite Iterationsvorschrift $\phi(x) = e^{\frac{1}{x}}$ aus dem Beispiel 3.5 betrachtet. Man erhält

$$\left. \begin{array}{l} x^{(n+1)} = \phi(x^{(n)}) = e^{\frac{1}{x^{(n)}}} \\ z^{(n+1)} = x^{(n-1)} - \dfrac{(x^{(n)} - x^{(n-1)})^2}{x^{(n+1)} - 2x^{(n)} + x^{(n-1)}} \end{array} \right\} \quad (n = 1, 2, \ldots).$$

Die Näherungen mit dem Anfangswert $x^{(0)} = 1.6$ sind in Tabelle 3.21 angegeben.

n	$x^{(n)}$	$z^{(n)}$	n	$x^{(n)}$	$z^{(n)}$
0	1.60000		6	1.75736	1.76327
1	1.86825		7	1.76656	1.76324
2	1.70789	1.76789	8	1.76133	1.76323
3	1.79592	1.76472	9	1.76430	1.76322
4	1.74511	1.76370	10	1.76262	1.76322
5	1.77363	1.76338			

Tabelle 3.21. Näherungen mit Verfahren von Aitken.

3.7.3 Steffensen-Verfahren

Zur der Konvergenzverbesserung für einen langsam konvergierenden Iterationsalgorithmus $x^{(n)} = \phi(x^{(n-1)})$ in $[a, b]$ kann das *Verfahren von Steffensen*

$$x^{(n)} = x^{(n-1)} - \frac{(\phi(x^{(n-1)}) - x^{(n-1)})^2}{\phi(\phi(x^{(n-1)})) - 2\phi(x^{(n-1)}) + x^{(n-1)}} = \Phi(x^{(n-1)}) \quad (3.40)$$

($n = 1, 2, \ldots$) benutzt werden. Die Berechnung der Werte $x^{(n)}$ ist zwar aufwändiger, aber die Konvergenzordnung erhöht sich bedeutend. Es kann nachgewiesen werden:

Hat der Iterationsalgorithmus $x^{(n)} = \phi(x^{(n-1)})$ die Konvergenzordnung $p = 1$, so hat der Iterationsalgorithmus von Steffensen mindestens die Konvergenzordnung $p = 2$.

Beispiel 3.24. Für den bereits mehrfach behandelten Iterationsalgorithmus

$$x^{(n)} = \phi(x^{(n-1)}) = e^{\frac{1}{x^{(n-1)}}}$$

aus Beispiel 3.5 erhält man den folgenden Steffensen-Algorithmus:

$$x^{(n)} = x^{(n-1)} - \frac{y^{(n-1)}}{z^{(n-1)}} \quad (n = 1, 2, \ldots)$$

mit

$$y^{(n-1)} = \left(e^{\frac{1}{x^{(n-1)}}} - x^{(n-1)}\right)^2 \quad \text{und} \quad z^{(n-1)} = \left(e^{e^{\frac{1}{x^{(n-1)}}}} - 2e^{\frac{1}{x^{(n-1)}}} + x^{(n-1)}\right).$$

Die mit dem Ausgangswert $x^{(0)} = 1.6$ gewonnenen Näherungen sind in Tabelle 3.22 angeführt.

n	$x^{(n)}$	n	$x^{(n)}$
0	1.60000	3	1.76322
1	1.76789	4	1.76322
2	1.76323		

Tabelle 3.22. Näherungen mit Verfahren von Steffensen.

3.8 Aufgaben

Aufgabe 3.1. Es sind Lösungen der Gleichungen

a) $f(x) = x^3 + 2x^2 + 10x - 20 = 0 \quad [0, 2]$

b) $f(x) = x \cdot e^x - 1 = 0 \quad [0.5, \pi]$

c) $f(x) = x^2 - 5 = 0 \quad [-3, 3]$

d) $f(x) = \sin 2x - 0.5x + 2 = 0 \quad [1, 3]$

iterativ zu bestimmen. Überführen Sie die Gleichungen in iterierfähige Formen $x^{(n+1)} = \phi(x^{(n)})$ und geben Sie Bereiche für die Startwerte einer Näherungsfolge $\{x^{(n)}\}$ an, die gegen eine Lösung x^* konvergieren.

Aufgabe 3.2. Führen Sie die Iterationen für die Gleichungen aus Aufgabe 3.1 mit verschiedenen Startwerten aus, und ermitteln Sie bei Beachtung von sechs Dezimalstellen die gegen eine Lösung strebende Näherungsfolge bis alle mitgeführten Dezimalstellen unverändert bleiben.

Aufgabe 3.3. Geben Sie für die Lösungen der Gleichungen aus Aufgabe 3.1a) und 3.1b), die mit der Iterationsvorschrift $x^{(n+1)} = \phi(x^{(n)})$ zu ermitteln sind, a-priori-Abschätzungen an, wenn $n = 5$, $n = 10$ bzw. $n = 15$ Iterationsschritte ausgeführt werden.

Aufgabe 3.4. Die Lösungen der Gleichungen aus Aufgabe 3.1a) und 3.1b) sind durch Näherungen $x^{(n+1)} = \phi(x^{(n)})$ zu ermitteln. Es sei eine Fehlerschranke $\epsilon = 10^{-6}$ vorgegeben. Bestimmen Sie ausgehend von der a-priori-Abschätzung die Anzahl der Iterationsschritte n, um diese Genauigkeit garantieren zu können.

Aufgabe 3.5. Die Lösungen der Gleichungen

a) $f(x) = e^{-x} - \sin 2x = 0 \quad [0, 1]$

b) $f(x) = e^{1.6x} - 5.88x^2 = 0 \quad [1, 4]$

c) $f(x) = x^3 - 3x^2 + x + 3 = 0 \quad [-1, 5]$

d) $f(x) = 5x^6 + 3x^5 - 54x^4 + 60x^3 - 64x^2 - 5x + 7 = 0 \quad [1, 5]$

sind mit der Bisektionsmethode bei einer Genauigkeit von $\epsilon = 10^{-6}$ zu ermitteln.

Aufgabe 3.6. Geben Sie für die Näherungen $x^{(n)}$, die gegen eine Lösung der Gleichungen aus Aufgabe 3.5 konvergieren, eine Fehlerabschätzung an nach $n = 5$, $n = 10$ bzw. $n = 15$ Iterationsschritten.

Aufgabe 3.7. Die gegen eine Lösung der Gleichungen aus Aufgabe 3.5 konvergierende Näherungsfolge ist abzubrechen, wenn der Fehler $\epsilon = 10^{-8}$ unterschritten wird. Schätzen Sie die Anzahl n der mindestens erforderlichen Iterationsschritte ab.

Aufgabe 3.8. Ermitteln Sie eine Lösung der Gleichungen aus Aufgabe 3.5 mit der ersten Form der Regula falsi bei einer Genauigkeitsschranke (Abbruchschranke) von $\epsilon = 10^{-6}$.

Aufgabe 3.9. Ermitteln Sie eine Lösung der Gleichungen aus Aufgabe 3.5 mit der zweiten Form der Regula falsi bei einer Genauigkeitsschranke (Abbruchschranke) von $\epsilon = 10^{-6}$.

Aufgabe 3.10. Bestimmen Sie mit dem Newtonschen Iterationsverfahren, ausgehend von einem geeigneten Startwert $x^{(0)}$, bei einer Genauigkeitsschranke von $\epsilon = 10^{-8}$ die Lösungen der Gleichungen

a) $f(x) = x^3 + 2x^2 + 10x - 20 = 0 \quad [0, 2]$

b) $f(x) = x \cdot e^x - 1 = 0 \quad [0.5, \pi]$

c) $f(x) = x^2 - 5 = 0 \quad [-3, 3]$

d) $f(x) = \sin 2x - 0.5x + 2 = 0 \quad [1, 3]$.

Aufgabe 3.11. Bestimmen Sie mit dem Newtonschen Iterationsverfahren, ausgehend von einem geeigneten Startwert $x^{(0)}$, bei einer Genauigkeitsschranke von $\epsilon = 10^{-8}$ die Lösungen der Gleichungen

Abschnitt 3.8 Aufgaben

a) $f(x) = e^{2x} - 2x^2 - 3x = 0$ $[-3, 3]$
b) $f(x) = x^6 - 5 = 0$ $[0, 2]$
c) $f(x) = 7^x - 9 = 0$ $[0, 2]$
d) $f(x) = 5x^5 + 4x^4 - 3x^3 - 2x^2 + x + 3 = 0$ $[-2, 2]$.

Aufgabe 3.12. Bestimmen Sie mit dem Newtonschen Iterationsverfahren, ausgehend von einem geeigneten Startwert $x^{(0)}$, bei einer Genauigkeitsschranke von $\epsilon = 10^{-8}$ die Lösungen der Gleichungen

a) $f(x) = e^{-x} - \sin 2x = 0$ $[0, 1]$
b) $f(x) = e^{1.6x} - 5.88x^2 = 0$ $[1, 4]$
c) $f(x) = x^3 - 3x^2 + x + 3 = 0$ $[-1, 5]$
d) $f(x) = 5x^6 + 3x^5 - 54x^4 + 60x^3 - 64x^2 - 5x + 7 = 0$ $[1, 5]$.

Aufgabe 3.13. Geben Sie für die Näherungsfolgen zur Ermittlung von Lösungen der Gleichungen aus Aufgabe 3.10, die mit dem Newtonschen Iterationsverfahren gefunden worden sind, Fehlerabschätzungen nach $n = 5$, $n = 10$ bzw. $n = 15$ Iterationsschritten an.

Aufgabe 3.14. Für die Gleichungen aus Aufgabe 3.10 sind nach Überführung in iterierfähige Formen, mit geeigneten Startwerten $x^{(0)}$ beginnend, Näherungswerte nach $n = 10$ Iterationsschritten zu bestimmen.

Aufgabe 3.15. Für die Iterationsgleichungen aus Aufgabe 3.14 sind Konvergenzverbesserungen durch Verkleinern der Lipschitzkonstanten einzuführen und danach Näherungswerte nach $n = 6$ Iterationsschritten zu bestimmen.

Aufgabe 3.16. Für die Iterationsgleichungen aus Aufgabe 3.14 sind Konvergenzverbesserungen mit dem Steffensen-Verfahren einzuführen und danach Näherungswerte nach $n = 4$ Iterationsschritten zu bestimmen.

Kapitel 4
Lineare Gleichungssysteme

4.1 Aufgabenstellung

Die numerische Auflösung von linearen Gleichungssystemen ist ein zentrales Thema der numerischen Mathematik. Viele Probleme der Anwendung der Mathematik führen auf lineare Gleichungssysteme. Aber auch als Zwischenschritt bei anderen Verfahren kommt der Auflösung von linearen Gleichungssystemen große Bedeutung zu.

Zur ersteren Gruppe zählen z. B. Netzwerke, Optimierungs- und Lagerhaltungsprobleme und zur zweiten Gruppe z. B. Spline-Interpolation bzw. Finite-Elemente-Methoden und die numerische Lösung von Differentialgleichungen.

Das Gleichungssystem habe im Folgenden die Gestalt

$$\begin{aligned} a_{11}x_1 + a_{12}x_2 + \cdots + a_{1n}x_n &= b_1 \\ a_{21}x_1 + a_{22}x_2 + \cdots + a_{2n}x_n &= b_2 \\ \vdots \qquad \vdots \qquad \ddots \qquad \vdots &\quad \vdots \\ a_{n1}x_1 + a_{n2}x_2 + \cdots + a_{nn}x_n &= b_n \end{aligned} \tag{4.1}$$

oder in Matrizenschreibweise

$$\mathbf{A} \cdot \mathbf{x} = \mathbf{b} \tag{4.2}$$

mit

$$\mathbf{A} = \begin{pmatrix} a_{11} & a_{12} & \cdots & a_{1n} \\ a_{21} & a_{22} & \cdots & a_{2n} \\ \vdots & \vdots & \ddots & \vdots \\ a_{n1} & a_{n2} & \cdots & a_{nn} \end{pmatrix}, \quad \mathbf{x} = \begin{pmatrix} x_1 \\ x_2 \\ \vdots \\ x_n \end{pmatrix}, \quad \mathbf{b} = \begin{pmatrix} b_1 \\ b_2 \\ \vdots \\ b_n \end{pmatrix}. \tag{4.3}$$

Die theoretischen Grundlagen über die Lösbarkeit von linearen Gleichungssystemen werden als bekannt vorausgesetzt.

Da numerisch eine existierende Lösung $\mathbf{x}$ berechnet werden soll, sind die Voraussetzungen dafür als gegeben anzusehen. Insbesondere müssen Existenz und Eindeutigkeit der Lösung gesichert sein.

Es wird daher angenommen:

- Es sind n Gleichungen für n Unbekannte $x_1, x_2, \ldots, x_n$ vorhanden, die Matrix $\mathbf{A}$ ist vom quadratischen Typ (n, n).

- Die Koeffizienten des Gleichungssystems a_{ij} $(i, j = 1, 2, \ldots, n)$ sind reell.

- Die rechten Seiten des Gleichungssystems b_k ($k = 1, 2, \ldots, n$) sind ebenfalls reell. Der Vektor der rechten Seiten **b** ist kein Nullvektor, also mindestens ein b_k ist ungleich null.

- Die Matrix **A** ist regulär, d. h. $A = \det \mathbf{A} \neq 0$.

Die im Folgenden behandelten Möglichkeiten zur Lösung von linearen Gleichungssystemen obiger Art

- Eliminationsverfahren mit Gaußschem Algorithmus
- Rotationsverfahren mit Givens-Matrizen

lassen sich auch auf allgemeine lineare Gleichungssysteme mit einer (m, n)-Koeffizientenmatrix **A** und einem m-reihigen Vektor der rechten Seiten **b**

$$
\begin{aligned}
a_{11}x_1 + a_{12}x_2 + \cdots + a_{1n}x_n &= b_1 \\
a_{21}x_1 + a_{22}x_2 + \cdots + a_{2n}x_n &= b_2 \\
\vdots \qquad \vdots \qquad \ddots \qquad \vdots &\quad \vdots \\
a_{m1}x_1 + a_{m2}x_2 + \cdots + a_{mn}x_n &= b_m
\end{aligned}
\tag{4.4}
$$

erweitern. Das Lösungsverhalten ist dann in Abhängigkeit von der Koeffizientenmatrix **A** und dem Vektor der rechten Seiten **b** vielfältiger. Neben eindeutigen Lösungen können vieldeutige, von willkürlichen reellen Parametern abhängende Lösungen auftreten oder auch keine Lösung existieren.

Beispiel 4.1. Als begleitende Beispiele werden folgende lineare Gleichungssysteme behandelt

$$
\begin{aligned}
2x_1 - 4x_2 + 6x_3 - 2x_4 &= 3 \\
3x_1 - 6x_2 + 10x_3 + 2x_4 &= -4 \\
x_1 + 3x_2 + 13x_3 - 6x_4 &= 3 \\
5x_2 + 11x_3 - 6x_4 &= -5
\end{aligned}
\qquad
\begin{aligned}
x_1 + \frac{1}{2}x_2 + \frac{1}{3}x_3 &= 1 \\
\frac{1}{2}x_1 + \frac{1}{3}x_2 + \frac{1}{4}x_3 &= -1 \\
\frac{1}{3}x_1 + \frac{1}{4}x_2 + \frac{1}{5}x_3 &= 1
\end{aligned}
$$

4.2 Eliminationsverfahren

4.2.1 Gaußscher Algorithmus

Zur Vereinfachung der Schreibweise und im Hinblick auf die praktische Durchführung auf einem Rechner wird eine schematische Darstellung benutzt. Im Falle $n = 4$ lässt sich das allgemeine Vorgehen hinreichend gut erläutern. Die schematische Darstellung hat in diesem Fall die Gestalt

x_1	x_2	x_3	x_4	1
a_{11}	a_{12}	a_{13}	a_{14}	b_1
a_{21}	a_{22}	a_{23}	a_{24}	b_2
a_{31}	a_{32}	a_{33}	a_{34}	b_3
a_{41}	a_{42}	a_{43}	a_{44}	b_4

. (4.5)

Beispiel 4.2. Für die Gleichungssysteme des Einführungsbeispiels ergeben sich die Schemata

2	−4	6	−2	3
3	−6	10	2	−4
1	3	13	−6	3
0	5	11	−6	−5

und

1	$\frac{1}{2}$	$\frac{1}{3}$	1
$\frac{1}{2}$	$\frac{1}{3}$	$\frac{1}{4}$	−1
$\frac{1}{3}$	$\frac{1}{4}$	$\frac{1}{5}$	1

.

Um bei der Rechnung Vorteile ausnutzen und um Rundungsfehler klein halten zu können, ist es oftmals wünschenswert, das Ausgangssystem oder entstehende Zwischensysteme so um zuordnen, dass die Lösung dadurch nicht verändert wird. Dazu können drei Arten von Äquivalenzoperationen ausgeführt werden:

- Vertauschung von Zeilen.
- Multiplikation einer ganzen Zeile mit einer reellen Zahl $l \neq 0$.
- Addition eines Vielfachen einer Zeile zu einer anderen.

An der Reihenfolge der Spalten werden wir keine Änderungen vornehmen. Spaltenänderungen sind möglich, aber mit dem Wechsel von i-ter und j-ter Spalte müssen auch die beiden zugehörigen Variablen x_i und x_j vertauscht werden.

Man sollte zuerst prüfen, ob das Ausgangssystem günstiger gestaltet werden kann, so darf beispielsweise keine Null als Pivotelement stehen. Bei der Rechnung mit der Hand kann eine Eins als Pivotelement die Rechnung deutlich vereinfachen. Andererseits sollte bei der maschinellen Lösung der Gleichungssysteme das betragsmäßig größte Element als Pivotelement genutzt werden, um die Rundungsfehler klein zu halten.

Beispiel 4.3. Eine mögliche Umformung des ersten Schemas aus dem vorigen Beispiel könnte sein

x_1	x_2	x_3	x_4	1
1	3	13	−6	3
2	−4	6	−2	3
3	−6	10	2	−4
0	5	11	−6	−5

Die Zielstellung beim Gaußschen Algorithmus ist, unter Benutzung der Äquivalenzoperationen das vorliegende Ausgangssystem in die Dreiecksgestalt

$$
\begin{array}{|cccc|c|}
\hline
x_1 & x_2 & x_3 & x_4 & 1 \\
\hline
r_{11} & r_{12} & r_{13} & r_{14} & c_1 \\
0 & r_{22} & r_{23} & r_{24} & c_2 \\
0 & 0 & r_{33} & r_{34} & c_3 \\
0 & 0 & 0 & r_{44} & c_4 \\
\hline
\end{array}
\tag{4.6}
$$

zu bringen. Diese Form hat den Vorteil, durch Auflösung von unten die Lösung einfach zu erhalten. Es ergibt sich

$$x_4 = \frac{c_4}{r_{44}}$$

$$x_3 = \frac{c_3}{r_{33}} - \frac{r_{31}}{r_{33}} \cdot x_4 = \frac{c_3}{r_{33}} - \frac{r_{31}}{r_{33}} \cdot \frac{c_4}{r_{44}}$$

$$\vdots$$

Folgendermaßen ist vorzugehen:

Es sei $a_{11} \neq 0$. Dies lässt sich durch Vertauschungen immer erreichen. Das (eventuelle neue) Element a_{11} wird als Pivotelement bezeichnet. Danach subtrahieren wir von den i-ten Zeilen mit $i \geq 2$ das a_{i1}/a_{11}-fache der ersten Zeile mit dem Ziel, außer a_{11} alle anderen Elemente der ersten Spalte zu null zu machen,

$$
\begin{array}{|cccc|c|}
\hline
x_1 & x_2 & x_3 & x_4 & 1 \\
\hline
a_{11} & a_{12} & a_{13} & a_{14} & b_1 \\
0 & a_{22}^{(1)} & a_{23}^{(1)} & a_{24}^{(1)} & b_2^{(1)} \\
0 & a_{32}^{(1)} & a_{33}^{(1)} & a_{34}^{(1)} & b_3^{(1)} \\
0 & a_{42}^{(1)} & a_{43}^{(1)} & a_{44}^{(1)} & b_4^{(1)} \\
\hline
\end{array}.
\tag{4.7}
$$

Als Abkürzungen werden benutzt:

$$
\begin{aligned}
l_{i1} &= \frac{a_{i1}}{a_{11}} & (i = 2, 3, \ldots, n), \\
a_{ik}^{(1)} &= a_{ik} - l_{i1} a_{1k} & (i, k = 2, 3, \ldots, n), \\
b_i^{(1)} &= b_i - l_{i1} b_1 & (i = 2, 3, \ldots, n).
\end{aligned}
\tag{4.8}
$$

Das neue Gleichungssystem ist zu dem alten äquivalent. Die erste Zeile bleibt erhalten, und es entsteht ein neues Untersystem (gekennzeichnet durch hochgestelltes (1)) von $(n-1)$ Gleichungen für $(n-1)$ Unbekannte $x_2, x_3, \ldots, x_n$. Die Variable x_1 ist eliminiert. Sie kann aus Zeile 1 berechnet werden, wenn $x_2, \ldots, x_n$ bekannt sind.

Beispiel 4.4. Der erste Schritt der betrachteten Beispielsysteme liefert:

$$a_{11} = 1 \neq 0 \qquad\qquad a_{11} = 1 \neq 0$$
$$l_{21} = \frac{a_{21}}{a_{11}} = 2 \qquad\qquad l_{21} = \frac{a_{21}}{a_{11}} = \frac{1}{2}$$
$$l_{31} = \frac{a_{31}}{a_{11}} \qquad\qquad l_{31} = \frac{a_{31}}{a_{11}} = \frac{1}{3}$$

x_1	x_2	x_3	x_4	1
1	3	13	−6	3
0	−10	−20	10	−3
0	−15	−29	20	−13
0	5	11	−6	−5

(anschließend Zeilentausch)

x_1	x_2	x_3	x_4	1
1	3	13	−6	3
0	5	11	−6	−5
0	−10	−20	10	−3
0	−15	−29	20	−13

x_1	x_2	x_3	1
1	$\frac{1}{2}$	$\frac{1}{3}$	1
0	$\frac{1}{12}$	$\frac{1}{12}$	$-\frac{3}{2}$
0	$\frac{1}{12}$	$\frac{4}{45}$	$\frac{2}{3}$

Es sei jetzt $a_{22}^{(1)} \neq 0$. Dies ist das Pivotelement des zweiten Schritts. Mit den Hilfsgrößen

$$l_{i2} = \frac{a_{i2}^{(1)}}{a_{22}^{(1)}} \quad (i = 3, 4, \ldots, n) \tag{4.9}$$

lauten die Elemente nach dem zweiten Schritt:

$$a_{ik}^{(2)} = a_{ik}^{(1)} - l_{i2} a_{2k}^{(1)} \quad (i, k = 3, 4, \ldots, n) \tag{4.10}$$
$$b_i^{(2)} = b_i^{(1)} - l_{i2} b_2^{(1)} \quad (i = 3, 4, \ldots, n)$$

x_1	x_2	x_3	x_4	1
a_{11}	a_{12}	a_{13}	a_{14}	b_1
0	$a_{22}^{(1)}$	$a_{23}^{(1)}$	$a_{24}^{(1)}$	$b_2^{(1)}$
0	0	$a_{33}^{(2)}$	$a_{34}^{(2)}$	$b_3^{(2)}$
0	0	$a_{43}^{(2)}$	$a_{44}^{(2)}$	$b_4^{(2)}$

(4.11)

Abschnitt 4.2 Eliminationsverfahren

Beispiel 4.5. Für die Gleichungssysteme des Einführungsbeispiels erhalten wir in diesem Schritt

x_1	x_2	x_3	x_4	1
1	3	13	−6	3
0	5	11	−6	−5
0	0	2	−2	−13
0	0	4	2	−28

und

x_1	x_2	x_3	1
1	$\frac{1}{2}$	$\frac{1}{3}$	1
0	$\frac{1}{12}$	$\frac{1}{12}$	$-\frac{3}{2}$
0	0	$\frac{1}{180}$	$\frac{13}{6}$

Die Fortsetzung der Eliminationsschritte führt nach $(n-1)$ Schritten zu einem Schema, welches in absteigender Folge jeweils eine Unbekannte weniger enthält. Um die Koeffizienten einheitlich zu bezeichnen, definieren wir

$$a_{ik}^{(0)} = a_{ik} \quad (i, k = 1, 2, \ldots, n)$$
$$b_i^{(0)} = b_i \quad (i = 1, 2, \ldots, n)$$
$$r_{ik} = a_{ik}^{(i-1)} \quad (k = i, i+1, \ldots n, \; i = 1, 2, \ldots, n)$$
$$c_i = b_i^{(i-1)} \quad (i = 1, 2, \ldots, n).$$

(4.12)

Damit lautet die Endform

x_1	x_2	x_3	x_4	1
r_{11}	r_{12}	r_{13}	r_{14}	c_1
0	r_{22}	r_{23}	r_{24}	c_2
0	0	r_{33}	r_{34}	c_3
0	0	0	r_{44}	c_4

(4.13)

Beispiel 4.6. Die Abschlussschemata der beiden Beispielsysteme sind dann

x_1	x_2	x_3	x_4	1
1	3	13	−6	3
0	5	11	−6	−5
0	0	2	−2	−13
0	0	0	6	−2

und

x_1	x_2	x_3	1
1	$\frac{1}{2}$	$\frac{1}{3}$	1
0	$\frac{1}{12}$	$\frac{1}{12}$	$-\frac{3}{2}$
0	0	$\frac{1}{180}$	$\frac{13}{6}$

.

Nach Ausführung des Schemas ergibt sich ein Gleichungssystem der Art

$$r_{11}x_1 + r_{12}x_2 + \cdots + r_{1n}x_n = c_1$$
$$r_{22}x_2 + \cdots + r_{2n}x_n = c_2 \qquad (4.14)$$
$$\vdots$$
$$r_{nn}x_n = c_n\,.$$

In Matrizenschreibweise kann dies zusammengefasst werden zu

$$\mathbf{R} \cdot \mathbf{x} = \mathbf{c} \qquad (4.15)$$

mit

$$\mathbf{R} = \begin{pmatrix} r_{11} & r_{12} & \cdots & r_{1n} \\ 0 & r_{22} & \cdots & r_{2n} \\ \vdots & \vdots & \ddots & \vdots \\ 0 & 0 & \cdots & r_{nn} \end{pmatrix} \quad \text{und} \quad \mathbf{c} = \begin{pmatrix} c_1 \\ c_2 \\ \vdots \\ c_n \end{pmatrix}. \qquad (4.16)$$

Dieses Gleichungssystem lässt sich rückwärts auflösen. Es ergibt sich:

$$x_n = \frac{c_n}{r_{nn}}$$
$$x_{n-1} = \frac{c_{n-1}}{r_{n-1,n-1}} - \frac{r_{n-1,n}x_n}{r_{n-1,n-1}} \qquad (4.17)$$
$$\vdots$$
$$x_1 = \frac{c_1}{r_{11}} - \frac{r_{12}x_2}{r_{11}} - \cdots - \frac{r_{1n}x_n}{r_{11}}\,.$$

Diesen Prozess nennt man Rückwärtseinsetzen, da die Gleichungen in umgekehrter Reihenfolge zur Bestimmung der x_i benutzt werden.

Beispiel 4.7. Durch Rückwärtseinsetzen erhält man als Lösung der Beispielsysteme:

$$x_4 = -\frac{2}{6} = -0.3333$$
$$x_3 = \frac{1}{2}\{-13 + 2x_4\} = -6.8333$$
$$x_2 = \frac{1}{5}\{-5 - 11x_3 + 6x_4\} = 13.6333$$
$$x_1 = \{3 - 3x_2 - 13x_3 + 6x_4\} = 48.9333,$$

$$x_3 = 180\frac{13}{6} = 390$$
$$x_2 = 12\left\{-\frac{3}{2} - \frac{1}{12}x_3\right\} = -408$$
$$x_1 = \left\{1 + \frac{1}{2}x_2 - \frac{1}{3}x_3\right\} = 75\,.$$

4.2.2 Pivotstrategie

Bei der Umstellung des linearen Gleichungssystems $\mathbf{Ax} = \mathbf{b}$ in die Dreiecksform $\mathbf{Rx} = \mathbf{c}$ ist es theoretisch erforderlich, dass die Pivotelemente nur von null verschieden sein müssen. In den Beispielen wurde versucht, für die Handrechnung günstige Zahlen in die Pivotposition zu bringen.

Beim numerischen Rechnen mit dem Computer ist es dem Rechner gleichgültig, welche Zahl Pivotelement ist. Es kann aber bei ungünstiger Wahl der Pivotelemente ein Verlust der Rechengenauigkeit eintreten, besonders wenn die Größenordnungen der Matrixelemente unterschiedlich sind.

Beispiel 4.8. Zur Illustration sei ein einfaches Beispiel angeführt. Dabei werden reelle Zahlen in Gleitkommadarstellung mit fünfziffriger Mantisse $d_1.d_2d_3d_4d_5 \cdot 10^e$ benutzt.

Es ist das lineare Gleichungssystem zu lösen

$$4.5608 \cdot 10^{-4} \, x_1 + 2.3674 \cdot 10^0 \, x_2 = 5.6277 \cdot 10^0$$
$$1.2475 \cdot 10^0 \, x_1 + 1.3182 \cdot 10^0 \, x_2 = 7.0854 \cdot 10^0 \, .$$

Es wird der Gaußsche Eliminationsalgorithmus mit $a_{11} = 4.5608 \cdot 10^{-4}$ als Pivotelement benutzt.

$4.5608 \cdot 10^{-4}$	$2.3674 \cdot 10^0$	$5.6277 \cdot 10^0$	
$1.2475 \cdot 10^0$	$1.3182 \cdot 10^0$	$7.0854 \cdot 10^0$	$l_{21} = \dfrac{a_{21}}{a_{11}}$
$4.5608 \cdot 10^{-4}$	$2.3674 \cdot 10^0$	$5.6277 \cdot 10^0$	
0	$-6.4742 \cdot 10^3$	$-1.5386 \cdot 10^4$	

Durch Rückwärtseinsetzen ergeben sich

$$x_2 = 2.3765 \cdot 10^0, \quad x_1 = 3.4509 \cdot 10^0 \, .$$

Das Einsetzen dieser Lösung in die Gleichungen führt zur Differenz von $\delta = 4.97\,\%$ zwischen errechneter und exakter rechter Seite bei der zweiten Gleichung.

Bei einer zweiten Durchrechnung werden vorher die Gleichungen getauscht

$$1.2475 \cdot 10^0 \, x_1 + 1.3182 \cdot 10^0 \, x_2 = 7.0854 \cdot 10^0$$
$$4.5608 \cdot 10^{-4} \, x_1 + 2.3674 \cdot 10^0 \, x_2 = 5.6277 \cdot 10^0 \,,$$

so dass nun mit $a_{11} = 1.2475 \cdot 10^0$ das größere Element der ersten Spalte Pivotelement ist. Mit

$1.2475 \cdot 10^0$	$1.3182 \cdot 10^0$	$7.0854 \cdot 10^0$
$4.5608 \cdot 10^{-4}$	$2.3674 \cdot 10^0$	$5.6277 \cdot 10^0$
$1.2475 \cdot 10^0$	$1.3182 \cdot 10^0$	$7.0854 \cdot 10^0$
0	$2.3669 \cdot 10^0$	$5.6251 \cdot 10^0$

$$l_{21} = -\frac{a_{21}}{a_{11}}$$

erhält man

$$x_2 = 2.3766 \cdot 10^0 \quad \text{und} \quad x_1 = 3.1684 \cdot 10^0 \,.$$

Beim Einsetzen der Lösungen ergibt sich eine Differenz von $\delta = 1.92 \cdot 10^{-3} \, \%$ zwischen errechneter und exakter rechter Seite bei der zweiten Gleichung.

Allgemein erfolgt ein Genauigkeitsgewinn beim Ausführen des Gaußschen Eliminationsalgorithmus durch Wahl des betragsmäßig größten Elementes als Pivotelement. Es ist günstig, vor jedem Schritt im Gaußschen Eliminationsalgorithmus eine Pivotsuche vorzunehmen.

Vor Ausführung des j-ten Schrittes wird die Zeile j mit derjenigen Zeile k, $j \leq k \leq n$ vertauscht, die bei x_j den betragsmäßig größten Koeffizienten besitzt. Dieser Tausch ist unter den angenommenen Bedingungen ($\det(\mathbf{A}) \neq 0$) immer möglich.

Beispiel 4.9. Mit fünfziffriger Mantisse bei Gleitkommazahlen ist das lineare Gleichungssystem mit Pivotstrategie zu lösen:

$$9.0000 \cdot 10^{-1} \, x_1 - 6.2000 \cdot 10^0 \, x_2 + 4.6000 \cdot 10^0 \, x_3 = 2.9000 \cdot 10^0$$
$$2.1000 \cdot 10^0 \, x_1 + 2.5120 \cdot 10^3 \, x_2 - 2.5160 \cdot 10^3 \, x_3 = 6.5000 \cdot 10^0$$
$$-1.3000 \cdot 10^0 \, x_1 + 8.8000 \cdot 10^0 \, x_2 - 7.6000 \cdot 10^0 \, x_3 = -5.3000 \cdot 10^0 \,.$$

Abschnitt 4.2 Eliminationsverfahren

Das Gesamtschema des Gauß-Algorithmus hat dann die folgende Gestalt:

$$
\begin{array}{rrr|r}
9.0000 \cdot 10^{-1} & -6.2000 \cdot 10^0 & 4.6000 \cdot 10^0 & 2.9000 \cdot 10^0 \\
2.1000 \cdot 10^0 & 2.5120 \cdot 10^3 & -2.5160 \cdot 10^3 & 6.5000 \cdot 10^0 \\
-1.3000 \cdot 10^0 & 8.8000 \cdot 10^0 & -7.6000 \cdot 10^0 & -5.3000 \cdot 10^0 \\
\hline
2.1000 \cdot 10^0 & 2.5120 \cdot 10^3 & -2.5160 \cdot 10^3 & 6.5000 \cdot 10^0 \\
9.0000 \cdot 10^{-1} & -6.2000 \cdot 10^0 & 4.6000 \cdot 10^0 & 2.9000 \cdot 10^0 \\
-1.3000 \cdot 10^0 & 8.8000 \cdot 10^0 & -7.6000 \cdot 10^0 & -5.3000 \cdot 10^0 \\
\hline
2.1000 \cdot 10^0 & 2.5120 \cdot 10^3 & -2.5160 \cdot 10^3 & 6.5000 \cdot 10^0 \\
0 & -1.0828 \cdot 10^3 & 1.0829 \cdot 10^3 & 1.1430 \cdot 10^{-1} \\
0 & 1.5639 \cdot 10^3 & -1.5651 \cdot 10^3 & -1.2762 \cdot 10^0 \\
\hline
2.1000 \cdot 10^0 & 2.5120 \cdot 10^3 & -2.5160 \cdot 10^3 & 6.5000 \cdot 10^0 \\
0 & 1.5639 \cdot 10^3 & -1.5651 \cdot 10^3 & -1.2762 \cdot 10^0 \\
0 & -1.0828 \cdot 10^3 & 1.0829 \cdot 10^3 & 1.1430 \cdot 10^{-1} \\
\hline
2.1000 \cdot 10^0 & 2.5120 \cdot 10^3 & -2.5160 \cdot 10^3 & 6.5000 \cdot 10^0 \\
0 & 1.5639 \cdot 10^3 & -1.5651 \cdot 10^3 & -1.2762 \cdot 10^0 \\
0 & 0 & -7.2828 \cdot 10^0 & -7.6930 \cdot 10^0 \\
\end{array}
$$

Die erhaltenen Lösungen sind

$$x_3 = 1.0563 \cdot 10^0, \quad x_2 = 1.0563 \cdot 10^0, \quad x_1 = 5.1072 \cdot 10^0.$$

4.2.3 Givens-Verfahren

Beim Gaußschen Eliminationsverfahren wird die (n,n)-Koeffizientenmatrix $\mathbf{A}$ des linearen Gleichungssystems $\mathbf{A} \cdot \mathbf{x} = \mathbf{b}$ in eine obere (n,n)-Dreiecksmatrix $\mathbf{B}$ transformiert. Dabei wird der n-reihige Vektor der rechten Seiten $\mathbf{b}$ in einen n-reihigen Vektor $\mathbf{c}$ mit transformiert. Es entsteht ein äquivalentes lineares Gleichungssystem $\mathbf{B} \cdot \mathbf{x} = \mathbf{c}$, das durch Rückwärtseinsetzen einfach zu lösen ist.

Dieselbe Zielstellung liegt auch weiteren Verfahren zugrunde, wobei Voraussetzungen an das lineare Gleichungssystem und an die Vorgehensweise unterschiedlich sein können. Zu nennen sind u. a.

– Verfahren von Hessenberg

– Verfahren von Householder

– Verfahren von Givens

(siehe Gander [31], Schwarz [73], Zurmühl und Falk [97]).

Im Folgenden ist das Givens-Verfahren kurz behandelt. Dazu werden die im Abschnitt über orthogonale Matrizen behandelten Givensrotationsmatrizen $\mathbf{G}^{(i,k)}(\phi)$ benutzt. Es liege das lineare Gleichungssystem $\mathbf{A} \cdot \mathbf{x} = \mathbf{b}$ mit einer regulären (n,n)-Koeffizientenmatrix $\mathbf{A}$ und einem n-reihigen Vektor der rechten Seiten $\mathbf{b}$ vor. Die Multiplikation von $\mathbf{A}$ mit der (n,n)-Givensmatrix $\mathbf{G}^{(i,k)}(\phi_{i,k})$

$$\mathbf{G}^{(i,k)}(\phi_{i,k}) = \begin{pmatrix} 1 & \cdots & 0 & 0 & 0 & \cdots & 0 & 0 & 0 & \cdots & 0 \\ \vdots & \ddots & \vdots & \vdots & \vdots & \ddots & \vdots & \vdots & \vdots & \ddots & \vdots \\ 0 & \cdots & 1 & 0 & 0 & \cdots & 0 & 0 & 0 & \cdots & 0 \\ 0 & \cdots & 0 & c & 0 & \cdots & 0 & s & 0 & \cdots & 0 \\ 0 & \cdots & 0 & 0 & 1 & \cdots & 0 & 0 & 0 & \cdots & 0 \\ \vdots & \ddots & \vdots & \vdots & \vdots & \ddots & \vdots & \vdots & \vdots & \ddots & \vdots \\ 0 & \cdots & 0 & 0 & 0 & \cdots & 1 & 0 & 0 & \cdots & 0 \\ 0 & \cdots & 0 & -s & 0 & \cdots & 0 & c & 0 & \cdots & 0 \\ 0 & \cdots & 0 & 0 & 1 & \cdots & 0 & 0 & 1 & \cdots & 0 \\ \vdots & \ddots & \vdots & \vdots & \vdots & \ddots & \vdots & \vdots & \vdots & \ddots & \vdots \\ 0 & \cdots & 0 & 0 & 0 & \cdots & 0 & 0 & 0 & \cdots & 1 \end{pmatrix} \begin{matrix} 1.\,Z \\ \\ \\ i.\,Z \\ \\ \\ \\ k.\,Z \\ \\ \\ n.\,Z \end{matrix} \qquad (4.18)$$

$$1.\,S \qquad i.\,S \qquad\quad k.\,S \qquad\quad n.\,S$$

kann durch Wahl von $\phi_{i,k}$ und damit von c und s so erfolgen, dass die Zeilen 1 bis $(i-1)$, $(i+2)$ bis $(k-1)$ und $(k+1)$ bis n sowie die Spalten 1 bis $(i-1)$ in sich übergehen. Die restlichen Elemente der Zeilen i, $(i+1)$ und k werden verändert, wobei stets $a_{i+i,k} = 0$ erzeugt wird. So ergibt die Multiplikation $\mathbf{G}^{(1,2)}(\phi_{1,2}) \cdot \mathbf{A}$ die Matrix

$$\mathbf{A}^{(1,2)} = \begin{pmatrix} c \cdot a_{11} + s \cdot a_{21} & c \cdot a_{12} + s \cdot a_{22} & \cdots & c \cdot a_{1n} + s \cdot a_{2n} \\ -s \cdot a_{11} + c \cdot a_{21} & -s \cdot a_{12} + c \cdot a_{22} & \cdots & -s \cdot a_{1n} + c \cdot a_{2n} \\ a_{31} & a_{32} & \cdots & a_{3n} \\ \vdots & \vdots & \ddots & \vdots \\ a_{n1} & a_{n2} & \cdots & a_{nn} \end{pmatrix}. \qquad (4.19)$$

Der frei verfügbare Winkel $\phi_{1,2}$ wird so gewählt, dass

$$-s \cdot a_{11} + c \cdot a_{21} = -a_{11} \cdot \sin(\phi_{1,2}) + a_{21} \cdot \cos(\phi_{1,2}) = 0 \qquad (4.20)$$

wird. Dies kann bewirkt werden durch

$$\tan(\phi_{1,2}) = \frac{a_{21}}{a_{11}} \quad \text{bzw.} \quad \cot(\phi_{1,2}) = \frac{a_{11}}{a_{21}},$$

Abschnitt 4.2 Eliminationsverfahren

woraus folgt

$$s = \sin(\phi_{1,2}) = \frac{\tan(\phi_{1,2})}{\sqrt{1 + (\tan(\phi_{1,2}))^2}} = \frac{1}{\sqrt{1 + (\cot(\phi_{1,2}))^2}}$$

$$= \frac{a_{21}}{\sqrt{a_{11}^2 + a_{21}^2}}, \qquad (4.21)$$

$$c = \cos(\phi_{1,2}) = \frac{\sin(\phi_{1,2})}{\tan(\phi_{1,2})} = \sin(\phi_{1,2}) \cdot \cot(\phi_{1,2}) = \frac{a_{11}}{\sqrt{a_{11}^2 + a_{21}^2}}.$$

Es entsteht die Matrix

$$\mathbf{A}^{(1,2)} = \begin{pmatrix} a_{11}^{(1,2)} & a_{12}^{(1,2)} & \cdots & a_{1,n}^{(1,2)} \\ 0 & a_{22}^{(1,2)} & \cdots & a_{2n}^{(1,2)} \\ a_{31}^{(1,2)} = a_{31} & a_{32}^{(1,2)} = a_{32} & \cdots & a_{3n}^{(1,2)} \\ \vdots & \vdots & \ddots & \vdots \\ a_{n1}^{(1,2)} = a_{n1} & a_{n2}^{(1,2)} = a_{n2} & \cdots & a_{nn}^{(1,2)} \end{pmatrix}.$$

Multipliziert man die entstandene Matrix mit $\mathbf{G}^{(1,3)}(\phi_{1,3})$, bildet man

$$\mathbf{A}^{(1,3)} = \mathbf{G}^{(1,3)}(\phi_{1,3}) \cdot \mathbf{A}^{(1,2)} = \mathbf{G}^{(1,3)}(\phi_{1,3}) \cdot \mathbf{G}^{(1,2)}(\phi_{1,2}) \cdot \mathbf{A},$$

so kann durch Wahl von $\phi_{1,3}$ erreicht werden, dass neben $a_{21}^{(1,2)} = a_{21}^{(1,3)} = 0$ auch $a_{31}^{(1,3)} = 0$ wird. Ebenso können die weiteren Elemente der ersten Spalte unterhalb des ersten Elementes zum Verschwinden gebracht werden. Insgesamt folgt:

$$\mathbf{A}^{(1,n)} = \mathbf{G}^{(1,n)}(\phi_{1,n}) \cdot \mathbf{G}^{(1,n-1)}(\phi_{1,n-1}) \cdots \mathbf{G}^{(1,3)}(\phi_{1,3}) \cdot \mathbf{G}^{(1,2)}(\phi_{1,2}) \cdot \mathbf{A}$$

$$= \begin{pmatrix} a_{11}^{(1,n)} & a_{12}^{(1,n)} & \cdots & a_{1,n}^{(1,n)} \\ 0 & a_{22}^{(1,n)} & \cdots & a_{2,n}^{(1,n)} \\ \vdots & \vdots & \ddots & \vdots \\ 0 & a_{n2}^{(1,n)} & \cdots & a_{nn}^{(1,n)} \end{pmatrix}. \qquad (4.22)$$

Das gleiche Vorgehen wird zur Reduktion der entstandenen Untermatrix

$$\begin{pmatrix} a_{22}^{(1,n)} & \cdots & a_{2n}^{(1,n)} \\ \vdots & \ddots & \vdots \\ a_{n2}^{(1,n)} & \cdots & a_{nn}^{(1,n)} \end{pmatrix}$$

von $\mathbf{A}^{(1,n)}$ benutzt. Es ergibt sich

$$\mathbf{G}^{(2,n)}(\phi_{2,n})\cdots\mathbf{G}^{(2,3)}(\phi_{2,3})\cdot\mathbf{A}^{(1,m)} = \begin{pmatrix} a_{22}^{(2,n)} & a_{23}^{(2,n)} & \cdots & a_{2n}^{(2,n)} \\ 0 & a_{33}^{(2,n)} & \cdots & a_{3n}^{(2,n)} \\ \vdots & \vdots & \ddots & \vdots \\ 0 & a_{n3}^{(2,n)} & \cdots & a_{nn}^{(2,n)} \end{pmatrix} = \mathbf{A}^{(2,n)}.$$

Der Gesamtweg ist somit abgesteckt. Man erhält schließlich:

$$\mathbf{G}^{(n-1,n)}(\phi_{n-1,n})\cdot\mathbf{G}^{(n-2,n)}(\phi_{n-2,n})\cdot\mathbf{G}^{(n-2,n-1)}(\phi_{n-2,n-1})\cdots$$
$$\cdots\mathbf{G}^{(1,n)}(\phi_{1,n})\cdots\mathbf{G}^{(1,2)}(\phi_{1,2})\cdot\mathbf{A} \qquad (4.23)$$
$$= \begin{pmatrix} a_{11}^{(n,n)} & a_{12}^{(n,n)} & \cdots & a_{1n}^{(n,n)} \\ 0 & a_{22}^{(n,n)} & \cdots & a_{2n}^{(n,n)} \\ \vdots & \vdots & \ddots & \vdots \\ 0 & 0 & \cdots & a_{nn}^{(n,m)} \end{pmatrix} = \mathbf{A}^{(n,n)} = \mathbf{B}.$$

Damit ergibt sich die Möglichkeit, das lineare Gleichungssystem $\mathbf{A}\cdot\mathbf{x} = \mathbf{b}$ in die Form zu bringen

$$\mathbf{G}^{(n-1,n)}(\phi_{n-1,n})\cdots\mathbf{G}^{(1,2)}(\phi_{1,2})\cdot\mathbf{A}\cdot\mathbf{x} = \mathbf{G}^{(n-1,n)}(\phi_{n-1,n})\cdots\mathbf{G}^{(1,2)}(\phi_{1,2})\cdot\mathbf{b}$$

bzw.

$$\mathbf{B}\cdot\mathbf{x} = \mathbf{c}. \qquad (4.24)$$

Letzteres lineares Gleichungssystem kann durch Rückwärtseinsetzen gelöst werden.

Beispiel 4.10. Das dieses Kapitel begleitende lineare Gleichungssystem $\mathbf{A}\cdot\mathbf{x} = \mathbf{b}$ mit der Koeffizientenmatrix $\mathbf{A}$ und dem Vektor der rechten Seiten $\mathbf{b}$ ist mit Hilfe des Givens-Verfahrens auf eine Dreiecksgestalt zu transformieren. Mit

$$\mathbf{A} = \begin{pmatrix} 2 & -4 & 6 & -2 \\ 3 & -6 & 10 & 2 \\ 1 & 3 & 13 & -6 \\ 0 & 5 & 11 & -6 \end{pmatrix}, \quad \mathbf{b} = \begin{pmatrix} 3 \\ -4 \\ 3 \\ -5 \end{pmatrix}$$

erhält man nacheinander

Abschnitt 4.2 Eliminationsverfahren

Schritt 12: $\sqrt{a_{11}^2 + a_{21}^2} = \sqrt{13}, c = \dfrac{2}{\sqrt{13}}, s = \dfrac{3}{\sqrt{13}},$

$$\mathbf{A}^{(1,2)} = \begin{pmatrix} \dfrac{13}{\sqrt{13}} & -\dfrac{26}{\sqrt{13}} & \dfrac{42}{\sqrt{13}} & \dfrac{2}{\sqrt{13}} \\ 0 & 0 & \dfrac{2}{\sqrt{13}} & \dfrac{10}{\sqrt{13}} \\ 1 & 3 & 13 & -6 \\ 0 & 5 & 11 & -6 \end{pmatrix}, \quad \mathbf{b}^{(1,2)} = \begin{pmatrix} -\dfrac{6}{\sqrt{13}} \\ -\dfrac{17}{\sqrt{13}} \\ 3 \\ -5 \end{pmatrix};$$

Schritt 13: $\sqrt{a_{11}^2 + a_{31}^2} = \sqrt{14}, c = \dfrac{13}{\sqrt{13} \cdot \sqrt{14}} = \dfrac{13}{\sqrt{182}}, s = \dfrac{3}{\sqrt{14}},$

$$\mathbf{A}^{(1,3)} = \begin{pmatrix} \dfrac{14}{\sqrt{14}} & \dfrac{-23}{\sqrt{14}} & \dfrac{55}{\sqrt{14}} & \dfrac{-4}{\sqrt{14}} \\ 0 & 0 & \dfrac{2}{\sqrt{13}} & \dfrac{10}{\sqrt{13}} \\ 0 & \dfrac{65}{\sqrt{182}} & \dfrac{127}{\sqrt{182}} & \dfrac{-80}{\sqrt{182}} \\ 0 & 5 & 11 & -6 \end{pmatrix}, \quad \mathbf{b}^{(1,3)} = \begin{pmatrix} \dfrac{-3}{\sqrt{14}} \\ \dfrac{-17}{\sqrt{13}} \\ \dfrac{45}{\sqrt{182}} \\ -5 \end{pmatrix};$$

Schritt 14: $\sqrt{a_{11}^2 + a_{41}^2} = \sqrt{14}, c = 1, s = 0,$

$$\mathbf{A}^{(1,4)} = \begin{pmatrix} \dfrac{14}{\sqrt{14}} & \dfrac{-23}{\sqrt{14}} & \dfrac{55}{\sqrt{14}} & \dfrac{-4}{\sqrt{14}} \\ 0 & 0 & \dfrac{2}{\sqrt{13}} & \dfrac{10}{\sqrt{13}} \\ 0 & \dfrac{65}{\sqrt{182}} & \dfrac{127}{\sqrt{182}} & \dfrac{-80}{\sqrt{182}} \\ 0 & 5 & 11 & -6 \end{pmatrix}, \quad \mathbf{b}^{(1,4)} = \begin{pmatrix} \dfrac{-3}{\sqrt{14}} \\ \dfrac{-17}{\sqrt{13}} \\ \dfrac{45}{\sqrt{182}} \\ -5 \end{pmatrix};$$

Schritt 23: $\sqrt{a_{22}^2 + a_{32}^2} = \dfrac{5 \cdot \sqrt{13}}{\sqrt{14}}, c = 0, s = 1,$

$$\mathbf{A}^{(2,3)} = \begin{pmatrix} \dfrac{14}{\sqrt{14}} & \dfrac{-23}{\sqrt{14}} & \dfrac{55}{\sqrt{14}} & \dfrac{-4}{\sqrt{14}} \\ 0 & \dfrac{65}{\sqrt{182}} & \dfrac{127}{\sqrt{182}} & \dfrac{-80}{\sqrt{182}} \\ 0 & 0 & \dfrac{2}{\sqrt{13}} & \dfrac{10}{\sqrt{13}} \\ 0 & 5 & 11 & -6 \end{pmatrix}, \quad \mathbf{b}^{(2,3)} = \begin{pmatrix} \dfrac{-3}{\sqrt{14}} \\ \dfrac{45}{\sqrt{182}} \\ \dfrac{-17}{\sqrt{13}} \\ -5 \end{pmatrix};$$

Schritt 24: $\sqrt{a_{22}^2 + a_{42}^2} = \dfrac{45}{\sqrt{42}}, c = \dfrac{\sqrt{39}}{9}, s = \dfrac{\sqrt{42}}{9},$

$$\mathbf{A}^{(2,4)} = \begin{pmatrix} \dfrac{14}{\sqrt{14}} & \dfrac{-23}{\sqrt{14}} & \dfrac{55}{\sqrt{14}} & \dfrac{-4}{\sqrt{14}} \\ 0 & \dfrac{135}{\sqrt{378}} & \dfrac{281}{\sqrt{378}} & \dfrac{-164}{\sqrt{378}} \\ 0 & 0 & \dfrac{2}{\sqrt{13}} & \dfrac{10}{\sqrt{13}} \\ 0 & 0 & \dfrac{16}{\sqrt{351}} & \dfrac{2}{\sqrt{351}} \end{pmatrix}, \quad \mathbf{b}^{(2,4)} = \begin{pmatrix} \dfrac{-3}{\sqrt{14}} \\ \dfrac{-25}{\sqrt{378}} \\ \dfrac{-17}{\sqrt{13}} \\ \dfrac{-110}{\sqrt{351}} \end{pmatrix};$$

Schritt 34: $\sqrt{a_{33}^2 + a_{43}^2} = \dfrac{2 \cdot \sqrt{7}}{3 \cdot \sqrt{3}}, c = -\dfrac{3 \cdot \sqrt{3}}{\sqrt{7} \cdot \sqrt{13}}, s = \dfrac{8}{\sqrt{13} \cdot \sqrt{7}},$

$$\mathbf{A}^{(3,4)} = \begin{pmatrix} \dfrac{14}{\sqrt{14}} & \dfrac{-23}{\sqrt{14}} & \dfrac{55}{\sqrt{14}} & \dfrac{-4}{\sqrt{14}} \\ 0 & \dfrac{135}{\sqrt{378}} & \dfrac{281}{\sqrt{378}} & \dfrac{-164}{\sqrt{378}} \\ 0 & 0 & \dfrac{14}{\sqrt{3549}} & \dfrac{22}{\sqrt{3549}} \\ 0 & 0 & 0 & \dfrac{6}{\sqrt{7}} \end{pmatrix}, \quad \mathbf{b}^{(3,4)} = \begin{pmatrix} \dfrac{-3}{\sqrt{14}} \\ \dfrac{-25}{\sqrt{378}} \\ \dfrac{-103}{\sqrt{3549}} \\ \dfrac{-2}{\sqrt{7}} \end{pmatrix}.$$

Durch Rückwärtseinsetzen ergeben sich die Lösungen

$$x_1 = \dfrac{734}{15} = 48.933333, \qquad x_2 = \dfrac{409}{30} = 13.633333,$$
$$x_3 = \dfrac{-41}{6} = -6.833333, \qquad x_4 = \dfrac{-1}{3} = -0.333333.$$

4.2.4 Cholesky-Verfahren bei symmetrischer Koeffizientenmatrix

Es wird vorausgesetzt, dass die Koeffizientenmatrix $\mathbf{A}$ des linearen Gleichungssystems symmetrisch ist, d.h. es gilt $\mathbf{A}^T = \mathbf{A}$. Außerdem muss $\mathbf{A}$ positiv definit sein. Der Nachweis der positiven Definitheit ist bei umfangreichen Matrizen nicht leicht zu erbringen. Siehe insbesondere Abschnitt 1.2.3.1. In der Praxis ist aber von verschiedenen Problemen bekannt, dass die dabei auftretenden Matrizen positiv definit sind.

Für positiv definite Matrizen $\mathbf{A}$ gibt es eine Zerlegung der Art

$$\mathbf{A} = \mathbf{L}\mathbf{L}^T \quad \text{mit } \mathbf{L} = \begin{pmatrix} l_{11} & 0 & \cdots & 0 \\ l_{21} & l_{22} & \cdots & 0 \\ \vdots & \vdots & \ddots & \vdots \\ l_{n1} & l_{n2} & \cdots & l_{nn} \end{pmatrix}. \tag{4.25}$$

Das zugehörige lineare Gleichungssystem kann man dann in den folgenden Darstellungsformen angeben:

$$\mathbf{A}\mathbf{x} = \mathbf{b} \quad \rightarrow \quad \mathbf{L}\mathbf{L}^T \mathbf{x} = \mathbf{b} \quad \rightarrow \quad \mathbf{L}(\mathbf{L}^T \mathbf{x}) = \mathbf{b}. \tag{4.26}$$

Es wird durch

$$\mathbf{L}^T \mathbf{x} = \mathbf{y} \tag{4.27}$$

ein zunächst noch unbestimmter Hilfsvektor $\mathbf{y}$ eingeführt. Aus $\mathbf{L}\mathbf{y} = \mathbf{b}$ ergibt sich ein lineares Gleichungssystem zur Bestimmung von $\mathbf{y} = (y_1 \ y_2 \ \ldots \ y_n)^T$. Da $\mathbf{L}$ eine Dreiecksmatrix ist, können die y_i ($i = 1, 2, \ldots, n$) aus

$$l_{11} y_1 = b_1$$
$$l_{21} y_1 + l_{22} y_2 = b_2$$
$$\vdots$$
$$l_{n1} y_1 + l_{n2} y_2 + \cdots + l_{nn} y_n = b_n$$

durch Vorwärtseinsetzen berechnet werden zu:

$$\begin{aligned} y_1 &= \frac{b_1}{l_{11}} \\ y_2 &= \frac{b_2 - l_{21} y_1}{l_{22}} \\ &\vdots \\ y_n &= \frac{b_n - l_{n1} y_1 - l_{n2} y_2 - \cdots - l_{n,n-1} y_{n-1}}{l_{nn}}. \end{aligned} \tag{4.28}$$

Danach lassen sich aus $\mathbf{L}^T\mathbf{x} = \mathbf{b}$ durch Rückwärtseinsetzen die $x_1, x_2, \ldots, x_n$ ermitteln:

$$l_{11}x_1 + l_{21}x_2 + \cdots + l_{n1}x_n = y_1$$
$$l_{22}x_2 + \cdots + l_{n2}x_n = y_2$$
$$\vdots$$
$$l_{nn}x_n = y_n$$

$$x_n = \frac{y_n}{l_{nn}}$$
$$\vdots$$
$$x_2 = \frac{y_2 - l_{32}x_3 - \cdots - l_{n2}x_n}{l_{22}} \qquad (4.29)$$
$$x_1 = \frac{y_1 - l_{21}x_2 - \cdots - l_{n1}x_n}{l_{11}}.$$

Es bleibt noch die Dreiecksmatrix

$$\mathbf{L} = \begin{pmatrix} l_{11} & 0 & \cdots & 0 \\ l_{21} & l_{22} & \cdots & 0 \\ \vdots & \vdots & \ddots & \vdots \\ l_{n1} & l_{n2} & \cdots & l_{nn} \end{pmatrix} \quad \text{aus} \quad \mathbf{A} = \begin{pmatrix} a_{11} & a_{12} & \cdots & a_{1n} \\ a_{21} & a_{22} & \cdots & a_{2n} \\ \vdots & \vdots & \ddots & \vdots \\ a_{n1} & a_{n2} & \cdots & a_{nn} \end{pmatrix}$$

zu bestimmen. Dazu kann der Algorithmus von Cholesky-Banachiewicz benutzt werden. Für $i = 1, 2, \ldots, n$ führe man jeweils die folgenden beiden Schritte durch:

a) Für $k = 1, 2, \ldots, n$ berechne

$$l_{ik} = \frac{1}{l_{kk}} \left\{ a_{ik} - \sum_{m=1}^{k-1} l_{im} l_{km} \right\}. \qquad (4.30)$$

b) Berechne

$$l_{ii} = \sqrt{a_{ii} - \sum_{m=1}^{i-1} l_{im}^2}. \qquad (4.31)$$

Beispiel 4.11. Untersucht wird das lineare Gleichungssystem

$$\begin{aligned} 4x_1 + x_2 + + x_4 &= 3 \\ x_1 + 4x_2 + x_3 &= -2 \\ x_2 + 4x_3 &= 1 \\ x_1 + x_4 &= -1 \end{aligned}$$

mit der Koeffizientenmatrix

$$\mathbf{A} = \begin{pmatrix} 4 & 1 & 0 & 1 \\ 1 & 4 & 1 & 0 \\ 0 & 1 & 4 & 0 \\ 1 & 0 & 0 & 4 \end{pmatrix},$$

Abschnitt 4.2 Eliminationsverfahren

die bereits als positiv definit befunden wurde. Es ist **L** zu bestimmen. Man erhält

$i = 1:\ l_{11} = \sqrt{a_{11}} = 2$

$i = 2:\ l_{21} = \dfrac{1}{l_{11}} \{a_{21}\} = \dfrac{1}{2}$

$l_{22} = \sqrt{a_{22} - l_{21}^2} = \sqrt{4 - \dfrac{1}{4}} = \dfrac{\sqrt{15}}{2}$

$i = 3:\ l_{31} = \dfrac{1}{l_{11}} \{a_{31}\} = 0$

$l_{32} = \dfrac{1}{l_{22}} \{a_{32} - l_{31}l_{21}\} = \dfrac{2}{\sqrt{15}}$

$l_{33} = \sqrt{a_{33} - l_{31}^2 l_{32}^2} = \sqrt{4 - \dfrac{4}{15}} = \dfrac{56}{15}$

$i = 4:\ l_{41} = \dfrac{1}{l_{11}} \{a_{41}\} = \dfrac{1}{2}$

$l_{42} = \dfrac{1}{l_{22}} \{a_{42} - l_{41}l_{21}\} = \dfrac{2}{\sqrt{15}} \left\{-\dfrac{1}{4}\right\} = -\dfrac{1}{2\sqrt{15}}$

$l_{43} = \dfrac{1}{l_{33}} \{a_{43} - l_{41}l_{31} - l_{42}l_{32}\} = \sqrt{\dfrac{15}{56}} \left\{\dfrac{1}{2\sqrt{15}} \dfrac{2}{\sqrt{15}}\right\} = \dfrac{1}{\sqrt{15}\sqrt{56}}$

$l_{44} = \sqrt{a_{44} - l_{41}^2 - l_{42}^2 - l_{43}^2} = \sqrt{4 - \dfrac{1}{4} - \dfrac{1}{4\cdot 15} - \dfrac{1}{15\cdot 56}} = \sqrt{\dfrac{209}{56}}.$

Mit

$$\mathbf{L} = \begin{pmatrix} 2 & 0 & 0 & 0 \\ \dfrac{1}{2} & \dfrac{\sqrt{15}}{2} & 0 & 0 \\ 0 & \dfrac{2}{\sqrt{15}} & \sqrt{\dfrac{56}{15}} & 0 \\ \dfrac{1}{2} & -\dfrac{1}{\sqrt{15}} & \dfrac{1}{\sqrt{15\cdot 56}} & \sqrt{\dfrac{209}{56}} \end{pmatrix} \quad \text{und} \quad \mathbf{b} = \begin{pmatrix} 3 \\ -2 \\ 1 \\ -1 \end{pmatrix}$$

folgt aus $\mathbf{Ly} = \mathbf{b}$ die Zwischenstufe

$$y_1 = \dfrac{b_1}{l_{11}} = \dfrac{3}{2}$$

$$y_2 = \dfrac{b_2 - l_{21}y_1}{l_{22}} = -\dfrac{11}{2\sqrt{15}}$$

$$y_3 = \frac{b_3 - l_{31}y_1 - l_{32}y_2}{l_{33}} = \frac{26}{\sqrt{15 \cdot 56}}$$

$$y_4 = \frac{b_4 - l_{41}y_1 - l_{42}y_2 - l_{43}y_3}{l_{44}} = -\frac{110}{\sqrt{56 \cdot 209}}.$$

Aus $\mathbf{L}^T \mathbf{x} = \mathbf{y}$ ergibt sich schließlich die Lösung

$$x_4 = \frac{y_4}{l_{44}} = -\frac{110}{209} = -0.52632$$

$$x_3 = \frac{y_3 - l_{43}x_4}{l_{33}} = \frac{99}{209} = 0.47368$$

$$x_2 = \frac{y_2 - l_{32}x_3 - l_{42}x_4}{l_{22}} = -\frac{187}{209} = -0.89474$$

$$x_1 = \frac{y_1 - l_{21}x_2 - l_{31}x_3 - l_{41}x_4}{l_{11}} = \frac{231}{209} = 1.1053.$$

Beispiel 4.12. Die zu dem linearen Gleichungssystem

$$\begin{aligned} x_1 + \tfrac{1}{2}x_2 + \tfrac{1}{3}x_3 &= 1 \\ \tfrac{1}{2}x_1 + \tfrac{1}{3}x_2 + \tfrac{1}{4}x_3 &= -1 \\ \tfrac{1}{3}x_1 + \tfrac{1}{4}x_2 + \tfrac{1}{5}x_3 &= 1 \end{aligned} \quad \text{gehörende Matrix } \mathbf{A} = \begin{pmatrix} 1 & \tfrac{1}{2} & \tfrac{1}{3} \\ \tfrac{1}{2} & \tfrac{1}{3} & \tfrac{1}{4} \\ \tfrac{1}{3} & \tfrac{1}{4} & \tfrac{1}{5} \end{pmatrix}$$

ist bereits als positiv definit bestimmt worden. Es kann die Dreiecksmatrix $\mathbf{L}$ berechnet werden

$$i = 1: \; l_{11} = \sqrt{a_{11}} = 1,$$

$$i = 2: \; l_{21} = \frac{1}{l_{11}}\{a_{11}\} = \frac{1}{2},$$

$$l_{22} = \sqrt{a_{22} - l_{21}^2} = \frac{1}{\sqrt{12}},$$

$$i = 3: \; l_{31} = \frac{1}{l_{33}}\{a_{31}\} = \frac{1}{3},$$

$$l_{32} = \frac{1}{l_{22}}\{a_{32} - l_{31}l_{21}\} = \frac{1}{\sqrt{12}},$$

$$l_{33} = \sqrt{a_{33} - l_{31}^2 - l_{32}^2} = \frac{1}{3\sqrt{20}}.$$

Daraus erhält man

$$y_1 = \frac{b_1}{l_{11}} = 1, \quad y_2 = \frac{b_2 - l_{21}y_1}{l_{22}} = -3\sqrt{3}, \quad y_3 = \frac{b_3 - l_{31}y_1 - l_{32}y_2}{l_{33}} = \frac{13}{6},$$

$$x_3 = \frac{y_3}{l_{33}} = 390, \quad x_2 = \frac{y_2 - l_{32}x_3}{l_{22}} = -408, \quad x_1 = \frac{y_1 - l_{21}x_2 - l_{31}x_3}{l_{11}} = 75.$$

4.2.5 Nachiteration

Trotz optimaler Auswahl der Pivotelemente können beim Gaußschen Algorithmus erhebliche Rundungsfehler entstehen, die zu ungenauen Resultaten führen. Durch eine angeschlossene *Nachiteration* lässt sich die Genauigkeit oftmals steigern. Es sei $\mathbf{A}$ die Koeffizientenmatrix und $\mathbf{b}$ der Vektor der rechten Seiten des linearen Gleichungssystems

$$\mathbf{A}\mathbf{x} = \mathbf{b}. \tag{4.32}$$

Dabei ist $\mathbf{x}$ der exakte Lösungsvektor. Durch die numerische Rechnung sei eine erste Näherungslösung

$$\mathbf{x}^{(1)} = (x_1^{(1)} \ x_2^{(1)} \ \ldots \ x_n^{(1)})^T \tag{4.33}$$

gefunden worden. Durch

$$\mathbf{r}^{(1)} = \mathbf{A}\mathbf{x}^{(1)} - \mathbf{b} \tag{4.34}$$

wird der Residuenvektor

$$\mathbf{r}^{(1)} = (r_1^{(1)} \ r_2^{(1)} \ \ldots \ r_n^{(1)})^T \tag{4.35}$$

erklärt. Wenn $\mathbf{x}^{(1)}$ die exakte Lösung ist, so gilt $\mathbf{r}^{(1)} = \mathbf{0}$.

Durch eine Nachiteration soll für die erhaltene Näherung $\mathbf{x}^{(1)}$ eine Korrektur $\mathbf{\Delta x}^{(1)}$ ermittelt werden, die zu einer genaueren Lösung führt. Man fordert

$$\mathbf{A}(\mathbf{x}^{(1)} + \mathbf{\Delta x}^{(1)}) = \mathbf{b}$$

und erhält

$$\mathbf{A}\mathbf{x}^{(1)} + \mathbf{A}\mathbf{\Delta x}^{(1)} = \mathbf{b} \quad \text{und} \quad \mathbf{A}\mathbf{\Delta x}^{(1)} + \mathbf{r}^{(1)} = \mathbf{0}. \tag{4.36}$$

Es ergibt sich wiederum ein lineares Gleichungssystem mit der gleichen Koeffizientenmatrix $\mathbf{A}$ wie beim Ausgangssystem. Die rechten Seiten $-\mathbf{r}^{(1)}$ sind die oben eingeführten Residuen. Die Lösung dieses Gleichungssystems ist der Korrekturvektor $\mathbf{\Delta x}^{(1)}$.

Mit Erfolg kann aber nur gerechnet werden, wenn bei der Nachiteration mit einer längeren Mantisse bei Gleitkommazahlen gearbeitet wird, z. B. mit doppeltgenauen Zahlen.

Weitere Nachiterationen können angeschlossen werden.

Beispiel 4.13. Das lineare Gleichungssystem

$$\begin{aligned} 4x_1 + x_2 + x_4 &= 3 \\ x_1 + 4x_2 + x_3 &= -2 \\ x_2 + 4x_3 &= 1 \\ x_1 + 4x_4 &= -1 \end{aligned}$$

wird zunächst mit Gleitkommazahlen bei dreiziffriger Mantisse gelöst. Dazu ist der Gaußsche Eliminationsalgorithmus zu benutzen:

$4.00 \cdot 10^0$	$1.00 \cdot 10^0$	0	$1.00 \cdot 10^0$	$3.00 \cdot 10^0$
$1.00 \cdot 10^0$	$4.00 \cdot 10^0$	$1.00 \cdot 10^0$	0	$-2.00 \cdot 10^0$
0	$1.00 \cdot 10^0$	$4.00 \cdot 10^0$	0	$1.00 \cdot 10^0$
$1.00 \cdot 10^0$	0	$4.00 \cdot 10^0$	$-1.00 \cdot 10^0$	
$4.00 \cdot 10^0$	$1.00 \cdot 10^0$	0	$1.00 \cdot 10^0$	$3.00 \cdot 10^0$
0	$3.75 \cdot 10^0$	$1.00 \cdot 10^0$	$-2.50 \cdot 10^{-1}$	$-2.75 \cdot 10^0$
0	$1.00 \cdot 10^0$	$4.00 \cdot 10^0$	0	$1.00 \cdot 10^0$
0	$-2.50 \cdot 10^{-1}$	0	$3.75 \cdot 10^0$	$-1.75 \cdot 10^0$
$4.00 \cdot 10^0$	$1.00 \cdot 10^0$	0	$1.00 \cdot 10^0$	$3.00 \cdot 10^0$
0	$3.75 \cdot 10^0$	$1.00 \cdot 10^0$	$-2.50 \cdot 10^{-1}$	$-2.75 \cdot 10^0$
0	0	$3.73 \cdot 10^0$	$6.68 \cdot 10^{-2}$	$1.73 \cdot 10^0$
0	0	$6.67 \cdot 10^{-2}$	$3.73 \cdot 10^0$	
$4.00 \cdot 10^0$	$1.00 \cdot 10^0$	0	$1.00 \cdot 10^0$	$3.00 \cdot 10^0$
0	$3.75 \cdot 10^0$	$1.00 \cdot 10^0$	$-2.50 \cdot 10^{-1}$	$-2.75 \cdot 10^0$
0	0	$3.73 \cdot 10^0$	$6.68 \cdot 10^{-2}$	$1.73 \cdot 10^0$
0	0	0	$3.73 \cdot 10^0$	$-1.96 \cdot 10^0$

Als erste Näherung $\mathbf{x}^{(1)}$ und Residuenvektor $\mathbf{r}^{(1)}$ erhält man:

$$\begin{array}{ll} x_4^{(1)} = -5.25 \cdot 10^{-1} & r_1^{(1)} = -1.9 \cdot 10^{-2} \\ x_3^{(1)} = 4.73 \cdot 10^{-1} & r_2^{(1)} = 0 \\ x_2^{(1)} = -8.94 \cdot 10^{-1} & r_3^{(1)} = 0 \\ x_1^{(1)} = 1.10 \cdot 10^0 & r_4^{(1)} = 0 \end{array}$$

Abschnitt 4.2   Eliminationsverfahren   101

Damit wird die Nachiteration ausgeführt:

4.00	$1.00000 \cdot 10^0$	0	$1.00000 \cdot 10^0$	$1.90000 \cdot 10^{-2}$
1.00	$4.00000 \cdot 10^0$	$1.00000 \cdot 10^0$	0	0
0	$1.00000 \cdot 10^0$	$4.00000 \cdot 10^0$	0	0
1.00	0	0	$4.00000 \cdot 10^0$	0
4.00	$1.00000 \cdot 10^0$	0	$1.00000 \cdot 10^0$	$1.90000 \cdot 10^{-2}$
0	$3.75000 \cdot 10^0$	$1.00000 \cdot 10^0$	$-2.50000 \cdot 10^{-1}$	$-4.75000 \cdot 10^{-3}$
0	$1.00000 \cdot 10^0$	$4.00000 \cdot 10^0$	0	0
0	$-2.50000 \cdot 10^{-1}$	0	$3.75000 \cdot 10^0$	$-4.75000 \cdot 10^{-3}$
4.00	$1.00000 \cdot 10^0$	0	$1.00000 \cdot 10^0$	$1.90000 \cdot 10^{-2}$
0	$3.75000 \cdot 10^0$	$1.00000 \cdot 10^0$	$-2.50000 \cdot 10^{-1}$	$-4.75000 \cdot 10^{-3}$
0	0	$3.73333 \cdot 10^0$	$6.66667 \cdot 10^{-2}$	$1.26667 \cdot 10^{-3}$
0	0	$6.66667 \cdot 10^{-2}$	3.73333	$-5.06667 \cdot 10^{-3}$
4.00	$1.00000 \cdot 10^0$	0	$1.00000 \cdot 10^0$	$1.90000 \cdot 10^{-2}$
0	$3.75000 \cdot 10^0$	$1.00000 \cdot 10^0$	$-2.50000 \cdot 10^{-1}$	$-4.75000 \cdot 10^{-3}$
0	0	$3.73333 \cdot 10^0$	$6.66667 \cdot 10^{-2}$	$1.26667 \cdot 10^{-3}$
0	0	0	$3.73214 \cdot 10^0$	$-5.08929 \cdot 10^{-3}$

Der Korrekturvektor $\Delta \mathbf{x}^{(1)}$ führt zur verbesserten Lösung $\mathbf{x}^{(2)} = \mathbf{x}^{(1)} + \Delta \mathbf{x}^{(1)}$:

$$\begin{array}{ll}
\Delta x_4^{(1)} = -1.36364 \cdot 10^{-3} & x_1^{(2)} = 1.10546 \cdot 10^0 \\
\Delta x_3^{(1)} = 4.30167 \cdot 10^{-3} & x_2^{(2)} = -8.95472 \cdot 10^{-1} \\
\Delta x_2^{(1)} = -1.47229 \cdot 10^{-3} & x_3^{(2)} = 4.73430 \cdot 10^{-1} \\
\Delta x_1^{(1)} = 5.45898 \cdot 10^{-3} & x_4^{(2)} = -5.26364 \cdot 10^{-1}
\end{array}.$$

4.2.6 Berechnung der inversen Matrix

Mit dem Gaußschen Eliminationsalgorithmus lässt sich zu einer regulären Matrix $\mathbf{A}$ die zugehörige inverse Matrix $\mathbf{A}^{-1}$ bestimmen.

Es seien die reguläre Matrix $\mathbf{A}$ und eine noch unbekannte Matrix $\mathbf{X}$

$$\mathbf{A} = \begin{pmatrix} a_{11} & a_{12} & \cdots & a_{1n} \\ a_{21} & a_{22} & \cdots & a_{2n} \\ \vdots & \vdots & \ddots & \vdots \\ a_{n1} & a_{n2} & \cdots & a_{nn} \end{pmatrix}, \quad \mathbf{X} = \begin{pmatrix} x_{11} & x_{12} & \cdots & x_{1n} \\ x_{21} & x_{22} & \cdots & x_{2n} \\ \vdots & \vdots & \ddots & \vdots \\ x_{n1} & x_{n2} & \cdots & x_{nn} \end{pmatrix} \quad (4.37)$$

gegeben. Die Matrix $\mathbf{X}$ ist so zu bestimmen, dass $\mathbf{AX} = \mathbf{E}$ gilt. Denkt man sich die

Spalten der Matrizen **X** und **E** als Vektoren

$$\mathbf{x}_i = \begin{pmatrix} x_{1i} \\ \vdots \\ x_{ii} \\ \vdots \\ x_{ni} \end{pmatrix} \quad \text{bzw.} \quad \mathbf{e}_i = \begin{pmatrix} 0 \\ \vdots \\ 1 \\ \vdots \\ 0 \end{pmatrix}, \qquad (4.38)$$

so lässt sich obige Matrizengleichung in Form von n linearen Gleichungssystemen

$$\mathbf{A}\mathbf{x}_i = \mathbf{e}_i \quad \text{bzw.} \quad \mathbf{A}(\mathbf{x}_1 \ \mathbf{x}_2 \ \ldots \ \mathbf{x}_n) = (\mathbf{e}_1 \ \mathbf{e}_2 \ \ldots \ \mathbf{e}_n) \qquad (4.39)$$

formulieren, die alle die gleiche Koeffizientenmatrix **A** besitzen. Diese n linearen Gleichungssysteme können gemeinsam unter Benutzung des Gaußschen Eliminationsalgorithmus aufgelöst werden. Ausgangspunkt ist ein Koeffizientenschema der folgenden Art:

$$\left. \begin{array}{cccc} a_{11} & a_{12} & \cdots & a_{1n} \\ a_{21} & a_{22} & \cdots & a_{2n} \\ \vdots & \vdots & \ddots & \vdots \\ a_{n1} & a_{n2} & \cdots & a_{nn} \end{array} \right| \begin{array}{cccc} 1 & 0 & \cdots & 0 \\ 0 & 1 & \cdots & 0 \\ \vdots & \vdots & \ddots & \vdots \\ 0 & 0 & \cdots & 1 \end{array} \qquad (4.40)$$

Durch Benutzung der Äquivalenzoperationen wird das Ausgangsschema in eine Dreiecksform transformiert:

$$\left. \begin{array}{cccc} r_{11} & r_{12} & \cdots & r_{1n} \\ 0 & r_{22} & \cdots & r_{2n} \\ \vdots & \vdots & \ddots & \vdots \\ 0 & 0 & \cdots & r_{nn} \end{array} \right| \begin{array}{cccc} c_{11} & c_{12} & \cdots & c_{1n} \\ c_{21} & c_{22} & \cdots & c_{2n} \\ \vdots & \vdots & \ddots & \vdots \\ c_{n1} & c_{n2} & \cdots & c_{nn} \end{array} \qquad (4.41)$$

Daraus können die x_{ij} durch Rückwärtseinsetzen ermittelt werden:

$$\begin{aligned} x_{ni} &= \frac{c_{ni}}{r_{nn}} \\ x_{n-1,i} &= \frac{1}{r_{n-1,n-1}} \{c_{n-1,i} - r_{n-1,n} x_{ni}\} \\ &\vdots \qquad\qquad\qquad\qquad\qquad\qquad (i = 1, 2, \ldots, n) \qquad (4.42) \\ x_{1i} &= \frac{1}{r_{11}} \{c_{1i} - r_{1n} x_{ni} - \cdots - r_{12} x_{2i}\}. \end{aligned}$$

Als Ergebnis erhält man die inverse Matrix

$$\mathbf{A}^{-1} = \begin{pmatrix} x_{11} & x_{12} & \cdots & x_{1n} \\ x_{21} & x_{22} & \cdots & x_{2n} \\ \vdots & \vdots & \ddots & \vdots \\ x_{n1} & x_{n2} & \cdots & x_{nn} \end{pmatrix}. \qquad (4.43)$$

Abschnitt 4.2 Eliminationsverfahren

Bei der Verwendung des Gaußschen Eliminationsalgorithmus zur Bestimmung der inversen Matrix können ebenfalls alle oben angeführten Erweiterungen benutzt werden.

Beispiel 4.14. Zu der Matrix

$$\mathbf{A} = \begin{pmatrix} 2 & 3 & 2 \\ 1 & 2 & 1 \\ 1 & -1 & 0 \end{pmatrix}$$

ist die Inverse gesucht. Aus dem Schema des Gauß-Algorithmus

2	3	2	1	0	0
1	2	1	0	1	0
1	-1	0	0	0	1
2	3	2	1	0	0
0	$\frac{1}{2}$	0	$-\frac{1}{2}$	1	0
0	$-\frac{5}{2}$	-1	$-\frac{1}{2}$	0	1
2	3	2	1	0	0
0	$\frac{1}{2}$	0	$-\frac{1}{2}$	1	0
0	0	-1	-3	5	1

erhält man die Elemente der inversen Matrix

$$\begin{array}{lll} x_{31} = 3 & x_{32} = -5 & x_{33} = -1 \\ x_{21} = -1 & x_{22} = 2 & x_{23} = 0 \\ x_{11} = -1 & x_{12} = 2 & x_{13} = 1 \end{array}$$

und damit die gesuchte Inverse

$$\mathbf{A}^{-1} = \begin{pmatrix} -1 & 2 & 1 \\ -1 & 2 & 0 \\ 3 & -5 & -1 \end{pmatrix}.$$

Beispiel 4.15. Es ist die Inverse der Hilbertschen Matrix

$$\mathbf{A} = \begin{pmatrix} 1 & \frac{1}{2} & \frac{1}{3} \\ \frac{1}{2} & \frac{1}{3} & \frac{1}{4} \\ \frac{1}{3} & \frac{1}{4} & \frac{1}{5} \end{pmatrix}$$

zu bestimmen. Aus dem Gaußschen Schema

$$
\begin{array}{ccc|ccc}
1 & \dfrac{1}{2} & \dfrac{1}{3} & 1 & 0 & 0 \\
\dfrac{1}{2} & \dfrac{1}{3} & \dfrac{1}{4} & 0 & 1 & 0 \\
\dfrac{1}{3} & \dfrac{1}{4} & \dfrac{1}{5} & 0 & 0 & 1 \\
\hline
1 & \dfrac{1}{2} & \dfrac{1}{3} & 1 & 0 & 0 \\
0 & \dfrac{1}{12} & \dfrac{1}{12} & -\dfrac{1}{2} & 1 & 0 \\
0 & \dfrac{1}{12} & \dfrac{4}{45} & -\dfrac{1}{3} & 0 & 1 \\
\hline
1 & \dfrac{1}{2} & \dfrac{1}{3} & 1 & 0 & 0 \\
0 & \dfrac{1}{12} & \dfrac{1}{12} & -\dfrac{1}{2} & 1 & 0 \\
0 & 0 & \dfrac{1}{180} & \dfrac{1}{6} & -1 & 1
\end{array}
$$

kann man wieder die Elemente der Inversen ablesen:

$$
\begin{array}{lll}
x_{31} = 30 & x_{32} = -180 & x_{33} = 180 \\
x_{21} = -36 & x_{22} = 192 & x_{23} = -180 \\
x_{11} = 9 & x_{12} = -36 & x_{13} = 30.
\end{array}
$$

Die Inverse ist dann

$$\mathbf{A}^{-1} = \begin{pmatrix} 9 & -36 & 30 \\ -36 & 192 & -180 \\ 30 & -180 & 180 \end{pmatrix}.$$

4.2.7 Abschätzung der Fehlerfortpflanzung

Es sei das lineare Gleichungssystem in Matrizenform $\mathbf{Ax} = \mathbf{b}$ gegeben. Anstelle der exakten Eingangswerte $\mathbf{A}$ und $\mathbf{b}$ muss ein solches Gleichungssystem oftmals mit fehlerbehafteten Eingangswerten $(\mathbf{A} + \mathbf{\Delta A})$ bzw. $(\mathbf{b} + \mathbf{\Delta b})$ behandelt werden. Als Lösungsvektor von $(\mathbf{A} + \mathbf{\Delta A}) \cdot (\mathbf{x} + \mathbf{\Delta x}) = \mathbf{b} + \mathbf{\Delta b}$ folgt ohne Berücksichtigung von Rundungsfehlern ein ebenfalls fehlerbehafteter Vektor $\mathbf{x} + \mathbf{\Delta x}$. Dabei ist von Bedeutung, in welchem Maße die Abweichung $\mathbf{\Delta x}$ der ermittelten Lösung von der exakten Lösung des Systems von den Eingangsfehlern $\mathbf{\Delta A}$ und $\mathbf{\Delta b}$ abhängt.

Es sei $\|\cdot\|$ eines der im Kapitel 2 eingeführten Normenpaare $\|\cdot\|_1$ oder $\|\cdot\|_\infty$ und $\mathrm{cond}(\mathbf{A}) = \|\mathbf{A}^{-1}\| \cdot \|\mathbf{A}\|$ die auf der gewählten Norm basierende relative Konditionszahl des linearen Gleichungssystems. Dann lässt sich für den relativen Fehler

Abschnitt 4.2 Eliminationsverfahren

des Lösungsvektors $\|\boldsymbol{\delta}\mathbf{x}\| = \|\boldsymbol{\Delta}\mathbf{x}\|/\|\mathbf{x}\|$ unter der Bedingung $\|\mathbf{A}^{-1}\|\|\boldsymbol{\Delta}\mathbf{A}\| \leq 1$ die folgende Abschätzung herleiten (siehe Maeß [47]):

$$\|\boldsymbol{\delta}\mathbf{x}\| = \frac{\|\boldsymbol{\Delta}\mathbf{x}\|}{\|\mathbf{x}\|} \leq \frac{\text{cond}(\mathbf{A})\left\{\frac{\|\boldsymbol{\Delta}\mathbf{b}\|}{\|\mathbf{b}\|} + \frac{\|\boldsymbol{\Delta}\mathbf{A}\|}{\|\mathbf{A}\|}\right\}}{1 - \text{cond}(\mathbf{A})\frac{\|\boldsymbol{\Delta}\mathbf{A}\|}{\|\mathbf{A}\|}} \qquad (4.44)$$

$$= \frac{\|\mathbf{A}^{-1}\|\|\mathbf{A}\|\left\{\frac{\|\boldsymbol{\Delta}\mathbf{b}\|}{\|\mathbf{b}\|} + \frac{\|\boldsymbol{\Delta}\mathbf{A}\|}{\|\mathbf{A}\|}\right\}}{1 - \|\mathbf{A}^{-1}\|\|\boldsymbol{\Delta}\mathbf{A}\|}.$$

Um diese Abschätzung praktisch nutzen zu können, ist die häufig aufwändige Bestimmung von $\text{cond}(\mathbf{A})$ oder $\|\mathbf{A}^{-1}\|$ erforderlich. Bei Verfahren zur Auflösung von speziellen linearen Gleichungssystemen sind mitunter einfache Abschätzungen für die Konditionszahlen angebbar.

Beispiel 4.16. Es ist das lineare Gleichungssystem

$$\begin{aligned} x_1 + \tfrac{1}{2}x_2 + \tfrac{1}{3}x_3 &= 1 \\ \tfrac{1}{2}x_1 + \tfrac{1}{3}x_2 + \tfrac{1}{4}x_4 &= 0 \\ \tfrac{1}{3}x_1 + \tfrac{1}{4}x_2 + \tfrac{1}{5}x_3 &= -1 \end{aligned} \quad \text{mit } \mathbf{A} = \begin{pmatrix} 1 & \tfrac{1}{2} & \tfrac{1}{3} \\ \tfrac{1}{2} & \tfrac{1}{3} & \tfrac{1}{4} \\ \tfrac{1}{3} & \tfrac{1}{4} & \tfrac{1}{5} \end{pmatrix} \quad \text{und } \mathbf{b} = \begin{pmatrix} 1 \\ 0 \\ -1 \end{pmatrix}$$

zu lösen. Als exakter Lösungsvektor ergibt sich

$$\mathbf{x} = (x_1 \ x_2 \ x_3) = (-21 \ 144 \ -150).$$

Für die Hilbert-Matrix sind aus Beispiel 4.15 die Inverse

$$\mathbf{A}^{-1} = \begin{pmatrix} 9 & -36 & 30 \\ -36 & 192 & -180 \\ 30 & -180 & 180 \end{pmatrix}$$

und aus Beispiel 2.11 die Normen

$$\|\mathbf{A}\|_1 = \max\left\{\frac{11}{6}; \frac{65}{60}; \frac{47}{60}\right\} = \frac{11}{6} = 1.8333$$

$$\|\mathbf{A}^{-1}\|_1 = \max\{75; 408; 390\} = 408$$

$$\text{cond}(\mathbf{A}) = 408 \cdot \frac{11}{6} = 748$$

bereits bekannt.

a) Im linearen Gleichungssystem wird 1/3 durch 0.3333 ersetzt. Es ist das fehlerbehaftete lineare Gleichungssystem zu lösen:

$$\begin{aligned} x_1 + 0.5000 x_2 + 0.3333 x_3 &= 1 \\ 0.5000 x_1 + 0.3333 x_2 + 0.2500 x_3 &= 0 \\ 0.3333 x_1 + 0.2500 x_2 + 0.2000 x_3 &= -1. \end{aligned}$$

Es gilt

$$\Delta \mathbf{A} = \begin{pmatrix} 0 & 0 & -\frac{1}{3} \cdot 10^{-4} \\ 0 & -\frac{1}{3} \cdot 10^{-4} & 0 \\ -\frac{1}{3} \cdot 10^{-4} & 0 & 0 \end{pmatrix} \quad \text{und} \quad \|\Delta \mathbf{A}\| = \frac{1}{3} \cdot 10^{-4}.$$

Bei Benutzung von Zahlen mit fünf Dezimalen besitzt dieses Gleichungssystem den Lösungsvektor

$$x_3 = 1.0563 \cdot 10^0, \quad x_2 = 1.0563 \cdot 10^0, \quad x_1 = 5.1072 \cdot 10^0.$$

Für den relativen Fehler $\|\boldsymbol{\delta}\mathbf{x}\|$ ergibt sich aus der Rechnung bzw. aus der Abschätzung

$$\|\boldsymbol{\delta}\mathbf{x}\| = 8.256 \cdot 10^{-3} \quad \text{und} \quad \|\boldsymbol{\delta}\mathbf{x}\| \leq \frac{748 \cdot \frac{1}{3} \cdot 10^{-4}}{1 - 748 \cdot \frac{1}{3} \cdot 10^{-4}} = 2.557 \cdot 10^{-2}.$$

b) Im Ausgangsgleichungssystem wird der Vektor $\mathbf{b}$ durch die Näherung

$$\tilde{\mathbf{b}} = \begin{pmatrix} 1.1 \\ 0 \\ -1.1 \end{pmatrix}, \quad \Delta \mathbf{b} = \begin{pmatrix} 0.1 \\ 0 \\ -0.1 \end{pmatrix}, \quad \|\Delta \mathbf{b}\| = 0.1, \quad \|\mathbf{b}\| = 1$$

ersetzt. Aus der Abschätzungsformel ergibt sich für den relativen Fehler

$$\|\boldsymbol{\delta}\mathbf{x}\| \leq \text{cond}(\mathbf{A}) \cdot \frac{\|\Delta \mathbf{b}\|}{\|\mathbf{b}\|} \leq 748 \cdot 0.1 = 74.8.$$

Das genäherte lineare Gleichungssystem

$$\begin{aligned} x_1 + \frac{1}{2} x_2 + \frac{1}{3} x_3 &= 1.1 \\ \frac{1}{2} x_1 + \frac{1}{3} x_2 + \frac{1}{4} x_4 &= 0 \\ \frac{1}{3} x_1 + \frac{1}{4} x_2 + \frac{1}{5} x_3 &= -1.1 \end{aligned}$$

besitzt den Lösungsvektor

$$\tilde{\mathbf{x}} = (-23.375 \quad 158.95 \quad -165) \quad \text{und} \quad \|\boldsymbol{\delta}\mathbf{x}\| = 15.$$

4.3 Iterationsverfahren

Es ist ein lineares Gleichungssystem der Art

$$a_{11}x_1 + a_{12}x_2 + \cdots + a_{1n}x_n = b_1$$
$$a_{21}x_1 + a_{22}x_2 + \cdots + a_{2n}x_n = b_2 \qquad (4.45)$$
$$\vdots$$
$$a_{n1}x_1 + a_{n2}x_2 + \cdots + a_{nn}x_n = b_n$$

bzw. mit

$$\mathbf{A} = \begin{pmatrix} a_{11} & a_{12} & \cdots & a_{1n} \\ a_{21} & a_{22} & \cdots & a_{2n} \\ \vdots & \vdots & \ddots & \vdots \\ a_{n1} & a_{n2} & \cdots & a_{nn} \end{pmatrix}, \quad \mathbf{x} = \begin{pmatrix} x_1 \\ x_2 \\ \vdots \\ x_n \end{pmatrix}, \quad \mathbf{b} = \begin{pmatrix} b_1 \\ b_2 \\ \vdots \\ b_n \end{pmatrix},$$

$$\mathbf{Ax} = \mathbf{b} \qquad (4.46)$$

vorgelegt. Dabei wird vorausgesetzt, dass die Matrix **A** regulär ist.

Im vorigen Abschnitt wurden mögliche Verfahren zur Auflösung derartiger Gleichungssysteme angegeben, die aber besonders bei großem n praktisch zu numerischen Problemen durch Instabilitäten infolge von Rundungsfehlern und von Datenfehlern führen können und zudem bei großer Anzahl der Unbekannten unübersichtlich werden. Der Gaußsche Algorithmus hat bei Benutzung auf Rechnern den weiteren Nachteil, dass bei einer großen Anzahl der Gleichungen ein hoher Speichervorrat des Rechners erforderlich wird.

In diesen Fällen bietet sich als Ausweg eine iterative Lösung des linearen Gleichungssystems an. Man beginnt mit einer Schätzung $\mathbf{x}^{(0)}$ für den Lösungsvektor $\mathbf{x}$, benutzt das Gleichungssystem, um einen besser angenäherten Vektor $\mathbf{x}^{(1)}$ zu ermitteln, und gewinnt auf diese Weise fortfahrend weitere Näherungen $\mathbf{x}^{(2)}, \mathbf{x}^{(3)}, \ldots$.

Wenn Konvergenz der Folge $\mathbf{x}^{(1)}, \mathbf{x}^{(2)}, \ldots$ nachgewiesen werden kann, lässt sich der Lösungsvektor $\mathbf{x}$ mit beliebiger Genauigkeit annähern.

4.3.1 Gesamtschritt- oder Jacobi-Verfahren

Es wird vorausgesetzt, dass die Koeffizientenmatrix, eventuell nach Zeilentausch im linearen Gleichungssystem, Hauptdiagonalelemente $a_{ii} \neq 0$ ($i = 1, \ldots, n$) besitzt.

Dann lässt sich das lineare Gleichungssystem umschreiben in

$$x_1 = \frac{1}{a_{11}} \{b_1 \qquad\qquad - a_{12}x_2 - a_{13}x_3 - \cdots - a_{1n}x_n\}$$

$$x_2 = \frac{1}{a_{22}} \{b_2 - a_{21}x_1 \qquad\qquad - a_{23}x_3 - \cdots - a_{2n}x_n\} \qquad (4.47)$$

$$\vdots$$

$$x_n = \frac{1}{a_{nn}} \{b_n - a_{n1}x_1 - a_{n2}x_2 - \cdots - a_{n,n-1}x_{n-1} \quad\}.$$

Wären die x_i in den geschweiften Klammern bekannt, könnten die gesuchten Lösungen x_j links sofort berechnet werden. Wenn die Näherung $x_i^{(k)}$ – mit der Anfangsschätzung $x_i^{(0)}$ – vorliegt, lässt sich aus dem linearen Gleichungssystem eine neue Näherung $x_i^{(k+1)}$ ermitteln, von der eine Verbesserung der Ausgangsnäherung erhofft werden kann. Damit ergibt sich als Schema des *Gesamtschrittverfahrens nach Jacobi* für $k = 1, 2, \ldots$

$$x_1^{(k+1)} = \frac{1}{a_{11}} \{b_1 \qquad\qquad - a_{12}x_2^{(k)} - a_{13}x_3^{(k)} - \cdots - a_{1n}x_n^{(k)}\}$$

$$x_2^{(k+1)} = \frac{1}{a_{22}} \{b_2 - a_{21}x_1^{(k)} \qquad\qquad - a_{23}x_3^{(k)} - \cdots - a_{2n}x_n^{(k)}\} \qquad (4.48)$$

$$\vdots$$

$$x_n^{(k+1)} = \frac{1}{a_{nn}} \{b_n - a_{n1}x_1^{(k)} - a_{n2}x_2^{(k)} - \cdots - a_{n,n-1}x_{n-1}^{(k)} \quad\}.$$

Es werden folgende zusätzliche Bezeichnungen eingeführt

$$\mathbf{A} = \begin{pmatrix} a_{11} & a_{12} & \cdots & a_{1n} \\ a_{21} & a_{22} & \cdots & a_{2n} \\ \vdots & \vdots & \ddots & \vdots \\ a_{n1} & a_{n2} & \cdots & a_{nn} \end{pmatrix} = \mathbf{R} + \mathbf{D} + \mathbf{L} \quad \text{mit}$$

$$\mathbf{R} = \begin{pmatrix} 0 & 0 & \cdots & 0 \\ a_{21} & 0 & \cdots & 0 \\ \vdots & \vdots & \ddots & \vdots \\ a_{n1} & a_{n2} & \cdots & 0 \end{pmatrix}, \quad \mathbf{D} = \begin{pmatrix} a_{11} & 0 & \cdots & 0 \\ 0 & a_{22} & \cdots & 0 \\ \vdots & \vdots & \ddots & \vdots \\ 0 & 0 & \cdots & a_{nn} \end{pmatrix}, \qquad (4.49)$$

$$\mathbf{L} = \begin{pmatrix} 0 & a_{12} & \cdots & a_{1n} \\ 0 & 0 & \cdots & a_{2n} \\ \vdots & \vdots & \ddots & \vdots \\ 0 & 0 & \cdots & 0 \end{pmatrix},$$

$$\mathbf{x} = \begin{pmatrix} x_1 \\ x_2 \\ \vdots \\ x_n \end{pmatrix}, \quad \mathbf{b} = \begin{pmatrix} b_1 \\ b_2 \\ \vdots \\ b_n \end{pmatrix}, \quad \mathbf{x}^{(k)} = \begin{pmatrix} x_1^{(k)} \\ x_2^{(k)} \\ \vdots \\ x_n^{(k)} \end{pmatrix}.$$

Dann kann das Gesamtschrittverfahren in Matrixform geschrieben werden:

$$\mathbf{x}^{(k+1)} = \mathbf{D}^{-1}\{\mathbf{b} - (\mathbf{R} + \mathbf{L})\mathbf{x}^{(k)}\} \quad (k = 1, 2, \ldots). \tag{4.50}$$

4.3.2 Abbruch beim Gesamtschrittverfahren

Das Iterationsverfahren erzeugt eine Folge von Vektoren $\mathbf{x}^{(k)}$ ($k = 1, 2, \ldots$), die bei Erfüllung bestimmter Konvergenzkriterien gegen die exakte Lösung $\mathbf{x}$ streben, diese aber erst nach unendlich vielen Schritten zu erreichen braucht. Es muss deshalb bereits vor Beginn des Iterationsalgorithmus für eine Abbruchregelung gesorgt sein. Eine solche Abbruchregelung ist auf verschiedene Arten möglich:

a) Es wird ein festes n_0 vorgegeben, bei dem das Iterationsverfahren anzuhalten ist.

b) Es wird eine Genauigkeitsschranke ϵ vorgegeben. Das Iterationsverfahren wird beendet, falls

$$\|\mathbf{x}^{(k+1)} - \mathbf{x}^{(k)}\| < \epsilon$$

erfüllt ist, wobei $\|\cdot\|$ eine der eingeführten Vektornormen bezeichnet.

c) Es wird eine Kombination von a) und b) benutzt.

Beispiel 4.17. Es ist das lineare Gleichungssystem

$$\begin{aligned} 6x_1 + 3x_2 + 2x_3 &= -6 \\ x_1 + 5x_2 - 3x_3 &= 0 \\ -2x_1 + x_2 - 4x_3 &= 8 \end{aligned}$$

mit der Genauigkeitsschranke $\epsilon = 0.5 \cdot 10^{-2}$ zu lösen. Die Iterationsvorschrift lautet:

$$\begin{aligned} x_1^{(k+1)} &= \tfrac{1}{6}\{-6 \qquad\quad - 3x_2^{(k)} - 2x_3^{(k)}\} \\ x_2^{(k+1)} &= \tfrac{1}{5}\{ \quad -x_1^{(k)} \qquad\quad + 3x_3^{(k)}\} \\ x_3^{(k+1)} &= -\tfrac{1}{4}\{8 + 2x_1^{(k)} - x_2^{(k)} \qquad\quad \}. \end{aligned}$$

Mit der Anfangsnäherung $x_1^{(0)} = x_2^{(0)} = x_3^{(0)} = 0$ ergibt sich:

k	$x_1^{(k)}$	$x_2^{(k)}$	$x_3^{(k)}$	$\|\mathbf{x}^{(k)} - \mathbf{x}^{(k-1)}\|$
0	$0.0000 \cdot 10^0$	$0.0000 \cdot 10^0$	$0.0000 \cdot 10^0$	
1	$-0.1000 \cdot 10^1$	$0.2000 \cdot 10^0$	$-0.1450 \cdot 10^1$	
2	$-0.6167 \cdot 10^0$	$-0.7467 \cdot 10^0$	$-0.1878 \cdot 10^1$	
3	$-0.6000 \cdot 10^{-4}$	$-0.1127 \cdot 10^1$	$-0.2281 \cdot 10^1$	$0.6166 \cdot 10^0$
⋮	⋮	⋮	⋮	⋮
11	$0.9632 \cdot 10^0$	$-0.1969 \cdot 10^1$	$-0.2974 \cdot 10^1$	
12	$0.9757 \cdot 10^0$	$-0.1979 \cdot 10^1$	$-0.2983 \cdot 10^1$	$0.1250 \cdot 10^{-1}$
13	$0.9839 \cdot 10^0$	$-0.1986 \cdot 10^1$	$-0.2989 \cdot 10^1$	$0.8200 \cdot 10^{-2}$
14	$0.9894 \cdot 10^0$	$-0.1991 \cdot 10^1$	$-0.2993 \cdot 10^1$	$0.5500 \cdot 10^{-2}$
15	$0.9932 \cdot 10^0$	$-0.1994 \cdot 10^1$	$-0.2992 \cdot 10^1$	$0.3800 \cdot 10^{-2}$

Die hinreichend genaue Näherung und die exakte Lösung lauten

$$\mathbf{x}^{(15)} = \begin{pmatrix} 0.9932 \cdot 10^0 \\ -0.1994 \cdot 10^1 \\ -0.2992 \cdot 10^1 \end{pmatrix}, \quad \mathbf{x}_{ex} = \begin{pmatrix} 1 \\ -2 \\ -3 \end{pmatrix}.$$

4.3.3 Einzelschritt- oder Gauß-Seidel-Verfahren

Im obigen Iterationsschema können im $(k + 1)$-ten Schritt bereits verbesserte Werte $x_i^{(k+1)}$ sofort mitbenutzt werden. Das *Einzelschrittverfahren nach Gauß-Seidel* besitzt dann für $k = 1, 2, \ldots$ das Schema

$$\begin{aligned}
x_1^{(k+1)} &= \frac{1}{a_{11}}\{b_1 \phantom{- a_{21}x_1^{(k+1)}} - a_{12}x_2^{(k)} - a_{13}x_3^{(k)} - \ldots - a_{1n}x_n^{(k)}\} \\
x_2^{(k+1)} &= \frac{1}{a_{22}}\{b_2 - a_{21}x_1^{(k+1)} \phantom{- a_{12}x_2^{(k)}} - a_{23}x_3^{(k)} - \ldots - a_{2n}x_n^{(k)}\} \\
&\vdots \\
x_n^{(k+1)} &= \frac{1}{a_{nn}}\{b_n - a_{n1}x_1^{(k+1)} - a_{n2}x_2^{(k+1)} - \ldots - a_{n,n-1}x_{n-1}^{(k+1)}\quad\quad\}.
\end{aligned} \quad (4.51)$$

In Matrizenschreibweise folgt

$$\mathbf{x}^{(k+1)} = \mathbf{D}^{-1}\{\mathbf{b} - \mathbf{R}\mathbf{x}^{(k+1)} - \mathbf{L}\mathbf{x}^{(k)}\}. \quad (4.52)$$

4.3.4 Abbruch beim Einzelschrittverfahren

Die Abbruchregeln beim Einzelschrittverfahren sind denen beim Gesamtschrittverfahren völlig äquivalent.

Abschnitt 4.3 Iterationsverfahren 111

Beispiel 4.18. Das lineare Gleichungssystem

$$\begin{aligned} 4.1x_1 + 1.9x_2 + x_3 &= 4.9 \\ 1.9x_1 + 6.1x_2 + 2.9x_3 &= -5.1 \\ x_3 + 2.9x_2 + 4.9x_3 &= 1.0 \end{aligned}$$

ist mit der Genauigkeitsschranke $\epsilon = 10^{-4}$ zu lösen. Die Iterationsvorschrift lautet:

$$\begin{aligned} x_1^{(k+1)} &= 1.1951 - 0.4634 x_2^{(k)} - 0.2439 x_3^{(k)} \\ x_2^{(k+1)} &= -0.8361 - 0.3115 x_1^{(k+1)} - 0.4754 x_3^{(k)} \\ x_3^{(k+1)} &= 0.2041 - 0.2041 x_1^{(k+1)} - 0.5918 x_2^{(k+1)}. \end{aligned}$$

Mit der Anfangsnäherung $x_1^{(0)} = x_2^{(0)} = x_3^{(0)} = 0$ ergibt sich folgender Iterationsverlauf:

k	$x_1^{(k)}$	$x_2^{(k)}$	$x_3^{(k)}$	$\|\mathbf{x}^{(k)} - \mathbf{x}^{(k-1)}\|$
0	0.0000	0.0000	0.0000	
1	1.1951	−1.2084	0.8574	
2	1.5904	−1.6525	0.8574	
3	1.7517	−1.7894	0.9055	$0.1613 \cdot 10^0$
$\vdots$	$\vdots$	$\vdots$	$\vdots$	
8	1.8240	−1.8427	0.9223	
9	1.8241	−1.8428	0.9224	$0.1000 \cdot 10^{-4}$
10	1.8241	−1.8428	0.9224	0

Die ausreichende Näherungslösung und die exakte Lösung sind

$$\mathbf{x}^{(10)} = \begin{pmatrix} 1.8241 \\ -1.8428 \\ 0.9224 \end{pmatrix} \quad \text{und} \quad \mathbf{x}_{ex} = \begin{pmatrix} 1.82 \\ -1.84 \\ 0.92 \end{pmatrix}.$$

4.3.5 Konvergenz beim Gesamtschrittverfahren

Bei der Verwendung von Iterationsverfahren zur Lösung linearer Gleichungssysteme ist vor Beginn der Rechnung zu sichern, dass die Iterationsfolge konvergiert.

Beispiel 4.19. Das lineare Gleichungssystem

$$\begin{aligned} 3.16 x_1 - 4.07 x_2 + 1.99 x_3 &= 5.76 \\ 2.08 x_1 + 2.61 x_2 + 3.53 x_3 &= -4.27 \\ -1.54 x_1 + 2.31 x_2 + 2.11 x_3 &= 3.73 \end{aligned}$$

soll iterativ mit dem Gesamtschrittverfahren gelöst werden. Die zugehörige Iterationsvorschrift

$$x_1^{(k+1)} = 1.8228 + 1.2880 x_2^{(k)} - 0.6297 x_3^{(k)}$$
$$x_2^{(k+1)} = -1.6360 - 0.7969 x_1^{(k)} - 1.3525 x_3^{(k)}$$
$$x_3^{(k+1)} = 1.7678 + 0.7299 x_1^{(k)} - 1.0948 x_2^{(k)}$$

führt mit der Startnäherung $x_1^{(0)} = x_2^{(0)} = x_3^{(0)} = 0$ zu folgendem Iterationsverlauf:

k	$x_1^{(k)}$	$x_2^{(k)}$	$x_3^{(k)}$
0	0.0000	0.0000	0.0000
1	1.8228	-1.6360	1.7678
2	-1.3976	-5.4795	4.8894
3	-8.3137	-7.1352	6.7460
4	-11.6157	-4.1356	3.5112
5	-5.7149	2.8717	-2.1828
6	6.8961	5.8704	-5.5474
7	12.8771	0.3714	0.3743
8	2.0655	-12.4040	10.7602
9	-20.9293	-19.9007	16.8553
10	-34.4231	-7.7542	8.2788

Diese Iterationsfolge $\mathbf{x}^{(k)}$ strebt keinem Grenzwert zu, das Gesamtschrittverfahren konvergiert nicht. Die exakte Lösung des obigen linearen Gleichungssystems lässt sich mit dem Gaußschen Algorithmus zu

$$x_1 = 5.7600, \quad x_2 = -4.2701, \quad x_3 = 3.7302$$

bestimmen.

Zur Konvergenz des Gesamtschrittverfahrens gibt es folgende Aussage:

Satz 4.1. *Das Gesamtschritt- oder Jacobi-Verfahren für das lineare Gleichungssystem* $\mathbf{Ax} = \mathbf{b}$, *das mit dem Ausgangsvektor* $x_1^{(0)} = x_2^{(0)} = \ldots = x_n^{(0)}$ *begonnen wird, strebt für* $k \to \infty$ *der Lösung* $\mathbf{x}$ *zu, wenn eine der folgenden Bedingungen erfüllt ist:*

a) $\max_i \sum_{\substack{j=1 \\ j \neq i}}^{n} |\frac{a_{ij}}{a_{ii}}| < 1$,

b) $\max_j \sum_{\substack{i=1 \\ i \neq j}}^{n} |\frac{a_{ij}}{a_{ii}}| < 1$.

Beispiel 4.20. Die Koeffizientenmatrix

$$\mathbf{A} = \begin{pmatrix} 6 & 3 & 2 \\ 1 & 5 & -3 \\ -2 & 1 & -4 \end{pmatrix}$$

Abschnitt 4.3 Iterationsverfahren

des im Beispiel 4.17 behandelten Gleichungssystems erfüllt beide im Satz 4.1 genannten Kriterien:

a) $\max_i \sum_{\substack{j=i \\ j \neq i}}^{3} |\frac{a_{ij}}{a_{ii}}| = \max\{\frac{5}{6}; \frac{4}{5}; \frac{3}{4}\} = \frac{5}{6} < 1,$

b) $\max_j \sum_{\substack{i=1 \\ i \neq j}}^{3} |\frac{a_{ij}}{a_{ii}}| = \max\{\frac{13}{20}; \frac{3}{4}; \frac{14}{15}\} = \frac{14}{15} < 1.$

Beispiel 4.21. Im Gegensatz dazu sind bei der Matrix

$$\mathbf{A} = \begin{pmatrix} 3.16 & -4.07 & 1.99 \\ 2.08 & 2.61 & 3.53 \\ -1.54 & 2.31 & 2.11 \end{pmatrix}$$

aus dem Beispiel 4.19 beide Kriterien nicht erfüllt:

a) $\max_i \sum_{\substack{j=1 \\ j \neq i}}^{3} |\frac{a_{ij}}{a_{ii}}| = \max\{1.9177; 2.1494; 1.8246\} = 2.1494 > 1,$

b) $\max_j \sum_{\substack{i=1 \\ i \neq j}}^{3} |\frac{a_{ij}}{a_{ii}}| = \max\{1.5268; 2.3828; 1.9822\} = 2.3828 > 1.$

4.3.6 Konvergenz beim Einzelschrittverfahren

Das Einzelschrittverfahren konvergiert ebenfalls unter den Bedingungen a) und b) des vorigen Abschnittes. Es lässt sich aber in bestimmten Fällen auch bei einer Verletzung dieser Bedingungen Konvergenz nachweisen, falls das Sassenfeld-Kriterium erfüllt ist.

Satz 4.2 (Sassenfeld-Kriterium). *Die Folge der Näherungen* $\mathbf{x}^{(k)}$ *beim Einzelschrittverfahren mit der Anfangsnäherung* $x_1^{(0)} = x_2^{(0)} = \ldots = x_n^{(0)} = 0$ *konvergiert mit* $k \to \infty$ *gegen die Lösung* $\mathbf{x}$ *des linearen Gleichungssystems* $\mathbf{Ax} = \mathbf{b}$, *wenn Faktoren* k_m, *gebildet aus*

$$k_1 = \sum_{i=2}^{n} \left|\frac{a_{1i}}{a_{11}}\right|, \quad k_m = \sum_{i=1}^{m-1} \left|\frac{a_{mi}}{a_{mm}}\right| k_i + \sum_{i=m+1}^{n} \left|\frac{a_{mi}}{a_{mm}}\right| \quad (m = 2, 3, \ldots, n),$$

die Bedingung

$$k_0 = \max_m \{k_m\} < 1$$

erfüllen.

Beispiel 4.22. Die Matrix

$$\mathbf{A} = \begin{pmatrix} 6 & 3 & 2 \\ 1 & 5 & -3 \\ -2 & 1 & -4 \end{pmatrix}$$

des Gleichungssystems aus Beispiel 4.17 erfüllt ebenfalls das Sassenfeld-Kriterium. Für die Faktoren k_1, k_2, k_3 ergibt sich

$$k_1 = \frac{5}{6}, \quad k_2 = \frac{23}{30}, \quad k_3 = \frac{73}{120} \quad \text{und damit} \quad k_0 = \frac{5}{6} < 1.$$

Beispiel 4.23. Mit der Matrix

$$\mathbf{A} = \begin{pmatrix} 3.16 & -4.07 & 1.99 \\ 2.08 & 2.61 & 3.53 \\ -1.54 & 2.31 & 2.11 \end{pmatrix}$$

aus Beispiel 4.19 erfüllt auch das Sassenfeld-Kriterium nicht:

$$k_1 = 1.9177, \quad k_2 = 2.8808, \quad k_3 = 4.5535, \quad k_0 = 4.5535 > 1.$$

4.3.7 Fehlerabschätzung bei Iterationsverfahren

Die Lösung des linearen Gleichungssystems $\mathbf{Ax} = \mathbf{b}$ kann bei vorausgesetzter Regularität der Koeffizientenmatrix $\mathbf{A}$ in eine Iterationsvorschrift der Art

$$\mathbf{x}^{(k+1)} = \mathbf{T}\mathbf{x}^{(k)} + \mathbf{v} \qquad (4.53)$$

überführt werden (siehe Maeß [47]). Es bezeichnen

$$\mathbf{A} = \begin{pmatrix} a_{11} & a_{12} & \cdots & a_{1n} \\ a_{21} & a_{22} & \cdots & a_{2n} \\ \vdots & \vdots & \ddots & \vdots \\ a_{n1} & a_{n2} & \cdots & a_{nn} \end{pmatrix}, \quad \mathbf{x} = \begin{pmatrix} x_1 \\ x_2 \\ \vdots \\ x_n \end{pmatrix}, \quad \mathbf{b} = \begin{pmatrix} b_1 \\ b_2 \\ \vdots \\ b_n \end{pmatrix},$$

$$\mathbf{D} = \begin{pmatrix} a_{11} & 0 & \cdots & 0 \\ 0 & a_{22} & \cdots & 0 \\ \vdots & \vdots & \ddots & \vdots \\ 0 & 0 & \cdots & a_{nn} \end{pmatrix}, \quad \mathbf{L} = \begin{pmatrix} 0 & 0 & \cdots & 0 \\ a_{21} & 0 & \cdots & 0 \\ \vdots & \vdots & \ddots & \vdots \\ a_{n1} & a_{n2} & \cdots & 0 \end{pmatrix},$$

$$\mathbf{R} = \begin{pmatrix} 0 & a_{12} & \cdots & a_{1n} \\ 0 & 0 & \cdots & a_{2n} \\ \vdots & \vdots & \ddots & \vdots \\ 0 & 0 & \cdots & 0 \end{pmatrix}, \quad \mathbf{A} = \mathbf{D} + \mathbf{L} + \mathbf{R}. \qquad (4.54)$$

Beim Gesamtschrittverfahren ergibt sich aus $\mathbf{Ax} = \mathbf{b}$

$$\mathbf{D}\mathbf{x}^{(k+1)} = \mathbf{b} - (\mathbf{L} + \mathbf{R})\mathbf{x}^{(k)}$$
$$\mathbf{x}^{(k+1)} = \mathbf{D}^{-1}\mathbf{b} - \mathbf{D}^{-1}(\mathbf{L} + \mathbf{R})\mathbf{x}^{(k)}. \qquad (4.55)$$

Abschnitt 4.3 Iterationsverfahren

Mit
$$\mathbf{T} = -\mathbf{D}^{-1}(\mathbf{L} + \mathbf{R}) \quad \text{und} \quad \mathbf{v} = \mathbf{D}^{-1}\mathbf{b} \tag{4.56}$$
ist eine iterierfähige Form
$$\mathbf{x}^{(k+1)} = \mathbf{T}\mathbf{x}^{(k)} + \mathbf{v} \tag{4.57}$$
gefunden. Dabei ist $\mathbf{D}^{-1}$ einfach bildbar:

$$\mathbf{D}^{-1} = \begin{pmatrix} \dfrac{1}{a_{11}} & 0 & \cdots & 0 \\ 0 & \dfrac{1}{a_{22}} & \cdots & 0 \\ \vdots & \vdots & \ddots & \vdots \\ 0 & 0 & \cdots & \dfrac{1}{a_{nn}} \end{pmatrix}. \tag{4.58}$$

Die Vorschrift beim Einzelschrittverfahren ergibt:
$$\mathbf{D}\mathbf{x}^{(k+1)} = \mathbf{b} - \mathbf{R}\mathbf{x}^{(k)} - \mathbf{L}\mathbf{x}^{(k+1)}$$
$$(\mathbf{D} + \mathbf{L})\mathbf{x}^{(k+1)} = \mathbf{b} - \mathbf{R}\mathbf{x}^{(k)}$$
$$\mathbf{x}^{(k+1)} = (\mathbf{D} + \mathbf{L})^{-1}\mathbf{b} - (\mathbf{D} + \mathbf{L})^{-1}\mathbf{R}\mathbf{x}^{(k)}. \tag{4.59}$$

Wird
$$\mathbf{T} = -(\mathbf{D} + \mathbf{L})^{-1}\mathbf{R} \quad \text{und} \quad \mathbf{v} = (\mathbf{D} + \mathbf{L})^{-1}\mathbf{b} \tag{4.60}$$
gesetzt, so ist eine iterierfähige Form
$$\mathbf{x}^{(k+1)} = \mathbf{T}\mathbf{x}^{(k)} + \mathbf{v} \tag{4.61}$$
entstanden. Allerdings ist die Ermittlung der inversen Matrix $(\mathbf{D} + \mathbf{L})^{-1}$ in diesem Fall aufwändiger.

Die Iterationsvorschrift $\mathbf{x}^{(k+1)} = \mathbf{T}\mathbf{x}^{(k)} + \mathbf{v}$ erzeugt aus einem $\mathbf{x}^{(0)}$, z.B. $\mathbf{x}^{(0)} = (0\ 0\ \ldots\ 0)^T$, eine Folge von Näherungen $\mathbf{x}^{(1)}, \mathbf{x}^{(2)}, \ldots$. Unter Benutzung des Fixpunktsatzes von Banach können Aussagen über diese Näherungsfolge $\mathbf{x}^{(k)}$ ($k = 1, 2, \ldots$) erhalten werden.

Satz 4.3. *Es sei $\mathbf{x}^\star$ die exakte Lösung des linearen Gleichungssystems und $\delta^{(k)} = \mathbf{x}^{(k)} - \mathbf{x}^\star$ die Differenz zwischen k-ter Näherung und exakter Lösung. Die Iterationsmatrix $\mathbf{T}$ erfülle in einer der eingeführten Normen die Bedingung*
$$\|\mathbf{T}\| = M < 1.$$
Dann strebt die Näherungsfolge $\mathbf{x}^{(k)}$ für $k \to \infty$ gegen die eindeutige Lösung $\mathbf{x}^\star$. Für die Differenz $\delta^{(k)}$ gelten die Abschätzungen

a) $\|\boldsymbol{\delta}^{(k)}\| \leq \frac{M}{1-M}\|\mathbf{x}^{(k)} - \mathbf{x}^{(k-1)}\|$ *(a-posteriori-Abschätzung)*,

b) $\|\boldsymbol{\delta}^{(k)}\| \leq \frac{M^k}{1-M}\|\mathbf{x}^{(1)} - \mathbf{x}^{(0)}\|$ *(a-priori-Abschätzung)*.

Aus der a-priori-Abschätzung kann bei einer vorausgesetzten, mindestens zu erreichenden Genauigkeit ϵ bereits nach dem ersten Iterationsschritt die Gesamtzahl der erforderlichen Schritte abgeschätzt werden:

$$\|\boldsymbol{\delta}^{(n)}\| < \epsilon \quad \text{führt zu} \quad n > \frac{\ln \epsilon \ln(1-M)}{\ln \|\mathbf{x}^{(1)} - \mathbf{x}^{(0)}\| \ln M}. \tag{4.62}$$

Beispiel 4.24. Es wird das lineare Gleichungssystem betrachtet

$$\mathbf{Ax} = \mathbf{b} \quad \text{mit} \quad \mathbf{A} = \begin{pmatrix} 6 & 3 & 2 \\ 1 & 5 & -3 \\ -2 & 1 & -4 \end{pmatrix} \quad \text{und} \quad \mathbf{b} = \begin{pmatrix} -6 \\ 0 \\ 8 \end{pmatrix},$$

für das die Konvergenz bereits nachgewiesen ist. Die Zerlegung der Koeffizientenmatrix ergibt:

$$\mathbf{D} = \begin{pmatrix} 6 & 0 & 0 \\ 0 & 5 & 0 \\ 0 & 0 & -4 \end{pmatrix}, \quad \mathbf{L} = \begin{pmatrix} 0 & 0 & 0 \\ 1 & 0 & 0 \\ -2 & 1 & 0 \end{pmatrix}, \quad \mathbf{R} = \begin{pmatrix} 0 & 3 & 2 \\ 0 & 0 & -3 \\ 0 & 0 & 0 \end{pmatrix}.$$

A) Gesamtschrittverfahren

Für die Iterationsvorschrift benötigt man noch folgende Matrizen:

$$\mathbf{D}^{-1} = \begin{pmatrix} \frac{1}{6} & 0 & 0 \\ 0 & \frac{1}{5} & 0 \\ 0 & 0 & -\frac{1}{4} \end{pmatrix}, \quad (\mathbf{L} + \mathbf{R}) = \begin{pmatrix} 0 & 3 & 2 \\ 1 & 0 & -3 \\ -2 & 1 & 0 \end{pmatrix},$$

$$\mathbf{T} = -\begin{pmatrix} 0 & \frac{1}{2} & \frac{1}{3} \\ \frac{1}{5} & 0 & -\frac{3}{5} \\ \frac{1}{2} & -\frac{1}{4} & 0 \end{pmatrix}, \quad \mathbf{v} = \begin{pmatrix} -1 \\ 0 \\ -2 \end{pmatrix}.$$

Mit

$$\|\mathbf{T}\|_1 = \max\left\{\frac{5}{6}; \frac{4}{5}; \frac{3}{4}\right\} = \frac{5}{6} = M < 1,$$

$$\mathbf{x}^{(0)} = (0\ 0\ 0) \quad \text{und} \quad \mathbf{x}^{(1)} = (-1\ 2\ -1.45)$$

erhält man folgende Abschätzungen für den Fehler nach 3 und nach 15 Schritten:

Abschnitt 4.3 Iterationsverfahren

a) a-posteriori-Abschätzung

$$k = 3: \quad \|\boldsymbol{\delta}^{(3)}\| \leq \frac{\frac{5}{6}}{1-\frac{5}{6}} \|\mathbf{x}^{(3)} - \mathbf{x}^{(2)}\| = 5 \cdot 0.6166 = 3.083,$$

$$k = 15: \quad \|\boldsymbol{\delta}^{(15)}\| \leq \frac{\frac{5}{6}}{1-\frac{5}{6}} \|\mathbf{x}^{(15)} - \mathbf{x}^{(14)}\| = 5 \cdot 0.0038 = 0.0190.$$

b) a-priori-Abschätzung

$$k = 3: \quad \|\boldsymbol{\delta}^{(3)}\| \leq \frac{\left(\frac{5}{6}\right)^3}{1-\frac{5}{6}} \|\mathbf{x}^{(1)} - \mathbf{x}^{(0)}\| = 3.47 \cdot 1.45 = 5.035,$$

$$k = 15: \quad \|\boldsymbol{\delta}^{(15)}\| \leq \frac{\left(\frac{5}{6}\right)^{15}}{1-\frac{5}{6}} \|\mathbf{x}^{(1)} - \mathbf{x}^{(0)}\| = 0.389 \cdot 1.45 = 0.565.$$

B) Einzelschrittverfahren

Folgende Matrizen sind zur Bildung der Iterationsvorschrift nötig:

$$(\mathbf{D}+\mathbf{L})^{-1} = \begin{pmatrix} \frac{1}{6} & 0 & 0 \\ -\frac{1}{30} & \frac{1}{5} & 0 \\ -\frac{11}{120} & \frac{1}{20} & -\frac{1}{4} \end{pmatrix}, \quad \mathbf{T} = \begin{pmatrix} 0 & -\frac{1}{2} & -\frac{1}{3} \\ 0 & \frac{1}{10} & \frac{2}{3} \\ 0 & \frac{11}{40} & \frac{1}{3} \end{pmatrix}, \quad \mathbf{v} = \begin{pmatrix} -1 \\ \frac{1}{5} \\ -\frac{29}{20} \end{pmatrix}.$$

Wegen

$$\|\mathbf{T}\|_1 = \max\left\{\frac{5}{6}; \frac{23}{30}; \frac{73}{120}\right\} = \frac{5}{6} = M < 1$$

gelten folgende Abschätzungen für den Fehler nach 3 und nach 10 Schritten:

a) a-posteriori-Abschätzung

$$k = 3: \quad \|\boldsymbol{\delta}^{(3)}\| \leq 5\|\mathbf{x}^{(3)} - \mathbf{x}^{(2)}\| = 5 \cdot 0.1613 = 0.807,$$

$$k = 10: \quad \|\boldsymbol{\delta}^{(10)}\| \leq 5\|\mathbf{x}^{(10)} - \mathbf{x}^{(9)}\| = 5 \cdot 0 = 0.$$

b) a-priori-Abschätzung

$$k = 3: \quad \|\boldsymbol{\delta}^{(3)}\| \leq 6\left(\frac{5}{6}\right)^3 \|\mathbf{x}^{(1)} - \mathbf{x}^{(0)}\| = 3.47 \cdot 1.2084 = 4.196,$$

$$k = 10: \quad \|\boldsymbol{\delta}^{(10)}\| \leq 6\left(\frac{5}{6}\right)^{10} \|\mathbf{x}^{(1)} - \mathbf{x}^{(0)}\| = 0.969 \cdot 1.2084 = 1.171.$$

4.4 Aufgaben

Aufgabe 4.1. Lösen Sie mit dem Gaußschen Eliminationsalgorithmus die linearen Gleichungssysteme bei Berücksichtigung von zwei Dezimalstellen

a) $\quad 2.25\,x_1 + 3.75\,x_2 - 5.75\,x_3 = 8.13$
$\quad -1.17\,x_1 + 6.73\,x_2 + 2.30\,x_3 = -3.67$
$\quad 4.51\,x_1 - 3.34\,x_2 + 4.96\,x_3 = 6.43$,

b) $\quad 6.03\,x_1 + 4.57\,x_2 - 0.75\,x_3 = 2.07$
$\quad -2.18\,x_1 + 4.56\,x_2 - 1.67\,x_3 = -6.75$
$\quad 0.76\,x_1 + 3.77\,x_2 - 5.41\,x_3 = 3.03$,

c) $\quad 1.20\,x_1 - 3.12\,x_2 + 0.34\,x_3 + 0.45\,x_4 = 5.46$
$\quad 0.78\,x_1 + 1.89\,x_2 + 0.99\,x_3 + 0.87\,x_4 = 0.65$
$\quad 1.54\,x_1 + 2.43\,x_2 - 0.62\,x_3 + 1.61\,x_4 = 2.70$
$\quad -0.80\,x_1 + 0.12\,x_2 + 1.63\,x_3 - 1.84\,x_4 = -3.56$,

d) $\quad 12.25\,x_1 + 2.73\,x_2 - 4.36\,x_3 + 0.92\,x_4 = 3.27$
$\quad 2.88\,x_1 - 9.86\,x_2 + 0.89\,x_3 + 1.78\,x_4 = 4.68$
$\quad 3.65\,x_1 + 2.56\,x_2 + 10.66\,x_3 - 1.19\,x_4 = 5.16$
$\quad -1.76\,x_1 + 3.87\,x_2 - 0.78\,x_3 + 8.87\,x_4 = 2.18$.

Aufgabe 4.2. Führen Sie für die erhaltenen Lösungen der Aufgabe 4.1 eine Nachiteration bei Berücksichtigung von vier Dezimalen aus.

Aufgabe 4.3. Berechnen Sie mit dem Gaußschen Eliminationsverfahren die inversen Matrizen zu

$$\mathbf{A} = \begin{pmatrix} -2 & 2 & 2 & 4 \\ 1 & 0 & 5 & 2 \\ -1 & 2 & 5 & 4 \\ 3 & -2 & 3 & 0 \end{pmatrix}, \quad \mathbf{B} = \begin{pmatrix} 4 & -3 & 2 \\ -3 & 7 & -1 \\ 2 & -1 & 4 \end{pmatrix}, \quad \mathbf{C} = \begin{pmatrix} 1 & 2 & 3 & -4 \\ 2 & 3 & -4 & 5 \\ 3 & -4 & 5 & 6 \\ -4 & 5 & 6 & 7 \end{pmatrix}.$$

Aufgabe 4.4. Lösen Sie mit dem Cholesky-Verfahren bei Berücksichtigung von vier Dezimalstellen das lineare Gleichungssystem

$$\begin{aligned} 6\,x_1 + x_2 + 3\,x_3 - x_4 &= 3 \\ x_1 + 4\,x_2 + 2\,x_3 &= -7 \\ 3\,x_1 + 2\,x_2 + 5\,x_3 + x_4 &= 0 \\ -x_1 + x_3 + 7\,x_4 &= 4. \end{aligned}$$

Aufgabe 4.5. Lösen Sie mit dem Cholesky-Verfahren bei Berücksichtigung von drei Dezimalstellen das lineare Gleichungssystem

$$\begin{aligned} 4\,x_1 - 2\,x_2 + x_3 &= 2.13 \\ -2\,x_1 + 6\,x_2 + 3\,x_3 &= -1.08 \\ x_1 + 3\,x_2 + 5\,x_3 &= 3.27. \end{aligned}$$

Führen Sie eine Nachiteration der Lösung des linearen Gleichungssystems bei Berücksichtigung von sechs Dezimalstellen aus.

Aufgabe 4.6. Berechnen Sie mit dem Gesamtschrittverfahren die Lösungen der linearen Gleichungssysteme bei Berücksichtigung von sechsziffrigen Gleitkommazahlen mit einer Genauigkeitsschranke ($\|\cdot\|_\infty$-Norm) von $\epsilon = 10^{-4}$

a) $\quad 5.22\, x_1 - 1.17\, x_2 + 2.07\, x_3 = 5.86$
$-2.63\, x_1 + 7.17\, x_2 + 1.89\, x_3 = -2.46$
$0.78\, x_1 + 2.33\, x_2 - 4.55\, x_3 = 0.71,$

b) $\quad 12.247\, x_1 + 2.731\, x_2 - 4.363\, x_3 + 0.916\, x_4 = 3.271$
$2.876\, x_1 - 9.863\, x_2 + 0.886\, x_3 + 1.775\, x_4 = -2.460$
$3.651\, x_1 + 2.556\, x_2 + 10.662\, x_3 - 1.187\, x_4 = 5.163$
$-1.763\, x_1 + 3.873\, x_2 - 0.775\, x_3 + 8.873\, x_4 = 2.175,$

c) $\quad 6.03\, x_1 + 4.57\, x_2 - 0.75\, x_3 = 2.07$
$-2.18\, x_1 + 4.56\, x_2 - 1.67\, x_3 = -6.75$
$0.76\, x_1 + 3.77\, x_2 - 5.41\, x_3 = 3.03,$

d) $\quad 1.20\, x_1 - 3.12\, x_2 + 0.34\, x_3 + 0.45\, x_4 = 5.46$
$0.78\, x_1 + 1.89\, x_2 + 0.99\, x_3 + 0.87\, x_4 = 0.65$
$1.54\, x_1 + 2.43\, x_2 - 0.62\, x_3 + 1.61\, x_4 = 2.70$
$-0.80\, x_1 + 0.12\, x_2 + 1.63\, x_3 - 1.84\, x_4 = -3.56.$

Aufgabe 4.7. Überprüfen Sie die Konvergenzbedingungen für die linearen Gleichungssysteme der Aufgabe 4.6.

Aufgabe 4.8. Berechnen Sie die Lösungen der linearen Gleichungssystem aus der Aufgabe 4.6 bei Berücksichtigung von sechsziffrigen Gleitkommazahlen bei einer Genauigkeitsschranke ($\|\cdot\|_\infty$-Norm) von $\epsilon = 10^{-4}$ mit dem Einzelschrittverfahren.

Aufgabe 4.9. Überprüfen Sie das Sassenfeld-Konvergenzkriterium für die linearen Gleichungssysteme der Aufgabe 4.8.

Aufgabe 4.10. Vorgegeben sind die linearen Gleichungssysteme

a) $\quad -2\, x_1 + 2\, x_2 + 2\, x_3 + 4\, x_4 = 2.03$
$x_1 + 5\, x_3 + 2\, x_4 = -4.31$
$-x_1 + 2\, x_2 + 5\, x_3 + 4\, x_4 = 0.67$
$3\, x_1 - 2\, x_2 + 3\, x_3 = -1.84,$

b) $\quad x_1 + 2\, x_2 + 3\, x_3 + 4\, x_4 = 11$
$2\, x_1 + 3\, x_2 + 4\, x_3 + 5\, x_4 = -23$
$3\, x_1 + 4\, x_2 + 5\, x_3 + 6\, x_4 = 15$
$4\, x_1 + 5\, x_2 + 6\, x_3 + 7\, x_4 = -9,$

c) $6.03\,x_1 + 4.57\,x_2 - 0.75\,x_3 = 2.07$
$2.18\,x_1 - 4.56\,x_2 + 1.67\,x_3 = 6.75$
$0.76\,x_1 + 3.77\,x_2 - 5.41\,x_3 = 3.03$.

Für die rechten Seiten b_k in den linearen Gleichungssystemen ist die Fehlerabschätzung (mit $\|\cdot\|_1$-Norm)

a) $\|\Delta \mathbf{b}\| \leq 0.05$,

b) $\|\Delta \mathbf{b}\| \leq 0.1$,

c) $\|\Delta \mathbf{b}\| \leq 0.01$

bekannt. Geben Sie jeweils eine Fehlerabschätzung für die Lösungen an.

Aufgabe 4.11. Die Koeffizienten a_{ij} und die rechten Seiten b_k in den linearen Gleichungssystemen der Aufgabe 4.10 sind mit Fehlern behaftet (mit $\|\cdot\|_\infty$-Norm)

a) $\|\Delta \mathbf{A}\| \leq 0.02$,
$\|\Delta \mathbf{b}\| \leq 0.003$.

b) $\|\Delta \mathbf{A}\| \leq 0.1$,
$\|\Delta \mathbf{b}\| \leq 0.2$.

c) $\|\Delta \mathbf{A}\| \leq 0.05$,
$\|\Delta \mathbf{b}\| \leq 0.1$.

Geben Sie jeweils eine Fehlerabschätzung für die Lösungen an.

Aufgabe 4.12. Geben Sie für die Lösungen der linearen Gleichungssysteme der Aufgaben 4.6a) und 4.6b) mit dem Gesamtschrittverfahren eine a-priori-Abschätzung (mit $\|\cdot\|_\infty$-Norm) für k = 3 und k = 15 Iterationsschritte an.

Aufgabe 4.13. Geben Sie für die Lösungen des linearen Gleichungssystems der Aufgabe 4.6c) mit dem Einzelschrittverfahren eine a-priori-Abschätzung (mit $\|\cdot\|_\infty$-Norm) für k = 3 und k = 15 Iterationsschritte an.

Aufgabe 4.14. Berechnen Sie die Lösungen der linearen Gleichungssysteme mit einem geeigneten Lösungsverfahren. Bei Iterationsverfahren ist eine Genauigkeitsschranke von $\epsilon = 10^{-4}$ zu erzielen:

a) $x_1 - 2\,x_2 + 3\,x_3 - x_4 = 5$
$-x_1 + x_2 - 2\,x_3 + 3\,x_4 = 0$
$3\,x_1 - x_2 + x_3 - 2\,x_4 = 0$
$-2\,x_1 + 3\,x_2 - x_3 + x_4 = 5$,

b) $x_1 + 3\,x_2 + 5\,x_3 = 0$
$ 2\,x_3 - x_4 = 0$
$-2\,x_1 - 6\,x_2 - 10\,x_3 + 7\,x_4 = -14$
$x_1 - x_2 + x_3 + x_4 = -2$,

c) $\begin{aligned} x_1 - 3x_2 + 2x_3 + 5x_4 &= 0 \\ 2x_1 - 7x_2 - 2x_3 + 4x_4 &= 2 \\ -x_1 + 4x_2 + 2x_3 - 7x_4 &= 4 \\ x_3 + 4x_4 &= -3, \end{aligned}$

d) $\begin{aligned} 2x_1 + 5x_2 + 6x_3 + x_4 &= -2 \\ x_1 + 2x_2 + 3x_3 + x_4 &= -1 \\ 3x_1 + 6x_2 + 8x_3 - x_4 &= 1 \\ x_1 - 2x_2 + 3x_3 + 5x_4 &= 2, \end{aligned}$

e) $\begin{aligned} x_1 + x_2 + x_3 + x_4 + x_5 &= 1 \\ x_1 \phantom{{}+x_2} + x_3 + x_4 + x_5 &= -3 \\ x_1 + x_2 + x_3 + x_4 \phantom{{}+x_5} &= 0 \\ x_1 + x_2 + x_3 \phantom{{}+x_4} + x_5 &= 3 \\ x_1 + x_2 \phantom{{}+x_3} + x_4 + x_5 &= -2, \end{aligned}$

f) $\begin{aligned} x_1 + x_2 &= 3 \\ x_1 + x_3 &= 4 \\ x_1 + x_4 &= -2 \\ x_1 + x_5 &= -1 \\ x_1 + x_6 &= 0 \\ x_2 + x_3 + x_4 + x_5 + x_6 &= -1. \end{aligned}$

Aufgabe 4.15. Berechnen Sie die inversen Matrizen zu

$$\mathbf{A} = \begin{pmatrix} -1 & 2 & 1 \\ 3 & 7 & 4 \\ 3 & 5 & 3 \end{pmatrix}, \quad \mathbf{B} = \begin{pmatrix} 1 & 1 & 1 \\ 2 & 1 & 2 \\ 0 & 1 & 1 \end{pmatrix}, \quad \mathbf{C} = \begin{pmatrix} 3 & 1 & 4 \\ 1 & 2 & 3 \\ 4 & 3 & 6 \end{pmatrix},$$

$$\mathbf{D} = \begin{pmatrix} 1 & 3 & -1 & 4 \\ 0 & 1 & -3 & 2 \\ 0 & 0 & 1 & -2 \\ 0 & 0 & 0 & 1 \end{pmatrix}, \quad \mathbf{F} = \begin{pmatrix} 1 & 0 & 3 & 1 \\ 0 & 1 & -2 & -3 \\ 0 & 0 & 1 & 1 \\ 0 & 0 & 0 & 1 \end{pmatrix},$$

$$\mathbf{G} = \begin{pmatrix} 1 & -3 & -1 & -6 & -18 \\ 0 & 1 & 1 & 2 & 5 \\ 0 & 0 & 1 & 2 & 7 \\ 0 & 0 & 0 & 1 & 3 \\ 0 & 0 & 0 & 0 & 1 \end{pmatrix}, \quad \mathbf{H} = \begin{pmatrix} 1 & 0 & -1 & -3 \\ 2 & -1 & 0 & 3 \\ -2 & 3 & 1 & 2 \\ 4 & 0 & -2 & -3 \end{pmatrix},$$

$$\mathbf{I} = \begin{pmatrix} 1 & 0 & -1 & 2 \\ 2 & -1 & -2 & 3 \\ -1 & 2 & 2 & -4 \\ 0 & 1 & 2 & -5 \end{pmatrix}, \quad \mathbf{K} = \begin{pmatrix} 0 & 1 & 1 & 1 \\ -1 & 0 & 1 & 1 \\ -1 & -1 & 0 & 1 \\ -1 & -1 & -1 & 0 \end{pmatrix}.$$

Kapitel 5
Approximation von Funktionen

5.1 Problemstellungen

In diesem Kapitel werden zwei eng verbundene Arten von Problemen behandelt.

a) Von einer Funktion sind einige Punkte bekannt, die aber eventuell mit Messfehlern behaftet sein können. Gesucht ist diejenige Funktion aus einer Klasse von Funktionen, die nach einem noch zu bestimmenden Kriterium am besten mit diesen Messpunkten übereinstimmt. Die in den Messpunkten eventuell enthaltenen Fehler sollen dabei das Ergebnis möglichst wenig verfälschen. Da die gesuchte Funktion nur an einige diskrete Punkte angepasst werden muss, spricht man in diesem Fall von *diskreter Approximation*.

b) Es ist eine Funktion gegeben. Diese Funktion soll vereinfacht werden, indem aus einer Klasse von einfacheren Funktionen, zum Beispiel Polynomen, diejenige Funktion ausgewählt wird, die mit der ursprünglichen Funktion am besten übereinstimmt. Auch in diesem Fall ist das Kriterium für die beste Übereinstimmung noch festzulegen. Wenn die approximierende Funktion auf einem ganzen Intervall an eine vorgegebene Funktion angepasst werden soll, spricht man von *gleichmäßiger Approximation*.

Die beiden Problemkreise werden in dieser Reihenfolge untersucht.

5.2 Diskrete Approximation

5.2.1 Die Ausgleichsgerade nach der Methode der kleinsten Quadrate

Aus der Messung eines funktionalen Zusammenhangs sei die Wertetabelle

x	0	1	2	3	4	5	6	7	8	9
y	1	1.4	2	2.5	3	3.4	4.3	4.5	4.9	5.5

Tabelle 5.1. Wertetabelle.

hervorgegangen. Wie das Bild 5.1 zeigt, deuten diese Punkte auf einen linearen Zusammenhang von x und y hin.

Man kann nun versuchen, eine Funktion, zum Beispiel ein Polynom, zu finden, das durch alle gemessenen Punkte verläuft. Die Bestimmung dieses *Interpolationspolynoms* und seine Besonderheiten sind Gegenstand des nächsten Kapitels. Da die Punkte auf eine Gerade als zugrundeliegende Funktion hindeuten, setzen wir uns jetzt

Abschnitt 5.2 Diskrete Approximation

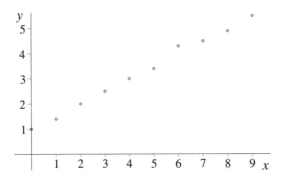

Bild 5.1. Die Beispielmesspunkte.

das Ziel, eine Gerade zu bestimmen, die nicht durch die vorgegebenen Punkte zu verlaufen braucht, aber sich möglichst gut in diese Punktemenge einfügt. Diese Gerade ist durch die Gleichung

$$y(x) = ax + b$$

gegeben. Wenn man die x_i als vorgegebene Werte betrachtet, dann ist der senkrechte Abstand

$$|y(x_i) - y_i| = |ax_i + b - y_i|$$

ein Maß für die Abweichung eines Punktes (x_i, y_i) von der Geraden $y(x) = ax + b$. Als Kriterien für die beste Gerade durch eine Menge von n Punkten (x_i, y_i) wären eine Minimierung des größten Abstandes eines Punktes von der Geraden oder auch die Minimierung der Summe der Abstände aller Punkte von der Geraden denkbar. Die daraus resultierenden Probleme

$$F_1(a,b) = \max_{i=1,2,\ldots,n} |ax_i + b - y_i| \quad \Rightarrow \quad \text{min!} \tag{5.1}$$

beziehungsweise

$$F_2(a,b) = \sum_{i=1}^{n} |ax_i + b - y_i| \quad \Rightarrow \quad \text{min!} \tag{5.2}$$

sind Extremwertaufgaben ohne Nebenbedingungen. Zur Lösung einer Minimierungsaufgabe

$$F(x_1,\ldots,x_n) \quad \Rightarrow \quad \text{min!}$$

ist die Lösung des Gleichungssystems

$$\frac{\partial F}{\partial x_i} = 0 \quad (i = 1, 2, \ldots, n) \tag{5.3}$$

notwendig. Das Problem (5.2) ist schwer zu lösen, da die Betragsfunktion an der Stelle null nicht differenzierbar ist. Im Problem (5.1) erschwert das Maximum in der Funktion die Bearbeitung noch mehr. Wir betrachten hier die Summe der Quadrate der senkrechten Abstände als Kriterium für die Anpassung einer Geraden an eine Menge von n Punkten. Die gesuchte Gerade wird dann durch

$$F(a,b) = \sum_{i=1}^{n}(ax_i + b - y_i)^2 \quad \Rightarrow \quad \text{min!} \tag{5.4}$$

bestimmt. Das Verfahren ist nicht auf Geraden beschränkt und kann auf andere Kurven übertragen werden. Diese Art der Anpassung von Kurven an vorgegebene Punktemengen nennt man *Approximation im quadratischen Mittel oder kleinste-Quadrate-Methode*.

Für die kleinste-Quadrate-Methode (5.4) erhält man durch das Kriterium (5.3) das Gleichungssystem

$$\frac{\partial F}{\partial a} = 2\sum_{i=1}^{n}(ax_i + b - y_i)x_i = 0,$$

$$\frac{\partial F}{\partial b} = 2\sum_{i=1}^{n}(ax_i + b - y_i) = 0.$$

Daraus folgen die Normalgleichungen

$$a\sum_{i=1}^{n}x_i^2 + b\sum_{i=1}^{n}x_i = \sum_{i=1}^{n}x_i y_i \quad \text{und} \quad a\sum_{i=1}^{n}x_i + bn = \sum_{i=1}^{n}y_i.$$

Dies ist ein lineares Gleichungssystem mit den Unbekannten a und b, alle auftretenden Summen sind aus den Ausgangsdaten leicht zu berechnen. Da es offensichtlich eine im Sinne von (5.4) beste Gerade gibt, ist die Existenz einer eindeutigen Lösung dieses Gleichungssystems gesichert. Die Lösung nach der Regel von Cramer ergibt für die Gerade die Koeffizienten

$$a = \frac{n\sum_{i=1}^{n}x_i y_i - \left(\sum_{i=1}^{n}x_i\right)\left(\sum_{i=1}^{n}y_i\right)}{n\sum_{i=1}^{n}x_i^2 - \left(\sum_{i=1}^{n}x_i\right)^2},$$

$$b = \frac{\left(\sum_{i=1}^{n}x_i^2\right)\left(\sum_{i=1}^{n}y_i\right) - \left(\sum_{i=1}^{n}x_i y_i\right)\left(\sum_{i=1}^{n}x_i\right)}{n\sum_{i=1}^{n}x_i^2 - \left(\sum_{i=1}^{n}x_i\right)^2}.$$

Die zu minimierende Größe

$$F(a,b) = \sum_{i=1}^{n}(ax_i + b - y_i)^2$$

wird auch als *Gesamtfehler der Methode der kleinsten Quadrate* bezeichnet.

Beispiel 5.1. Es soll die Gerade durch die eingangs betrachteten Messpunkte gelegt werden. Mit

$$n = 10,$$

$$\sum_{i=1}^{10} x_i^2 = 0^2 + 1^2 + 2^2 + 3^2 + 4^2 + 5^2 + 6^2 + 7^2 + 8^2 + 9^2 = 285,$$

$$\sum_{i=1}^{10} x_i = 0 + 1 + 2 + 3 + 4 + 5 + 6 + 7 + 8 + 9 = 45,$$

$$\sum_{i=1}^{10} x_i y_i = 0 + 1.4 + 4 + 7.5 + 12 + 17 + 25.8 + 31.5 + 39.2 + 49.5 = 187.9,$$

$$\sum_{i=1}^{10} y_i = 1 + 1.4 + 2 + 2.5 + 3 + 3.4 + 4.3 + 4.5 + 4.9 + 5.5 = 32.5$$

erhält man aus den Normalgleichungen

$$285a + 45b = 187.9$$
$$45a + 10b = 32.5$$

für die Koeffizienten der Geraden

$$a = \frac{10 \cdot 187.9 - 45 \cdot 32.5}{10 \cdot 285 - 45^2} = 0.50484848,$$

$$b = \frac{285 \cdot 32.5 - 187.9 \cdot 45}{10 \cdot 285 - 45^2} = 0.978181818.$$

Die Gerade $y = 0.50484848x + 0.978181818$ ist also die im Sinne des Kriteriums (5.4) beste Gerade zu den vorgegebenen 10 Punkten. In der folgenden Tabelle 5.2 sind die Funktionswerte der Ausgleichsgeraden an den vorgegebenen Stellen, die senkrechten Abstände der Punkte zur Geraden und die Quadrate dieser Abstände zusammengefasst.

5.2.2 Approximation durch weitere Funktionen

Die kleinste-Quadrate-Methode kann natürlich nicht nur zur Bestimmung von Geraden verwendet werden. Das Verfahren gestattet nach der Vorschrift

$$\sum_{i=1}^{n} (f(x_i) - y_i)^2 \Rightarrow \text{min!}$$

x_i	y_i	$ax_i + b$	$|ax_i + b - y_i|$	$|ax_i + b - y_i|^2$
0.0	1.0	0.978181818	0.021818182	0.00047603306
1.0	1.4	1.483030303	0.083030303	0.00689403122
2.0	2.0	1.987878788	0.012121212	0.00014692378
3.0	2.5	2.492727272	0.007272728	0.00005289257
4.0	3.0	2.997575757	0.002424243	0.00000587695
5.0	3.4	3.502424242	0.102424242	0.01049072535
6.0	4.3	4.007272727	0.292727273	0.08568925636
7.0	4.5	4.512121212	0.012121212	0.00014692378
8.0	4.9	5.016969696	0.116969696	0.01368190978
9.0	5.5	5.521818181	0.021818181	0.00047603302

Tabelle 5.2. Ausgleichsgerade zu Beispiel 5.1.

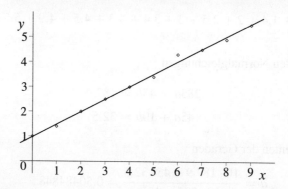

Bild 5.2. Die Ausgleichsgerade zu den Beispielpunkten.

die Anpassung beliebiger Funktionen an vorgegebene Punkte. Dabei sind die partiellen Ableitungen der Summe nach allen Koeffizienten von f gleich null zu setzen und das entstehende Gleichungssystem zu lösen. Es ist natürlich nicht zu erwarten, dass das Gleichungssystem immer linear ist.

Beispiel 5.2. Zu n vorgegebenen Punkten (x_i, y_i) ist nach der Methode der kleinsten Quadrate ein quadratisches Polynom gesucht. Das Polynom wird in der Form $y(x) = ax^2 + bx + c$ angesetzt. Zu bestimmen sind dann die Koeffizienten a, b und c, die den Fehler

$$F(a,b,c) = \sum_{i=1}^{n}(ax_i^2 + bx_i + c - y_i)^2$$

Abschnitt 5.2 Diskrete Approximation

minimal werden lassen. Aus dem zugehörigen Gleichungssystem

$$\frac{\partial F}{\partial a} = 2 \sum_{i=1}^{n} (ax_i^2 + bx_i + c - y_i)x_i^2 = 0$$

$$\frac{\partial F}{\partial b} = 2 \sum_{i=1}^{n} (ax_i^2 + bx_i + c - y_i)x_i = 0$$

$$\frac{\partial F}{\partial c} = 2 \sum_{i=1}^{n} (ax_i^2 + bx_i + c - y_i) = 0$$

erhält man durch einige elementare Umformungen die Normalgleichungen

$$a \sum_{i=1}^{n} x_i^4 + b \sum_{i=1}^{n} x_i^3 + c \sum_{i=1}^{n} x_i^2 = \sum_{i=1}^{n} x_i^2 y_i$$

$$a \sum_{i=1}^{n} x_i^3 + b \sum_{i=1}^{n} x_i^2 + c \sum_{i=1}^{n} x_i = \sum_{i=1}^{n} x_i y_i$$

$$a \sum_{i=1}^{n} x_i^2 + b \sum_{i=1}^{n} x_i + nc = \sum_{i=1}^{n} y_i \,.$$

Diese Normalgleichungen bilden ein lineares System von 3 Gleichungen mit den 3 Unbekannten a, b und c.

Dieses Beispiel kann noch weiter verallgemeinert werden. Auf analoge Weise findet man für ein Polynom vom Grad m

$$P_m(x) = \sum_{l=0}^{m} c_l x^l = c_0 + c_1 x + c_2 x^2 + \cdots + c_m x^m$$

die Normalgleichungen

$$c_m \sum_{i=1}^{n} x_i^{2m} + c_{m-1} \sum_{i=1}^{n} x_i^{2m-1} + \cdots + c_0 \sum_{i=1}^{n} x_i^m = \sum_{i=1}^{n} x_i^m y_i$$

$$c_m \sum_{i=1}^{n} x_i^{2m-1} + c_{m-1} \sum_{i=1}^{n} x_i^{2m-2} + \cdots + c_0 \sum_{i=1}^{n} x_i^{m-1} = \sum_{i=1}^{n} x_i^{m-1} y_i$$

$$\vdots$$

$$c_m \sum_{i=1}^{n} x_i^m + c_{m-1} \sum_{i=1}^{n} x_i^{m-1} + \cdots + n c_0 = \sum_{i=1}^{n} y_i \,.$$

Es ergibt sich wiederum ein lineares Gleichungssystem zur Bestimmung der Koeffizienten $c_0, \ldots, c_m$. Das ist der Fall, weil Polynome Linearkombinationen von Potenzfunktionen sind. Allgemein gilt, dass alle Ausgleichsfunktionen, die als Linearkombination von vorgegebenen Funktionen gebildet werden, auf lineare Gleichungssysteme zur Bestimmung der Koeffizienten führen.

Das Gleichungssystem zur Bestimmung der Koeffizienten einer Ausgleichsfunktion

$$f(x) = \sum_{k=0}^{m} c_k f_k(x) \tag{5.5}$$

zu den Punkten (x_i, y_i) $(i = 1, 2, \ldots, n)$ kann in der oben dargestellten Weise mit Hilfe partieller Ableitungen gewonnen werden. Einfacher ist aber die Methode der Gauß-Transformation, die hier nur beispielhaft erläutert wird. Dazu werden die Vektoren

$$\mathbf{c} = \begin{pmatrix} c_0 \\ c_1 \\ \vdots \\ c_m \end{pmatrix} \quad \text{und} \quad \mathbf{f} = \begin{pmatrix} y_1 \\ y_2 \\ \vdots \\ y_n \end{pmatrix}$$

und die Matrix

$$\mathbf{G} = \begin{pmatrix} f_0(x_1) & f_1(x_1) & \cdots & f_m(x_1) \\ f_0(x_2) & f_1(x_2) & \cdots & f_m(x_2) \\ \vdots & \vdots & \ddots & \vdots \\ f_0(x_n) & f_1(x_n) & \cdots & f_m(x_n) \end{pmatrix}$$

eingeführt. Es lässt sich zeigen, dass man durch

$$\mathbf{G}^T \mathbf{G} \mathbf{c} = \mathbf{G}^T \mathbf{f} \tag{5.6}$$

ebenfalls das zur Koeffizientenbestimmung notwendige Gleichungssystem erhält.

Beispiel 5.3. Zu den Wertepaaren (s. Tabelle 5.3) soll eine Ausgleichsfunktion des Typs

$$f(x) = c_0 + \frac{c_1}{x}$$

bestimmt werden. Diese Funktion wird gebildet aus

$$f_0(x) = x^0 = 1 \quad \text{und} \quad f_1(x) = x^{-1} = \frac{1}{x}.$$

Abschnitt 5.2 Diskrete Approximation

x	1	2	3	4
y	10	5	3	2

Tabelle 5.3. Messwerte zu Beispiel 5.3.

Dann erhält man aus

$$\mathbf{G} = \begin{pmatrix} f_0(x_1) & f_1(x_1) \\ f_0(x_2) & f_1(x_2) \\ f_0(x_3) & f_1(x_3) \\ f_0(x_4) & f_1(x_4) \end{pmatrix} = \begin{pmatrix} 1 & 1 \\ 1 & \frac{1}{2} \\ 1 & \frac{1}{3} \\ 1 & \frac{1}{4} \end{pmatrix} \quad \text{und} \quad \mathbf{f} = \begin{pmatrix} y_1 \\ y_2 \\ y_3 \\ y_4 \end{pmatrix} = \begin{pmatrix} 10 \\ 5 \\ 3 \\ 2 \end{pmatrix}$$

die Koeffizientenmatrix

$$\mathbf{G}^T \mathbf{G} = \begin{pmatrix} 1 & 1 & 1 & 1 \\ 1 & \frac{1}{2} & \frac{1}{3} & \frac{1}{4} \end{pmatrix} \begin{pmatrix} 1 & 1 \\ 1 & \frac{1}{2} \\ 1 & \frac{1}{3} \\ 1 & \frac{1}{4} \end{pmatrix} = \begin{pmatrix} 4 & \frac{25}{12} \\ \frac{25}{12} & \frac{205}{144} \end{pmatrix}$$

und den Vektor der Absolutglieder

$$\mathbf{G}^T \mathbf{f} = \begin{pmatrix} 1 & 1 & 1 & 1 \\ 1 & \frac{1}{2} & \frac{1}{3} & \frac{1}{4} \end{pmatrix} \begin{pmatrix} 10 \\ 5 \\ 3 \\ 2 \end{pmatrix} = \begin{pmatrix} 20 \\ 14 \end{pmatrix}.$$

Für das lineare Gleichungssystem

$$4c_0 + \frac{25}{12}c_1 = 20$$
$$\frac{25}{12}c_0 + \frac{205}{144}c_1 = 14$$

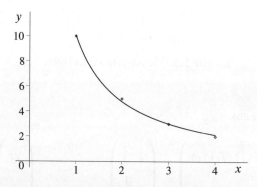

Bild 5.3. Die Kurve aus dem Beispiel 5.3.

erhält man nach der Regel von Cramer die Lösungen

$$c_0 = -\frac{20}{39} \quad \text{und} \quad c_1 = \frac{2064}{195}.$$

Obige Grafik (s. Bild 5.3) zeigt die Ausgleichskurve

$$f(x) = -\frac{20}{39} + \frac{2064}{195\,x}$$

und die gegebenen Wertepaare.

Abschließend wird noch ein Beispiel einer Ausgleichsfunktion angegeben, für die die Gauß-Transformation nicht anwendbar ist.

Beispiel 5.4. Es seien die n Wertepaare (x_i, y_i) $(i = 1, \ldots, n)$ gemessen worden, aus denen man auf eine Exponentialfunktion als zugrundeliegenden Zusammenhang geschlossen hat. Gesucht sind nach der Methode der kleinsten Quadrate die Koeffizienten a und b der Exponentialfunktion

$$f(x) = ae^{bx}.$$

Aus der Extremwertaufgabe

$$F(a,b) = \sum_{i=1}^{n}(ae^{bx_i} - y_i)^2 \quad \Rightarrow \quad \text{min!}$$

ergibt sich das Gleichungssystem

$$\frac{\partial F}{\partial a} = 2\sum_{i=1}^{n}(ae^{bx_i} - y_i)e^{bx_i} = 0$$

$$\frac{\partial F}{\partial b} = 2\sum_{i=1}^{n}(ae^{bx_i} - y_i)ax_i e^{bx_i} = 0.$$

Dieses Gleichungssystem ist nichtlinear und daher nur iterativ lösbar.

Abschnitt 5.2 Diskrete Approximation

Die iterative Bestimmung der Koeffizienten aus einem nichtlinearen Gleichungssystem wie im obigen Beispiel ist sehr aufwändig. Dieses Problem kann aber in einigen Fällen durch eine geschickte Umformung der Aufgabenstellung umgangen werden.

5.2.3 Linearisierungen

Es soll zu vorgegebenen Messpunkten (x_i, y_i) $(i = 1, \ldots, n)$ eine Ausgleichsfunktion

$$y = ae^{bx}$$

bestimmt werden. Wie im Beispiel 5.4 dargestellt wurde, ist zur Bestimmung der Koeffizienten a und b ein nichtlineares Gleichungssystem zu lösen. Durch Logarithmieren der Gleichung ergibt sich

$$\ln y = \ln a + bx. \tag{5.7}$$

Mit der Substitution

$$y^\star = \ln y, \quad a^\star = \ln a$$

erhält man aus (5.7) die Geradengleichung

$$y^\star = a^\star + bx. \tag{5.8}$$

Die anstehende Aufgabe ist also leichter lösbar, wenn man vom Ausgangsproblem, zu (x_i, y_i) $(i = 1, \ldots, n)$ eine Funktion $y = ae^{bx}$ zu finden, zu dem Hilfsproblem, für $(x_i, y_i^\star)$ $(i = 1, \ldots, n)$ eine Gerade $y^\star = a^\star + bx$ zu bestimmen, übergeht. Den Koeffizienten b der gesuchten Funktion $y = ae^{bx}$ kann man aus der Lösung des Hilfsproblems direkt ablesen, mit $a = e^{a^\star}$ kann auch der andere Koeffizient bestimmt werden.

x	1.0	2.0	3.0	4.0	5.0
y	0.5	1.0	2.0	3.0	6.0

Tabelle 5.4. Messwerte zu Beispiel 5.5.

Beispiel 5.5. Aus einer Messung erhielt man die Daten in Tabelle 5.4 Die immer schneller steigenden Werte der abhängigen Variablen y können auf eine exponentiellen Zusammenhang beider Werte hinweisen. Es ist daher eine Ausgleichsfunktion der Art $y = ae^{bx}$ gesucht. Die Transformation von y in $y^\star = \ln y$ führt zu einer neuen Wertetabelle (s. Tabelle 5.5)

Wie die Grafik (s. Bild 5.4) zeigt, liegen die neuen Punkte etwa auf einer Geraden. Daraus kann man schließen, dass die Vermutung eines exponentiellen Zusammenhangs zutreffend war.

x	1.0	2.0	3.0	4.0	5.0
$y^\star$	−0.69314718	0.0	0.69314718	1.098612289	1.791759469

Tabelle 5.5. Transformierte Messwerte.

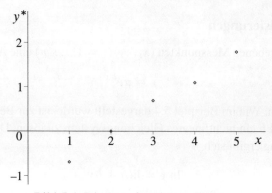

Bild 5.4. Die transformierten Daten.

Die Koeffizienten der Geraden $y^\star = a^\star + bx$ werden aus dem linearen Gleichungssystem

$$b \sum_{i=1}^n x_i^2 + a^\star \sum_{i=1}^n x_i = \sum_{i=1}^n x_i y_i^\star$$

$$b \sum_{i=1}^n x_i + a^\star n = \sum_{i=1}^n y_i^\star$$

bestimmt. Für die auftretenden Summen erhält man:

$$n = 5,$$

$$\sum_{i=1}^5 x_i^2 = 1^2 + 2^2 + 3^2 + 4^2 + 5^2 = 55,$$

$$\sum_{i=1}^5 x_i = 1 + 2 + 3 + 4 + 5 = 15,$$

$$\sum_{i=1}^5 x_i y_i^\star = 1 \cdot (-0.69314718) + 2 \cdot 0.0 + 3 \cdot 0.69314718 + 4 \cdot 1.098612289$$

$$+ 5 \cdot 1.791759469 = 14.73954084,$$

$$\sum_{i=1}^{5} y_i^\star = -0.69314718 + 0.0 + 0.69314718 + 1.098612289$$
$$+ 1.791759469 = 2.890371758.$$

Das lineare Gleichungssystem

$$55b + 15a^\star = 14.73954084$$
$$15b + 5a^\star = 2.890371758$$

liefert nach der Regel von Cramer die folgenden Koeffizienten:

$$a^\star = \frac{-62.12266591}{50} = -1.242453318, \quad b = \frac{30.34212783}{50} = 0.606842556.$$

Daraus ergibt sich die Ausgleichsgerade $y^\star = -1.242453318 + 0.606842556\, x$ für die transformierten Daten. Wegen $a = e^{a^\star} = e^{-1.242453318} = 0.288675136$ erhält man die Exponentialfunktion

$$y = 0.288675136\, e^{0.606842556\, x}$$

für die Ausgangsdaten.

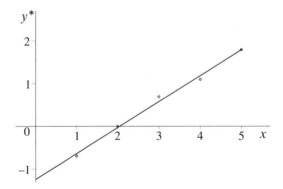

Bild 5.5. Die Gerade zu den transformierten Daten.

Eine andere Form der Transformation der Ausgangsdaten ist bei der Bestimmung einer Potenzfunktion

$$y = a\, x^b$$

hilfreich. Das Logarithmieren dieser Gleichung ergibt

$$\ln y = \ln a + b \ln x. \tag{5.9}$$

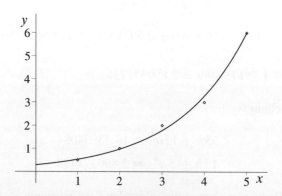

Bild 5.6. Die Exponentialfunktion zu den Ausgangsdaten.

In diesem Fall führt die Substitution

$$y^\star = \ln y, \quad x^\star = \ln x, \quad a^\star = \ln a$$

in der Gleichung (5.9) zu der neuen Geradengleichung

$$y^\star = a^\star + bx^\star. \tag{5.10}$$

Vom Ausgangsproblem, zu (x_i, y_i) $(i = 1, \ldots, n)$ eine Funktion $y = ax^b$ zu finden, geht man damit zum Hilfsproblem, für $(x_i^\star, y_i^\star)$ $(i = 1, \ldots, n)$ eine Gerade $y^\star = a^\star + bx^\star$ zu bestimmen, über. Der Koeffizient b des Ausgangsproblems kann direkt aus der Lösung des Hilfsproblems abgelesen werden. Für a ist wieder die Formel $a = e^{a^\star}$ zu verwenden.

Beispiel 5.6. Zu vorgegebenen Wertepaaren (s. Tabelle 5.6) ist mit Hilfe einer Potenz-

x	1.0	2.0	3.0	4.0	5.0
y	0.5	1.5	2.5	4.0	5.5

Tabelle 5.6. Wertepaare zu Beispiel 5.6.

funktion $y = ax^b$ eine Ausgleichskurve zu bestimmen. Durch die Transformation von y in $y^\star = \ln y$ und x in $x^\star = \ln x$ ergibt sich die folgende neue Wertetabelle 5.7.

$x^\star$	0.0	0.69314718	1.098612289	1.386294361	1.609437912
$y^\star$	-0.69314718	0.405465108	0.916290731	1.386294361	1.704748092

Tabelle 5.7. Transformierte Wertetabelle.

Die Vermutung einer Potenzfunktion wird gestützt durch die folgende Grafik (s. Bild 5.7). Es ist erkennbar, dass die transformierten Daten fast auf einer Geraden liegen.

Abschnitt 5.2 Diskrete Approximation

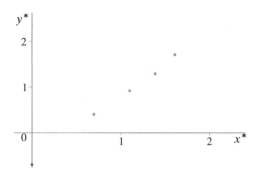

Bild 5.7. Die transformierten Daten des Beispiels 5.6.

Als Koeffizienten des linearen Gleichungssystems für $a^\star$ und b treten folgende Summen auf:

$$n = 5,$$

$$\sum_{i=1}^{5} x_i^{\star 2} = 0.0^2 + 0.69314718^2 + 1.098612289^2 + 1.386294361^2$$
$$+ 1.609437912^2 = 6.199504424,$$

$$\sum_{i=1}^{5} x_i^\star = 0.0 + 0.69314718 + 1.098612289 + 1.386294361$$
$$+ 1.609437912 = 4.787491743,$$

$$\sum_{i=1}^{5} x_i^\star y_i^\star = 0.0 \cdot (-0.69314718) + 0.69314718 \cdot 0.405465108$$
$$+ 1.098612289 \cdot 0.916290731 + 1.386294361 \cdot 1.386294361$$
$$+ 1.609437912 \cdot 1.704748092 = 5.953193521,$$

$$\sum_{i=1}^{5} y_i^\star = -0.69314718 + 0.405465108 + 0.916290731 + 1.386294361$$
$$+ 1.704748092 = 3.719651113.$$

Aus dem resultierenden linearen Gleichungssystem

$$6.199504424\, b + 4.787491743\, a^\star = 5.953193521$$
$$4.787491743\, b + \quad\ 5\, a^\star \quad\ = 3.719651113$$

erhält man nach der Regel von Cramer folgende Koeffizienten:

$$a^\star = \frac{-5.440871296}{8.077444931} = -0.673588163, \quad b = \frac{11.95816861}{8.077444931} = 1.48043951.$$

Für die transformierten Daten ergibt sich die Ausgleichsgerade

$$y^\star = -0.673588163 + 1.48043951\, x^\star.$$

Mit $a = e^{a^\star} = e^{-0.673588163} = 0.509875774$ erhält man für die Originaldaten die Potenzfunktion

$$y = 0.509875774\, x^{1.48043951}.$$

Beide Funktionen sind zur Veranschaulichung noch grafisch dargestellt (s. Bilder 5.8 und 5.9).

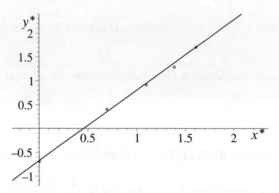

Bild 5.8. Die Gerade zu den transformierten Daten.

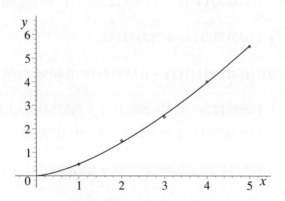

Bild 5.9. Die Potenzfunktion zu den Ausgangsdaten.

Das Vorgehen in den beiden oberen Beispielen hatte den Nachteil, dass erst nach der Koordinatentransformation und dem Eintragen der transformierten Daten in ein Koordinatensystem klar wurde, dass die transformierten Daten wirklich ungefähr auf einer Geraden liegen, die gewählte Funktion also günstig war. Um sofort einen Anhaltspunkt auf die zu benutzende Funktion zu erhalten, kann man die Ausgangsdaten auch in ein transformiertes Koordinatensystem eintragen.

Abschnitt 5.2   Diskrete Approximation

Bei der grafischen Darstellung mit einem Computer lassen sich unterschiedliche Skalierungen benutzen. Im einfach-logarithmischen Koordinatensystem ist nur die senkrechte Achse logarithmisch eingeteilt. Das doppelt-logarithmische System besitzt logarithmische Einteilungen auf beiden Achsen. Bilden die gemessenen Punkte im einfach-logarithmischen System eine Gerade, so ist eine Exponentialfunktion zu wählen. Ist dies im doppelt-logarithmischen System der Fall, so verwendet man eine Potenzfunktion.

Beispiel 5.7. Zur Veranschaulichung werden die Werte aus den Beispielen 5.5 und 5.6 in Koordinatensysteme mit logarithmischer Achsenteilung eingetragen (s. Bild 5.10).

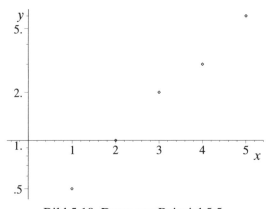

Bild 5.10. Daten aus Beispiel 5.5.

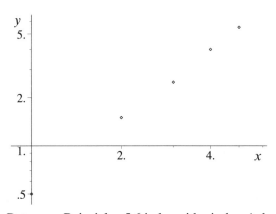

Bild 5.11. Daten aus Beispielen 5.6 in logarithmischer Achsenteilung.

5.3 Stetige Approximation mit der Methode der kleinsten Quadrate

Die Funktion f ist jetzt nicht mehr nur in einigen diskreten Punkten, sondern auf einem Intervall $[a, b]$ gegeben. Sie soll durch eine Linearkombination

$$A(x) = \sum_{l=1}^{n} c_l g_l(x)$$

von Funktionen $g_l(x)$ approximiert werden. Diese Linearkombination wird auch als verallgemeinertes Polynom bezeichnet. Die Funktionen g_l stammen aus einer vorgegebenen Klasse von Funktionen, sie können beispielsweise Polynome oder trigonometrische Funktionen sein. Die Koeffizienten c_l sind so zu bestimmen, dass

$$F(c_1, c_2, \ldots, c_n) = \int_a^b \left(f(x) - A(x)\right)^2 dx = \int_a^b \left(f(x) - \sum_{l=1}^{n} c_l g_l(x)\right)^2 dx$$

minimiert wird. Dazu kann man das Problem als Extremwertaufgabe betrachten und versuchen, die partiellen Ableitungen der Funktion nach allen Koeffizienten c_l zu bilden, um anschließend die Koeffizienten durch die Lösung des Gleichungssystems

$$\frac{\partial F}{\partial c_l} = 0 \quad (l = 1, 2, \ldots, n)$$

zu bestimmen.

Beispiel 5.8. Die Funktion $y(x) = e^x$ ist auf dem Intervall $[-1, 1]$ durch ein quadratisches Polynom zu approximieren. Die Koeffizienten des Polynoms

$$P_2(x) = \sum_{l=0}^{2} c_l x^l = c_0 + c_1 x + c_2 x^2$$

müssen dazu die Funktion

$$F(c_0, c_1, c_2) = \int_{-1}^{1} \left(\sum_{l=0}^{2} c_l x^l - e^x\right)^2 dx$$

$$= \int_{-1}^{1} \left(\sum_{l=0}^{2} c_l x^l\right)^2 dx - 2 \int_{-1}^{1} e^x \left(\sum_{l=0}^{2} c_l x^l\right) dx + \int_{-1}^{1} e^{2x} dx$$

$$= \int_{-1}^{1} \left(\sum_{l=0}^{2} c_l x^l\right)^2 dx - 2 \sum_{l=0}^{2} c_l \int_{-1}^{1} e^x x^l dx + \int_{-1}^{1} e^{2x} dx$$

Abschnitt 5.3 Stetige Approximation

minimieren. Aus den partiellen Ableitungen

$$\frac{\partial F}{\partial c_k} = -2 \int_{-1}^{1} e^x x^k dx + 2 \int_{-1}^{1} \left(\sum_{l=0}^{2} c_l x^l \right) x^k dx$$

$$= -2 \int_{-1}^{1} e^x x^k dx + 2 \sum_{l=0}^{2} c_l \int_{-1}^{1} x^{l+k} dx \quad (k = 0, 1, 2)$$

erhält man das zu lösende Gleichungssystem

$$-2 \int_{-1}^{1} e^x x^k dx + 2 \sum_{l=0}^{2} c_l \int_{-1}^{1} x^{l+k} dx = 0 \quad (k = 0, 1, 2),$$

das nach einer Neuordnung zu den 3 linearen Normalgleichungen

$$\sum_{l=0}^{2} c_l \int_{-1}^{1} x^{l+k} dx = \int_{-1}^{1} e^x x^l dx \quad (k = 0, 1, 2)$$

oder

$$c_0 \int_{-1}^{1} dx + c_1 \int_{-1}^{1} x\, dx + c_2 \int_{-1}^{1} x^2 dx = \int_{-1}^{1} e^x dx$$

$$c_0 \int_{-1}^{1} x\, dx + c_1 \int_{-1}^{1} x^2 dx + c_2 \int_{-1}^{1} x^3 dx = \int_{-1}^{1} e^x x dx$$

$$c_0 \int_{-1}^{1} x^2 dx + c_1 \int_{-1}^{1} x^3 dx + c_2 \int_{-1}^{1} x^4 dx = \int_{-1}^{1} e^x x^2 dx$$

führt. Die Integration ergibt das lineare Gleichungssystem

$$2c_0 + 0c_1 + \frac{2}{3} c_2 = e - \frac{1}{e}$$

$$0c_0 + \frac{2}{3} c_1 + 0c_2 = \frac{2}{e}$$

$$\frac{2}{3} c_0 + 0c_1 + \frac{2}{5} c_2 = e - \frac{5}{e}$$

mit den Lösungen

$$c_0 = \frac{3}{4} \left(\frac{11}{e} - e \right), \quad c_1 = \frac{3}{e} \quad \text{und} \quad c_2 = \frac{15}{4} \left(e - \frac{7}{e} \right).$$

Das Polynom

$$P_2(x) = \frac{3}{4}\left(\frac{11}{e} - e\right) + \frac{3}{e}x + \frac{15}{4}\left(e - \frac{7}{e}\right)x^2$$

ist damit das nach der Methode der kleinsten Quadrate beste quadratische Approximationspolynom zur Exponentialfunktion über dem Intervall $[-1, 1]$ (s. Bild 5.11).

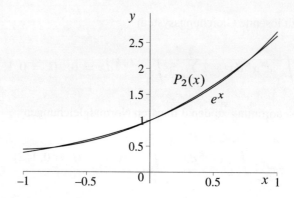

Bild 5.12. Das quadratische Polynom zur Exponentialfunktion.

Für das zu minimierende Integral der Fehlerquadrate erhält man

$$\int_{-1}^{1} \left(\frac{3}{4}\left(\frac{11}{e} - e\right) + \frac{3}{e}x + \frac{15}{4}\left(e - \frac{7}{e}\right)x^2 - e^x\right)^2 dx = 36 - \frac{259}{2e^2} - \frac{5}{2}e^2$$

$$= 0.00144058.$$

Die im Beispiel demonstrierte Herangehensweise gilt allgemein. Das Ergebnis kann damit für die Approximation einer Funktion $f(x)$ auf dem Intervall $[a, b]$ durch ein Polynom vom Grad m verallgemeinert werden.

Die Koeffizienten des Polynoms

$$P_m(x) = \sum_{l=0}^{m} c_l x^l$$

werden durch die Normalgleichungen

$$\sum_{l=0}^{m} c_l \int_a^b x^{l+k} dx = \int_a^b f(x) x^l dx \quad (k = 0, \ldots, m) \tag{5.11}$$

Abschnitt 5.3 Stetige Approximation

oder

$$c_0 \int_a^b dx + c_1 \int_a^b x\,dx + \cdots + c_m \int_a^b x^m dx = \int_a^b f(x)\,dx$$

$$c_0 \int_a^b x\,dx + c_1 \int_a^b x^2 dx + \cdots + c_m \int_a^b x^{m+1} dx = \int_a^b f(x)x\,dx$$

$$\vdots$$

$$c_0 \int_a^b x^m dx + c_1 \int_a^b x^{m+1} dx + \cdots + c_m \int_a^b x^{2m} dx = \int_a^b f(x)x^m dx$$

bestimmt. Da die Integrale stets die gleiche Gestalt haben, kann das Gleichungssystem durch Integration noch weiter vereinfacht werden.

Dieser Weg hat offensichtlich den Nachteil, dass bei einer Änderung des Grades des Polynoms die bereits berechneten Koeffizienten nicht weiter zu verwenden sind. Das Gleichungssystem muss erneut von Anfang an gelöst werden.

Beispiel 5.9. Zur Funktion $y(x) = e^x$ ist auf dem Intervall $[-1, 1]$ das Approximationspolynom vom Grad 4 zu bestimmen.

Die Koeffizienten des Polynoms

$$P_2(x) = \sum_{l=0}^{4} c_l x^l$$

können mit dem linearen Gleichungssystems (5.11) bestimmt werden, das für dieses Problem nach der Integration die Gestalt

$$2c_0 + 0c_1 + \frac{2}{3}c_2 + 0c_3 + \frac{2}{5}c_4 = e - \frac{1}{e}$$

$$0c_0 + \frac{2}{3}c_1 + 0c_2 + \frac{2}{5}c_3 + 0c_4 = \frac{2}{e}$$

$$\frac{2}{3}c_0 + 0c_1 + \frac{2}{5}c_2 + 0c_3 + \frac{2}{7}c_4 = e - \frac{5}{e}$$

$$0c_0 + \frac{2}{5}c_1 + 0c_2 + \frac{2}{7}c_3 + 0c_4 = \frac{16}{e} - 2e$$

$$\frac{2}{5}c_0 + 0c_1 + \frac{2}{7}c_2 + 0c_3 + \frac{2}{9}c_4 = 9e - \frac{65}{e}$$

hat. Seine Lösung

$$c_0 = \frac{15}{8}\left(32e - \frac{235}{e}\right), \quad c_1 = \frac{15}{4}\left(7e - \frac{51}{e}\right), \quad c_2 = \frac{105}{4}\left(\frac{170}{e} - 23e\right),$$

$$c_3 = \frac{35}{4}\left(\frac{37}{e} - 5e\right), \quad c_4 = \frac{315}{8}\left(18e - \frac{133}{e}\right)$$

ergibt das Polynom

$$P_4(x) = \frac{15}{8}\left(32e - \frac{235}{e}\right) + \frac{15}{4}\left(7e - \frac{51}{e}\right)x + \frac{105}{4}\left(\frac{170}{e} - 23e\right)x^2$$
$$+ \frac{35}{4}\left(\frac{37}{e} - 5e\right)x^3 + \frac{315}{8}\left(18e - \frac{133}{e}\right)x^4$$

als nach der Methode der kleinsten Quadrate bestes Approximationspolynom vom Grad 4 zur Exponentialfunktion über dem Intervall $[-1, 1]$. Die Koeffizienten des quadratischen Polynoms aus Beispiel 5.8 tauchen im Polynom vom Grad 4 nicht auf, sie sind auch bei der Lösung des Gleichungssystems nicht anwendbar. Das Polynom vom Grad 4 wäre in der Grafik von der Exponentialfunktion nicht mehr unterscheidbar. Auf ein Bild wurde daher verzichtet. Die bessere Anpassung als beim quadratischen Polynom kommt auch im wesentlich kleineren Integral der Fehlerquadrate

$$\int_{-1}^{1} (P_4(x) - e^x)^2 \, dx = 87515 - \frac{323323}{e^2} - 5922e^2$$
$$= 0.00001$$

zum Ausdruck.

Das Approximationsproblem ist bei geschickter Wahl der Funktionen g_l aber viel eleganter lösbar. Es sollen daher zuerst spezielle Funktionensysteme betrachtet werden, von denen sich später zeigt, dass die Wahl der Funktionen g_l aus solchen Systemen die Bestimmung der Koeffizienten c_l wesentlich erleichtert.

5.3.1 Orthonormalsysteme

Zu einen n-dimensionalen Zeilenvektor $\mathbf{x} = (x_1, x_2, \ldots, x_n)$ und einem n-dimensionalen Spaltenvektor $\mathbf{y}^T = (y_1, y_2, \ldots, y_n)$ ist durch

$$(\mathbf{x}, \mathbf{y}) = \sum_{l=1}^{n} x_l y_l \tag{5.12}$$

das Skalarprodukt der beiden Vektoren definiert. Wenn man zwei in einer Ebene senkrecht oder orthogonal zueinander stehende Vektoren $\mathbf{x} = (x_1, x_2)$ und $\mathbf{y}^T = (y_1, y_2)$ betrachtet, dann gilt $(\mathbf{x}, \mathbf{y}) = 0$. Dies gilt auch für im Raum senkrecht aufeinander stehende 3-dimensionale Vektoren. Bei einer Dimension größer als drei ist keine anschauliche Interpretation mehr möglich, verallgemeinernd werden aber Vektoren $\mathbf{x}$ und $\mathbf{y}$ mit der Eigenschaft $(\mathbf{x}, \mathbf{y}) = 0$ als orthogonal bezeichnet. Diese Begriffe hat man auf Funktionen erweitert.

Abschnitt 5.3 Stetige Approximation

Definition 5.1. Es seien $f(x)$ und $g(x)$ zwei auf einem Intervall $[a, b]$ definierte Funktionen. Falls das Integral $\int_a^b f(x)\bar{g}(x)dx$ existiert, dann heißt

$$(f, g) := \int_a^b f(x)\bar{g}(x)dx$$

Skalarprodukt von f und g.

Die Definition in der oben angegebenen Form gilt auch für komplexwertige Funktionen. Das Symbol $\bar{g}(x)$ steht für die Funktion, deren Funktionswerte zu $g(x)$ konjugiert komplex sind, das heißt, die Realteile der beiden Funktionswerte stimmen überein und die Imaginärteile unterscheiden sich im Vorzeichen. Für reelle Funktionen kann man das Skalarprodukt einfacher in der Form

$$(f, g) = \int_a^b f(x)g(x)dx \tag{5.13}$$

schreiben. Analog zu Vektoren nennt man Funktionen f und g mit der Eigenschaft $(f, g) = 0$ *orthogonal*.

Definition 5.2. Ein System von Funktionen $\phi_l(x)$ ($l = 1, 2, \ldots$) auf dem Intervall $[a, b]$ heißt *Orthongonalsystem*, wenn gilt

$$(\phi_l, \phi_k) = \int_a^b \phi_l(x)\bar{\phi}_k(x)dx = \begin{cases} b_k > 0 : l = k \\ 0 \quad\quad\,\, : l \neq k \end{cases} \text{für alle } l, k \,.$$

Wenn zusätzlich die Bedingung

$$(\phi_k, \phi_k) = \int_a^b \phi_k(x)\bar{\phi}_k(x)dx = b_k = 1 \quad \text{für alle } k$$

erfüllt ist, spricht man von einem *Orthonormalsystem*.

Ein Orthogonalsystem $\{\phi_1, \phi_2, \ldots, \phi_n\}$ ist durch

$$\left\{\frac{1}{\sqrt{b_1}}\phi_1, \frac{1}{\sqrt{b_2}}\phi_2, \ldots, \frac{1}{\sqrt{b_n}}\phi_n\right\}$$

in ein Orthonormalsystem überführbar. Die Orthogonalität und die Normiertheit eines Funktionensystems sind dabei an das Intervall gebunden.

Beispiel 5.10. Das System von komplexen Funktionen

$$\phi_k(x) = e^{i\frac{k\pi x}{p}} = \cos\frac{k\pi x}{p} + i\sin\frac{k\pi x}{p} \quad (k \in Z) \tag{5.14}$$

ist bezüglich des Intervalls $[0, 2p]$ ein Orthogonalsystem. Zum Nachweis der Orthogonalität nutzt man die Beziehung

$$\bar{\phi}_k(x) = e^{-i\frac{k\pi x}{p}} = \cos\frac{k\pi x}{p} - i\sin\frac{k\pi x}{p}.$$

Damit erhält man für dieses Funktionensystem im Fall $n \neq k$

$$(\phi_n, \phi_k) = \int_0^{2p} e^{i\frac{n\pi x}{p}} e^{-i\frac{k\pi x}{p}} dx = \int_0^{2p} e^{i\frac{(n-k)\pi x}{p}} dx$$

$$= \frac{p}{i(n-k)\pi} e^{i\frac{(n-k)\pi x}{p}} \Big|_0^{2p} = -\frac{ip}{(n-k)\pi}(e^{i2(n-k)\pi} - 1)$$

$$= -\frac{ip}{2(n-k)\pi}\Big(\cos 2(n-k)\pi - \sin 2(n-k)\pi - 1\Big)$$

$$= -\frac{ip}{2(n-k)\pi}(1 - 0 - 1) = 0.$$

In Fall $n = k$ ergibt sich

$$(\phi_n, \phi_n) = \int_0^{2p} e^{i\frac{n\pi x}{p}} e^{-i\frac{n\pi x}{p}} dx = \int_0^{2p} 1\, dx = 2p.$$

Damit ist das System ein Orthogonalsystem. Das zugehörige Orthonormalsystem ist

$$\phi_k(x) = \frac{1}{\sqrt{2p}} e^{i\frac{k\pi x}{p}} = \frac{1}{\sqrt{2p}}\left(\cos\frac{k\pi x}{p} + i\sin\frac{k\pi x}{p}\right) \quad (k \in Z). \qquad (5.15)$$

Das Orthogonalsystem (5.14) besteht aus Funktionen mit dem Periodenintervall $[0, 2p]$. Systeme aus periodischen Funktionen bleiben auch bei einer Verschiebung des Intervalls orthogonal bzw. orthonormal. Die System (5.14) und (5.15) sind daher auch bezüglich des Intervalls $[-p, p]$ ein Orthogonal- bzw. Orthonormalsystem.

Die Bedeutung von Orthonormalsystemen bei der Approximation von Funktionen ergibt sich aus den folgenden Überlegungen, die hier für den reellen Fall dargestellt werden. Das Ergebnis ist aber in ähnlicher Form auch für komplexwertige Funktionen gültig.

Es sei $\{\phi_l(x),\ l = 1, 2, \ldots, n\}$ ein Orthonormalsystem auf $[a, b]$. Die Funktion $f(x)$ sei auf $[a, b]$ definiert. Das verallgemeinerte Polynom

$$\sum_{l=1}^n c_l \phi_l(x)$$

soll nach der Methode der kleinsten Quadrate an f angepasst werden. Die zugehörige Extremwertaufgabe

$$F(c_1, c_2, \ldots, c_n) = \int_a^b \left(f(x) - \sum_{l=1}^n c_l \phi_l(x)\right)^2 dx \quad \Rightarrow \quad \text{min!}$$

liefert als notwendige Bedingung für ein Extremum das Gleichungssystem

$$\frac{\partial F}{\partial c_k} = -2\int_a^b \left(f(x) - \sum_{l=1}^n c_l\phi_l(x)\right)\phi_k(x)dx \quad (k=1,2,\ldots,n)$$

$$= -2\left(\int_a^b f(x)\phi_k(x)dx - \sum_{l=1}^n c_l \int_a^b \phi_l(x)\phi_k(x)dx\right) = 0$$

für die Koeffizienten c_l. Wegen der Orthonormalität

$$\int_a^b \phi_l(x)\phi_k(x)dx = \begin{cases} 1 : l = k \\ 0 : l \neq k \end{cases}$$

verschwinden mit einer Ausnahme alle Summanden der in der Klammer stehenden Summe. Das System vereinfacht sich dann zu

$$\int_a^b f(x)\phi_k(x)dx - c_k = 0 \quad (k=1,2,\ldots,n).$$

Für ein verallgemeinertes Polynom aus Funktionen eines Orthonormalsystems sind die Koeffizienten deshalb durch

$$c_k = \int_a^b f(x)\phi_k(x)dx \quad (k=1,2,\ldots,n) \tag{5.16}$$

direkt zu berechnen. Ähnlich einfach ist die Berechnung der Koeffizienten c_k, wenn das verallgemeinerte Polynom aus Funktionen eines Orthogonalsystems mit der Eigenschaft

$$(\phi_l,\phi_k) = \int_a^b \phi_l(x)\phi_k(x)dx = \begin{cases} b_k > 0 : l = k \\ 0 \quad\quad : l \neq k \end{cases}$$

gebildet wird. Das zu lösende Gleichungssystem vereinfacht sich dann zu

$$c_k = \frac{1}{b_k}\int_a^b f(x)\phi_k(x)dx \quad (k=1,2,\ldots,n). \tag{5.17}$$

5.3.2 Legendresche Polynome

Ein wichtiges Orthogonalsystem sind die auf dem Intervall $[-1,1]$ orthogonalen *Legendreschen Polynome*

$$\phi_k(x) = \frac{1}{2^k k!}\frac{d^k}{dx^k}(x^2-1)^k \quad (k=0,1,\ldots,n). \tag{5.18}$$

Der Faktor vor der Ableitung in den Legendreschen Polynomen ist kein Normierungsfaktor im Sinne eines Orthonormalsystems. Die klassische Definition der Legendreschen Polynome

$$\phi_0(x) = (x^2 - 1)^0 = 1,$$

$$\phi_1(x) = \frac{1}{2}\frac{d}{dx}(x^2 - 1) = x,$$

$$\phi_2(x) = \frac{1}{2^2 2}\frac{d^2}{dx^2}(x^2 - 1)^2 = \frac{1}{2}(3x^2 - 1),$$

$$\phi_3(x) = \frac{1}{2^3 3!}\frac{d^3}{dx^3}(x^2 - 1)^3 = \frac{1}{2}(5x^3 - 3x),$$

$$\phi_4(x) = \frac{1}{2^4 4!}\frac{d^4}{dx^4}(x^2 - 1)^4 = \frac{1}{8}(35x^4 - 30x^2 + 3),$$

$$\phi_5(x) = \frac{1}{2^5 5!}\frac{d^5}{dx^5}(x^2 - 1)^5 = \frac{1}{18}(63x^5 - 70x^3 + 15x),$$

$$\vdots$$

ist so angelegt, dass alle Polynome die Eigenschaft $\phi_l(1) = 1$ haben. Die Legendreschen Polynome sind nicht orthonormal, es gilt

$$\int_{-1}^{1} \phi_l(x)\phi_k(x)dx = \begin{cases} \dfrac{2}{2k+1} & : l = k \\ 0 & : l \neq k. \end{cases}$$

Wenn man die ersten beiden Legendreschen Polynome kennt, lassen sich die weiteren Polynome auch nach der einfachen Rekursionsformel

$$(k+1)\phi_{k+1} = (2k+1)x\phi_k - k\phi_{k-1}$$

berechnen. Der Vorteil einer Entwicklung nach orthogonalen Funktionen wird klar erkennbar, wenn man dieses Hilfsmittel nutzt, um die Aufgaben aus den Beispielen 5.8 und 5.9 zu bearbeiten.

Beispiel 5.11. Zur Funktion $y(x) = e^x$ ist auf dem Intervall $[-1, 1]$ das quadratische Approximationspolynom mit Hilfe der Legendreschen Polynome zu bestimmen.

Die Koeffizienten c_0, c_1 und c_2 des Polynoms

$$P_2(x) = c_0 + c_1 x + c_2 \frac{1}{2}(3x^2 - 1)$$

Abschnitt 5.3 Stetige Approximation

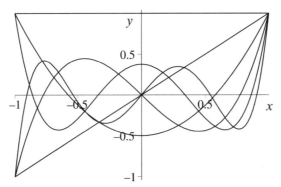

Bild 5.13. Die ersten sechs Legendre-Polynome.

können nach der Formel (5.17) direkt berechnet werden. Man erhält mit

$$c_0 = \frac{1}{b_0}\int_{-1}^{1} e^x \phi_0(x)dx = \frac{1}{2}\int_{-1}^{1} e^x dx = \frac{1}{2}\left(e - \frac{1}{e}\right),$$

$$c_1 = \frac{1}{b_1}\int_{-1}^{1} e^x \phi_1(x)dx = \frac{3}{2}\int_{-1}^{1} xe^x dx = \frac{3}{e},$$

$$c_2 = \frac{1}{b_2}\int_{-1}^{1} e^x \phi_2(x)dx = \frac{5}{2}\int_{-1}^{1} \frac{1}{2}(3x^2 - 1)e^x dx = \frac{5}{2}\left(e - \frac{7}{e}\right)$$

das Polynom

$$P_2(x) = \frac{1}{2}\left(e - \frac{1}{e}\right) + \frac{3}{e}x + \frac{5}{4}\left(e - \frac{7}{e}\right)(3x^2 - 1),$$

das durch einfache Umstellungen in die aus Beispiel 5.8 bekannte Form

$$P_2(x) = \frac{3}{4}\left(\frac{11}{e} - e\right) + \frac{3}{e}x + \frac{15}{4}\left(e - \frac{7}{e}\right)x^2$$

gebracht werden kann. Die Erweiterung der Aufgabenstellung nach Beispiel 5.9 auf die Berechnung eines Polynoms vom Grad vier erfordert jetzt nur noch die Bestimmung der zusätzlichen Koeffizienten

$$c_3 = \frac{7}{2}\int_{-1}^{1} \frac{1}{2}(5x^3 - 3x)e^x dx = \frac{7}{2}\left(\frac{37}{e} - 5e\right),$$

$$c_4 = \frac{9}{2}\int_{-1}^{1} \frac{1}{8}(35x^4 - 30x^2 + 3)e^x dx = 9\left(18e - \frac{133}{e}\right).$$

Das neue Polynom ist dann

$$P_4(x) = \frac{1}{2}\left(e - \frac{1}{e}\right) + \frac{3}{e}x + \frac{5}{4}\left(e - \frac{7}{e}\right)(3x^2 - 1)$$
$$+ \frac{7}{4}\left(\frac{37}{e} - 5e\right)(5x^3 - 3x) + \frac{9}{8}\left(18e - \frac{133}{e}\right)(35x^4 - 30x^2 + 3).$$

Durch Umstellung und Zusammenfassung von Summanden kann auch hier die aus Beispiel 5.9 bekannte Form erzeugt werden.

5.3.3 Approximation durch trigonometrische Funktionen

In der Technik wird häufig die Approximation von Funktionen durch verallgemeinerte Polynome aus trigonometrischen Funktionen benötigt, beispielsweise bei der Untersuchung der in zeitlich veränderlichen Vorgängen enthaltenen harmonischen Schwingungsanteile. Die Approximation durch trigonometrische Polynome wird daher auch als *harmonische Analyse* bezeichnet.

Die Funktionen

$$\phi_0(x) = 1,$$

$$\phi_{2k-1}(x) = \sin\frac{k\pi x}{p} \quad (k = 1, 2, \ldots) \quad \text{und}$$

$$\phi_{2k}(x) = \cos\frac{k\pi x}{p} \quad (k = 1, 2, \ldots)$$

haben das gemeinsame Periodenintervall $[-p, p]$. Sie bilden bezüglich dieses Intervalls auch ein Orthogonalsystem. Zur Demonstration soll hier der Nachweis der Orthogonalität von ϕ_{2k-1} und ϕ_{2l} geführt werden. Mit Hilfe den Substitutionen

$$z = \frac{(k+l)\pi x}{p} \quad \text{und} \quad y = \frac{(k-l)\pi x}{p}$$

erhält man aus dem Additionstheorem

$$\sin z + \sin y = 2\sin\frac{z+y}{2}\cos\frac{z-y}{2}$$

die Formel

$$\frac{1}{2}\left(\sin\frac{(k+l)\pi x}{p} + \sin\frac{(k-l)\pi x}{p}\right) = \sin\frac{k\pi x}{p}\cos\frac{l\pi x}{p},$$

Abschnitt 5.3 Stetige Approximation

die bei der folgenden Rechnung verwendet wird. Im Fall $l \neq k$ gilt:

$$(\phi_{2k-1}, \phi_{2l}) = \int_{-p}^{p} \sin\frac{k\pi x}{p} \cos\frac{l\pi x}{p}\, dx$$

$$= \frac{1}{2}\int_{-p}^{p} \sin\frac{(k+l)\pi x}{p}\, dx + \frac{1}{2}\int_{-p}^{p} \sin\frac{(k-l)\pi x}{p}\, dx$$

$$= -\frac{p}{2(k+l)\pi}\cos\frac{(k+l)\pi x}{p}\Big|_{-p}^{p} - \frac{p}{2(k-l)\pi}\cos\frac{(k-l)\pi x}{p}\Big|_{-p}^{p}$$

$$= -\frac{p}{2(k+l)\pi}\Big(\cos\big((k+l)\pi\big) - \cos\big(-(k+l)\pi\big)\Big)$$

$$\quad - \frac{p}{2(k-l)\pi}\Big(\cos\big((k-l)\pi\big) - \cos\big(-(k-l)\pi\big)\Big)$$

$$= 0.$$

Im Fall $l = k$ vereinfacht sich die Rechnung zu

$$(\phi_{2k-1}, \phi_{2l}) = \frac{1}{2}\int_{-p}^{p} \sin\frac{2k\pi x}{p}\, dx + \frac{1}{2}\int_{-p}^{p} \sin 0\, dx$$

$$= -\frac{p}{4k\pi}\cos\frac{2k\pi x}{p}\Big|_{-p}^{p} = -\frac{p}{4k\pi}\big(\cos(2k\pi) - \cos(-2k\pi)\big)$$

$$= 0.$$

Zum vollständigen Nachweis der Orthogonalität fehlt noch die Überprüfung der folgenden Eigenschaften:

$$(\phi_0, \phi_{2l}) = \int_{-p}^{p} \cos\frac{l\pi x}{p}\, dx = 0$$

$$(\phi_0, \phi_{2k-1}) = \int_{-p}^{p} \sin\frac{k\pi x}{p}\, dx = 0$$

$$(\phi_{2k}, \phi_{2l}) = \int_{-p}^{p} \cos\frac{k\pi x}{p} \cos\frac{l\pi x}{p}\, dx = 0 \quad (l \neq k)$$

$$(\phi_{2k-1}, \phi_{2l-1}) = \int_{-p}^{p} \sin\frac{k\pi x}{p} \sin\frac{l\pi x}{p}\, dx = 0 \quad (l \neq k).$$

Diese Rechnung sei dem interessierten Leser als Übungsaufgabe überlassen.

Für die Approximationsformeln ist die Bestimmung der Größen

$$b_0 = (\phi_0, \phi_0) = \int_{-p}^{p} 1^2 dx = 2p,$$

$$b_{2k} = (\phi_{2k}, \phi_{2k}) = \int_{-p}^{p} \left(\cos\frac{k\pi x}{p}\right)^2 dx$$

$$= \frac{1}{2}\left[\frac{p}{k\pi}\sin\frac{k\pi x}{p}\cos\frac{k\pi x}{p} + x\right]_{-p}^{p} = p,$$

$$b_{2k-1} = (\phi_{2k-1}, \phi_{2k-1}) = \int_{-p}^{p} \left(\sin\frac{k\pi x}{p}\right)^2 dx$$

$$= \frac{1}{2}\left[-\frac{p}{k\pi}\sin\frac{k\pi x}{p}\cos\frac{k\pi x}{p} + x\right]_{-p}^{p} = p$$

wichtig. Auf den Intervall $[-p, p]$ ist also das Funktionensystem

$$\left\{\frac{1}{\sqrt{2p}}, \frac{1}{\sqrt{p}}\cos\frac{\pi x}{p}, \frac{1}{\sqrt{p}}\sin\frac{\pi x}{p}, \frac{1}{\sqrt{p}}\cos\frac{2\pi x}{p}, \frac{1}{\sqrt{p}}\sin\frac{2\pi x}{p}, \ldots\right\}$$

ein Orthonormalsystem. Der wichtigste Spezialfall dieses Systems ist das Orthonormalsystem

$$\left\{\frac{1}{\sqrt{2\pi}}, \frac{1}{\sqrt{\pi}}\cos x, \frac{1}{\sqrt{\pi}}\sin x, \frac{1}{\sqrt{\pi}}\cos 2x, \frac{1}{\sqrt{\pi}}\sin 2x, \ldots\right\}$$

auf dem Intervall $[-\pi, \pi]$. Nun kann man das nach der Methode der kleinsten Quadrate auf dem Intervall $[-p, p]$ beste verallgemeinerte Polynom aus trigonometrischen Funktionen zur Funktion f angeben. Solche Polynome werden als *Fourier-Polynome* oder *Fourier-Reihenentwicklungen* bezeichnet. Für die Fourier-Polynome hat sich die Schreibweise

$$F_n(x) = \frac{a_0}{2} + \sum_{k=1}^{n}\left(a_k\cos\frac{k\pi x}{p} + b_k\sin\frac{k\pi x}{p}\right) \tag{5.19}$$

durchgesetzt. Für die Koeffizienten erhält man aus der Gleichung (5.17) die Vorschriften

$$a_k = \frac{1}{p}\int_{-p}^{p} f(x)\cos\frac{k\pi x}{p}dx \quad (k = 0, 1, \ldots, n) \tag{5.20}$$

und

$$b_k = \frac{1}{p}\int_{-p}^{p} f(x)\sin\frac{k\pi x}{p}dx \quad (k = 1, 2, \ldots, n). \tag{5.21}$$

Die etwas abgeänderte Form des Summanden a_0 hat sich eingebürgert, da diese Schreibweise wegen $\phi_0(x) = \cos 0x = 1$ die Einbeziehung des Koeffizienten a_0

Abschnitt 5.3 Stetige Approximation

in die allgemeine Vorschrift zur Berechnung der a_k gestattet. Für den Fall der Entwicklung einer Funktion f auf dem Intervall $[-\pi, \pi]$ in ein Fourier-Polynom hat das entstehende Polynom die Gestalt

$$F_n(x) = \frac{a_0}{2} + \sum_{k=1}^{n} (a_k \cos kx + b_k \sin kx). \tag{5.22}$$

Seine Koeffizienten sind durch

$$a_k = \frac{1}{\pi} \int_{-\pi}^{\pi} f(x) \cos kx\, dx \quad (k = 0, 1, \ldots, n) \tag{5.23}$$

und

$$b_k = \frac{1}{\pi} \int_{-\pi}^{\pi} f(x) \sin kx\, dx \quad (k = 1, 2, \ldots, n) \tag{5.24}$$

bestimmt.

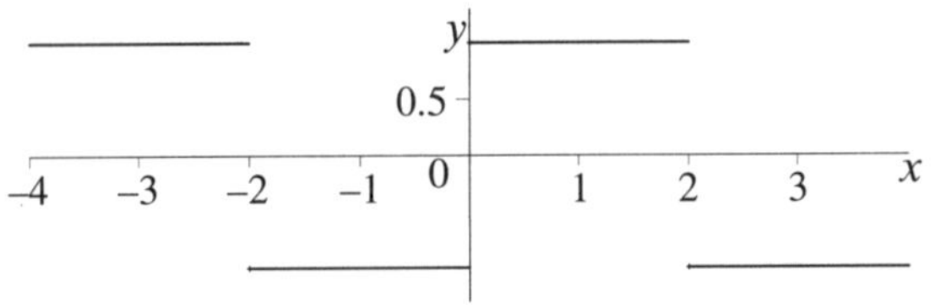

Bild 5.14. Eine Rechteckkurve mit $h = 1$ und $p = 2$.

Beispiel 5.12. In der Nachrichtentechnik sind Rechteckkurven der Art

$$f(x) = \begin{cases} h : & 0 \leq x < p \\ -h : & -p \leq x < 0 \end{cases} \quad \text{mit } f(x + 2kp) = f(x)$$

von Bedeutung (s. Bild 5.14). Zu einer Rechteckfunktion mit $p = 2$ und $h = 1$ sind die Fourier-Polynome bis F_7 gesucht. Die Funktion ist auf dem Periodenintervall von $f(x)$ zu entwickeln, dies ist das Intervall $[-2, 2]$. Das Fourier- Polynom ist daher aus den orthogonalen Funktionen

$$\phi_{2k}(x) = \cos \frac{k\pi x}{2} \quad \text{und} \quad \phi_{2k-1}(x) = \sin \frac{k\pi x}{2}$$

zu bilden. Die Koeffizienten sind:

$$a_0 = \frac{1}{2}\int_{-2}^{2} f(x)dx = -\frac{1}{2}\int_{-2}^{0} 1\,dx + \frac{1}{2}\int_{0}^{2} 1\,dx = 0,$$

$$a_k = \frac{1}{2}\int_{-2}^{2} f(x)\cos\frac{k\pi x}{2}dx \quad (k = 1, 2, \ldots)$$

$$= -\frac{1}{2}\int_{-2}^{0} \cos\frac{k\pi x}{2}dx + \frac{1}{2}\int_{0}^{2} \cos\frac{k\pi x}{2}dx$$

$$= \frac{1}{k\pi}\left(-\sin\frac{k\pi x}{2}\Big|_{-2}^{0} + \sin\frac{k\pi x}{2}\Big|_{0}^{2}\right)$$

$$= \frac{1}{k\pi}(-\sin 0 + \sin(-k\pi) + \sin(k\pi) - \sin 0) = 0,$$

$$b_k = \frac{1}{2}\int_{-2}^{2} f(x)\sin\frac{k\pi x}{2}dx \quad (k = 1, 2, \ldots)$$

$$= -\frac{1}{2}\int_{-2}^{0} \sin\frac{k\pi x}{2}dx + \frac{1}{2}\int_{0}^{2} \sin\frac{k\pi x}{2}dx$$

$$= \frac{1}{k\pi}\left(\cos\frac{k\pi x}{2}\Big|_{-2}^{0} + -\cos\frac{k\pi x}{2}\Big|_{0}^{2}\right)$$

$$= \frac{1}{k\pi}(\cos 0 - \cos(-k\pi) - \cos(k\pi) + \cos 0)$$

$$= \begin{cases} \dfrac{4}{k\pi} & : k = 2l - 1 \\ 0 & : k = 2l \end{cases} \quad (l = 1, 2, \ldots).$$

Als erste Fourier-Polynome zur Rechteckkurve erhält man

$$F_1(x) = \frac{4}{\pi}\sin\frac{\pi x}{2},$$

$$F_3(x) = \frac{4}{\pi}\sin\frac{\pi x}{2} + \frac{4}{3\pi}\sin\frac{3\pi x}{2},$$

$$F_5(x) = \frac{4}{\pi}\sin\frac{\pi x}{2} + \frac{4}{3\pi}\sin\frac{3\pi x}{2} + \frac{4}{5\pi}\sin\frac{5\pi x}{2},$$

$$F_7(x) = \frac{4}{\pi}\sin\frac{\pi x}{2} + \frac{4}{3\pi}\sin\frac{3\pi x}{2} + \frac{4}{5\pi}\sin\frac{5\pi x}{2} + \frac{4}{7\pi}\sin\frac{7\pi x}{2},$$

die im Bild 5.15 im Vergleich mit der zu approximierenden Rechteckfunktion dargestellt sind. Allgemein hat die Fourier-Entwicklung der Rechteckkurve die Form

$$F_{2n+1}(x) = \frac{4}{\pi}\sum_{k=0}^{n}\frac{1}{2k+1}\sin\frac{(2k+1)\pi x}{2}.$$

Abschnitt 5.3 Stetige Approximation

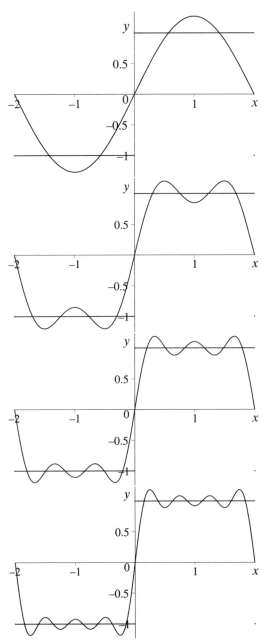

Bild 5.15. Die Fourier-Polynome F_1, F_3, F_5 und F_7 zur einer Rechteckkurve.

Beispiel 5.13. Gesucht sind die Fourier-Polynome zur Kurve

$$f(x) = \begin{cases} \dfrac{x}{2} & : \ 0 \le x < 2 \\ -\dfrac{x}{2} & : \ -2 \le x < 0 \end{cases} \quad \text{mit } f(x+4k) = f(x).$$

Da die Funktion (s. Bild 5.16) ebenfalls auf dem Periodenintervall $[-2, 2]$ zu entwickeln ist, bestehen auch die Fourier-Polynome wieder aus den orthogonalen Funktionen

$$\cos\frac{k\pi x}{2} \quad \text{und} \quad \sin\frac{k\pi x}{2}.$$

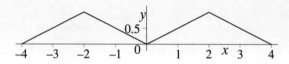

Bild 5.16. Die vorgegebene Kurve.

Die Koeffizienten sind jetzt nach den Formeln

$$a_0 = \frac{1}{2}\int_{-2}^{2} f(x)dx = -\frac{1}{4}\int_{-2}^{0} x\,dx + \frac{1}{4}\int_{0}^{2} x\,dx = \frac{1}{4}\left(-\frac{x^2}{2}\bigg|_{-2}^{0} + \frac{x^2}{2}\bigg|_{0}^{2}\right) = 1,$$

$$a_k = \frac{1}{2}\int_{-2}^{2} f(x)\cos\frac{k\pi x}{2}dx \quad (k = 1, 2, \ldots)$$

$$= -\frac{1}{4}\int_{-2}^{0} x\cos\frac{k\pi x}{2}dx + \frac{1}{4}\int_{0}^{2} x\cos\frac{k\pi x}{2}dx$$

$$= \frac{1}{2k\pi}\left(-\left[x\sin\frac{k\pi x}{2} + \frac{2}{k\pi}\cos\frac{k\pi x}{2}\right]_{-2}^{0} + \left[x\sin\frac{k\pi x}{2} + \frac{2}{k\pi}\cos\frac{k\pi x}{2}\right]_{0}^{2}\right)$$

$$= \frac{1}{2k\pi}\left(-\left\{\frac{2}{k\pi} - \frac{2}{k\pi}\cos(-k\pi)\right\} + \left\{\frac{2}{k\pi}\cos(k\pi) - \frac{2}{k\pi}\right\}\right)$$

$$= \begin{cases} -\dfrac{4}{k^2\pi^2} & : k = 2l - 1 \\ 0 & : k = 2l \end{cases} \quad (l = 1, 2, \ldots),$$

$$b_k = \frac{1}{2}\int_{-2}^{2} f(x)\sin\frac{\pi x}{2}dx \quad (k = 1, 2, \ldots)$$

$$= -\frac{1}{4}\int_{-2}^{0} x\sin\frac{\pi x}{2}dx + \frac{1}{4}\int_{0}^{2} x\sin\frac{\pi x}{2}dx$$

Abschnitt 5.3 Stetige Approximation

$$= \frac{1}{2k\pi}\left(\left[x\cos\frac{k\pi x}{2} - \frac{2}{k\pi}\sin\frac{k\pi x}{2}\right]_{-2}^{0} - \left[x\cos\frac{k\pi x}{2} - \frac{2}{k\pi}\sin\frac{k\pi x}{2}\right]_{0}^{2}\right)$$

$$= \frac{1}{2k\pi}(2\cos(-k\pi) - 2\cos(k\pi)) = 0$$

zu bestimmen. Die ersten Fourier-Polynome zur vorgegebenen Kurve sind also

$$F_0(x) = \frac{1}{2},$$

$$F_1(x) = \frac{1}{2} - \frac{4}{\pi^2}\cos\frac{\pi x}{2},$$

$$F_3(x) = \frac{1}{2} - \frac{4}{\pi^2}\cos\frac{\pi x}{2} - \frac{4}{9\pi^2}\cos\frac{3\pi x}{2},$$

$$F_5(x) = \frac{1}{2} - \frac{4}{\pi^2}\cos\frac{\pi x}{2} - \frac{4}{9\pi^2}\cos\frac{3\pi x}{2} - \frac{4}{25\pi^2}\cos\frac{5\pi x}{2}$$

und

$$F_7(x) = \frac{1}{2} - \frac{4}{\pi^2}\cos\frac{\pi x}{2} - \frac{4}{9\pi^2}\cos\frac{3\pi x}{2} - \frac{4}{25\pi^2}\cos\frac{5\pi x}{2} - \frac{4}{49\pi^2}\cos\frac{7\pi x}{2}.$$

Da die Funktionen F_5 und F_7 im Bild praktisch nicht mehr von der zu approximierenden Funktion zu unterscheiden sind, zeigt das Bild 5.17 nur die Funktionen F_1 und F_3. Die allgemeine Form der Fourier-Entwicklung lautet

$$F_{2n+1}(x) = \frac{1}{2} - \left(\frac{2}{\pi}\right)^2 \sum_{k=0}^{n} \frac{1}{(2k+1)^2}\cos\frac{(2k+1)\pi x}{2}.$$

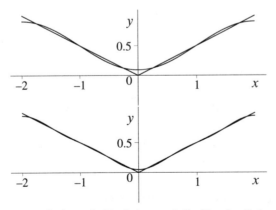

Bild 5.17. Die zu approximierende Funktion und die Fourier-Polynome F_1 und F_3.

Die beiden Beispiele 5.12 und 5.13 demonstrieren einige interessante Aspekte der Approximation durch trigonometrische Polynome, die auch allgemein gültig sind.

a) Im Beispiel 5.12 war eine Funktion mit der Eigenschaft $f(x) = -f(-x)$ zu approximieren. Diese Eigenschaft bedeutet Symmetrie zum Koordinatenursprung. Solche Funktionen werden als *ungerade* bezeichnet, denn sie haben die gleichen Symmetrieeigenschaften wie Potenzfunktionen mit ungeraden Exponenten. Ungerade sind aber auch die in den Fourier-Polynomen vorkommenden Sinus-Funktionen. Wie im Beispiel liefern bei der Approximation von ungeraden Funktionen nur die Sinus-Funktionen einen Beitrag zum Fourier-Polynom.

b) Im Gegensatz zum Beispiel 5.12 war im Beispiel 5.13 eine Funktion mit der Eigenschaft $f(x) = f(-x)$ zu approximieren. Solche zur senkrechten Koordinatenachse symmetrischen Funktionen heißen *gerade*. Ihre Symmetrie gleicht der von Potenzfunktionen mit geraden Exponenten aber auch der Symmetrie der in den Fourier-Polynomen auftretenden Cosinus-Funktionen. Bei der Approximation von geraden Funktionen treten im Fourier-Polynom nur die Summanden mit den Cosinus-Funktionen auf.

c) Das Orthogonalsystem trigonometrischer Funktionen

$$\left\{1, \sin\frac{\pi x}{p}, \cos\frac{\pi x}{p}, \sin\frac{2\pi x}{p}, \cos\frac{2\pi x}{p}, \sin\frac{3\pi x}{p}, \cos\frac{3\pi x}{p}, \ldots\right\}$$

enthält unendlich viele Elemente. Die in den Beispielen angegebenen Formeln zur Berechnung der Koeffizienten a_k und b_k gelten ohne eine obere Grenze für den Index k. Den trigonometrischen Polynomen kann man in beiden Fällen noch beliebig viele Summanden anfügen. Im Grenzfall erhält man für die auf dem Intervall $[-p, p]$ zu approximierenden Funktionen die *unendlichen Fourier-Reihen* der Gestalt

$$F_\infty(x) = \frac{a_0}{2} + \sum_{k=1}^{\infty}\left(a_k \cos\frac{k\pi x}{p} + b_k \sin\frac{k\pi x}{p}\right)$$

mit den bekannten Koeffizienten

$$a_k = \frac{1}{p}\int_{-p}^{p} f(x)\cos\frac{k\pi x}{p}dx \quad (k=0,1,\ldots),$$

$$b_k = \frac{1}{p}\int_{-p}^{p} f(x)\sin\frac{k\pi x}{p}dx \quad (k=1,2,\ldots).$$

5.3.4 Die komplexe Form der Fourier-Reihe

Die Fourier-Reihenentwicklung ist wird häufig auch in komplexer Form geschrieben. Der einfacheren Schreibweise wegen soll die zu entwickelnde Funktion f das Peri-

Abschnitt 5.3 Stetige Approximation

odenintervall $[-\pi, \pi]$ haben. Ihre reelle Fourier-Entwicklung lautet dann

$$F_n(x) = \frac{a_0}{2} + \sum_{k=1}^{n}(a_k \cos kx + b_k \sin kx)$$

mit den Fourier-Koeffizienten

$$a_k = \frac{1}{\pi}\int_{-\pi}^{\pi} f(x)\cos kx \, dx \quad (k = 0, 1, \ldots, n),$$

$$b_k = \frac{1}{\pi}\int_{-\pi}^{\pi} f(x)\sin kx \, dx \quad (k = 1, 2, \ldots, n).$$

Die bekannten Eulerschen Formeln

$$e^{ikx} = \cos kx + i\sin kx \quad \text{und} \quad e^{-ikx} = \cos kx - i\sin kx$$

lassen sich durch Auflösen nach den trigonometrischen Funktionen in die Form

$$\cos kx = \frac{e^{ikx} + e^{-ikx}}{2} \quad \text{und} \quad \sin kx = -i\frac{e^{ikx} - e^{-ikx}}{2}$$

bringen. Diese beiden Formeln erlauben die folgende Umformung der reellen Fourier-Entwicklung:

$$F_n(x) = \frac{a_0}{2} + \sum_{k=1}^{n}(a_k \cos kx + b_k \sin kx)$$

$$= \frac{a_0}{2} + \sum_{k=1}^{n}\left(a_k\frac{e^{ikx} + e^{-ikx}}{2} - ib_k\frac{e^{ikx} - e^{-ikx}}{2}\right)$$

$$= \frac{a_0}{2} + \sum_{k=1}^{n}\frac{a_k - ib_k}{2}e^{ikx} + \sum_{k=1}^{n}\frac{a_k + ib_k}{2}e^{-ikx}.$$

Durch die Substitutionen

$$c_0 = \frac{a_0}{2}, \quad c_k = \frac{a_k - ib_k}{2}, \quad c_{-k} = \frac{a_k + ib_k}{2} \quad (k = 1, 2, \ldots, n) \quad (5.25)$$

erhält man die komplexe Form der Fourier-Reihe

$$F_n(x) = \sum_{k=-n}^{n} c_k e^{ikx}.$$

Die neuen Fourier-Koeffizienten c_k und c_{-k} mit $k > 0$ lassen sich nach

$$c_k = \frac{a_k - ib_k}{2} = \frac{1}{2\pi} \int_{-\pi}^{\pi} f(x)(\cos kx - i \sin kx) \, dx$$

$$= \frac{1}{2\pi} \int_{-\pi}^{\pi} f(x) e^{-ikx} \, dx,$$

$$c_{-k} = \frac{a_k + ib_k}{2} = \frac{1}{2\pi} \int_{-\pi}^{\pi} f(x)(\cos kx + i \sin kx) \, dx$$

$$= \frac{1}{2\pi} \int_{-\pi}^{\pi} f(x) e^{ikx} \, dx$$

berechnen. Unter Einbeziehung von c_0 können diese Formeln zu

$$c_k = \frac{1}{2\pi} \int_{-\pi}^{\pi} f(x) e^{-ikx} \, dx \quad (k = -n, \ldots, n)$$

vereinheitlicht werden. Bei einer auf einem Intervall $[-p, p]$ periodischen Funktion f lautet die komplexe Fourier-Reihe

$$F_n(x) = \sum_{k=-n}^{n} c_k e^{i\frac{k\pi x}{p}} \quad \text{mit}$$

$$c_k = \frac{1}{2\pi} \int_{-\pi}^{\pi} f(x) e^{-i\frac{k\pi x}{p}} \, dx \quad (k = -n, \ldots, n).$$

Da die komplexe Exponentialfunktionen periodisch sind, bleibt die Orthogonalität des Systems bei einer Verschiebung des Entwicklungsintervalls $[-p, p]$ erhalten. Zur Entwicklung einer Funktion auf dem Intervall $[0, 2p]$ sind nur die Integrationsgrenzen zu ändern.

Beispiel 5.14. Gesucht ist die komplexe Fourier-Entwicklung zur Rechteckkurve aus dem Beispiel 5.12, wobei wieder $p = 2$ und $h = 1$ angenommen wird. Es handelt sich um eine $2p$-periodische Funktion. Die Integration bei der Berechnung der Fourier-Koeffizienten kann über das Intervall $[0, 2p]$ erfolgen. Man erhält

$$c_0 = \frac{1}{2p} \int_0^{2p} f(x) dx = \frac{1}{4} \int_0^2 1 dx - \frac{1}{4} \int_2^4 1 dx = 0$$

und

$$c_k = \frac{1}{2p} \int_0^{2p} f(x) e^{-i\frac{k\pi x}{p}} \, dx = \frac{1}{4} \int_0^2 e^{-i\frac{k\pi x}{2}} \, dx - \frac{1}{4} \int_2^4 e^{-i\frac{k\pi x}{2}} \, dx$$

$$= -\frac{1}{4} \frac{2}{ik\pi} \left(e^{-i\frac{k\pi}{2}} \Big|_0^2 - e^{-i\frac{k\pi x}{2}} \Big|_2^4 \right)$$

$$= \frac{i}{2k\pi x} (e^{-ik\pi} - 1 - e^{-i2k\pi} + e^{-ik\pi}) \quad (k = -n, \ldots, n).$$

Abschnitt 5.3 Stetige Approximation

Wegen

$$e^{ik\pi} = \cos k\pi + i \sin k\pi = \begin{cases} -1 & : k = 2l-1 \\ 1 & : k = 2l \end{cases} \quad (l \in \mathbb{Z})$$

folgt daraus für die Fourier-Koeffizienten

$$c_k = \begin{cases} -\dfrac{2i}{k\pi} & : k = 2l-1 \\ 0 & : k = 2l \end{cases} \quad (k = -n, \ldots, n).$$

Die endliche komplexe Fourier-Reihe zu dieser Rechteckkurve kann dann in der Form

$$F_{2n+1}(x) = -\frac{2i}{\pi} \sum_{k=0}^{n} \frac{1}{2k+1} \left(e^{i\frac{(2k+1)\pi x}{2}} - e^{-i\frac{(2k+1)\pi x}{2}} \right)$$

geschrieben werden. Mit Hilfe der Eulerschen Formeln ist die Reihe problemlos in die im Beispiel 5.12 angegebene reelle Form zu bringen.

Beispiel 5.15. Für die in der Skizze (s. Bild 5.18) dargestellte Sägezahnkurve

$$f(x) = x \quad (-1 \le x < 1) \quad \text{mit } f(x+2k) = f(x) \quad (k \in \mathbb{Z})$$

werden die Fourier-Koeffizienten, die komplexe Fourier-Reihe und ihre reelle Form bestimmt.

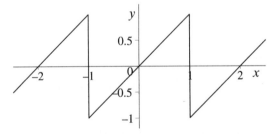

Bild 5.18. Die Sägezahnkurve.

Die Funktion ist 2-periodisch, die Fourier-Koeffizienten können deshalb durch Integration über $[-1, 1]$ berechnet werden. Man erhält

$$c_0 = \frac{1}{2}\int_{-1}^{1} f(x)\,dx = \frac{1}{2}\int_{-1}^{1} x\,dx = \frac{1}{4}x^2 \bigg|_{-1}^{1} = \frac{1}{4} - \frac{1}{4} = 0$$

und

$$c_k = \frac{1}{2}\int_{-1}^{1} f(x)e^{-i\frac{k\pi x}{1}}\,dx = \frac{1}{2}\int_{-1}^{1} xe^{-ik\pi x}\,dx$$

$$= -\frac{1}{2\pi^2 k^2}[-ik\pi xe^{-ik\pi x} - e^{-ik\pi x}]_{-1}^{1}$$

$$= -\frac{1}{2\pi^2 k^2}\left(-ik\pi(e^{-ik\pi} + e^{ik\pi}) + e^{ik\pi} - e^{-ik\pi}\right)$$

$$= -\frac{1}{2\pi^2 k^2}(-2ik\pi\cos k\pi + 2i\sin k\pi)$$

$$= \frac{i\cos k\pi}{\pi k} = (-1)^k \frac{i}{\pi k} \quad (k \in Z, k \neq 0).$$

Die Beträge der Fourier-Koeffizienten sind im folgenden Bild 5.19 veranschaulicht.

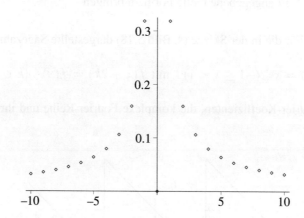

Bild 5.19. Die Beträge der Fourier-Koeffizienten c_{-10} bis c_{10}.

Die endliche Fourier-Reihe kann daher in der Form

$$F_n(x) = \frac{i}{\pi}\sum_{k=1}^{n} \frac{(-1)^k}{k}(e^{ik\pi x} - e^{-ik\pi x})$$

geschrieben werden. Diese Schreibweise der Reihe ist mit Hilfe der Eulerschen Formeln leicht in die reelle Form zu überführen,

$$F_n(x) = \frac{i}{\pi} \sum_{k=1}^{n} \frac{(-1)^k}{k} (e^{ik\pi x} - e^{-ik\pi x})$$

$$= \frac{i}{\pi} \sum_{k=1}^{n} \frac{(-1)^k}{k} (\cos k\pi x + i \sin k\pi x - \cos k\pi x + i \sin k\pi x)$$

$$= -\frac{2}{\pi} \sum_{k=1}^{n} \frac{(-1)^k \sin k\pi x}{k}.$$

Im Fall der Sägezahnkurve bestätigt sich auch wieder die Feststellung, dass eine ungerade Funktion in eine Fourier-Reihe nur aus Sinus-Funktionen entwickelt wird. Abschließend veranschaulicht die Grafik (s. Bild 5.20) der Reihe $F_{10}(x)$ die Konvergenz der Entwicklung gegen die Sägezahnkurve.

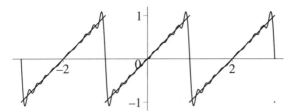

Bild 5.20. Die Fourier-Entwicklung F_{10} zur Sägezahnkurve.

In den Beispielen 5.14 und 5.15 sinkt der Betrag der Fourier-Koeffizienten c_k und c_{-k} mit wachsenden Index k ab. Ohne eine genauere Diskussion der Zusammenhänge soll hier lediglich festgestellt werden, dass dieser Abfall des Betrages für wachsendes k eine allgemeine Eigenschaft der Fourier-Koeffizienten ist.

Die Exponentialfunktion zeichnet sich durch die Eigenschaft $e^{x+y} = e^x e^y$ aus. Die komplexe Form der Fourier-Reihe kann durch die Anwendung dieser Eigenschaft sehr elegant zur Bestimmung der Fourier-Reihe von phasenverschobenen Funktionen eingesetzt werden.

Die Funktion $f(x)$ sei $2p$-periodisch und ihre Fourier-Reihe sei bekannt als

$$F_n(x) = \sum_{k=-n}^{n} c_k e^{i\frac{k\pi x}{p}}.$$

Gesucht sei nun die Fourier-Reihe der Funktion $\tilde{f}(x) = f(x + x_0)$. Die Fourier-Koeffizienten dieser Reihe

$$\tilde{F}_n(x) = \sum_{k=-n}^{n} \tilde{c}_k e^{i\frac{k\pi x}{p}}$$

kann man wegen

$$\tilde{F}_n(x) = \sum_{k=-n}^{n} c_k e^{i\frac{k\pi(x+x_0)}{p}} = \sum_{k=-n}^{n} e^{i\frac{k\pi x_0}{p}} c_k e^{i\frac{k\pi x}{p}}$$

ohne erneute Integration durch

$$\tilde{c}_k = e^{i\frac{k\pi x_0}{p}} c_k \qquad (5.26)$$

bestimmen. Diese Multiplikation mit komplexen Faktoren beschleunigt die Rechnung erheblich.

Beispiel 5.16. Gesucht ist die endliche Fourier-Reihe zur Kurve

$$\tilde{f}(x) = \begin{cases} 1 : & 0.5 \leq x < 2.5 \\ -1 : & -1.5 \leq x < 0.5 \end{cases} \quad \text{mit } f(x+4k) = f(x).$$

Wie auch das Bild veranschaulicht, ist die Funktion $\tilde{f}$ in der Form

$$\tilde{f}(x) = f(x + 0.5)$$

durch Verschiebung der in den Beispiele 5.12 betrachteten Funktion f entstanden.

Die Koeffizienten der gesuchten Fourier-Reihe können deshalb nach (5.26) in der Form

$$\tilde{c}_k = e^{i\frac{k\pi}{4}} c_k = \begin{cases} -\dfrac{2i}{k\pi} e^{i\frac{k\pi}{4}} & : k = 2l-1 \\ 0 & : k = 2l \end{cases} \quad (k = -n, \ldots, n)$$

aus den im Beispiel 5.14 bestimmten Koeffizienten ermittelt werden. Die endliche komplexe Fourier-Reihe dieser Rechteckkurve lautet daher

$$\tilde{F}_{2n+1}(x) = -\frac{2i}{\pi} \sum_{k=0}^{n} \frac{1}{2k+1} \left(e^{i\frac{(2k+1)\pi}{4}} e^{i\frac{(2k+1)\pi x}{2}} - e^{-i\frac{(2k-1)\pi}{4}} e^{-i\frac{(2k+1)\pi x}{2}} \right).$$

5.4 Lokale Approximation

5.4.1 Problemstellung

Im Unterschied zu den anderen Problemen dieses Kapitels ist jetzt die beste *lokale Approximation* zu einer Funktion f zu finden. Lokale Approximation heißt dabei, dass die Approximation sich auf eine Stelle x_0, den Entwicklungspunkt, konzentriert. Die beste lokale Approximation einer Funktion f durch eine andere Funktion in x_0

liegt vor, wenn beide Funktionen in x_0 nicht nur in den Funktionswerten, sondern auch in ihren Ableitungen bis zu einer bestimmten Ordnung übereinstimmen.

Die Substitution einer Funktion f durch ein Polynom n-ten Grades, das die beste lokale Approximierende von f darstellt, ist ein wichtiges Hilfsmittel bei der Konstruktion von Verfahren der Numerischen Mathematik. Dieses Polynom soll jetzt etwas genauer betrachtet werden.

5.4.2 Die Taylor-Entwicklung

Die Funktion $f(x)$ soll an der Stelle x_0 durch ein Polynom vom Grad n approximiert werden. Gesucht ist dann eine Funktion

$$T_n(x) = a_0 + a_1(x - x_0) + a_2(x - x_0)^2 + \cdots + a_{n-1}(x - x_0)^{n-1} + a_n(x - x_0)^n$$

mit der Eigenschaft

$$T_n^{(k)}(x_0) = f^{(k)}(x_0) \quad (k = 0, 1, 2, \ldots, n). \tag{5.27}$$

Der Entwicklungspunkt x_0 ist eine vorgegeben Größe. Die Lösung des Problems besteht daher in der geeigneten Bestimmung der $n + 1$ Koeffizienten von T_n.

In den weiteren Betrachtungen wird vorausgesetzt, dass die Funktion f auf einem Intervall $[a, b]$ mindestens $n + 1$ Ableitungen besitzt. Nach dem Hauptsatz der Differential- und Integralrechnung gilt dann für $x \in [a, b]$ und $x_0 \in [a, b]$

$$\int_{x_0}^{x} f'(t) dt = f(x) - f(x_0).$$

Durch Auflösen dieser Gleichung nach $f(x)$ erhält man

$$f(x) = f(x_0) + \int_{x_0}^{x} f'(t) dt = f(x_0) + \int_{x_0}^{x} f'(t)(x - t)^0 dt. \tag{5.28}$$

Wegen $(x - t)^0 = 1$ (dies gilt auch für $x = t$) ändert das Einfügen dieses Faktors nichts am betrachteten Integral, der Integrand hat jetzt aber Produktgestalt. Mit partieller Integration ergibt sich für eine differenzierbare Funktion g

$$\int_{x_0}^{x} g(t)(x - t)^k dt = -\frac{g(t)}{k + 1}(x - t)^{k+1} \bigg|_{x_0}^{x} + \frac{1}{k + 1} \int_{x_0}^{x} g'(t)(x - t)^{k+1} dt$$

$$= \frac{g(x_0)}{k + 1}(x - x_0)^{k+1} + \frac{1}{k + 1} \int_{x_0}^{x} g'(t)(x - t)^{k+1} dt.$$

Durch wiederholtes Einsetzen dieser Formel in die Gleichung (5.28) erhält man

$$f(x) = f(x_0) + \int_{x_0}^{x} f'(t)(t-x_0)^0 dt$$

$$= f(x_0) + \frac{f'(x_0)}{1}(x-x_0)^1 + \frac{1}{1}\int_{x_0}^{x} f''(t)(x-t)^1 dt$$

$$= f(x_0) + \frac{f'(x_0)}{1}(x-x_0)^1 + \frac{f''(x_0)}{2!}(x-x_0)^2 + \frac{1}{2!}\int_{x_0}^{x} f'''(t)(x-t)^2 dt$$

$$= f(x_0) + \frac{f'(x_0)}{1}(x-x_0)^1 + \frac{f''(x_0)}{2!}(x-x_0)^2 + \frac{f'''(x_0)}{3!}(x-x_0)^3$$

$$+ \frac{1}{3!}\int_{x_0}^{x} f^{(4)}(t)(x-t)^3 dt$$

$$\vdots$$

$$= f(x_0) + \frac{f'(x_0)}{1!}(x-x_0)^1 + \frac{f''(x_0)}{2!}(x-x_0)^2 + \cdots$$

$$+ \frac{f^{(n)}(x_0)}{n!}(x-x_0)^n + \frac{1}{n!}\int_{x_0}^{x} f^{(n+1)}(t)(x-t)^n dt \,.$$

An dieser Stelle ist die Entwicklung zu beenden, denn für f war die Existenz von $n+1$ Ableitungen vorausgesetzt. Mit

$$T_n(x) = f(x_0) + \frac{f'(x_0)}{1!}(x-x_0)^1 + \frac{f''(x_0)}{2!}(x-x_0)^2 + \cdots$$

$$+ \frac{f^{(n)}(x_0)}{n!}(x-x_0)^n \qquad (5.29)$$

$$= \sum_{k=0}^{n} \frac{f^{(k)}(x_0)}{k!}(x-x_0)^k$$

und

$$R_{n+1}(x) = \frac{1}{n!}\int_{x_0}^{x} f^{(n+1)}(t)(x-t)^n dt$$

ist das Ergebnis der Entwicklung

$$\boxed{f(x) = T_n(x) + R_{n+1}(x)\,.}$$

Das ist eine Darstellung der Funktion f in Form eines Polynoms $T_n(x)$ vom Grad n und eines *Restgliedes* $R_{n+1}(x)$, welches den Fehler dieser Entwicklung an der Stelle

Abschnitt 5.4 Lokale Approximation

$x \neq x_0$ beschreibt. Das Polynom $T_n(x)$ hat wegen

$$T_n(x_0) = \sum_{k=0}^{n} \frac{f^{(k)}(x_0)}{k!}(x_0 - x_0)^k = f(x_0)$$

$$T_n'(x_0) = \sum_{k=1}^{n} \frac{f^{(k)}(x_0)}{(k-1)!}(x_0 - x_0)^{k-1} = f'(x_0)$$

$$T_n''(x_0) = \sum_{k=2}^{n} \frac{f^{(k)}(x_0)}{(k-2)!}(x_0 - x_0)^{k-2} = f''(x_0)$$

$$\vdots$$

$$T_n^{(n)}(x_0) = \sum_{k=n}^{n} \frac{f^{(k)}(x_0)}{(k-n)!}(x_0 - x_0)^{k-n} = f^{(n)}(x_0)$$

genau die gesuchte Eigenschaft, es stimmt mit der Funktion f an der Stelle x_0 im Funktionswert und den ersten n Ableitungen überein. Diese Entwicklung einer Funktion f in ein Polynom heißt *Taylor-Entwicklung*, das Polynom T_n heißt *Taylor-Polynom*. Im häufig verwendeten Spezialfall $x_0 = 0$ oder

$$T_n(x) = f(0) + \frac{f'(0)}{1!}x^1 + \frac{f''(0)}{2!}x^2 + \cdots + \frac{f^{(n)}(0)}{n!}x^n = \sum_{k=0}^{n} \frac{f^{(k)}(0)}{k!}x^k \quad (5.30)$$

spricht man von einer *MacLaurin-Entwicklung*.

Das Restglied ergibt sich nach dem Mittelwertsatz der Integralrechnung zu

$$R_{n+1}(x) = \frac{1}{n!}\int_{x_0}^{x} f^{(n+1)}(t)(x-t)^n dt = f^{(n+1)}(\xi)\frac{1}{n!}\int_{x_0}^{x}(x-t)^n dt$$

$$= \frac{f^{(n+1)}(\xi)}{(n+1)!}(x - x_0)^{n+1}. \quad (5.31)$$

Es gibt noch weitere Möglichkeiten, Restgliedformeln anzugeben. Das oben angegebene *Restglied nach Lagrange* ist die bekannteste Form. Von ξ ist nur bekannt, dass es eine Stelle zwischen x und x_0 ist, genauere Angaben sind nicht möglich.

Das Ergebnis der bisherigen Überlegungen kann zu dem folgenden Satz zusammengefasst werden.

Satz 5.3. *Die Funktion f sei auf dem Intervall $[a, b]$ $(n + 1)$-mal differenzierbar. Dann stimmt das Taylor-Polynom*

$$T_n(x) = \sum_{k=0}^{n} \frac{f^{(k)}(x_0)}{k!}(x - x_0)^k$$

im Entwicklungspunkt $x_0 \in [a,b]$ mit der Funktion f im Funktionswert und den ersten n Ableitungen überein. An einer beliebigen Stelle $x \in [a,b]$ gibt das Restglied nach Lagrange

$$R_{n+1}(x) = \frac{f^{(n+1)}(\xi)}{(n+1)!}(x-x_0)^{n+1}$$

den Fehler der Entwicklung an. Dabei ist ξ eine Stelle zwischen x und x_0, deren genaue Lage aber nicht bekannt ist.

Die Taylor-Entwicklung ist auch außerhalb der numerischen Mathematik ein wichtiges Werkzeug zur Substitution von Funktionen durch meist leichter zu bearbeitende Polynome.

Beispiel 5.17. Es ist das Taylor-Polynom vom Grad n an der Stelle $x_0 = 0$ für $f(x) = e^x$ zu bestimmen und mittels des Restgliedes nach Lagrange der Fehler auf dem Intervall $[-1, 1]$ abzuschätzen.

Die Exponentialfunktion ist auf dem gesamten Bereich der reellen Zahlen unendlich oft differenzierbar. Man kann also ein Taylor-Polynom beliebigen Grades konstruieren. Wegen

$$f(x) = f(x)' = f(x)'' = \cdots = f(x)^{(n+1)} = e^x$$

und

$$f(0) = f(0)' = f(0)'' = \cdots = f(0)^{(n+1)} = e^0 = 1$$

hat das Taylor-Polynom n-ten Grades der Exponentialfunktion die Form

$$T_n(x) = \sum_{k=0}^{n} \frac{x^k}{k!} = 1 + x + \frac{x^2}{2!} + \frac{x^3}{3!} + \cdots + \frac{x^n}{n!}.$$

Die Graphen der Taylor-Polynome

$$n = 0: \ T_0(x) = 1,$$
$$n = 1: \ T_1(x) = 1 + x,$$
$$n = 2: \ T_2(x) = 1 + x + \frac{x^2}{2}$$

sind im Bild 5.21 dargestellt. Die Taylor-Polynome höheren Grades wären in der Grafik praktisch nicht mehr von der zu approximierenden Exponentialfunktion zu unterscheiden.

Der Fehler der Approximation kann durch den Betrag des Restgliedes abgeschätzt werden. Für den Maximalfehler auf dem Intervall $[-1, 1]$ erhält man durch getrennte

Abschnitt 5.4 Lokale Approximation

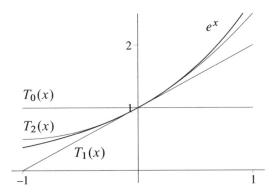

Bild 5.21. Die Taylor-Polynome der Exponentialfunktion bis zum Grad 2.

Abschätzung der Faktoren des Restgliedes die obere Schranke

$$|R_{n+1}(x)| = \left|\frac{f^{(n+1)}(\xi)}{(n+1)!}(x-x_0)^{n+1}\right| = \frac{e^\xi}{(n+1)!}(x-0)^{n+1}$$

$$\leq \frac{e^1}{(n+1)!}1^{n+1} = \frac{e}{(n+1)!}.$$

Für die im Bild 5.21 dargestellten Taylor-Polynome ergeben sich auf dem Intervall $[-1, 1]$ die Fehlerschranken

$$|R_1(x)| \leq \frac{e}{1} = 2.718281828,$$

$$|R_2(x)| \leq \frac{e}{2} = 1.359140914,$$

$$|R_3(x)| \leq \frac{e}{6} = 0.453046971.$$

Dies sind in der Regel nur grobe Abschätzungen für den Fehler. Wie aus der Grafik ersichtlich ist, können die wirklichen Maximalfehler deutlich geringer sein.

Im Beispiel ist das Polynom $T_1(x)$ die Tangente an die Exponentialfunktion im Punkt $(x_0, f(x_0))$. Dies ist allgemein gültig. Die Taylor-Entwicklung stellt also ein Werkzeug zur Bestimmung der Tangente an eine Funktion in einer vorgegebenen Stelle x_0 bereit.

Das Restglied kann außerdem verwendet werden, um den zur sicheren Unterschreitung eines vorgegebenen Maximalfehlers notwendigen Polynomgrad zu bestimmen.

Beispiel 5.18. Gesucht wird ein Taylor-Polynom zu $f(x) = e^x$ mit dem Entwicklungspunkt $x_0 = 0$, das auf dem Intervall $[-1, 1]$ einen Maximalfehler kleiner als

10^{-4} besitzt. Aus

$$|R_{n+1}(x)| \leq \frac{e}{(n+1)!} < 10^{-4} \quad \text{erhält man} \quad (n+1)! > 10^4 e = 27183.$$

Wegen $7! = 5040$ und $8! = 40320$ ist dann $T_7(x)$ ein Taylor-Polynom, das den geforderten Maximalfehler sicher unterschreitet.

Beispiel 5.19. Es ist das Taylor-Polynom vom Grad $2n$ an der Stelle $x_0 = 0$ zur Funktion $f(x) = \cos x$ zu bestimmen. Mit dem Restglied nach Lagrange soll der resultierende Fehler auf dem Intervall $[-4, 4]$ abgeschätzt werden.

Die Cosinus-Funktion ist wie die Exponentialfunktion auf dem gesamten Bereich der reellen Zahlen unendlich oft differenzierbar, es kann also ein Taylor-Polynom beliebigen Grades gebildet werden. Mit

$$\cos' x = -\sin x, \quad \cos'' x = -\cos x, \quad \cos''' x = \sin x \quad \text{und} \quad \cos^{(4)} x = \cos x$$

gewinnt man für die Ableitungen im Entwicklungspunkt die Formel

$$\cos^{(k)}(0) = \begin{cases} 0 & : k = 2n+1 \\ (-1)^n & : k = 2n \end{cases}.$$

Die Polynome $T_{2n}(x)$ und $T_{2n+1}(x)$ sind also identisch. Das Polynom $T_{2n}(x)$ hat die Form

$$T_{2n}(x) = \sum_{k=0}^{n} (-1)^k \frac{x^{2k}}{(2k)!} = 1 - \frac{x^2}{2!} + \frac{x^4}{4!} - \cdots + (-1)^n \frac{x^{2n}}{(2n)!}.$$

Im Bild 5.22 sind die Graphen der Taylor-Polynome

$$T_0(x) = T_1(x) = 1,$$

$$T_2(x) = T_3(x) = 1 - \frac{x^2}{2!},$$

$$T_4(x) = T_5(x) = 1 - \frac{x^2}{2!} + \frac{x^4}{4!},$$

$$T_6(x) = T_7(x) = 1 - \frac{x^2}{2!} + \frac{x^4}{4!} - \frac{x^6}{6!}$$

zusammengefasst.

Durch getrennte Abschätzung der Faktoren des Restgliedes ergibt sich für den Maximalfehler auf dem Intervall $[-4, 4]$ die obere Schranke

$$|R_{n+1}(x)| = \left|\frac{f^{(n+1)}(\xi)}{(n+1)!}(x-x_0)^{n+1}\right| = \left|\frac{\cos^{(n+1)} \xi}{(n+1)!}(x-0)^{n+1}\right|$$

$$\leq \frac{1}{(n+1)!} 4^{n+1} = \frac{4^{n+1}}{(n+1)!}.$$

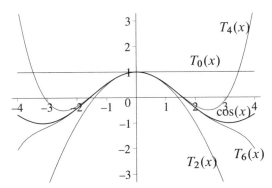

Bild 5.22. Die Taylor-Polynome der Cosinus-Funktion bis zum Grad 6.

Da das Polynom $T_{2n}(x)$ mit $T_{2n+1}(x)$ identisch ist, kann sein Fehler sowohl durch $R_{2n+1}(x)$ als auch durch $R_{2n+2}(x)$ abgeschätzt werden. So erhält man für $T_6(x) = T_7(x)$ die Fehlerschranken

$$|R_7(x)| \leq \frac{4^7}{7!} = 3.250793651 \quad \text{und} \quad |R_8(x)| \leq \frac{4^8}{8!} = 1.625396825.$$

Der Maximalfehler ist damit durch den kleineren Wert 1.625396825 beschränkt.

Die Graphen der Taylor-Polynome schmiegen sich unter gewissen Bedingungen mit wachsendem Grad immer mehr an die zu approximierende Funktion an. Dies hat dazu geführt, dass man auch von Schmiegungsparabeln spricht.

5.5 Aufgaben

Aufgabe 5.1. Bestimmen Sie zu der Messreihe die Ausgleichsgerade $y = a \cdot x + b$:

a)

x	19.1	25.0	30.1	36.0	40.0	45.1	50.0
y	76.30	77.80	79.75	80.80	82.35	83.90	85.10

b)

x	-3	-2	-1	0	1	2	3
y	749.2	726.8	694.7	669.1	641.4	623.8	606.8

Aufgabe 5.2. Bestimmen Sie eine Ausgleichsparabel $y = a \cdot x^2 + b \cdot x + c$:

a)

x	7	12	17	22	27	32	37
y	83.7	72.9	63.2	54.7	47.5	41.4	36.3

b)

x	−2	−1	0	1	2
y	3.3	30.9	51.7	66.2	71.3

Aufgabe 5.3. Ermitteln Sie eine Potenzfunktion $y = a \cdot x^b$ als Ausgleichsfunktion:

a)

x	330	400	480	550	600	700	750	850	870	940
	1020	1030	1200							
y	9.9	10.8	11.5	12.0	12.4	12.9	13.1	13.5	13.6	13.8
	14.0	14.1	14.2							

b)

x	330	400	480	550	600	700	750	850	870	940
	1020	1030	1200							
y	13.8	9.4	6.5	5.0	4.2	3.1	2.7	2.1	2.0	1.7
	1.45	1.4	1.04							

Aufgabe 5.4. Ermitteln Sie eine Exponentialfunktion $y = a \cdot e^{bx}$ als Ausgleichsfunktion:

a)

x	30.0	64.5	74.5	86.7	94.5	98.9
y	4	18	29	51	73	90

b)

x	1.5	1	0.5	0.25	0.1
y	0.45	0.74	1.21	1.56	1.90

Aufgabe 5.5. Berechnen Sie $y = \frac{a}{x+b}$ als Ausgleichfunktion:

x	−4	−3	−2	−1	0	1	2	3	4
y	72.2	59.1	50.3	64.5	44.5	38.8	31.6	28.6	22.9

Aufgabe 5.6.

a) Bestimmen Sie die Taylorreihenentwicklung bis zum x^4-Glied für die Funktion $f(x) = \sqrt{1-x^2}$ um den Entwicklungspunkt $x_0 = 0$.

b) Berechnen Sie mit Hilfe der Taylorreihenentwicklung das Integral

$$I = \int_0^{0.5} x \cdot \sqrt{1-x^2}\, dx$$

und vergleichen Sie den erhaltene Näherungswert mit dem exakten Integralwert.

Abschnitt 5.5 Aufgaben

Aufgabe 5.7. Geben Sie für die Funktion $f(x) = \sqrt[3]{1+x}$ die Potenzreihenentwicklung um $x_0 = 0$ bis zum quadratischen Glied an und berechnen Sie damit näherungsweise das bestimmte Integral $I = \int_0^1 \sqrt[3]{1+x}\,dx$.

Aufgabe 5.8. Geben Sie eine Abschätzung für den maximalen absoluten Fehler der Näherungsformel

$$\sqrt{1+x} \approx 1 + \frac{1}{2}x - \frac{1}{8}x^2$$

im Intervall $0 \leq x \leq 1$ an.

Aufgabe 5.9. Gegeben ist die Funktion

$$f(x) = \begin{cases} x & 0 \leq x < \frac{\pi}{2} \\ \pi - x & \frac{\pi}{2} \leq x < \frac{3\pi}{2} \\ x - 2\pi & \frac{3\pi}{2} \leq x < 2\pi \end{cases}.$$

a) Skizzieren Sie die Funktion.

b) Berechnen Sie die Fourierreihe dieser Funktion.

c) Bestimmen Sie die Werte an den Stellen $x_1 = 0$ und $x_2 = \frac{3\pi}{2}$.

Aufgabe 5.10. Gegeben sind die periodischen Funktionen

I)
$$f(x) = \begin{cases} x-1 & 0 \leq x < 1 \\ 0 & 1 \leq x < 2 \end{cases} \quad \text{mit } f(x+2k) = f(x),$$

II)
$$f(x) = \begin{cases} \frac{h}{c}x & 0 \leq x < c \\ -\frac{h}{c}x + 2h & c \leq x < 2c \end{cases} \quad \text{mit } f(x+2ck) = f(x).$$

a) Bestimmen Sie die Periodenlängen.

b) Berechnen Sie die Fourierreihen.

Aufgabe 5.11. Für die Funktionen $f(x)$ und $g(x)$ sind stetige Approximationen mit Polynomen zu bestimmen:

a) $f(x) = e^x - e^{-x}$ im Intervall $[-1, 1]$ durch ein Polynom dritten Grades,

b) $f(x) = e^x - e^{-x}$ im Intervall $[-1, 1]$ durch ein Polynom fünften Grades,

c) $g(x) = -\cos\left(\frac{\pi}{2}x\right)$ im Intervall $[-1, 1]$ durch ein Polynom zweiten Grades,

d) $g(x) = -\cos\left(\frac{\pi}{2}x\right)$ im Intervall $[-1, 1]$ durch ein Polynom vierten Grades.

Aufgabe 5.12. Für die Funktionen $f(x)$ und $g(x)$ sind stetige Approximationen mit Hilfe von Legendre-Polynomen zu bestimmen:

a) $f(x) = e^x - e^{-x}$ im Intervall $[-1, 1]$ durch ein Polynom dritten Grades,

b) $f(x) = e^x - e^{-x}$ im Intervall $[-1, 1]$ durch ein Polynom fünften Grades,

c) $g(x) = -\cos\left(\frac{\pi}{2}x\right)$ im Intervall $[-1, 1]$ durch ein Polynom zweiten Grades,

d) $g(x) = -\cos\left(\frac{\pi}{2}x\right)$ im Intervall $[-1, 1]$ durch ein Polynom vierten Grades.

Kapitel 6
Interpolationsprobleme

6.1 Problemstellung

Von einer Funktion f seien die Funktionswerte $f_i = f(x_i)$ $(i = 0, 1, \ldots, n)$ auf einem Intervall $[a, b]$ bekannt, wobei $a = x_0$ und $b = x_n$ gelten soll. Diese Werte können das Ergebnis einer Messreihe aber auch Repräsentanten einer bekannten Funktion sein. Die Stellen x_i $(i = 0, 1, \ldots, n)$, an denen die Funktionswerte f_i bekannt sind, heißen *Stützstellen*. Die bekannten Funktionswerte f_i $(i = 0, 1, \ldots, n)$ werden *Stützwerte* genannt. Stützstellen und Stützwerte bilden zusammen die *Knoten* (x_i, f_i) $(i = 0, 1, \ldots, n)$.

Zunächst soll vorausgesetzt werden, dass die Stützstellen paarweise verschieden sind, also aus $i \neq j$ stets $x_i \neq x_j$ folgt. Diese Einschränkung entfällt später aber wieder.

Gesucht ist eine Näherungsfunktion P für f, die in den Stützstellen x_i mit f gemeinsame Funktionswerte hat und auf den Intervallen zwischen den Stützstellen die Funktion f approximiert.

Definition 6.1. Eine Funktion P mit der Eigenschaft

$$P(x_i) = f_i \quad (i = 0, 1, 2, \ldots, n) \tag{6.1}$$

heißt *Interpolationsfunktion* oder *Interpolierende von f*.

Zur Lösung dieses Problems betrachtet man die Interpolierende als Funktion von $n+1$ Parametern, die von den $n+1$ Interpolationsbedingungen (6.1) bestimmt werden. Der eleganteste Weg dazu ist die Wahl der Interpolationsfunktion als Linearkombination

$$P(x) = \sum_{k=0}^{n} c_k \phi_k(x) \tag{6.2}$$

von $n+1$ *Ansatzfunktionen* ϕ_k, wobei die Parameter dann die Koeffizienten der Linearkombination sind. Diese Koeffizienten c_k werden damit durch das lineare Gleichungssystem

$$f_i = \sum_{k=0}^{n} c_k \phi_k(x_i) \quad (i = 0, 1, \ldots, n) \tag{6.3}$$

bestimmt. Die Ansatzfunktionen müssen natürlich so gewählt werden, dass dieses Gleichungssystem für beliebige eingesetzte Stützstellen eine eindeutige Lösung hat.

Ohne weiter auf dieses Problem einzugehen sei hier nur angemerkt, dass die nachfolgend behandelten Ansätze dieser Bedingung genügen.

Es gibt sicher viele Möglichkeiten, eine solche Interpolationsfunktion zu bestimmen. Daher ist zuerst die Funktionsklasse zu wählen, aus der die Ansatzfunktionen und damit auch die interpolierende Funktion stammen sollen. Aus der gewählten Funktionenklasse sind geeignete Ansatzfunktionen so zu bestimmen, dass das obige lineare Gleichungssystem mit möglichst geringem Aufwand lösbar ist.

6.2 Polynominterpolation

Wie der Name schon ausdrückt, ist in diesem Fall die Klasse der Polynome zur Lösung des Interpolationsproblems ausgewählt worden. Es ist daher ein Polynom $P_n(x)$ zu bestimmen, das auf vorgegebenen Stützstellen $x_0, x_1, \ldots, x_n \in R$ die Bedingungen $P_n(x_i) = f_i$ erfüllt. Da das *Interpolationspolynom* eine Linearkombination

$$P_n(x) = \sum_{k=0}^{n} c_k p_k(x) \tag{6.4}$$

von *Ansatzpolynomen* p_k ist, hängt der Lösungsaufwand der Aufgabe wesentlich von der Wahl der Ansatzpolynome ab.

Eine offensichtliche Möglichkeit ist die Wahl der Potenzfunktionen oder *Monome*

$$p_k = x^k \quad (k = 0, 1, \ldots, n)$$

als Ansatzfunktionen. Das Interpolationsproblem führt dann auf das lineare Gleichungssystem

$$\begin{pmatrix} x_0^0 & x_1^0 & x_2^0 & \cdots & x_n^0 \\ x_0^1 & x_1^1 & x_2^1 & \cdots & x_n^1 \\ x_0^2 & x_1^2 & x_2^2 & \cdots & x_n^2 \\ \vdots & \vdots & \vdots & \ddots & \vdots \\ x_0^n & x_1^n & x_2^n & \cdots & x_n^n \end{pmatrix} \begin{pmatrix} c_0 \\ c_1 \\ c_2 \\ \vdots \\ c_n \end{pmatrix} = \begin{pmatrix} f_0 \\ f_1 \\ f_2 \\ \vdots \\ f_n \end{pmatrix}. \tag{6.5}$$

Obwohl dieser Weg sicher zu einer Lösung führt, ist er zu Bestimmung des Interpolationspolynoms nicht üblich, denn durch eine bessere Wahl der Ansatzfunktionen kann der Aufwand zur Lösung der Aufgabe deutlich reduziert werden. Die Ansatzpolynome werden dann so aus den Stützstellen bestimmt, dass die Koeffizienten mit Hilfe einfacher Rechenschemata leicht ermittelt werden können.

Dabei gibt es verschiedene Wege zur Festlegung geeigneter Ansatzpolynome. Die aus Monomen gebildete Interpolationsfunktion ist ein Polynom vom Grad n. Dies muss auch bei anderen Ansatzfunktionen der Fall sein. Dieses Ziel kann man beispielsweise mit $n + 1$ Polynomen vom Grad n erreichen, es können aber auch $n + 1$ Polynome vom Grad 0 bis n benutzt werden.

Das Interpolationspolynom vom Grad n zu $n+1$ Stützstellen ist eindeutig bestimmt. Der oben skizzierte Weg mit Potenzfunktionen als Ansatzfunktionen ergibt mindestens ein Interpolationspolynom. Die Eindeutigkeit dieses Polynoms kann man sich indirekt klarmachen. Dazu nimmt man an, es gäbe zwei verschiedene Interpolationspolynome $P_{n_a}(x)$ und $P_{n_b}(x)$ vom Grad n zu den $n+1$ Knoten (x_i, f_i). Das Polynom $P_n(x) = P_{n_a}(x) - P_{n_b}(x)$ ist dann höchstens vom Grad n, besitzt aber die $n+1$ Nullstellen x_i. Das ist aber unmöglich, da ein Polynom vom Grad n genau n (reelle oder komplexe) Nullstellen besitzt. Es kann also nicht zwei verschiedene Lösungen einer Interpolationsaufgabe geben. Die im Folgenden beschriebenen verschiedenen Interpolationspolynome unterscheiden sich daher nur in den Ansatzfunktionen und den zugehörigen Koeffizienten. Bei gleicher Aufgabenstellung bilden sie die gleiche Funktion, die lediglich auf verschiedene Weise dargestellt wird.

6.2.1 Interpolationsverfahren von Lagrange

In diesem Fall sind alle Ansatzfunktionen Polynome n-ten Grades.

Definition 6.2. Die Polynome

$$L_k(x) = \prod_{i=0, i \neq k}^{n} \frac{x - x_i}{x_k - x_i} \quad (k = 0, 1, \ldots, n) \tag{6.6}$$

werden *Lagrange-Polynome* genannt.

Im Polynom L_k enthält das Produkt im Zähler an den Stellen $x = x_i$ ($i \neq k$) stets den Faktor 0. An der Stelle $x = x_k$ stimmen der Nenner und der Zähler von L_k überein. Die Lagrange-Polynome haben also die Eigenschaft

$$L_k(x_i) = \begin{cases} 1 : i = k \\ 0 : i \neq k \end{cases}. \tag{6.7}$$

Beispiel 6.1. Zur Illustration betrachten wir ein Interpolationsproblem mit den Stützstellen $x_0 = -2$, $x_1 = 0$ und $x_2 = 1$. Für die zugehörigen Lagrange-Polynome

$$L_0(x) = \prod_{i=1}^{2} \frac{x - x_i}{x_0 - x_i} = \frac{x(x-1)}{(-2-0)(-2-1)} = \frac{x(x-1)}{6},$$

$$L_1(x) = \prod_{i=0, i \neq 1}^{2} \frac{x - x_i}{x_1 - x_i} = \frac{(x+2)(x-1)}{(0+2)(0-1)} = -\frac{(x+2)(x-1)}{2},$$

$$L_2(x) = \prod_{i=0, i \neq 2}^{2} \frac{x - x_i}{x_2 - x_i} = \frac{(x+2)x}{(1+2)(1-0)} = \frac{(x+2)x}{3}$$

veranschaulicht das Bild 6.1 diese Eigenschaft.

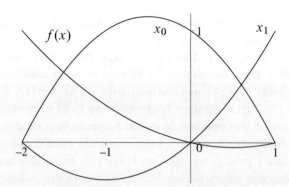

Bild 6.1. Die Lagrange-Polynome zu den Stützstellen $x_0 = -2$, $x_1 = 0$, $x_2 = 1$.

In den Stützstellen x_i gilt wegen der Eigenschaft (6.7) für das Interpolationspolynom

$$P_n(x_i) = \sum_{k=0}^{n} c_k L_k(x_i) = c_i\,.$$

Da das Polynom P_n an den Stellen x_i die Funktionswerte f_i annehmen soll, folgt für die Koeffizienten der Linearkombination $c_i = f_i$ ($i = 0, 1, \ldots, n$). Das Interpolationspolynom nach Lagrange lautet deshalb

$$P_n(x) = \sum_{k=0}^{n} f_k L_k(x)\,. \tag{6.8}$$

Beispiel 6.2. Gesucht ist das Näherungspolynom für die Funktion $y = \sin(x)$ durch die Stützpunkte $(0,0)$, $(\pi/2, 1)$ und $(\pi, 0)$. Die zugehörigen Lagrange-Polynome sind:

$$L_0(x) = \frac{(x-x_1)(x-x_2)}{(x_0-x_1)(x_0-x_2)} = \frac{(x-\frac{\pi}{2})(x-\pi)}{\frac{1}{2}\pi^2},$$

$$L_1(x) = \frac{(x-x_0)(x-x_2)}{(x_1-x_0)(x_1-x_2)} = \frac{x(x-\pi)}{-\frac{1}{4}\pi^2},$$

$$L_2(x) = \frac{(x-x_0)(x-x_1)}{(x_2-x_0)(x_2-x_1)} = \frac{x(x-\frac{\pi}{2})}{\frac{1}{2}\pi^2}\,.$$

Daraus erhält man das Interpolationspolynom (s. Bild 6.2)

$$P_2(x) = 0 \cdot \frac{(x-\frac{\pi}{2})(x-\pi)}{\frac{1}{2}\pi^2} + 1 \cdot \frac{x(x-\pi)}{-\frac{1}{4}\pi^2} + 0 \cdot \frac{x(x-\frac{\pi}{2})}{\frac{1}{2}\pi^2}$$

$$= \frac{x(x-\pi)}{-\frac{1}{4}\pi^2} = -\frac{4}{\pi^2}x^2 + \frac{4}{\pi}x\,.$$

Abschnitt 6.2 Polynominterpolation

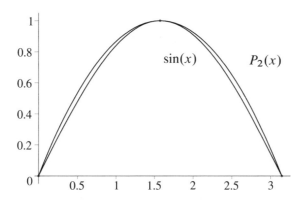

Bild 6.2. Ein quadratisches Interpolationspolynom zur Sinus-Funktion.

Beim Hinzufügen weiterer Knoten zur Aufgabenstellung hat das Verfahren nach Lagrange den Nachteil, dass sich mit der veränderten Stützstellenzahl auch der Grad der Lagrange-Polynome ändert. Es müssen alle Polynome neu bestimmt werden.

Beispiel 6.3. Zur Funktion $y = \sin(x)$ ist das Interpolationspolynom durch die Knoten $(0, 0)$, $(\pi/2, 1)$, $(\pi, 0)$ und $(3\pi/2, -1)$ zu bestimmen.

Im Vergleich zum Beispiel 6.2 ist ein Knoten hinzugefügt worden. Zu den nun vier vorgegebenen Stützstellen gehören vier Lagrange-Polynome dritter Ordnung. Sie lauten:

$$L_0(x) = \frac{(x - x_1)(x - x_2)(x - x_3)}{(x_0 - x_1)(x_0 - x_2)(x_0 - x_3)} = \frac{(x - \frac{\pi}{2})(x - \pi)(x - \frac{3\pi}{2})}{-\frac{3}{4}\pi^3},$$

$$L_1(x) = \frac{(x - x_0)(x - x_2)(x - x_3)}{(x_1 - x_0)(x_1 - x_2)(x_1 - x_3)} = \frac{x(x - \pi)(x - \frac{3\pi}{2})}{\frac{1}{4}\pi^3},$$

$$L_2(x) = \frac{(x - x_0)(x - x_1)(x - x_3)}{(x_2 - x_0)(x_2 - x_1)(x_2 - x_3)} = \frac{x(x - \frac{\pi}{2})(x - \frac{3\pi}{2})}{-\frac{1}{4}\pi^3},$$

$$L_3(x) = \frac{(x - x_0)(x - x_1)(x - x_2)}{(x_3 - x_0)(x_3 - x_1)(x_3 - x_2)} = \frac{x(x - \frac{\pi}{2})(x - \pi)}{\frac{3}{4}\pi^3}.$$

Zur Demonstration sind hier alle zugehörigen Lagrange-Polynome aufgeführt. Für das Interpolationspolynom werden wegen $f_0 = f_2 = 0$ aber nur die Polynome L_1 und L_3 benötigt. Man erhält das Interpolationspolynom (s. Bild 6.3)

$$P_3(x) = \frac{x(x - \pi)(x - \frac{3\pi}{2})}{\frac{1}{4}\pi^3} - \frac{x(x - \frac{\pi}{2})(x - \pi)}{\frac{3}{4}\pi^3} = \frac{8}{3\pi^3}x(x - \pi)(x - 2\pi).$$

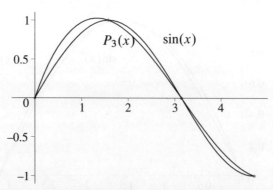

Bild 6.3. Kubisches Interpolationspolynom zur Sinus-Funktion.

Beispiel 6.4. Das Interpolationspolynom nach Lagrange durch die Punkte $(-1, 1)$, $(1, -1)$, $(2, 4)$ und $(5, 1)$ ist zu bestimmen.

Die Lagrange-Polynome dritter Ordnung zu den vier Stützstellen des Beispiels lauten:

$$L_0(x) = \frac{(x-x_1)(x-x_2)(x-x_3)}{(x_0-x_1)(x_0-x_2)(x_0-x_3)} = -\frac{(x-1)(x-2)(x-5)}{36},$$

$$L_1(x) = \frac{(x-x_0)(x-x_2)(x-x_3)}{(x_1-x_0)(x_1-x_2)(x_1-x_3)} = \frac{(x+1)(x-2)(x-5)}{8},$$

$$L_2(x) = \frac{(x-x_0)(x-x_1)(x-x_3)}{(x_2-x_0)(x_2-x_1)(x_2-x_3)} = -\frac{(x+1)(x-1)(x-5)}{9},$$

$$L_3(x) = \frac{(x-x_0)(x-x_1)(x-x_2)}{(x_3-x_0)(x_3-x_1)(x_3-x_2)} = \frac{(x+1)(x-1)(x-2)}{72}.$$

Das daraus resultierende Interpolationspolynom (s. Bild 6.4)

$$P_3(x) = -\frac{(x-1)(x-2)(x-5)}{36} - \frac{(x+1)(x-2)(x-5)}{8}$$
$$- 4\frac{(x+1)(x-1)(x-5)}{9} + \frac{(x+1)(x-1)(x-2)}{72}$$

kann zu

$$P_3(x) = -\frac{7}{12}x^3 + \frac{19}{6}x^2 - \frac{5}{12}x - \frac{19}{6}$$

vereinfacht werden. Diese Zusammenfassung ist nicht notwendig, verbessert aber die Vergleichbarkeit des Polynoms mit den Ergebnissen späterer Rechnungen.

6.2.2 Der Fehler der Polynominterpolation

Für den bei der Interpolation auftretenden Fehler ist sicher das Verhalten der zu approximierenden Funktion zwischen den bekannten Knoten wesentlich. Dies kommt

Abschnitt 6.2 Polynominterpolation

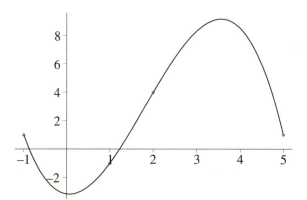

Bild 6.4. Das Interpolationspolynom nach Lagrange durch die Knoten $(-1, 1)$, $(1, -1)$, $(2, 4)$ und $(5, 1)$.

auch im Restglied der Interpolation

$$f(x) - P_n(x) = R_n(x) = \frac{f^{(n+1)}(\xi(x))}{(n+1)!}(x - x_0)(x - x_1) \cdots (x - x_n) \quad (6.9)$$

zum Ausdruck, das in einer ähnlichen Form bereits bei der Taylor-Entwicklung im Satz 5.3 auftrat. Der Parameter $\xi(x)$ hat dabei die Eigenschaft

$$\min\{x_0, x_1, \ldots, x_n\} < \xi(x) < \max\{x_0, x_1, \ldots, x_n\}.$$

Er stellt also eine von x abhängige Stelle des Interpolationsintervalls dar, eine genauere Angabe ist nicht möglich. Mit diesem Restglied kann der Fehler bei der Ersetzung einer Funktion durch ein Interpolationspolynom abgeschätzt werden.

Beispiel 6.5. Es ist der maximale Fehler bei der Ersetzung der Sinus-Funktion durch das Interpolationspolynom aus Beispiel 6.3 abzuschätzen. Aus dem Restglied erhält man

$$|\sin x - P_3(x)| = |R_3(x)| = \left|\frac{\sin^{(4)}(\xi(x))}{4!}\right|\left|(x - 0)\left(x - \frac{\pi}{2}\right)(x - \pi)\left(x - \frac{3\pi}{2}\right)\right|.$$

Die Funktion $\sin^{(4)} \xi = \sin \xi$ hat auf dem Interpolationsintervall $[0, 3\pi/2]$ die Eigenschaft $|\sin^{(4)} \xi| \leq 1$. Daraus ergibt sich die Abschätzung

$$|\sin x - P_3(x)| \leq \frac{1}{24}\left|x\left(x - \frac{\pi}{2}\right)(x - \pi)\left(x - \frac{3\pi}{2}\right)\right|.$$

Mit einer Extremwertuntersuchung kann man feststellen, dass auf dem Intervall $[0, 3\pi/2]$ außerdem

$$\left|x\left(x - \frac{\pi}{2}\right)(x - \pi)\left(x - \frac{3\pi}{2}\right)\right| \leq 6.088068199$$

gilt. Daraus kann man die Fehlerschranke

$$|\sin x - P_3(x)| \leq \frac{6.088068199}{24} = 0.25367$$

gewinnen.

Eine Fehlerabschätzung wie in diesem Beispiel ist häufig nicht möglich. Im Beispiel 6.3 waren die Knoten aus einer bekannten Funktion gewonnen worden. Damit kennt man auch die notwendige Ableitung der zu approximierenden Funktion. Wenn die Knoten wie im Beispiel 6.4 aus der Abtastung eines unbekannten funktionalen Zusammenhangs an einigen festen Stützstellen ermittelt wurden, fehlt natürlich auch die Information über die entsprechende Ableitung der Funktion.

6.2.3 Newtonsches Interpolationsverfahren

Bei der Lagrange-Interpolation waren die Ansatzfunktionen Polynome, die alle den gleichen Grad n hatten. Im Gegensatz dazu wird nun ein Verfahren betrachtet, in dem die Ansatzfunktionen Polynome vom Grad 0 bis n sind. Die Ansatzfunktionen des *Newtonschen Interpolationsverfahrens* sind folgende Polynome:

$$\begin{aligned}
p_0(x) &= 1, \\
p_1(x) &= x - x_0, \\
p_2(x) &= (x - x_0)(x - x_1), \\
&\vdots \\
p_n(x) &= (x - x_0)(x - x_1)\cdots(x - x_{n-1}).
\end{aligned} \qquad (6.10)$$

Diese auch in der Form

$$p_k(x) = \prod_{l=0}^{k-1}(x - x_l)$$

geschriebenen Polynome haben bezüglich der Stützstellen des Interpolationsproblems die Eigenschaft

$$p_k(x_i) = 0 \quad (i < k).$$

Das heißt, das Polynom p_0 hat in allen Stützstellen einen von null verschiedenen Wert. Das Polynom p_1 hat in x_0 eine Nullstelle, in den anderen Stützstellen ist es von null verschieden. Die Anzahl der Nullstellen unter den Stützstellen nimmt immer weiter zu, bis das letzte Polynom p_n in allen Stützstellen x_0 bis x_{n-1} eine Nullstelle hat und nur in x_n von null verschieden ist.

Abschnitt 6.2 Polynominterpolation

Diese Eigenschaft sichert, dass der Ansatz

$$P_n(x) = \sum_{k=0}^{n} c_k p_k(x)$$
$$= c_0 + c_1(x - x_0) + c_2(x - x_0)(x - x_1) + \cdots + c_n(x - x_0)\cdots(x - x_{n-1})$$

auf das lineare Gleichungssystem in Dreiecksgestalt

$$\begin{aligned}
P_n(x_0) &= f_0 = c_0 \\
P_n(x_1) &= f_1 = c_0 + c_1(x_1 - x_0) \\
P_n(x_2) &= f_2 = c_0 + c_1(x_2 - x_0) + c_2(x_2 - x_0)(x_2 - x_1) \\
&\vdots \\
P_n(x_n) &= f_n = c_0 + c_1(x_n - x_0) + \cdots + c_n(x_n - x_0)\cdots(x_n - x_{n-1})
\end{aligned} \tag{6.11}$$

zur Bestimmung der Koeffizienten führt. Dieses System kann durch schrittweises Einsetzen sofort nach den gesuchten Koeffizienten c_k aufgelöst werden. Die Lösungen

$$c_0 = f_0,$$
$$c_1 = \frac{f_1 - f_0}{x_1 - x_0},$$
$$c_2 = \frac{\frac{f_2-f_0}{x_2-x_0} - \frac{f_1-f_0}{x_1-x_0}}{x_2 - x_1},$$
$$c_3 = \frac{\frac{\frac{f_3-f_0}{x_3-x_0} - \frac{f_1-f_0}{x_1-x_0}}{x_3-x_1} - \frac{\frac{f_2-f_0}{x_2-x_0} - \frac{f_1-f_0}{x_1-x_0}}{x_2-x_1}}{x_3 - x_2},$$
$$\vdots$$

des Gleichungssystems sind mit Ausnahme von c_0 Brüche, in denen Nenner und Zähler Differenzen sind. Zur Beschreibung der Lösung und eines geeigneten Rechenweges zu ihrer Bestimmung führt man neue Größen ein, die wegen dieser gemeinsamen Form als *dividierte Differenzen* bezeichnet werden. Die *nullte dividierte Differenz* von f bezüglich x_i ist gleich dem Funktionswert $f(x_i)$, geschrieben wird sie als

$$[x_i] = f(x_i).$$

Der Koeffizient c_0 des Newtonschen Interpolationspolynoms kann dann auch als

$$c_0 = [x_0]$$

geschrieben werden. Höhere dividierte Differenzen werden rekursiv definiert. Die *erste dividierte Differenz* von f bezüglich x_i und x_j mit $i \neq j$ ist definiert als

$$[x_i x_j] = \frac{[x_i] - [x_j]}{x_i - x_j}.$$

Die ersten dividierten Differenzen sind wegen

$$[x_i x_j] = \frac{[x_j] - [x_i]}{x_j - x_i} = \frac{[x_i] - [x_j]}{x_i - x_j} = [x_j x_i]$$

in ihren Argumenten symmetrisch. Die ersten dividierten Differenzen bezüglich x_0 und x_1 sind beispielsweise

$$[x_0 x_1] = \frac{[x_1] - [x_0]}{x_1 - x_0} = \frac{[x_0] - [x_1]}{x_0 - x_1} = [x_1 x_0].$$

Durch Vergleich mit der Lösung des Dreieckssystems stellt man fest, dass auch der Koeffizient c_1 in der Form

$$c_1 = [x_0 x_1]$$

als dividierte Differenz geschrieben werden kann. Die *zweite dividierte Differenz* von f bezüglich x_i, x_j und x_k ist definiert durch

$$[x_i x_j x_k] = \frac{[x_i x_j] - [x_j x_k]}{x_i - x_k}.$$

Die zweiten dividierten Differenzen sind wegen

$$[x_i x_j x_k] = \frac{[x_i x_j] - [x_j x_k]}{x_i - x_k} = \frac{[x_k x_j] - [x_j x_i]}{x_k - x_i} = [x_k x_j x_i]$$

mindestens in ihren äußeren Argumenten symmetrisch. Es lässt sich zeigen, dass die Argumente in ihrer Reihenfolge sogar beliebig vertauschbar sind. Diese Vertauschbarkeit der Argumente bleibt bei den nachfolgend definierten dividierte Differenzen höherer Ordnung erhalten. Nach der Bestimmung der dividierten Differenzen bis zur Ordnung $m - 1$ kann die dividierte Differenz der Ordnung m von f durch

$$[x_{i_0} x_{i_1} \ldots x_{i_{m-1}} x_{i_m}] = \frac{[x_{i_0} x_{i_1} \ldots x_{i_{m-2}} x_{i_{m-1}}] - [x_{i_1} x_{i_2} \ldots x_{i_{m-1}} x_{i_m}]}{x_{i_0} - x_{i_m}} \qquad (6.12)$$

gebildet werden.

Für die Koeffizienten c_2 und c_3 des Interpolationspolynoms gilt wegen der Vertauschbarkeit der Argumente der dividierten Differenzen:

$$c_2 = \frac{\frac{f_2 - f_0}{x_2 - x_0} - \frac{f_1 - f_0}{x_1 - x_0}}{x_2 - x_1} = \frac{[x_2 x_0] - [x_0 x_1]}{x_2 - x_1} = [x_2 x_0 x_1] = [x_0 x_1 x_2],$$

$$c_3 = \frac{\frac{\frac{f_3 - f_0}{x_3 - x_0} - \frac{f_1 - f_0}{x_1 - x_0}}{x_3 - x_1} - \frac{\frac{f_2 - f_0}{x_2 - x_0} - \frac{f_1 - f_0}{x_1 - x_0}}{x_2 - x_1}}{x_3 - x_2} = [x_0 x_1 x_2 x_3].$$

Abschnitt 6.2 Polynominterpolation

Ganz allgemein kann der Koeffizient c_k als

$$c_k = [x_0 x_1 \cdots x_k]$$

geschrieben werden. Für das Newtonsche Interpolationspolynom erhält man dann:

$$P_n(x) = [x_0] + \sum_{k=1}^{n} [x_0 x_1 \cdots x_k](x - x_0)(x - x_1) \cdots (x - x_{k-1}). \quad (6.13)$$

Zur einfachen Anwendbarkeit der dividierten Differenzen benötigt man noch ein geeignetes Rechenschema. Dieses *Steigungsschema* wird hier für den Fall $n = 3$ angegeben, es kann aber in analoger Weise für beliebige n verwendet werden. In dem Schema werden die Spalten der dividierten Differenzen ausgefüllt, indem von der in

x_k	f_k	$[x_i x_j]$	$[x_i x_j x_k]$	$[x_i x_j x_k x_l]$
x_0	f_0			
		$[x_0 x_1] = \dfrac{f_1 - f_0}{x_1 - x_0}$		
			$[x_0 x_1 x_2] = \dfrac{[x_1 x_2] - [x_0 x_1]}{x_2 - x_0}$	
x_1	f_1			
		$[x_1 x_2] = \dfrac{f_2 - f_1}{x_2 - x_1}$		$[x_0 x_1 x_2 x_3] = \dfrac{[x_1 x_2 x_3] - [x_0 x_1 x_2]}{x_3 - x_0}$
			$[x_1 x_2 x_3] = \dfrac{[x_2 x_3] - [x_1 x_2]}{x_3 - x_1}$	
x_2	f_2			
		$[x_2 x_3] = \dfrac{f_3 - f_2}{x_3 - x_2}$		
x_3	f_3			

Tabelle 6.1. Newtonsches Interpolationsschema für $n = 3$.

der linken Nachbarspalte tiefer stehenden Differenz die darüber stehende dividierte Differenz abgezogen und das Resultat durch eine Differenz von Stützstellen dividiert wird. Dabei hat jede neue Spalte ein Element weniger als die links von ihr stehende Spalte. Das Schema hat immer eine Dreiecksgestalt.

Bei der Veränderung der Knotenzahl des Problems ist dem Schema mit jedem weiteren Knoten eine Zeile hinzuzufügen. Damit hat das Schema auch eine weitere untere Diagonale und folglich auch eine weitere Spalte.

Die Koeffizienten des Newtonschen Interpolationspolynoms können aus der oberen Diagonale des Schemas abgelesen werden.

Beispiel 6.6. Gesucht ist das Newtonsche Interpolationspolynom durch die bereits im Beispiel 6.4 verwendeten Punkte $(-1, 1)$, $(1, -1)$, $(2, 4)$ und $(5, 1)$.

Für die gegebenen Punkte ergibt sich folgendes Steigungsschema, in dem zur Veranschaulichung ausnahmsweise die Quotienten mit eingetragen sind:

x_k	f_k	$[x_i x_j]$	$[x_i x_j x_k]$	$[x_i x_j x_k x_l]$
-1	**1**			
		$\dfrac{-1-1}{1-(-1)} = \mathbf{-1}$		
1	-1		$\dfrac{5-(-1)}{2-(-1)} = \mathbf{2}$	
		$\dfrac{4-(-1)}{2-1} = 5$		$\dfrac{-\frac{3}{2}-2}{5-(-1)} = \mathbf{-\dfrac{7}{12}}$
2	4		$\dfrac{-1-5}{5-1} = -\dfrac{3}{2}$	
		$\dfrac{1-4}{5-2} = -1$		
5	1			

Tabelle 6.2. Steigungsschema zu Beispiel 6.6.

Die Koeffizienten des Newton-Polynoms sind im Schema dick hervorgehoben. Das Interpolationspolynom lautet also

$$P_3(x) = 1 - (x+1) + 2(x+1)(x-1) - \frac{7}{12}(x+1)(x-1)(x-2).$$

Das Polynom kann natürlich so verwendet werden, es kann aber auch durch Umformungen in die Form

$$P_3(x) = -\frac{7}{12}x^3 + \frac{19}{6}x^2 - \frac{5}{12}x - \frac{19}{6}$$

gebracht werden. Der Vergleich mit dem Beispiel 6.4 zeigt, dass die Interpolationspolynome nach Newton und Lagrange nur verschiedene Darstellungen der gleichen Funktion sind.

Da die Reihenfolge der zu verwendenden Knoten nicht vorgeschrieben ist, kann man zur Bildung des Newtonschen Interpolationspolynoms auch die Polynome

$$p_0(x) = 1,$$
$$p_1(x) = x - x_n,$$
$$p_2(x) = (x - x_n)(x - x_{n-1}),$$
$$\vdots$$
$$p_n(x) = (x - x_n)(x - x_{n-1}) \cdots (x - x_1)$$

verwenden. Diese Polynome lassen sich in der Form

$$p_k(x) = \prod_{l=0}^{k-1}(x - x_{n-l})$$

Abschnitt 6.2 Polynominterpolation

schreiben. Dies ist vergleichbar mit einer Verwendung der Knoten in umgekehrter Reihenfolge. Da die Reihenfolge der Argumente in den dividierten Differenzen beliebig ist, können die Koeffizienten des mit diesen Funktionen zu bildenden Interpolationspolynoms aus der unteren Diagonale des Steigungsschemas abgelesen werden. Das Newtonsche Interpolationspolynom hat dann die Form:

$$P_n(x) = [x_n] + \sum_{k=1}^{n}[x_n x_{n-1} \cdots x_{n-k}](x - x_n)(x - x_{n-1}) \cdots (x - x_{n-k+1}). \quad (6.14)$$

Beispiel 6.7. Im Steigungsschema zu den Knoten $(-1, 1)$, $(1, -1)$, $(2, 4)$ und $(5, 1)$ sind für dieses Polynom die dick markierten dividierten Differenzen der unteren Diagonale zu verwenden.

x_k	f_k	$f[x_i x_j]$	$f[x_i x_j x_k]$	$f[x_i x_j x_k x_l]$
-1	1			
		-1		
1	-1		2	
		5		$-\dfrac{7}{12}$
2	4		$-\dfrac{3}{2}$	
		-1		
5	1			

Tabelle 6.3. Dividierte Differenzen zu Beispiel 6.7.

Daraus ergibt sich das Interpolationspolynom

$$P_3(x) = 1 - (x - 5) - \frac{3}{2}(x - 5)(x - 2) - \frac{7}{12}(x - 5)(x - 2)(x - 1).$$

Nach der Umformung in

$$P_3(x) = -\frac{7}{12}x^3 + \frac{19}{6}x^2 - \frac{5}{12}x - \frac{19}{6}$$

ist die Übereinstimmung mit dem Ergebnis unter Verwendung der oberen dividierten Differenzen erkennbar.

Im Falle äquidistanter Stützstellen sind die Nenner in allen Spalten des Schemas konstante Größen. Das Steigungsschema kann dann zu einem *Differenzenschema* vereinfacht werden. Die Differenzen der Stützstellen x_k werden erst bei der Berechnung der Koeffizienten des Interpolationspolynoms berücksichtigt.

Für die Schrittweite, den konstanten Abstand der Stützstellen, schreibt man

$$h = x_{i+1} - x_i \quad (i = 0, 1, 2, \ldots, n-1).$$

Mit der Symbolik

$$\Delta^0 f_i = f_i,$$
$$\Delta^1 f_i = f_{i+1} - f_i = \Delta^0 f_{i+1} - \Delta^0 f_i, \qquad (6.15)$$
$$\vdots$$
$$\Delta^k f_i = \Delta^{k-1} f_{i+1} - \Delta^{k-1} f_i$$

erhält man ein vereinfachtes Schema, dessen Elemente leichter zu berechnen sind. Die Einträge einer neuen Spalte werden gebildet, indem vom in der linken Nachbarspalte tiefer stehenden Element das darüber stehende Element subtrahiert wird. Die Bildung der Quotienten entfällt in diesem Schema. Die Elemente des *Differenzenschemas* sind

x_k	f_k	$\Delta^1 f_k$	$\Delta^2 f_k$	$\Delta^3 f_k$	$\cdots$
x_0	f_0				
		$\Delta^1 f_0$			
x_1	f_1		$\Delta^2 f_0$		
		$\Delta^1 f_1$		$\Delta^3 f_0$	
x_2	f_2		$\Delta^2 f_1$	$\vdots$	$\ddots$
		$\Delta^1 f_2$	$\vdots$		
x_3	f_3	$\vdots$			
$\vdots$	$\vdots$				

Tabelle 6.4. Differenzenschema.

nicht direkt verwendbar. Dazu ist zur Berechnung der k-ten dividierten Differenzen noch die Division mit den Größen $h, 2h$ bis kh auszuführen. Die Koeffizienten des Polynoms als dividierte Differenzen lassen sich deshalb durch

$$c_k = \frac{\Delta^k f_0}{k! h^k} \quad (k = 0, 1, \ldots, n)$$

aus den Differenzen der oberen Diagonale bestimmen. Das daraus gebildete Interpolationspolynom ist

$$P_n(x) = \sum_{k=0}^n \frac{\Delta^k f_0}{k! h^k} (x - x_0)(x - x_1) \cdots (x - x_{k-1}). \qquad (6.16)$$

Abschnitt 6.2 Polynominterpolation

Natürlich kann auch in diesem Fall eine Interpolationsformel unter Verwendung der unteren Diagonale des Differenzenschemas gebildet werden. Sie lautet

$$P_n(x) = \sum_{k=0}^{n} \frac{\Delta^k f_{n-k}}{k! h^k} (x - x_n)(x - x_{n-1}) \cdots (x - x_{n-k+1}). \tag{6.17}$$

Beispiel 6.8. Für das Newtonsche Interpolationspolynom durch die Punkte $(-2, 1)$, $(-1, 2)$, $(0, -1)$, $(1, 0)$ und $(2, -1)$ ist die Schrittweite $h = 1$. Man erhält aus dem Differenzenschema unter Verwendung der oberen Diagonale die Koeffizienten

$$c_0 = 1, \quad c_1 = \frac{1}{1}, \quad c_2 = \frac{-4}{2! 1^2}, \quad c_3 = \frac{8}{3! 1^3} \quad \text{und} \quad c_4 = \frac{-14}{4! 1^4}.$$

x_k	f_k	$\Delta^1 f_k$	$\Delta^2 f_k$	$\Delta^3 f_k$	$\Delta^4 f_k$
-2	1				
		1			
-1	2		-4		
		-3		8	
0	-1		4		-14
		1		-6	
1	0		-2		
		-1			
2	-1				

Tabelle 6.5. Differenzenschema zu Beispiel 6.8.

Das Newtonsche Interpolationspolynom lautet damit

$$P_4(x) = 1 + (x+2) - 2(x+2)(x+1) + \frac{4}{3}(x+2)(x+1)x$$

$$- \frac{7}{12}(x+2)(x+1)x(x-1)$$

$$= -\frac{7}{12}x^4 + \frac{1}{6}x^3 + \frac{31}{12}x^2 - \frac{7}{6}x - 1.$$

Aus den Differenzen in der unteren Diagonale des Schemas kann man die Koeffizienten

$$c_0 = -1, \quad c_1 = \frac{-1}{1}, \quad c_2 = \frac{-2}{2! 1^2}, \quad c_3 = \frac{-6}{3! 1^3} \quad \text{und} \quad c_4 = \frac{-14}{4! 1^4}$$

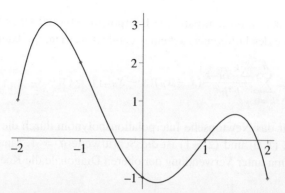

Bild 6.5. Das Newtonsche Interpolationspolynom durch fünf äquidistante Knoten $(-2, 1), (-1, 2), (0, -1), (1, 0)$ und $(2, -1)$.

bilden und erhält daraus das Newtonsche Interpolationspolynom

$$P_4(x) = -1 - (x-2) - (x-2)(x-1) - (x-2)(x-1)x$$
$$- \frac{7}{12}(x-2)(x-1)x(x+1)$$
$$= -\frac{7}{12}x^4 + \frac{1}{6}x^3 + \frac{31}{12}x^2 - \frac{7}{6}x - 1.$$

Beispiel 6.9. Durch die Punkte $(0, 1), (1, 2), (2, 0), (3, 1), (4, -1), (5, 2)$ und $(6, 1)$ ist ein Interpolationspolynom zu legen. Die Schrittweite ist $h = 1$. Aus dem Differenzenschema (s. Tabelle 6.6) erhält man mit den Koeffizienten

$$c_0 = 1, \quad c_1 = \frac{1}{1}, \quad c_2 = \frac{-3}{2!1^2}, \quad c_3 = \frac{6}{3!1^3},$$
$$c_4 = \frac{-12}{4!1^4}, \quad c_5 = \frac{26}{5!1^5} \quad \text{und} \quad c_6 = \frac{-57}{6!1^6}$$

das Newtonsche Interpolationspolynom

$$P_6(x) = 1 + x - \frac{3}{2}x(x-1) + x(x-1)(x-2) - \frac{1}{2}x(x-1)(x-2)(x-3)$$
$$+ \frac{13}{60}x(x-1)(x-2)(x-3)(x-4)$$
$$- \frac{19}{240}x(x-1)(x-2)(x-3)(x-4)(x-5).$$

Bei zusätzlicher Vorgabe der Punkte $(7, 1)$ und $(8, 2)$ ist das Differenzenschema nur um zwei neue Diagonalen zu ergänzen (s. Tabelle 6.7). Für die beiden zusätzlich be-

Abschnitt 6.2 Polynominterpolation

x_k	f_k	$\Delta^1 f_k$	$\Delta^2 f_k$	$\Delta^3 f_k$	$\Delta^4 f_k$	$\Delta^5 f_k$	$\Delta^6 f_k$
0	1						
		1					
1	2		-3				
		-2		6			
2	0		3		-12		
		1		-6		26	
3	1		-3		14		-57
		-2		8		-31	
4	-1		5		-17		
		3		-9			
5	2		-4				
		-1					
6	1						

Tabelle 6.6. Differenzenschema zu Beispiel 6.9.

nötigten Koeffizienten c_7 und c_8 folgt

$$c_7 = \frac{119}{7! 1^7} \quad \text{und} \quad c_8 = \frac{-231}{8! 1^8}.$$

Das Newtonsche Interpolationspolynom stimmt in den ersten sieben Summanden mit obigem Polynom überein. Es sind nur zwei neue Summanden anzufügen,

$$\begin{aligned}
P_8(x) = {}& 1 + x - \frac{3}{2}x(x-1) + x(x-1)(x-2) \\
& - \frac{1}{2}x(x-1)(x-2)(x-3) \\
& + \frac{13}{60}x(x-1)(x-2)(x-3)(x-4) \\
& - \frac{19}{240}x(x-1)(x-2)(x-3)(x-4)(x-5) \\
& + \frac{119}{5040}x(x-1)(x-2)(x-3)(x-4)(x-5)(x-6) \\
& - \frac{231}{40320}x(x-1)(x-2)(x-3)(x-4)(x-5)(x-6)(x-7).
\end{aligned}$$

Die Interpolation nach Newton oder Lagrange wird mit wachsender Anzahl der Stützstellen keineswegs besser. Im Beispiel 6.9 ist, speziell im zweiten Teil, bereits in

x_k	f_k	$\Delta^1 f_k$	$\Delta^2 f_k$	$\Delta^3 f_k$	$\Delta^4 f_k$	$\Delta^5 f_k$	$\Delta^6 f_k$	$\Delta^7 f_k$	$\Delta^8 f_k$
0	1								
		1							
1	2		−3						
		−2		6					
2	0		3		−12				
		1		−6		26			
3	1		−3		14		−57		
		−2		8		−31		119	
4	−1		5		−17		62		−231
		3		−9		31		−112	
5	2		−4		14		−50		
		−1		5		−19			
6	1		1		−5				
		0		0					
7	1		1						
		1							
8	2								

Tabelle 6.7. Differenzenschema zu Beispiel 6.9 nach Ergänzung um zwei Punkte.

Ansätzen die große Schwäche der Interpolationspolynome erkennbar. Mit wachsender Anzahl der Stützstellen kommt es besonders an den Rändern des Interpolationsintervalls zu extremen Funktionswerten, die aus der Lage der Knoten so nicht zu erwarten sind. Diese sogenannten Überschwünge verstärken sich mit wachsender Anzahl der Stützstellen immer weiter (s. Bild 6.6 und Bild 6.7). Auch aus kleinen Stützwerten können sich dabei sehr große Minima und Maxima im Interpolationspolynom entwickeln.

Beispiel 6.10. Die Knoten

$$(0,0),\ (1,1),\ (2,-1),\ (3,0),\ (4,-1),\ (5,1),\ (6,-1),$$
$$(7,1),\ (8,0),\ (9,0),\ (10,0),\ (11,1),\ (12,-1)\ \text{ und }\ (13,0)$$

haben Stützwerte zwischen −1 und 1. Das Interpolationspolynom erreicht aber über einhundertfache Funktionswerte (s. Bild 6.8).

Auf die Angabe der Funktionsgleichung des Polynoms wird hier verzichtet, dem interessierten Leser sei ihre Bestimmung als Übungsaufgabe empfohlen.

Abschnitt 6.2 Polynominterpolation

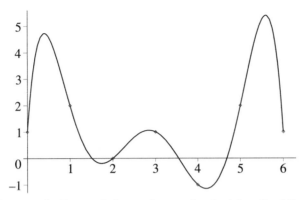

Bild 6.6. Ein Newtonsche Interpolationspolynom durch sieben äquidistante Knoten.

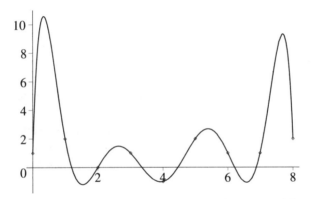

Bild 6.7. Ein Newtonsche Interpolationspolynom durch neun äquidistante Knoten.

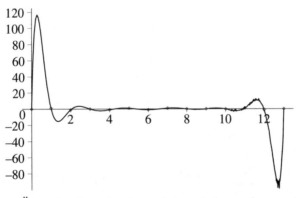

Bild 6.8. Extreme Überschwünge in einem Interpolationspolynom durch vierzehn Knoten.

6.2.4 Hermite-Interpolation

Bei der Lagrange- und der Newton-Interpolation war eine Funktion f durch eine Menge von ~~$n+1$~~ Punkten (x_i, f_i) $(i = 0, 1, 2 \ldots, n)$ gegeben. Zu bestimmen war das Interpolationspolynom vom Grad n, welches durch alle vorgegebenen Punkte verläuft.

Es seien nun in den $n+1$ Punkten (x_i, f_i) auch die Ableitungen f_i' bekannt. Das Interpolationspolynom soll den bekannten Daten vollständig entsprechen. Es muss also ein Interpolationspolynom bestimmt werden, das in den Stützstellen x_i vorgegebene Funktionswerte f_i und vorgegebene Ableitungen f_i' besitzt. Das gesuchte Polynom muss damit $2(n+1)$ Bedingungen genügen. Dadurch erhöht sich der Grad des Polynoms auf $2n+1$.

Derartige Daten liegen beispielsweise vor, wenn von einem bewegten Objekt zu festen Zeitpunkten der zurückgelegte Weg und die Momentangeschwindigkeit gemessen werden. Dabei seien t_i $(i = 0, 1, \ldots, n)$ die Messzeitpunkte und s_i die bis t_i zurückgelegten Wege. Die vorgegebenen Punkte sind dann (t_i, s_i). Bekanntlich ist die Geschwindigkeit die Ableitung des Weges nach der Zeit, also kann man die gemessenen Momentangeschwindigkeiten v_i als Ableitungen s_i' interpretieren. Gesucht ist in diesem Fall ein Polynom $P_{2n+1}(t)$ mit den Eigenschaften $P_{2n+1}(t_i) = s_i$ und $P'_{2n+1}(t_i) = v_i$ $(i = 0, 1, 2, \ldots, n)$. Der Ableitungsstrich symbolisiert dabei eine Zeitableitung.

Polynome, die in festen Stützstellen vorgegebene Funktionswerte und vorgegebene erste Ableitungen besitzen, werden als *Hermite-Polynome* bezeichnet. Bei der Formulierung von Hermite-Polynomen greift man auf die bereits diskutierten Lagrange-Polynome

$$L_k(x) = \prod_{\substack{i=0 \\ i \neq k}}^{n} \frac{x - x_i}{x_k - x_i} \quad (k = 0, 1, \ldots, n)$$

zurück. Diese Polynome haben bekanntlich die Eigenschaft

$$L_k(x_i) = \begin{cases} 1 : i = k \\ 0 : i \neq k \end{cases}. \tag{6.18}$$

Die Hermite-Polynome werden ohne Begründung angegeben.

Satz 6.3. *Das Hermite-Polynom*

$$H_{2n+1}(x) = \sum_{k=0}^{n} L_k^2(x)\Big(\big(1 - 2(x - x_k)L_k'(x_k)\big)f_k + (x - x_k)f_k'\Big)$$

hat die Eigenschaften

$$\left.\begin{array}{l} H_{2n+1}(x_k) = f_k \\ H'_{2n+1}(x_k) = f_k' \end{array}\right\} \quad (k = 0, 1, \ldots, n).$$

Abschnitt 6.2 Polynominterpolation

Die Richtigkeit der Behauptungen des Satzes lässt sich aus der Eigenschaft (6.18) der verwendeten Lagrange-Polynome ableiten. Für die Funktionswerte von H_{2n+1} erhält man damit

$$H_{2n+1}(x_k) = \bigl(1 - 2(x_k - x_k)L'_k(x_k)\bigr)f_k + (x_k - x_k)f'_k = f_k \quad (k = 0, 1, \ldots, n).$$

Nach der Produktregel der Differentiation gilt für die Ableitung von H_{2n+1}

$$H'_{2n+1}(x) = 2\sum_{k=0}^{n} L_k(x)L'_k(x)\Bigl(\bigl(1 - 2(x - x_k)L'_k(x_k)\bigr)f_k + (x - x_k)f'_k\Bigr)$$

$$+ \sum_{k=0}^{n} L_k^2(x)\bigl(-2L'_k(x_k)f_k + f'_k\bigr).$$

Daraus folgt nach (6.18) die zweite Eigenschaft

$$H'_{2n+1}(x_k) = f'_k$$

der Hermite-Polynome. In Polynomen dieses Typs kommt mit dem Ausdruck $L'_k(x_k)$ eine Größe vor, die für jedes k eine Konstante ist. Wegen

$$L'_k(x) = \sum_{\substack{i=0 \\ i \neq k}}^{n} \left(\frac{1}{x_k - x_i} \prod_{\substack{l=0 \\ l \neq k,i}} \frac{x - x_l}{x_k - x_l} \right) \quad (k = 0, 1, \ldots, n)$$

kann sie nach der Formel

$$L'_k(x_k) = \sum_{\substack{i=0 \\ i \neq k}}^{n} \frac{1}{x_k - x_i} \quad (k = 0, 1, \ldots, n) \tag{6.19}$$

bestimmt werden.

Beispiel 6.11. Es seien wieder die Punkte $(-1, 1)$, $(1, -1)$, $(2, 4)$ und $(5, 1)$ des Beispiels 6.4 gegeben. Das zu bestimmende Polynom $P(x)$ soll durch diese Punkte verlaufen und außerdem die Anstiege

$$P'(-1) = 1, \quad P'(1) = 0, \quad P'(2) = 1 \quad \text{und} \quad P'(5) = 0$$

besitzen. Die Lagrange-Polynome zu diesen Stützstellen sind nach Beispiel 6.4

$$L_0(x) = -\frac{(x-1)(x-2)(x-5)}{36}, \quad L_1(x) = \frac{(x+1)(x-2)(x-5)}{8},$$

$$L_2(x) = -\frac{(x+1)(x-1)(x-5)}{9}, \quad L_3(x) = \frac{(x+1)(x-1)(x-2)}{72}.$$

Für die Ableitungen der Lagrange-Polynome erhält man nach (6.19)

$$L_0'(x_0) = L_0'(-1) = -\frac{1}{2} - \frac{1}{3} - \frac{1}{6} = -1, \quad L_1'(x_1) = L_1'(1) = \frac{1}{2} - \frac{1}{1} - \frac{1}{4} = -\frac{3}{4},$$

$$L_2'(x_2) = L_2'(2) = \frac{1}{3} + \frac{1}{1} - \frac{1}{3} = 1, \quad L_3'(x_3) = L_3'(5) = \frac{1}{6} + \frac{1}{4} + \frac{1}{3} = \frac{3}{4}.$$

Nach dem Satz 6.3 wird daraus das Hermite-Polynom

$$\begin{aligned}H_7(x) &= \frac{(x-1)^2(x-2)^2(x-5)^2}{36^2}\Big((1+2(x+1)) + (x+1)\Big) \\ &+ \frac{(x+1)^2(x-2)^2(x-5)^2}{64}(-1)\left(1 + \frac{3}{2}(x-1)\right) \\ &+ \frac{(x+1)^2(x-1)^2(x-5)^2}{81}\Big((1-2(x-2))4 + (x-2)\Big) \\ &+ \frac{(x+1)^2(x-1)^2(x-2)^2}{72^2}\left(1 - \frac{3}{2}(x-5)\right) \\ &= \frac{(x-1)^2(x-2)^2(x-5)^2}{36^2}(3x+4) \\ &+ \frac{(x+1)^2(x-2)^2(x-5)^2}{64}\frac{-3x+1}{2} \\ &+ \frac{(x+1)^2(x-1)^2(x-5)^2}{81}(-7x+18) \\ &+ \frac{(x+1)^2(x-1)^2(x-2)^2}{72^2}\frac{-3x+17}{2}\end{aligned}$$

gebildet. Dieses Polynom kann nach dem Ausmultiplizieren der Klammern auch in der Form

$$\begin{aligned}H_7(x) = &-\frac{559}{5184}x^7 + \frac{2323}{1728}x^6 - \frac{13265}{2592}x^5 + \frac{9625}{2592}x^4 \\ &+ \frac{58625}{5184}x^3 - \frac{60703}{5184}x^2 - \frac{85}{12}x + \frac{8621}{1296}\end{aligned}$$

geschrieben werden.

Die Bildung des Hermite-Polynoms nach dem Satz 6.3, wie sie im vorigen Beispiel praktiziert wurde, ist ziemlich aufwändig. Es ist aber möglich, die Berechnung der Koeffizienten mit einem Steigungsschema wie bei der Newton-Interpolation auszuführen.

Mit der Vorgabe der Ableitungen in den Stützstellen erhöht sich gegenüber der vorher besprochenen Newton-Interpolation der Grad des resultierenden Polynoms von n auf $2n + 1$, es ist deshalb auch im Steigungsschema die Anzahl der eingetragenen

Abschnitt 6.2 Polynominterpolation

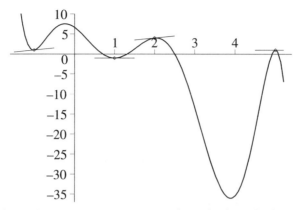

Bild 6.9. Hermite-Polynom durch die Knoten $(-1, 1)$, $(1, -1)$, $(2, 4)$ und $(5, 1)$ mit Tangenten bei vorgegebenen Anstiegen.

Knoten von $n + 1$ auf $2n + 2$ zu erhöhen. Das erreicht man durch Einführung neuer Stützstellen. Diese seien mit u_k bezeichnet. Die neue Stützstellenfolge (u_k) ($k = 0, 1, \ldots, 2n + 1$) wird nach der Vorschrift

$$u_{2l} = u_{2l+1} = x_l \quad (l = 0, 1, \ldots, n) \tag{6.20}$$

gebildet. Damit tauchen im Steigungsschema Stützstellen doppelt auf. Die ersten dividierten Differenzen des Typs $[u_{2l} u_{2l+1}]$ können dann nicht berechnet werden, da sie wegen

$$[u_{2l} u_{2l+1}] = \frac{[u_{2l}] - [u_{2l+1}]}{u_{2l} - u_{2l+1}} = \frac{[u_{2l}] - [u_{2l+1}]}{x_l - x_l} \quad (l = 0, 1, \ldots, n) \tag{6.21}$$

eine Division durch null enthalten. Erste dividierte Differenzen stellen aber Anstiege dar, die nach (6.21) nicht berechenbaren Größen $[u_{2l} u_{2l+1}]$ werden deshalb durch

$$[u_{2l} u_{2l+1}] = f_l' \quad (l = 0, 1, \ldots, n) \tag{6.22}$$

bestimmt. Das restliche Steigungsschema ist problemlos abzuarbeiten. Anschließend wird das Hermite-Polynom wie ein Newton-Polynom mit den Stützstellen $u_0, u_1, \ldots, u_{2n+1}$ nach der Vorschrift

$$H_{2n+1}(x) = [u_0] + \sum_{k=1}^{2n+1} [u_0 u_1 \ldots u_k](x - u_0)(x - u_1) \cdots (x - u_{k-1}) \tag{6.23}$$

gebildet.

Beispiel 6.12. Zum Vergleich wird wieder die Aufgabenstellung des Beispiels 6.11 mit den Punkten $(-1, 1)$, $(1, -1)$, $(2, 4)$ und $(5, 1)$ und den Anstiegen

$$f'_0 = P'(-1) = 1, \quad f'_1 = P'(1) = 0, \quad f'_2 = P'(2) = 1 \quad \text{und} \quad f'_3 = P'(5) = 0$$

betrachtet. Die Stützstellen für das Steigungsschema sind

$$u_0 = u_1 = -1, \quad u_2 = u_3 = 1, \quad u_4 = u_5 = 2 \quad \text{und} \quad u_6 = u_7 = 5.$$

Daraus erhält man das Steigungsschema:

u_k	f_k	$[u_i u_j]$	$[u_i u_j u_k]$	$[u_i u_j u_k u_l]$	$\cdots$	$\cdots$	$\cdots$	$\cdots$
-1	1							
		$\mathbf{1}$						
-1	1		-1					
		-1		$\frac{3}{4}$				
1	-1		$\frac{1}{2}$		$\frac{1}{4}$			
		$\mathbf{0}$		$\frac{3}{2}$		$-\frac{5}{4}$		
1	-1		5		$-\frac{7}{2}$		$\frac{323}{864}$	
		5		-9		$\frac{143}{144}$		$-\frac{559}{5185}$
2	4		-4		$\frac{59}{24}$		$-\frac{59}{216}$	
		$\mathbf{1}$		$\frac{5}{6}$		$-\frac{31}{48}$		
2	4		$-\frac{2}{3}$		$-\frac{1}{8}$			
		-1		$\frac{1}{3}$				
5	1		$\frac{1}{3}$					
		$\mathbf{0}$						
5	1							

Tabelle 6.8. Steigungsschema zu Beispiel 6.12.

Die fett gedruckten Einträge in der Spalte der ersten dividierten Differenzen sind die nach (6.22) eingesetzten Anstiege aus der Aufgabenstellung. Unter Verwendung der dividierten Differenzen in der oberen Diagonale des Schemas erhält man das Polynom

$$H_7(x) = 1 + (x+1) - (x+1)^2 + \frac{3}{4}(x+1)^2(x-1) + \frac{1}{4}(x+1)^2(x-1)^2$$
$$- \frac{5}{4}(x+1)^2(x-1)^2(x-2) + \frac{323}{864}(x+1)^2(x-1)^2(x-2)^2$$
$$- \frac{559}{5184}(x+1)^2(x-1)^2(x-2)^2(x-5).$$

Wie man durch Ausmultiplizieren prüfen kann, ist dieses Ergebnis mit dem im vorangegangenen Beispiel bestimmtem Polynom identisch.

Die in diesem Beispiel demonstrierte Analogie zwischen Hermite-Polynomen und gewöhnlichen Interpolationspolynomen mit doppelter Stützstellenzahl legt eine Übertragung der in Abschnitt 6.2.2 angegebenen Formel für den Fehler der Interpolation auf die Interpolation mit Hermite-Polynomen nahe.

Durch Berücksichtigung des doppelten Auftretens alle Stützstellen und des höheren Grades des Hermite-Polynoms gewinnt man aus der Gleichung (6.9) die neue Gleichung

$$f(x) - H_{2n+1}(x) = R_{2n+1}(x) = \frac{f^{(2n+2)}(\xi(x))}{(2n+2)!}(x-x_0)^2 \cdots (x-x_n)^2 \quad (6.24)$$

zur Beschreibung des Fehlers bei der Ersetzung einer mindestens $(2n+2)$-mal differenzierbaren Funktion f auf dem Intervall $[a, b]$ durch ein Hermite-Polynom. Der Parameter $a < \xi(x) < b$ ist dabei wieder eine von x abhängige Stelle des Interpolationsintervalls, deren genaue Angabe nicht möglich ist.

Beispiel 6.13. Es ist die Sinus-Funktion mit den Stützpunkten $(0,0)$, $(\pi/2, 1)$, $(\pi, 0)$ und $(3\pi/2, -1)$ aus dem Beispiel 6.3 auf dem Intervall $[0, 3\pi/2]$ durch ein Hermite-Polynom zu approximieren. Dazu sind zusätzlich in diesen Stützstellen die Anstiege $\sin' 0 = 1$, $\sin'(\pi/2) = 0$, $\sin'(\pi) = -1$ und $\sin'(3\pi/2) = 0$ zu berücksichtigen.

Das Steigungsschema zur Berechnung der Koeffizienten des gesuchten Hermite-Polynoms für dieses Problem ist in Tabelle 6.9 gegeben. Das resultierende Hermite-Polynom

$$H_7(x) = x + \frac{4-2\pi}{\pi^2}x^2 + \frac{4\pi - 16}{\pi^3}x^2\left(x - \frac{\pi}{2}\right) + \frac{4\pi - 16}{\pi^3}x^2\left(x - \frac{\pi}{2}\right)^2$$
$$+ \frac{48\pi - 160}{9\pi^6}x^2\left(x - \frac{\pi}{2}\right)^2(x - \pi)^2$$
$$+ \frac{1216 - 384\pi}{27\pi^7}x^2\left(x - \frac{\pi}{2}\right)^2(x - \pi)^2\left(x - \frac{3\pi}{2}\right)$$

u_k	f_k	$[u_i u_j]$	$[u_i u_j u_k]$	...	...	...	...
0	0						
		1					
0	0		$\dfrac{4-2\pi}{\pi^2}$				
		$\dfrac{2}{\pi}$		$\dfrac{4\pi-16}{\pi^3}$			
$\dfrac{\pi}{2}$	1		$-\dfrac{4}{\pi^2}$		$\dfrac{16-4\pi}{\pi^4}$		
		0		0		0	
$\dfrac{\pi}{2}$	1		$-\dfrac{4}{\pi^2}$		$\dfrac{16-4\pi}{\pi^4}$		$\dfrac{48\pi-160}{9\pi^6}$
		$-\dfrac{2}{\pi}$		$\dfrac{16-4\pi}{\pi^3}$		$\dfrac{24\pi-80}{3\pi^5}$	$\dfrac{1216-384\pi}{27\pi^7}$
π	0		$\dfrac{4-2\pi}{\pi^2}$		$\dfrac{8\pi-24}{\pi^4}$		$\dfrac{448-144\pi}{9\pi^6}$
		−1		$\dfrac{4\pi-8}{\pi^3}$		$\dfrac{48-16\pi}{\pi^5}$	
π	0		$\dfrac{2\pi-4}{\pi^2}$		$\dfrac{24-8\pi}{\pi^4}$		
		$-\dfrac{2}{\pi}$		$\dfrac{16-4\pi}{\pi^3}$			
$\dfrac{3\pi}{2}$	−1		$\dfrac{4}{\pi^2}$				
		0					
$\dfrac{3\pi}{2}$	−1						

Tabelle 6.9. Steigungsschema für Hermite-Polynom zu Beispiel 6.13.

$$= \frac{1}{27\pi^7}\big(1216x^7 + (1872\pi^2 - 5952\pi)x^6 - (3408\pi^3 + 10864\pi^2)x^5$$
$$+ (2808\pi^4 - 8880\pi^3)x^4 - (960\pi^5 + 2896\pi^4)x^3$$
$$+ (45\pi^6 - 144\pi^5)x^2 - 27\pi^7 x\big)$$

ist in der grafischen Darstellung auf dem Intervall $[0, 3\pi/2]$ nicht von der Sinus-Funktion zu unterscheiden. Als Abschätzung des auftretenden Maximalfehlers ergibt sich:

$$|\sin x - H_7(x)| = |R_7(x)|$$
$$= \left|\frac{\sin^{(8)}(\xi(x))}{8!}\right|\left|(x-0)\left(x-\frac{\pi}{2}\right)(x-\pi)\left(x-\frac{3\pi}{2}\right)\right|^2.$$

Die Funktion $\sin^{(8)} \xi = \sin \xi$ hat auf dem Interpolationsintervall $[0, 3\pi/2]$ die Eigenschaft $|\sin^{(8)} \xi| \leq 1$. Daraus ergibt sich die Abschätzung

$$|\sin x - H_7(x)| \leq \frac{1}{40320} \left| x \left(x - \frac{\pi}{2} \right) (x - \pi) \left(x - \frac{3\pi}{2} \right) \right|^2.$$

Mit einer Extremwertuntersuchung kann man feststellen, dass auf dem Intervall $[0, 3\pi/2]$ außerdem

$$\left| x \left(x - \frac{\pi}{2} \right) (x - \pi) \left(x - \frac{3\pi}{2} \right) \right|^2 \leq 37.0645744$$

gilt. Daraus findet man die Fehlerschranke

$$|\sin x - H_7(x)| \leq \frac{37.0645744}{40320} < 9.2 \cdot 10^{-4}.$$

6.3 Splineinterpolation

Bei der Polynominterpolation kann die interpolierende Funktion bei ansteigender Anzahl von Stützstellen besonders an den Grenzen des Interpolationsintervalls große Überschwünge aufweisen. Anzeichen dieser Erscheinung sind im Beispiel 6.9 bereits zu erkennen. Dieses Problem kann umgangen werden, indem das betrachtete Intervall $[x_0, x_n]$ in n Teilintervalle $[x_i, x_{i+1}]$ zerlegt wird. Die Interpolierende soll auf jeden Teilintervall ein Polynom sein. Außerdem wird an den Nahtstellen x_i der Teilintervalle die Stetigkeit der interpolierenden Funktion und ihrer Ableitungen bis zu einer gewissen Ordnung gefordert.

Definition 6.4. Eine Funktion $s^{[k]}_{x_0, x_1, \ldots, x_n}(x)$, die

a) auf jedem Intervall $[x_0, x_1], \ldots, [x_{n-1}, x_n]$ ein Polynom höchstens k-Grades ist und

b) auf dem Gesamtintervall $[x_0, x_n]$ $(k-1)$ stetige Ableitungen besitzt,

heißt *Splinefunktion vom Grad k*. Die Menge

$$S^{[k]}_{x_0, x_1, \ldots, x_n} = \{s^{[k]}_{x_0, x_1, \ldots, x_n}(x)\}$$

wird als *Raum der Splinefunktionen k-ten Grades* bezeichnet.

Wenn der betrachtete Splineraum eindeutig festgelegt ist, wird auf die Angabe der Stützstellen und des Grades verzichtet. Der Splineraum wird dann kurz durch S und eine Splinefunktion durch $s(x)$ bezeichnet.

6.3.1 Lineare Splines

Der einfachste Splineraum ist $S^{[1]}$. Eine Splinefunktion $s^{[1]}(x)$ wird gebildet, indem man die Funktion f auf dem Intervall $[x_i, x_{i+1}]$ durch eine durch die Punkte (x_i, f_i) und (x_{i+1}, f_{i+1}) verlaufende Gerade ersetzt. Die auf den Teilintervallen verwendeten Geraden haben in den Berührungspunkten der Intervalle gleiche Funktionswerte, der entstehende Polygonzug ist also stetig, er hat aber keine stetige Ableitung.

Die Geraden $g_i(x)$, die den Spline auf dem Intervall $[x_i, x_{i+1}]$ darstellen, können als lineares Interpolationspolynom durch die Punkte (x_i, f_i) und (x_{i+1}, f_{i+1}) betrachtet werden. In der Newtonschen Form erhalten wir damit für g_i die Formel

$$g_i(x) = f_i + \frac{f_{i+1} - f_i}{x_{i+1} - x_i}(x - x_i).$$

Den Spline können wir dann in der Form

$$s(x) = f_i + \frac{f_{i+1} - f_i}{x_{i+1} - x_i}(x - x_i) \quad (x_i \leq x \leq x_{i+1}) \tag{6.25}$$

schreiben.

Beispiel 6.14. Wie im Beispiel 6.9 sind die Punkte $(0, 1)$, $(1, 2)$, $(2, 0)$, $(3, 1)$, $(4, -1)$, $(5, 2)$, $(6, 1)$, $(7, 1)$ und $(8, 2)$ gegeben. Diese neun Punkte sind durch acht Geraden zu verbinden. Für die acht Geraden erhält man

$$g_0(x) = f_0 + \frac{f_1 - f_0}{x_1 - x_0}(x - x_0) = 1 + \frac{2 - 1}{1 - 0}(x - 0) = 1 + x,$$

$$g_1(x) = f_1 + \frac{f_2 - f_1}{x_2 - x_1}(x - x_1) = 2 + \frac{0 - 2}{2 - 1}(x - 1) = 2 - 2(x - 1),$$

$$g_2(x) = f_2 + \frac{f_3 - f_2}{x_3 - x_2}(x - x_2) = 0 + \frac{1 - 0}{3 - 2}(x - 2) = x - 2,$$

$$g_3(x) = f_3 + \frac{f_4 - f_3}{x_4 - x_3}(x - x_3) = 1 + \frac{-1 - 1}{4 - 3}(x - 3) = 1 - 2(x - 3),$$

$$g_4(x) = f_4 + \frac{f_5 - f_4}{x_5 - x_4}(x - x_4) = -1 + \frac{2 + 1}{5 - 4}(x - 4) = -1 + 3(x - 4),$$

$$g_5(x) = f_5 + \frac{f_6 - f_5}{x_6 - x_5}(x - x_5) = 2 + \frac{1 - 2}{6 - 5}(x - 5) = 2 - (x - 5),$$

$$g_6(x) = f_6 + \frac{f_7 - f_6}{x_7 - x_6}(x - x_6) = 1 + \frac{1 - 1}{7 - 6}(x - 6) = 1,$$

$$g_7(x) = f_7 + \frac{f_8 - f_7}{x_8 - x_7}(x - x_7) = 1 + \frac{2 - 1}{8 - 7}(x - 7) = 1 + (x - 7).$$

Der Spline hat dann die Form

$$s(x) = \begin{cases} x + 1 & : 0 \leq x \leq 1 \\ -2x + 4 & : 1 \leq x \leq 2 \\ x - 2 & : 2 \leq x \leq 3 \\ -2x + 7 & : 3 \leq x \leq 4 \\ 3x - 13 & : 4 \leq x \leq 5 \\ -x + 7 & : 5 \leq x \leq 6 \\ 1 & : 6 \leq x \leq 7 \\ x - 6 & : 7 \leq x \leq 8 \end{cases}.$$

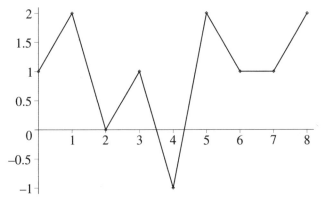

Bild 6.10. Der lineare Spline für Beispiel 6.14.

6.3.2 Quadratische Splines

Der Spline $s^{[2]}(x) \in S^{[2]}$ muss in den Berührungspunkten der Intervalle nicht nur stetig sein, sondern dort auch eine stetige Ableitung besitzen. Es sind deshalb quadratische Polynome zum Aufbau des Splines nötig, die auch als Taylor-Entwicklungen in x_i ($i = 0, 1, \ldots, n - 1$) geschrieben werden können. Auf dem Intervall $[x_i, x_{i+1}]$ wird der Spline durch das Polynom

$$p_i(x) = f_i + f_i'(x - x_i) + \frac{f_i''}{2}(x - x_i)^2 \tag{6.26}$$

gebildet. Die Koeffizienten f_i sind als Stützwerte des Problems bekannt. Die noch unbekannten Größen f_i' und f_i'' stehen für die Ableitungen der Splinefunktion in den Berührungspunkten der Intervalle. Sie sind so zu bestimmen, dass der Spline und seine Ableitung in den Intervallgrenzen stetig sind. Wegen der Stetigkeit der Ableitung

muss
$$p_i'(x) = f_i' + f_i''(x - x_i)$$
in x_{i+1} mit f_{i+1}' übereinstimmen. Mit der abkürzenden Schreibweise $h_i = x_{i+1} - x_i$ ($i = 0, 1, \ldots, n-1$) für die Schrittweite zwischen den Stützstellen erhält man

$$f_i'' = \frac{f_{i+1}' - f_i'}{x_{i+1} - x_i} = \frac{f_{i+1}' - f_i'}{h_i}.$$

Das Polynom kann als

$$p_i(x) = f_i + f_i'(x - x_i) + \frac{f_{i+1}' - f_i'}{2h_i}(x - x_i)^2 \quad (i = 0, 1, \ldots, n-1) \quad (6.27)$$

geschrieben werden. Der Spline enthält jetzt als unbekannte Parameter die ersten Ableitungen f_i' ($i = 0, 1, \ldots, n$). Man braucht noch ein Gleichungssystem zur Bestimmung dieser Ableitungen.

Die Stetigkeit des Splines in den Berührungspunkten der Intervalle führt zu:

$$f_{i+1} = f_i + f_i'(x_{i+1} - x_i) + \frac{f_{i+1}' - f_i'}{2h_i}(x_{i+1} - x_i)^2$$
$$= f_i + f_i' h_i + \frac{f_{i+1}' - f_i'}{2} h_i.$$

Diese Gleichung kann in die Form

$$f_{i+1}' + f_i' = 2\frac{f_{i+1} - f_i}{h_i} \quad (i = 0, 1, \ldots, n-1)$$

gebracht werden. Das lineare Gleichungssystem mit n Gleichungen und $n+1$ Variablen ist unterbestimmt. Durch die Vorgabe der Ableitung in einem der Ränder f_0' oder f_n' wird es eindeutig lösbar.

Beispiel 6.15. Um durch die Punkte des Beispiels 6.9 einen quadratischen Spline zu legen, ist zusätzlich zu den Punkten $(0, 1)$, $(1, 2)$, $(2, 0)$, $(3, 1)$, $(4, -1)$, $(5, 2)$, $(6, 1)$, $(7, 1)$ und $(8, 2)$ noch eine Ableitung am Rand des Splines nötig. Das Beispiel zeigt beide Formen, den Spline bei Vorgabe der Ableitung am rechten Rand und bei Vorgabe der Ableitung am linken Rand des Interpolationsintervalls.

Zuerst wird ein Spline mit vorgegebener Ableitung am linken Rand bestimmt. Dazu sei $f_0' = 1$ als Ableitung in $x_0 = 0$ vorgegeben. Das lineare Gleichungssystem zur Bestimmung des Splinekoeffizienten ist wegen der konstanten Schrittweite $h_i = 1$ ($i = 0, 1, \ldots, n-1$)

$$f_0' = 1$$
$$f_{i+1}' + f_i' = 2(f_{i+1} - f_i) \quad (i = 0, 1, \ldots, n-1)$$

Abschnitt 6.3 Splineinterpolation

oder in Matrixform

$$\begin{pmatrix} 1 & 0 & 0 & 0 & 0 & 0 & 0 & 0 & 0 \\ 1 & 1 & 0 & 0 & 0 & 0 & 0 & 0 & 0 \\ 0 & 1 & 1 & 0 & 0 & 0 & 0 & 0 & 0 \\ 0 & 0 & 1 & 1 & 0 & 0 & 0 & 0 & 0 \\ 0 & 0 & 0 & 1 & 1 & 0 & 0 & 0 & 0 \\ 0 & 0 & 0 & 0 & 1 & 1 & 0 & 0 & 0 \\ 0 & 0 & 0 & 0 & 0 & 1 & 1 & 0 & 0 \\ 0 & 0 & 0 & 0 & 0 & 0 & 1 & 1 & 0 \\ 0 & 0 & 0 & 0 & 0 & 0 & 0 & 1 & 1 \end{pmatrix} \begin{pmatrix} f_0' \\ f_1' \\ f_2' \\ f_3' \\ f_4' \\ f_5' \\ f_6' \\ f_7' \\ f_8' \end{pmatrix} = \begin{pmatrix} 1 \\ 2 \\ -4 \\ 2 \\ -4 \\ 6 \\ -2 \\ 0 \\ 2 \end{pmatrix}.$$

Deutlich erkennbar ist die Bandstruktur der Koeffizientenmatrix. Die obere Zeile enthält die Vorgabe $f_0' = 1$.

Die Lösung des Systems kann beginnend bei der vorgegebenen Größe f_0' durch schrittweises Einsetzen der Ergebnisse in die nachfolgenden Gleichungen bestimmt werden. Sie lautet

$$f_0' = 1, \quad f_1' = 1, \quad f_2' = -5, \quad f_3' = 7, \quad f_4' = -11,$$
$$f_5' = 17, \quad f_6' = -19, \quad f_7' = 19, \quad f_8' = -17.$$

Die quadratischen Polynome des Splines können durch Einsetzung dieser Werte in die Gleichung (6.27) bestimmt werden. Man erhält dann für den Spline:

$$s(x) = \begin{cases} 1 + x^2 & : 0 \leq x \leq 1 \\ 2 + (x-1) - 3(x-1)^2 & : 1 \leq x \leq 2 \\ -5(x-2) + 6(x-2)^2 & : 2 \leq x \leq 3 \\ 1 + 7(x-3) - 9(x-3)^2 & : 3 \leq x \leq 4 \\ -1 - 11(x-4) + 14(x-4)^2 & : 4 \leq x \leq 5 \\ 2 + 17(x-5) - 18(x-5)^2 & : 5 \leq x \leq 6 \\ 1 - 19(x-6) + 19(x-6)^2 & : 6 \leq x \leq 7 \\ 1 + 19(x-7) - 18(x-7)^2 & : 7 \leq x \leq 8 \end{cases}.$$

Für den Spline mit fester Ableitung am rechten Rand sei $f_8' = 1$ als Ableitung in $x_8 = 8$ vorgegeben. Die Splinekoeffizienten werden dann durch

$$f_8' = 1$$
$$f_{i+1}' + f_i' = 2(f_{i+1} - f_i) \quad (i = 0, 1, \ldots, n-1)$$

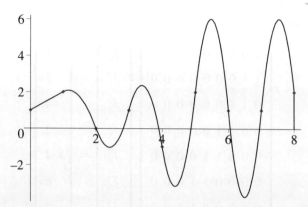

Bild 6.11. Ein quadratischer Spline mit vorgegebener Ableitung am linken Rand $s'(0) = 1$.

bestimmt. In diesem System ist bereits die konstante Schrittweite $h_i = 1$ berücksichtigt. In Matrixform lautet das Gleichungssystem:

$$\begin{pmatrix} 1 & 1 & 0 & 0 & 0 & 0 & 0 & 0 & 0 \\ 0 & 1 & 1 & 0 & 0 & 0 & 0 & 0 & 0 \\ 0 & 0 & 1 & 1 & 0 & 0 & 0 & 0 & 0 \\ 0 & 0 & 0 & 1 & 1 & 0 & 0 & 0 & 0 \\ 0 & 0 & 0 & 0 & 1 & 1 & 0 & 0 & 0 \\ 0 & 0 & 0 & 0 & 0 & 1 & 1 & 0 & 0 \\ 0 & 0 & 0 & 0 & 0 & 0 & 1 & 1 & 0 \\ 0 & 0 & 0 & 0 & 0 & 0 & 0 & 1 & 1 \\ 0 & 0 & 0 & 0 & 0 & 0 & 0 & 0 & 1 \end{pmatrix} \begin{pmatrix} f'_0 \\ f'_1 \\ f'_2 \\ f'_3 \\ f'_4 \\ f'_5 \\ f'_6 \\ f'_7 \\ f'_8 \end{pmatrix} = \begin{pmatrix} 2 \\ -4 \\ 2 \\ -4 \\ 6 \\ -2 \\ 0 \\ 2 \\ 1 \end{pmatrix}.$$

Hierbei enthält die letzte Zeile die Vorgabe $f'_8 = 1$.

Die Lösung wird in diesem Fall beginnend bei f'_8 durch schrittweises Einsetzen der Ergebnisse in die darüber stehenden Gleichungen bestimmt. Sie lautet

$$f'_0 = 19, \quad f'_1 = -17, \quad f'_2 = 13, \quad f'_3 = -11, \quad f'_4 = 7,$$
$$f'_5 = -1, \quad f'_6 = -1, \quad f'_7 = 1, \quad f'_8 = 1.$$

Abschnitt 6.3 Splineinterpolation

Durch Einsetzung der Ergebnisse in die Gleichung (6.27) erhält man für den Spline:

$$s(x) = \begin{cases} 1 + 19x - 18x^2 & : 0 \leq x \leq 1 \\ 2 - 17(x-1) + 15(x-1)^2 & : 1 \leq x \leq 2 \\ 13(x-2) - 12(x-2)^2 & : 2 \leq x \leq 3 \\ 1 - 11(x-3) + 9(x-3)^2 & : 3 \leq x \leq 4 \\ -1 + 7(x-4) - 4(x-4)^2 & : 4 \leq x \leq 5 \\ 2 - 1(x-5) & : 5 \leq x \leq 6 \\ 1 - (x-6) + (x-6)^2 & : 6 \leq x \leq 7 \\ 1 + (x-7) & : 7 \leq x \leq 8 \end{cases}.$$

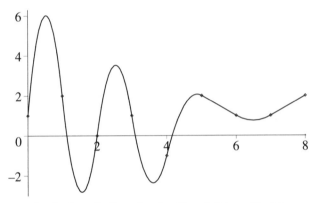

Bild 6.12. Ein quadratischer Spline durch die gleichen Punkte, vorgegeben ist $s'(8) = 1$.

6.3.3 Kubische Splines

In der am häufigsten angewendeten Form soll der Spline in den Berührungspunkten der Intervalle zweimal stetig differenzierbar sein. Der Grad der Polynome des Splines muss dazu weiter erhöht werden. Das kubische Polynom auf dem Intervall $[x_i, x_{i+1}]$ kann man wieder als Taylor-Entwicklung in x_i in der Form

$$p_i(x) = f_i + f_i'(x - x_i) + \frac{f_i''}{2}(x - x_i)^2 + \frac{f_i'''}{6}(x - x_i)^3 \qquad (6.28)$$

schreiben. Die noch unbekannten Größen f_i', f_i'' und f_i''' stehen dabei für die Ableitungen des Splines in den Stützstellen. Sie sind so zu bestimmen, dass der Spline und seine ersten beiden Ableitungen in den Stützstellen stetig sind. Wir werden ein

Gleichungssystem für die Parameter f_i'' herleiten. Die Größen f_i' und f_i''' sind dazu in Abhängigkeit von f_i'' anzugeben. Mit den Polynomableitungen

$$p_i'(x) = f_i' + f_i''(x - x_i) + \frac{f_i'''}{2}(x - x_i)^2,$$
$$p_i''(x) = f_i'' + f_i'''(x - x_i)$$

kann man die geforderten Stetigkeiten in x_{i+1} in der Form

$$\begin{aligned} f_{i+1} &= f_i + f_i'(x_{i+1} - x_i) + \frac{f_i''}{2}(x_{i+1} - x_i)^2 + \frac{f_i'''}{6}(x_{i+1} - x_i)^3 \\ &= f_i + f_i' h_i + \frac{f_i''}{2} h_i^2 + \frac{f_i'''}{6} h_i^3, \\ f_{i+1}' &= f_i' + f_i''(x_{i+1} - x_i) + \frac{f_i'''}{2}(x_{i+1} - x_i)^2 \\ &= f_i' + f_i'' h_i + \frac{f_i'''}{2} h_i^2, \\ f_{i+1}'' &= f_i'' + f_i'''(x_{i+1} - x_i) = f_i'' + f_i''' h_i \end{aligned} \qquad (6.29)$$

($i = 0, \ldots, n - 1$) schreiben. Aus der dritten Gleichung des Systems (6.29) lässt sich mit

$$f_i''' = \frac{f_{i+1}'' - f_i''}{h_i} \qquad (6.30)$$

bereits eine der benötigten Abhängigkeiten gewinnen. Die beiden ersten Gleichungen von (6.29) werden durch die Substitution von f_i''' in die Form

$$\begin{aligned} f_{i+1} &= f_i + f_i' h_i + \frac{f_i''}{2} h_i^2 + \frac{f_{i+1}'' - f_i''}{6} h_i^2 \\ &= f_i + f_i' h_i + \frac{f_{i+1}'' + 2 f_i''}{6} h_i^2, \\ f_{i+1}' &= f_i' + f_i'' h_i + \frac{f_{i+1}'' - f_i''}{2} h_i = f_i' + \frac{f_{i+1}'' + f_i''}{2} h_i \end{aligned} \qquad (6.31)$$

überführt. Da f_i und f_{i+1} bekannt sind, kann man aus der oberen Gleichung des Systems (6.31) für f_i' die Formel

$$f_i' = \frac{f_{i+1} - f_i}{h_i} - \frac{f_{i+1}'' + 2 f_i''}{6} h_i \qquad (6.32)$$

gewinnen. Die Gleichung (6.32) gilt in analoger Weise auch für f_{i+1}'. Damit können in der zweiten Gleichung des Systems (6.31) die Größen f_i' und f_{i+1}' eliminiert

Abschnitt 6.3 Splineinterpolation

werden. Die entstehende Gleichung lässt sich zu

$$h_{i+1} f''_{i+2} + 2(h_{i+1} + h_i) f''_{i+1} + h_i f''_i$$
$$= 6 \left(\frac{f_{i+2} - f_{i+1}}{h_{i+1}} - \frac{f_{i+1} - f_i}{h_i} \right) \quad (i = 0, \ldots, n-2) \quad (6.33)$$

vereinfachen. Die Formel (6.33) stellt also ein lineares System aus $n-1$ Gleichungen für $n+1$ Variable f''_i ($i = 0, 1, \ldots, n$) dar. Dieses Gleichungssystem besitzt erst nach der Vorgabe von zwei weiteren Bedingungen eine eindeutige Lösung. Diese zusätzlichen Bedingungen können auf verschiedene Weise angegeben werden. Für diese unterschiedlichen Randbedingungen haben sich verschiedene Namen für die Splinefunktion durchgesetzt.

Definition 6.5. Eine Funktion $s(x)$ auf $[x_0, x_n]$ heißt *kubischer Spline*, wenn

- $s(x_i) = f_i$ ($i = 0, \ldots, n$) mit vorgegebenen f_i gilt,

- $s(x)$ auf dem Intervall $[x_i, x_{i+1}]$ ($i = 0, \ldots, n-1$) ein von i abhängiges Polynom höchstens dritten Grades ist und

- $s(x)$ auf $[x_0, x_n]$ zweimal stetig differenzierbar ist.

  (i) $s(x)$ heißt *natürlicher Spline*, wenn zusätzlich die Randbedingungen gelten $s''(x_0) = 0$, $s''(x_n) = 0$.

  (ii) Im Falle $s(x_0) = s(x_n)$, $s'(x_0) = s'(x_n)$, $s''(x_0) = s''(x_n)$ heißt $s(x)$ *periodischer Spline*.

  (iii) Bei vorgegebenen Randableitungen $s'(x_0) = f'_0$, $s'(x_n) = f'_n$ nennt man $s(x)$ einen *Spline mit vollständigen Randbedingungen*.

  (iv) Wenn sogar die Stetigkeit der dritten Ableitung $s'''(x)$ in den Stellen x_1 und x_{n-1} gefordert wird, heißt $s(x)$ *Spline mit not-a-knot Randbedingungen*.

In einem natürlichen Spline sind wegen $s''(x_0) = f''_0 = 0$ und $s''(x_n) = f''_n = 0$ zwei der als Splineparameter zu berechnenden zweiten Ableitungen vorgegeben.

Beispiel 6.16. Durch die Punkte $(0, 1)$, $(1, 2)$, $(2, 0)$, $(3, 1)$, $(4, -1)$, $(5, 2)$, $(6, 1)$, $(7, 1)$ und $(8, 2)$ des Beispiels 6.9 soll ein natürlicher kubischer Spline gelegt werden.

Es gilt also $f_0'' = 0$ und $f_8'' = 0$. Die Formel (6.33) liefert für $f_0'', \ldots, f_n'''$ das lineare Gleichungssystem:

$$\begin{pmatrix} 1 & 0 & 0 & 0 & 0 & 0 & 0 & 0 & 0 \\ 1 & 4 & 1 & 0 & 0 & 0 & 0 & 0 & 0 \\ 0 & 1 & 4 & 1 & 0 & 0 & 0 & 0 & 0 \\ 0 & 0 & 1 & 4 & 1 & 0 & 0 & 0 & 0 \\ 0 & 0 & 0 & 1 & 4 & 1 & 0 & 0 & 0 \\ 0 & 0 & 0 & 0 & 1 & 4 & 1 & 0 & 0 \\ 0 & 0 & 0 & 0 & 0 & 1 & 4 & 1 & 0 \\ 0 & 0 & 0 & 0 & 0 & 0 & 1 & 4 & 1 \\ 0 & 0 & 0 & 0 & 0 & 0 & 0 & 0 & 1 \end{pmatrix} \begin{pmatrix} f_0'' \\ f_1'' \\ f_2'' \\ f_3'' \\ f_4'' \\ f_5'' \\ f_6'' \\ f_7'' \\ f_8'' \end{pmatrix} = \begin{pmatrix} 0 \\ -18 \\ 18 \\ -18 \\ 30 \\ -24 \\ 6 \\ 6 \\ 0 \end{pmatrix}.$$

Die erste und die letzte Zeile des Systems enthalten die beiden Randvorgaben $f_0'' = 0$ und $f_8'' = 0$. Die Lösung des Systems ist in der Spalte f_i'' in der Tabelle 6.10 aufgeführt. Mit den ebenfalls in der Tabelle eingetragenen Daten f_i können nach Gleichung (6.32) die Ableitungen f_i' und nach Gleichung (6.30) die dritten Ableitungen f_i''' bestimmt werden. Durch Einsetzung der Daten aus der Tabelle in die Gleichung (6.28) erhält man für den Spline:

$$s(x) = \begin{cases} 1 + \dfrac{22907}{10864} x - \dfrac{12043}{10864} x^3 & : 0 \leq x < 1 \\[6pt] 2 - \dfrac{6611}{5432}(x-1) - \dfrac{36129}{10864}(x-1)^2 + \dfrac{27623}{10864}(x-1)^3 & : 1 \leq x < 2 \\[6pt] -\dfrac{373}{1552}(x-2) + \dfrac{11685}{2716}(x-2)^2 - \dfrac{33265}{10864}(x-2)^3 & : 2 \leq x < 3 \\[6pt] 1 - \dfrac{4463}{5432}(x-3) - \dfrac{53055}{10864}(x-3)^2 + \dfrac{40253}{10864}(x-3)^3 & : 3 \leq x < 4 \\[6pt] -1 + \dfrac{59}{112}(x-4) + \dfrac{1209}{194}(x-4)^2 - \dfrac{40835}{10864}(x-4)^3 & : 4 \leq x < 5 \\[6pt] 2 + \dfrac{9313}{5432}(x-5) - \dfrac{54801}{10864}(x-5)^2 + \dfrac{25311}{10864}(x-5)^3 & : 5 \leq x < 6 \\[6pt] 1 - \dfrac{2149}{1552}(x-6) + \dfrac{5283}{2716}(x-6)^2 - \dfrac{6089}{10864}(x-6)^3 & : 6 \leq x < 7 \\[6pt] 1 + \dfrac{4477}{5432}(x-7) + \dfrac{2865}{10864}(x-7)^2 - \dfrac{955}{10864}(x-7)^3 & : 7 \leq x \leq 8 \end{cases}$$

Abschnitt 6.3 Splineinterpolation

i	f_i	f_i'	f_i''	f_i'''
0	1	$\dfrac{22907}{10864}$	0	$-\dfrac{36129}{5432}$
1	2	$-\dfrac{6611}{5432}$	$\dfrac{36129}{5432}$	$\dfrac{82869}{5432}$
2	0	$\dfrac{373}{1552}$	$\dfrac{11685}{1358}$	$\dfrac{99795}{5432}$
3	1	$-\dfrac{4463}{5432}$	$\dfrac{53055}{5432}$	$\dfrac{120759}{5432}$
4	-1	$\dfrac{59}{112}$	$\dfrac{1209}{97}$	$-\dfrac{122505}{5432}$
5	2	$\dfrac{9313}{5432}$	$\dfrac{54801}{5432}$	$\dfrac{75933}{5432}$
6	1	$-\dfrac{2149}{1552}$	$\dfrac{5283}{1358}$	$-\dfrac{18267}{5432}$
7	1	$\dfrac{4477}{5432}$	$\dfrac{2865}{5432}$	$-\dfrac{2865}{5432}$
8	2		0	

Tabelle 6.10. Daten zu Beispiel 6.16.

In der letzten Zeile der Tabelle 6.10, die den Eigenschaften des Splines an der Stelle $x_8 = 8$ entspricht, sieht man nur zwei Einträge. Die Größen $f_8 = 2$ und $f_8'' = 0$ sind Bestandteil der Aufgabenstellung. Die Größen am rechten Rand des Interpolationsintervalls f_8' und f_8''' können mit den Gleichungen (6.32) und (6.30) nicht bestimmt werden, sie werden aber auch nicht benötigt.

Die not-a-knot Randbedingung

$$\lim_{x \uparrow x_1} s'''(x) = \lim_{x \downarrow x_1} s'''(x)$$

führt mit Gleichung (6.30) wegen

$$\lim_{x \uparrow x_1} s'''(x) = \lim_{x \uparrow x_1} p_0'''(x) = \frac{f_1'' - f_0''}{h_0} \quad \text{und}$$

$$\lim_{x \downarrow x_1} s'''(x) = \lim_{x \downarrow x_1} p_1'''(x) = \frac{f_2'' - f_1''}{h_1}$$

zu

$$\frac{f_1'' - f_0''}{h_0} = \frac{f_2'' - f_1''}{h_1}.$$

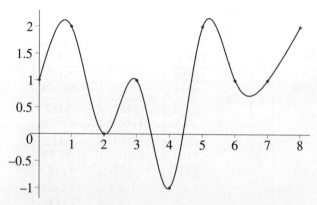

Bild 6.13. Der natürliche kubische Spline des Beispiels.

In der Form
$$h_1 f_0'' - (h_0 + h_1) f_1'' + h_0 f_2'' = 0 \tag{6.34}$$
ergibt sich daraus eine der beiden neuen zusätzlichen Bedingungen. Analog erhält man aus der zweiten not-a-knot Bedingung

$$\lim_{x \uparrow x_{n-1}} s'''(x) = \lim_{x \downarrow x_{n-1}} s'''(x)$$

die Gleichung
$$h_{n-1} f_{n-2}'' - (h_{n-2} + h_{n-1}) f_{n-1}'' + h_{n-2} f_n'' = 0. \tag{6.35}$$

Beispiel 6.17. Durch die Punkte $(0,0)$, $(2,0)$, $(3,1)$, $(4,1)$, $(8,0)$ und $(10,1)$ soll ein kubischer Spline mit not-a-knot Randbedingungen konstruiert werden.

Die Parameter f_0'' bis f_5'' des Splines werden dann mit Hilfe des linearen Gleichungssystems

$$\begin{pmatrix} 1 & -3 & 2 & 0 & 0 & 0 \\ 2 & 6 & 1 & 0 & 0 & 0 \\ 0 & 1 & 4 & 1 & 0 & 0 \\ 0 & 0 & 1 & 10 & 4 & 0 \\ 0 & 0 & 0 & 4 & 12 & 2 \\ 0 & 0 & 0 & 2 & -6 & 4 \end{pmatrix} \begin{pmatrix} f_0'' \\ f_1'' \\ f_2'' \\ f_3'' \\ f_4'' \\ f_5'' \end{pmatrix} = \begin{pmatrix} 0 \\ 6 \\ -6 \\ -\frac{3}{2} \\ \frac{9}{2} \\ 0 \end{pmatrix}$$

bestimmt, wobei die erste Zeile des Systems die Gleichung (6.34) und die letzte Zeile die Gleichung (6.35) darstellt. Die anderen Zeilen wurden nach Gleichung (6.33) gebildet.

Abschnitt 6.3 Splineinterpolation

Die Lösungen des Gleichungssystems stehen in der Spalte f_i'' der Tabelle 6.11, die auch die Stützstellen x_i, die Stützwerte f_i und die nach (6.32) und (6.30) bestimmten Ableitungen f_i' und f_i''' enthält.

i	x_i	f_i	f_i'	f_i''	f_i'''
0	0	0	$-\dfrac{3491}{1524}$	$\dfrac{5141}{762}$	$-\dfrac{2475}{254}$
1	2	0	$\dfrac{1841}{1524}$	$\dfrac{191}{762}$	$-\dfrac{2475}{254}$
2	3	1	$\dfrac{1589}{3048}$	$-\dfrac{1142}{381}$	$\dfrac{2085}{254}$
3	4	1	$-\dfrac{149}{508}$	$-\dfrac{199}{762}$	$\dfrac{87}{127}$
4	8	0	$\dfrac{149}{1524}$	$\dfrac{497}{762}$	$\dfrac{87}{127}$
5	10	1		$\dfrac{845}{1524}$	

Tabelle 6.11. Daten zu Beispiel 6.17.

Nach (6.28) lautet der Spline dann:

$$s(x) = \begin{cases} -\dfrac{3491}{1524}x + \dfrac{5141}{1524}x^2 - \dfrac{825}{508}x^3 & : 0 \leq x < 2 \\[4pt] \dfrac{1841}{1524}(x-2) + \dfrac{191}{1524}(x-2)^2 - \dfrac{825}{508}(x-2)^3 & : 2 \leq x < 3 \\[4pt] 1 + \dfrac{1589}{3048}(x-3) - \dfrac{571}{381}(x-3)^2 + \dfrac{695}{508}(x-3)^3 & : 3 \leq x < 4 \\[4pt] 1 - \dfrac{149}{508}(x-4) - \dfrac{199}{1524}(x-4)^2 + \dfrac{29}{254}(x-4)^3 & : 4 \leq x < 8 \\[4pt] \dfrac{149}{1524}(x-8) + \dfrac{497}{1524}(x-8)^2 + \dfrac{29}{254}(x-8)^3 & : 8 \leq x \leq 10 \end{cases}$$

Durch Ausmultiplizieren der Polynome des Splines erhält man die Form:

$$s(x) = \begin{cases} -\dfrac{3491}{1524}x + \dfrac{5141}{3048}x^2 - \dfrac{275}{1016}x^3 & : 0 \leq x < 3 \\[4pt] -\dfrac{1710}{127} + \dfrac{17029}{1524}x - \dfrac{8539}{3048}x^2 + \dfrac{695}{3048}x^3 & : 3 \leq x < 4 \\[4pt] -\dfrac{34}{381} + \dfrac{1741}{1524}x - \dfrac{895}{3048}x^2 + \dfrac{29}{1524}x^3 & : 4 \leq x \leq 10 \end{cases}$$

Die zweite Version der Splineformel zeigt die Herkunft des Namens not-a-knot Randbedingung. Die Stetigkeit von $s'''(x)$ in den Stützstellen x_1 und x_{n-1} zieht nach sich, dass der Spline auf den ersten und letzten beiden Intervallen jeweils durch ein einheitliches Polynom dritten Grades verkörpert wird. Die Stellen x_1 und x_{n-1} sind daher nicht wie die anderen inneren Stützstellen Grenzen zwischen zwei Intervallen, auf denen der Spline durch verschiedene Polynome gebildet wird. In x_1 und x_{n-1} ist damit die Differenzierbarkeit nicht wie in den anderen Stützstellen, in denen nur die erste und zweite Ableitung existiert, eingeschränkt.

Ein periodischer Spline mit den Eigenschaften

$$s(x_0) = s(x_n), \quad s'(x_0) = s'(x_n), \quad s''(x_0) = s''(x_n)$$

kann nur gebildet werden, wenn die Stützwerte die Eigenschaft $f_0 = f_n$ haben, da ansonsten eine Periodizität prinzipiell nicht erreicht werden kann. Die erste zusätzliche Bedingung zur Koeffizientenberechnung ergibt sich mit

$$f_0'' = f_n'' \tag{6.36}$$

direkt aus der Periodizität. Für $f_n' = f_0'$ folgt aus den Gleichungen (6.28) und (6.30):

$$f_0' = f_n' = p_{n-1}'(x_n) = f_{n-1}' + f_{n-1}'' h_{n-1} + \frac{f_{n-1}'''}{2} h_{n-1}^2$$

$$= f_{n-1}' + f_{n-1}'' h_{n-1} + \frac{f_n'' - f_{n-1}''}{2} h_{n-1}$$

$$= f_{n-1}' + \frac{f_n'' + f_{n-1}''}{2} h_{n-1}$$

$$= \frac{f_n - f_{n-1}}{h_{n-1}} - \frac{f_n'' + 2f_{n-1}''}{6} h_{n-1} + \frac{f_n'' + f_{n-1}''}{2} h_{n-1}$$

$$= \frac{f_n - f_{n-1}}{h_{n-1}} + \frac{2f_n'' + f_{n-1}''}{6} h_{n-1} \,.$$

Da nach Gleichung (6.32) aber auch

$$f_0' = \frac{f_1 - f_0}{h_0} - \frac{f_1'' + 2f_0''}{6} h_0$$

gilt, erhält man durch Gleichsetzen der beiden Ausdrücke für f_0' und einige Umformungen

$$2f_0'' h_0 + f_1'' h_0 + f_{n-1}'' h_{n-1} + 2f_n'' h_{n-1} = 6\frac{f_1 - f_0}{h_0} - 6\frac{f_n - f_{n-1}}{h_{n-1}} \,. \tag{6.37}$$

Der letzte zu untersuchende Fall ist der kubische Spline mit vollständigen Randbedingungen. Das Vorgehen entspricht dabei den vorherigen Fällen, daher wird hier auf die Darstellung verzichtet.

Die Minimalitätseigenschaft kubischer Splines

Es lässt sich zeigen, dass der kubische Spline unter allen zweimal stetig differenzierbaren Funktionen mit der Eigenschaft $f_i = f(x_i)$ ($i = 0, 1, \ldots, n$) auf dem Intervall $[a, b]$ diejenige Funktion ist, die gleichzeitig das Minimierungsproblem

$$\int_{x_0}^{x_n} (f''(x))^2 dx \quad \Rightarrow \quad \text{min!} \tag{6.38}$$

löst. Um die Bedeutung dieser Eigenschaft zu erfassen, ist ein kurzer Ausflug in die Physik nötig. Dazu stelle man sich einen biegsamen Stab vor, der durch an den Stellen (f_i, x_i) ($i = 0, 1, \ldots, n$) befestigte drehbare Ösen gespannt wird. Da physikalische Systeme immer Zustände mit möglichst kleiner Energie anstreben, nimmt der Stab dann eine Gestalt an, die seine Gesamtbiegeenergie minimiert. Die Biegeenergie ist proportional zum Quadrat der Krümmung. Die Gesamtbiegeenergie des Stabes ist dann proportional zum Integral des Quadrates der Krümmung

$$\int_{x_0}^{x_n} \frac{(f''(x))^2}{1 + (f'(x))^2} dx \,.$$

Die Minimierung der Gesamtbiegungsenergie bedeutet daher

$$\int_{x_0}^{x_n} \frac{(f''(x))^2}{1 + (f'(x))^2} dx \quad \Rightarrow \quad \text{min!} \tag{6.39}$$

Unter der Voraussetzung $|f'(x)| \ll 1$ kann man (6.39) durch die einfachere Forderung (6.38) ersetzen. Der kubische Spline durch (f_i, x_i) ($i = 0, 1, \ldots, n$) kann deshalb auch als Verlauf eines durch diese Punkte gespannten elastischen Stabes interpretiert werden, der die vorgegeben Randbedingungen erfüllt. Diese Eigenschaft kommt in der Namensgebung zum Ausdruck, denn spline ist der englische Ausdruck für einen solchen elastischen Stab. An den äußeren Einspannpunkten wirkt keine krümmende Kraft auf den Stab ein. Der Verlauf eines realen Stabs ist deshalb durch $f''(x_0) = f''(x_n) = 0$ charakterisiert. Der Spline mit diesen Eigenschaften heißt daher natürlicher Spline.

Beispiel 6.18. Besonders eindrucksvoll kommt diese Minimalitätseigenschaft der kubischen Splines natürlich im Vergleich mit dem Interpolationspolynom aus Beispiel 6.10 zum Ausdruck. Bei dem Polynom durch die Knoten

$$(0,0), \ (1,1), \ (2,-1), \ (3,0), \ (4,-1), \ (5,1), \ (6,-1), (7,1),$$
$$(8,0), \ (9,0), \ (10,0), \ (11,1), \ (12,-1) \quad \text{und} \quad (13,0)$$

waren dramatische Extrema zu beobachten, ohne dass die Knoten solche Extrema erwarten ließen (s. Bild 6.14). Der natürliche kubische Spline entspricht diesen Knoten wesentlich besser (s. Bild 6.15).

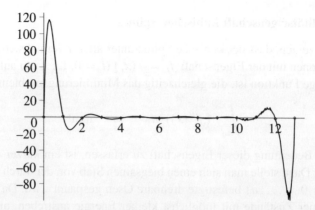

Bild 6.14. Die Überschwünge des Interpolationspolynoms.

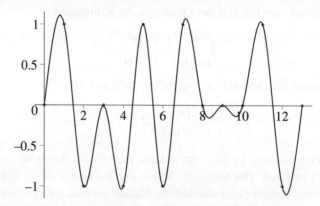

Bild 6.15. Der natürliche kubische Spline durch die gleichen Knoten.

6.3.4 B-Splines

Der Ausgangspunkt der bisherigen Betrachtungen war die in der Definition 6.4 angegebene Polynomdarstellung der Splines, wobei auf jedem Intervall die Koeffizienten des den Spline beschreibenden Polynoms bestimmt wurden.

Ein anderer Zugang zum Problem besteht in der Bestimmung einer Basis des Splineraumes $S^{[k]}_{x_0,x_1,\ldots,x_n}$. Eine Basis ist eine Menge von Funktionen $b^{[k]}(x)$ mit der Eigenschaft, dass sich jeder Spline $s^{[k]}_{x_0,x_1,\ldots,x_n}(x)$ als Linearkombination

$$s^{[k]}_{x_0,x_1,\ldots,x_n}(x) = \sum_l c_l b^{[k]}_l(x) \qquad (6.40)$$

Abschnitt 6.3 Splineinterpolation

darstellen lässt. Die Funktionen $b_l^{[k]}(x)$ heißen *B-Splines* oder *Basissplines*. Die Koeffizienten c_l können durch das lineare Gleichungssystem

$$f_i = \sum_l c_l b_l^{[k]}(x_i) \quad (i = 0, 1, \ldots, n) \tag{6.41}$$

bestimmt werden. Die B-Splines entsprechen dann den am Beginn des Kapitels genannten Ansatzfunktionen $\phi_k(x)$, dies kommt auch in der Analogie der Gleichungen (6.40) und (6.41) zu (6.1) und (6.2) zum Ausdruck. Die Bildung der B-Splines ist sicher abhängig vom Grad k des Splineraums und den vorgegebenen Stützstellen $x_0, x_1, \ldots, x_n$. Aber auch bei festem k und festen Stützstellen $x_0, x_1, \ldots, x_n$ wird es verschiedene Möglichkeiten zur Bildung von B-Splines geben. Die B-Splines sollten so gebildet werden, dass das Gleichungssystem (6.41) eine möglichst einfache Gestalt hat. Eine Bandstruktur des Gleichungssystems mit wenigen Bändern neben der Diagonale ist günstig für die Lösung des Gleichungssystems.

Innere Splines

Als B-Splines werden Spline-Funktionen verwendet, die nur auf m benachbarten Intervallen von null verschieden sind. Auf den anderen Intervallen verschwinden sie. Die B-Splines von Grad k

$$b_{[x_i x_{i+1} \ldots x_{i+m}]}^{[k]}(x) = \begin{cases} 0 & : x < x_i \\ a_{0l} + a_{1l}x + a_{2l}x^2 + \ldots + a_{kl}x^k & : x \in [x_{i+l}, x_{i+l+1}] \\ & \quad l = 0, \ldots, m-1 \\ 0 & : x > x_{i+m} \end{cases} \tag{6.42}$$

führen auf ein Gleichungssystem mit Bandstruktur. Die Indizes der B-Splines geben die Stützstellen an, für die der Spline konstruiert wurde. Der auf m benachbarten Intervallen von null verschiedene B-Spline von Grad k besitzt $m(k+1)$ Koeffizienten. Diese Koeffizienten sind so zu bestimmen, dass an den Stellen x_i und x_{i+m}, den Rändern des Intervalls, die ersten $k-1$ Ableitungen verschwinden. In den Stützstellen $x_{i+1}, x_{i+2}, \ldots, x_{i+m-1}$ im Inneren des Intervalls müssen die ersten $k-1$ Ableitungen der unmittelbar linken und rechten Polynome übereinstimmen. Damit sind in $m+1$ Stützstellen jeweils k Bedingungen zu erfüllen. Dies führt auf ein homogenes lineares Gleichungssystem mit $m(k+1)$ Variablen und $(m+1)k$ Gleichungen. Ein homogenes lineares Gleichungssystem besitzt entweder nur die triviale Lösung, oder unendlich viele Lösungen. Es zeigt sich, dass für $m \leq k$ nur die triviale Lösung existiert, das heißt, dass alle Koeffizienten a_{il} verschwinden. Für $m = k+1$ existiert erstmalig eine nichttriviale Lösung.

Beispiel 6.19. Es sind die linearen B-Splines zu den Stützstellen

$$x_0 = 0, \quad x_1 = 1, \quad x_2 = 2 \quad \text{und} \quad x_3 = 4$$

zu bestimmen. Als Splines von Grad 1 sind sie auf jeweils zwei Teilintervallen von null verschieden. Lineare Splines stimmen an den Intervallgrenzen in den Funktionswerten überein. Die B-Splines müssen daher den Gleichungssystemen

$$
\begin{aligned}
b^{[1]}_{[x_i x_{i+1} x_{i+2}]}(x_i) &= 0 \\
b^{[1]}_{[x_i x_{i+1} x_{i+2}]}(x_{i+1} - 0) - b^{[1]}_{[x_i x_{i+1} x_{i+2}]}(x_{i+1} + 0) &= 0 \quad (i = 0, 1) \\
b^{[1]}_{[x_i x_{i+1} x_{i+2}]}(x_{i+2}) &= 0
\end{aligned}
\quad (6.43)
$$

genügen. Zur Bestimmung der Koeffizienten des ersten B-Splines

$$
b^{[1]}_{[x_0 x_1 x_2]}(x) = \begin{cases} 0 & : x < 0 \\ a_{00} + a_{10} x & : x \in [0, 1] \\ a_{01} + a_{11} x & : x \in [1, 2] \\ 0 & : x > 2 \end{cases}
$$

ergibt sich aus (6.43) das folgende homogene lineare Gleichungssystem:

$$
\begin{aligned}
a_{00} + a_{10} x_0 &= 0 \\
a_{00} + a_{10} x_1 - a_{01} - a_{11} x_1 &= 0 \\
a_{01} + a_{11} x_2 &= 0
\end{aligned}
$$

Für die im Beispiel vorliegenden Stützstellen $x_0 = 0$, $x_1 = 1$ und $x_2 = 2$ kann man es auch in Matrixform als

$$
\begin{pmatrix} 1 & 0 & 0 & 0 \\ 1 & 1 & -1 & -1 \\ 0 & 0 & 1 & 2 \end{pmatrix} \begin{pmatrix} a_{00} \\ a_{10} \\ a_{01} \\ a_{11} \end{pmatrix} = \begin{pmatrix} 0 \\ 0 \\ 0 \end{pmatrix}
$$

schreiben. Seine Lösung ist leicht als $a_{00} = 0$, $a_{10} = c_1$, $a_{01} = 2c_1$ und $a_{11} = -c_1$ zu bestimmen, wobei der Parameter c_1 eine beliebige reelle Zahl ist. Der erste B-Spline lautet also:

$$
b^{[1]}_{[x_0 x_1 x_2]}(x) = c_1 \begin{cases} 0 & : x < 0 \\ x & : x \in [0, 1] \\ 2 - x & : x \in [1, 2] \\ 0 & : x > 2 \end{cases}.
$$

Abschnitt 6.3 Splineinterpolation

Die konkreten Stützstellen des Beispiels $x_1 = 1$, $x_2 = 2$ und $x_3 = 4$ ergeben aus (6.43) für den zweiten B-Spline das lineare Gleichungssystem

$$\begin{pmatrix} 1 & 1 & 0 & 0 \\ 1 & 2 & -1 & -2 \\ 0 & 0 & 1 & 4 \end{pmatrix} \begin{pmatrix} a_{00} \\ a_{10} \\ a_{01} \\ a_{11} \end{pmatrix} = \begin{pmatrix} 0 \\ 0 \\ 0 \end{pmatrix}$$

mit der Lösung $a_{00} = -c_2$, $a_{10} = c_2$, $a_{01} = 2c_2$ und $a_{11} = \frac{1}{2}c_2$ ($c_2 \in R$). Dieser B-Spline lautet dann:

$$b^{[1]}_{[x_1 x_2 x_3]}(x) = c_2 \begin{cases} 0 : x < 1 \\ -1 + x : x \in [1, 2] \\ 2 - \frac{1}{2}x : x \in [2, 4] \\ 0 : x > 4 \end{cases}.$$

Die beiden B-Splines mit den Parametern $c_1 = 1$ und $c_2 = 1$ sind im Bild 6.16 dargestellt.

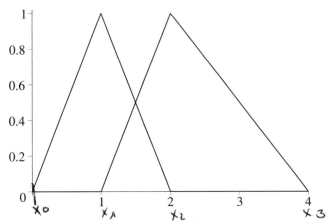

Bild 6.16. Die linearen B-Splines zu den Stützstellen $x_0 = 0$, $x_1 = 1$, $x_2 = 2$ und $x_3 = 4$.

Beispiel 6.20. Es sind die quadratischen B-Splines zu den Stützstellen

$$x_0 = 0, \quad x_1 = 1, \quad x_2 = 3, \quad x_3 = 4 \quad \text{und} \quad x_4 = 7$$

gesucht. Die quadratische B-Splines haben auf jeweils drei Teilintervallen von null verschiedene Werte. Quadratische Splines müssen an den Intervallgrenzen auch in ihren ersten Ableitungen übereinstimmen. Sie werden daher durch das Gleichungssystem

$$b^{[2]}_{[x_i x_{i+1} x_{i+2} x_{i+3}]}(x_i) = 0$$

$$b^{[2]'}_{[x_i x_{i+1} x_{i+2} x_{i+3}]}(x_i) = 0$$

$$b^{[2]}_{[x_i x_{i+1} x_{i+2} x_{i+3}]}(x_{i+1} - 0) - b^{[2]}_{[x_i x_{i+1} x_{i+2} x_{i+3}]}(x_{i+1} + 0) = 0$$

$$b^{[2]'}_{[x_i x_{i+1} x_{i+2} x_{i+3}]}(x_{i+1} - 0) - b^{[2]'}_{[x_i x_{i+1} x_{i+2} x_{i+3}]}(x_{i+1} + 0) = 0 \quad (i = 0, 1)$$

$$b^{[2]}_{[x_i x_{i+1} x_{i+2} x_{i+3}]}(x_{i+2} - 0) - b^{[2]}_{[x_i x_{i+1} x_{i+2} x_{i+3}]}(x_{i+2} + 0) = 0$$

$$b^{[2]'}_{[x_i x_{i+1} x_{i+2} x_{i+3}]}(x_{i+2} - 0) - b^{[2]'}_{[x_i x_{i+1} x_{i+2} x_{i+3}]}(x_{i+2} + 0) = 0$$

$$b^{[2]}_{[x_i x_{i+1} x_{i+2} x_{i+3}]}(x_{i+3}) = 0$$

$$b^{[2]'}_{[x_i x_{i+1} x_{i+2} x_{i+3}]}(x_{i+3}) = 0$$

(6.44)

charakterisiert. Die Stützstellen des Beispiels ergeben zur Bestimmung der Koeffizienten der B-Splines

$$b^{[2]}_{[x_i x_{i+1} x_{i+2} x_{i+3}]}(x) = \begin{cases} 0 & : x < x_i \\ a_{00} + a_{10}x + a_{20}x^2 & : x \in [x_i, x_{i+1}] \\ a_{01} + a_{11}x + a_{21}x^2 & : x \in [x_{i+1}, x_{i+2}] \\ a_{02} + a_{12}x + a_{22}x^2 & : x \in [x_{i+2}, x_{i+3}] \\ 0 & : x > x_{i+3} \end{cases} \quad (i = 0, 1)$$

die homogenen linearen Gleichungssysteme

$$\begin{pmatrix} 1 & 0 & 0 & 0 & 0 & 0 & 0 & 0 & 0 \\ 0 & 1 & 0 & 0 & 0 & 0 & 0 & 0 & 0 \\ 1 & 1 & 1 & -1 & -1 & -1 & 0 & 0 & 0 \\ 0 & 1 & 2 & 0 & -1 & -2 & 0 & 0 & 0 \\ 0 & 0 & 0 & 1 & 3 & 9 & -1 & -3 & -9 \\ 0 & 0 & 0 & 0 & 1 & 6 & 0 & -1 & -6 \\ 0 & 0 & 0 & 0 & 0 & 0 & 1 & 4 & 16 \\ 0 & 0 & 0 & 0 & 0 & 0 & 0 & 1 & 8 \end{pmatrix} \begin{pmatrix} a_{00} \\ a_{10} \\ a_{20} \\ a_{01} \\ a_{11} \\ a_{21} \\ a_{02} \\ a_{12} \\ a_{22} \end{pmatrix} = \begin{pmatrix} 0 \\ 0 \\ 0 \\ 0 \\ 0 \\ 0 \\ 0 \\ 0 \end{pmatrix}$$

Abschnitt 6.3 Splineinterpolation

für den ersten B-Spline und

$$\begin{pmatrix} 1 & 1 & 1 & 0 & 0 & 0 & 0 & 0 & 0 \\ 0 & 1 & 2 & 0 & 0 & 0 & 0 & 0 & 0 \\ 1 & 3 & 9 & -1 & -3 & -9 & 0 & 0 & 0 \\ 0 & 1 & 6 & 0 & -1 & -6 & 0 & 0 & 0 \\ 0 & 0 & 0 & 1 & 4 & 16 & -1 & -4 & -16 \\ 0 & 0 & 0 & 0 & 1 & 8 & 0 & -1 & -8 \\ 0 & 0 & 0 & 0 & 0 & 0 & 1 & 7 & 49 \\ 0 & 0 & 0 & 0 & 0 & 0 & 1 & 14 \end{pmatrix} \begin{pmatrix} a_{00} \\ a_{10} \\ a_{20} \\ a_{01} \\ a_{11} \\ a_{21} \\ a_{02} \\ a_{12} \\ a_{22} \end{pmatrix} = \begin{pmatrix} 0 \\ 0 \\ 0 \\ 0 \\ 0 \\ 0 \\ 0 \\ 0 \end{pmatrix}$$

für den zweiten B-Spline. Aus der Lösung des ersten Gleichungssystems

$a_{00} = 0$, $a_{10} = 0$, $a_{20} = c_1$, $a_{01} = -2c_1$, $a_{11} = 4c_1$, $a_{21} = -c_1$, $a_{02} = 16c_1$, $a_{12} = -8c_1$ und $a_{22} = c_1$

mit dem Parameter $c_1 \in R$ erhält man den B-Spline:

$$b^{[2]}_{[x_0 x_1 x_2 x_3]}(x) = c_1 \begin{cases} 0 & : x < 0 \\ x^2 & : x \in [0,1] \\ -2 + 4x - x^2 & : x \in [1,3] \\ 16 - 8x + x^2 & : x \in [3,4] \\ 0 & : x > 4 \end{cases}.$$

Die Lösung des zweiten linearen Gleichungssystems lautet

$a_{00} = 2c_2$, $a_{10} = -4c_2$, $a_{20} = 2c_2$, $a_{01} = -79c_2$, $a_{11} = 50c_2$, $a_{21} = -7c_2$, $a_{02} = 49c_2$, $a_{12} = -14c_2$ und $a_{22} = c_2$.

Daraus ergibt sich für den zweiten B-Spline:

$$b^{[2]}_{[x_1 x_2 x_3 x_4]}(x) = c_2 \begin{cases} 0 & : x < 1 \\ 2 - 4x + 2x^2 & : x \in [1,3] \\ -79 + 50x - 7x^2 & : x \in [3,4] \\ 49 - 14x + x^2 & : x \in [4,7] \\ 0 & : x > 7 \end{cases}.$$

Die in den Beispielen praktizierte Herangehensweise, bei der zu jedem Problem erneut das Gleichungssystem zur Koeffizientenbestimmung aufgestellt werden muss, ist für die praktische Anwendung sicher etwas umständlich. Üblich ist eine rekursive Erzeugung der B-Splines vom Grad k aus B-Splines vom Grad $k-1$. Zum Start dieser Rekursion braucht man B-Splines vom Grad 0, die dann auf jeweils einem Intervall von null verschieden sind. Mit den Anfangsfunktionen

$$b^{[0]}_{[x_i x_{i+1}]}(x) = \begin{cases} 1 : x \in [x_i, x_{i+1}) \\ 0 : x \notin [x_i, x_{i+1}) \end{cases} \qquad (6.45)$$

kann man dann durch

$$b^{[k]}_{[x_i \ldots x_{i+k+1}]}(x) = \frac{x - x_i}{x_{i+k} - x_i} b^{[k-1]}_{[x_i \ldots x_{i+k}]}(x) + \frac{x - x_{i+k+1}}{x_{i+1} - x_{i+k+1}} b^{[k-1]}_{[x_{i+1} \ldots x_{i+k+1}]}(x)$$
(6.46)

rekursiv beliebige B-Splines aufbauen. Die Funktionen $b^{[0]}_{[x_i x_{i+1}]}(x)$ kann man außerdem als Basisfunktionen für Splines vom Grad 0 interpretieren. Splines vom Grad 0 sind Treppenfunktionen mit Sprüngen in den Stützstellen.

Beispiel 6.21. Zum Vergleich werden die B-Splines zu den im Beispiel 6.19 vorgegebenen Stützstellen jetzt auf rekursive Weise bestimmt.

Zu den Stützstellen $x_0 = 0$, $x_1 = 1$, $x_2 = 2$ und $x_3 = 4$ gehören drei B-Splines von Grad 0:

$$b^{[0]}_{[x_0 x_1]}(x) = \begin{cases} 1 : x \in [0, 1) \\ 0 : x \notin [0, 1) \end{cases},$$

$$b^{[0]}_{[x_1 x_2]}(x) = \begin{cases} 1 : x \in [1, 2) \\ 0 : x \notin [1, 2) \end{cases},$$

$$b^{[0]}_{[x_2 x_3]}(x) = \begin{cases} 1 : x \in [2, 4) \\ 0 : x \notin [2, 4) \end{cases}.$$

Aus diesen Funktionen werden nach (6.46) die zwei B-Splines von Grad 1

$$b^{[1]}_{[x_0 x_1 x_2]}(x) = \frac{x - 0}{1 - 0} b^{[0]}_{[x_0 x_1]}(x) + \frac{x - 2}{1 - 2} b^{[0]}_{[x_1 x_2]}(x) = \begin{cases} x : x \in [0, 1) \\ 2 - x : x \in [1, 2) \\ 0 : \text{sonst} \end{cases},$$

$$b^{[1]}_{[x_1 x_2 x_3]}(x) = \frac{x - 1}{2 - 1} b^{[0]}_{[x_1 x_2]}(x) + \frac{x - 4}{2 - 4} b^{[0]}_{[x_2 x_3]}(x) = \begin{cases} -1 + x : x \in [1, 2) \\ 2 - \frac{1}{2}x : x \in [2, 4) \\ 0 : \text{sonst} \end{cases}$$

gebildet.

Beispiel 6.22. Als weiterer Vergleich werden noch die quadratischen B-Splines zu den Stützstellen $x_0 = 0$, $x_1 = 1$, $x_2 = 3$, $x_3 = 4$ und $x_4 = 7$ aus Beispiel 6.20 bestimmt.

Man beginnt mit den vier B-Splines vom Grad 0:

$$b^{[0]}_{[x_0 x_1]}(x) = \begin{cases} 1 : x \in [0, 1) \\ 0 : x \notin [0, 1) \end{cases}, \quad b^{[0]}_{[x_1 x_2]}(x) = \begin{cases} 1 : x \in [1, 3) \\ 0 : x \notin [1, 3) \end{cases},$$

$$b^{[0]}_{[x_2 x_3]}(x) = \begin{cases} 1 : x \in [3, 4) \\ 0 : x \notin [3, 4) \end{cases}, \quad b^{[0]}_{[x_3 x_4]}(x) = \begin{cases} 1 : x \in [4, 7) \\ 0 : x \notin [4, 7) \end{cases}.$$

Daraus bestimmt man nach (6.46) drei B-Splines vom Grad 1:

$$b^{[1]}_{[x_0 x_1 x_2]}(x) = \frac{x-0}{1-0} b^{[0]}_{[x_0 x_1]}(x) + \frac{x-3}{1-3} b^{[0]}_{[x_1 x_2]}(x) = \begin{cases} x & : x \in [0, 1) \\ \dfrac{3-x}{2} & : x \in [1, 3) \\ 0 & : \text{sonst} \end{cases},$$

$$b^{[1]}_{[x_1 x_2 x_3]}(x) = \frac{x-1}{3-1} b^{[0]}_{[x_1 x_2]}(x) + \frac{x-4}{3-4} b^{[0]}_{[x_2 x_3]}(x) = \begin{cases} \dfrac{x-1}{2} & : x \in [1, 3) \\ 4-x & : x \in [3, 4) \\ 0 & : \text{sonst} \end{cases},$$

$$b^{[1]}_{[x_2 x_3 x_4]}(x) = \frac{x-3}{4-3} b^{[0]}_{[x_2 x_3]}(x) + \frac{x-7}{4-7} b^{[0]}_{[x_3 x_4]}(x) = \begin{cases} x-3 & : x \in [3, 4) \\ \dfrac{7-x}{3} & : x \in [4, 7) \\ 0 & : \text{sonst} \end{cases}.$$

Anschließend werden aus diesen Funktionen die zwei B-Splines vom Grad 2 gebildet:

$$b^{[2]}_{[x_0 x_1 x_2 x_3]}(x) = \frac{x-0}{3-0} b^{[1]}_{[x_0 x_1 x_2]}(x) + \frac{x-4}{1-4} b^{[1]}_{[x_1 x_2 x_3]}(x)$$

$$= \begin{cases} \dfrac{x^2}{3} & : x \in [0, 1) \\ \dfrac{-2+4x-x^2}{3} & : x \in [1, 3) \\ \dfrac{(4-x)^2}{3} & : x \in [3, 4) \\ 0 & : \text{sonst} \end{cases},$$

$$b^{[2]}_{[x_1 x_2 x_3 x_4]}(x) = \frac{x-1}{4-1} b^{[1]}_{[x_1 x_2 x_3]}(x) + \frac{x-7}{3-7} b^{[1]}_{[x_2 x_3 x_4]}(x)$$

$$= \begin{cases} \dfrac{(x-1)^2}{6} & : x \in [1,3) \\ \dfrac{-79 + 50x - 7x^2}{12} & : x \in [3,4) \\ \dfrac{(7-x)^2}{12} & : x \in [4,7) \\ 0 & : \text{sonst} \end{cases}$$

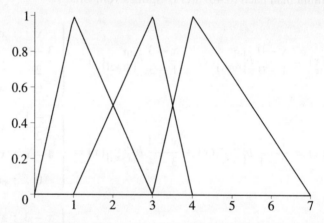

Bild 6.17. Die linearen B-Splines des Beispiels 6.22 zu den Stützstellen $x_0 = 0$, $x_1 = 1$, $x_2 = 3$, $x_3 = 4$ und $x_4 = 7$.

Ein Vergleich der Ergebnisse für die linearen B-Splines des Beispiels 6.20 mit Bild 6.17 zeigt, dass dieses Vorgehen die gleichen B-Splines, allerdings mit speziellen Parametern $c_1 = 1/3$ und $c_2 = 1/12$, ergibt.

Die rekursive Bestimmung der B-Splines ist eleganter als die Aufstellung des Gleichungssystems und die anschließende Bestimmung der Koeffizienten. Die beiden Vorgehensweisen unterscheiden sich aber auch im Ergebnis. Aus dem Gleichungssystem erhält man B-Splines, in denen noch ein Streckungsfaktor vorkommt. Die rekursive Bestimmung führt auf eindeutig bestimmte Splines. Diese Splines bilden eine Zerlegung der Eins. Der folgende Satz beschreibt diese zusätzliche Eigenschaft rekursiv bestimmter Splines.

Satz 6.6. *Für die durch die Stützstellen $x_0 < x_1 < \cdots < x_n$ bestimmten B-Splines*

$$b^{[k]}_{[x_i \ldots x_{i+k+1}]}(x) = \frac{x - x_i}{x_{i+k} - x_i} b^{[k-1]}_{[x_i \ldots x_{i+k}]}(x) + \frac{x - x_{i+k+1}}{x_{i+1} - x_{i+k+1}} b^{[k-1]}_{[x_{i+1} \ldots x_{i+k+1}]}(x)$$

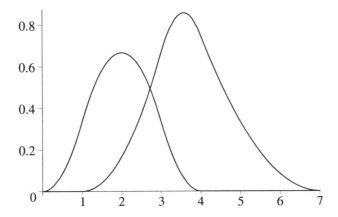

Bild 6.18. Die quadratischen B-Splines des Beispiels 6.22 zu den Stützstellen $x_0 = 0$, $x_1 = 1$, $x_2 = 3$, $x_3 = 4$ und $x_4 = 7$.

gilt im Intervall $[x_k, x_{n-k}]$

$$\sum_{i=0}^{n-k-1} b^{[k]}_{[x_i \ldots x_{i+k+1}]}(x) = 1 \quad (x \in [x_k, x_{n-k}]).$$

Die bisherige Vorgehensweise hat noch nicht zu allen notwendigen B-Splines geführt. Die betrachteten B-Splines vom Grad k haben auf $k+1$ zusammenhängenden Intervallen, ihren Trägerintervallen, von null verschiedene Funktionswerte. Umgekehrt folgt daraus, dass jedes Intervall Träger von $k+1$ B-Splines ist. Dies ist aber noch nicht für alle Intervalle erreicht. In den vorangegangenen Beispielen konnte zu den Stützstellen $x_0 < x_1 < x_2 < x_3 < \cdots$ auf dem Intervall $[x_0, x_1]$ nur jeweils ein B-Spline angegeben werden. Für das Intervall $[x_1, x_2]$ gab es zwei B-Splines. Allgemein ist festzustellen, dass mit dieser Konstruktion erst das Intervall $[x_k, x_{k+1}]$ Träger von $k+1$ B-Splines ist. Die zu geringe Anzahl der B-Splines auf ersten k Intervallen findet man ebenfalls auf den letzten k Intervallen. Die bisher verwendete Konstruktion von B-Splines funktioniert also nur auf hinreichend inneren Intervallen, man nennt sie daher auch *innere B-Splines*.

Rand-Splines

Zur Konstruktion von ausreichend vielen B-Splines auf den Randintervallen bedient man sich einiger Hilfsstützstellen vor x_0 und hinter der letzten gegebenen Stelle x_n. Da diese Hilfsstützstellen in der Aufgabenstellung aber nicht enthalten sind, werden sie anschließend durch einen Grenzübergang wieder eliminiert. Die so erzeugten B-Splines werden auch als *Rand-B-Splines* bezeichnet.

Beispiel 6.23. Es wird der Fall der linearen B-Splines untersucht. Jedes Intervall ist dabei Träger von zwei B-Splines. Auf dem ersten Intervall ist aber bisher nur ein Spline bekannt. Gesucht wird daher der noch fehlende Rand-B-Spline auf $[x_0, x_1)$.

Zur Konstruktion des Rand-Splines wird eine Stelle $x_0 - h$ zusätzlich mit verwendet. Mit den Stützstellen $x_0 - h < x_0 < x_1$ kann man die inneren B-Splines von Grad 0

$$b^{[0]}_{[x_0-h,x_0]}(x) = \begin{cases} 1 : x \in [x_0 - h, x_0) \\ 0 : x \notin [x_0 - h, x_0) \end{cases},$$

$$b^{[0]}_{[x_0 x_1]}(x) = \begin{cases} 1 : x \in [x_0, x_1) \\ 0 : x \notin [x_0, x_1) \end{cases}$$

und daraus den linearen B-Spline

$$b^{[1]}_{[x_0-h,x_0 x_1]}(x) = \frac{x - x_0 + h}{h} b^{[0]}_{[x_0-h,x_0]}(x) + \frac{x - x_1}{x_0 - x_1} b^{[0]}_{[x_0 x_1]}(x)$$

$$= \begin{cases} \dfrac{x - x_0 + h}{h} : x \in [x_0 - h, x_0) \\ \dfrac{x - x_1}{x_0 - x_1} : x \in [x_0, x_1) \\ 0 : \text{sonst} \end{cases}$$

konstruieren. Auf dem interessanten Intervall $[x_0, x_1)$ hat der Spline die Form

$$b^{[1]}_{[x_0-h,x_0 x_1]}(x) = \frac{x - x_1}{x_0 - x_1} \quad (x \in [x_0, x_1)).$$

Der Grenzübergang $h \to 0$ drückt sich in diesem Fall nur in der neuen Indizierung des Rand-B-Splines aus. Er hat folgende Gestalt:

$$b^{[1]}_{[x_0 x_0 x_1]}(x) = \begin{cases} \dfrac{x - x_1}{x_0 - x_1} : x \in [x_0, x_1) \\ 0 : x \notin [x_0, x_1) \end{cases}$$

Auf analoge Weise gewinnt man für das letzte Intervall $[x_{n-1}, x_n)$ den Rand-B-Spline:

$$b^{[1]}_{[x_{n-1} x_n x_n]}(x) = \begin{cases} \dfrac{x - x_{n-1}}{x_n - x_{n-1}} : x \in [x_{n-1}, x_n) \\ 0 : x \notin [x_{n-1}, x_n) \end{cases}.$$

Die Herleitung dieses Rand-B-Splines sei dem interessierten Leser als Übungsaufgabe empfohlen.

Abschnitt 6.3 Splineinterpolation

Die Ergebnisse dieses Beispiels gestatten nun auch die Bestimmung der Rand-B-Splines zu dem Problem aus dem Beispiel 6.19. Als linken Rand-B-Spline erhält man:

$$b^{[1]}_{[x_0 x_0 x_1]}(x) = \begin{cases} 1-x & : x \in [0,1) \\ 0 & : x \notin [0,1) \end{cases}.$$

Der rechte Rand-B-Splines lautet:

$$b^{[1]}_{[x_2 x_3 x_3]}(x) = \begin{cases} \dfrac{x-2}{2} & : x \in [2,4) \\ 0 & : x \notin [2,4) \end{cases}.$$

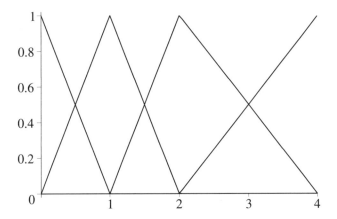

Bild 6.19. Alle linearen B-Splines zu den Stützstellen $x_0 = 0$, $x_1 = 1$, $x_2 = 2$ und $x_3 = 4$ aus dem Beispiel 6.19.

Das folgende Beispiel demonstriert die Bestimmung der quadratischen Rand-B-Splines durch ein analoges Vorgehen. Dieser Weg ist ziemlich umständlich und kann durch eine geeignete Definition gewisser B-Splines abgekürzt werden. Der nur am Ergebnis interessierte Leser kann das Beispiel übergehen, da das gleiche Problem mit der eleganteren Methode im Beispiel 6.25 erneut bearbeitet wird.

Beispiel 6.24. Im Fall quadratischer B-Splines müssen je zwei zusätzliche Rand-Splines gebildet werden. Die dazu nötigen zwei zusätzlichen Stützstellen können zur Demonstration äquidistant gewählt werden.

Mit den Stützstellen $x_0 - 2h < x_0 - h < x_0 < x_1 < x_2$ kann man die inneren B-Splines von Grad 0

$$b^{[0]}_{[x_0-2h,x_0-h]}(x) = \begin{cases} 1 : x \in [x_0 - 2h, x_0 - h) \\ 0 : x \notin [x_0 - 2h, x_0 - h) \end{cases},$$

$$b^{[0]}_{[x_0-h,x_0]}(x) = \begin{cases} 1 : x \in [x_0 - h, x_0) \\ 0 : x \notin [x_0 - h, x_0) \end{cases},$$

$$b^{[0]}_{[x_0 x_1]}(x) = \begin{cases} 1 : x \in [x_0, x_1) \\ 0 : x \notin [x_0, x_1) \end{cases},$$

$$b^{[0]}_{[x_1 x_2]}(x) = \begin{cases} 1 : x \in [x_1, x_2) \\ 0 : x \notin [x_1, x_2) \end{cases}$$

bilden. Aus diesen Splines ergeben sich die linearen B-Splines

$$b^{[1]}_{[x_0-2h,x_0-h,x_0]}(x) = \frac{x - x_0 + 2h}{h} b^{[0]}_{[x_0-2h,x_0-h]}(x) + \frac{x - x_0}{-h} b^{[0]}_{[x_0-h,x_0]}(x)$$

$$= \begin{cases} \dfrac{x - x_0 + h}{h} & : x \in [x_0 - 2h, x_0 - h) \\ \dfrac{x - x_0}{-h} & : x \in [x_0 - h, x_0) \\ 0 & : \text{sonst} \end{cases},$$

$$b^{[1]}_{[x_0-h,x_0 x_1]}(x) = \frac{x - x_0 + h}{h} b^{[0]}_{[x_0-h,x_0]}(x) + \frac{x - x_1}{x_0 - x_1} b^{[0]}_{[x_0 x_1]}(x)$$

$$= \begin{cases} \dfrac{x - x_0 + h}{h} & : x \in [x_0 - h, x_0) \\ \dfrac{x - x_1}{x_0 - x_1} & : x \in [x_0, x_1) \\ 0 & : \text{sonst} \end{cases},$$

$$b^{[1]}_{[x_0 x_1 x_2]}(x) = \frac{x - x_0}{x_1 - x_0} b^{[0]}_{[x_0 x_1]}(x) + \frac{x - x_2}{x_1 - x_2} b^{[0]}_{[x_1 x_2]}(x)$$

$$= \begin{cases} \dfrac{x - x_0}{x_1 - x_0} & : x \in [x_0, x_1) \\ \dfrac{x - x_2}{x_1 - x_2} & : x \in [x_1, x_2) \\ 0 & : \text{sonst} \end{cases}$$

Abschnitt 6.3 Splineinterpolation

und schließlich die gesuchten quadratischen Splines

$$b^{[2]}_{[x_0-2h,x_0-h,x_0x_1]}(x)$$

$$= \frac{x-x_0+2h}{2h} b^{[1]}_{[x_0-2h,x_0-h,x_0]}(x) + \frac{x-x_1}{x_0-h-x_1} b^{[1]}_{[x_0-h,x_0x_1]}(x)$$

$$= \begin{cases} \dfrac{(x-x_0)^2 + 3h(x-x_0) + 2h^2}{2h^2} & : x \in [x_0-2h, x_0-h) \\ \dfrac{(x-x_0)^2 + 2(x-x_0)}{-2h^2} + \dfrac{(x-x_1)(x-x_0+h)}{(x_0-h-x_1)h} & : x \in [x_0-h, x_0) \\ \dfrac{(x-x_1)^2}{(x_0-x_1)^2 - h(x_0-x_1)} & : x \in [x_0, x_1) \\ 0 & : \text{sonst} \end{cases},$$

$$b^{[2]}_{[x_0-h,x_0x_1x_2]}(x)$$

$$= \frac{x-x_0+h}{x_1-x_0+h} b^{[1]}_{[x_0-h,x_0x_1]}(x) + \frac{x-x_2}{x_0-x_2} b^{[1]}_{[x_0x_1x_2]}(x)$$

$$= \begin{cases} \dfrac{(x-x_0+h)^2}{h(x_1-x_0+h)} & : x \in [x_0-h, x_0) \\ \dfrac{(x-x_1)(x-x_0+h)}{(x_0-x_1)(x_1-x_0+h)} + \dfrac{(x-x_2)(x-x_0)}{(x_0-x_2)(x_1-x_0)} & : x \in [x_0, x_1) \\ \dfrac{(x-x_2)^2}{(x_0-x_2)(x_1-x_2)} & : x \in [x_1, x_2) \\ 0 & : \text{sonst} \end{cases}.$$

Die Rand-B-Splines werden nur auf den Intervallen $[x_0, x_1)$ und $[x_1, x_2)$ benötigt. Mit dem Grenzübergang $h \to 0$ erhält man dort:

$$b^{[2]}_{[x_0x_0x_0x_1]}(x) = \begin{cases} \dfrac{(x-x_1)^2}{(x_0-x_1)^2} & : x \in [x_0, x_1) \\ 0 & : \text{sonst} \end{cases},$$

$$b^{[2]}_{[x_0x_0x_1x_2]}(x) = \begin{cases} \dfrac{(x-x_1)(x-x_0)}{(x_0-x_1)(x_1-x_0)} + \dfrac{(x-x_2)(x-x_0)}{(x_0-x_2)(x_1-x_0)} & : x \in [x_0, x_1) \\ \dfrac{(x-x_2)^2}{(x_0-x_2)(x_1-x_2)} & : x \in [x_1, x_2) \\ 0 & : \text{sonst} \end{cases}.$$

In dieser Vorgehensweise müssen auch B-Spline-Anteile bestimmt werden, die sich nach Abschluss der Rechnung als nicht mehr nötig erweisen. Alle Splines, die nach dem Grenzübergang $h \to 0$ in der Art $b^{[k]}_{[x_0...x_0]}(x)$ zu schreiben wären, entfallen im Ergebnis. Ebenso fallen alle Anteile der anderen B-Splines auf den Intervallen weg, die auf dem Zahlenstrahl links von x_0 einzutragen wären. Werden im Rechenweg des vorigen Beispiels alle später entfallenden Zwischenergebnisse gestrichen, so stellt man fest, dass von den mit Hilfe der zusätzlichen Stützstellen $x_0 - 2h$ und $x_0 - h$ gebildeten Splines Einflüsse auf die gesuchten Rand-Splines erst beginnend mit $b^{[1]}_{[x_0-h,x_0x_1]}(x)$ und $b^{[2]}_{[x_0-2h,x_0-h,x_0x_1]}(x)$ eintreten. Durch Konzentration auf das Intervall $[x_0, x_1)$ und den Grenzübergang $h \to 0$ ergibt sich die Form

$$b^{[1]}_{[x_0x_0x_1]}(x) = \begin{cases} \dfrac{x-x_1}{x_0-x_1} & : x \in [x_0, x_1) \\ 0 & : x \notin [x_0, x_1) \end{cases},$$

$$b^{[2]}_{[x_0x_0x_0x_1]}(x) = \begin{cases} \left(\dfrac{x-x_1}{x_0-x_1}\right)^2 & : x \in [x_0, x_1) \\ 0 & : x \notin [x_0, x_1) \end{cases}$$

für diese Splines. Dies veranschaulicht, dass durch die Definition

$$b^{[k]}_{[x_0...x_0x_1]}(x) = \begin{cases} \left(\dfrac{x-x_1}{x_0-x_1}\right)^k & : x \in [x_0, x_1) \\ 0 & : x \notin [x_0, x_1) \end{cases} \tag{6.47}$$

der Rechenaufwand für die Bestimmung der linken Rand-B-Splines erheblich gesenkt werden kann. Auf analoge Weise kommt man dazu, für die Berechnung der rechten Rand-B-Splines die Funktionen

$$b^{[k]}_{[x_{n-1}x_n...x_n]}(x) = \begin{cases} \left(\dfrac{x-x_{n-1}}{x_n-x_{n-1}}\right)^k & : x \in [x_{n-1}, x_n) \\ 0 & : x \notin [x_{n-1}, x_n) \end{cases} \tag{6.48}$$

zu verwenden.

Abschnitt 6.3 Splineinterpolation

Beispiel 6.25. Es wird wieder das Problem des Beispiels 6.24 untersucht. Zum Start des Verfahrens werden nur noch die B-Splines von Grad 0

$$b^{[0]}_{[x_0 x_1]}(x) = \begin{cases} 1 : x \in [x_0, x_1) \\ 0 : x \notin [x_0, x_1) \end{cases},$$

$$b^{[0]}_{[x_1 x_2]}(x) = \begin{cases} 1 : x \in [x_1, x_2) \\ 0 : x \notin [x_1, x_2) \end{cases}$$

gebraucht. Aus diesen Splines werden die linearen B-Splines

$$b^{[1]}_{[x_0 x_0 x_1]}(x) = \begin{cases} \dfrac{x - x_1}{x_0 - x_1} : x \in [x_0, x_1) \\ 0 \quad\quad : \text{sonst} \end{cases},$$

$$b^{[1]}_{[x_0 x_1 x_2]}(x) = \dfrac{x - x_0}{x_1 - x_0} b^{[0]}_{[x_0 x_1]}(x) + \dfrac{x - x_2}{x_1 - x_2} b^{[0]}_{[x_1 x_2]}(x)$$

$$= \begin{cases} \dfrac{x - x_0}{x_1 - x_0} : x \in [x_0, x_1) \\ \dfrac{x - x_2}{x_1 - x_2} : x \in [x_1, x_2) \\ 0 \quad\quad : \text{sonst} \end{cases}$$

bestimmt, wobei der obere B-Spline nach (6.47) gebildet wird. Abschließend werden die gesuchten quadratischen Splines

$$b^{[2]}_{[x_0 x_0 x_0 x_1]}(x) = \begin{cases} \left(\dfrac{x - x_1}{x_0 - x_1}\right)^2 : x \in [x_0, x_1) \\ 0 \quad\quad : \text{sonst} \end{cases},$$

$$b^{[2]}_{[x_0 x_0 x_1 x_2]}(x) = \dfrac{x - x_0}{x_1 - x_0} b^{[1]}_{[x_0 x_0 x_1]}(x) + \dfrac{x - x_2}{x_0 - x_2} b^{[1]}_{[x_0 x_1 x_2]}(x)$$

$$= \begin{cases} \dfrac{(x - x_1)(x - x_0)}{(x_0 - x_1)(x_1 - x_0)} + \dfrac{(x - x_2)(x - x_0)}{(x_0 - x_2)(x_1 - x_0)} : x \in [x_0, x_1) \\ \dfrac{(x - x_2)^2}{(x_0 - x_2)(x_1 - x_2)} : x \in [x_1, x_2) \\ 0 : \text{sonst} \end{cases}$$

ermittelt. Auf analoge Weise gewinnt man die rechten Rand-B-Splines

$$b^{[2]}_{[x_{n-2}x_{n-1}x_nx_n]}(x)$$
$$= \frac{x - x_{n-2}}{x_n - x_{n-2}} b^{[1]}_{[x_{n-2}x_{n-1}x_n]}(x) + \frac{x - x_n}{x_{n-1} - x_n} b^{[1]}_{[x_{n-1}x_nx_n]}(x)$$

$$= \begin{cases} \dfrac{(x - x_{n-2})^2}{(x_{n-1} - x_{n-2})(x_n - x_{n-2})} & : x \in [x_{n-2}, x_{n-1}) \\ \dfrac{(x - x_{n-2})(x - x_n)}{(x_n - x_{n-2})(x_{n-1} - x_n)} \\ \quad + \dfrac{(x - x_n)(x - x_{n-1})}{(x_{n-1} - x_n)(x_n - x_{n-1})} & : x \in [x_{n-1}, x_n) \\ 0 & : \text{sonst} \end{cases}$$

$$b^{[2]}_{[x_{n-1}x_nx_nx_n]}(x) = \begin{cases} \left(\dfrac{x - x_{n-1}}{x_n - x_{n-1}}\right)^2 & : x \in [x_{n-1}, x_n) \\ 0 & : \text{sonst} \end{cases}.$$

Die Herleitung dieses Rand-B-Splines sei dem interessierten Leser als Übungsaufgabe empfohlen. Damit können nun auch die Rand-B-Splines zur Aufgabe des Beispiels 6.22 bestimmt werden. Man erhält

$$b^{[2]}_{[x_0x_0x_0x_1]}(x) = \begin{cases} (x - 1)^2 & : x \in [0, 1) \\ 0 & : x \notin [0, 1) \end{cases},$$

$$b^{[2]}_{[x_0x_0x_1x_2]}(x) = \begin{cases} 2x - \dfrac{4x^2}{3} & : x \in [0, 1) \\ \dfrac{(x - 3)^2}{6} & : x \in [1, 3) \\ 0 & : \text{sonst} \end{cases}$$

für die linken Rand-B-Splines und

$$b^{[2]}_{[x_{n-2}x_{n-1}x_nx_n]}(x) = \begin{cases} \dfrac{(x - 3)^2}{4} & : x \in [3, 4) \\ \dfrac{-7x^2 + 74x - 175}{36} & : x \in [4, 7) \\ 0 & : \text{sonst} \end{cases},$$

Abschnitt 6.3 Splineinterpolation

$$b^{[2]}_{[x_{n-1}x_nx_nx_n]}(x) = \begin{cases} \left(\dfrac{x-4}{3}\right)^2 & : x \in [4,7) \\ 0 & : \text{sonst} \end{cases}$$

für die rechten Rand-B-Splines.

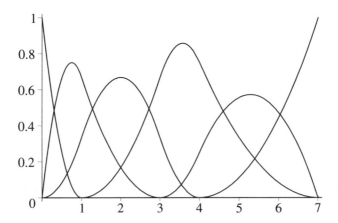

Bild 6.20. Alle quadratischen B-Splines zu $x_0 = 0$, $x_1 = 1$, $x_2 = 3$, $x_3 = 4$ und $x_4 = 7$ aus dem Beispiel 6.22.

B-Splines bei äquidistanten Stützstellen

Als Beispiel für kubische B-Splines werden die Formeln für die inneren und die Rand-B-Splines bei äquidistanten Stützstellen bestimmt. Die Rechnung wird dabei vollständig demonstriert.

Im Fall kubischer Splines gibt es drei linke Rand-B-Splines, zu jeden hinreichend inneren Intervall vier verschiedene innere B-Splines und noch drei rechte Rand-Splines.

In einem ersten Schritt werden die Formeln der inneren B-Splines bestimmt. Wegen der Äquidistanz der Stützstellen haben alle inneren B-Splines die gleiche Gestalt, sie sind lediglich horizontal gegeneinander verschoben. Es genügt daher, einen inneren B-Spline zu bestimmen. Ein B-Spline vom Grad 3 nimmt auf vier zusammenhängenden Intervallen von null verschiedene Werte an, sein Trägerintervall kann daher in der Form $[x_{i-2}, x_{i+2})$ oder $[x_i - 2h, x_i + 2h)$ geschrieben werden, wobei h die Schrittweite der Stützstellen ist.

Aus den B-Splines vom Grad 0

$$b^{[0]}_{[x_{i-1}x_i]}(x) = \begin{cases} 1 : x \in [x_{i-1}, x_i) \\ 0 : x \notin [x_{i-1}, x_i) \end{cases},$$

$$b^{[0]}_{[x_i x_{i+1}]}(x) = \begin{cases} 1 : x \in [x_i, x_{i+1}) \\ 0 : x \notin [x_i, x_{i+1}) \end{cases}$$

gewinnt man den linearen B-Spline:

$$b^{[1]}_{[x_{i-1}x_i x_{i+1}]}(x) = \frac{x - x_{i-1}}{h} b^{[0]}_{[x_{i-1}x_i]}(x) + \frac{x - x_{i+1}}{-h} b^{[0]}_{[x_i x_{i+1}]}(x) \qquad (6.49)$$

$$= \begin{cases} \dfrac{x - x_i}{h} + 1 : x \in [x_{i-1}, x_i) \\ 1 - \dfrac{x - x_i}{h} : x \in [x_i, x_{i+1}) \\ 0 \qquad : x \notin [x_{i-1}, x_{i+1}) \end{cases} \quad (i = 1, 2, \ldots, n-1).$$

Durch eine Verschiebung der Indizes ergibt sich daraus unter Berücksichtigung von $x_{i-1} = x_i - h$ die Formel

$$b^{[1]}_{[x_{i-2}x_{i-1}x_i]}(x) = \begin{cases} \dfrac{x - x_i}{h} + 2 : x \in [x_{i-2}, x_{i-1}) \\ -\dfrac{x - x_i}{h} \quad : x \in [x_{i-1}, x_i) \\ 0 \qquad : x \notin [x_{i-2}, x_i) \end{cases} \quad (i = 2, 3, \ldots, n)$$

für den links daneben liegenden linearen B-Spline. Diese beiden linearen Splines führen auf den quadratischen B-Spline

$$b^{[2]}_{[x_{i-2}x_{i-1}x_i x_{i+1}]}(x)$$

$$= \frac{x - x_{i-2}}{2h} b^{[1]}_{[x_{i-2}x_{i-1}x_i]}(x) + \frac{x - x_{i+1}}{-2h} b^{[1]}_{[x_{i-1}x_i x_{i+1}]}(x)$$

$$= \begin{cases} \dfrac{1}{2}\left(\dfrac{x - x_i}{h} + 2\right)^2 & : x \in [x_{i-2}, x_{i-1}) \\ \dfrac{1}{2}\left(-2\left(\dfrac{x - x_i}{h}\right)^2 - 2\dfrac{x - x_i}{h} + 1\right) & : x \in [x_{i-1}, x_i) \\ \dfrac{1}{2}\left(\dfrac{x - x_i}{h} - 1\right)^2 & : x \in [x_i, x_{i+1}) \\ 0 & : x \notin [x_{i-2}, x_{i+1}) \end{cases}.$$

Abschnitt 6.3 Splineinterpolation

Der Index i kann in dieser Formel alle natürlichen Zahlen zwischen 2 und $n-1$ annehmen. Aus diesem Spline lässt sich wiederum durch Verschiebung der Indizes und die Anwendung von $x_{i+1} = x_i + h$ die Formel

$$b^{[2]}_{[x_{i-1} x_i x_{i+1} x_{i+2}]}(x)$$

$$= \begin{cases} \dfrac{1}{2}\left(\dfrac{x-x_i}{h}+1\right)^2 & : x \in [x_{i-1}, x_i) \\ \dfrac{1}{2}\left(-2\left(\dfrac{x-x_i}{h}\right)^2 + 2\dfrac{x-x_i}{h} + 1\right) & : x \in [x_i, x_{i+1}) \\ \dfrac{1}{2}\left(\dfrac{x-x_i}{h}-2\right)^2 & : x \in [x_{i+1}, x_{i+2}) \\ 0 & : x \notin [x_{i-2}, x_{i+1}) \end{cases}$$

für den rechts benachbarten quadratischen B-Spline gewinnen. Diese beiden quadratischen Splines führen zur gesuchten Formel

$$b^{[3]}_{[x_{i-2} x_{i-1} x_i x_{i+1} x_{i+2}]}(x)$$

$$= \dfrac{x-x_{i-2}}{3h} b^{[2]}_{[x_{i-2} x_{i-1} x_i x_{i+1}]}(x) + \dfrac{x-x_{i+2}}{-3h} b^{[2]}_{[x_{i-1} x_i x_{i+1} x_{i+2}]}(x)$$

$$= \begin{cases} \dfrac{1}{6}\left(\dfrac{x-x_i}{h}+2\right)^3 & : x \in [x_{i-2}, x_{i-1}) \\ \dfrac{1}{6}\left(4 - 3\left(\dfrac{x-x_i}{h}\right)^3 - 6\left(\dfrac{x-x_i}{h}\right)^2\right) & : x \in [x_{i-1}, x_i) \\ \dfrac{1}{6}\left(4 + 3\left(\dfrac{x-x_i}{h}\right)^3 - 6\left(\dfrac{x-x_i}{h}\right)^2\right) & : x \in [x_i, x_{i+1}) \\ \dfrac{1}{6}\left(2 - \dfrac{x-x_i}{h}\right)^3 & : x \in [x_{i+1}, x_{i+2}) \\ 0 & : x \notin [x_{i-2}, x_{i+2}) \end{cases}$$

für einen inneren kubischen B-Spline bei äquidistanten Stützstellen. Es ist zu beachten, dass in dieser Formel für den Index i der mittleren Stützstelle alle natürlichen Zahlen von 2 bis $n-2$ auftreten können.

Zur Bestimmung der notwendigen kubischen B-Splines am linken Rand geht man von den Funktionen nach Gleichung (6.47) aus:

$$b^{[1]}_{[x_0 x_0 x_1]}(x) = \begin{cases} 1 - \dfrac{x-x_0}{h} & : x \in [x_0, x_1) \\ 0 & : x \notin [x_0, x_1) \end{cases}, \qquad (6.50)$$

$$b^{[2]}_{[x_0 x_0 x_0 x_1]}(x) = \begin{cases} \left(1 - \dfrac{x - x_0}{h}\right)^2 & : x \in [x_0, x_1) \\ 0 & : x \notin [x_0, x_1) \end{cases}. \qquad (6.51)$$

Daraus gewinnt man den noch fehlenden quadratischen Rand-B-Spline

$$b^{[2]}_{[x_0 x_0 x_1 x_2]}(x) = \dfrac{x - x_0}{h} b^{[1]}_{[x_0 x_0 x_1]}(x) + \dfrac{x - x_2}{-2h} b^{[1]}_{[x_0 x_1 x_2]}(x)$$

$$= \begin{cases} \dfrac{1}{2}\left(4 \dfrac{x - x_0}{h} - 3\left(\dfrac{x - x_0}{h}\right)^2\right) & : x \in [x_0, x_1) \\ \dfrac{1}{2}\left(\dfrac{x - x_0}{h} - 2\right)^2 & : x \in [x_1, x_2) \\ 0 & : \text{sonst} \end{cases}. \qquad (6.52)$$

Dabei ist $b^{[1]}_{[x_0 x_1 x_2]}(x)$ ein linearer innerer B-Spline, dessen Formel man mit $i = 1$ aus der im ersten Teil des Beispiels bestimmten Gleichung (6.49) für die inneren linearen B-Splines erhält. Abschließend werden die drei kubischen Rand-Splines

$$b^{[3]}_{[x_0 x_0 x_0 x_0 x_1]}(x) = \begin{cases} \left(1 - \dfrac{x - x_0}{h}\right)^3 & : x \in [x_0, x_1) \\ 0 & : x \notin [x_0, x)] \end{cases},$$

$b^{[3]}_{[x_0 x_0 x_0 x_1 x_2]}(x)$

$$= \dfrac{x - x_0}{h} b^{[2]}_{[x_0 x_0 x_0 x_1]}(x) + \dfrac{x - x_2}{-2h} b^{[2]}_{[x_0 x_0 x_1 x_2]}(x)$$

$$= \begin{cases} \dfrac{1}{4}\left(7\left(\dfrac{x - x_0}{h}\right)^3 - 18\left(\dfrac{x - x_0}{h}\right)^2 + 12 \dfrac{x - x_0}{h}\right) & : x \in [x_0, x_1) \\ -\dfrac{1}{4}\left(\dfrac{x - x_0}{h} - 2\right)^3 & : x \in [x_1, x_2) \\ 0 & : \text{sonst} \end{cases},$$

$b^{[3]}_{[x_0 x_0 x_1 x_2 x_3]}(x)$

$$= \dfrac{x - x_0}{2h} b^{[2]}_{[x_0 x_0 x_1 x_2]}(x) + \dfrac{x - x_3}{-3h} b^{[2]}_{[x_0 x_1 x_2 x_3]}(x)$$

$$= \begin{cases} \frac{1}{12}\left(-11\left(\frac{x-x_0}{h}\right)^3 + 18\left(\frac{x-x_0}{h}\right)^2\right) & : x \in [x_0, x_1) \\ \frac{1}{12}\left(7\left(\frac{x-x_0}{h}\right)^3 - 36\left(\frac{x-x_0}{h}\right)^2 + 54\frac{x-x_0}{h} - 18\right) & : x \in [x_1, x_2) \\ \frac{1}{6}\left(3 - \frac{x-x_0}{h}\right)^3 & : x \in [x_2, x_3) \\ 0 & : \text{sonst} \end{cases}$$

ermittelt. Dabei ist der innere quadratische B-Spline $b^{[2]}_{[x_0 x_1 x_2 x_3]}(x)$ wieder dem ersten Teil des Beispiels zu entnehmen.

Am rechten Rand erhält man ausgehend von den Funktionen nach Gleichung (6.47)

$$b^{[1]}_{[x_{n-1} x_n x_n]}(x) = \begin{cases} 1 + \frac{x - x_n}{h} & : x \in [x_{n-1}, x_n) \\ 0 & : x \notin [x_{n-1}, x_n) \end{cases}, \tag{6.53}$$

$$b^{[2]}_{[x_{n-1} x_n x_n x_n]}(x) = \begin{cases} \left(1 + \frac{x - x_n}{h}\right)^2 & : x \in [x_{n-1}, x_n) \\ 0 & : x \notin [x_{n-1}, x_n) \end{cases} \tag{6.54}$$

den quadratischen Rand-B-Spline

$$b^{[2]}_{[x_{n-2} x_{n-1} x_n x_n]}(x)$$

$$= \frac{x - x_{n-2}}{2h} b^{[1]}_{[x_{n-2} x_{n-1} x_n]}(x) + \frac{x - x_n}{-h} b^{[1]}_{[x_{n-1}, x_n x_n]}(x)$$

$$= \begin{cases} \frac{1}{2}\left(\frac{x - x_n}{h} + 2\right)^2 & : x \in [x_{n-2}, x_{n-1}) \\ \frac{1}{2}\left(-3\left(\frac{x - x_n}{h}\right)^2 - 4\frac{x - x_n}{h}\right) & : x \in [x_{n-1}, x_n) \\ 0 & : \text{sonst} \end{cases} \tag{6.55}$$

und die drei rechten kubischen Rand-Splines

$$b^{[3]}_{[x_{n-3} x_{n-2} x_{n-1} x_n x_n]}(x)$$

$$= \frac{x - x_{n-3}}{3h} b^{[2]}_{[x_{n-3} x_{n-2} x_{n-1} x_n]}(x) + \frac{x - x_n}{-2h} b^{[2]}_{[x_{n-2} x_{n-1} x_n x_n]}(x)$$

$$= \begin{cases} \dfrac{1}{6}\left(\dfrac{x-x_n}{h}+3\right)^3 & : x \in [x_{n-3}, x_{n-2}) \\ -\dfrac{1}{12}\left(7\left(\dfrac{x-x_n}{h}\right)^3 + 36\left(\dfrac{x-x_n}{h}\right)^2 \right. \\ \qquad\qquad \left. +54\dfrac{x-x_n}{h}+18\right) & : x \in [x_{n-2}, x_{n-1}) \\ \dfrac{1}{12}\left(11\left(\dfrac{x-x_n}{h}\right)^3 + 18\left(\dfrac{x-x_n}{h}\right)^2\right) & : x \in [x_{n-1}, x_n) \\ 0 & : \text{sonst} \end{cases}$$

$$b^{[3]}_{[x_{n-2}x_{n-1}x_nx_nx_n]}(x)$$

$$= \dfrac{x - x_{n-2}}{2h} b^{[2]}_{[x_{n-2}x_{n-1}x_nx_n]}(x) + \dfrac{x - x_n}{-h} b^{[2]}_{[x_{n-1}x_nx_nx_n]}(x)$$

$$= \begin{cases} \dfrac{1}{4}\left(\dfrac{x-x_n}{h}+2\right)^3 & : x \in [x_{n-2}, x_{n-1}) \\ -\dfrac{1}{4}\left(7\left(\dfrac{x-x_n}{h}\right)^3 + 18\left(\dfrac{x-x_n}{h}\right)^2 \right. \\ \qquad\qquad \left. +12\dfrac{x-x_n}{h}\right) & : x \in [x_{n-1}, x_n) \\ 0 & : \text{sonst} \end{cases}$$

$$b^{[3]}_{[x_{n-1}x_nx_nx_nx_n]}(x)$$

$$= \begin{cases} \left(1+\dfrac{x-x_n}{h}\right)^3 & : x \in [x_{n-1}, x_n) \\ 0 & : x \notin [x_{n-1}, x_n) \end{cases}.$$

Beispiel 6.26. Zu den neun äquidistanten Stützstellen $x_0 = 0$ bis $x_8 = 8$ mit der Schrittweite $h = 1$ ergeben sich aus den obigen Formeln die linken kubischen Rand-B-Splines

$$b^{[3]}_{[00001]}(x) = \begin{cases} (1-x)^3 & : x \in [0,1) \\ 0 & : x \notin [0,1) \end{cases},$$

$$b^{[3]}_{[00012]}(x) = \begin{cases} \dfrac{1}{4}(7x^3 - 18x^2 + 12x) & : x \in [0, 1) \\ -\dfrac{1}{4}(x-2)^3 & : x \in [1, 2) \\ 0 & : \text{sonst} \end{cases},$$

$$b^{[3]}_{[00123]}(x) = \begin{cases} \dfrac{1}{12}(-11x^3 + 18x^2) & : x \in [0, 1) \\ \dfrac{1}{12}(7x^3 - 36x^2 + 54x - 18) & : x \in [1, 2) \\ \dfrac{1}{6}(3-x)^3 & : x \in [2, 3) \\ 0 & : \text{sonst} \end{cases}$$

die inneren kubischen Splines mit dem Repräsentanten

$$b^{[3]}_{[k-2,k-1,k,k+1,k+2]}(x)$$

$$= \begin{cases} \dfrac{1}{6}(x-k+2)^3 & : x \in [k-2, k-1) \\ \dfrac{1}{6}(4 - 3(x-k)^3 - 6(x-k)^2) & : x \in [k-1, k) \\ \dfrac{1}{6}(4 + 3(x-k)^3 - 6(x-k)^2) & : x \in [k, k+1) \\ \dfrac{1}{6}(2-x+k)^3 & : x \in [k+1, k+2) \\ 0 & : x \notin [k-2, k+2) \end{cases}$$

und die drei rechten kubischen Rand-Splines

$$b^{[3]}_{[56788]}(x) = \begin{cases} \dfrac{1}{6}(x-5)^3 & : x \in [5, 6) \\ -\dfrac{1}{12}(7(x-8)^3 + 36(x-8)^2 + 54(x-8) + 18) & : x \in [6, 7) \\ \dfrac{1}{12}(11(x-8)^3 + 18(x-8)^2) & : x \in [7, 8) \\ 0 & : \text{sonst} \end{cases},$$

$$b^{[3]}_{[67888]}(x) = \begin{cases} \dfrac{1}{4}(x-6)^3 & : x \in [6,7) \\ -\dfrac{1}{4}\bigl(7(x-8)^3 + 18(x-8)^2 + 12(x-8)\bigr) & : x \in [7,8) \\ 0 & : \text{sonst} \end{cases},$$

$$b^{[3]}_{[78888]}(x) = \begin{cases} (x-7)^3 & : x \in [7,8) \\ 0 & : x \notin [7,8) \end{cases}.$$

Diese B-Splines sind im folgenden Bild veranschaulicht.

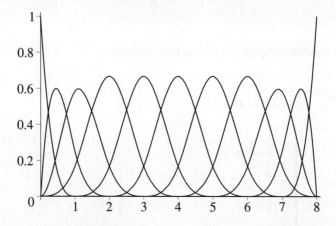

Bild 6.21. Alle kubischen B-Splines zu den äquidistanten Stützstellen $x_0 = 0, x_1 = 1, \ldots, x_8 = 8$.

Durch den rekursiven Bildungsweg waren bei der Bestimmung der kubischen B-Splines auch alle linearen und quadratischen B-Splines zu äquidistanten Stützstellen als Zwischenergebnisse nötig, sie können deshalb als Nebenprodukt aus der oben angegebenen Herleitung gewonnen werden.

Beispiel 6.27. Es werden wieder die linearen B-Splines zu den äquidistanten Stützstellen $x_0 = 0$ bis $x_8 = 8$ bestimmt. Dazu sind aus der Herleitung der kubischen B-Splines zunächst die allgemeinen Formeln der linearen B-Splines für äquidistante

Abschnitt 6.3 Splineinterpolation

Stützstellen zu ermitteln. Die inneren linearen B-Splines

$$b^{[1]}_{[x_{i-1}x_ix_{i+1}]}(x) = \begin{cases} \dfrac{x-x_i}{h} + 1 & : x \in [x_{i-1}, x_i) \\ 1 - \dfrac{x-x_i}{h} & : x \in [x_i, x_{i+1}) \\ 0 & : x \notin [x_{i-1}, x_{i+1}) \end{cases} \quad (i = 1, \ldots, n-1)$$

können aus der Gleichung (6.49) abgelesen werden. Der B-Spline am linken Rand lautet nach Gleichung (6.50)

$$b^{[1]}_{[x_0x_0x_1]}(x) = \begin{cases} 1 - \dfrac{x-x_0}{h} & : x \in [x_0, x_1) \\ 0 & : x \notin [x_0, x_1) \end{cases}.$$

Am rechten Rand ergibt sich aus der Gleichung (6.53) der B-Spline

$$b^{[1]}_{[x_{n-1}x_nx_n]}(x) = \begin{cases} 1 + \dfrac{x-x_n}{h} & : x \in [x_{n-1}, x_n) \\ 0 & : x \notin [x_{n-1}, x_n) \end{cases}.$$

Zugeschnitten auf das spezielle Problem des Beispiels ergibt sich unter Berücksichtigung von $x_0 = 0$ und $h = 1$ daraus am linken Rand

$$b^{[1]}_{[001]}(x) = \begin{cases} 1 - x & : x \in [0, 1) \\ 0 & : x \notin [0, 1) \end{cases}.$$

Die inneren B-Splines des untersuchten Problems lauten

$$b^{[1]}_{[k-1,k,k+1]}(x) = \begin{cases} x - (k-1) & : x \in [k-1, k) \\ (k+1) - x & : x \in [k, k+1) \\ 0 & : x \notin [k-1, k+1) \end{cases} \quad (k = 1, 2, \ldots, 7).$$

Am rechten Rand ist in diesem speziellen Problem der B-Spline

$$b^{[1]}_{[788]}(x) = \begin{cases} x - 7 & : x \in [7, 8) \\ 0 & : x \notin [7, 8) \end{cases}$$

zu verwenden. Die Kurven aller dieser B-Splines sind im folgenden Bild dargestellt.

Beispiel 6.28. Es werden wieder zuerst die allgemeinen Formeln für die quadratischen B-Splines zusammengefasst und anschließend die speziellen B-Splines zu den äquidistanten Stützstellen $x_0 = 0$ bis $x_8 = 8$ angegeben.

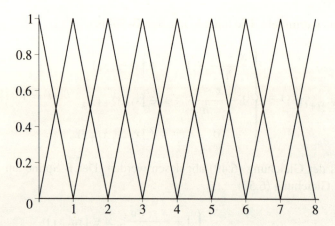

Bild 6.22. Alle linearen B-Splines zu den äquidistanten Stützstellen $x_0 = 0, x_1 = 1, \ldots, x_8 = 8$.

Für die inneren quadratischen B-Splines bei äquidistanten Stützstellen erhält man aus der Gleichung (6.50) die Form:

$$b^{[2]}_{[x_{i-2} x_{i-1} x_i x_{i+1}]}(x) = \begin{cases} \frac{1}{2}\left(\frac{x - x_i}{h} + 2\right)^2 & : x \in [x_{i-2}, x_{i-1}) \\ \frac{1}{2}\left(-2\left(\frac{x - x_i}{h}\right)^2 - 2\frac{x - x_i}{h} + 1\right) & : x \in [x_{i-1}, x_i) \\ \frac{1}{2}\left(\frac{x - x_i}{h} - 1\right)^2 & : x \in [x_i, x_{i+1}) \\ 0 & : x \notin [x_{i-2}, x_{i+1}) \end{cases}$$

$(i = 2, \ldots, n - 1)$.

An den Rändern sind jeweils zwei quadratische Rand-B-Splines zu bestimmen. Die linken Rand-Splines

$$b^{[2]}_{[x_0 x_0 x_0 x_1]}(x) = \begin{cases} \left(1 - \frac{x - x_0}{h}\right)^2 & : x \in [x_0, x_1) \\ 0 & : x \notin [x_0, x_1) \end{cases} \quad \text{und}$$

$$b^{[2]}_{[x_0 x_0 x_1 x_2]}(x) = \begin{cases} \frac{1}{2}\left(4\frac{x - x_0}{h} - 3\left(\frac{x - x_0}{h}\right)^2\right) & : x \in [x_0, x_1) \\ \frac{1}{2}\left(\frac{x - x_0}{h} - 2\right)^2 & : x \in [x_1, x_2) \\ 0 & : \text{sonst} \end{cases}$$

ergeben sich aus den Gleichungen (6.51) und (6.52). Die rechten Rand-B-Splines

$$b^{[2]}_{[x_{n-1}x_nx_nx_n]}(x) = \begin{cases} \left(1 + \dfrac{x - x_n}{h}\right)^2 & : x \in [x_{n-1}, x_n) \\ 0 & : x \notin [x_{n-1}, x_n) \end{cases} \quad \text{und}$$

$$b^{[2]}_{[x_{n-2}x_{n-1}x_nx_n]}(x) = \begin{cases} \dfrac{1}{2}\left(\dfrac{x - x_n}{h} + 2\right)^2 & : x \in [x_{n-2}, x_{n-1}) \\ \dfrac{1}{2}\left(-3\left(\dfrac{x - x_n}{h}\right)^2 - 4\dfrac{x - x_n}{h}\right) & : x \in [x_{n-1}, x_n) \\ 0 & : \text{sonst} \end{cases}$$

folgen aus den Gleichungen (6.54) und (6.55). Für die im Beispiel vorgegebenen Stützstellen $x_0 = 0$ bis $x_8 = 8$ erhält man daraus die auch im Bild 6.23 grafisch dargestellten Splines

$$b^{[2]}_{[0001]}(x) = \begin{cases} 1 - x^2 & : x \in [0, 1) \\ 0 & : x \notin [0, 1) \end{cases},$$

$$b^{[2]}_{[0012]}(x) = \begin{cases} \dfrac{1}{2}(4x - 3x^2) & : x \in [0, 1) \\ \dfrac{1}{2}(x - 2)^2 & : x \in [1, 2) \\ 0 & : \text{sonst} \end{cases},$$

$$b^{[2]}_{[k-2,k-1,k,k+1]}(x) = \begin{cases} \dfrac{1}{2}(x - k + 2)^2 & : x \in [k-2, k-1) \\ \dfrac{1}{2}(-2(x-k)^2 - 2(x-k) + 1) & : x \in [k-1, k) \\ \dfrac{1}{2}(x - k - 1)^2 & : x \in [k, k+1) \\ 0 & : x \notin [k-2, k+1) \end{cases}$$

$$(k = 2, \ldots, 7),$$

$$b^{[2]}_{[7888]}(x) = \begin{cases} (x - 7)^2 & : x \in [7, 8) \\ 0 & : x \notin [7, 8) \end{cases} \quad \text{und}$$

$$b^{[2]}_{[6788]}(x) = \begin{cases} \dfrac{1}{2}(x-6)^2 & : x \in [6,7) \\ \dfrac{1}{2}\bigl(-3(x-8)^2 - 4(x-8)\bigr) & : x \in [7,8) \\ 0 & : \text{sonst} \end{cases}$$

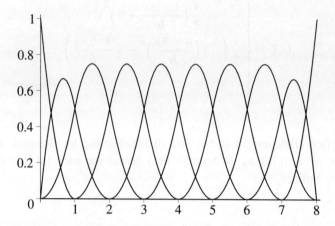

Bild 6.23. Alle quadratischen B-Splines zu den äquidistanten Stützstellen $x_0 = 0, x_1 = 1, \ldots, x_8 = 8$.

Die Lösung der Interpolationsaufgabe

In diesem Abschnitt wird die Bestimmung der Koeffizienten der Linearkombination aller B-Splines untersucht. Zur eleganten Formulierung des Problems werden wie bei der Einführung der Rand-B-Splines zusätzliche Stützstellen außerhalb des eigentlichen Interpolationsintervalls eingeführt. Dies sind für Splines vom Grad k am linken Rand die k zusätzlichen Stützstellen

$$x_{-k} = x_{1-k} = \cdots = x_{-1} = x_0$$

und am rechten Rand die Stellen

$$x_n = x_{n+1} = x_{n+2} = \cdots = x_{n+k}.$$

Mit diesen zusätzlichen Stützstellen wird auch die neue Indizierung

$$b^{[k]}_l = b^{[k]}_{[x_{l-k}, x_{l-k+1}, \ldots, x_{l+1}]}(x) \quad (l = 0, 1, \ldots, n+k-1)$$

Abschnitt 6.3 Splineinterpolation

der B-Splines vorgenommen. Zur weiteren Vereinfachung der Schreibweise wird außerdem der Grad der B-Splines nicht mehr explizit angegeben. Das Interpolationsproblem besteht dann in der Berechnung der Koeffizienten c_l der Funktion

$$s(x) = \sum_{l=0}^{n+k-1} c_l b_l^{[k]}(x) = \sum_{l=0}^{n+k-1} c_l b_l(x), \qquad (6.56)$$

so dass die Bedingungen

$$f_i = s(x_i) = \sum_{l=0}^{n+k-1} c_l b_l(x_i) \quad (i = 0, 1, \ldots, n) \qquad (6.57)$$

und je nach Grad des Splines noch die bekannten zusätzlichen Randbedingungen, die beispielsweise für kubische Splines in der Definition 6.5 genannt werden, erfüllt sind. Da B-Splines vom Grad k nur auf den k inneren Stützstellen von $k+1$ zusammenhängenden Intervallen von null verschiedene Werte annehmen, ergibt sich aus den Bedingungen (6.57) das lineare Gleichungssystem

$$f_i = s(x_i) = \sum_{l=i}^{i+k-1} c_l b_l(x_i) \quad (i = 0, 1, \ldots, n).$$

Für kubische Splines hat dieses System in Matrixform die Gestalt:

$$\begin{pmatrix} b_0(x_0) & b_1(x_0) & \cdots & 0 & 0 & 0 \\ 0 & b_1(x_1) & \cdots & 0 & 0 & 0 \\ 0 & 0 & \cdots & \vdots & \vdots & \vdots \\ \vdots & \vdots & \ddots & 0 & 0 & 0 \\ 0 & 0 & \cdots & 0 & b_{n+1}(x_{n-1}) & 0 \\ 0 & 0 & \cdots & b_n(x_n) & b_{n+1}(x_n) & b_{n+2}(x_n) \end{pmatrix} \begin{pmatrix} c_0 \\ c_1 \\ c_2 \\ \vdots \\ c_{n+1} \\ c_{n+2} \end{pmatrix} = \begin{pmatrix} f_0 \\ f_1 \\ f_2 \\ \vdots \\ f_{n-1} \\ f_n \end{pmatrix}.$$

Dieses System kann noch etwas vereinfacht werden, denn die bei der Herleitung kubischer Splines zu äquidistanten Stützstellen und in den Beispielen von Rand-B-Splines zu beobachtende Eigenschaft

$$b_0(x_0) = 1, \quad b_l(x_0) = 0, \quad b_{n+k-1}(x_n) = 1 \quad (0 < l < n+k-1)$$

gilt allgemein.

Das obige lineare Gleichungssystem enthält $n+1$ Gleichungen und $n+3$ Variablen c_l. Für die Eindeutigkeit der Lösung des Systems werden noch weitere Bedingungen benötigt. Diese zusätzlichen Bedingungen hängen vom Typ des gesuchten Splines ab. Ein natürlicher Spline ist zusätzlich zu den Bedingungen (6.57) durch

$$s''(x_0) = 0 \quad \text{und} \quad s''(x_n) = 0$$

charakterisiert. Die Koeffizienten c_l werden dann durch

$$\begin{pmatrix} b_0''(x_0) & b_1''(x_0) & b_2''(x_0) & \cdots & 0 & 0 \\ b_0(x_0) & 0 & 0 & \cdots & 0 & 0 \\ 0 & b_1(x_1) & b_2(x_1) & \cdots & 0 & 0 \\ 0 & 0 & b_2(x_2) & \cdots & \vdots & \vdots \\ \vdots & \vdots & \vdots & \ddots & 0 & 0 \\ 0 & 0 & 0 & \cdots & b_{n+1}(x_{n-1}) & 0 \\ 0 & 0 & 0 & \cdots & 0 & b_{n+2}(x_n) \\ 0 & 0 & 0 & \cdots & b_{n+1}''(x_n) & b_{n+2}''(x_n) \end{pmatrix} \begin{pmatrix} c_0 \\ c_1 \\ c_2 \\ \vdots \\ \vdots \\ c_n \\ c_{n+1} \\ c_{n+2} \end{pmatrix} = \begin{pmatrix} 0 \\ f_0 \\ f_1 \\ f_2 \\ \vdots \\ f_{n-1} \\ f_n \\ 0 \end{pmatrix}$$

bestimmt.

Beispiel 6.29. Es wieder das Problem aus Beispiel 6.16 betrachtet, bei dem ein natürlicher Spline durch die Knoten

$$(0,1), \ (1,2), \ (2,0), \ (3,1), \ (4,-1), \ (5,2), \ (6,1), \ (7,1) \quad \text{und} \quad (8,2)$$

zu legen war. Die Stützstellen dieses Problems sind mit den im Beispiel 6.26 verwendeten Stellen identisch. Die Formeln der B-Splines können daher direkt aus diesem Beispiel übernommen werden.

Die durch die Randbedingung $s(0) = 0$ bestimmten Koeffizienten des Gleichungssystems sind dann

$$b_0''(0) = (b_{[00001]}^{[3]})''(0) = 6(1-0) = 6\,,$$

$$b_1''(0) = (b_{[00012]}^{[3]})''(0) = \frac{1}{4}(42 \cdot 0 - 36) = -9\,,$$

$$b_2''(0) = (b_{[00123]}^{[3]})''(0) = \frac{1}{12}(-66 \cdot 0 + 36) = 3\,.$$

Abschnitt 6.3 Splineinterpolation

Analog erhält man für die Koeffizienten der Bedingung $s(8) = 0$

$$b_8''(8) = (b_{[56788]}^{[3]})''(8) = \frac{1}{12}(66(8-8) + 36) = 3,$$

$$b_9''(8) = (b_{[67888]}^{[3]})''(8) = -\frac{1}{4}(42(8-8) + 36) = -9,$$

$$b_{10}''(8) = (b_{[78888]}^{[3]})''(8) = 6(8-7) = 6.$$

Als Funktionswerte der inneren B-Splines, die gleichzeitig den größten Teil der Bandstruktur ausmachen, ergeben sich mit $k = l - 1$

$$b_l(x_{l-2}) = b_{[l-3,l-2,l-1,l,l+1]}^{[3]}(l-2)$$
$$= \frac{1}{6}(4 - 3(l-2-l+1)^3 - 6(l-2-l+1)^2) = \frac{1}{6},$$

$$b_l(x_{l-1}) = b_{[l-3,l-2,l-1,l,l+1]}^{[3]}(l-1)$$
$$= \frac{1}{6}(4 + 3(l-1-l+1)^3 - 6(l-1-l+1)^2) = \frac{2}{3},$$

$$b_l(x_l) = b_{[l-3,l-2,l-1,l,l+1]}^{[3]}(l) = \frac{1}{6}(2-l+l-1) = \frac{1}{6}.$$

Mit den noch fehlenden Funktionswerten der Rand-B-Splines

$$b_1(x_1) = b_{[00012]}^{[3]}(1)$$
$$= -\frac{1}{4}(1-2)^3 = \frac{1}{4},$$

$$b_2(x_1) = b_{[00123]}^{[3]}(1)$$
$$= \frac{1}{12}(7 \cdot 1^3 - 36 \cdot 1^2 + 54 \cdot 1 - 18) = \frac{7}{12},$$

$$b_2(x_2) = b_{[00123]}^{[3]}(2)$$
$$= \frac{1}{6}(3-2)^3 = \frac{1}{6},$$

$$b_n(x_{n-2}) = b_{[56788]}^{[3]}(6)$$
$$= -\frac{1}{12}(7(6-8)^3 + 36(6-8)^2 + 54(6-8) + 18) = \frac{1}{6},$$

$$b_n(x_{n-1}) = b_{[56788]}^{[3]}(7)$$
$$= \frac{1}{12}(11(7-8)^3 + 18(7-8)^2) = \frac{7}{12},$$

$$b_{n+1}(x_{n-1}) = b_{[67888]}^{[3]}(7)$$

$$= -\frac{1}{4}(7(7-8)^3 + 18(7-8)^2 + 12(7-8)) = \frac{1}{4}$$

erhält man das lineare Gleichungssystem:

$$\begin{pmatrix} 6 & -9 & 3 & 0 & 0 & 0 & 0 & 0 & 0 & 0 & 0 \\ 1 & 0 & 0 & 0 & 0 & 0 & 0 & 0 & 0 & 0 & 0 \\ 0 & \frac{1}{4} & \frac{7}{12} & \frac{1}{6} & 0 & 0 & 0 & 0 & 0 & 0 & 0 \\ 0 & 0 & \frac{1}{6} & \frac{2}{3} & \frac{1}{6} & 0 & 0 & 0 & 0 & 0 & 0 \\ 0 & 0 & 0 & \frac{1}{6} & \frac{2}{3} & \frac{1}{6} & 0 & 0 & 0 & 0 & 0 \\ 0 & 0 & 0 & 0 & \frac{1}{6} & \frac{2}{3} & \frac{1}{6} & 0 & 0 & 0 & 0 \\ 0 & 0 & 0 & 0 & 0 & \frac{1}{6} & \frac{2}{3} & \frac{1}{6} & 0 & 0 & 0 \\ 0 & 0 & 0 & 0 & 0 & 0 & \frac{1}{6} & \frac{2}{3} & \frac{1}{6} & 0 & 0 \\ 0 & 0 & 0 & 0 & 0 & 0 & 0 & \frac{1}{6} & \frac{7}{12} & \frac{1}{4} & 0 \\ 0 & 0 & 0 & 0 & 0 & 0 & 0 & 0 & 0 & 0 & 1 \\ 0 & 0 & 0 & 0 & 0 & 0 & 0 & 0 & 3 & -9 & 6 \end{pmatrix} \begin{pmatrix} c_0 \\ c_1 \\ c_2 \\ c_3 \\ c_4 \\ c_5 \\ c_6 \\ c_7 \\ c_8 \\ c_9 \\ c_{10} \end{pmatrix} = \begin{pmatrix} 0 \\ 1 \\ 2 \\ 0 \\ 1 \\ -1 \\ 2 \\ 1 \\ 1 \\ 2 \\ 0 \end{pmatrix}.$$

Die Lösung dieses linearen Gleichungssystems lautet

$$c_0 = 1, \qquad c_1 = \frac{55499}{32592}, \qquad c_2 = \frac{33771}{10864},$$

$$c_3 = -\frac{3895}{2716}, \qquad c_4 = \frac{28549}{10864}, \qquad c_5 = -\frac{597}{194},$$

$$c_6 = \frac{39995}{10864}, \qquad c_7 = \frac{955}{2716}, \qquad c_8 = \frac{9909}{10864},$$

$$c_9 = \frac{53365}{32592}, \qquad c_{10} = 2.$$

Durch die Linearkombination

$$s(x) = \sum_{l=0}^{10} c_l b_l(x)$$

ergibt sich aus den B-Splines die Funktion:

$$s(x) = \begin{cases} 1 + \dfrac{22907}{10864}x - \dfrac{12043}{10864}x^3 & : 0 \leq x < 1 \\[4pt] -\dfrac{14401}{5432} + \dfrac{141905}{10864}x - \dfrac{59499}{5432}x^2 + \dfrac{27623}{10864}x^3 & : 1 \leq x < 2 \\[4pt] \dfrac{229151}{5432} - \dfrac{588751}{10864}x + \dfrac{17595}{776}x^2 - \dfrac{33265}{10864}x^3 & : 2 \leq x < 3 \\[4pt] -\dfrac{381671}{2716} + \dfrac{1396235}{10864}x - \dfrac{103833}{2716}x^2 + \dfrac{40253}{10864}x^3 & : 3 \leq x < 4 \\[4pt] \dfrac{915737}{2716} - \dfrac{2495989}{10864}x + \dfrac{139431}{2716}x^2 - \dfrac{40835}{10864}x^3 & : 4 \leq x < 5 \\[4pt] -\dfrac{2302651}{5432} + \dfrac{2464961}{10864}x - \dfrac{217233}{5432}x^2 + \dfrac{25311}{10864}x^3 & : 5 \leq x < 6 \\[4pt] +\dfrac{155507}{776} - \dfrac{926239}{10864}x + \dfrac{65367}{5432}x^2 - \dfrac{6089}{10864}x^3 & : 6 \leq x < 7 \\[4pt] -\dfrac{7431}{194} - \dfrac{171541}{10864}x + \dfrac{2865}{1358}x^2 - \dfrac{955}{10864}x^3 & : 7 \leq x < 8 \end{cases}.$$

6.4 Interpolation mit periodischen Funktionen

6.4.1 Problemstellung

Es seien in N äquidistanten Stützstellen mit der Schrittweite h

$$x_k = kh \quad (k = 0, 1, \ldots, N-1)$$

die Funktionswerte $y_k = y(x_k)$ einer Funktion $y(x)$ bekannt. Gesucht ist jetzt eine Interpolationsfunktion $F(x)$, die nicht nur die Interpolationsaufgabe

$$F(x_k) = y_k \quad (k = 0, 1, \ldots, N-1) \tag{6.58}$$

löst, sondern darüber hinaus den durch die bekannten Knoten (x_k, y_k) vorgegebenen Funktionsverlauf periodisch fortsetzt. Voraussetzung für eine periodische Fortsetzbarkeit ist, dass an den Rändern des Periodenintervalls die Funktionswerte übereinstimmen. Dies kann man durch die Annahme eines weiteren vorgegebenen Knotens (x_N, y_0) sichern. Mit

$$L = Nh \quad \text{(Anzahl der Stützstellen} \downarrow \text{Schrittweite)}$$

hat die Interpolierende das Periodenintervall $[0, L]$. Die Periodizität der Interpolierenden lässt sich durch die Wahl von L-periodischen Ansatzfunktionen sichern. Als eine Möglichkeit zur periodischen Fortsetzung von Funktionen sind im vorigen Kapitel bereits die Fourier-Reihen betrachtet worden. Es soll nun der Fourier-Ansatz auf diskret vorgegebene Funktionen übertragen werden, ohne dass für die Reihe die Interpolationseigenschaft gefordert wird. Das Ergebnis dieser Überlegungen wird dann auf seine Eignung als Interpolierende untersucht. Wegen der größeren Allgemeinheit, aber auch wegen der einfacheren Darstellung dient die komplexe Fourier-Reihe als Ausgangspunkt. Aus dem Ergebnis dieser Untersuchungen lassen sich einfach reelle Formeln herleiten.

6.4.2 Die diskrete Fourier-Transformation

Zur Bildung der komplexen Fourier-Reihe einer L-periodischen Funktion ist die Periode $2p$ durch die Periode L zu ersetzen. Durch die Substitution $p = L/2$ erhält man die Reihe

$$F_n(x) = \sum_{k=-n}^{n} c_k e^{i\frac{2k\pi x}{L}}.$$

Für die Fourier-Koeffizienten

$$c_k = \frac{1}{L} \int_0^L f(x) e^{-i\frac{2k\pi x}{L}}\, dx$$

können nur numerische Näherungen angegeben werden, denn von der Funktion f sind lediglich in N äquidistanten Stützstellen $x_k = kh$ die Funktionswerte $y_k = f(x_k)$ bekannt. Zur Integration periodischer Funktionen über ein Vielfaches der Periode eignet sich die Trapez-Regel (s. Kapitel 8.2). Sie ergibt die Näherung

$$c_k = \frac{1}{L} \int_0^L f(x) e^{-i\frac{2k\pi x}{L}}\, dx$$

$$\approx \frac{1}{L} h \left(\frac{y_0 e^0 + y_N e^{-i\frac{2k\pi x_N}{L}}}{2} + \sum_{n=1}^{N-1} y_n e^{-i\frac{2k\pi x_n}{L}} \right).$$

Unter Beachtung der Annahmen $y_N = y_0$ und $L = x_N = Nh$ erhält man die diskreten Fourier-Koeffizienten:

$$c_k = \frac{1}{N} \sum_{n=0}^{N-1} y_n e^{-i\frac{2k n \pi}{N}}$$

Der Index k des diskreten Fourier-Koeffizienten c_k steht in dieser Formel nur im Exponenten der komplexen Exponentialfunktion. Aus der Periodizität dieser Funktion

Abschnitt 6.4 Interpolation mit periodischen Funktionen

folgt wegen

$$c_{k+N} = \frac{1}{N} \sum_{n=0}^{N-1} y_n e^{-i\frac{2(k+N)n\pi}{N}} = \frac{1}{N} \sum_{n=0}^{N-1} y_n e^{-i\left(\frac{2kn\pi}{N}+2n\pi\right)}$$

$$= \frac{1}{N} \sum_{n=0}^{N-1} y_n e^{-i\frac{2kn\pi}{N}} = c_k$$

die Periodizität der diskreten Fourier-Koeffizienten. Da der Betrag der Fourier-Koeffizienten allgemein für wachsende $|k|$ gegen null absinkt, diskrete Fourier-Koeffizienten aber periodisch sind, können die diskreten Koeffizienten nur eine eingeschränkte Näherung sein. Diese Näherung ist gut für $|k| \ll N$.

Als Repräsentanten der N verschiedene Koeffizienten verwendet man die diskreten Koeffizienten $c_0, \ldots, c_{N-1}$.

Definition 6.7. Die *(komplexe) diskrete Fourier-Transformation*, kurz DFT, ist die Bestimmung der *diskreten Fourier-Koeffizienten* c_k ($k = 0, 1, \ldots, N-1$) zu einer durch N Knoten (kh, y_k) gegebenen Funktion f.

Zur Veranschaulichung der Berechnung und des Verhaltens der diskreten Fourier-Koeffizienten wird die Sägezahnkurve aus dem Beispiel 5.15 betrachtet.

Beispiel 6.30. Zu der im Beispiel 5.15 untersuchten Sägezahnkurve werden die diskreten Fourier-Koeffizienten aus fünf und anschließend zum Vergleich aus zehn vorgegebenen Knoten berechnet.

Diese Sägezahnkurve ist 2-periodisch. Die fünf Stützstellen sind also mit einer Schrittweite von $h = L/N = 2/5$ zu wählen. Die Sägezahnkurve wird dann durch die fünf äquidistanten Knoten

$$(0,0), \left(\frac{2}{5}, \frac{2}{5}\right), \left(\frac{4}{5}, \frac{4}{5}\right), \left(\frac{6}{5}, -\frac{4}{5}\right), \left(\frac{8}{5}, -\frac{2}{5}\right)$$

repräsentiert.

Der Knoten $(2, 0)$ steht nicht in dieser Liste, wird aber wegen der Annahme der Periodizität der Funktion mit vorausgesetzt. Die diskreten Fourier-Koeffizienten sind:

$$c_0 = \frac{1}{5} \sum_{n=0}^{4} y_n e^0 = \frac{1}{5}\left(0 + \frac{2}{5} + \frac{4}{5} - \frac{4}{5} - \frac{2}{5}\right) = 0,$$

$$c_1 = \frac{1}{5} \sum_{n=0}^{4} y_n e^{-i\frac{2n\pi}{5}} = \frac{1}{5}\left(\frac{2}{5}(e^{-i\frac{2\pi}{5}} - e^{-i\frac{8\pi}{5}}) + \frac{4}{5}(e^{-i\frac{4\pi}{5}} - e^{-i\frac{6\pi}{5}})\right)$$

$$= \frac{2}{25}(e^{-i\frac{2\pi}{5}} - e^{i\frac{2\pi}{5}} + 2e^{-i\frac{4\pi}{5}} - 2e^{i\frac{4\pi}{5}}) = -i\frac{4}{25}\left(\sin\frac{2\pi}{5} + 2\sin\frac{4\pi}{5}\right),$$

$$c_2 = \frac{1}{5}\sum_{n=0}^{4} y_n e^{-i\frac{4n\pi}{5}} = \frac{1}{5}\left(\frac{2}{5}(e^{-i\frac{4\pi}{5}} - e^{-i\frac{16\pi}{5}}) + \frac{4}{5}(e^{-i\frac{8\pi}{5}} - e^{-i\frac{12\pi}{5}})\right)$$

$$= \frac{2}{25}(e^{-i\frac{4\pi}{5}} - e^{i\frac{4\pi}{5}} + 2e^{i\frac{2\pi}{5}} - 2e^{-i\frac{2\pi}{5}}) = i\frac{4}{25}\left(2\sin\frac{2\pi}{5} - \sin\frac{4\pi}{5}\right),$$

$$c_3 = \frac{1}{5}\sum_{n=0}^{4} y_n e^{-i\frac{6n\pi}{5}} = \frac{1}{5}\left(\frac{2}{5}(e^{-i\frac{6\pi}{5}} - e^{-i\frac{24\pi}{5}}) + \frac{4}{5}(e^{-i\frac{12\pi}{5}} - e^{-i\frac{18\pi}{5}})\right)$$

$$= \frac{2}{25}(e^{i\frac{4\pi}{5}} - e^{-i\frac{4\pi}{5}} + 2e^{-i\frac{2\pi}{5}} - 2e^{i\frac{2\pi}{5}}) = -i\frac{4}{25}\left(2\sin\frac{2\pi}{5} - \sin\frac{4\pi}{5}\right),$$

$$c_4 = \frac{1}{5}\sum_{n=0}^{4} y_n e^{-i\frac{8n\pi}{5}} = \frac{1}{5}\left(\frac{2}{5}(e^{-i\frac{8\pi}{5}} - e^{-i\frac{32\pi}{5}}) + \frac{4}{5}(e^{-i\frac{16\pi}{5}} - e^{-i\frac{24\pi}{5}})\right)$$

$$= \frac{2}{25}(e^{i\frac{2\pi}{5}} - e^{-i\frac{2\pi}{5}} + 2e^{i\frac{4\pi}{5}} - 2e^{-i\frac{4\pi}{5}}) = i\frac{4}{25}\left(\sin\frac{2\pi}{5} + 2\sin\frac{4\pi}{5}\right).$$

Durch die Periode in den diskreten Fourier-Koeffizienten gilt $c_5 = c_0 = 0$. Es ist festzustellen, dass die berechneten diskreten Fourier-Koeffizienten rein imaginäre Zahlen sind, die die Eigenschaft $c_1 = \bar{c}_4$ und $c_2 = \bar{c}_3$ haben.

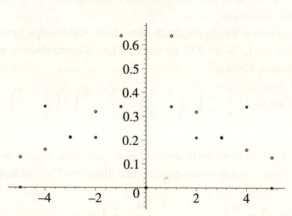

Bild 6.24. Beträge der Fourier-Koeffizienten c_{-5} bis c_5 und der diskreten Fourier-Koeffizienten der Sägezahnkurve mit $h = 0.4$.

Zum Vergleich wird die Anzahl der Knoten der Sägezahnfunktion jetzt auf zehn erhöht. Die Schrittweite zwischen den Stützstellen ist damit $h = L/N = 2/10$. Die

Abschnitt 6.4 Interpolation mit periodischen Funktionen

zehn äquidistanten Knoten

$$(0,0), \left(\frac{1}{5},\frac{1}{5}\right), \left(\frac{2}{5},\frac{2}{5}\right), \left(\frac{3}{5},\frac{3}{5}\right), \left(\frac{4}{5},\frac{4}{5}\right), (1,-1),$$

$$\left(\frac{6}{5},-\frac{4}{5}\right), \left(\frac{7}{5},-\frac{3}{5}\right), \left(\frac{8}{5},-\frac{2}{5}\right), \left(\frac{9}{5},-\frac{1}{5}\right)$$

repräsentieren jetzt die Sägezahnkurve.

Als diskrete Fourier-Koeffizienten der Sägezahnkurve bei Verwendung von zehn Knoten erhält man unter Berücksichtigung der Periodizität:

$$c_0 = c_{10} = \frac{1}{10} \sum_{n=0}^{9} y_n e^0 = \frac{1}{10}\left(0 + \frac{1}{5} + \frac{2}{5} + \frac{3}{5} + \frac{4}{5} - 1 - \frac{4}{5} - \frac{3}{5} - \frac{2}{5} - \frac{1}{5}\right)$$

$$= -\frac{1}{10},$$

$$c_1 = c_{-9} = \frac{1}{10} \sum_{n=0}^{9} y_n e^{-i\frac{2n\pi}{10}} = \frac{1}{10} - i\frac{1}{5}\left(\sin\frac{2\pi}{5} + \sin\frac{\pi}{5}\right),$$

$$c_2 = c_{-8} = \frac{1}{10} \sum_{n=0}^{9} y_n e^{-i\frac{4n\pi}{10}} = -\frac{1}{10} + i\frac{1}{25}\left(3\sin\frac{2\pi}{5} + \sin\frac{\pi}{5}\right),$$

$$c_3 = c_{-7} = \frac{1}{10} \sum_{n=0}^{9} y_n e^{-i\frac{6n\pi}{10}} = \frac{1}{10} - i\frac{1}{5}\left(\sin\frac{2\pi}{5} - \sin\frac{\pi}{5}\right),$$

$$c_4 = c_{-6} = \frac{1}{10} \sum_{n=0}^{9} y_n e^{-i\frac{8n\pi}{10}} = -\frac{1}{10} - i\frac{1}{25}\left(\sin\frac{2\pi}{5} - 3\sin\frac{\pi}{5}\right),$$

$$c_5 = c_{-5} = \frac{1}{10} \sum_{n=0}^{9} y_n e^{-i\frac{10n\pi}{10}} = \frac{1}{10},$$

$$c_6 = c_{-4} = \frac{1}{10} \sum_{n=0}^{9} y_n e^{-i\frac{12n\pi}{10}} = -\frac{1}{10} + i\frac{1}{25}\left(\sin\frac{2\pi}{5} - 3\sin\frac{\pi}{5}\right),$$

$$c_7 = c_{-3} = \frac{1}{10} \sum_{n=0}^{9} y_n e^{-i\frac{14n\pi}{10}} = \frac{1}{10} + i\frac{1}{5}\left(\sin\frac{2\pi}{5} - \sin\frac{\pi}{5}\right),$$

$$c_8 = c_{-2} = \frac{1}{10} \sum_{n=0}^{9} y_n e^{-i\frac{16n\pi}{10}} = -\frac{1}{10} - i\frac{1}{25}\left(3\sin\frac{2\pi}{5} + \sin\frac{\pi}{5}\right),$$

$$c_9 = c_{-1} = \frac{1}{10} \sum_{n=0}^{9} y_n e^{-i\frac{18n\pi}{10}} = \frac{1}{10} + i\frac{1}{5}\left(\sin\frac{2\pi}{5} + \sin\frac{\pi}{5}\right).$$

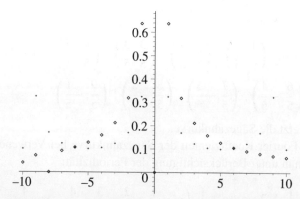

Bild 6.25. Beträge der Fourier-Koeffizienten c_{-10} bis c_{10} und der diskreten Fourier-Koeffizienten der Sägezahnkurve mit $h = 0.2$.

Diese Koeffizienten sind jetzt komplexe Zahlen, die sich durch die Eigenschaft

$$c_1 = \bar{c}_9, \quad c_2 = \bar{c}_8, \quad c_3 = \bar{c}_7 \quad \text{und} \quad c_4 = \bar{c}_6$$

auszeichnen.

Bei der Approximation einer reellen Funktion f sind alle Stützwerte y_k reell. Dann gilt für die diskreten Fourier-Koeffizienten:

$$\underline{c_{N-k}} = \frac{1}{N} \sum_{n=0}^{N-1} y_n e^{-i\frac{2(N-k)n\pi}{N}} = \frac{1}{N} \sum_{n=0}^{N-1} y_n e^{-i\left(2n\pi - \frac{2kn\pi}{N}\right)}$$

$$= \frac{1}{N} \sum_{n=0}^{N-1} y_n e^{i\frac{2kn\pi}{N}} = \underline{\bar{c}_k}. \tag{6.59}$$

Die im Beispiel festgestellte Eigenschaft der diskreten Fourier-Koeffizienten ist also im Fall reeller Funktionen allgemein gültig.

Im ersten Teil des Beispiels 6.30 wurden diskrete Fourier-Koeffizienten einer 2-periodischen Funktion an den Stützstellen 0, 2/5, 4/5, 6/5 und 8/5 berechnet. Im zweiten Teil wurde die gleiche Funktion mit der halben Schrittweite abgetastet. Zur Rechnung wurden die daraus folgenden Stützstellen

$$0, \;\frac{1}{5}, \;\mathbf{\frac{2}{5}}, \;\frac{3}{5}, \;\mathbf{\frac{4}{5}}, \;1, \;\mathbf{\frac{6}{5}}, \;\frac{7}{5}, \;\mathbf{\frac{8}{5}} \quad \text{und} \quad \frac{9}{5}$$

verwendet. Wie die dick markierten Stützstellen zeigen, ist die Rechnung im ersten Teil des Beispiels mit dem halben Datenumfang des zweiten Teils, nämlich den Stützstellen mit geradem Index, ausgeführt worden.

Abschnitt 6.4 Interpolation mit periodischen Funktionen

Den Zusammenhang der mit den beiden Rechnungen erhaltenen Koeffizienten kann man sich ganz allgemein überlegen. Dazu werden in der Formel für die aus einer geraden Knotenzahl $N = 2m$ berechneten Koeffizienten $c_k^{(2m)}$ die Summanden mit geradem Index und ungeradem Index getrennt addiert. Für $k = 0, 1, 2, \ldots, 2m-1$ gilt dann:

$$c_k^{(2m)} = \frac{1}{N}\sum_{n=0}^{N-1} y_n e^{-i\frac{2kn\pi}{N}} = \frac{1}{2m}\sum_{n=0}^{2m-1} y_n e^{-i\frac{2kn\pi}{2m}}$$

$$= \frac{1}{2m}\left(\sum_{n=0}^{m-1} y_{2n} e^{-i\frac{2k2n\pi}{2m}} + \sum_{n=0}^{m-1} y_{2n+1} e^{-i\frac{2k(2n+1)\pi}{2m}}\right)$$

$$= \frac{1}{2}\left(\frac{1}{m}\sum_{n=0}^{m-1} y_{2n} e^{-i\frac{2kn\pi}{m}} + e^{-i\frac{k\pi}{m}}\frac{1}{m}\sum_{n=0}^{m-1} y_{2n+1} e^{-i\frac{2kn\pi}{m}}\right)$$

Der erste Summand in der Klammer stellt einen diskreten aus m Knoten berechneten Fourier-Koeffizienten $c_{k_0}^{(m)}$ dar, der aus den Knoten mit geradem Index gebildet wird. Der zweite Summand in der Klammer ist rein formal ein ebenfalls aus m Knoten, den Knoten mit ungeradem Index, gebildeter diskreter Fourier-Koeffizient $c_{k_1}^{(m)}$, der noch mit einem komplexen Exponentialausdruck multipliziert wird. Es ist zu beachten, dass aus diesen jeweils m Knoten nur m diskrete Koeffizienten gebildet werden. Die ersten m der aus $2m$ Knoten zu bestimmenden $2m$ diskreten Fourier-Koeffizienten $c_k^{(2m)}$ können deshalb auch in der Form

$$c_k^{(2m)} = \frac{1}{2}(c_{k_0}^{(m)} + e^{-i\frac{k\pi}{m}} c_{k_1}^{(m)}) \quad (k = 0, 1, \ldots, m-1)$$

berechnet werden. Wegen der Periodizität der diskreten Fourier-Koeffizienten

$$c_{m+k_0}^{(m)} = c_{k_0}^{(m)} \quad \text{und} \quad c_{m+k_1}^{(m)} = c_{k_1}^{(m)} \quad (k = 0, 1, \ldots, m-1)$$

und der Eigenschaft komplexer Zahlen

$$e^{-i\frac{(k+m)\pi}{m}} = e^{-i\pi} e^{-i\frac{k\pi}{m}} = -e^{-i\frac{k\pi}{m}}$$

lassen sich die anderen m Koeffizienten durch

$$c_{k+m}^{(2m)} = \frac{1}{2}(c_{k_0}^{(m)} - e^{-i\frac{k\pi}{m}} c_{k_1}^{(m)}) \quad (k = 0, 1, \ldots, m-1)$$

ermitteln. Da diese Formeln zur Berechnung von diskreten Fourier-Koeffizienten aus halben Datensätzen große Bedeutung für die effektive Durchführung der diskreten Fourier-Transformation haben, werden sie noch in einem Satz zusammengefasst.

Satz 6.8. Es seien $c_{k_0}^{(m)}$ die aus den m Stützwerten $(f_0, f_2, f_4, \ldots, f_{2m-2})$ berechneten diskreten Fourier-Koeffizienten und $c_{k_1}^{(m)}$ die aus den m Werten $(f_1, f_3, f_5, \ldots, f_{2m-1})$ bestimmten Koeffizienten. Dann gilt für die diskreten Fourier-Koeffizienten zu dem 2m Stützwerten $(f_0, f_1, f_2, \ldots, f_{2m-1})$

$$c_k^{(2m)} = \frac{1}{2}(c_{k_0}^{(m)} + e^{-i\frac{k\pi}{m}} c_{k_1}^{(m)})$$
$$c_{k+m}^{(2m)} = \frac{1}{2}(c_{k_0}^{(m)} - e^{-i\frac{k\pi}{m}} c_{k_1}^{(m)})$$
$(k = 0, 1, \ldots, m-1).$

Beispiel 6.31. Dieser Zusammenhang muss auch für die Ergebnisse des Beispiels 6.30 gelten. Im zweiten Teil des Beispiels wurden aus den 10 Stützwerten $0, 1/5, 2/5, 3/5, 4/5, -1, -4/5, -3/5, -2/5$ und $-1/5$ die diskreten Koeffizienten

$$c_0^{(10)} = -\frac{1}{10}, \qquad c_1^{(10)} = \frac{1}{10} - i\frac{1}{5}\left(\sin\frac{2\pi}{5} + \sin\frac{\pi}{5}\right),$$
$$c_2^{(10)} = -\frac{1}{10} + i\frac{1}{25}\left(3\sin\frac{2\pi}{5} + \sin\frac{\pi}{5}\right), \qquad c_3^{(10)} = \frac{1}{10} - i\frac{1}{5}\left(\sin\frac{2\pi}{5} - \sin\frac{\pi}{5}\right),$$
$$c_4^{(10)} = -\frac{1}{10} - i\frac{1}{25}\left(\sin\frac{2\pi}{5} - 3\sin\frac{\pi}{5}\right), \qquad c_5^{(10)} = \frac{1}{10},$$
$$c_6^{(10)} = -\frac{1}{10} + i\frac{1}{25}\left(\sin\frac{2\pi}{5} - 3\sin\frac{\pi}{5}\right), \qquad c_7^{(10)} = \frac{1}{10} + i\frac{1}{5}\left(\sin\frac{2\pi}{5} - \sin\frac{\pi}{5}\right),$$
$$c_8^{(10)} = -\frac{1}{10} - i\frac{1}{25}\left(3\sin\frac{2\pi}{5} + \sin\frac{\pi}{5}\right), \qquad c_9^{(10)} = \frac{1}{10} + i\frac{1}{5}\left(\sin\frac{2\pi}{5} + \sin\frac{\pi}{5}\right)$$

bestimmt. Aus den fünf Werten mit geradem Index 0, 2/5, 4/5, −4/5 und −2/5 ergaben sich im ersten Teil die Koeffizienten

$$c_{0_0}^{(5)} = 0,$$
$$c_{1_0}^{(5)} = -i\frac{4}{25}\left(\sin\frac{2\pi}{5} + 2\sin\frac{4\pi}{5}\right) = -i\frac{4}{25}\left(\sin\frac{2\pi}{5} + 2\sin\frac{\pi}{5}\right),$$
$$c_{2_0}^{(5)} = i\frac{4}{25}\left(2\sin\frac{2\pi}{5} - \sin\frac{4\pi}{5}\right) = i\frac{4}{25}\left(2\sin\frac{2\pi}{5} - \sin\frac{\pi}{5}\right),$$
$$c_{3_0}^{(5)} = -i\frac{4}{25}\left(2\sin\frac{2\pi}{5} - \sin\frac{4\pi}{5}\right) = -i\frac{4}{25}\left(2\sin\frac{2\pi}{5} - \sin\frac{\pi}{5}\right),$$
$$c_{4_0}^{(5)} = i\frac{4}{25}\left(\sin\frac{2\pi}{5} + 2\sin\frac{4\pi}{5}\right) = i\frac{4}{25}\left(\sin\frac{2\pi}{5} + 2\sin\frac{\pi}{5}\right).$$

Abschnitt 6.4 Interpolation mit periodischen Funktionen

Es sind noch die Koeffizienten zu den Stützwerten $1/5$, $3/5$, -1, $-3/5$ und $-1/5$ festzustellen. Bei sofortiger Berücksichtigung des Faktors $e^{-i\frac{k\pi}{5}}$ erhält man:

$$c_{0_1}^{(5)} = \frac{1}{5}\sum_{n=0}^{4} y_{2n+1}e^0 = \frac{1}{5}\left(\frac{1}{5}+\frac{3}{5}-1-\frac{3}{5}-\frac{1}{5}\right) = -\frac{1}{5},$$

$$e^{-i\frac{\pi}{5}}c_{1_1}^{(5)} = \frac{1}{5}\sum_{n=0}^{4} y_{n+1}e^{-i\frac{(2n+1)\pi}{5}}$$

$$= \frac{1}{5}\left(\frac{1}{5}e^{-i\frac{\pi}{5}} + \frac{3}{5}e^{-i\frac{3\pi}{5}} - e^{-i\frac{5\pi}{5}} - \frac{3}{5}e^{-i\frac{7\pi}{5}} - \frac{1}{5}e^{-i\frac{9\pi}{5}}\right)$$

$$= \frac{1}{5} + \frac{1}{25}\left(e^{-i\frac{\pi}{5}} - e^{i\frac{\pi}{5}} + 3(e^{-i\frac{3\pi}{5}} - e^{i\frac{3\pi}{5}})\right)$$

$$= \frac{1}{5} - i\frac{2}{25}\left(\sin\frac{\pi}{5} + 3\sin\frac{3\pi}{5}\right)$$

$$= \frac{1}{5} - i\frac{2}{25}\left(\sin\frac{\pi}{5} + 3\sin\frac{2\pi}{5}\right),$$

$$e^{-i\frac{2\pi}{5}}c_{2_1}^{(5)} = \frac{1}{5}\sum_{n=0}^{4} y_{n+1}e^{-i\frac{2(2n+1)\pi}{5}}$$

$$= \frac{1}{5}\left(\frac{1}{5}e^{-i\frac{2\pi}{5}} + \frac{3}{5}e^{-i\frac{6\pi}{5}} - e^{-i\frac{10\pi}{5}} - \frac{3}{5}e^{-i\frac{14\pi}{5}} - \frac{1}{5}e^{-i\frac{18\pi}{5}}\right)$$

$$= -\frac{1}{5} + i\frac{2}{25}\left(3\sin\frac{\pi}{5} - \sin\frac{2\pi}{5}\right),$$

$$e^{-i\frac{3\pi}{5}}c_{3_1}^{(5)} = \frac{1}{5}\sum_{n=0}^{4} y_{n+1}e^{-i\frac{3(2n+1)\pi}{5}}$$

$$= \frac{1}{5}\left(\frac{1}{5}e^{-i\frac{3\pi}{5}} + \frac{3}{5}e^{-i\frac{9\pi}{5}} - e^{-i\frac{15\pi}{5}} - \frac{3}{5}e^{-i\frac{21\pi}{5}} - \frac{1}{5}e^{-i\frac{27\pi}{5}}\right)$$

$$= \frac{1}{5} + i\frac{2}{25}\left(3\sin\frac{\pi}{5} - \sin\frac{2\pi}{5}\right),$$

$$e^{-i\frac{4\pi}{5}}c_{4_1}^{(5)} = \frac{1}{5}\sum_{n=0}^{4} y_{n+1}e^{-i\frac{4(2n+1)\pi}{5}}$$

$$= \frac{1}{5}\left(\frac{1}{5}e^{-i\frac{4\pi}{5}} + \frac{3}{5}e^{-i\frac{12\pi}{5}} - e^{-i\frac{20\pi}{5}} - \frac{3}{5}e^{-i\frac{28\pi}{5}} - \frac{1}{5}e^{-i\frac{36\pi}{5}}\right)$$

$$= -\frac{1}{5} - i\frac{2}{25}\left(3\sin\frac{2\pi}{5} + \sin\frac{\pi}{5}\right).$$

Nach dem Satz 6.8 lassen sich die diskreten Koeffizienten auch aus den mit halben Datensätzen berechneten Koeffizienten bestimmen. Für die ersten fünf Koeffizienten gilt

$$c_0^{(10)} = \frac{1}{2}(c_{0_0}^{(5)} + c_{0_1}^{(5)}) = \frac{1}{2}\left(0 - \frac{1}{5}\right) = -\frac{1}{10},$$

$$c_1^{(10)} = \frac{1}{2}(c_{1_0}^{(5)} + e^{-i\frac{\pi}{5}}c_{1_1}^{(5)})$$

$$= \frac{1}{2}\left(-i\frac{4}{25}\left(\sin\frac{2\pi}{5} + 2\sin\frac{\pi}{5}\right) + \frac{1}{5} - i\frac{2}{25}\left(\sin\frac{\pi}{5} + 3\sin\frac{2\pi}{5}\right)\right)$$

$$= \frac{1}{10} - i\frac{1}{5}\left(\sin\frac{\pi}{5} + \sin\frac{2\pi}{5}\right),$$

$$c_2^{(10)} = \frac{1}{2}(c_{2_0}^{(5)} + e^{-i\frac{2\pi}{5}}c_{2_1}^{(5)})$$

$$= \frac{1}{2}\left(i\frac{4}{25}\left(2\sin\frac{2\pi}{5} - \sin\frac{\pi}{5}\right) - \frac{1}{5} + i\frac{2}{25}\left(3\sin\frac{\pi}{5} - \sin\frac{2\pi}{5}\right)\right)$$

$$= -\frac{1}{10} + i\frac{1}{25}\left(\sin\frac{\pi}{5} + 3\sin\frac{2\pi}{5}\right),$$

$$c_3^{(10)} = \frac{1}{2}(c_{3_0}^{(5)} + e^{-i\frac{3\pi}{5}}c_{3_1}^{(5)})$$

$$= \frac{1}{2}\left(-i\frac{4}{25}\left(2\sin\frac{2\pi}{5} - \sin\frac{\pi}{5}\right) + \frac{1}{5} + i\frac{2}{25}\left(3\sin\frac{\pi}{5} - \sin\frac{2\pi}{5}\right)\right)$$

$$= \frac{1}{10} + i\frac{1}{5}\left(\sin\frac{\pi}{5} - \sin\frac{2\pi}{5}\right),$$

$$c_4^{(10)} = \frac{1}{2}(c_{4_0}^{(5)} + e^{-i\frac{4\pi}{5}}c_{4_1}^{(5)})$$

$$= \frac{1}{2}\left(i\frac{4}{25}\left(\sin\frac{2\pi}{5} + 2\sin\frac{\pi}{5}\right) - \frac{1}{5} - i\frac{2}{25}\left(3\sin\frac{2\pi}{5} + \sin\frac{\pi}{5}\right)\right)$$

$$= -\frac{1}{10} + i\frac{1}{25}\left(3\sin\frac{\pi}{5} - \sin\frac{2\pi}{5}\right).$$

Analog erhält man die Koeffizienten $c_5^{(10)}$ bis $c_9^{(10)}$ durch

$$c_5^{(10)} = \frac{1}{2}(c_{0_0}^{(5)} - c_{0_1}^{(5)}) = \frac{1}{2}\left(0 + \frac{1}{5}\right) = \frac{1}{10},$$

$$c_6^{(10)} = \frac{1}{2}(c_{1_0}^{(5)} - e^{-i\frac{\pi}{5}}c_{1_1}^{(5)}) = -\frac{1}{10} - i\frac{1}{25}\left(3\sin\frac{\pi}{5} - \sin\frac{2\pi}{5}\right),$$

Abschnitt 6.4 Interpolation mit periodischen Funktionen

$$c_7^{(10)} = \frac{1}{2}(c_{20}^{(5)} - e^{-i\frac{2\pi}{5}}c_{21}^{(5)}) = \frac{1}{10} - i\frac{1}{5}\left(\sin\frac{\pi}{5} - \sin\frac{2\pi}{5}\right),$$

$$c_8^{(10)} = \frac{1}{2}(c_{30}^{(5)} - e^{-i\frac{3\pi}{5}}c_{31}^{(5)}) = -\frac{1}{10} - i\frac{1}{25}\left(\sin\frac{\pi}{5} + 3\sin\frac{2\pi}{5}\right),$$

$$c_9^{(10)} = \frac{1}{2}(c_{40}^{(5)} - e^{-i\frac{4\pi}{5}}c_{41}^{(5)}) = \frac{1}{10} + i\frac{1}{5}\left(\sin\frac{\pi}{5} + \sin\frac{2\pi}{5}\right).$$

Der Vergleich mit den anfangs zusammengefassten Koeffizienten zeigt, dass beide Rechenwege zu identischen Ergebnissen führen.

Die Berechnung der Koeffizienten aus halben Datensätzen dient der Reduzierung des Rechenaufwands. Bei der klassischen Berechnung der diskreten Fourier-Koeffizienten zu $N = 2m$ Stützwerten müssen in $2m$ Gleichungen je $2m$ Produkte addiert werden. Es sind also $(2m)^2$ Produkte zu bilden. Mit den halben Datensätzen braucht man in $2m$ Gleichungen nur jeweils m Produkte zu addieren. Man benötigt also nur noch $2m^2$ Produkte und anschließend zur Auswertung noch m zusätzliche Additionen. Der Gesamtaufwand sinkt damit deutlich ab. Zur Anwendung dieser Rechnung sei auf den Abschnitt 6.4.5 verwiesen.

Es ist sogar möglich, aus den diskreten Fourier-Koeffizienten die Stützwerte y_k, aus denen sie berechnet wurden, wieder zu bestimmen. Dazu bildet man aus den diskreten Fourier-Koeffizienten c_k die Summen

$$\sum_{k=0}^{N-1} c_k e^{i\frac{lk2\pi}{N}} = \sum_{k=0}^{N-1} \frac{1}{N} \sum_{m=0}^{N-1} y_m e^{-i\frac{mk2\pi}{N}} e^{i\frac{lk2\pi}{N}} = \frac{1}{N} \sum_{m=0}^{N-1} y_m \sum_{k=0}^{N-1} e^{i\frac{(l-m)k2\pi}{N}}. \tag{6.60}$$

Dieser Ausdruck lässt sich vereinfachen, wenn man die Eigenschaft

$$\sum_{k=0}^{N-1} e^{i\frac{(l-m)k2\pi}{N}} = \begin{cases} N : l = m \\ 0 : l \neq m \end{cases} \tag{6.61}$$

berücksichtigt. Die obere Behauptung von (6.61) ist offensichtlich richtig, denn im Fall $m = l$ enthält die Summe N Summanden $e^0 = 1$. Zum Nachweis der unteren Behauptung sind einige Zwischenüberlegungen notwendig. Man setzt

$$x = e^{i\frac{(l-m)k2\pi}{N}}.$$

Weil alle Differenzen $l - m$ ganzzahlig sind, erhält man

$$x^N = (e^{i\frac{(l-m)k2\pi}{N}})^N = e^{i(l-m)k2\pi} = 1.$$

Folglich sind alle Summanden aus (6.61) die Lösungen der Gleichung

$$x^N = 1$$

oder

$$b_N x^N + b_{N-1} x^{N-1} + \cdots b_2 x_2 + b_1 x_1 + b_0 = \sum_{l=0}^{N} b_l x^l = 0$$

mit $b_N = 1$, $b_0 = -1$ und $b_k = 0$ ($k = 1, 2, \ldots, N - 1$). Da nach dem Wurzelsatz von Vieta die Summe aller Lösungen a_l dieser Gleichung die Eigenschaft

$$\sum_{l=1}^{N} a_l = b_{N-1}$$

hat, ergibt sich sofort die untere Behauptung.

Das Einsetzen der Gleichung (6.61) in (6.60) ergibt

$$y_l = \sum_{k=0}^{N-1} c_k e^{i \frac{lk2\pi}{N}} \quad (l = 0, 1, \ldots, N - 1). \tag{6.62}$$

Die Gleichung (6.62) nennt man auch *inverse diskrete Fourier-Transformation* oder IDFT.

Beispiel 6.32. Aus den im Beispiel 6.30 berechneten diskreten Fourier-Koeffizienten können wieder die Stützwerte der Sägezahnkurve berechnet worden. Die Formel der IDFT liegt in komplexer Form vor, es ist für die Rechnung daher sinnvoll, die Koeffizienten in der komplexen Form

$$c_0 = 0,$$

$$c_1 = \frac{2}{25}(e^{-i\frac{2\pi}{5}} - e^{-i\frac{8\pi}{5}} + 2e^{-i\frac{4\pi}{5}} - 2e^{-i\frac{6\pi}{5}})$$

$$= \frac{2}{25}(e^{-i\frac{2\pi}{5}} - e^{i\frac{2\pi}{5}} + 2e^{-i\frac{4\pi}{5}} - 2e^{i\frac{4\pi}{5}}),$$

$$c_2 = \frac{2}{25}(e^{-i\frac{4\pi}{5}} - e^{-i\frac{16\pi}{5}} + 2e^{-i\frac{8\pi}{5}} - 2e^{-i\frac{12\pi}{5}})$$

$$= \frac{2}{25}(e^{-i\frac{4\pi}{5}} - e^{i\frac{4\pi}{5}} + 2e^{i\frac{2\pi}{5}} - 2e^{-i\frac{2\pi}{5}}),$$

$$c_3 = \frac{2}{25}(e^{-i\frac{6\pi}{5}} - e^{-i\frac{24\pi}{5}} + 2e^{-i\frac{12\pi}{5}} - 2e^{-i\frac{18\pi}{5}})$$

$$= \frac{2}{25}(e^{i\frac{4\pi}{5}} - e^{-i\frac{4\pi}{5}} + 2e^{-i\frac{2\pi}{5}} - 2e^{i\frac{2\pi}{5}}),$$

$$c_4 = \frac{2}{25}(e^{-i\frac{8\pi}{5}} - e^{-i\frac{32\pi}{5}} + 2e^{-i\frac{16\pi}{5}} - 2e^{-i\frac{24\pi}{5}})$$

$$= \frac{2}{25}(e^{i\frac{2\pi}{5}} - e^{-i\frac{2\pi}{5}} + 2e^{i\frac{4\pi}{5}} - 2e^{-i\frac{4\pi}{5}})$$

zu verwenden. Dies führt mit $N = 5$ zum ersten Stützwert

$$y_0 = \sum_{k=0}^{4} c_k e^0 = \sum_{k=0}^{4} c_k = 0.$$

Die Summe zur Berechnung von y_1 kann mit Hilfe der Periodizität der komplexen Exponentialfunktion zu

$$\begin{aligned} y_1 &= \sum_{k=0}^{4} c_k e^{i\frac{2k\pi}{5}} \\ &= \frac{2}{25}((e^{-i\frac{2\pi}{5}} - e^{i\frac{2\pi}{5}} + 2e^{-i\frac{4\pi}{5}} - 2e^{i\frac{4\pi}{5}})e^{i\frac{2\pi}{5}} \\ &\quad + (e^{-i\frac{4\pi}{5}} - e^{i\frac{4\pi}{5}} + 2e^{i\frac{2\pi}{5}} - 2e^{-i\frac{2\pi}{5}})e^{i\frac{4\pi}{5}} \\ &\quad + (e^{i\frac{4\pi}{5}} - e^{-i\frac{4\pi}{5}} + 2e^{-i\frac{2\pi}{5}} - 2e^{i\frac{2\pi}{5}})e^{i\frac{6\pi}{5}} \\ &\quad + (e^{i\frac{2\pi}{5}} - e^{-i\frac{2\pi}{5}} + 2e^{i\frac{4\pi}{5}} - 2e^{-i\frac{4\pi}{5}})e^{i\frac{8\pi}{5}}) \\ &= \frac{2}{25}(4 - e^{i\frac{8\pi}{5}} - e^{i\frac{4\pi}{5}} - e^{i\frac{6\pi}{5}} - e^{i\frac{2\pi}{5}}) \end{aligned}$$

vereinfacht werden. Mit $e^{i0} = 1$ lässt sich dies zu

$$y_1 = \frac{2}{25}(5 - (e^{i\frac{8\pi}{5}} + e^{i\frac{6\pi}{5}} + e^{i\frac{4\pi}{5}} + e^{i\frac{2\pi}{5}} + e^{i0})) = \frac{2}{5}$$

zusammenfassen. Die innere Klammer enthält die Summe aller Wurzeln von $x^5 - 1 = 0$. Nach dem Wurzelsatz von Vieta verschwindet diese Summe. Analog erhält man die drei noch fehlenden Werte

$$\begin{aligned} y_2 &= \sum_{k=0}^{4} c_k e^{i\frac{4k\pi}{5}} \\ &= \frac{2}{25}((e^{-i\frac{2\pi}{5}} - e^{i\frac{2\pi}{5}} + 2e^{-i\frac{4\pi}{5}} - 2e^{i\frac{4\pi}{5}})e^{i\frac{4\pi}{5}} \\ &\quad + (e^{-i\frac{4\pi}{5}} - e^{i\frac{4\pi}{5}} + 2e^{i\frac{2\pi}{5}} - 2e^{-i\frac{2\pi}{5}})e^{i\frac{8\pi}{5}} \\ &\quad + (e^{i\frac{4\pi}{5}} - e^{-i\frac{4\pi}{5}} + 2e^{-i\frac{2\pi}{5}} - 2e^{i\frac{2\pi}{5}})e^{i\frac{12\pi}{5}} \\ &\quad + (e^{i\frac{2\pi}{5}} - e^{-i\frac{2\pi}{5}} + 2e^{i\frac{4\pi}{5}} - 2e^{-i\frac{4\pi}{5}})e^{i\frac{16\pi}{5}}) \\ &= \frac{2}{25}(8 - 2e^{i\frac{8\pi}{5}} - 2e^{i\frac{6\pi}{5}} - 2e^{i\frac{4\pi}{5}} - 2e^{i\frac{2\pi}{5}}) \\ &= \frac{2}{25}(10 - 2(e^{i\frac{8\pi}{5}} + e^{i\frac{6\pi}{5}} + e^{i\frac{4\pi}{5}} + e^{i\frac{2\pi}{5}} + e^{i0})) = \frac{4}{5}, \end{aligned}$$

$$y_3 = \sum_{k=0}^{4} c_k e^{i\frac{6k\pi}{5}}$$

$$= \frac{2}{25}((e^{-i\frac{2\pi}{5}} - e^{i\frac{2\pi}{5}} + 2e^{-i\frac{4\pi}{5}} - 2e^{i\frac{4\pi}{5}})e^{i\frac{6\pi}{5}}$$

$$+ (e^{-i\frac{4\pi}{5}} - e^{i\frac{4\pi}{5}} + 2e^{i\frac{2\pi}{5}} - 2e^{-i\frac{2\pi}{5}})e^{i\frac{12\pi}{5}}$$

$$+ (e^{i\frac{4\pi}{5}} - e^{-i\frac{4\pi}{5}} + 2e^{-i\frac{2\pi}{5}} - 2e^{i\frac{2\pi}{5}})e^{i\frac{18\pi}{5}}$$

$$+ (e^{i\frac{2\pi}{5}} - e^{-i\frac{2\pi}{5}} + 2e^{i\frac{4\pi}{5}} - 2e^{-i\frac{4\pi}{5}})e^{i\frac{24\pi}{5}})$$

$$= \frac{2}{25}(-8 + 2(e^{i\frac{4\pi}{5}} + e^{i\frac{2\pi}{5}} + e^{-i\frac{4\pi}{5}} + e^{-i\frac{2\pi}{5}}))$$

$$= \frac{2}{25}(-10 + 2(e^{i\frac{4\pi}{5}} + e^{i\frac{2\pi}{5}} + e^{i\frac{6\pi}{5}} + e^{i\frac{8\pi}{5}} + e^{i0})) = -\frac{4}{5}$$

und

$$y_4 = \sum_{k=0}^{4} c_k e^{i\frac{8k\pi}{5}}$$

$$= \frac{2}{25}((e^{-i\frac{2\pi}{5}} - e^{i\frac{2\pi}{5}} + 2e^{-i\frac{4\pi}{5}} - 2e^{i\frac{4\pi}{5}})e^{i\frac{8\pi}{5}}$$

$$+ (e^{-i\frac{4\pi}{5}} - e^{i\frac{4\pi}{5}} + 2e^{i\frac{2\pi}{5}} - 2e^{-i\frac{2\pi}{5}})e^{i\frac{16\pi}{5}}$$

$$+ (e^{i\frac{4\pi}{5}} - e^{-i\frac{4\pi}{5}} + 2e^{-i\frac{2\pi}{5}} - 2e^{i\frac{2\pi}{5}})e^{i\frac{24\pi}{5}}$$

$$+ (e^{i\frac{2\pi}{5}} - e^{-i\frac{2\pi}{5}} + 2e^{i\frac{4\pi}{5}} - 2e^{-i\frac{4\pi}{5}})e^{i\frac{32\pi}{5}}) = -\frac{2}{5}.$$

Der Vergleich mit dem Beispiel 6.30 bestätigt die berechneten Stützwerte.

Die diskrete Fourier-Transformation ist genau betrachtet nur eine Abbildung des N-dimensionalen komplexen Vektorraums in sich. Die inverse diskrete Fourier-Transformation ist ihre Umkehrabbildung. Die Bedeutung dieser Abbildungen für die Lösung von Interpolationsproblemen deutet sich mit der inversen diskreten Fourier-Transformation bereits an. Da die inverse Transformation wieder die Stützwerte des Ausgangsproblems ergibt, kann man aus ihr sicher eine Funktion gewinnen, die diese Stützwerte gerade in den vorgegebenen Stützstellen annimmt. Der Untersuchung dieser Funktion ist der nächste Abschnitt gewidmet.

6.4.3 Interpolation mit komplexen Exponentialfunktionen

Durch Berücksichtigung von $x_l = lh$ und $L = Nh$ im Exponenten in der Formel (6.62) erhält man

$$y_l = \sum_{k=0}^{N-1} c_k e^{i\frac{lhk2\pi}{Nh}} = \sum_{k=0}^{N-1} c_k e^{i\frac{2k\pi x_l}{L}} \quad (l = 0, 1, \ldots, N-1). \tag{6.63}$$

Daraus folgt, dass die Funktion

$$F(x) = \sum_{k=0}^{N-1} c_k e^{i\frac{2k\pi x}{L}} \tag{6.64}$$

die Interpolationsaufgabe $F(x_l) = y_l$ ($l = 0, 1, \ldots, N-1$) löst.

Damit ist die Zielstellung des Abschnitts eigentlich schon erreicht. Es ist aber noch eine weitere Form der Interpolationsfunktion gebräuchlich, die besonders beim Übergang auf reelle Funktionen häufig angewendet wird. Die Entwicklung

$$F_n(x) = \sum_{k=-n}^{n} c_k e^{i\frac{2k\pi x}{L}}$$

ist eine Linearkombination von $2n+1$ komplexen Exponentialfunktionen. Durch geeignete Auswahl ihrer $2n+1$ Koeffizienten c_k kann die Funktion F_n also ebenfalls an $N = 2n+1$ Interpolationsbedingungen

$$F_n(x_l) = y_l \quad (l = 0, 1, \ldots, 2n)$$

angepasst werden. Werden für c_k die diskreten Fourier-Koeffizienten eingesetzt, erhält man wegen $2n+1 = N$ unter sinngemäßer Verwendung der Gleichung (6.61) für diese Entwicklung die Interpolationseigenschaft

$$F_n(x_l) = \sum_{k=-n}^{n} c_k e^{i\frac{2k\pi x_l}{L}} = \sum_{k=-n}^{n} \frac{1}{N} \sum_{m=0}^{N-1} y_m e^{-i\frac{2km\pi}{N}} e^{i\frac{2k\pi x_l}{L}}$$

$$= \frac{1}{N} \sum_{k=-n}^{n} \sum_{m=0}^{N-1} y_m e^{-i\frac{2km\pi}{N}} e^{i\frac{2k\pi lh}{Nh}} = \frac{1}{N} \sum_{k=-n}^{n} \sum_{m=0}^{N-1} y_m e^{i\frac{2k(l-m)\pi}{N}}$$

$$= \frac{1}{N} \sum_{m=0}^{N-1} y_m \sum_{k=-n}^{n} e^{i\frac{2k(l-m)\pi}{N}} = y_l.$$

Satz 6.9. *Die Funktion*

$$F_n(x) = \sum_{k=-n}^{n} c_k e^{i\frac{2k\pi x}{L}} \tag{6.65}$$

mit den Koeffizienten

$$c_k = \frac{1}{N} \sum_{n=0}^{N-1} y_n e^{-i\frac{2kn\pi}{N}}$$

löst das Interpolationsproblem $F_n(x_l) = y_l$ *an den* $N = 2n + 1$ *äquidistanten Stützstellen* $x_l = lh$ $(l = 0, 1, \ldots, N - 1)$.

Die am Anfang des Abschnitts angegebene Interpolationsfunktion enthielt keine Einschränkungen auf eine ungerade Knotenzahl, es ist also zu vermuten, dass eine Interpolation nach der Formel (6.65) auch auf eine gerade Knotenzahl ausgedehnt werden kann. Wie man leicht nachweisen kann, erfüllt bei gerader Knotenzahl $N = 2n$ die Funktion

$$F_n(x) = \sum_{k=-n+1}^{n} c_k e^{i\frac{2k\pi x}{L}} \tag{6.66}$$

die entsprechende Interpolationsaufgabe.

Beispiel 6.33. Im Beispiel 6.30 wurden die diskreten Fourier-Koeffizienten aus 5 Knoten einer 2-periodischen Sägezahnkurve bestimmt.

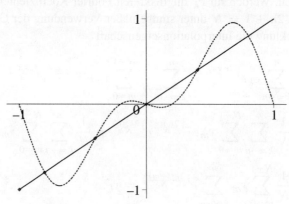

Bild 6.26. Die diskrete Fourier-Entwicklung mit 5 Interpolationsknoten zur Sägezahnfunktion.

Abschnitt 6.4 Interpolation mit periodischen Funktionen

Aus der ungeraden Knotenzahl 5 folgt, dass die Funktion F_2 zu bilden ist. Die diskreten Koeffizienten werden in der bereits zusammengefassten Form

$$c_0 = 0,$$
$$c_1 = -i\frac{4}{25}\left(\sin\frac{2\pi}{5} + 2\sin\frac{4\pi}{5}\right),$$
$$c_2 = i\frac{4}{25}\left(2\sin\frac{2\pi}{5} - \sin\frac{4\pi}{5}\right),$$
$$c_3 = -i\frac{4}{25}\left(2\sin\frac{2\pi}{5} - \sin\frac{4\pi}{5}\right) = c_{-2} = -c_2,$$
$$c_4 = i\frac{4}{25}\left(\sin\frac{2\pi}{5} + 2\sin\frac{4\pi}{5}\right) = c_{-1} = -c_1$$

verwendet, da sie eine schnelle Zusammenfassung der Summanden gestattet. Die Funktion F_2 hat die Gestalt

$$F_2(x) = \sum_{k=-2}^{2} c_k e^{i\frac{2k\pi x}{2}} = \sum_{k=-2}^{2} c_k e^{ik\pi x}$$
$$= i\frac{4}{25}\left(-\left(2\sin\frac{2\pi}{5} - \sin\frac{4\pi}{5}\right)e^{-2i\pi x} + \left(\sin\frac{2\pi}{5} + 2\sin\frac{4\pi}{5}\right)e^{-i\pi x}\right.$$
$$\left. - \left(\sin\frac{2\pi}{5} + 2\sin\frac{4\pi}{5}\right)e^{i\pi x} + \left(2\sin\frac{2\pi}{5} - \sin\frac{4\pi}{5}\right)e^{2i\pi x}\right)$$
$$= i\frac{4}{25}\left(\left(2\sin\frac{2\pi}{5} - \sin\frac{4\pi}{5}\right)(e^{2i\pi x} - e^{-2i\pi x})\right.$$
$$\left. + \left(\sin\frac{2\pi}{5} + 2\sin\frac{4\pi}{5}\right)(e^{-i\pi x} - e^{i\pi x})\right)$$
$$= \frac{8}{25}\left(\left(\sin\frac{2\pi}{5} + 2\sin\frac{4\pi}{5}\right)\sin\pi x - \left(2\sin\frac{2\pi}{5} - \sin\frac{4\pi}{5}\right)\sin 2\pi x\right).$$

Die grafische Darstellung (s. Bild 6.26) dieser Entwicklung veranschaulicht die Interpolationseigenschaft der gerade bestimmten Funktion.

Wie zu erwarten war, ist die periodische Interpolationsfunktion zu den reellen Knoten des Beispiels eine reelle Funktion. Dies ist aber nur bei einer ungeraden Knotenzahl so. Falls die Knotenzahl gerade ist, so enthält die komplexe Interpolationsfunktion noch einen Imaginärteil.

6.4.4 Interpolation mit trigonometrischen Funktionen

Es ist naheliegend, die Interpolation sofort mit reellen periodischen Ansatzfunktionen durchzuführen, dazu bieten sich natürlich die Sinus- und die Cosinus-Funktion an. Beim Übergang zu einer Interpolation mit trigonometrischen Funktionen hilft ein Blick auf die Beziehung zwischen reeller und komplexer Fourier-Reihe. Die Koeffizienten beider Reihen lassen sich nach (5.25) in der Form

$$c_0 = \frac{a_0}{2} \quad \text{und} \quad c_k = \frac{a_k - ib_k}{2}, \quad c_{-k} = \frac{a_k + ib_k}{2} \quad (k = 1, 2, \ldots, n)$$

ineinander umwandeln. Die gleiche Substitution kann man auf die komplexe Interpolationsfunktion anwenden. Im Fall einer ungeraden Knotenzahl $N = 2n + 1$ gilt:

$$F_n(x) = \sum_{k=-n}^{n} c_k e^{i\frac{2k\pi x}{L}} = c_0 + \sum_{k=1}^{n} c_k e^{i\frac{2k\pi x}{L}} + \sum_{k=1}^{n} c_{-k} e^{-i\frac{2k\pi x}{L}}$$

$$= \frac{a_0}{2} + \sum_{k=1}^{n} \frac{a_k - ib_k}{2} \left(\cos\frac{2k\pi x}{L} + i\sin\frac{2k\pi x}{L}\right)$$

$$+ \sum_{k=1}^{n} \frac{a_k + ib_k}{2} \left(\cos\frac{2k\pi x}{L} - i\sin\frac{2k\pi x}{L}\right)$$

$$= \frac{a_0}{2} + \sum_{k=1}^{n} a_k \cos\frac{2k\pi x}{L} + \sum_{k=1}^{n} b_k \sin\frac{2k\pi x}{L}.$$

Die Auflösung der verwendeten Substitutionsformeln nach den Koeffizienten a_k und b_k ergibt

$$a_0 = 2c_0 \quad \text{und} \quad a_k = c_k + c_{-k}, \quad b_k = i(c_k - c_{-k}) \quad (k = 1, 2, \ldots, n). \quad (6.67)$$

Daraus lassen sich für die Koeffizienten a_k und b_k die Formeln

$$a_k = \frac{1}{N} \sum_{l=0}^{N-1} y_l (e^{-i\frac{2kl\pi}{N}} + e^{i\frac{2kl\pi}{N}}) = \frac{2}{N} \sum_{l=0}^{N-1} y_l \cos\frac{2kl\pi}{N} \quad (k = 0, 1, \ldots, n)$$

$$(6.68)$$

und

$$b_k = \frac{i}{N} \sum_{l=0}^{N-1} y_l (e^{-i\frac{2kl\pi}{N}} - e^{i\frac{2kl\pi}{N}}) = \frac{2}{N} \sum_{l=0}^{N-1} y_l \sin\frac{2kl\pi}{N} \quad (k = 1, 2, \ldots, n)$$

$$(6.69)$$

gewinnen.

Für eine gerade Knotenzahl $N = 2n$ muss der Ansatz zu

$$F_n(x) = \sum_{k=-n+1}^{n} c_k e^{i\frac{2k\pi x}{L}} = c_0 + \sum_{k=1}^{n-1} c_k e^{i\frac{2k\pi x}{L}} + \sum_{k=1}^{n-1} c_{-k} e^{-i\frac{2k\pi x}{L}} + c_n e^{i\frac{2n\pi x}{L}}$$

modifiziert werden. Es bleibt ein komplexer Summand übrig, der für die Umformung in zwei reelle Summanden keinen Partner hat. Die Gleichung (6.59) ergibt wegen $N = 2n$ für den in diesem Summanden enthaltenen Koeffizienten $c_{2n-n} = \bar{c}_n$, er muss also reell sein. Damit die Interpolationsfunktion reell bleibt, wird als Ansatzfunktion in diesem Summanden auch nur die Cosinus-Funktion als Realteil der komplexen Exponentialfunktion verwendet. Die Interpolationseigenschaft wird dadurch nicht verletzt, denn für die Sinusfunktion im Imaginärteil gilt an allen Stützstellen $x_l = lh$ $(l = 1, 2, \ldots, n)$

$$\sin \frac{2n\pi x_l}{L} = \sin \frac{2n\pi l h}{nh} = \sin(2l\pi) = 0.$$

Die Ergebnisse der bisherigen Überlegungen fasst der folgende Satz zusammen.

Satz 6.10. *Das Interpolationsproblem $F_n(x_l) = y_l$ an den $N = 2n+1$ äquidistanten Stützstellen $x_l = lh$ $(l = 0, 1, \ldots, N - 1)$ und der Periode $L = nh$ wird durch das trigonometrische Polynom*

$$F_n(x) = \frac{a_0}{2} + \sum_{k=1}^{n} a_k \cos \frac{2k\pi x}{L} + \sum_{k=1}^{n} b_k \sin \frac{2k\pi x}{L}$$

gelöst. Bei einer geraden Knotenzahl $N = 2n$ ist das trigonometrische Polynom

$$F_n(x) = \frac{a_0}{2} + \sum_{k=1}^{n-1} a_k \cos \frac{2k\pi x}{L} + \sum_{k=1}^{n-1} b_k \sin \frac{2k\pi x}{L} + \frac{a_n}{2} \cos \frac{2n\pi x}{L}$$

zu verwenden. Die Koeffizienten werden durch

$$a_k = \frac{2}{N} \sum_{l=0}^{N-1} y_l \cos \frac{2kl\pi}{N} \quad (k = 0, 1, \ldots, n),$$

$$b_k = \frac{2}{N} \sum_{l=0}^{N-1} y_l \sin \frac{2kl\pi}{N} \quad (k = 1, 2, \ldots, n)$$

bestimmt.

Beispiel 6.34. Im zweiten Abschnitt des Beispiels 6.30 wurden bereits die diskreten komplexen Fourier-Koeffizienten aus 10 Knoten zu einer Sägezahnkurve mit der

Periode $L = 2$ berechnet. Mit Hilfe dieser Koeffizienten soll das trigonometrische Interpolationspolynom durch die 10 Knoten bestimmt werden.

Wegen der geraden Knotenzahl 10 hat die gesuchte Funktion die Form

$$F_5(x) = \frac{a_0}{2} + \sum_{k=1}^{4} a_k \cos k\pi x + \sum_{k=1}^{4} b_k \sin k\pi x + \frac{a_5}{2} \cos 5\pi x.$$

Die Koeffizienten der Funktion können mit den Formeln (6.68) und (6.69) aus den bereits bekannten komplexen Werten bestimmt werden. Als erste Koeffizienten ergeben sich

$$a_0 = 2c_0 = -\frac{1}{5},$$

$$a_1 = c_1 + c_{-1}$$
$$= \frac{1}{10} - i\frac{1}{5}\left(\sin\frac{2\pi}{5} + \sin\frac{\pi}{5}\right) + \frac{1}{10} + i\frac{1}{5}\left(\sin\frac{2\pi}{5} + \sin\frac{\pi}{5}\right) = \frac{1}{5},$$

$$b_1 = i(c_1 - c_{-1})$$
$$= i\left(\frac{1}{10} - i\frac{1}{5}\left(\sin\frac{2\pi}{5} + \sin\frac{\pi}{5}\right) - \frac{1}{10} - i\frac{1}{5}\left(\sin\frac{2\pi}{5} + \sin\frac{\pi}{5}\right)\right)$$
$$= \frac{2}{5}\left(\sin\frac{2\pi}{5} + \sin\frac{\pi}{5}\right).$$

Auf analoge Weise erhält man

$$a_2 = -\frac{1}{5}, \quad a_3 = \frac{1}{5}, \quad a_4 = -\frac{1}{5}, \quad b_2 = -\frac{2}{25}\left(3\sin\frac{2\pi}{5} + \sin\frac{\pi}{5}\right),$$

$$b_3 = \frac{2}{5}\left(\sin\frac{2\pi}{5} - \sin\frac{\pi}{5}\right), \quad b_4 = \frac{2}{25}\left(\sin\frac{2\pi}{5} - 3\sin\frac{\pi}{5}\right), \quad a_5 = c_5 = \frac{1}{5}.$$

Die Interpolationsfunktion lautet dann

$$F_5(x) = -\frac{1}{10} + \frac{1}{5}\cos\pi x + \frac{2}{5}\left(\sin\frac{2\pi}{5} + \sin\frac{\pi}{5}\right)\sin\pi x - \frac{1}{5}\cos 2\pi x$$
$$- \frac{2}{25}\left(3\sin\frac{2\pi}{5} + \sin\frac{\pi}{5}\right)\sin 2\pi x + \frac{1}{5}\cos 3\pi x$$
$$+ \frac{2}{5}\left(\sin\frac{2\pi}{5} - \sin\frac{\pi}{5}\right)\sin 3\pi x$$
$$- \frac{1}{5}\cos 4\pi x + \frac{2}{25}\left(\sin\frac{2\pi}{5} - 3\sin\frac{\pi}{5}\right)\sin 4\pi x + \frac{1}{10}\cos 5\pi x.$$

In praktischen Anwendungen werden die diskreten komplexen Fourier-Koeffizienten nicht bekannt sein. Die reellen Koeffizienten können in diesem Fall direkt nach den Formeln

$$a_k = \frac{2}{N} \sum_{l=0}^{N-1} y_l \cos \frac{2kl\pi}{N} \quad (k = 0, 1, \ldots, n),$$

$$b_k = \frac{2}{N} \sum_{l=0}^{N-1} y_l \sin \frac{2kl\pi}{N} \quad (k = 1, 2, \ldots, n)$$

von Satz 6.10 bestimmt werden. Zum Vergleich wird dieser zweite Weg für die gleiche Aufgabenstellung andeutungsweise ebenfalls demonstriert.

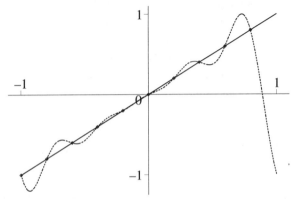

Bild 6.27. Die diskrete Fourier-Entwicklung mit 10 Interpolationsknoten zur Sägezahnfunktion.

Unter Berücksichtigung der Periodizität der trigonometrischen Funktionen ergeben sich mit

$$a_0 = \frac{2}{10} \sum_{n=0}^{9} y_n = \frac{1}{5}\left(0 + \frac{1}{5} + \frac{2}{5} + \frac{3}{5} + \frac{4}{5} - 1 - \frac{4}{5} - \frac{3}{5} - \frac{2}{5} - \frac{1}{5}\right) = -\frac{1}{5},$$

$$a_1 = \frac{2}{10} \sum_{n=0}^{9} y_n \cos \frac{2n\pi}{10}$$

$$= \frac{1}{5}\left(\frac{1}{5}\cos\frac{\pi}{5} + \frac{2}{5}\cos\frac{2\pi}{5} + \cdots - \frac{2}{5}\cos\frac{8\pi}{5} - \frac{1}{5}\cos\frac{9\pi}{5}\right) = \frac{1}{5},$$

$$b_1 = \frac{2}{10} \sum_{n=0}^{9} y_n \sin \frac{2n\pi}{10}$$

$$= \frac{1}{5}\left(\frac{1}{5}\sin\frac{\pi}{5} + \frac{2}{5}\sin\frac{2\pi}{5} + \cdots - \frac{2}{5}\sin\frac{8\pi}{5} - \frac{1}{5}\sin\frac{9\pi}{5}\right)$$

$$= \frac{1}{5}\left(\frac{1}{5}\sin\frac{\pi}{5} + \frac{2}{5}\sin\frac{2\pi}{5} + \cdots + \frac{2}{5}\sin\frac{2\pi}{5} + \frac{1}{5}\sin\frac{\pi}{5}\right)$$

$$= \frac{2}{5}\left(\sin\frac{\pi}{5} + \sin\frac{2\pi}{5}\right),$$

$\vdots$

die gleichen Ergebnisse wie im ersten Teil des Beispiels.

Die Sägezahnkurve, die Interpolationsknoten und das sich ergebende trigonometrische Polynom sind zur Veranschaulichung in obiger grafischen Darstellung zusammengefasst.

Bei den bisher betrachteten trigonometrischen Polynomen war die Anwendbarkeit eingeschränkt, da die Stützstellen der Bedingung $x_k = kh$ genügen mussten.

Bekanntlich geht eine Funktion g mit $g(x) = f(x-a)$ durch Verschiebung entlang der x-Achse aus der Funktion f hervor. Dies kann man ausnutzen, um trigonometrische Polynome zu beliebigen äquidistanten Stützstellen aufzustellen.

Falls die Stützwerte y_k an Stützstellen $x_k = x_0 + kh$ gegeben sind, erfüllt das trigonometrische Polynom

$$F_n(x) = \frac{a_0}{2} + \sum_{k=1}^{n} a_k \cos\frac{2k\pi(x-x_0)}{L} + \sum_{k=1}^{n} b_k \sin\frac{2k\pi(x-x_0)}{L}$$

die Interpolationsaufgabe $F(x_k) = y_k$. Die Koeffizienten werden nach den bereits bekannten Formeln berechnet. Die Modifikation für gerade Knotenzahlen ist ebenfalls möglich.

Beispiel 6.35. Die Funktion

$$f(x) = x - 0.5 \quad (-0.5 \leq x < 1.5) \quad \text{mit} \quad f(x+2k) = f(x) \quad (k \in \mathbb{Z})$$

beschreibt eine Sägezahnkurve, die gegenüber der Kurve aus dem Beispiel 5.12 um 0.5 verschoben ist. Durch Abtastung der Sägezahnkurve an den Stützstellen $x_k = 0.5 + 0.2k$ erhält man die zehn äquidistanten Abtastknoten

$$\left(\frac{1}{2}, 0\right), \left(\frac{7}{10}, \frac{1}{5}\right), \left(\frac{9}{10}, \frac{2}{5}\right), \left(\frac{11}{10}, \frac{3}{5}\right), \left(\frac{13}{10}, \frac{4}{5}\right), \left(\frac{3}{2}, -1\right),$$

$$\left(\frac{17}{10}, -\frac{4}{5}\right), \left(\frac{19}{10}, -\frac{3}{5}\right), \left(\frac{21}{10}, -\frac{2}{5}\right) \quad \text{und} \quad \left(\frac{23}{10}, -\frac{1}{5}\right).$$

Die Stützwerte entsprechen denen des Beispiels 5.12. Aus diesen Stützwerten erhält man dann die gleichen diskreten Fourier-Koeffizienten wie in den Beispielen 6.30 (komplex) und 6.34 (reell).

Abschnitt 6.4 Interpolation mit periodischen Funktionen

Ohne neue Rechnung kann man daher aus dem trigonometrischen Polynom des Beispiels 6.34 sofort das neue trigonometrische Interpolationspolynom

$$F_5(x) = -\frac{1}{10} + \frac{1}{5}\cos\pi\left(x - \frac{1}{2}\right) + \frac{2}{5}\left(\sin\frac{2\pi}{5} + \sin\frac{\pi}{5}\right)\sin\pi\left(x - \frac{1}{2}\right)$$
$$-\frac{1}{5}\cos 2\pi\left(x - \frac{1}{2}\right) - \frac{2}{25}\left(3\sin\frac{2\pi}{5} + \sin\frac{\pi}{5}\right)\sin 2\pi\left(x - \frac{1}{2}\right)$$
$$+\frac{1}{5}\cos 3\pi\left(x - \frac{1}{2}\right) + \frac{2}{5}\left(\sin\frac{2\pi}{5} - \sin\frac{\pi}{5}\right)\sin 3\pi\left(x - \frac{1}{2}\right)$$
$$-\frac{1}{5}\cos 4\pi\left(x - \frac{1}{2}\right) + \frac{2}{25}\left(\sin\frac{2\pi}{5} - 3\sin\frac{\pi}{5}\right)\sin 4\pi\left(x - \frac{1}{2}\right)$$
$$+\frac{1}{10}\cos 5\pi\left(x - \frac{1}{2}\right)$$

gewinnen.

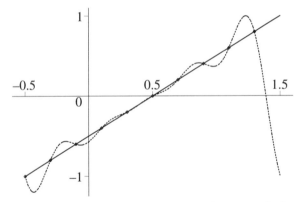

Bild 6.28. Die verschobene Sägezahnkurve und ihr trigonometrisches Interpolationspolynom mit 10 Knoten zur Sägezahnfunktion.

Beispiel 6.36. Die 4-periodische Funktion

$$f(x) = \begin{cases} x & : 0 \leq x < 1 \\ 0 & : 1 \leq x < 3 \quad \text{mit } f(x + 4kp) = f(x) \\ x - 4 & : 3 \leq x < 4 \end{cases}$$

wird durch die acht Abtastpunkte

$(0, 0)$, $\left(\frac{1}{2}, \frac{1}{2}\right)$, $(1, 0)$, $\left(\frac{3}{2}, 0\right)$, $(2, 0)$, $\left(\frac{5}{2}, 0\right)$, $(3, -1)$ und $\left(\frac{7}{2}, -\frac{1}{2}\right)$

repräsentiert. Wegen der Knotenzahl $N = 8$ und der Periode $L = 4$ hat das trigonometrische Interpolationspolynom die Gestalt:

$$F_4(x) = \frac{a_0}{2} + \sum_{k=1}^{3} a_k \cos \frac{k\pi x}{2} + \sum_{k=1}^{3} b_k \sin \frac{k\pi x}{2} + \frac{a_4}{2} \cos \frac{4\pi x}{2}.$$

Für die acht Koeffizienten des Polynoms erhält man nach Satz 6.10

$$a_0 = \frac{1}{4} \sum_{n=0}^{7} y_n = \frac{1}{4} \left(0 + \frac{1}{2} + 0 + 0 + 0 + 0 - 1 - \frac{1}{2} \right) = -\frac{1}{4},$$

$$a_1 = \frac{1}{4} \sum_{n=0}^{7} y_n \cos \frac{n\pi}{4} = \frac{1}{4} \left(\frac{1}{2} \cos \frac{\pi}{4} - \cos \frac{3\pi}{2} - \frac{1}{2} \cos \frac{7\pi}{4} \right) = 0,$$

$$b_1 = \frac{1}{4} \sum_{n=0}^{7} y_n \sin \frac{n\pi}{4} = \frac{1}{4} \left(\frac{1}{2} \sin \frac{\pi}{4} - \sin \frac{3\pi}{2} - \frac{1}{2} \sin \frac{7\pi}{4} \right) = \frac{1}{4} \left(\frac{\sqrt{2}}{2} + 1 \right),$$

$$a_2 = \frac{1}{4} \sum_{n=0}^{7} y_n \cos \frac{n\pi}{2} = \frac{1}{4} \left(\frac{1}{2} \cos \frac{\pi}{2} - \cos 3\pi - \frac{1}{2} \cos \frac{7\pi}{2} \right) = \frac{1}{4},$$

$$b_2 = \frac{1}{4} \sum_{n=0}^{7} y_n \sin \frac{n\pi}{2} = \frac{1}{4} \left(\frac{1}{2} \sin \frac{\pi}{2} - \sin 3\pi - \frac{1}{2} \sin \frac{7\pi}{2} \right) = \frac{1}{4},$$

$$a_3 = \frac{1}{4} \sum_{n=0}^{7} y_n \cos \frac{3n\pi}{4} = \frac{1}{4} \left(\frac{1}{2} \cos \frac{3\pi}{4} - \cos \frac{9\pi}{2} - \frac{1}{2} \cos \frac{21\pi}{4} \right) = 0,$$

$$b_3 = \frac{1}{4} \sum_{n=0}^{7} y_n \sin \frac{3n\pi}{4} = \frac{1}{4} \left(\frac{1}{2} \sin \frac{3\pi}{4} - \sin \frac{9\pi}{2} - \frac{1}{2} \sin \frac{21\pi}{4} \right) = \frac{1}{4} \left(\frac{\sqrt{2}}{2} - 1 \right),$$

$$a_4 = \frac{1}{4} \sum_{n=0}^{7} y_n \cos \frac{4n\pi}{4} = \frac{1}{4} \left(\frac{1}{2} \cos \pi - \cos 6\pi - \frac{1}{2} \cos 7\pi \right) = -\frac{1}{4}.$$

6.4.5 Schnelle Fourier-Transformation

Nach dem Satz 6.8 kann der Aufwand zur Berechnung der diskreten Fourier-Koeffizienten bei gerader Knotenzahl durch die Rechnung mit halben Datensätzen reduziert werden. Die *schnelle Fourier-Transformation* (englisch **Fast Fourier Transform**) FFT nutzt diesen und noch allgemeinere Sätze zur effektiven Berechnung der diskreten Fourier-Koeffizienten.

Zur Einführung stelle man sich die Berechnung dieser Koeffizienten aus $N = 2^n$ Stützwerten vor. Da 2^n eine gerade Zahl ist, kann der Aufwand der Rechnung durch die Arbeit mit halben Datensätzen reduziert werden. In die Formel zur Bestimmung

Abschnitt 6.4 Interpolation mit periodischen Funktionen

der Koeffizienten aus halben Datensätzen gehen dann 2^{n-1} Stützwerte ein, dies ist wieder eine gerade Stützwertezahl. Man kann also die Berechnung der Koeffizienten aus halben Datensätzen in diesem Fall durch erneute Rechnung mit halben Datensätzen noch weiter erleichtern. Bei $N = 2^n$ Stützwerten kann dieses Vorgehen so weit getrieben werden, bis nach n-facher Datensatzhalbierung Hilfskoeffizienten aus einem Stützwert berechnet werden können.

Dieser Gedanke wird an Beispielen illustriert.

Beispiel 6.37. Die schon mehrfach betrachtete 2-periodische Sägezahnkurve

$$f(x) = x \quad (-1 \leq x < 1) \quad \text{mit} \quad f(x + 2k) = f(x) \quad (k \in \mathbb{Z})$$

wird durch die acht Knoten

$$(0, 0), \left(\frac{1}{4}, \frac{1}{4}\right), \left(\frac{1}{2}, \frac{1}{2}\right), \left(\frac{3}{4}, \frac{3}{4}\right),$$

$$(1, -1), \left(\frac{5}{4}, -\frac{3}{4}\right), \left(\frac{3}{2}, -\frac{1}{2}\right) \quad \text{und} \quad \left(\frac{7}{4}, -\frac{1}{4}\right)$$

abgetastet. Gesucht sind die diskreten Fourier-Koeffizienten aus den acht Stützwerten. Dazu müssen in der klassischen Form acht Summen aus acht Produkten berechnet werden. Die Knotenzahl $8 = 2^3$ gestattet aber durch dreimalige Datensatzhalbierung eine deutliche Aufwandsreduzierung.

Zuerst muss man sich dabei Klarheit über den Weg der Datensatzhalbierung verschaffen. Dazu werden lediglich die Stützwerte betrachtet, da nur sie in die Rechnung eingehen.

$$\left(0, \frac{1}{4}, \frac{1}{2}, \frac{3}{4}, -1, -\frac{3}{4}, -\frac{1}{2}, -\frac{1}{4}\right)$$

$$\left(0, \frac{1}{2}, -1, -\frac{1}{2}\right) \quad \left(\frac{1}{4}, \frac{3}{4}, -\frac{3}{4}, -\frac{1}{4}\right)$$

$$(0, -1,) \quad \left(\frac{1}{2}, -\frac{1}{2}\right) \quad \left(\frac{1}{4}, -\frac{3}{4}\right) \quad \left(\frac{3}{4}, -\frac{1}{4}\right)$$

$$(0) \quad (-1) \quad \left(\frac{1}{2}\right) \left(-\frac{1}{2}\right) \left(\frac{1}{4}\right) \left(-\frac{3}{4}\right) \left(\frac{3}{4}\right) \left(-\frac{1}{4}\right)$$

Nach diesem Schema kann man nun von unten nach oben in drei Schritten die Koeffizienten zusammensetzen. Um den Überblick nicht zu verlieren, werden die Indizes des zur Rechnung verwendeten Datensatzes in eckigen Klammern an die Koeffizienten geschrieben.

1. Schritt:

$$\left.\begin{array}{l} c_0^{[0]} = 0 \\ c_0^{[4]} = -1 \end{array}\right\} \Rightarrow \left\{\begin{array}{l} c_0^{[04]} = \frac{1}{2}(c_0^{[0]} + c_0^{[4]}) = -\frac{1}{2} \\ c_1^{[04]} = \frac{1}{2}(c_0^{[0]} - c_0^{[4]}) = \frac{1}{2} \end{array}\right.$$

$$\left.\begin{array}{l} c_0^{[2]} = \frac{1}{2} \\ c_0^{[6]} = -\frac{1}{2} \end{array}\right\} \Rightarrow \left\{\begin{array}{l} c_0^{[26]} = \frac{1}{2}(c_0^{[2]} + c_0^{[6]}) = 0 \\ c_1^{[26]} = \frac{1}{2}(c_0^{[2]} - c_0^{[6]}) = \frac{1}{2} \end{array}\right.$$

$$\left.\begin{array}{l} c_0^{[1]} = \frac{1}{4} \\ c_0^{[5]} = -\frac{3}{4} \end{array}\right\} \Rightarrow \left\{\begin{array}{l} c_0^{[15]} = \frac{1}{2}(c_0^{[1]} + c_0^{[5]}) = -\frac{1}{4} \\ c_1^{[15]} = \frac{1}{2}(c_0^{[1]} - c_0^{[5]}) = \frac{1}{2} \end{array}\right.$$

$$\left.\begin{array}{l} c_0^{[3]} = \frac{3}{4} \\ c_0^{[7]} = -\frac{1}{4} \end{array}\right\} \Rightarrow \left\{\begin{array}{l} c_0^{[37]} = \frac{1}{2}(c_0^{[3]} + c_0^{[7]}) = \frac{1}{4} \\ c_1^{[37]} = \frac{1}{2}(c_0^{[3]} - c_0^{[7]}) = \frac{1}{2}. \end{array}\right.$$

2. Schritt:

$$\left.\begin{array}{l} c_0^{[04]} = -\frac{1}{2} \\ c_1^{[04]} = \frac{1}{2} \\ c_0^{[26]} = 0 \\ c_1^{[26]} = \frac{1}{2} \end{array}\right\} \Rightarrow \left\{\begin{array}{ll} c_0^{[0246]} = \frac{1}{2}(c_0^{[04]} + c_0^{[26]}) & = -\frac{1}{4} \\ c_1^{[0246]} = \frac{1}{2}(c_1^{[04]} + e^{-i\frac{\pi}{2}} c_1^{[26]}) & = \frac{1-i}{4} \\ c_2^{[0246]} = \frac{1}{2}(c_0^{[04]} - c_0^{[26]}) & = -\frac{1}{4} \\ c_3^{[0246]} = \frac{1}{2}(c_1^{[04]} - e^{-i\frac{\pi}{2}} c_1^{[26]}) & = \frac{1+i}{4} \end{array}\right.$$

$$\left.\begin{array}{l} c_0^{[15]} = -\frac{1}{4} \\ c_1^{[15]} = \frac{1}{2} \\ c_0^{[37]} = \frac{1}{4} \\ c_1^{[37]} = \frac{1}{2} \end{array}\right\} \Rightarrow \left\{\begin{array}{ll} c_0^{[1357]} = \frac{1}{2}(c_0^{[15]} + c_0^{[37]}) & = 0 \\ c_1^{[1357]} = \frac{1}{2}(c_1^{[15]} + e^{-i\frac{\pi}{2}} c_1^{[37]}) & = \frac{1-i}{4} \\ c_2^{[1357]} = \frac{1}{2}(c_0^{[15]} - c_0^{[37]}) & = -\frac{1}{4} \\ c_3^{[1357]} = \frac{1}{2}(c_1^{[15]} - e^{-i\frac{\pi}{2}} c_1^{[37]}) & = \frac{1+i}{4}. \end{array}\right.$$

3. Schritt:

$$\left.\begin{array}{l} c_0^{[0246]} = -\dfrac{1}{4} \\[4pt] c_1^{[0246]} = \dfrac{1-i}{4} \\[4pt] c_2^{[0246]} = -\dfrac{1}{4} \\[4pt] c_3^{[0246]} = \dfrac{1+i}{4} \\[4pt] c_0^{[1357]} = 0 \\[4pt] c_1^{[1357]} = \dfrac{1-i}{4} \\[4pt] c_2^{[1357]} = -\dfrac{1}{4} \\[4pt] c_3^{[1357]} = \dfrac{1+i}{4} \end{array}\right\} \Rightarrow \left\{\begin{aligned} c_0^{[01234567]} &= \tfrac{1}{2}(c_0^{[0246]} + c_0^{[1357]}) = -\tfrac{1}{8} \\[4pt] c_1^{[01234567]} &= \tfrac{1}{2}(c_1^{[0246]} + e^{-i\frac{\pi}{4}} c_1^{[1357]}) \\ &= \dfrac{1 - i(1+\sqrt{2})}{8} \\[4pt] c_2^{[01234567]} &= \tfrac{1}{2}(c_2^{[0246]} + e^{-i\frac{2\pi}{4}} c_2^{[1357]}) \\ &= \dfrac{-1+i}{8} \\[4pt] c_3^{[01234567]} &= \tfrac{1}{2}(c_3^{[0246]} + e^{-i\frac{3\pi}{4}} c_3^{[1357]}) \\ &= \dfrac{1 + i(1-\sqrt{2})}{8} \\[4pt] c_4^{[01234567]} &= \tfrac{1}{2}(c_0^{[0246]} - c_0^{[1357]}) = -\tfrac{1}{8} \\[4pt] c_5^{[01234567]} &= \tfrac{1}{2}(c_1^{[0246]} - e^{-i\frac{\pi}{4}} c_1^{[1357]}) \\ &= \dfrac{1 + i(-1+\sqrt{2})}{8} \\[4pt] c_6^{[01234567]} &= \tfrac{1}{2}(c_2^{[0246]} - e^{-i\frac{2\pi}{4}} c_2^{[1357]}) \\ &= \dfrac{-1-i}{8} \\[4pt] c_7^{[01234567]} &= \tfrac{1}{2}(c_3^{[0246]} - e^{-i\frac{3\pi}{4}} c_3^{[1357]}) \\ &= \dfrac{1 + i(1+\sqrt{2})}{8}. \end{aligned}\right.$$

Daraus erhält man als Interpolierende das komplexe Fourier-Polynom

$$F_4(x) = \sum_{k=0}^{7} c_k e^{i\frac{2k\pi x}{2}} = \sum_{k=0}^{7} c_k e^{ik\pi x}$$

$$= \frac{1}{8}\bigl(-1 + (1 - i - \sqrt{2}i)e^{i\pi x} + (-1 + i)e^{i2\pi x}$$

$$+ (1 + i - \sqrt{2}i)e^{i3\pi x} - e^{i4\pi x} + (1 - i + \sqrt{2}i)e^{i5\pi x}$$

$$- (1 + i)e^{i6\pi x} + (1 + i + \sqrt{2}i)e^{i7\pi x}\bigr)$$

und nach dem Satz 6.10 das reelle Fourier-Polynom

$$F_4(x) = \frac{a_0}{2} + \sum_{k=0}^{3} (a_k \cos k\pi x + b_k \sin k\pi x) + \frac{a_4}{2} \cos 4\pi x$$

$$= -\frac{1}{8} + \frac{1}{4}\cos \pi x + \frac{1 + \sqrt{2}}{4}\sin \pi x - \frac{1}{4}\cos 2\pi x - \frac{1}{4}\sin 2\pi x$$

$$+ \frac{1}{4}\cos 3\pi x + \frac{-1 + \sqrt{2}}{4}\sin 3\pi x - \frac{1}{16}\cos 4\pi x\,.$$

Zur Veranschaulichung wird auch noch eine Grafik (s. Bild 6.29) des reellen Fourier-Polynoms angegeben.

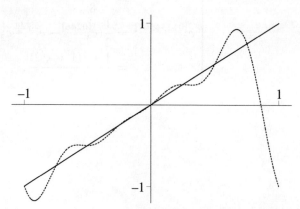

Bild 6.29. Das mit der schnellen Fourier-Transformation gewonnene trigonometrische Interpolationspolynom mit 2^3 Knoten zur Sägezahnfunktion.

Abschnitt 6.4 Interpolation mit periodischen Funktionen

Beispiel 6.38. Die Rechteckkurve aus dem Beispiel 5.12

$$f(x) = \begin{cases} h : 0 \le x < p \\ -h : -p \le x < 0 \end{cases} \quad \text{mit } f(x + 2kp) = f(x)$$

mit den Parametern $p = 2$ und $h = 2$ ist 4-periodisch. Das Periodenintervall wird durch die sechzehn Stützwerte

$$(0,2), \left(\frac{1}{4},2\right), \left(\frac{1}{2},2\right), \left(\frac{3}{4},2\right),$$

$$(1,2), \left(\frac{5}{4},2\right), \left(\frac{3}{2},2\right), \left(\frac{7}{4},2\right),$$

$$(2,-2), \left(\frac{9}{4},-2\right), \left(\frac{5}{2},-2\right), \left(\frac{11}{4},-2\right),$$

$$(3,-2), \left(\frac{13}{4},-2\right), \left(\frac{7}{2},-2\right), \left(\frac{15}{4},-2\right)$$

abgetastet. Gesucht sind die diskreten Fourier-Koeffizienten aus den acht Stützwerten. Wegen der Knotenzahl $16 = 2^4$ ist eine viermalige Datensatzhalbierung zur Aufwandsreduzierung möglich.

Die Umsortierung der Stützwerte wird an dieser Stelle für sechzehn beliebige Stützwerte f_i untersucht.

$$(f_0, f_1, f_2, f_3, f_4, f_5, f_6, f_7, f_8, f_9, f_{10}, f_{11}, f_{12}, f_{13}, f_{14}, f_{15})$$
↙ ↘
$(f_0, f_2, f_4, f_6, f_8, f_{10}, f_{12}, f_{14})$ $\quad\quad\quad (f_1, f_3, f_5, f_7, f_9, f_{11}, f_{13}, f_{15})$
↙ ↘ ↙ ↘
(f_0, f_4, f_8, f_{12}) $\quad (f_2, f_6, f_{10}, f_{14})$ $\quad (f_1, f_5, f_9, f_{13})$
$\quad\quad\quad (f_3, f_7, f_{11}, f_{15})$
↙ ↘ ↙ ↘ ↙ ↘ ↙ ↘
(f_0, f_8) (f_4, f_{12}) (f_2, f_{10}) (f_6, f_{14}) (f_1, f_9) (f_5, f_{13}) (f_3, f_{11})
$\quad\quad\quad\quad\quad\quad (f_7, f_{15})$
↙↘ ↙↘ ↙↘ ↙↘ ↙↘ ↙↘ ↙↘
$(f_0)\ (f_8)\ \ (f_4)\ (f_{12})\ \ (f_2)\ (f_{10})\ \ (f_6)\ (f_{14})\ \ (f_1)\ (f_9)\ \ (f_5)\ (f_{13})\ \ (f_3)\ (f_{11})$
$\quad\quad\quad\quad\quad\quad\quad (f_7)\ (f_{15})$

Nach diesem Schema werden die Koeffizienten in vier Schritten zusammengesetzt.

$$
\left.\begin{array}{l}
\left.\begin{array}{l}
\left.\begin{array}{l}
\left.\begin{array}{l}f_0 = 2 \\ f_8 = 2\end{array}\right\} \Rightarrow \left\{\begin{array}{l}\frac{1}{2}(2+2) = 2 \\ \frac{1}{2}(2-2) = 0\end{array}\right. \\
\left.\begin{array}{l}f_4 = 2 \\ f_{12} = -2\end{array}\right\} \Rightarrow \left\{\begin{array}{l}\frac{1}{2}(2-2) = 0 \\ \frac{1}{2}(2+2) = 2\end{array}\right.
\end{array}\right\} \Rightarrow \left\{\begin{array}{l}\frac{1}{2}(2+0) = 1 \\ \frac{1}{2}(0+e^{-i\frac{\pi}{2}}2) = -i \\ \frac{1}{2}(2-0) = 1 \\ \frac{1}{2}(0-e^{-i\frac{\pi}{2}}2) = i\end{array}\right. \\
\left.\begin{array}{l}f_2 = 2 \\ f_{10} = -2\end{array}\right\} \Rightarrow \left\{\begin{array}{l}\frac{1}{2}(2-2) = 0 \\ \frac{1}{2}(2+2) = 2\end{array}\right. \\
\left.\begin{array}{l}f_6 = 2 \\ f_{14} = -2\end{array}\right\} \Rightarrow \left\{\begin{array}{l}\frac{1}{2}(2-2) = 0 \\ \frac{1}{2}(2+2) = 2\end{array}\right.
\end{array}\right\} \Rightarrow \left\{\begin{array}{l}\frac{1}{2}(0+0) = 0 \\ \frac{1}{2}(2+e^{-i\frac{\pi}{2}}2) = 1-i \\ \frac{1}{2}(0-0) = 0 \\ \frac{1}{2}(2-e^{-i\frac{\pi}{2}}2) = 1+i\end{array}\right.
\end{array}\right\} \Rightarrow
$$

$$
\left.\begin{array}{l}
\left.\begin{array}{l}
\left.\begin{array}{l}f_1 = 2 \\ f_9 = -2\end{array}\right\} \Rightarrow \left\{\begin{array}{l}\frac{1}{2}(2-2) = 0 \\ \frac{1}{2}(2+2) = 2\end{array}\right. \\
\left.\begin{array}{l}f_5 = 2 \\ f_{13} = -2\end{array}\right\} \Rightarrow \left\{\begin{array}{l}\frac{1}{2}(2-2) = 0 \\ \frac{1}{2}(2+2) = 2\end{array}\right.
\end{array}\right\} \Rightarrow \left\{\begin{array}{l}\frac{1}{2}(0+0) = 0 \\ \frac{1}{2}(2+e^{-i\frac{\pi}{2}}2) = 1-i \\ \frac{1}{2}(0-0) = 0 \\ \frac{1}{2}(2-e^{-i\frac{\pi}{2}}2) = 1+i\end{array}\right. \\
\left.\begin{array}{l}
\left.\begin{array}{l}f_3 = 2 \\ f_{11} = -2\end{array}\right\} \Rightarrow \left\{\begin{array}{l}\frac{1}{2}(2-2) = 0 \\ \frac{1}{2}(2+2) = 2\end{array}\right. \\
\left.\begin{array}{l}f_7 = 2 \\ f_{15} = -2\end{array}\right\} \Rightarrow \left\{\begin{array}{l}\frac{1}{2}(2-2) = 0 \\ \frac{1}{2}(2+2) = 2\end{array}\right.
\end{array}\right\} \Rightarrow \left\{\begin{array}{l}\frac{1}{2}(0+0) = 0 \\ \frac{1}{2}(2+e^{-i\frac{\pi}{2}}2) = 1-i \\ \frac{1}{2}(0-0) = 0 \\ \frac{1}{2}(2-e^{-i\frac{\pi}{2}}2) = 1+i\end{array}\right.
\end{array}\right\} \Rightarrow
$$

Abschnitt 6.4 Interpolation mit periodischen Funktionen

$$\left\{\begin{array}{l}
\begin{cases}
\frac{1}{2}(1+0) & = \frac{1}{2} \\
\frac{1}{2}(-i + e^{-i\frac{\pi}{4}}(1-i)) & = \frac{(-1-\sqrt{2})i}{2} \\
\frac{1}{2}(1 + e^{-i\frac{2\pi}{4}}0) & = \frac{1}{2} \\
\frac{1}{2}(i + e^{-i\frac{3\pi}{4}}(1+i)) & = \frac{(1-\sqrt{2})i}{2} \\
\frac{1}{2}(1-0) & = \frac{1}{2} \\
\frac{1}{2}(-i - e^{-i\frac{\pi}{4}}(1-i)) & = \frac{(\sqrt{2}-1)i}{2} \\
\frac{1}{2}(1 - e^{-i\frac{2\pi}{4}}0) & = \frac{1}{2} \\
\frac{1}{2}(i - e^{-i\frac{3\pi}{4}}(1+i)) & = \frac{(1+\sqrt{2})i}{2}
\end{cases} \\
\begin{cases}
\frac{1}{2}(0+0) & = 0 \\
\frac{1}{2}(1-i + e^{-i\frac{\pi}{4}}(1-i)) & = \frac{1-(1+\sqrt{2})i}{2} \\
\frac{1}{2}(0 + e^{-i\frac{2\pi}{4}}0) & = 0 \\
\frac{1}{2}(1+i + e^{-i\frac{3\pi}{4}}(1+i)) & = \frac{1+(1-\sqrt{2})i}{2} \\
\frac{1}{2}(0-0) & = 0 \\
\frac{1}{2}(1-i - e^{-i\frac{\pi}{4}}(1-i)) & = \frac{1+(\sqrt{2}-1)i}{2} \\
\frac{1}{2}(0 - e^{-i\frac{2\pi}{4}}0) & = 0 \\
\frac{1}{2}(1+i - e^{-i\frac{3\pi}{4}}(1+i)) & = \frac{1+(1+\sqrt{2})i}{2}
\end{cases}
\end{array}\right\} \Rightarrow$$

$$\begin{cases}
\dfrac{1}{2}\left(\dfrac{1}{2}+0\right) &= \dfrac{1}{4} \\[2mm]
\dfrac{1}{2}\left(\dfrac{(-1-\sqrt{2})i}{2}+e^{-i\frac{\pi}{8}}\dfrac{1-(1+\sqrt{2})i}{2}\right) &= \dfrac{-1-\sqrt{2}-2\sqrt{2}\sin\frac{3\pi}{8}}{4}i \\[2mm]
\dfrac{1}{2}\left(\dfrac{1}{2}+e^{-i\frac{\pi}{4}}0\right) &= \dfrac{1}{4} \\[2mm]
\dfrac{1}{2}\left(\dfrac{(1-\sqrt{2})i}{2}+e^{-i\frac{3\pi}{8}}\dfrac{1+(1-\sqrt{2})i}{2}\right) &= \dfrac{1-\sqrt{2}-2\sqrt{2}\sin\frac{\pi}{8}}{4}i \\[2mm]
\dfrac{1}{2}\left(\dfrac{1}{2}+e^{-i\frac{\pi}{2}}0\right) &= \dfrac{1}{4} \\[2mm]
\dfrac{1}{2}\left(\dfrac{(\sqrt{2}-1)i}{2}+e^{-i\frac{5\pi}{8}}\dfrac{1+(\sqrt{2}-1)i}{2}\right) &= \dfrac{-1+\sqrt{2}-2\sqrt{2}\sin\frac{\pi}{8}}{4}i \\[2mm]
\dfrac{1}{2}\left(\dfrac{1}{2}+e^{-i\frac{3\pi}{4}}0\right) &= \dfrac{1}{4} \\[2mm]
\dfrac{1}{2}\left(\dfrac{(1+\sqrt{2})i}{2}+e^{-i\frac{7\pi}{8}}\dfrac{1+(1+\sqrt{2})i}{2}\right) &= \dfrac{1+\sqrt{2}-2\sqrt{2}\sin\frac{3\pi}{8}}{4}i \\[2mm]
\dfrac{1}{2}\left(\dfrac{1}{2}-0\right) &= \dfrac{1}{4} \\[2mm]
\dfrac{1}{2}\left(\dfrac{(-1-\sqrt{2})i}{2}-e^{-i\frac{\pi}{8}}\dfrac{1-(1+\sqrt{2})i}{2}\right) &= \dfrac{-1-\sqrt{2}+2\sqrt{2}\sin\frac{3\pi}{8}}{4}i \\[2mm]
\dfrac{1}{2}\left(\dfrac{1}{2}-e^{-i\frac{\pi}{4}}0\right) &= \dfrac{1}{4} \\[2mm]
\dfrac{1}{2}\left(\dfrac{(1-\sqrt{2})i}{2}-e^{-i\frac{3\pi}{8}}\dfrac{1+(1-\sqrt{2})i}{2}\right) &= \dfrac{1-\sqrt{2}+2\sqrt{2}\sin\frac{\pi}{8}}{4}i \\[2mm]
\dfrac{1}{2}\left(\dfrac{1}{2}-e^{-i\frac{\pi}{2}}0\right) &= \dfrac{1}{4} \\[2mm]
\dfrac{1}{2}\left(\dfrac{(\sqrt{2}-1)i}{2}-e^{-i\frac{5\pi}{8}}\dfrac{1+(\sqrt{2}-1)i}{2}\right) &= \dfrac{\sqrt{2}-1+2\sqrt{2}\sin\frac{\pi}{8}}{4}i \\[2mm]
\dfrac{1}{2}\left(\dfrac{1}{2}-e^{-i\frac{3\pi}{4}}0\right) &= \dfrac{1}{4} \\[2mm]
\dfrac{1}{2}\left(\dfrac{(1+\sqrt{2})i}{2}-e^{-i\frac{7\pi}{8}}\dfrac{1+(1+\sqrt{2})i}{2}\right) &= \dfrac{1+\sqrt{2}+2\sqrt{2}\sin\frac{3\pi}{8}}{4}i\,.
\end{cases}$$

Abschnitt 6.4 Interpolation mit periodischen Funktionen

Die Interpolierende durch die Abtastpunkte der Kurve wird dann durch das komplexe Fourier-Polynom

$$F_8(x) = \sum_{k=0}^{15} c_k e^{i\frac{2k\pi x}{4}} = \sum_{k=0}^{15} c_k e^{i\frac{k\pi x}{2}}$$

$$= \frac{1}{4}\left(1 + \left(-1 - \sqrt{2} - 2\sqrt{2}\sin\frac{3\pi}{8}\right)ie^{i\frac{\pi x}{2}} + e^{i\pi x}\right.$$

$$+ \left(1 - \sqrt{2} - 2\sqrt{2}\sin\frac{\pi}{8}\right)ie^{i\frac{3\pi x}{2}} + e^{i2\pi x}$$

$$+ \left(-1 + \sqrt{2} - 2\sqrt{2}\sin\frac{\pi}{8}\right)ie^{i\frac{5\pi x}{2}} + e^{i3\pi x}$$

$$+ \left(1 + \sqrt{2} - 2\sqrt{2}\sin\frac{3\pi}{8}\right)ie^{i\frac{7\pi x}{2}} + e^{i4\pi x}$$

$$+ \left(-1 - \sqrt{2} + 2\sqrt{2}\sin\frac{3\pi}{8}\right)ie^{i\frac{9\pi x}{2}} + e^{i5\pi x}$$

$$+ \left(1 - \sqrt{2} + 2\sqrt{2}\sin\frac{\pi}{8}\right)ie^{i\frac{11\pi x}{2}} + e^{i6\pi x}$$

$$+ \left(-1 + \sqrt{2} + 2\sqrt{2}\sin\frac{\pi}{8}\right)ie^{i\frac{13\pi x}{2}} + e^{i7\pi x}$$

$$\left.+ \left(1 + \sqrt{2} + 2\sqrt{2}\sin\frac{3\pi}{8}\right)ie^{i\frac{15\pi x}{2}}\right)$$

beschrieben. Nach Satz 6.10 lautet das zugehörige reelle Fourier-Polynom

$$F_8(x) = \frac{a_0}{2} + \sum_{k=0}^{7}\left(a_k \cos\frac{k\pi x}{2} + b_k \sin\frac{k\pi x}{2}\right) + \frac{a_8}{2}\cos\frac{8\pi x}{2}$$

$$= \frac{1}{4} + \frac{1 + \sqrt{2} + 2\sqrt{2}\sin\frac{3\pi}{8}}{2}\sin\frac{\pi x}{2}$$

$$+ \frac{1}{2}\cos\pi x + \frac{-1 + \sqrt{2} + 2\sqrt{2}\sin\frac{\pi}{8}}{2}\sin\frac{3\pi x}{2}$$

$$+ \frac{1}{2}\cos 2\pi x + \frac{1 - \sqrt{2} + 2\sqrt{2}\sin\frac{\pi}{8}}{2}\sin\frac{5\pi x}{2} + \frac{1}{2}\cos 3\pi x$$

$$+ \frac{-1 - \sqrt{2} + 2\sqrt{2}\sin\frac{3\pi}{8}}{2}\sin\frac{7\pi x}{2} + \frac{1}{8}\cos 4\pi x.$$

Zur Veranschaulichung wird auch noch eine Grafik des reellen Fourier-Polynoms angegeben (s. Bild 6.30).

Der Gedanke der schnellen Fourier-Transformation kann auch hilfreich sein, wenn die Knotenzahl nur ein Vielfaches einer Potenz von 2 ist.

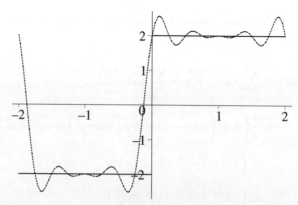

Bild 6.30. Das mit der schnellen Fourier-Transformation gewonnene trigonometrische Interpolationspolynom mit 2^4 Knoten zur Rechteckkurve.

Beispiel 6.39. Die Funktion

$$f(x) = \begin{cases} x & : 0 \leq x < 1 \\ -x+2 & : 1 \leq x < 2 \end{cases} \quad \text{mit} \quad f(x+2k) = f(x) \quad (k \in \mathbb{Z})$$

wird durch die zwölf Knoten repräsentiert:

$$(0,0), \left(\frac{1}{6},\frac{1}{6}\right), \left(\frac{1}{3},\frac{1}{3}\right), \left(\frac{1}{2},\frac{1}{2}\right), \left(\frac{2}{3},\frac{2}{3}\right), \left(\frac{5}{6},\frac{5}{6}\right), (1,1),$$

$$\left(\frac{7}{6},\frac{5}{6}\right), \left(\frac{4}{3},\frac{2}{3}\right), \left(\frac{3}{2},\frac{1}{2}\right), \left(\frac{5}{3},\frac{1}{3}\right) \quad \text{und} \quad \left(\frac{11}{6},\frac{1}{6}\right).$$

Durch weitestgehende Datensatzhalbierung erhält man für die Stützwerte die Anordnung

$$(f_0, f_1, f_2, f_3, f_4, f_5, f_6, f_7, f_8, f_9, f_{10}, f_{11})$$

$(f_0, f_2, f_4, f_6, f_8, f_{10}) \qquad (f_1, f_3, f_5, f_7, f_9, f_{11})$

$(f_0, f_4, f_8) \qquad (f_2, f_6, f_{10}) \qquad (f_1, f_5, f_9) \qquad (f_3, f_7, f_{11})$

Nach diesem Schema kann man nun von unten nach oben in drei Schritten die Koeffizienten zusammensetzen. Zur Erleichterung des Überblicks werden die Indizes des zur Rechnung verwendeten Datensatzes wieder in eckigen Klammern an den Koeffizienten vermerkt. Dabei ist zu beachten, dass im ersten Schritt bei der Berechnung der Koeffizienten $c_r^{[k,l,m]}$ nach

$$c_r^{[k,l,m]} = \frac{1}{3}(f_k + f_l e^{-i\frac{2r\pi}{3}} + f_m e^{-i\frac{4r\pi}{3}}) \quad (r = 0, 1, 2)$$

Abschnitt 6.4 Interpolation mit periodischen Funktionen

vorzugehen ist. So erhält man beispielsweise
$$c_1^{[0,4,8]} = \frac{1}{3}\left(0 + \frac{2}{3}e^{-i\frac{2\pi}{3}} + \frac{2}{3}e^{-i\frac{4\pi}{3}}\right) = \frac{4}{9}(e^{i\frac{2\pi}{3}} + e^{-i\frac{2\pi}{3}}).$$

Die anderen Koeffizienten wurden im Folgenden in analoger Weise gebildet.

$$\left.\begin{array}{l}f_0 = c_0^0 = 0 \\[4pt] f_4 = c_0^4 = \dfrac{2}{3} \\[6pt] f_8 = c_0^8 = \dfrac{2}{3}\end{array}\right\} \Rightarrow \left\{\begin{array}{l}c_0^{[0,4,8]} = \dfrac{1}{3}(c_0^0 + c_0^4 + c_0^8) = \dfrac{4}{9} \\[6pt] c_1^{[0,4,8]} = \dfrac{1}{3}(c_0^0 + c_0^4 e^{-i\frac{2\pi}{3}} + c_0^8 e^{-i\frac{4\pi}{3}}) = -\dfrac{2}{9} \\[6pt] c_2^{[0,4,8]} = \dfrac{1}{3}(c_0^0 + c_0^4 e^{-i\frac{4\pi}{3}} + c_0^8 e^{-i\frac{8\pi}{3}}) = -\dfrac{2}{9}\end{array}\right.$$

$$\left.\begin{array}{l}f_2 = c_0^2 = \dfrac{1}{3} \\[4pt] f_6 = c_0^6 = 1 \\[4pt] f_{10} = c_0^{10} = \dfrac{1}{3}\end{array}\right\} \Rightarrow \left\{\begin{array}{l}c_0^{[2,6,10]} = \dfrac{1}{3}(c_0^2 + c_0^6 + c_0^{10}) = \dfrac{5}{9} \\[6pt] c_1^{[2,6,10]} = \dfrac{1}{3}(c_0^2 + c_0^6 e^{-i\frac{2\pi}{3}} + c_0^{10} e^{-i\frac{4\pi}{3}}) \\[6pt] \qquad\quad = \dfrac{1}{9}(-1 - \sqrt{3}i) \\[6pt] c_2^{[2,6,10]} = \dfrac{1}{3}(c_0^2 + c_0^6 e^{-i\frac{4\pi}{3}} + c_0^{10} e^{-i\frac{8\pi}{3}}) \\[6pt] \qquad\quad = \dfrac{1}{9}(-1 + \sqrt{3}i)\end{array}\right. \Rightarrow$$

$$\left.\begin{array}{l}f_1 = c_0^1 = \dfrac{1}{6} \\[4pt] f_5 = c_0^5 = \dfrac{5}{6} \\[4pt] f_9 = c_0^9 = \dfrac{1}{2}\end{array}\right\} \Rightarrow \left\{\begin{array}{l}c_0^{[1,5,9]} = \dfrac{1}{3}(c_0^1 + c_0^5 + c_0^9) = \dfrac{1}{2} \\[6pt] c_1^{[1,5,9]} = \dfrac{1}{3}(c_0^1 + c_0^5 e^{-i\frac{2\pi}{3}} + c_0^9 e^{-i\frac{4\pi}{3}}) \\[6pt] \qquad\quad = \dfrac{1}{18}(-3 - \sqrt{3}i) \\[6pt] c_2^{[1,5,9]} = \dfrac{1}{3}(c_0^1 + c_0^5 e^{-i\frac{4\pi}{3}} + c_0^9 e^{-i\frac{8\pi}{3}}) \\[6pt] \qquad\quad = \dfrac{1}{18}(-3 + \sqrt{3}i)\end{array}\right.$$

$$\left.\begin{array}{l}f_3 = c_0^3 = \dfrac{1}{2} \\[4pt] f_7 = c_0^7 = \dfrac{5}{6} \\[4pt] f_{11} = c_0^{11} = \dfrac{1}{6}\end{array}\right\} \Rightarrow \left\{\begin{array}{l}c_0^{[3,7,11]} = \dfrac{1}{3}(c_0^3 + c_0^7 + c_0^{11}) = \dfrac{1}{2} \\[6pt] c_1^{[3,7,11]} = \dfrac{1}{3}(c_0^3 + c_0^7 e^{-i\frac{2\pi}{3}} + c_0^{11} e^{-i\frac{4\pi}{3}}) \\[6pt] \qquad\quad = -\dfrac{1}{9}\sqrt{3}i \\[6pt] c_2^{[3,7,11]} = \dfrac{1}{3}(c_0^3 + c_0^7 e^{-i\frac{4\pi}{3}} + c_0^{11} e^{-i\frac{8\pi}{3}}) \\[6pt] \qquad\quad = \dfrac{1}{9}\sqrt{3}i\end{array}\right. \Rightarrow$$

$$\left\{\begin{aligned}
c_0^{[0,2,4,6,8,10]} &= \frac{1}{2}(c_0^{[0,4,8]} + c_0^{[2,6,10]}) = \frac{1}{2} \\
c_1^{[0,2,4,6,8,10]} &= \frac{1}{2}(c_1^{[0,4,8]} + c_1^{[2,6,10]}e^{-i\frac{\pi}{3}}) = -\frac{2}{9} \\
c_2^{[0,2,4,6,8,10]} &= \frac{1}{2}(c_2^{[0,4,8]} + c_2^{[2,6,10]}e^{-i\frac{2\pi}{3}}) = 0 \\
c_3^{[0,2,4,6,8,10]} &= \frac{1}{2}(c_0^{[0,4,8]} - c_0^{[2,6,10]}) = -\frac{1}{18} \\
c_4^{[0,2,4,6,8,10]} &= \frac{1}{2}(c_1^{[0,4,8]} - c_1^{[2,6,10]}e^{-i\frac{\pi}{3}}) = 0 \\
c_5^{[0,2,4,6,8,10]} &= \frac{1}{2}(c_2^{[0,4,8]} - c_2^{[2,6,10]}e^{-i\frac{2\pi}{3}}) = -\frac{2}{9} \\
c_0^{[1,3,5,7,9,11]} &= \frac{1}{2}(c_0^{[1,5,9]} + c_0^{[3,7,11]}) = \frac{1}{2} \\
c_1^{[1,3,5,7,9,11]} &= \frac{1}{2}(c_1^{[1,5,9]} + c_1^{[3,7,11]}e^{-i\frac{\pi}{3}}) = \frac{1}{18}(-3 - \sqrt{3}i) \\
c_2^{[1,3,5,7,9,11]} &= \frac{1}{2}(c_2^{[1,5,9]} + c_2^{[3,7,11]}e^{-i\frac{2\pi}{3}}) = 0 \\
c_3^{[1,3,5,7,9,11]} &= \frac{1}{2}(c_0^{[1,5,9]} - c_0^{[3,7,11]}) = 0 \\
c_4^{[1,3,5,7,9,11]} &= \frac{1}{2}(c_1^{[1,5,9]} - c_1^{[3,7,11]}e^{-i\frac{\pi}{3}}) = 0 \\
c_5^{[1,3,5,7,9,11]} &= \frac{1}{2}(c_2^{[1,5,9]} - c_2^{[3,7,11]}e^{-i\frac{2\pi}{3}}) = \frac{1}{18}(-3 + \sqrt{3}i)
\end{aligned}\right\} \Rightarrow$$

$$\begin{cases}
c_0^{[0,1,2,3,4,5,6,7,8,9,10,11]} &= \frac{1}{2}(c_0^{[0,2,4,6,8,10]} + c_0^{[1,3,5,7,9,11]}) = \frac{1}{2} \\
c_1^{[0,1,2,3,4,5,6,7,8,9,10,11]} &= \frac{1}{2}(c_1^{[0,2,4,6,8,10]} + c_1^{[1,3,5,7,9,11]}e^{-i\frac{\pi}{6}}) \\
&= \frac{1}{18}(-2 - \sqrt{3}) \\
c_2^{[0,1,2,3,4,5,6,7,8,9,10,11]} &= \frac{1}{2}(c_2^{[0,2,4,6,8,10]} + c_2^{[1,3,5,7,9,11]}e^{-i\frac{2\pi}{6}}) = 0 \\
c_3^{[0,1,2,3,4,5,6,7,8,9,10,11]} &= \frac{1}{2}(c_3^{[0,2,4,6,8,10]} + c_3^{[1,3,5,7,9,11]}e^{-i\frac{3\pi}{6}}) = -\frac{1}{36} \\
c_4^{[0,1,2,3,4,5,6,7,8,9,10,11]} &= \frac{1}{2}(c_4^{[0,2,4,6,8,10]} + c_4^{[1,3,5,7,9,11]}e^{-i\frac{4\pi}{6}}) = 0 \\
c_5^{[0,1,2,3,4,5,6,7,8,9,10,11]} &= \frac{1}{2}(c_5^{[0,2,4,6,8,10]} + c_5^{[1,3,5,7,9,11]}e^{-i\frac{5\pi}{6}}) \\
&= \frac{1}{18}(-2 + \sqrt{3}) \\
c_6^{[0,1,2,3,4,5,6,7,8,9,10,11]} &= \frac{1}{2}(c_0^{[0,2,4,6,8,10]} - c_0^{[1,3,5,7,9,11]}) = 0 \\
c_7^{[0,1,2,3,4,5,6,7,8,9,10,11]} &= \frac{1}{2}(c_1^{[0,2,4,6,8,10]} - c_1^{[1,3,5,7,9,11]}e^{-i\frac{\pi}{6}}) \\
&= \frac{1}{18}(-2 + \sqrt{3}) \\
c_8^{[0,1,2,3,4,5,6,7,8,9,10,11]} &= \frac{1}{2}(c_2^{[0,2,4,6,8,10]} - c_2^{[1,3,5,7,9,11]}e^{-i\frac{2\pi}{6}}) = 0 \\
c_9^{[0,1,2,3,4,5,6,7,8,9,10,11]} &= \frac{1}{2}(c_3^{[0,2,4,6,8,10]} - c_3^{[1,3,5,7,9,11]}e^{-i\frac{3\pi}{6}}) = -\frac{1}{36} \\
c_{10}^{[0,1,2,3,4,5,6,7,8,9,10,11]} &= \frac{1}{2}(c_4^{[0,2,4,6,8,10]} - c_4^{[1,3,5,7,9,11]}e^{-i\frac{4\pi}{6}}) = 0 \\
c_{11}^{[0,1,2,3,4,5,6,7,8,9,10,11]} &= \frac{1}{2}(c_5^{[0,2,4,6,8,10]} - c_5^{[1,3,5,7,9,11]}e^{-i\frac{5\pi}{6}}) \\
&= \frac{1}{18}(-2 - \sqrt{3}).
\end{cases}$$

Für das Fourier-Polynom folgt damit:

$$F_6(x) = \sum_{k=0}^{11} c_k^{[1,2,3,4,5,6,7,8,9,10,11]} e^{\frac{2k\pi i}{2}x}$$
$$= \sum_{k=0}^{11} c_k^{[1,2,3,4,5,6,7,8,9,10,11]} e^{k\pi i x}$$

$$= \frac{1}{2} + \frac{1}{18}(-2 - \sqrt{3})[e^{\pi ix} + e^{11\pi ix}]$$
$$- \frac{1}{36}[e^{3\pi ix} + e^{9\pi ix}] + \frac{1}{18}(-2 + \sqrt{3})[e^{5\pi ix} + e^{7\pi ix}]$$
$$= \frac{1}{2} - \left\{ \frac{2+\sqrt{3}}{18} \cos \pi x + \frac{1}{36} \cos 3\pi x + \frac{2-\sqrt{3}}{18} \cos 5\pi x \right.$$
$$\left. + \frac{2-\sqrt{3}}{18} \cos 7\pi x + \frac{1}{36} \cos 9\pi x + \frac{2+\sqrt{3}}{18} \cos 11\pi x \right\}.$$

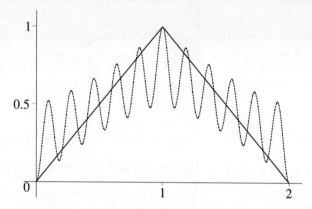

Bild 6.31. Das mit der FFT gewonnene trigonometrische Interpolationspolynom mit 12 Knoten zur Dreieckkurve.

Die Ausgangsfunktion und das mit der schnellen Fouriertransformation bei Benutzung von 12 Knoten erhaltene Näherungspolynom sind im Bild 6.31 dargestellt.

Vor Beginn der Rechnungen wurde in den Beispielen durch wiederholte Datensatzhalbierung die Reihenfolge der Stützwerte geändert. Dieses Permutation der Stützwerte gestattete dann eine elegante Rechnung. Eine wichtige Grundlage des Verfahrens ist deshalb eine geeignete Permutation der Stützwerte.

6.5 Aufgaben

Aufgabe 6.1. Gegeben seien die Punkte $(0, 1)$, $(3, 2)$, $(4, 2)$ und $(6, 1)$.

a) Bestimmen Sie die Lagrange-Polynome zu diesen Stützstellen.

b) Geben Sie das Interpolationspolynom nach Lagrange durch diese Punkte an.

Abschnitt 6.5 Aufgaben

Aufgabe 6.2. Gegeben seien die Punkte $(-1, 1)$, $(1, 3)$, $(2, -1)$ und $(7, 1)$.

  a) Bestimmen Sie die Lagrange-Polynome zu diesen Stützstellen.

  b) Geben Sie das Interpolationspolynom nach Lagrange durch diese Punkte an.

  c) Bestimmen Sie zu den gegebenen Punkten das Newtonsche Interpolationspolynom.

  d) Vergleichen Sie die Polynome der Teilaufgaben b) und c).

  e) Berechnen Sie möglichst einfach das Polynom, welches neben den bisher gegebenen Punkten auch noch durch den Punkt $(8, 1)$ verläuft.

Aufgabe 6.3. Gegeben sind die Punkte $(0, 0)$, $(1, 0)$, $(2, 1)$, $(3, 0)$ und $(4, 0)$ und die Anstiege $f'(0) = 1$, $f'(1) = 0$, $f'(2) = -1$, $f'(3) = 0$ und $f'(4) = 0$.

  a) Bestimmen Sie das Interpolationspolynom nach Hermite durch diese Punkte.

  b) Skizzieren Sie den Graph des Polynoms.

Aufgabe 6.4. Gegeben sei die Funktion $f(x) = e^x$ auf dem Intervall $[-1, 1]$.

  a) Approximieren Sie diese Funktion auf dem gegebenen Intervall durch ein quadratisches Interpolationspolynom mit äquidistanten Stützstellen.

  b) Schätzen Sie den Interpolationsfehler ab.

Aufgabe 6.5. Gegeben seien die drei äquidistanten Stützstellen x_0, $x_1 = x_0 + h$ und $x_2 = x_0 + 2h$ und die zugehörigen Funktionswerte $f_0 = f(x_0)$, $f_1 = f(x_1)$ und $f_2 = f(x_2)$.

  a) Bestimmen Sie ein Interpolationspolynom $p_2(x)$ durch die vorgegebenen Punkte.

  b) Bestimmen Sie das Integral $\int_{x_0}^{x_2} p_2(x)\, dx$. (Es ist die exakte Lösung gesucht!)

  c) Vergleichen Sie das gefundene Ergebnis mit der einfachen Simpson-Formel für einen Doppelstreifen.

Aufgabe 6.6. Von einem funktionalen Zusammenhang sind die folgenden Daten bekannt:

x_k	-2	0	1	4
f_k	0	1	0	2

  a) Bestimmen Sie ein Interpolationspolynom durch die Punkte (x_k, f_k) ($k = 0, 1, 2, 3$).

b) Bestimmen Sie den natürlichen Spline durch die Punkte (x_k, f_k) ($k = 0, 1, 2, 3$).

c) Skizzieren Sie beide Funktionen.

Aufgabe 6.7.
Gegeben seien die folgenden Punkte:

x_k	-1	1	4	6
y_k	0	1	-2	0

Bestimmen und skizzieren Sie zu diesen Punkten

a) den linearen Spline,

b) den quadratischen Spline mit $f'(-1) = 1$,

c) den natürlichen (kubischen) Spline und

d) den periodischen (kubischen) Spline.

Aufgabe 6.8. Gegeben seien die folgenden Punkte:

x_k	-4	-2	-1	1	5	6
y_k	2	1	0	1	-2	2

Bestimmen Sie zu diesen Punkten

a) den natürlichen Spline,

b) den not-a-knot-Spline und

c) den periodischen Spline.

Aufgabe 6.9. Die $2p$-periodische Funktion

$$f(x) = \begin{cases} x : 0 \leq x < 1 \\ x - 1 : 1 \leq x < 2 \end{cases} \quad \text{mit } f(x + 2kp) = f(x)$$

ist im Periodenintervall durch die acht Knoten

$(0,0)$, $\left(\frac{1}{4}, \frac{1}{4}\right)$, $\left(\frac{1}{2}, \frac{1}{2}\right)$, $\left(\frac{3}{4}, \frac{3}{4}\right)$, $(1,0)$, $\left(\frac{5}{4}, \frac{1}{4}\right)$, $\left(\frac{3}{2}, \frac{1}{2}\right)$, $\left(\frac{7}{4}, \frac{3}{4}\right)$

gegeben. Es sind das komplex und das reelle Fourier-Polynom mit der schnellen Fourier-Transformation zu bestimmen.

Aufgabe 6.10. Die 2π-periodische Funktion

$$f(x) = \begin{cases} \sin(x) & : 0 \leq x < \pi \\ 0 & : \pi \leq x < 2\pi \end{cases} \quad \text{mit } f(x + 2k\pi) = f(x)$$

ist im Periodenintervall durch die acht Knoten

$$(0,0), \ \left(\frac{\pi}{4}, \frac{\sqrt{2}}{2}\right), \ \left(\frac{\pi}{2}, 1\right), \ \left(\frac{3\pi}{4}, \frac{\sqrt{2}}{2}\right), \ (\pi, 0),$$

$$\left(\frac{5\pi}{4}, 0\right), \ \left(\frac{3\pi}{2}, 0\right), \ \left(\frac{7\pi}{4}, 0\right)$$

gegeben. Es sind ebenfalls das komplex und das reelle Fourier-Polynom mit der schnellen Fourier-Transformation zu bestimmen.

Aufgabe 6.11. Für eine $2p$-periodische Funktion $f(x)$ mit $f(x + 2kp) = f(x)$ sind im Periodenintervall $0 \leq x < 2$ die zwölf Knoten

$$(0,1), \ \left(\frac{1}{6}, \frac{5}{6}\right), \ \left(\frac{1}{3}, \frac{2}{3}\right), \ \left(\frac{1}{2}, \frac{1}{2}\right), \ \left(\frac{2}{3}, \frac{1}{3}\right), \ \left(\frac{5}{6}, \frac{1}{6}\right),$$

$$\left(1, \frac{1}{2}\right), \ \left(\frac{7}{6}, \frac{1}{2}\right), \ \left(\frac{4}{3}, \frac{1}{2}\right), \ \left(\frac{3}{2}, -\frac{1}{2}\right), \ \left(\frac{5}{3}, -\frac{1}{2}\right), \ \left(\frac{11}{6}, -\frac{1}{2}\right)$$

vorgegeben. Es sind das komplex und das reelle Fourier-Polynom mit der schnellen Fourier-Transformation zu bestimmen.

Kapitel 7
Numerische Differentiation

7.1 Vorbemerkungen

In diesem Abschnitt werden Formeln zur näherungsweisen Bestimmung der Größe

$$f'(x_0) = \lim_{h \to 0} \frac{f(x_0 + h) - f(x_0)}{h}$$

betrachtet. Die erste Ableitung $f'(x_0)$ gibt bekanntlich den Anstieg der Tangente im Punkt $(x_0, f(x_0))$ an den Funktionsgraphen von f an. Nun könnte man für ein dem Betrag nach kleines $h \neq 0$ den entstehenden Sekantenanstieg als Näherungswert für die Ableitung benutzen. Damit wäre mit

$$f'(x_0) \approx \frac{f(x_0 + h) - f(x_0)}{h}$$

bereits ein erster Lösungsansatz gefunden.

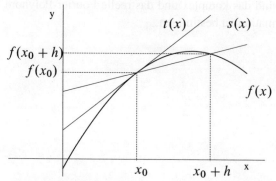

Bild 7.1. Der Anstieg von Tangente und Sekante.

Das Ziel der folgenden Überlegungen ist nicht nur die Konstruktion weiterer Näherungsformeln, sondern auch die Untersuchung der dabei auftretenden Fehler und numerischen Probleme. Dabei wird stets $x_0 \in (a, b)$ vorausgesetzt, wobei die Funktion f in dem Intervall $[a, b]$ die zur Konstruktion der Formeln jeweils nötige Anzahl stetiger Ableitungen besitzen muss. Außerdem müssen alle verwendeten Stützstellen in diesem Intervall $[a, b]$ liegen.

7.2 Numerische Bestimmung von Ableitungen erster Ordnung

Ausgangspunkt sind die Interpolationspolynome und ihre Fehlerformel. Mit dem Interpolationspolynom nach Lagrange durch die beiden Knoten $(x_0, f(x_0))$ und $(x_0 + h, f(x_0 + h))$ und dem zugehörigen Restglied erhält man

$$f(x) = f(x_0)\frac{x - (x_0 + h)}{x_0 - (x_0 + h)} + f(x_0 + h)\frac{x - x_0}{x_0 + h - x_0}$$
$$+ \frac{(x - x_0)(x - (x_0 + h))}{2!} f''(\xi(x))$$
$$= \frac{f(x_0 + h)(x - x_0) - f(x_0)(x - x_0 - h)}{h}$$
$$+ \frac{(x - x_0)(x - x_0 - h)}{2} f''(\xi(x)).$$

Die Ableitung dieser Funktion ergibt

$$f'(x) = \frac{f(x_0 + h) - f(x_0)}{h} + \left(\frac{(x - x_0)(x - x_0 - h)}{2} f''(\xi(x))\right)'$$
$$= \frac{f(x_0 + h) - f(x_0)}{h} + \frac{2(x - x_0) - h}{2} f''(\xi(x))$$
$$+ \frac{(x - x_0)(x - x_0 - h)}{2} \left(f''(\xi(x))\right)',$$

wobei die im letzten Summanden auftretende Ableitung nach der Kettenregel

$$\left(f''(\xi(x))\right)' = f'''(\xi(x))\xi'(x)$$

zu bestimmen ist. Dies ist nicht möglich, denn die Funktion $\xi(x)$ ist unbekannt. Das Problem ist aber zu umgehen, da der problematische Summand an der Stelle $x = x_0$ verschwindet. Für $x = x_0$ erhält man dann die *Zweipunkteformel*

$$f'(x_0) = \frac{f(x_0 + h) - f(x_0)}{h} - \frac{h}{2} f''(\xi) \qquad (7.1)$$

zur Bestimmung von $f'(x_0)$, wobei jetzt auch ein Restglied den Fehler des Verfahrens beschreibt. Dabei ist zu beachten, dass ξ eine von x_0 abhängige Stelle zwischen x_0 und $x_0 + h$ ist, deren genaue Lage man aber nicht kennt. Der Fehler kann daher nicht exakt bestimmt, sondern nur abgeschätzt werden. Dazu ist die Kenntnis einer Schranke für $f''(x)$ auf dem Intervall zwischen x_0 und $x_0 + h$ nötig.

Beispiel 7.1. Die Ableitung der Funktion $f(x) = e^x$ ist bekanntlich $f'(x) = e^x$. Es wird die numerische Bestimmung der Ableitung an der Stelle $x_0 = 1$ mit verschiedenen Schrittweiten h demonstriert. Der exakte Wert ist $f'(1) = e^1 = 2.718281828$.
Die Näherung $\tilde{f}'(x_0)$ wird mit der Zweipunkteformel

$$\tilde{f}'(x_0) = \frac{f(x_0 + h) - f(x_0)}{h}$$

berechnet, wobei in allen Zeilen der Tabelle die Größen

$$x_0 = 1 \quad \text{und} \quad f(x_0) = e^1 = 2.718281828$$

verwendet werden. In den beiden letzten Spalten der Tabelle 7.1 sind zum Vergleich der praktisch in der Rechnung auftretende Fehler und die theoretische Fehlerschranke eingetragen.

Die Schranke für $f''(x)$ kann in diesem Beispiel an der Stelle $x = x_0 + h$ gewonnen werden, denn die nichtnegative Funktion $f''(x) = e^x$ ist nach unten beschränkt und monoton wachsend.

h	$x_0 + h$	$f(x_0 + h)$	$\tilde{f}'(x_0)$	
			$|\tilde{f}'(x_0) - f'(x_0)|$	$\left|\frac{f''(x_0+h)h}{2}\right|$
10^{-1}	1.100000000	3.004166024	2.85884196	
			0.140560132	0.1502083012
10^{-2}	1.010000000	2.745601015	2.73191870	
			0.013636872	0.0137280051
10^{-3}	1.001000000	2.721001470	2.71964200	
			0.001360172	0.0013605007
10^{-4}	1.000100000	2.718553670	2.71842000	
			0.000138172	0.0001359277
10^{-5}	1.000010000	2.718309011	2.71830000	
			0.000018172	0.0000135915
10^{-6}	1.000001000	2.718284547	2.71900000	
			0.000718172	0.0000013591
10^{-7}	1.000000100	2.718282100	2.72000000	
			0.001718172	0.0000001359
10^{-8}	1.000000010	2.718281856	2.80000000	
			0.081718172	0.0000000136
10^{-9}	1.000000001	2.718281831	3.00000000	
			0.281718172	0.0000000014

Tabelle 7.1. Rechenfehler und theoretische Fehlerschranken für Beispiel 7.1.

Abschnitt 7.2 Numerische Bestimmung von ersten Ableitungen

Die theoretische Fehlerschranke des Verfahrens wird hier nur bis $h = 10^{-3}$ erreicht. Bis $h = 10^{-5}$ verbessert sich die Näherung $\tilde{f}'(x_0)$ zwar weiter, ist aber schlechter, als nach der Theorie zu erwarten wäre. Für kleinere Schrittweiten verschlechtert sich die Näherung wieder.

Wie in dem Beispiel deutlich wird, verschlechtert sich das Ergebnis der Näherung bei immer kleineren Schrittweiten ab einem Optimum wieder. Dies ist ein bei der numerischen Differentiation allgemein auftretendes Problem. Der Grund für diese Abweichung vom theoretisch zu erwartenden Verhalten lässt sich speziell in den beiden letzten Zeile der Tabelle bereits erahnen. Die Rechnung erfolgt nur mit einer begrenzten Stellenzahl, so dass bei der Berechnung der Funktionswerte ein Rundungsfehler auftritt, der bei kleiner werdenden Schrittweiten den theoretischen Fehler des Verfahrens immer stärker überlagert. Etwas ausgiebiger wird das Problem im nächsten Abschnitt untersucht.

Bei der Bestimmung einer Näherung für $f'(x_0)$ aus drei Knoten ist es sinnvoll, die drei Stützstellen $x_0 - h$, x_0 und $x_0 + h$ zu wählen. Dadurch gehen in die Bestimmung der Ableitung Informationen über das Verhalten der Funktion beiderseits der interessanten Stelle x_0 ein. Das Lagrange-Polynom und das Restglied lauten dann

$$f(x) = f(x_0 - h)\frac{(x - x_0)(x - (x_0 + h))}{2h^2}$$
$$+ f(x_0)\frac{(x - (x_0 - h))(x - (x_0 + h))}{-h^2}$$
$$+ f(x_0 + h)\frac{(x - (x_0 - h))(x - x_0)}{2h^2}$$
$$+ \frac{(x - (x_0 - h))(x - x_0)(x - (x_0 + h))}{3!} f'''(\xi(x)).$$

Die Ableitung

$$f'(x) = \frac{f(x_0 - h)(2x - 2x_0 - h)}{2h^2} + \frac{f(x_0)(2x - 2x_0)}{-h^2}$$
$$+ \frac{f(x_0 + h)(2x - 2x_0 + h)}{2h^2} + \frac{3(x - x_0)^2 - h^2}{3!} f'''(\xi(x))$$
$$+ \frac{(x - (x_0 - h))(x - x_0)(x - (x_0 + h))}{3!} \big(f'''(\xi(x))\big)'$$

enthält wieder einen Summanden, in dem die Ableitung

$$\big(f'''(\xi(x))\big)' = f''''(\xi(x))\xi'(x)$$

wegen der unbekannten Funktion $\xi(x)$ nicht berechnet werden kann. Auch hier verschwindet dieser Summand aber an der Stelle $x = x_0$. Man erhält

$$f'(x_0) = \frac{f(x_0+h) - f(x_0-h)}{2h} - \frac{h^2}{3!} f'''(\xi). \qquad (7.2)$$

Dabei steht ξ für eine unbekannte Stelle in Intervall (x_0-h, x_0+h). Diese *Dreipunkte-Mittelpunktformel* enthält den Funktionswert $f(x_0)$ nicht mehr, man spart also in diesem Fall auch Rechenaufwand ein.

Beispiel 7.2. Zum Vergleich mit dem vorigen Beispiel 7.1 wird wieder die Ableitung der Funktion $f(x) = e^x$ an der Stelle $x_0 = 1$ mit verschiedenen Schrittweiten h berechnet. Der exakte Wert ist $f'(1) = e^1 = 2.718281828$.

Die Näherung $\tilde{f}'(x_0)$ wird jetzt mit der Dreipunkte-Mittelpunktformel

$$\tilde{f}'(x_0) = \frac{f(x_0+h) - f(x_0-h)}{2h}$$

bestimmt. Die beiden letzten Spalten enthalten auch hier den praktisch auftretenden Fehler und die theoretische Fehlerschranke.

h	$f(x_0 - h)$	$f(x_0 + h)$	$\tilde{f}'(x_0)$	
			$\|\tilde{f}'(x_0) - f'(x_0)\|$	$\left\|\frac{f'''(x_0+h)h^2}{6}\right\|$
10^{-1}	2.459603111	3.004166024	2.722814565	
			0.004532737	0.005006943374
10^{-2}	2.691234472	2.745601015	2.718327150	
			0.000045322	0.000045760017
10^{-3}	2.715564905	2.721001470	2.718282500	
			0.000000672	0.000000453500
10^{-4}	2.718010014	2.718553670	2.718280000	
			0.000001828	0.000000004531
10^{-5}	2.718254646	2.718309011	2.718250000	
			0.000031828	$4.5305 \cdot 10^{-11}$
10^{-6}	2.718279110	2.718284547	2.718500000	
			0.000218172	$4.5305 \cdot 10^{-13}$
10^{-7}	2.718281557	2.718282100	2.715000000	
			0.003281828	$4.5305 \cdot 10^{-15}$
10^{-8}	2.718281801	2.718281856	2.750000000	
			0.031718172	$4.5305 \cdot 10^{-17}$
10^{-9}	2.718281826	2.718281831	2.500000000	
			0.218281828	$4.5305 \cdot 10^{-19}$

Tabelle 7.2. Rechenfehler und theoretische Fehlerschranken für Beispiel 7.2.

Abschnitt 7.2 Numerische Bestimmung von ersten Ableitungen

Im Vergleich mit der Zweipunkteformel erreicht die beste Näherung in diesem Beispiel eine höhere Genauigkeit. Es tritt aber wiederum die typische Verschlechterung bei zu kleinen Schrittweiten auf.

Falls die Stelle x_0 bei einem Randpunkt des Intervalls $[a, b]$ liegt und die Verwendung der Dreipunkte-Mittelpunktformel (7.2) nicht möglich ist, kann man das Interpolationspolynom nach Lagrange mit den drei Stützstellen x_0, $x_0 + h$ und $x_0 + 2h$ verwenden. Aus der Formel für die Funktion $f(x)$

$$f(x) = f(x_0) \frac{(x - x_0 - h)(x - x_0 - 2h)}{2h^2}$$
$$+ f(x_0 + h) \frac{(x - x_0)(x - x_0 - 2h)}{-h^2}$$
$$+ f(x_0 + 2h) \frac{(x - x_0)(x - x_0 - h)}{2h^2}$$
$$+ \frac{(x - x_0)(x - x_0 - h)(x - x_0 - 2h)}{3!} f'''(\xi(x))$$

gewinnt man auf die bereits in zwei Fällen demonstrierte Weise die Dreipunkte-Randpunktformel

$$f'(x_0) = \frac{-3f(x_0) + 4f(x_0 + h) - f(x_0 + 2h)}{2h} + \frac{h^2}{3} f'''(\xi). \qquad (7.3)$$

Die unbekannte Stelle ξ liegt in diesem Fall im Intervall zwischen x_0 und $x_0 + 2h$. Der Fehler ist etwas ungünstiger als bei der Mittelpunktformel.

Die Dreipunkte-Randpunktformel kann ohne Änderung für ein x_0 am rechten Rand des Intervall oder auch am linken Rand des Intervalls verwendet werden. In ersten Fall müssen die anderen Stützstellen kleiner als x_0 sein, das bedeutet es ist ein $h < 0$ zu wählen. Im zweiten Fall benutzt man ein $h > 0$.

Beispiel 7.3. Zum Vergleich mit den vorangegangen Beispielen wird auch die Berechnung von $\tilde{f}'(x_0)$ mit der Randpunktformel

$$\tilde{f}'(x_0) = \frac{-3f(x_0) + 4f(x_0 + h) - f(x_0 + 2h)}{2h}$$

für die Funktion $f(x) = e^x$ demonstriert.

In beiden Tabellen werden außerdem die Größen

$$x_0 = 1 \quad \text{und} \quad f(x_0) = e^1 = 2.718281828$$

benutzt. Zuerst werden negative Schrittweiten verwendet, demnach sind die anderen beiden Stützstellen kleiner als 1.

h	$f(x_0+h)$	$f(x_0+2h)$	$\tilde{f}'(x_0)$ $\|\tilde{f}'(x_0)-f'(x_0)\|$	$\left\|\dfrac{f'''(x_0)h^2}{3}\right\|$
-10^{-1}	2.459603111	2.225540928	2.709869840	
			0.008411988	0.009060939426
-10^{-2}	2.691234472	2.664456242	2.718191800	
			0.000090028	0.000090609394
-10^{-3}	2.715564905	2.712850698	2.718281000	
			0.000000828	0.000000906094
-10^{-4}	2.718010014	2.717738226	2.718250000	
			0.000031828	0.000000009061
-10^{-5}	2.718254646	2.718227463	2.718350000	
			0.000068172	$9.06093 \cdot 10^{-11}$
-10^{-6}	2.718279110	2.718276392	2.718000000	
			0.000281828	$9.06093 \cdot 10^{-13}$
-10^{-7}	2.718281557	2.718281285	2.695000000	
			0.023281828	$9.06093 \cdot 10^{-15}$
-10^{-8}	2.718281801	2.718281774	2.900000000	
			0.181718172	$9.06093 \cdot 10^{-17}$
-10^{-9}	2.718281826	2.718281823	3.500000000	
			0.781718172	$9.06093 \cdot 10^{-19}$

Tabelle 7.3. Rechenfehler und theoretische Fehlerschranken für Beispiel 7.3 bei Verwendung der Dreipunkte-Randpunktformel mit negativen Schrittweiten.

Abschließend wird noch die Dreipunkte-Randpunktformel mit positiven Schrittweiten demonstriert.

Abschnitt 7.2 Numerische Bestimmung von ersten Ableitungen

h	$f(x_0+h)$	$f(x_0+2h)$	$\tilde{f}'(x_0)$ $\|\tilde{f}'(x_0)-f'(x_0)\|$	$\left\|\dfrac{f'''(x_0+2h)h^2}{3}\right\|$
10^{-1}	3.004166024	3.320116923	2.708508465	
			0.009773363	0.01106705641
10^{-2}	2.745601015	2.773194764	2.718190600	
			0.000091228	0.00009243983
10^{-3}	2.721001470	2.723723832	2.718282000	
			0.000000172	0.00000090791
10^{-4}	2.718553670	2.718825539	2.718285000	
			0.000003172	0.00000000907
10^{-5}	2.718309011	2.718336195	2.718050000	
			0.000231828	$9.061121 \cdot 10^{-11}$
10^{-6}	2.718284547	2.718287265	2.720500000	
			0.002218172	$9.060958 \cdot 10^{-13}$
10^{-7}	2.718282100	2.718282372	2.720000000	
			0.001718172	$9.060942 \cdot 10^{-15}$
10^{-8}	2.718281856	2.718281883	2.650000000	
			0.068281828	$9.060940 \cdot 10^{-17}$
10^{-9}	2.718281831	2.718281834	1.000000000	
			1.718281828	$9.060939 \cdot 10^{-19}$

Tabelle 7.4. Rechenfehler und theoretische Fehlerschranken für Beispiel 7.3 bei Verwendung der Dreipunkte-Randpunktformel mit positiven Schrittweiten.

In den Tabellen 7.3 und 7.4 ist wieder zu erkennen, dass zu kleine Schrittweiten das Verfahren ungünstig beeinflussen.

Es können aus den Interpolationspolynomen nach Lagrange weitere n-Punkteformeln gewonnen werden. Beispielhaft werden noch einige mögliche Näherungsvorschriften aufgelistet. Mit den Stützstellen x_0, x_0+h, x_0+2h und x_0+3h erhält man eine *Vierpunkte-Randpunktformel*

$$f'(x_0) = \frac{-11f(x_0) + 16f(x_0+h) - 9f(x_0+2h) + 2f(x_0+3h)}{6h}$$
$$-\frac{h^3}{4}f^{(4)}(\xi) \qquad (7.4)$$

mit $\xi \in (x_0, x_0 + 3h)$. Die Berücksichtigung einer weiteren Stützstelle ergibt die *Fünfpunkte-Randpunktformel*

$$f'(x_0) = \frac{-25f(x_0) + 48f(x_0 + h) - 36f(x_0 + 2h) + 16f(x_0 + 3h)}{12h}$$
$$- \frac{3f(x_0 + 4h)}{12h} + \frac{h^4}{5} f^{(5)}(\xi) \tag{7.5}$$

mit dem unbekannten Parameter $\xi \in (x_0, x_0 + 4)$. Bei Verwendung von fünf Stützstellen zur Berechnung einer Näherung von $f'(x_0)$ kann x_0 auch als mittlere Stützstelle gewählt werden. Dann erhält man die *Fünfpunkte-Mittelpunktformel*

$$f'(x_0) = \frac{f(x_0 - 2h) - 8f(x_0 - h) + 8f(x_0 + h) - f(x_0 + 2h)}{12h} + \frac{h^4}{30} f^{(5)}(\xi)$$

mit der unbekannten Stelle $\xi \in (x_0 - 2h, x_0 + 2h)$.

In diesen n-Punkteformeln ist der Fehler stets $O(h^{n-1})$. Die theoretische Genauigkeit der Formeln verbessert sich also mit $h \to 0$. Es ist aber zu bedenken, dass in der praktischen Anwendung immer die schon mehrfach bemerkte gegenteilige Tendenz beim Rundungsfehler auftritt, der sich mit $h \to 0$ vergrößert. Ein Zugang zur Untersuchung dieser Erscheinung wird im nächsten Abschnitt aufgezeigt.

7.3 Der Rundungsfehler bei der numerischen Differentiation

Der bei der Anwendung der numerischen Differentiationsformeln auftretende Fehler setzt sich aus dem Abbruchfehler des Verfahrens und dem Rundungsfehler bei der Berechnung der Funktionswerte an den Stützstellen zusammen.

Zur genaueren Analyse des Problems wird hier die Zweipunkteformel betrachtet. Dazu wird angenommen, dass anstelle der exakten Funktionswerte $f(x_0)$ und $f(x_0 + h)$ die mit Rundungsfehlern, zum Beispiel durch die endliche Stellenzahl, behafteten Werte $\tilde{f}(x_0)$ und $\tilde{f}(x_0 + h)$ verwendet werden. Die Differenzen zwischen den exakten Werten und den gerundeten Werten sind

$$d(x_0) = f(x_0) - \tilde{f}(x_0) \quad \text{und} \quad d(x_0 + h) = f(x_0 + h) - \tilde{f}(x_0 + h).$$

Die Zweipunkteformel zur numerischen Berechnung der Ableitung hat dann die Form

$$f'(x_0) = \frac{\tilde{f}(x_0 + h) + d(x_0 + h) - \tilde{f}(x_0) - d(x_0)}{h} - \frac{h}{2} f''(\xi(x))$$
$$= \frac{\tilde{f}(x_0 + h) - \tilde{f}(x_0)}{h} + \left(\frac{d(x_0 + h) - d(x_0)}{h} - \frac{h}{2} f''(\xi(x)) \right).$$

Abschnitt 7.3 Rundungsfehler

Der erste Summand ist jetzt die nach der Zweipunkteformel berechnete Näherung der Ableitung, die Klammer beinhaltet den Gesamtfehler der Rechnung. Dabei steht im erster Teil des Fehlerterms, er verkörpert den Anteil des Rundungsfehlers, die Schrittweite h im Nenner. Dieser Anteil wird also bei gleich bleibender Größenordnung der Differenzen $d(x_0)$ und $d(x_0 + h)$ mit sinkendem h wachsen. Im zweiten Teil des Fehlerterms, der den Abbruchfehler angibt, steht die Schrittweite im Zähler. Dieser Anteil verringert sich mit der Schrittweite.

Die günstigste Schrittweite liegt sicher vor, wenn der Gesamtfehler ein Minimum annimmt. Aus der Gleichung

$$f'(x_0) - \frac{\tilde{f}(x_0 + h) - \tilde{f}(x_0)}{h} = \frac{d(x_0 + h) - d(x_0)}{h} - \frac{h}{2} f''(\xi(x))$$

erhält man unter der Annahme, dass die Rundungsfehler $d(x_0)$ und $d(x_0 + h)$ durch eine Zahl ϵ und die Ableitung $f''(x)$ durch eine Zahl M beschränkt sind, die Beziehung

$$\left| f'(x_0) - \frac{\tilde{f}(x_0 + h) - \tilde{f}(x_0)}{h} \right| \leq \frac{2\epsilon}{h} + \frac{Mh}{2}. \qquad (7.6)$$

Diese Formel kann zur Abschätzung der optimalen Schrittweite der Zweipunkteformel verwendet werden.

Beispiel 7.4. Im Beispiel 7.1 wurde die Zweipunkteformel zur Bestimmung der Ableitung der Funktion $f(x) = e^x$ an der Stelle $x_0 = 1$ verwendet. Man kann nun das Optimum der Schrittweite für dieses Problem abschätzen, indem das Minimum des von der Schrittweite abhängigen Gesamtfehlers

$$d(h) = \frac{2\epsilon}{h} + \frac{Mh}{2}$$

bestimmt wird. Die zweite Ableitung der Funktion $f(x) = e^x$ ist die monoton wachsende Funktion $f''(x) = e^x > 0$. Für positive Schrittweiten erhält man deshalb für $f''(x)$ die Schranke

$$M = e^{x_0 + h} = e^{x_0} e^h.$$

Die Funktionswerte wurden bis auf 9 Dezimalen bestimmt, der Rundungsfehler ist dann durch

$$\epsilon = 5 \cdot 10^{-10} = 0.0000000005$$

beschränkt. Für das Problem aus Beispiel 7.1 kann man nun den Gesamtfehler

$$d(h) = \frac{2\epsilon}{h} + \frac{Mh}{2} = \frac{10^{-9}}{h} + \frac{e^{h+1} h}{2}$$

minimieren. Wenn man das Symbol $d'(h)$ hier für eine Ableitung von d nach h verwendet, ist dazu die nichtlineare Gleichung

$$d'(h) = -\frac{10^{-9}}{h^2} + \frac{e^{h+1}(h+1)}{2} = 0$$

zu lösen. Das allgemeine Iterationsverfahren liefert mit

$$h_{n+1} = \sqrt{\frac{2}{10^9 e^{h_n+1}(h_n+1)}}$$

eine Möglichkeit zur Lösung dieser Gleichung. Es wird dabei ein kleiner Startwert, beispielsweise $h_0 = 10^{-3}$, verwendet. Das Ergebnis $h = 2.712414 \cdot 10^{-5}$ stimmt gut mit dem Verhalten im Beispiel 7.1 überein.

Die günstigste Schrittweite hängt natürlich von der Funktion f und von der verwendeten Näherungsformel ab. Die Abschätzung der Schranke M ist dabei selten so einfach wie im Beispiel möglich.

7.4 Numerische Bestimmung von Ableitungen höherer Ordnung

Eine Möglichkeit zur Berechnung von Ableitungen höherer Ordnung ist die mehrfache Differentiation der für Ableitungen erster Ordnung verwendeten Lagrange-Interpolationspolynome.

Aus dem zur Gewinnung der Dreipunkte-Mittelpunktformel verwendeten Interpolationspolynom

$$\begin{aligned} f(x) = &\, f(x_0 - h)\frac{(x - x_0)(x - (x_0 + h))}{2h^2} \\ &+ f(x_0)\frac{(x - (x_0 - h))(x - (x_0 + h))}{-h^2} \\ &+ f(x_0 + h)\frac{(x - (x_0 - h))(x - x_0)}{2h^2} \\ &+ \frac{(x - (x_0 - h))(x - x_0)(x - (x_0 + h))}{3!} f'''(\xi(x)) \end{aligned}$$

und seiner ersten Ableitung

$$\begin{aligned} f'(x) = &\, \frac{f(x_0 - h)(2x - 2x_0 - h)}{2h^2} + \frac{f(x_0)(2x - 2x_0)}{-h^2} \\ &+ \frac{f(x_0 + h)(2x - 2x_0 + h)}{2h^2} + \frac{3(x - x_0)^2 - h^2}{3!} f'''(\xi(x)) \\ &+ \frac{(x - x_0)^3 - h^2(x - x_0)}{3!} \left(f'''(\xi(x))\right)' \end{aligned}$$

gewinnt man die zweite Ableitung

$$f''(x) = \frac{f(x_0 - h)}{h^2} - \frac{2f(x_0)}{h^2} + \frac{f(x_0 + h)}{h^2}$$
$$+ (x - x_0) f'''(\xi(x)) + \frac{3(x - x_0)^2 - h^2}{3!} \left(f'''(\xi(x))\right)'$$
$$+ \frac{3(x - x_0)^2 - h^2}{3!} \left(f'''(\xi(x))\right)'$$
$$+ \frac{(x - x_0)^3 - h^2(x - x_0)}{3!} \left(f'''(\xi(x))\right)''.$$

An der Stelle $x = x_0$ wird daraus

$$f''(x_0) = \frac{f(x_0 + h) - 2f(x_0) + f(x_0 - h)}{h^2} - \frac{h^2}{3} \left(f'''(\xi(x))\right)'. \qquad (7.7)$$

Man erhält dann

$$\tilde{f}''(x_0) = \frac{f(x_0 + h) - 2f(x_0) + f(x_0 - h)}{h^2} \qquad (7.8)$$

zur Bestimmung einer Näherung für die zweite Ableitung. Der Fehlerterm enthält die nicht direkt zugängige Ableitung

$$\left(f'''(\xi(x))\right)' = f''''(\xi(x))\xi'(x).$$

Daher wird in diesem Fall auf die Untersuchung des Fehlers verzichtet.

7.5 Aufgaben

Aufgabe 7.1. Leiten Sie die Formeln (7.3), (7.4), (7.5) und (7.2) her.

Aufgabe 7.2. Für ein Modellfahrzeug wurden die nach unterschiedlichen Zeiten zurückgelegten Strecken gemessen. Dabei erhielt man folgende Daten:

t_i in s	0	1	2	3	4	5	6	7	8	9	10
s_i in cm	0	10	18	24	35	45	56	68	76	84	90

Bestimmen Sie, soweit dies möglich ist, für die einzelnen Zeitpunkte Näherungen für

a) die Geschwindigkeit mit der Zweipunkteformel,

b) die Geschwindigkeit mit der Dreipunkte-Mittelpunktformel,

c) die Geschwindigkeit mit der Dreipunkte-Randpunktformel und

d) die Beschleunigung mit der Formel für die zweite Ableitung.

Aufgabe 7.3. Gegeben sind die Stellen $x_k = 0.3k$ mit $k = 0, 1, 2, \ldots, 10$.

Bestimmen Sie für die Funktion $y(x) = \sin x$ in diesen Stellen die exakten Werte der ersten und zweiten Ableitung. Berechnen Sie, falls möglich, Näherungen für diese Ableitungen mit der Dreipunkte-Mittelpunktformel der ersten Ableitung und der Formel für die zweite Ableitung. Vergleichen Sie die Fehler bei der näherungsweisen Bestimmung der ersten und zweiten Ableitung.

Aufgabe 7.4. Berechnen Sie Näherungen für die erste Ableitung der Funktion $y = xe^x$ an der Stelle $x_0 = 2$ mit der Dreipunkte-Mittelpunktformel und den Schrittweiten $h_k = 10^{-k}$ ($k = 1, 2, \ldots, 8$) und bestimmen Sie zu jeder Schrittweite den Fehler.

Bestimmen Sie die optimale Schrittweite und vergleichen Sie Ihr Ergebnis mit dem ersten Teil der Aufgabe.

Kapitel 8

Numerische Integrationsmethoden

8.1 Aufgabenstellung

Eine häufige Anforderung besteht in der Berechnung des Wertes eines bestimmten Integrals

$$I = \int_a^b f(x)\,dx \quad (a < b). \tag{8.1}$$

Lässt sich zu $f(x)$ im Intervall $a \leq x \leq b$ eine Stammfunktion $F(x)$ finden, so gilt

$$I = \int_a^b f(x)\,dx = F(b) - F(a). \tag{8.2}$$

Kann eine Stammfunktion nicht angegeben werden oder ist $f(x)$ diskret vorgegeben, so muss die Berechnung des bestimmten Integrals I numerisch vorgenommen werden.

Es existieren zahlreiche numerische Integrationsverfahren. Hier sollen einige einfache und praktisch übersichtlich handhabbare Verfahren behandelt werden. Dabei wird vorausgesetzt, dass das Integrationsintervall $[a,b]$ endlich ist und der Integrand $f(x)$ auf dem Integrationsintervall stetig und nichtnegativ ist.

Falls die letzte Bedingung nicht erfüllt ist, beispielsweise $f(x)$ in $[a,b]$ das Vorzeichen wechselt, so kann durch Zerlegung des Integrationsintervalls in entsprechende Teilintervall $[a_k, b_k = a_{k+1}]$ ($k = 1, 2, \ldots, n$, $a_1 = a$, $b_n = b$) sowie Transformation von $f(x)$ zu $f_k(x)$ in $[a_k, b_k]$ stets

$$I = \int_a^b f(x)\,dx$$
$$= \int_{a_1=a}^{b_1=a_2} f_1(x)\,dx + \int_{a_2}^{b_2=a_3} f_2(x)\,dx + \cdots + \int_{a_n}^{b_n=b} f_n(x)\,dx$$
$$= I_1 + I_2 + \cdots + I_n$$

gebildet werden, wobei die I_k obigen Bedingungen erfüllen.

8.2 Trapezformel

8.2.1 Herleitung

Zu berechnen ist das bestimmte Integral

$$I = \int_a^b f(x)\, dx\,. \tag{8.3}$$

Das Integrationsintervall $[a, b]$ wird in n Teilintervalle gleicher Länge h zerlegt.

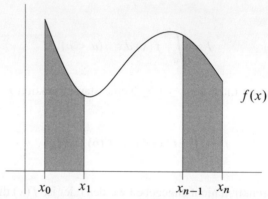

Bild 8.1. Einteilung des Integrationsintervalls in Teilbereiche bei der Benutzung der Trapezformel.

Dabei heißt h *Schrittweite* und ergibt sich zu $h = (b - a)/n$. Die Randstellen der Teilintervalle sind

$$x_0 = a < x_1 < x_2 < \cdots < x_{n-1} < x_n = b\,, \quad x_{i-1} - x_i = h\,. \tag{8.4}$$

Diese Stellen ergeben sich zu $x_k = x_0 + k \cdot h = a + k \cdot h$ $(k = 0, 1, \ldots, n)$.

Die Stellen x_k heißen *Stützstellen*. Die zugehörigen Funktionswerte (*Stützwerte*) sind

$$y_k = f(x_k) = f(x_0 + k \cdot h) = f(a + k \cdot h) \quad (k = 0, 1, 2, \ldots, n)\,. \tag{8.5}$$

Wir betrachten einen einzelnen aus den n Streifen, der von den Stützstellen x_k und x_{k+1} mit den zugehörigen Stützwerte $y_k = f(x_k)$ und $y_{k+1} = f(x_{k+1})$ begrenzt wird. Bei der Integralberechnung ist der Wert des bestimmten Integrals gleich dem Inhalt der Fläche zwischen dem Kurvenbogen $y = f(x)$ und der x-Achse in diesem Streifen. Diese Fläche – in Bild 8.2 durch das dunkle Gebiet kenntlich gemacht – entspricht dem Integralanteil des Gesamtintegralwertes im Intervall $[x_k, x_{k+1}]$.

Abschnitt 8.2 Trapezformel

Die wesentliche Annahme des Trapezverfahrens besteht darin:
Der Bogen $y = f(x)$ wird durch die Sehne durch die Punkte (x_k, y_k) und (x_{k+1}, y_{k+1}) ersetzt.

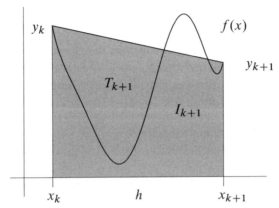

Bild 8.2. Herausstellung eines Integrationsteilintervalls bei der Benutzung der Trapezformel.

Die Fläche unterhalb des Bogens $y = f(x)$ im Teilstreifen wird durch die Fläche des entstehenden Trapezes (dunkle Fläche) angenähert. Sie sei mit T_{k+1} bezeichnet. Die Fläche bestimmt sich zu

$$T_{k+1} = \frac{y_k + y_{k+1}}{2} h \quad (k = 0, 1, 2, \ldots, n-1). \tag{8.6}$$

Das gesamte Integral I kann zerlegt werden in

$$\int_a^b f(x)\,dx = \int_{x_0}^{x_1} f(x)\,dx + \int_{x_1}^{x_2} f(x)\,dx + \cdots + \int_{x_{n-1}}^{x_n} f(x)\,dx$$
$$= I_1 + I_2 + \cdots + I_n. \tag{8.7}$$

In jedem Streifen wird die wirkliche Fläche durch die Trapezfläche ersetzt. Das ergibt

$$\int_a^b f(x)\,dx \approx T^h = T_1 + T_2 + \cdots + T_n$$
$$= \frac{y_0 + y_1}{2} \cdot h + \frac{y_1 + y_2}{2} \cdot h + \cdots + \frac{y_{n-1} + y_n}{2} \cdot h$$
$$= \frac{h}{2}[y_0 + 2y_1 + 2y_2 + \cdots + 2y_{n-1} + y_n]. \tag{8.8}$$

Damit folgt als *Trapezformel*

$$\int_a^b f(x)\,dx \approx T^h = \frac{h}{2}\Big[f(a) + 2f(a+h) + \cdots$$
$$+ 2f\big(a+(n-1)h\big) + f(a+nh)\Big]. \qquad (8.9)$$

Für große n, also feine Streifenzerlegungen ist die Gesamtfläche aller Trapeze eine gute Näherung für die Fläche unter der Kurve $y = f(x)$ im Intervall $a \le x \le b$.

Zu einer genaueren Bewertung gehört eine Abschätzung des bei der Näherung auftretenden Fehlers. Dieser wird im Abschnitt 8.4 ausführlicher untersucht.

Beispiel 8.1. Es ist das bestimmte Integral $I = \int_0^1 e^{x^2}\,dx$ mit der Trapezregel zu berechnen, wobei das Integrationsintervall zunächst in 5 und anschließend in 10 Streifen zerlegt werden soll.

Zerlegung in fünf Teilintervalle: $n = 5$, $h = (1-0)/5 = 0.2$

k	x_k	y_k	y_k	k	x_k	y_k	y_k
0	0.0	1.0000		3	0.6		0.6977
1	0.2		0.9608	4	0.8		0.5273
2	0.4		0.8521	5	1.0	0.3679	
						1.3679	3.0379

$$I \approx T^{0.2} = \frac{0.2}{2}[1.3679 + 2 \cdot 3.0379] = 0.7444$$

Zerlegung in zehn Teilintervalle: $n = 10$, $h = (1-0)/10 = 0.1$

k	x_k	y_k	y_k	k	x_k	y_k	y_k
0	0.0	1.0000		5	0.5		0.7788
1	0.1		0.9900	6	0.6		0.6977
2	0.2		0.9608	7	0.7		0.6126
3	0.3		0.9139	8	0.8		0.5273
4	0.4		0.8521	9	0.9		0.4449
				10	1.0	0.3679	
						1.3679	6.7781

$$I \approx T^{0.1} = \frac{0.1}{2}[1.3679 + 2 \cdot 6.7781] = 0.7462\,.$$

Der exakte Wert ist $I_{ex} = 0.746824$.

8.2.2 Abbruchbedingung bei der Trapezformel

Zur Berechnung einer ausreichenden Näherung für den Integralwert I ist eine Genauigkeitsschranke ϵ vorgegeben. Die Berechnung sei mit einer Schrittweite $h =$

Abschnitt 8.2 Trapezformel

$(b-a)/n$ ausgeführt worden. Es hat sich dabei der Näherungswert T^h ergeben. In einem folgenden Schritt wird das gleiche Integral mit der neuen Schrittweite $h_1 = h/2$ ausgewertet. Der neue Näherungswert ist $T^{\frac{h}{2}}$. Falls

$$|T^h - T^{\frac{h}{2}}| < \epsilon \tag{8.10}$$

erfüllt ist, kann die Berechnung beendet und $I \approx T^{\frac{h}{2}}$ als ausreichender Näherungswert angesehen werden. Falls

$$|T^h - T^{\frac{h}{2}}| \geq \epsilon \tag{8.11}$$

gilt, wird die neue Schrittweite h_1 abermals halbiert und der Näherungswert $T^{\frac{h}{4}}$ bestimmt. Es erfolgt wie oben ausgeführt ein erneuter Vergleich der aufeinander folgenden Näherungswerte. Dabei ist anzumerken, dass die als Abbruchschranke benutzte Genauigkeitsschranke ϵ nicht mit der Schranke bei der Abschätzung des Fehlers übereinstimmen muss.

Beispiel 8.2. Das Integral

$$I = \int_{0.5}^{2.5} \frac{dx}{x} = \ln x \,\big|_{0.5}^{2.5} = 1.60944$$

soll näherungsweise mit der Trapezregel berechnet werden, wobei die Abbruchschranke $\epsilon = 5 \cdot 10^{-3}$ einzuhalten ist. Das Verfahren beginnt mit der Zerlegung der Fläche in einen und anschließend in zwei Streifen.

Ein Streifen: $n = 1, h_0 = 2$

k	x_k	y_k
0	0.5	2.0
1	2.5	0.4
		2.4

$$T^{h_0} = \frac{2}{2}[2.4] = 2.4$$

Zerlegung in zwei Streifen: $n = 2, h_1 = 1$

k	x_k	y_k	y_k
0	0.5	2.00000	
1	1.5		0.66667
2	2.5	0.40000	
		2.40000	0.66667

$$T^{h_1} = \frac{1}{2}[2.40000 + 2 \cdot 0.66667] = 1.86667.$$

Wegen $|T^{h_1} - T^{h_0}| = 5.3333 \cdot 10^{-1} > \epsilon$ ist die Abbruchschranke noch nicht erreicht. Das Verfahren ist fortzusetzen.

Zerlegung in vier Streifen: $n = 4$, $h_2 = 0.5$

k	x_k	y_k	y_k	k	x_k	y_k	y_k
0	0.5	2.00000		2	1.5		0.66667
1	1.0		1.00000	3	2.0		0.50000
				4	2.5	0.40000	
						2.40000	2.16667

$$T^{h_2} = \frac{0.5}{2} [2.40000 + 2 \cdot 2.16667] = 1.68334$$

$|T^{h_2} - T^{h_1}| = 1.8333 \cdot 10^{-1} > \epsilon$

Zerlegung in acht Streifen: $n = 8$, $h_3 = 0.25$

$$T^{h_3} = \frac{0.25}{2} [2.40000 + 2 \cdot 5.31587] = 1.62897$$

$|T^{h_3} - T^{h_2}| = 5.437 \cdot 10^{-2} > \epsilon$

Zerlegung in sechzehn Streifen: $n = 16$, $h_4 = 0.125$

$$T^{h_4} = \frac{0.125}{2} [2.40000 + 2 \cdot 11.71524] = 1.61441$$

$|T^{h_4} - T^{h_3}| = 1.456 \cdot 10^{-2} > \epsilon$

Zerlegung in zweiunddreißig Streifen: $n = 32$, $h_5 = 0.0625$

k	x_k	y_k	y_k	k	x_k	y_k	y_k
0	0.5000	2.00000		16	1.5000		0.66667
1	0.5625		1.77778	17	1.5625		0.64000
2	0.6250		1.60000	18	1.6250		0.61538
3	0.6875		1.45455	19	1.6875		0.59259
4	0.7500		1.33333	20	1.7500		0.57143
5	0.8125		1.23077	21	1.8125		0.55172
6	0.8750		1.14286	22	1.8750		0.53333
7	0.9375		1.06667	23	1.9375		0.51613
8	1.0000		1.00000	24	2.0000		0.50000
9	1.0625		0.94118	25	2.0625		0.48485
10	1.1250		0.88889	26	2.1250		0.47059
11	1.1875		0.84211	27	2.1875		0.45714
12	1.2500		0.80000	28	2.2500		0.44444
13	1.3125		0.76190	29	2.3125		0.43243
14	1.3750		0.72727	30	2.3750		0.42105
15	1.4375		0.69565	31	2.4375		0.41026
				32	2.5000	0.40000	
						2.40000	24.57097

$$T^{h_5} = \frac{0.0625}{2}[2.40000 + 2 \cdot 24.57097] = 1.61069$$

$$|T^{h_5} - T^{h_4}| = 0.00372 = 3.72 \cdot 10^{-3} < \epsilon.$$

Das Verfahren ist beendet. Ergebnis: $I \approx T^{h_5} = 1.61069$.

8.3 Simpsonsche Formel

8.3.1 Herleitung

Trapezformeln konvergieren langsam, da die Ersetzung der Kurvenstücke durch Sehnen zu grob ist. Eine Verbesserung ist zu erwarten, wenn das Kurvenstück durch eine Parabel approximiert wird. Eine quadratische Parabel wird durch drei Knoten bestimmt, sie überspannt also jeweils zwei Streifen. Dieses Verfahren setzt daher eine Zerlegung in Doppelstreifen und damit eine gerade Streifenanzahl voraus.

Es wird eine Zerlegung des Intervalls $[a, b]$ in $2n$ Teilintervalle von gleicher Länge vorgenommen. Die Schrittweite h ist $h = (b - a)/2n$.

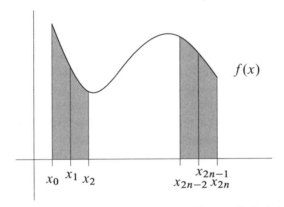

Bild 8.3. Einteilung des Integrationsintervalls in Teilintervalle bei der Benutzung der Simpsonschen Formel.

Es ergeben sich die $2n + 1$ Stützstellen

$$a = x_0 < x_1 < x_2 < \cdots < x_{2n-2} < x_{2n-1} < x_{2n} = b \tag{8.12}$$

mit

$$x_k = x_0 + k \cdot h = a + k \cdot h \quad (k = 0, 1, 2, \ldots, 2n). \tag{8.13}$$

Die zugehörigen Stützwerte sind

$$y_k = f(x_k) = f(x_0 + k \cdot h) = f(a + k \cdot h) \quad (k = 0, 1, 2, \ldots, 2n). \tag{8.14}$$

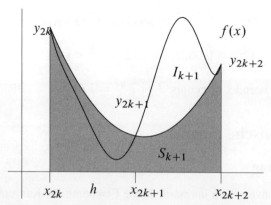

Bild 8.4. Herausstellung eines Doppelstreifens bei der Benutzung der Simpsonschen Formel.

Im Bild 8.4 betrachten wir einen beliebig heraus gegriffenen Doppelstreifen $[x_{2k}, x_{2k+2}]$.

Unter der krummlinigen Kurve $y = f(x)$ liegt im Intervall $[x_{2k}, x_{2k+2}]$ der Flächeninhalt I_{k+1} (s. Bild 8.4). Die Kurve $y = f(x)$ wird nun im Intervall $[x_{2k}, x_{2k+2}]$ durch eine quadratische Parabel so ersetzt, dass die Kurve und die Parabel in den Punkten (x_{2k}, y_{2k}), (x_{2k+1}, y_{2k+1}), (x_{2k+2}, y_{2k+2}) zusammenfallen. Der Flächeninhalt unterhalb der Parabel ist S_{k+1}. Dieser Flächeninhalt wird näherungsweise für den exakten Flächeninhalt genommen.

Die quadratische Parabel ist ein Interpolationspolynom zur Funktion $y = f(x)$ mit den Stützstellen x_{2k}, x_{2k+1} und x_{2k+2}. Das Interpolationspolynom mit äquidistanten Stützstellen lautet in der Newtonschen Form nach (6.16)

$$p_2(x) = \frac{\Delta^0 y_{2k}}{0! \, h^0} + \frac{\Delta^1 y_{2k}}{1! \, h^1}(x - x_{2k}) + \frac{\Delta^2 y_{2k}}{2! \, h^2}(x - x_{2k})(x - x_{2k+1})$$

$$= y_{2k} + \frac{y_{2k+1} - y_{2k}}{h}(x - x_{2k})$$

$$+ \frac{y_{2k+2} - 2y_{2k+1} + y_{2k}}{2h^2}(x - x_{2k})(x - x_{2k+1}).$$

Unter Berücksichtigung von $x_{2k+1} = x_{2k} + h$ erhält man daraus

$$p_2(x) = y_{2k} + \frac{y_{2k+1} - y_{2k}}{h}(x - x_{2k})$$

$$+ \frac{y_{2k+2} - 2y_{2k+1} + y_{2k}}{2h^2}(x - x_{2k})(x - x_{2k} - h)$$

$$= y_{2k} + \left(\frac{y_{2k+1} - y_{2k}}{h} - \frac{y_{2k+2} - 2y_{2k+1} + y_{2k}}{2h}\right)(x - x_{2k})$$

$$+ \frac{y_{2k+2} - 2y_{2k+1} + y_{2k}}{2h^2}(x - x_{2k})^2.$$

Abschnitt 8.3 Simpsonsche Formel

Durch Integration des Polynoms ergibt sich für den Flächeninhalt S_{k+1}

$$S_{k+1} = \int_{x_{2k}}^{x_{2k+2}} p_2(x)\,dx$$

$$= y_{2k} \int_{x_{2k}}^{x_{2k+2}} dx$$

$$+ \left(\frac{y_{2k+1} - y_{2k}}{h} - \frac{y_{2k+2} - 2y_{2k+1} + y_{2k}}{2h}\right) \int_{x_{2k}}^{x_{2k+2}} (x - x_{2k})\,dx$$

$$+ \frac{y_{2k+2} - 2y_{2k+1} + y_{2k}}{2h^2} \int_{x_{2k}}^{x_{2k+2}} (x - x_{2k})^2\,dx$$

$$= y_{2k} [x]_{x_{2k}}^{x_{2k}+2h}$$

$$+ \left(\frac{y_{2k+1} - y_{2k}}{h} - \frac{y_{2k+2} - 2y_{2k+1} + y_{2k}}{2h}\right) \frac{1}{2}[(x - x_{2k})^2]_{x_{2k}}^{x_{2k}+2h}$$

$$+ \frac{y_{2k+2} - 2y_{2k+1} + y_{2k}}{2h^2} \frac{1}{3}[(x - x_{2k})^3]_{x_{2k}}^{x_{2k}+2h}$$

$$= 2hy_{2k} + \left(\frac{y_{2k+1} - y_{2k}}{h} - \frac{y_{2k+2} - 2y_{2k+1} + y_{2k}}{2h}\right) \frac{1}{2} 4h^2$$

$$+ \frac{y_{2k+2} - 2y_{2k+1} + y_{2k}}{2h^2} \frac{1}{3} 8h^3$$

$$= h\left(-y_{2k+2} + 4y_{2k+1} - y_{2k} + \frac{4}{3}(y_{2k+2} - 2y_{2k+1} + y_{2k})\right).$$

Dies kann noch zu

$$S_{k+1} = \frac{h}{3}[y_{2k} + 4y_{2k+1} + y_{2k+2}] \quad (k = 0, 1, \ldots, n - 1) \tag{8.15}$$

vereinfacht werden. Für das Integral I über das gesamte Intervall $[a, b]$

$$I = \int_a^b f(x)\,dx = \int_{x_0}^{x_2} f(x)\,dx + \int_{x_2}^{x_4} f(x)\,dx + \cdots + \int_{x_{2n-2}}^{x_{2n}} f(x)\,dx$$

$$= I_1 + I_2 + \cdots + I_n \tag{8.16}$$

erhält man als Näherung

$$I \approx S^h = S_1 + S_2 + \cdots + S_n.$$

S^h bestimmt sich zu

$$S^h = \frac{h}{3}[y_0 + 4y_1 + y_2 + y_2 + 4y_3 + y_4 + \cdots + y_{2n-2} + y_{2n-1} + y_{2n}]$$

bzw.

$$S^h = \frac{h}{3}[(y_0 + y_{2n}) + 4(y_1 + y_3 + \cdots + y_{2n-1})$$
$$+ 2(y_2 + y_4 + \cdots + y_{2n-2})]. \qquad (8.17)$$

Dieser Ausdruck wird als *Simpsonsche Formel* bezeichnet.

Beispiel 8.3. Das bestimmte Integral $I = \int_0^1 e^{x^2}\, dx$ ist näherungsweise mittels der Simpson-Formel mit fünf Doppelstreifen (das heißt $2n = 10$ und $h = 0.1$) zu berechnen.

k	x_k	y_k		
0	0.0	1.00000		
1	0.1		0.99005	
2	0.2			0.96079
3	0.3		0.91393	
4	0.4			0.85214
5	0.5		0.77880	
6	0.6			0.69768
7	0.7		0.61263	
8	0.8			0.52729
9	0.9		0.44486	
10	1.0	0.36788		
		1.36788	3.74027	3.03790

$$I \approx S^{0.1} = \frac{0.1}{3}[1.36788 + 4 \cdot 3.74027 + 2 \cdot 3.03790] = 0.74683.$$

Der exakte Wert ist $I_{ex} = 0.746824$. Die Trapezformel ergab im Beispiel 8.1 mit $n = 10$ und $h = 0.1$ den Näherungswert $T = 0.7462$.

Durch eine zusätzliche Stützstelle $x_{2k_d} = x_{2k} + d$ $(0 < d < 2h)$ aus dem Intervall $[x_{2k}, x_{2k+2}]$ wird ein kubisches Polynom für die Funktion $y = f(x)$ gebildet. Dieses Polynom lautet

$$p_3(x) = p_2(x) + \frac{\Delta^3 y_{2k}}{3!\, h^3}(x - x_{2k})(x - x_{2k+1})(x - x_{2k+2})$$

$$= p_2(x) + \frac{\Delta^3 y_{2k}}{3!\, h^3}(x - x_{2k})(x - x_{2k} - h)(x - x_{2k} - 2h).$$

Zur näherungsweisen Berechnung der Fläche unter dieser kubischen Funktion braucht man nur noch den letzten Summanden von $p_3(x)$ zu integrieren, denn die Integration von $p_2(x)$ ergibt die Simpson-Formel. Die Integration dieses Summanden führt zu:

$$\int_{x_{2k}}^{x_{2k}+2} \frac{\Delta^3 y_{2k}}{3! \, h^3}(x - x_{2k})(x - x_{2k} - h)(x - x_{2k} - 2h) \, dx$$

$$= \frac{\Delta^3 y_{2k}}{3! \, h^3} \int_{x_{2k}}^{x_{2k}+2} \left((x - x_{2k})^3 - 3h(x - x_{2k})^2 + 2h^2(x - x_{2k})\right) dx$$

$$= \frac{\Delta^3 y_{2k}}{3! \, h^3} \left[\frac{(x - x_{2k})^4}{4} - \frac{3h(x - x_{2k})^3}{3} + \frac{2h^2(x - x_{2k})^2}{2} \right]_{x_{2k}}^{x_{2k}+2h}$$

$$= \frac{\Delta^3 y_{2k}}{3! \, h^3} \left[\frac{16h^4}{4} - \frac{3h \cdot 8h^3}{3} + \frac{2h^2 \cdot 4h^2}{2} \right] = 0.$$

Die Ersetzung der Funktion $y = f(x)$ durch ein kubisches Polynom mit den Stützstellen $x_{2k}, x_{2k+1}, x_{2k+2}$ und einer beliebigen weiteren Stützstelle x_{2k_d} führt also bei der Integration ebenfalls zur Simpson-Formel. Das bedeutet, dass die Simpson-Formel bei der bestimmten Integration von Polynomen bis einschließlich dritten Grades unabhängig von der Anzahl der verwendeten Doppelstreifen immer den exakten Wert liefert.

Beispiel 8.4. Gesucht ist der Wert des bestimmten Integrals $I = \int_0^4 (x^3 - 2x + 1) \, dx$. Die exakte Integration führt zu

$$I = \int_0^4 (x^3 - 2x + 1) \, dx = \left[\frac{x^4}{4} - x^2 + x \right]_0^4 = 64 - 16 + 4 = 52.$$

Die Simpson-Formel mit einem Doppelstreifen (das heißt $2n = 2$ und $h = 2$) liefert mit

$$I = \int_0^4 (x^3 - 2x + 1) \, dx = \frac{2}{3}\left(y(0) + 4y(2) + y(4)\right)$$

$$= \frac{2}{3}(1 + 4(2^3 - 2 \cdot 2 + 1) + 4^3 - 2 \cdot 4 + 1) = \frac{2}{3}(1 + 20 + 57) = 52$$

bereits das gleiche Ergebnis.

8.3.2 Abbruchbedingung bei der Simpsonschen Formel

Die Abbruchbedingung bei der Simpsonschen Formel ist äquivalent zu der bei der Trapezformel. Es ist die Genauigkeitsschranke ϵ vorzugeben.

Wenn die Berechnung mit der Schrittweite $h = \frac{b-a}{2n}$ zu der Näherung S^h und die Berechnung mit der halbierten Schrittweite $h_1 = \frac{h}{2}$ zu der Näherung $S^{\frac{h}{2}}$ geführt haben, kann die Berechnung beendet werden, wenn

$$|S^h - S^{\frac{h}{2}}| < \epsilon \qquad (8.18)$$

gilt. Es ist $S^{\frac{h}{2}}$ ein ausreichender Näherungswert: $I \approx S^{\frac{h}{2}}$. Ansonsten ist die Schrittweite weiter zu halbieren und eine neue Näherung zu bestimmen.

Beispiel 8.5. Es ist eine Näherung für $I = \int_{0.5}^{2.5} \frac{dx}{x}$ mit der Schranke $\epsilon = 5 \cdot 10^{-3}$ zu bestimmen.

Ein Doppelstreifen: $h_0 = 1, 2n = 2$

k	x_k	y_k	y_k
0	0.5	2.00000	
1	1.5		0.66667
2	2.5	0.40000	
		2.40000	0.66667

$$S^{h_0} = \frac{1}{3}[2.40000 + 4 \cdot 0.66667] = 1.68889$$

Zerlegung in zwei Doppelstreifen: $h_1 = 0.5, 2n = 4$

k	x_k	y_k		
0	0.5	2.00000		
1	1.0		1.00000	
2	1.5			0.66667
3	2.0		0.50000	
4	2.5	0.40000		
		2.40000	1.50000	0.66667

$$S^{h_1} = \frac{0.5}{3}[2.40000 + 4 \cdot 1.50000 + 2 \cdot 0.66667] = 1.62222$$

$$|S^{h_1} - S^{h_0}| = 0.06667 = 6.667 \cdot 10^{-2} > \epsilon$$

Zerlegung in vier Doppelstreifen: $h_2 = 0.25, 2n = 8$

k	x_k	y_k		
0	0.50	2.00000		
1	0.75		1.33333	
2	1.00			1.00000
3	1.25		0.80000	
4	1.50			0.66667
5	1.75		0.57143	
6	2.00			0.50000
7	2.25		0.44444	
8	2.50	0.40000		
		2.40000	3.14920	2.16667

Abschnitt 8.3 Simpsonsche Formel

$$S^{h_2} = \frac{0.25}{3}[2.40000 + 4 \cdot 3.14920 + 2 \cdot 2.16667] = 1.61085$$

$$|S^{h_2} - S^{h_1}| = 0.01137 = 1.137 \cdot 10^{-2} > \epsilon$$

Zerlegung in acht Doppelstreifen: $h_3 = 0.125$, $2n = 16$

k	x_k	y_k		
0	0.500	2.00000		
1	0.625		1.60000	
2	0.750			1.33333
3	0.875		1.14286	
4	1.000			1.00000
5	1.125		0.88889	
6	1.250			0.80000
7	1.375		0.72727	
8	1.500			0.66667
9	1.625		0.61538	
10	1.750			0.57143
11	1.875		0.53333	
12	2.000			0.50000
13	2.125		0.47059	
14	2.250			0.44444
15	2.375		0.42105	
16	2.500	0.40000		
		2.40000	6.39937	5.31587

$$S^{h_3} = \frac{0.125}{3}[2.40000 + 4 \cdot 6.39937 + 2 \cdot 5.31587] = 1.60955$$

$$|S^{h_3} - S^{h_2}| = 0.00130 = 1.3 \cdot 10^{-3} < \epsilon$$

Hinreichender Näherungswert: $I \approx S^{h_3} = 1.60955$.

Beispiel 8.6. Es ist das bestimmte Integral $I = \int_0^1 e^{-e^{-x}}\,dx$ mit der Schranke $\epsilon = 10^{-4}$ zu berechnen.

Ein Doppelstreifen: $h_0 = 0.5$, $2n = 2$

k	x_k	y_k	y_k
0	0.0	0.36788	
1	0.5		0.54524
2	1.0	0.69220	
		1.06008	0.54524

$$S^{h_0} = \frac{0.5}{3}[1.06008 + 4 \cdot 0.54524] = 0.54017$$

Zerlegung in zwei Doppelstreifen: $h_1 = 0.25, 2n = 4$

k	x_k	y_k		
0	0.00	0.36788		
1	0.25		0.45896	
2	0.50			0.54524
3	0.75		0.62352	
4	1.00	0.69220		
		1.06008	1.08248	0.54524

$$S^{h_1} = \frac{0.25}{3} [1.06008 + 4 \cdot 1.08248 + 2 \cdot 0.54524] = 0.54004$$

$$|S^{h_1} - S^{h_0}| = 0.00013 = 1.3 \cdot 10^{-4} > \epsilon$$

Zerlegung in vier Doppelstreifen: $h_2 = 0.125, 2n = 8$

k	x_k	y_k		
0	0.000	0.36788		
1	0.125		0.41375	
2	0.250			0.45896
3	0.375		0.50294	
4	0.500			0.54524
5	0.625		0.58552	
6	0.750			0.62352
7	0.875		0.65911	
8	1.000	0.69220		
		1.06008	2.16132	1.62772

$$S^{h_2} = \frac{0.125}{3} [1.06008 + 4 \cdot 2.16132 + 2 \cdot 2.16772] = 0.54003$$

$$|S^{h_2} - S^{h_1}| = 0.00001 = 10^{-5} < \epsilon$$

Hinreichende Näherung: $I \approx S^{h_2} = 0.54003$.

8.4 Fehlerabschätzungen

Im Abschnitt 8.3.1 wurde die Simpson-Formel hergeleitet, indem die zu integrierende Funktion $y = f(x)$ durch ein Interpolationspolynom ersetzt worden ist. Die Herleitung der Trapezregel im Abschnitt 8.2.1 erfolgte zwar mit Hilfe der elementaren Trapezflächenformel, die Regel kann aber auch mit einer Ersetzung des Integranden durch ein Interpolationspolynom hergeleitet werden. Die Verwendung von Interpolationspolynomen ist damit ein allgemeiner Weg zur Herleitung der bisher diskutierten

Abschnitt 8.4 Fehlerabschätzungen

Quadraturformeln. Der Fehler bei der Ersetzung einer Funktion $f(x)$ durch ein Interpolationspolynom $P_n(x)$ vom Grad n kann nach Formel (6.9) durch ein Restglied

$$R_n(x) = \frac{f^{(n+1)}(\xi(x))}{(n+1)!}(x-x_0)(x-x_1)\cdots(x-x_n)$$

beschrieben werden. Die Integration dieses Restgliedes liefert daher einen Weg zur Bestimmung von Fehlerformeln für Quadraturmethoden. Es wird die Fehlerabschätzung für die Simpsonsche Formel ausführlich dargestellt.

Der Grundgedanke der Simpson-Formel ist die Ersetzung des Integranden durch ein quadratisches Interpolationspolynom mit den Stützstellen x_{2k}, x_{2k+1} und x_{2k+2}. Wie im Abschnitt 8.3.1 demonstriert wurde, führt ein kubisches Interpolationspolynom $p_3(x)$ mit einer zusätzlichen beliebigen Stützstelle x_{2k_d} aus dem Intervall $[x_{2k}, x_{2k+2}]$ ebenfalls zur Simpson-Formel. Zur Herleitung einer Fehlerformel für dieses Verfahren kann deshalb das Restglied

$$\begin{aligned}R_3(x) &= \frac{f^{(4)}(\xi(x))}{4!}(x-x_{2k})(x-x_{2k+1})(x-x_{2k+2})(x-x_{2k_d})\\&= \frac{f^{(4)}(\xi(x))}{4!}(x-x_{2k})(x-x_{2k}-h)(x-x_{2k}-2h)(x-x_{2k}-d)\\&= \frac{f^{(4)}(\xi(x))}{4!}((x-x_{2k})^4 - (d+3h)(x-x_{2k})^3\\&\quad + (3hd+2h^2)(x-x_{2k})^2 - 2dh^2(x-x_{2k}))\end{aligned}$$

des kubischen Polynoms $p_3(x)$ verwendet werden. Dazu wird im weiteren Verlauf der Herleitung vorausgesetzt, dass der Integrand $f(x)$ im Intervall $[a,b]$ viermal stetig differenzierbar ist.

Für den Fehler $F_{S_{k+1}}(h)$ der Simpson-Formel mit der Schrittweite h auf dem Doppelstreifen $[x_{2k}, x_{2k+2}]$ aus dem Integrationsintervall $[a,b]$ gilt

$$\begin{aligned}F_{S_{k+1}}(h) &= \int_{x_{2k}}^{x_{2k+2}} (f(x)-p_3(x))\,dx = \int_{x_{2k}}^{x_{2k}+2h} R_3(x)\,dx\\&= \int_{x_{2k}}^{x_{2k}+2h} \frac{f^{(4)}(\xi(x))}{4!}((x-x_{2k})^4 - (d+3h)(x-x_{2k})^3\\&\quad + (3hd+2h^2)(x-x_{2k})^2 - 2dh^2(x-x_{2k}))\,dx.\end{aligned}$$

Nach dem ersten Mittelwertsatz der Integralrechnung existiert dann eine Stelle $\xi_{k+1} \in [x_{2k}, x_{2k+2}]$ mit der Eigenschaft:

$$\begin{aligned}F_{S_{k+1}}(h) &= \frac{f^{(4)}(\xi_{k+1})}{4!}\int_{x_{2k}}^{x_{2k}+2h} ((x-x_{2k})^4 - (d+3h)(x-x_{2k})^3\\&\quad + (3hd+2h^2)(x-x_{2k})^2 - 2dh^2(x-x_{2k}))\,dx.\end{aligned}$$

Daraus erhält man für den Fehler:

$$F_{S_{k+1}}(h) = \frac{f^{(4)}(\xi_{k+1})}{4!} \left\{ \frac{1}{5}[(x-x_{2k})^5]_{x_{2k}}^{x_{2k}+2h} - \frac{d+3h}{4}[(x-x_{2k})^4]_{x_{2k}}^{x_{2k}+2h} \right.$$

$$\left. + \frac{3hd+2h^2}{3}[(x-x_{2k})^3]_{x_{2k}}^{x_{2k}+2h} - dh^2[(x-x_{2k})^2]_{x_{2k}}^{x_{2k}+2h} \right\}$$

$$= \frac{f^{(4)}(\xi_{k+1})}{4!} \left\{ \frac{1}{5} 32h^5 - \frac{d+3h}{4} 16h^4 + \frac{3hd+2h^2}{3} 8h^3 - dh^2 \cdot 4h^2 \right\}$$

$$= \frac{f^{(4)}(\xi_{k+1})}{4!} \left\{ \frac{32}{5} h^5 - 4dh^4 - 12h^5 + 8dh^4 + \frac{16}{3} h^5 - 4dh^4 \right\}$$

$$F_{S_{k+1}}(h) = -\frac{f^{(4)}(\xi_{k+1})}{90} h^5 \quad (x_{2k} \leq \xi_{k+1} \leq x_{2k+2}). \tag{8.19}$$

Für den Integrationsfehler über das gesamte Intervall $[a,b] = [x_0, x_{2n}]$ gilt somit

$$I - S^h = \sum_{k=0}^{n-1}(I_{k+1} - S_{k+1}) = -\frac{h^5}{90} \sum_{k=0}^{n-1} f^{(4)}(\xi_{k+1}).$$

Die Funktion $y = f(x)$ ist nach Voraussetzung in $[a,b]$ viermal stetig differenzierbar. Durch mehrfache Anwendung des Zwischenwertsatzes für stetige Funktionen findet man ein $\eta \in [a,b]$ mit der Eigenschaft

$$I - S^h = -\frac{h^5}{90} n f^{(4)}(\eta) \quad (a \leq \eta \leq b) \tag{8.20}$$

und damit

$$I - S^h = -\frac{(b-a)h^4}{180} f^{(4)}(\eta) \quad (a \leq \eta \leq b). \tag{8.21}$$

Unter der Voraussetzung

$$M_4 = \max_{\eta \in [a,b]} |f^{(4)}(\eta)|$$

folgt die Abschätzung

$$|I - S^h| \leq \frac{(b-a)h^4}{180} \cdot M_4. \tag{8.22}$$

Für die Trapezregel kann man auf analoge Weise eine Fehlerabschätzung herleiten. Dabei ist zu beachten, dass ein lineares Interpolationspolynom mit dem Restglied

$$R_1(x) = \frac{f''(\xi(x))}{2!}(x-x_k)(x-x_{k+1}) = \frac{f''(\xi(x))}{2}((x-x_k)^2 - h(x-x_k))$$

Abschnitt 8.4 Fehlerabschätzungen

zu verwenden ist. Außerdem braucht man die zweimalige stetige Differenzierbarkeit von $f(x)$. Man erhält dann:

$$I - T^h = -\frac{(b-a)h^2}{12} f''(\eta) \quad (a \leq \eta \leq b), \tag{8.23}$$

$$|I - T^h| \leq \frac{(b-a)h^2}{12} \cdot M_2 \quad \text{mit } M_2 = \max_{\eta \in [a,b]} |f''(\eta)|. \tag{8.24}$$

Beispiel 8.7. Es wird eine Näherung für $\int_0^1 e^{-x^2} dx$ mit der Schrittweite $h = 0.1$ bestimmt. Gesucht sind Abschätzungen für die Fehler von Trapezformel und Simpson-Formel.

Die Näherung mit der Trapezformel ist $T^{0.1} = 0.7462$. Mit

$$f(x) = e^{-x^2}, \quad f'(x) = -2e^{-x^2}, \quad f''(x) = (4x^2 - 2)e^{-x^2}, \quad \max_{x \in [0,1]} |f''(x)| = 2$$

ergibt sich

$$|I - T^{0.1}| \leq \frac{1 \cdot 0.1^2}{12} \cdot 2 = 1.67 \cdot 10^{-3}$$

als Abschätzung für den Integrationsfehler. Der wirkliche Fehler ist $6.24 \cdot 10^{-4}$.

Die Näherung mit der Simpson-Formel ist $S^{0.1} = 0.74683$. Mit

$$f'''(x) = (-8x^3 + 12x)e^{-x^2},$$

$$f^{(4)}(x) = (16x^4 - 40x^2 + 12)e^{-x^2},$$

$$\max_{x \in [0,1]} |f^{(4)}(x)| = 12$$

erhält man die Abschätzung

$$|I - S^{0.1}| \leq \frac{1 \cdot 0.1^4}{180} \cdot 12 = 6.67 \cdot 10^{-6}$$

für den Fehler der Integration. Der wahre Fehler ist hier $6 \cdot 10^{-6}$.

Beispiel 8.8. Das Integral $\int_{0.5}^{2.5} \frac{dx}{x}$ wird mit der Schrittweite $h = 0.25$ unter Verwendung der Trapezformel und der Simpson-Regel näherungsweise bestimmt. Es sind Abschätzungen für die Fehler der beiden Verfahren gesucht.

Die Näherung der Trapezformel ist $T^{0.25} = 1.62897$. Die Ableitungen

$$f(x) = \frac{1}{x}, \quad f'(x) = -\frac{1}{x^2}, \quad f''(x) = \frac{2}{x^3}, \quad \max_{x \in [0.5, 2.5]} |f''(x)| = 16$$

führen zur Fehlerabschätzung

$$|I - T^{0.25}| \leq \frac{2 \cdot 0.25^2}{12} = 1.67 \cdot 10^{-1}.$$

Der reale Fehler ist $1.95 \cdot 10^{-2}$.

Die Näherung der Simpson-Formel ist $S^{0.25} = 1.61085$. Als Abschätzung für den Fehler dieser Näherung erhält man aus

$$f'''(x) = -\frac{6}{x^4}, \quad f^{(4)}(x) = \frac{24}{x^5}, \quad \max_{x \in [0.5, 2.5]} |f^{(4)}(x)| = 768$$

den Wert

$$|I - S^{0.25}| \leq \frac{2 \cdot 0.25^4}{180} \cdot 768 = 3.33 \cdot 10^{-2}.$$

Der tatsächliche Fehler ist $1.41 \cdot 10^{-2}$.

8.5 Verfahren von Romberg

8.5.1 Herleitung

Es ist wieder $I = \int_a^b f(x)\, dx$ numerisch zu bestimmen. Die Besonderheit des *Romberg-Verfahrens* besteht darin, dass aus einer Reihe von einfachen Näherungen schrittweise eine neue (bessere) Näherung für den gesuchten Integralwert gebildet wird. Die einfachen Näherungen werden dabei mit der Trapezformel berechnet und mit $T_{n,0}$ bezeichnet.

In einem nullten Schritt wird der Bogen von $y = f(x)$ zwischen a und b durch eine Gerade ersetzt und die gesuchte Fläche durch ein Trapez angenähert. Damit ergibt sich als nullte Näherung für I

$$h_0 = \frac{b-a}{2^0}, \quad T_{0,0} = \frac{h_0}{2}[f(a) + f(b)]. \tag{8.25}$$

In den weiteren Schritten wird jeweils die Schrittweite des vorangegangenen Schrittes halbiert.

Für den ersten Schritt heißt dies $h_1 = h_0/2 = (b-a)/2^1$. Es sind jetzt drei Stützwerte notwendig, wobei aber nur der Wert $f(a + h_1)$ in der Intervallmitte des nullten Schritts neu berechnet werden muss. Als Näherung nach dem ersten Schritt ergibt sich

$$T_{1,0} = \frac{h_1}{2}[f(a) + f(b) + 2f(a + h_1)]. \tag{8.26}$$

Abschnitt 8.5 Verfahren von Romberg

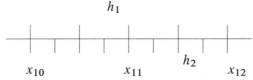

Bild 8.5. Vorgehen beim Romberg-Verfahren.

Die Berechnung dieser Näherung kann unter Benutzung von $T_{0,0}$ weiter vereinfacht werden:

$$T_{1,0} = \frac{h_1}{2}[f(a) + f(b) + 2f(a + h_1)] = \frac{1}{2}\frac{h_0}{2}[f(a) + f(b) + 2f(a + h_1)]$$

$$= \frac{1}{2}\left\{\frac{h_0}{2}[f(a) + f(b)] + 2\frac{h_0}{2}f(a + h_1)\right\}$$

$$= \frac{1}{2}\{T_{0,0} + h_0 f(a + h_1)\}. \tag{8.27}$$

Im zweiten Schritt wird die Schrittweite h_1 wieder halbiert: $h_2 = h_1/2 = (b-a)/2^2$.

Es ergeben sich vier Streifen mit fünf Stützstellen, wobei nur die zwei Stützwerte in den Intervallmitten des ersten Schritts neu berechnet werden müssen. Der zweite Näherungswert ist

$$T_{2,0} = \frac{h_2}{2}\Big[f(a) + f(b) + 2\big(f(a + h_2) + f(a + 2h_2) + f(a + 3h_2)\big)\Big]$$

$$= \frac{h_2}{2}\left[f(a) + f(b) + 2\sum_{i=1}^{2^2-1} f(a + i \cdot h_2)\right]. \tag{8.28}$$

Die Berechnung von $T_{2,0}$ kann durch die Benutzung der vorigen Näherung $T_{1,0}$ wieder vereinfacht werden:

$$T_{2,0} = \frac{h_2}{2}\Big[f(a) + f(b) + 2\big(f(a + h_2) + f(a + 2h_2) + f(a + 3h_2)\big)\Big]$$

$$= \frac{1}{2}\left\{\frac{h_1}{2}[f(a) + f(b) + 2f(a + h_1)] + 2\frac{h_1}{2}\big(f(a + h_2) + f(a + 3h_2)\big)\right\}$$

$$= \frac{1}{2}\{T_{1,0} + h_1\big(f(a + h_2) + f(a + 3h_2)\big)\}. \tag{8.29}$$

Man fährt mit dem Halbieren von Schritt zu Schritt fort. Durch die Schrittweitenhalbierung können alle Stützwerte des vorangegangenen Schrittes benutzt werden, neu zu berechnen sind nur die Funktionswerte in den Intervallmitten des vorigen Schrittes. Bein n-ten Schritt erhält man $h_n = (b-a)/2^n$ und

$$T_{n,0} = \frac{h_n}{2}\left[f(a) + f(b) + 2\sum_{i=1}^{2^n-1} f(a + i \cdot h_n)\right]. \qquad (8.30)$$

Diese Näherungen sind identisch mit den Trapezformeln für die entsprechenden Schrittweiten. Wie in den ersten beiden Schritten demonstriert wurde, kann man sie noch zu

$$T_{n,0} = \frac{1}{2}\left\{T_{n-1,0} + h_{n-1}\sum_{i=1}^{2^{n-1}} f(a + (2i-1) \cdot h_n)\right\} \qquad (8.31)$$

vereinfachen.

Die $T_{n,0}$ sind für $n = 0, 1, 2, \ldots$ jeweils verfeinerte Trapezformeln. Die Werte $T_{n,0}$ werden deshalb bei wachsendem n gegen den exakten Wert I streben. Diese Konvergenz ist im allgemeinen nicht gut. Sie lässt sich wesentlich verbessern, wenn man dieses Vorgehen mit dem *Extrapolationsverfahren von Aitken-Neville* koppelt.

Im Abschnitt 8.4 war der Fehler der Trapezformel zu

$$I - T^h = -\frac{(b-a)h^2}{12} f''(\eta) \quad (a \leq \eta \leq b)$$

bestimmt worden. Der Fehler ist also proportional zu h^2. Es kann gezeigt werden, dass für die Trapezregel

$$\int_a^b f(x)\,dx = h\left(\frac{f(x_0) + f(x_n)}{2} + \sum_{k=1}^{n-1} f(x_k)\right) + K_1 h^2 + K_2 h^4 + \cdots \qquad (8.32)$$

gilt. Die Konstanten $K_1, K_2, \ldots$ sind dabei die Koeffizienten einer Reihendarstellung des Integrationsfehlers. Die Herleitung dieser Formel würde den Rahmen dieser Ausführungen überschreiten, daher wird auf ihre Angabe verzichtet. Eine ausführliche Darstellung findet man in Hämmerlin und Hoffmann [35].

Das Ziel des Extrapolationsverfahrens besteht in der schrittweisen Eliminierung der ersten Summanden der Reihendarstellung des Fehlers. Damit ist der Fehler nur von immer höheren Potenzen von h abhängig. Die Ordnung des Fehlers steigt. Die Folge ist eine bessere Konvergenz der erhaltenen Näherung gegen den exakten Wert bei $h \to 0$. Die Anwendung der Formel (8.32) auf die bisher bestimmten Trapeznä-

Abschnitt 8.5 Verfahren von Romberg

herungen führt zu:

$$I = T_{0,0} + K_1 h_0^2 + K_2 h_0^4 + K_3 h_0^6 + \cdots, \tag{8.33}$$

$$I = T_{1,0} + K_1 h_1^2 + K_2 h_1^4 + K_3 h_1^6 + \cdots$$

$$= T_{1,0} + K_1 \left(\frac{h_0}{2}\right)^2 + K_2 \left(\frac{h_0}{2}\right)^4 + K_3 \left(\frac{h_0}{2}\right)^6 + \cdots$$

$$= T_{1,0} + K_1 \frac{h_0^2}{4} + K_2 \frac{h_0^4}{16} + K_3 \frac{h_0^6}{64} + \cdots, \tag{8.34}$$

$$I = T_{2,0} + K_1 h_2^2 + K_2 h_2^4 + K_3 h_2^6 + \cdots$$

$$= T_{2,0} + K_1 \left(\frac{h_1}{2}\right)^2 + K_2 \left(\frac{h_1}{2}\right)^4 + K_3 \left(\frac{h_1}{2}\right)^6 + \cdots$$

$$= T_{2,0} + K_1 \frac{h_1^2}{4} + K_2 \frac{h_1^4}{16} + K_3 \frac{h_1^6}{64} + \cdots, \tag{8.35}$$

$$\vdots$$

Durch Multiplikation von (8.34) mit vier und Subtraktion der Gleichung (8.33) erhält man mit

$$3I = 4T_{1,0} - T_{0,0} + K_2 \left(\frac{h_0^4}{4} - h_0^4\right) + K_3 \left(\frac{h_0^6}{16} - h_0^6\right) + \cdots$$

und daraus mit

$$I = \frac{4T_{1,0} - T_{0,0}}{3} + \frac{K_2}{3} \left(\frac{h_0^4}{4} - h_0^4\right) + \frac{K_3}{3} \left(\frac{h_0^6}{16} - h_0^6\right) + \cdots$$

eine neue Formel für das gesuchte Integral, in der jetzt h_0^4 als kleinste Potenz der Schrittweite steht. Die nach der Extrapolationsvorschrift

$$T_{1,1} = \frac{4T_{1,0} - T_{0,0}}{3} \tag{8.36}$$

gebildete Näherung $T_{1,1}$ hat deshalb die Fehlerordnung $O(h^4)$. Dieses Vorgehen kann auf (8.35) und (8.34) übertragen werden. Dann folgt aus

$$I = \frac{4T_{2,0} - T_{1,0}}{3} + \frac{K_2}{3} \left(\frac{h_1^4}{4} - h_1^4\right) + \frac{K_3}{3} \left(\frac{h_1^6}{16} - h_1^6\right) + \cdots$$

eine neue Näherung

$$T_{2,1} = \frac{4T_{2,0} - T_{1,0}}{3} \tag{8.37}$$

mit der Fehlerordnung $O(h^4)$. Allgemein ergibt sich damit aus der Folge der Anfangsnäherungen $T_{0,0}, T_{1,0}, T_{2,0}, \ldots$ mit der Fehlerordnung $O(h^2)$ durch

$$T_{l,1} = \frac{4T_{l,0} - T_{l-1,0}}{3} \quad (l = 1, 2, 3, \ldots) \tag{8.38}$$

eine neue Folge von Näherungen mit der Fehlerordnung $O(h^4)$. Diese neue Folge wird daher eine bessere Konvergenz als die Ursprungsfolge gegen den exakten Wert I des Integrals aufweisen. Es ist zu beachten, dass auf diese Weise aus n Näherungen $T_{l,0}$ insgesamt $n-1$ verbesserte Näherung $T_{l,1}$ gebildet werden können.

Diese Methode kann weiter fortgesetzt werden, indem in den Fehlertermen der Formeln von $T_{l,1}$ die Summanden mit der vierten Potenz der Schrittweite eliminiert werden. Aus der Folge $T_{1,1}, T_{2,1}, T_{3,1}, \ldots$ von Näherungen mit der Fehlerordnung $O(h^4)$ kann damit durch

$$T_{l,2} = \frac{4^2 T_{l,1} - T_{l-1,1}}{4^2 - 1} \quad (l = 2, 3, \ldots) \tag{8.39}$$

wieder eine neue Folge von Näherungen mit der Fehlerordnung $O(h^6)$ gebildet werden. Durch wiederholte Fortsetzung dieses Vorgehens entsteht aus der Ausgangsfolge $T_{j,0}, j = 0, 1, 2, \ldots$ eine Folge von Näherungen

$$T_{l,k} = \frac{4^k T_{l,k-1} - T_{l-1,k-1}}{4^k - 1} \quad (k = 1, 2, 3, \ldots; \ l = k, k+1, k+2, \ldots) \tag{8.40}$$

mit der Fehlerordnung $O(h^{2(k+1)})$.

Daraus ergibt sich das *Romberg-Schema*:

$T_{0,0}$

$T_{1,0} \quad T_{1,1} = \dfrac{4T_{1,0} - T_{0,0}}{3}$

$T_{2,0} \quad T_{2,1} = \dfrac{4T_{2,0} - T_{1,0}}{3} \quad T_{2,2} = \dfrac{16T_{2,1} - T_{1,1}}{15}$

$T_{3,0} \quad T_{3,1} = \dfrac{4T_{3,0} - T_{2,0}}{3} \quad T_{3,2} = \dfrac{16T_{3,1} - T_{2,1}}{15} \quad T_{3,3} = \dfrac{64T_{3,2} - T_{2,2}}{63}$

$\vdots \qquad \vdots \qquad\qquad \vdots \qquad\qquad \vdots \qquad\qquad \ddots$

8.5.2 Abbruchbedingung beim Romberg-Verfahren

Die Folge der Anfangsnäherungen bildet die erste Spalte im Romberg-Schema. Die verbesserten Näherungsfolgen werden jeweils rechts als weitere Spalten angefügt. Die Folgen konvergieren sowohl spaltenweise als auch entlang der Diagonalen. Dabei sind die besten Näherungen in jeder Zeile auf der äußeren Diagonalen zu finden.

Als Abbruchkriterium kann man den absoluten Abstand zweier aufeinander folgender Werte der äußeren Diagonalen benutzen. Wenn dieser Abstand kleiner als eine vorgegebene Schranke ϵ ist, kann die Rechnung beendet werden:

$$|T_{i+1,i+1} - T_{i,i}| < \epsilon \quad \Rightarrow \quad \text{Abbruch}. \tag{8.41}$$

Dann ist mit ausreichender Genauigkeit $I = T_{i+1,i+1}$, ansonsten muss eine weitere Zeile angefügt werden.

Prinzipielles Vorgehen

- Es werden $T_{0,0}$ und $T_{1,0}$ berechnet. Damit folgt $T_{1,1}$.
- Es wird $T_{2,0}$ berechnet. Es folgen $T_{2,1}$ und $T_{2,2}$.
- Vergleich $|T_{2,2} - T_{1,1}| < \epsilon$. Falls erfüllt, wird $I = T_{2,2}$.
- Falls nicht erfüllt, wird $T_{3,0}$ berechnet. Es folgen $T_{3,1}, T_{3,2}$ und $T_{3,3}$.
- Vergleich $|T_{3,3} - T_{2,2}| < \epsilon$. Falls erfüllt, wird $I = T_{3,3}$.
- Falls nicht erfüllt, wird $T_{4,0}$ berechnet usw.

Beispiel 8.9. Das Integral $I = \int_0^1 e^{-e^{-x}} dx$ soll näherungsweise bestimmt werden, wobei die Schranke $\epsilon = 10^{-6}$ vorgegeben ist. Um hinreichend viele Schutzstellen zu haben, wird die Rechnung mit acht Nachkommastellen ausgeführt.

$l \backslash k$	0	1	2	3	$\|T_{l,l} - T_{l-1,l-1}\|$
0	0.53004004				
1	0.53763963	0.54017281			$1.01 \cdot 10^{-2} > \epsilon$
2	0.53944007	0.54004022	0.54003138		$1.41 \cdot 10^{-4} > \epsilon$
3	0.53988431	0.54003239	0.54003187	0.54003188	$5.00 \cdot 10^{-7} < \epsilon$

Die ausreichende Näherung ist $I = T_{3,3} = 0.54003188$.

Beispiel 8.10. Bei der näherungsweisen Berechnung des Integrals $I = \int_1^5 1/x \, dx$ ist die Schranke $\epsilon = 10^{-3}$ einzuhalten.

$l \backslash k$	0	1	2	3	4	$\|T_{l,l} - T_{l-1,l-1}\|$
0	2.40000					
1	1.86667	1.68889				$7.1 \cdot 10^{-1} > \epsilon$
2	1.68334	1.62223	1.61779			$7.1 \cdot 10^{-2} > \epsilon$
3	1.62897	1.61085	1.61009	1.60997		$7.8 \cdot 10^{-3} > \epsilon$
4	1.61441	1.60956	1.60947	1.60946	1.60946	$5.1 \cdot 10^{-4} < \epsilon$

Die ausreichende Näherung ist $I = T_{4,4} = 1.60946$.

8.5.3 Fehlerabschätzung beim Romberg-Verfahren

In diesem Abschnitt wird lediglich eine Fehlerschranke des Romberg-Verfahrens genannt. Den mathematischen Hintergrund dieser Formel findet man in Hämmerlin und Hoffmann [35].

Für den absoluten Betrag der Abweichung $|I - T_{n,n}|$ des Romberg-Verfahrens mit der Schrittweite $h_n = \frac{b-a}{2^n}$ lässt sich die Abschätzung

$$|I - T_{n,n}| = \frac{(b-a)^{2n+3} B_{2n+2}}{2^{n(n+1)} (2n+2)!} \overline{M_{2n+2}} \qquad (8.42)$$

angeben, wobei

$$\overline{M_{2n+2}} = \max_{x \in [a,b]} |f^{(2n+2)}(x)| \qquad (8.43)$$

gilt. Die B_k sind die Bernoullischen Zahlen

$$B_0 = 1, \quad B_k = -\sum_{l=0}^{k-1} \frac{k!}{l!(k-l+1)!} B_l \quad (k = 1, 2, \ldots). \qquad (8.44)$$

Die ersten Bernoullischen Zahlen lauten beispielsweise

$$B_0 = 1, \quad B_1 = -\frac{1}{2}, \quad B_2 = \frac{1}{6}, \quad B_3 = 0, \quad B_4 = -\frac{1}{30}, \quad B_5 = 0,$$

$$B_6 = \frac{1}{42}, \quad B_7 = 0, \quad B_8 = -\frac{1}{30}, \quad B_9 = 0, \quad \ldots$$

Beispiel 8.11. Im Beispiel 8.9 wurde für das Integral $I = \int_0^1 e^{-(e^{-x})} dx$ mit dem Romberg-Verfahren die Näherung $T_{3,3} = 0.54003188$ bestimmt. Gesucht ist eine obere Schranke für den Fehler dieser Näherung.

Die achte Ableitung der Funktion $f(x) = e^{-e^{-x}}$ ist

$$f^{(8)}(x) = -e^{-x-e^{-x}} + 127e^{-2x-e^{-x}} - 966e^{-3x-e^{-x}} + 1701e^{-4x-e^{-x}}$$
$$- 1050e^{-5x-e^{-x}} + 266e^{-6x-e^{-x}} - 28e^{-7x-e^{-x}} + e^{-8x-e^{-x}}.$$

Sie nimmt ihren dem Betrag nach größten Funktionswert im Intervall [0, 1] an der Stelle $x = 0$ an. Dieser Maximalwert ist

$$\overline{M_8} = |f^{(8)}(0)| = \frac{50}{e}.$$

Daraus erhält man die Fehlerabschätzung

$$|I - T_{3,3}| \leq \frac{(1-0)^9 |B_8|}{2^{12} \, 8!} \overline{M_8} = 3.72 \cdot 10^{-7}.$$

8.6 Adaptive Simpson-Quadratur

8.6.1 Herleitung

Bei den behandelten numerischen Integrations- oder Quadraturmethoden (Trapezregel, Simpsonsche Formel, Romberg-Verfahren) waren die Schrittweiten über das gesamte Integrationsintervall stets gleich zu wählen. Das Ausgangsintegral

$$I = \int_a^b f(x)\, dx \tag{8.45}$$

wird in n Teilintegrale mit Integrationsintervallen gleicher Länge zerlegt:

$$I_\nu = \int_{a+(\nu-1)h}^{a+\nu h} f(x)\, dx \tag{8.46}$$

Diese Teilintegrale werden näherungsweise berechnet

$$I_\nu^N \approx \int_{a+(\nu-1)h}^{a+\nu h} f(x)\, dx \tag{8.47}$$

und zum Näherungswert für I zusammengefügt:

$$I = \int_a^b f(x)\, dx = \sum_{\nu=1}^n \int_{a+(\nu-1)h}^{a+\nu h} f(x)\, dx \approx \sum_{\nu=1}^n I_\nu^N = I^N \tag{8.48}$$

Die Schrittweite h ist so zu wählen, dass eine vorgegebene Genauigkeitsschranke ϵ unterschritten wird:

$$|I - I^N| < \epsilon. \tag{8.49}$$

Falls der Integrand $f(x)$ über dem Integrationsintervall $[a,b]$ ungleichmäßiges Verhalten zeigt, kann es passieren, dass die Schrittweite h durch ein oder wenige Teilintervalle gefordert wird, während die überwiegende Anzahl der Teilintervalle mit h zu genau berechnet wird, dass also bei diesen Teilintervallen unnötige Rechenarbeit aufgewendet wird. Die Funktion $f(x)$ im Bild 8.6 beispielsweise schwankt

- im Intervall $[x_0, x_1]$ stark,
- im Intervall $[x_1, x_2]$ mittelmäßig,
- im Intervall $[x_2, x_4]$ schwach.

Dementsprechend werden die Teilintegrale I_i ($i = 1, 2, 3, 4$) mit einer Genauigkeit von $\epsilon/4$ sicherlich mit unterschiedlichen Schrittweiten $h^{(i)}$ bestimmbar sein. Offensichtlich ist

$$h^{(1)} < h^{(2)} < h^{(3)} = h^{(4)}$$

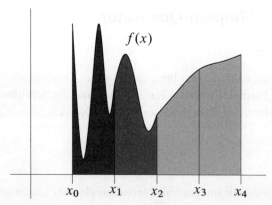

Bild 8.6. Ungleichmäßiges Verhalten des Integranden in gleich großen Teilintervallen des Integrationsintervalls.

zu erwarten. Um nach den bisherigen Methoden I mit einer Genauigkeit von ϵ berechnen zu können, ist aber über das gesamte Intervall $[a = x_0, b = x_n]$ die kleinste Schrittweite $h^{(1)}$ zu benutzen.

Einen Ausweg geben *adaptive* Quadraturmethoden, bei denen sich die Schrittweite in Teilintervallen von $[a, b]$ der Gestalt des Integranden $f(x)$ anpasst. Dieses Vorgehen ist bei allen behandelten Quadraturmethoden möglich, es wird in der Regel aber mit der Simpsonschen Formel verbunden und dann als adaptive Simpson-Quadratur bezeichnet.

Der *adaptiven Simson-Quadratur* entspricht folgendes Vorgehen:

Gegeben ist das bestimmte Integral $I = \int_a^b f(x)\,dx$, gesucht ist eine Näherung I^N des Integralwertes I unter Benutzung der Simpsonschen Formel und variabler Schrittweiten $h^{(i)}$, die die vorgegebene Genauigkeitsschranke $|I - I^N| < \epsilon$ erfüllt.

In der Stufe $r = 0$ wird das Integral $I = I_{10}$ über das gesamte Intervall $[a, b]$ angenähert, und zwar einmal durch eine einfache Simpson-Näherung S_{10}^1 mit der Schrittweite $h_0 = (b-a)/2$ und zum anderen durch eine doppelte Simpson-Näherung S_{10}^2 mit der Schrittweite $h_1 = h_0/2 = (b-a)/2^2$.

Falls die absolute Differenz dieser beiden Näherungen kleiner als eine aus der vorgegebenen Genauigkeitsschranke ϵ zu bestimmende Größe ϵ^* ist, kann die Rechnung abgebrochen werden. Die hinreichende Näherung ist durch $I^N = S_{10}^2$ gegeben. Die Ermittlung der Schranke ϵ^* wird im nächsten Abschnitt erläutert.

Falls die absolute Differenz dieser beiden Näherungen die Größe ϵ^* nicht unterschreitet, wird zur Stufe $r = 1$ übergegangen.

Das gegebene Intervall $[a, b]$ wird in zwei Intervalle $[a, a + h_0 = a + 2h_1]$ und $[a + 2h_1, a + 4h_1]$ unterteilt. Das Integral I wird in die Teilintegrale

$$I_{11} = \int_a^{a+2h_1} f(x)\,dx \quad \text{und} \quad I_{21} = \int_{a+2h_1}^{a+4h_1} f(x)\,dx \qquad (8.50)$$

Abschnitt 8.6 Adaptive Simpson-Quadratur

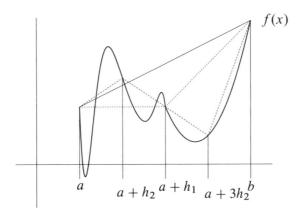

Bild 8.7. Einteilung des Integrationsintervalls bei der adaptiven Simpson-Integration.

zerlegt. Für die Teilintegrale können wieder jeweils einfache Simpson-Näherungen S_{11}^1 bzw. S_{21}^1 mit der Schrittweite $h_1 = (b-a)/2^2$ und doppelte Simpson-Näherungen S_{11}^2 bzw. S_{21}^2 mit der Schrittweite $h_2 = h_1/2 = (b-a)/2^3$ berechnet werden.

Anschließend erfolgt die Bewertung der erzielten Genauigkeit durch Vergleich der absoluten Differenzen $|S_{11}^2 - S_{11}^1|$ bzw. $|S_{21}^2 - S_{21}^1|$ mit der Größe $\epsilon^*/2$, die für jedes Teilintervall die zu erreichende Genauigkeit charakterisiert.

Falls
$$|S_{i1}^2 - S_{i1}^1| < \frac{\epsilon^*}{2} \quad (i=1,2)$$
gilt, kann I_{i1} durch S_{i1}^2 als ausreichend gut angenähert betrachtet werden.

Für alle i mit
$$|S_{i1}^2 - S_{i1}^1| \geq \frac{\epsilon^*}{2}$$
muss zur nächsten Stufe $r = 2$ übergegangen und wie oben fortgefahren werden.

Zur Beschreibung des allgemeinen Vorgehens wird eine beliebige Stufe r mit einem noch zu verbessernden Teilintegral
$$I_{vr} = \int_{a+(2v-2)h_r}^{a+2vh_r} f(x)\,dx$$
betrachtet, bei dem
$$h_r = \frac{b-a}{2^{r+1}} \quad \text{und} \quad h_{r+1} = \frac{h_r}{2} = \frac{b-a}{2^{r+2}}$$
gilt und v einen Wert aus $1, 2, \ldots, 2^r$ besitzen kann.

Für das Integral I_{vr} werden die einfache Simpson-Näherung
$$S_{vr}^1 = \frac{h_r}{3}\left\{f\big[a+(2v-2)h_r\big] + 4f\big[a+(2v-1)h_r\big] + f\big[a+(2vh_r)\big]\right\} \quad (8.51)$$

und die doppelte Simpson-Näherung

$$S_{vr}^2 = \frac{h_{r+1}}{3}\Big\{f\big[a + (4v-4)h_{r+1}\big] + 4f\big[a + (4v-3)h_{r+1}\big]$$
$$+ 2f\big[a + (4v-2)h_{r+1}\big] + 4f\big[a + (4v-1)h_{r+1}\big]$$
$$+ f\big[a + 4vh_{r+1}\big]\Big\} \qquad (8.52)$$

berechnet und verglichen. Falls

$$|S_{vr}^2 - S_{vr}^1| < \frac{\epsilon^*}{2^r}$$

gilt, kann I_{vr} durch S_{vr}^2 ausreichend gut ersetzt werden, ansonsten ist zur Stufe $r+1$ überzugehen.

Das Verfahren bricht ab, wenn alle Teilintegrale durch ausreichend genaue doppelte Simpson-Näherungen ersetzt worden sind. Die Addition dieser doppelten Simpson-Näherungen ergibt I^N als Näherung für das Ausgangsintegral I mit $|I - I^N| < \epsilon$.

Beim Übergang von der Stufe r zur Stufe $(r+1)$ und beim Übergang von der einfachen Simpson-Näherung zur doppelten Simpson-Näherung lassen sich die vorher ermittelten Funktionswerte $f(a + \mu h_r)$ wieder verwenden, so dass sich die Rechenarbeit auf etwa die Hälfte reduziert.

8.6.2 Fehlerschranke

Es ist noch ausgehend von der vorgegebenen Genauigkeitsschranke ϵ die beim Vergleich der Simpson-Näherungen zu verwendende Größe ϵ^* herzuleiten.

Das v-te Teilintervall in der r-ten Stufe

$$I_{vr} = \int_{a+(2v-2)h_r}^{a+2vh_r} f(x)\,dx$$

wird, wie oben ausgeführt, durch die einfache Simpson-Näherung S_{vr}^1 und die doppelte Simpson-Näherung S_{vr}^2 approximiert. Für die auftretenden Fehler gilt dabei

$$I_{vr} - S_{vr}^1 = -\frac{1}{90}\left(\frac{h_r}{2}\right)^5 f^{(4)}(\xi) \quad \left(\xi \in \big[(2v-2)h_r, 2vh_r\big]\right),$$

$$I_{vr} - S_{vr}^2 = -\frac{2}{90}\left(\frac{h_{r+1}}{2}\right)^5 f^{(4)}(\eta) \qquad (8.53)$$

$$\left(\eta \in \big[(4v-4)h_{r+1}, 4vh_{r+1}\big] = \big[(2v-2)h_r, 2vh_r\big]\right).$$

Wird vorausgesetzt, dass die vierte Ableitung von $f(x)$ im Intervall $[(2v-2)h_r, 2vh_r]$ näherungsweise konstant ist, was z. B. nach Späth [78] und Opfer [57] als nicht unvernünftig angesehen werden kann, und weiter vereinfachend

$$f^{(4)}(\xi) = f^{(4)}(\eta) = c \qquad (8.54)$$

gesetzt, so folgt näherungsweise

$$I_{vr} - S_{vr}^2 = -\frac{2}{90}\left(\frac{h_{r+1}}{2}\right)^5 \cdot c \quad \text{und}$$

$$\begin{aligned}S_{vr}^2 - S_{vr}^1 &= I_{vr} + \frac{2}{90}\left(\frac{h_{r+1}}{2}\right)^5 \cdot c - I_{vr} - \frac{32}{90}\left(\frac{h_{r+1}}{2}\right)^5 \cdot c \\ &= -\frac{2}{90}\left(\frac{h_{r+1}}{2}\right)^5 \cdot c[-1 + 16] = 15(I_{vr} - S_{vr}^2)\end{aligned} \quad (8.55)$$

oder

$$I_{vr} - S_{vr}^2 = \frac{1}{15}(S_{vr}^2 - S_{vr}^1). \quad (8.56)$$

Auf der Stufe r kann gesetzt werden

$$I = \sum_{v=1}^{2^r} \int_{a+(4v-4)h_{r+1}}^{a+4vh_{r+1}} f(x)\,dx = \sum_{v=1}^{2^r} I_{vr} \quad \text{und} \quad I^N = \sum_{v=1}^{2^r} S_{vr}^2. \quad (8.57)$$

Damit folgt die Abschätzung

$$|I - I^N| \le \sum_{v=1}^{2^r} |I_{vr} - S_{vr}^2| = \frac{1}{15} \sum_{v=1}^{2^r} |S_{vr}^2 - S_{vr}^1|. \quad (8.58)$$

Wenn gefordert wird, dass in jedem Teilintervall das zugehörige Integral I_{vr} den gleichen Fehler $\epsilon^*/2^{r-1}$ unterschreiten muss, ergibt sich

$$|I - I^N| \le \frac{1}{15} \sum_{v=1}^{2^r} \frac{\epsilon^*}{2^{r-1}} = \frac{1}{15} \cdot 2\epsilon^* \le \epsilon \quad (8.59)$$

und damit

$$\epsilon^* = \frac{15}{2} \cdot \epsilon. \quad (8.60)$$

Zur Sicherheit vor sich tot laufenden Zyklen ist es sinnvoll, eine maximale Stufe r^* vorzugeben, bei der abgebrochen werden muss. Allerdings kann dann die vorgegebene Genauigkeit nicht mehr als gewährt angesehen werden. Insgesamt ist die Fehlerabschätzung und die Herleitung von Genauigkeitsschranken mit Annahmen verbunden, die im praktischen Rechnen ebenfalls nicht immer einzuhalten sind.

Beispiel 8.12. Es ist das Integral $I = \int_0^1 xe^{-x^2}\,dx$ näherungsweise mit der adaptiven Simpson-Quadratur zu bestimmen, wobei die Fehlerschranke $\epsilon = 3 \cdot 10^{-5}$ vorgegeben ist.

Die Stufe $r = 0$ ergibt nacheinander:

$$I_{10} = \int_0^1 f(x)\,dx, \quad h_0 = \frac{1}{2}, \quad h_1 = \frac{1}{4}, \quad \epsilon^* = 2.25 \cdot 10^{-4},$$

$$S_{10}^1 = \frac{h_0}{3}\left\{f(0) + 4f\left(\frac{1}{2}\right) + f(1)\right\} = 0.32091351,$$

$$S_{10}^2 = \frac{h_1}{3}\left\{f(0) + 4f\left(\frac{1}{4}\right) + 2f\left(\frac{1}{2}\right) + 4f\left(\frac{3}{4}\right) + f(1)\right\} \quad (8.61)$$

$$= 0.31628682,$$

$$|S_{10}^2 - S_{10}^1| = 4.63 \cdot 10^{-3} > \epsilon^*.$$

Es ist eine neue Stufe $r = 1$ notwendig, dabei erhält man:

$$I_{11} = \int_0^{\frac{1}{2}} f(x)\,dx, \quad I_{21} = \int_{\frac{1}{2}}^1 f(x)\,dx,$$

$$h_1 = \frac{1}{4}, \quad h_2 = \frac{1}{8}, \quad \frac{\epsilon^*}{2} = 1.125 \cdot 10^{-4},$$

$$S_{11}^1 = \frac{h_1}{3}\left\{f(0) + 4f\left(\frac{1}{4}\right) + f\left(\frac{1}{2}\right)\right\} = 0.11073446,$$

$$S_{11}^2 = \frac{h_2}{3}\left\{f(0) + 4f\left(\frac{1}{8}\right) + 2f\left(\frac{1}{4}\right) + 4f\left(\frac{3}{8}\right) + f\left(\frac{1}{2}\right)\right\}$$

$$= 0.11060741,$$

$$|S_{11}^2 - S_{11}^1| = 1.27 \cdot 10^{-4} > \frac{\epsilon^*}{2},$$

$$S_{21}^1 = \frac{h_1}{3}\left\{f\left(\frac{1}{2}\right) + 4f\left(\frac{3}{4}\right) + f(1)\right\} = 0.20555236,$$

$$S_{21}^2 = \frac{h_2}{3}\left\{f\left(\frac{1}{2}\right) + 4f\left(\frac{5}{8}\right) + 2f\left(\frac{3}{4}\right) + 4f\left(\frac{7}{8}\right) + f(1)\right\}$$

$$= 0.20546624,$$

$$|S_{21}^2 - S_{21}^1| = 8.612 \cdot 10^{-5} < \frac{\epsilon^*}{2}.$$

Für das Teilintegral I_{21} ergibt sich als ausreichende Näherung

$$I_{21} = \int_{\frac{1}{2}}^1 f(x)\,dx = 0.205466.$$

Abschnitt 8.6 Adaptive Simpson-Quadratur

Die Berechnung des Teilintegrals I_{11} muss in der Stufe $r = 2$ weiter verbessert werden:

$$I_{12} = \int_0^{\frac{1}{4}} f(x)\,dx, \quad I_{22} = \int_{\frac{1}{4}}^{\frac{1}{2}} f(x)\,dx,$$

$$h_2 = \frac{1}{8}, \quad h_3 = \frac{1}{16}, \quad \frac{\epsilon^*}{4} = 5.625 \cdot 10^{-5},$$

$$S_{12}^1 = \frac{h_2}{3}\left\{f(0) + 4f\left(\frac{1}{8}\right) + f\left(\frac{1}{4}\right)\right\} = 0.03029590,$$

$$S_{12}^2 = \frac{h_3}{3}\left\{f(0) + 4f\left(\frac{1}{16}\right) + 2f\left(\frac{1}{8}\right) + 4f\left(\frac{3}{16}\right) + f\left(\frac{1}{4}\right)\right\}$$
$$= 0.03029362,$$

$$|S_{12}^2 - S_{12}^1| = 2.28 \cdot 10^{-6} < \frac{\epsilon^*}{4},$$

$$S_{22}^1 = \frac{h_2}{3}\left\{f\left(\frac{1}{4}\right) + 4f\left(\frac{3}{8}\right) + f\left(\frac{1}{2}\right)\right\} = 0.08031151,$$

$$S_{22}^2 = \frac{h_3}{3}\left\{f\left(\frac{1}{4}\right) + 4f\left(\frac{5}{16}\right) + 2f\left(\frac{3}{8}\right) + 4f\left(\frac{7}{16}\right) + f\left(\frac{1}{2}\right)\right\}$$
$$= 0.08030647,$$

$$|S_{22}^2 - S_{22}^1| = 5.104 \cdot 10^{-6} < \frac{\epsilon^*}{4}.$$

Für die Teilintegrale I_{12} und I_{22} erhält man

$$I_{12} = \int_0^{\frac{1}{4}} f(x)\,dx = 0.0302936 \quad \text{und} \quad I_{22} = \int_{\frac{1}{4}}^{\frac{1}{2}} f(x)\,dx = 0.0803065$$

als ausreichend genaue Näherungen. Daraus folgt für das gesuchte Integral

$$I^N = 0.3160663.$$

Ein Vergleich mit dem exakten Wert $I_{\text{exakt}} = 0.3160603$ zeigt, dass der reale Fehler

$$|I - I^N| = 6 \cdot 10^{-6} < \epsilon$$

ist.

Beispiel 8.13. Gesucht ist eine Näherung für das Integral $I = \int_0^1 \sqrt{x}\,dx$ mit dem adaptiven Simpson-Verfahren und der Genauigkeitsschranke $\epsilon = 10^{-3}$.

Die folgende Darstellung enthält stufenweise alle notwendigen Zwischenrechnungen:

$r = 0$:

$$I_{10} = \int_0^1 f(x)\,dx, \quad h_0 = \frac{1}{2}, \quad h_1 = \frac{1}{4}, \quad \epsilon^* = 7.5 \cdot 10^{-3},$$

$$S_{10}^1 = \frac{h_0}{3}\left\{f(0) + 4f\left(\frac{1}{2}\right) + f(1)\right\} = 0.638071,$$

$$S_{10}^2 = \frac{h_1}{3}\left\{f(0) + 4f\left(\frac{1}{4}\right) + 2f\left(\frac{1}{2}\right) + 4f\left(\frac{3}{4}\right) + f(1)\right\}$$
$$= 0.656526,$$

$$|S_{10}^2 - S_{10}^1| = 1.85 \cdot 10^{-2} > \epsilon^*.$$

$r = 1$:

$$I_{11} = \int_0^{\frac{1}{2}} f(x)\,dx, \quad I_{21} = \int_{\frac{1}{2}}^1 f(x)\,dx,$$

$$h_1 = \frac{1}{4}, \quad h_2 = \frac{1}{8}, \quad \frac{\epsilon^*}{2} = 3.75 \cdot 10^{-3},$$

$$S_{11}^1 = \frac{h_1}{3}\left\{f(0) + 4f\left(\frac{1}{4}\right) + f\left(\frac{1}{2}\right)\right\} = 0.225592,$$

$$S_{11}^2 = \frac{h_2}{3}\left\{f(0) + 4f\left(\frac{1}{8}\right) + 2f\left(\frac{1}{4}\right) + 4f\left(\frac{3}{8}\right) + f\left(\frac{1}{2}\right)\right\}$$
$$= 0.232117,$$

$$|S_{12}^2 - S_{12}^1| = 6.53 \cdot 10^{-3} > \frac{\epsilon^*}{2},$$

$$S_{21}^1 = \frac{h_1}{3}\left\{f\left(\frac{1}{2}\right) + 4f\left(\frac{3}{4}\right) + f(1)\right\} = 0.430934,$$

$$S_{21}^2 = \frac{h_2}{3}\left\{f\left(\frac{1}{2}\right) + 4f\left(\frac{5}{8}\right) + 2f\left(\frac{3}{4}\right) + 4f\left(\frac{7}{8}\right) + f(1)\right\}$$
$$= 0.430962,$$

$$|S_{21}^2 - S_{21}^1| = 2.80 \cdot 10^{-5} < \frac{\epsilon^*}{2},$$

$$I_{21} = \int_{\frac{1}{2}}^1 f(x)\,dx = 0.430962.$$

Abschnitt 8.6 Adaptive Simpson-Quadratur

$r = 2$:

$$I_{12} = \int_0^{\frac{1}{4}} f(x)\,dx, \quad I_{22} = \int_{\frac{1}{4}}^{\frac{1}{2}} f(x)\,dx,$$

$$h_2 = \frac{1}{8}, \quad h_3 = \frac{1}{16}, \quad \frac{\epsilon^*}{4} = 1.875 \cdot 10^{-3},$$

$$S_{12}^1 = \frac{h_2}{3}\left\{f(0) + 4f\left(\frac{1}{8}\right) + f\left(\frac{1}{4}\right)\right\} = 0.079759,$$

$$S_{12}^2 = \frac{h_3}{3}\left\{f(0) + 4f\left(\frac{1}{16}\right) + 2f\left(\frac{1}{8}\right) + 4f\left(\frac{3}{16}\right) + f\left(\frac{1}{4}\right)\right\}$$
$$= 0.082066,$$

$$|S_{12}^2 - S_{12}^1| = 2.31 \cdot 10^{-3} > \frac{\epsilon^*}{2^2},$$

$$S_{22}^1 = \frac{h_2}{3}\left\{f\left(\frac{1}{4}\right) + 4f\left(\frac{3}{8}\right) + f\left(\frac{1}{2}\right)\right\} = 0.152358,$$

$$S_{22}^2 = \frac{h_3}{3}\left\{f\left(\frac{1}{4}\right) + 4f\left(\frac{5}{16}\right) + 2f\left(\frac{3}{8}\right) + 4f\left(\frac{7}{16}\right) + f\left(\frac{1}{2}\right)\right\}$$
$$= 0.152368,$$

$$|S_{22}^2 - S_{22}^1| = 1.0 \cdot 10^{-5} < \frac{\epsilon^*}{2^2},$$

$$I_{22} = \int_{\frac{1}{4}}^{\frac{1}{2}} f(x)\,dx = 0.152368.$$

$r = 3$:

$$I_{13} = \int_0^{\frac{1}{8}} f(x)\,dx, \quad I_{23} = \int_{\frac{1}{8}}^{\frac{1}{4}} f(x)\,dx,$$

$$h_3 = \frac{1}{16}, \quad h_4 = \frac{1}{32}, \quad \frac{\epsilon^*}{8} = 9.375 \cdot 10^{-4},$$

$$S_{13}^1 = \frac{h_3}{3}\left\{f(0) + 4f\left(\frac{1}{16}\right) + f\left(\frac{1}{8}\right)\right\} = 0.028199,$$

$$S_{13}^2 = \frac{h_4}{3}\left\{f(0) + 4f\left(\frac{1}{32}\right) + 2f\left(\frac{1}{16}\right) + 4f\left(\frac{3}{32}\right) + f\left(\frac{1}{8}\right)\right\}$$
$$= 0.029015,$$

$$|S_{13}^2 - S_{13}^1| = 8.16 \cdot 10^{-4} < \frac{\epsilon^*}{2^3},$$

$$I_{13} = \int_0^{\frac{1}{8}} f(x)\, dx = 0.029015,$$

$$S_{23}^1 = \frac{h_3}{3}\left\{f\left(\frac{1}{8}\right) + 4f\left(\frac{3}{16}\right) + f\left(\frac{1}{4}\right)\right\} = 0.053867,$$

$$S_{23}^2 = \frac{h_4}{3}\left\{f\left(\frac{1}{8}\right) + 4f\left(\frac{5}{32}\right) + 2f\left(\frac{3}{16}\right) + 4f\left(\frac{7}{32}\right) + f\left(\frac{1}{4}\right)\right\}$$
$$= 0.053870,$$

$$|S_{23}^2 - S_{23}^1| = 3.0 \cdot 10^{-6} < \frac{\epsilon^*}{2^3},$$

$$I_{23} = \int_{\frac{1}{8}}^{\frac{1}{4}} f(x)\, dx = 0.053867.$$

Als ausreichend genaue Näherung für das gesuchte Integral ergibt sich

$$I^N = I_{21} + I_{22} + I_{13} + I_{23} = 0.666212.$$

Mit $I_{\text{exakt}} = 0.666667$ erhält man für den realen Fehler $|I - I^N| = 4.55 \cdot 10^{-4} < \epsilon$.

8.7 Gauß-Integration

8.7.1 Vorbemerkungen

In den vorigen Abschnitten dieses Kapitels wurde das Quadraturproblem

$$I = \int_a^b f(x)\, dx$$

näherungsweise mit Hilfe der Substitution des Integranden $f(x)$ auf einem Intervall durch ein Polynom gelöst.

In diesem Abschnitt gehen wir von einer Näherungsformel

$$\int_{a=x_0}^{b=x_n} f(x)\, dx \approx \sum_{k=0}^{n} c_k f(x_k) \tag{8.62}$$

aus. Die unbekannten Parameter dieser Formel werden nun so bestimmt, dass das Quadraturproblem für Potenzfunktionen $f_k(x) = x^k$ ($k = 0, \ldots, N$) exakt gelöst wird. Die Quadraturformel ergibt dann bei der Integration von Polynomen bis zum Grad N den exakten Wert. Dabei sind unterschiedliche Herangehensweisen denkbar.

Abschnitt 8.7 Gauß-Integration

- Die $n+1$ Stützstellen x_k werden wie bisher äquidistant gewählt. Damit hat man $n+1$ frei wählbare Parameter c_k. Mit dieser Bedingung sind Potenzfunktionen bis zum Grad n exakt integrierbar.
- Es werden die Gewichte c_k und die Stützstellen x_k zur Lösung des Problems geeignet bestimmt. Dadurch stehen $2n+2$ frei wählbare Parameter zur Verfügung, so dass Potenzfunktionen bis zum Grad $2n+1$ exakt integriert werden können.

Bei der ersten Herangehensweise führt der Ansatz (8.62) auf das lineare Gleichungssystem

$$\int_a^b 1\,dx = x\Big|_a^b \quad\Rightarrow\quad c_0\cdot 1 + c_1\cdot 1 + \cdots + c_n\cdot 1 = b-a$$

$$\int_a^b x\,dx = \frac{x^2}{2}\Big|_a^b \quad\Rightarrow\quad c_0\cdot x_0 + c_1\cdot x_1 + \cdots + c_n\cdot x_n = \frac{b^2-a^2}{2}$$

$$\int_a^b x^2\,dx = \frac{x^3}{3}\Big|_a^b \quad\Rightarrow\quad c_0\cdot x_0^2 + c_1\cdot x_1^2 + \cdots + c_n\cdot x_n^2 = \frac{b^3-a^3}{3} \quad (8.63)$$

$$\vdots \qquad\qquad \vdots \qquad\qquad \vdots$$

$$\int_a^b x^n\,dx = \frac{x^{n+1}}{n+1}\Big|_a^b \quad\Rightarrow\quad c_0\cdot x_0^n + c_1\cdot x_1^n + \cdots + c_n\cdot x_n^n = \frac{b^{n+1}-a^{n+1}}{n+1}$$

zur Bestimmung der unbekannten Koeffizienten c_k. Für die Stützstellen gilt $x_k = x_0 + k\cdot h = a + k\cdot\frac{b-a}{n}$.

In Fall $n=2$ ergibt sich beispielsweise das Gleichungssystem

$$\begin{aligned} c_0 \qquad\quad +c_1 \qquad\qquad\quad +c_2 \;\;&= b-a \\ c_0\cdot a \;\;+c_1\cdot\frac{b+a}{2} \quad +c_2\cdot b \;\;&= \frac{b^2-a^2}{2} \\ c_0\cdot a^2 +c_1\cdot\frac{(b+a)^2}{4} +c_2\cdot b^2 &= \frac{b^3-a^3}{3} \end{aligned}$$

mit der Lösung

$$c_0 = \frac{b-a}{6} = \frac{h}{3}, \quad c_1 = \frac{4(b-a)}{6} = 4\frac{h}{3} \quad\text{und}\quad c_2 = \frac{b-a}{6} = \frac{h}{3}.$$

Die resultierende Näherungsformel

$$\int_{a=x_0}^{b=x_n} f(x)\,dx \approx \frac{h}{3}\left(f(a) + 4f\left(\frac{a+b}{2}\right) + f(b)\right) \quad (8.64)$$

ist die einfache Simpson-Formel mit einem Doppelstreifen. Das ist allgemein so. Der Ansatz mit $n+1$ Koeffizienten c_k führt auf die gleiche Näherungsvorschrift wie die

Substitution des Integranden durch ein Polynom vom Grad n auf dem gesamten Intervall.

Beim zweiten Lösungsansatz hat man $2n + 2$ freie Parameter, die durch das Gleichungssystem

$$
\begin{aligned}
c_0 \cdot 1 \quad &+ c_1 \cdot 1 \quad + \cdots + \quad c_n \cdot 1 \quad = \quad b - a \\
c_0 \cdot x_0 \quad &+ c_1 \cdot x_1 \quad + \cdots + \quad c_n \cdot x_n \quad = \quad \frac{b^2 - a^2}{2} \\
c_0 \cdot x_0^2 \quad &+ c_1 \cdot x_1^2 \quad + \cdots + \quad c_n \cdot x_n^2 \quad = \quad \frac{b^3 - a^3}{3} \\
&\vdots \\
c_0 \cdot x_0^{2n+1} &+ c_1 \cdot x_1^{2n+1} + \cdots + c_n \cdot x_n^{2n+1} = \frac{b^{2n+2} - a^{2n+2}}{2n + 2}
\end{aligned}
\tag{8.65}
$$

bestimmt werden. Es handelt sich hier um ein nichtlineares Gleichungssystem mit den Variablen c_k und x_k. Da sich bei einer Änderung des Integrationsintervalls auch die Lage der günstigsten Stützstellen x_k ändert, ist die Lösung dieses Gleichungssystems abhängig vom jeweils betrachteten Intervall $[a, b]$. Um den Einfluss des Integrationsintervalls auf die Lösung des Systems (8.65) zu unterbinden, wird zuerst nur das Intervall $[-1, 1]$ betrachtet, in einem zweiten Schritt wird das Verfahren dann für beliebige Integrationsintervalle verallgemeinert.

8.7.2 Integration auf dem Intervall $[-1, 1]$

In diesem Abschnitt beschränken wir uns auf die Betrachtung der speziellen Integrationsgrenzen $a = -1$ und $b = 1$. Die Lösung des nichtlinearen Gleichungssystems (8.65) für allgemeines n ist auch unter dieser Einschränkung schwierig. Wir betrachten daher zunächst den einfachsten Fall $n = 1$. Das Gleichungssystem (8.65) nimmt unter diesen Voraussetzungen die Gestalt

$$
\begin{aligned}
c_0 \cdot 1 + c_1 \cdot 1 &= 2 \\
c_0 \cdot x_0 + c_1 \cdot x_1 &= 0 \\
c_0 \cdot x_0^2 + c_1 \cdot x_1^2 &= \frac{2}{3} \\
c_0 \cdot x_0^3 + c_1 \cdot x_1^3 &= 0
\end{aligned}
$$

an. Wie man nachrechnen kann, hat dieses Gleichungssystem die Lösung

$$
c_0 = 1, \quad c_1 = 1, \quad x_0 = -\frac{1}{3}\sqrt{3} \quad \text{und} \quad x_1 = \frac{1}{3}\sqrt{3}.
$$

Abschnitt 8.7 Gauß-Integration

Grad	exakte Integration	Gauß-Integration
0	$\int_{-1}^{1} dx = x\big|_{-1}^{1} = 2$	$\int_{-1}^{1} dx \approx 1 + 1 = 2$
1	$\int_{-1}^{1} x\, dx = \frac{1}{2}x^2\big|_{-1}^{1} = 0$	$\int_{-1}^{1} x\, dx \approx -\frac{1}{3}\sqrt{3} + \frac{1}{3}\sqrt{3} = 0$
2	$\int_{-1}^{1} x^2\, dx = \frac{1}{3}x^3\big|_{-1}^{1} = \frac{2}{3}$	$\int_{-1}^{1} x^2\, dx \approx \left(-\frac{1}{3}\sqrt{3}\right)^2 + \left(\frac{1}{3}\sqrt{3}\right)^2 = \frac{2}{3}$
3	$\int_{-1}^{1} x^3\, dx = \frac{1}{4}x^4\big|_{-1}^{1} = 0$	$\int_{-1}^{1} x^3\, dx \approx \left(-\frac{1}{3}\sqrt{3}\right)^3 + \left(\frac{1}{3}\sqrt{3}\right)^3 = 0$

Tabelle 8.1. Vergleich exakte Integration und Gauß-Integration.

Daraus ergibt sich als erste *Gauß-Integrationsformel*

$$\int_{-1}^{1} f(x)\, dx \approx f\left(-\frac{1}{3}\sqrt{3}\right) + f\left(\frac{1}{3}\sqrt{3}\right). \tag{8.66}$$

Beispiel 8.14. Die Quadraturformel (8.66) ist so aufgestellt worden, dass sie bei der Integration von Potenzfunktionen bis zum Grad drei das exakte Ergebnis liefert. Der in Tabelle 8.1 dargestellte Vergleich bestätigt dieses Eigenschaft.

Bei der Anwendung der Gauß-Integration mit beliebigem n kann die Lösung des Systems (8.65) umgangen werden. Dazu betrachtet man die Legendre-Polynome

$$p_0(x) = 1,$$
$$p_1(x) = x,$$
$$p_2(x) = x^2 - \frac{1}{3},$$
$$p_3(x) = x^3 - \frac{3}{5}x,$$
$$p_4(x) = x^4 - \frac{6}{7}x^2 + \frac{3}{35},$$
$$\vdots$$

aus Abschnitt 5.3.2. Die für die Gauß-Integration mit $n = 1$ bestimmten Stützstellen sind gerade die Nullstellen des Legendre-Polynoms $p_2(x)$. Diese Eigenschaft kann verallgemeinert werden. Wir betrachten die Gauß-Quadraturformel, mit der Potenzfunktionen bis zum Grad $2n + 2$ auf dem Intervall $[-1, 1]$ exakt integriert werden können. Es lässt sich zeigen, dass die unbekannten Größen in dieser Formel folgende Eigenschaften haben:

a) Die Stützstellen x_k ($k = 0, 1, \ldots, n$) sind die Nullstellen des Legendre-Polynoms $p_{n+1}(x)$.

b) Die Koeffizienten der Gauß-Integration an den Stützwerten $f(x_k)$ können durch

$$c_k = \int_{-1}^{1} \prod_{\substack{j=1 \\ j \neq k}}^{n+1} \frac{x - x_j}{x_k - x_j} \, dx$$

bestimmt werden.

Beispiel 8.15. Gesucht sind die Stützstellen x_k und die Gewichte c_k der Gauß-Quadraturformel, mit der Potenzfunktionen bis zum Grad 7 exakt integriert werden können.

Die Stützstellen der Näherungsformel mit $n = 3$ sind die Nullstellen des Legendre-Polynoms

$$p_4(x) = x^4 - \frac{6}{7}x^2 + \frac{3}{35} \cdot \underbrace{(x-x_0)}_{x_4-x_0} \cdot \underbrace{(x-x_4)}_{x_4-x_0}$$

Mit Hilfe der Substitution $u = x^2$ und der Lösungsformel der quadratischen Gleichung erhält man die folgenden Stellen:

$$x_0 = -\frac{1}{35}\sqrt{525 + 70\sqrt{30}} = -0.8611363116,$$

$$x_1 = -\frac{1}{35}\sqrt{525 - 70\sqrt{30}} = -0.3399810436,$$

$$x_2 = \frac{1}{35}\sqrt{525 - 70\sqrt{30}} = 0.3399810436,$$

$$x_3 = \frac{1}{35}\sqrt{525 + 70\sqrt{30}} = 0.8611363116.$$

Die zugehörigen Gewichte sind:

$$c_0 = \int_{-1}^{1} \frac{(x-x_1)(x-x_2)(x-x_3)}{(x_0-x_1)(x_0-x_2)(x_0-x_3)} dx = 0.3478548451,$$

$$c_1 = \int_{-1}^{1} \frac{(x-x_0)(x-x_2)(x-x_3)}{(x_1-x_0)(x_1-x_2)(x_1-x_3)} dx = 0.6521451549,$$

$$c_2 = \int_{-1}^{1} \frac{(x-x_0)(x-x_1)(x-x_3)}{(x_2-x_0)(x_2-x_1)(x_2-x_3)} dx = 0.6521451549,$$

$$c_3 = \int_{-1}^{1} \frac{(x-x_0)(x-x_1)(x-x_2)}{(x_3-x_0)(x_3-x_1)(x_3-x_3)} dx = 0.3478548451.$$

Abschnitt 8.7 Gauß-Integration

Die Integranden in diesen vier Integralen sind jeweils Polynome vom Grad drei, die Integration bereitet daher im Prinzip keine Probleme. Beim Einsetzen der analytischen Ausdrücke für die Stützstellen werden die Integranden zu umfangreichen Brüchen, so dass auf die Angabe der gesamten Rechnung verzichtet wurde.

Besonders die Berechnung der Integrale für die Gewichte der Gauß-Integration ist aufwändig, deshalb sind für die gebräuchlichen Gauß-Formeln die Stützstellen und die Gewichte in Tafelwerken tabelliert.

Die Tabelle 8.2 enthält eine Zusammenstellung dieser Daten bis $n = 4$.

n	Stützstellen x_k	Gewichte c_k
1	$x_0 = -\frac{\sqrt{3}}{3} = -0.577\,350\,269$	$c_0 = 1$
	$x_1 = \frac{\sqrt{3}}{3} = 0.577\,350\,269$	$c_1 = 1$
2	$x_0 = -\sqrt{\frac{3}{5}} = -0.774\,596\,669$	$c_0 = \frac{5}{9}$
	$x_1 = 0$	$c_1 = \frac{8}{9}$
	$x_2 = \sqrt{\frac{3}{5}} = 0.774\,596\,669$	$c_2 = \frac{5}{9}$
3	$x_0 = -\frac{1}{35}\sqrt{525 + 70\sqrt{30}} = -0.861\,136\,312$	$c_0 = 0.347\,854\,854$
	$x_1 = -\frac{1}{35}\sqrt{525 - 70\sqrt{30}} = -0.339\,981\,043$	$c_1 = 0.652\,145\,145$
	$x_2 = \frac{1}{35}\sqrt{525 - 70\sqrt{30}} = 0.339\,981\,043$	$c_2 = 0.652\,145\,145$
	$x_3 = \frac{1}{35}\sqrt{525 + 70\sqrt{30}} = 0.861\,136\,312$	$c_3 = 0.347\,854\,854$
4	$x_0 = -\frac{1}{21}\sqrt{245 + 14\sqrt{70}} = -0.906\,179\,846$	$c_0 = 0.236\,926\,885$
	$x_1 = -\frac{1}{21}\sqrt{245 - 14\sqrt{70}} = -0.538\,469\,310$	$c_1 = 0.478\,628\,670$
	$x_2 = 0$	$c_2 = 0.568\,888\,889$
	$x_3 = \frac{1}{21}\sqrt{245 - 14\sqrt{70}} = 0.538\,469\,310$	$c_3 = 0.478\,628\,670$
	$x_4 = \frac{1}{21}\sqrt{245 + 14\sqrt{70}} = 0.906\,179\,846$	$c_4 = 0.236\,926\,885$

Tabelle 8.2. Stützstellen für Gauß-Integration.

8.7.3 Gauß-Integration über ein beliebiges Intervall

Die bisher betrachtete Methode kann durch eine geeignete Abbildung des Integrationsintervalls $[a, b]$ auf das Standardintervall $[-1, 1]$ für beliebige Intervalle verallgemeinert werden.

Zur näherungsweisen Berechnung des Integrals

$$I = \int_a^b f(x)\,dx \tag{8.67}$$

wird die Substitution

$$x = \frac{b-a}{2}t + \frac{b+a}{2} \quad (x \in [a,b]) \tag{8.68}$$

oder

$$t = \frac{2}{b-a}x - \frac{a+b}{b-a} \quad (t \in [-1,1]) \tag{8.69}$$

benutzt. Durch diese lineare Substitution erhält man aus dem ursprünglichen Integral 8.67 das Integral

$$I = \frac{b-a}{2}\int_{-1}^1 f(t)\,dt = \frac{b-a}{2}\int_{-1}^1 f\left(\frac{b-a}{2}t + \frac{b+a}{2}\right)dt \tag{8.70}$$

über das Standardintervall $[-1, 1]$, die Gauß-Integration ergibt dann die Näherungsvorschrift

$$I \approx \frac{b-a}{2}\sum_{k=0}^n c_k f\left(\frac{b-a}{2}x_k + \frac{b+a}{2}\right), \tag{8.71}$$

wobei die x_k die Stützstellen aus dem Standardintervall $[-1, 1]$ sind.

Beispiel 8.16. Es ist das bereits mehrfach betrachtete Integral $\int_0^1 e^{-e^{-x}}\,dx$ näherungsweise mit der Gauß-Integration mit $n = 4$ zu bestimmen.

Mit $a = 0$ und $b = 1$ ergeben sich die in der Tabelle 8.3 zusammengestellten Daten für die Näherungsformel. Daraus erhält man

$$\int_0^1 e^{-e^{-x}}\,dx \approx \frac{1}{2}\sum_{k=0}^4 c_k e^{-e^{-\left(\frac{1}{2}x_k + \frac{1}{2}\right)}} = 0.540031862\,.$$

Abschnitt 8.8 Aufgaben

k	x_k	$\frac{1}{2}x_k + \frac{1}{2}$	$e^{-e^{-(\frac{1}{2}x_k+\frac{1}{2})}}$	$c_k e^{-e^{-(\frac{1}{2}x_k+\frac{1}{2})}}$
0	-0.906179846	0.046910077	0.385130440	0.091247755
1	-0.538469310	0.230765345	0.452066610	0.216372040
2	0	0.5	0.545239212	0.310180530
3	0.538469310	0.769234655	0.629161330	0.301134651
4	0.906179846	0.953089923	0.680077941	0.161128748
				1.080063724

Tabelle 8.3. Zusammenstellung der Werte zu Beispiel 8.16.

8.8 Aufgaben

Aufgabe 8.1. Bestimmen Sie, falls möglich, analytisch den Wert des bestimmten Integrals (Gleitkommazahlen mit zwölf Ziffern)

$$I_1 = \int_0^2 \frac{3x^2}{1+x^3}\,dx, \quad I_2 = \int_0^1 \frac{x}{1+x^4}\,dx, \quad I_3 = \int_2^3 \frac{x}{1-x^2}\,dx,$$

$$I_4 = \int_0^2 x \cdot e^{-x^2}\,dx, \quad I_5 = \int_0^1 \frac{dx}{\sqrt{(x-1)^2+4}}, \quad I_6 = \int_0^1 e^{-\sqrt{x}}\,dx,$$

$$I_7 = \int_0^2 \frac{e^{-x}}{1+x^2}\,dx, \quad I_8 = \int_0^{\pi/2} \frac{x\cdot\cos(x)}{x+\sin(x)}\,dx, \quad I_9 = \int_0^1 \ln(1+x^3)\,dx,$$

$$I_{10} = \int_2^4 \frac{dx}{x\cdot\ln(x)}, \quad I_{11} = \int_1^2 \sin(\ln(x))\,dx, \quad I_{12} = \int_0^{\pi/4} \sqrt{\tan(x)}\,dx.$$

Aufgabe 8.2. Berechnen Sie analytisch den Wert des bestimmten Integrals, falls möglich (Gleitkommazahlen mit zwölf Ziffern)

$$A_1 = \int_0^\pi x^2 \cdot \sin(x^2)\,dx, \qquad A_2 = \int_{0.2}^{0.6} x^2 \cdot \sin\left(\frac{1}{x^2}\right)dx,$$

$$A_3 = \int_\pi^{2\pi} \frac{\sin(x)}{x}\,dx, \qquad A_4 = \int_\pi^{2\pi} \frac{(\sin(x))^2}{x}\,dx,$$

$$A_5 = \int_0^\pi \sin(x)\cdot e^{\cos(x)}\,dx, \qquad A_6 = \int_1^3 e^{-\frac{1}{\ln(x)}}\,dx.$$

Hilfe: $\lim_{x\downarrow 1} e^{-\frac{1}{\ln x}} = 0$.

Aufgabe 8.3. Berechnen Sie mit der Trapezregel die Werte der bestimmten Integrale I_1 bis I_{12} aus Aufgabe 8.1 (Gleitkommazahlen mit zwölf Ziffern) mit $n_1 = 10$ bzw. $n_2 = 20$ Unterteilungen.

Aufgabe 8.4. Geben Sie für die Berechnungen der Integrale I_1 bis I_4 mit der Trapezregel jeweils eine Fehlerabschätzung an.

Aufgabe 8.5. Berechnen Sie mit der Simpsonschen Formel die Werte der bestimmten Integrale I_1 bis I_{12} aus Aufgabe 8.1 (Gleitkommazahlen mit zwölf Ziffern) mit $n_1 = 10$ bzw. $n_2 = 20$ Unterteilungen.

Aufgabe 8.6. Geben Sie für die Berechnungen der Integrale I_2 bis I_4 mit der Simpsonschen Formel jeweils eine Fehlerabschätzung an.

Aufgabe 8.7. Berechnen Sie mit dem Verfahren von Romberg die Werte der bestimmten Integrale I_1 bis I_{12} aus Aufgabe 8.1 (Gleitkommazahlen mit zwölf Ziffern) mit $n_1 = 10$ bzw. $n_2 = 20$ Unterteilungen.

Aufgabe 8.8. Geben Sie für die Berechnungen der Integrale I_2 und I_4 mit dem Verfahren von Romberg jeweils eine Fehlerabschätzung an.

Aufgabe 8.9. Vergleichen Sie für I_1 bis I_4 bei $n = 10$ die jeweils erhaltenen Werte und die exakten Werte.

Aufgabe 8.10. Berechnen Sie die Werte der bestimmten Integrale I_1 bis I_{12} aus Aufgabe 8.1 mit einer Genauigkeitsschranke von $\epsilon = 10^{-6}$ (Gleitkommazahlen mit zehn Ziffern) mit der Trapezregel.

Aufgabe 8.11. Berechnen Sie die Werte der bestimmten Integrale I_1 bis I_{12} aus Aufgabe 8.1 mit einer Genauigkeitsschranke von $\epsilon = 10^{-6}$ (Gleitkommazahlen mit zehn Ziffern) mit der Simpsonschen Formel.

Aufgabe 8.12. Berechnen Sie die Werte der bestimmten Integrale I_1 bis I_{12} aus Aufgabe 8.1 mit einer Genauigkeitsschranke von $\epsilon = 10^{-6}$ (Gleitkommazahlen mit zehn Ziffern) mit dem Verfahren von Romberg.

Aufgabe 8.13. Bestimmen Sie die Werte der bestimmten Integrale A_1 bis A_6 aus Aufgabe 8.2 mit einer Genauigkeitsschranke von $\epsilon = 10^{-6}$ (Gleitkommazahlen mit zehn Ziffern) mit der adaptiven Simpsonmethode.

Aufgabe 8.14. Berechnen Sie die Werte der bestimmten Integrale I_1 bis I_{12} aus Aufgabe 8.1 mit der Gauß-Integration mit 3 Stützstellen ($n = 2$) und vergleichen Sie die Ergebnisse mit den exakten Werten aus Aufgabe 8.1.

Aufgabe 8.15. Berechnen Sie die Werte der bestimmten Integrale I_1 bis I_{12} aus Aufgabe 8.1 mit der Gauß-Integration mit 4 Stützstellen ($n = 3$) und vergleichen Sie die Ergebnisse mit den exakten Werten aus Aufgabe 8.1 und den Näherungen aus Aufgabe 8.14.

Kapitel 9
Numerische Lösung gewöhnlicher Differentialgleichungen

9.1 Begriffe und Beispiele

Definition 9.1. *Gewöhnliche Differentialgleichungen* sind Gleichungen, in denen Differentialquotienten einer Funktion einer Variablen und eventuell diese Funktion selbst auftreten. Die höchste in der Differentialgleichung auftretende Ableitungsordnung heißt *Ordnung der Differentialgleichung*.

Das Lösen einer Differentialgleichung n-ter Ordnung heißt, alle n-mal stetig differenzierbaren Funktionen zu ermitteln, die mit ihren Ableitungen die Differentialgleichung auf einem ganzen Intervall erfüllen. Die Menge aller Lösungsfunktionen einer Differentialgleichung heißt *allgemeine Lösung*. Durch Vorgabe weiterer Bedingungen an die Lösung kann man eine Lösungsfunktion aus dieser Menge bestimmen. Die weiteren Bedingungen können in der Angabe des Funktionswertes und der ersten $n-1$ Ableitungen der gesuchten Funktion an einer Stelle x_0 bestehen. Wenn man die unabhängige Variable x als Zeit interpretiert, so kann man sich den Funktionswert und die Ableitungen als Startzustand des durch die Differentialgleichung beschriebenen Systems vorstellen. Man spricht daher von einer *Anfangswertaufgabe* oder einem *Anfangswertproblem*. Die Lösung eines Anfangswertproblems heißt *spezielle Lösung* der Differentialgleichung.

Eine spezielle Lösung erhält man auch durch die Vorgabe von Funktionswerten und Ableitungen an zwei Stellen, den Rändern eines Intervalls. Aufgaben dieser Art heißen daher *Randwertaufgaben*.

Im folgenden Kapitel werden nur numerische Methoden zur Lösung von Anfangswertproblemen behandelt.

Häufig sind Differentialgleichungen die geeigneten Hilfsmittel zur Beschreibung von Zusammenhängen aus Naturwissenschaft, Technik und Ökonomie. Es gibt aber kein allgemeines Verfahren zur geschlossenen Lösung solcher Gleichungen. Falls man keine Möglichkeit zur geschlossenen Lösung findet, gibt es prinzipiell zwei Möglichkeiten des weiteren Vorgehens.

a) Die Differentialgleichung wird geringfügig abgewandelt und in eine Gleichung umgeformt, für die man einen geschlossenen Lösungsweg kennt.

b) Für die Differentialgleichung wird eine näherungsweise Lösung bestimmt.

Die hier behandelten numerische Methoden zur Lösung einer Differentialgleichung entsprechen dabei der zweiten Möglichkeit. Die in diesem Buch als Beispielaufgaben behandelten Gleichungen sind auch geschlossen lösbar. Wir werden daher gelegentlich die exakte Lösung angeben, um unsere Näherung damit vergleichen zu können. Normalerweise kennt man die exakte Lösung natürlich nicht.

Ein numerisches Verfahren zur Lösung von Differentialgleichungen kann nur eine Näherung für eine spezielle Lösung liefern. Zur Veranschaulichung von Anfangswertproblemen und ihrer Lösung betrachten wir Differentialgleichungen erster Ordnung.

9.1.1 Differentialgleichungen erster Ordnung

In einer Differentialgleichung erster Ordnung tritt außer der gesuchten Funktion $y(x)$ noch deren erste Ableitung $y'(x)$ und eventuell die unabhängige Variable x auf, ganz allgemein kann man sie als

$$F(x, y, y') = 0 \tag{9.1}$$

schreiben. Dies ist eine *implizit* gegebene Differentialgleichung. Durch Auflösung der Differentialgleichung nach der Ableitung y' erhält man die Form

$$y' = f(x, y). \tag{9.2}$$

Die nach der höchsten Ableitung aufgelöste Form der Differentialgleichung heißt *explizite Form*. Für eine Differentialgleichung erster Ordnung kann die explizite Form so interpretiert werden, dass in jedem Punkt (x, y) aus dem Definitionsbereich von $f(x, y)$ ein Anstieg y', den man auch als eine Richtung betrachten kann, erklärt ist. Man sagt daher, dass durch die Differentialgleichung ein *Richtungsfeld* bestimmt ist.

Beispiel 9.1. In der explizit gegebenen Differentialgleichung 1. Ordnung

$$y' = y + 1 + x$$

ist der Ausdruck $f(x, y) = y + 1 + x$ für alle $(x, y) \in R^2$ definiert. Die Gleichung beschreibt daher ein Richtungsfeld, in dem jedem Punkt der xy-Ebene ein Anstieg zugeordnet ist. Die allgemeine Lösung der Differentialgleichung ist die Menge aller Funktionen, die sich in dieses Richtungsfeld einpassen lassen. Sie lautet

$$y(x) = ce^x - x - 2.$$

Dabei ist $c \in R$ eine beliebige Konstante. Zur Kontrolle der Lösung setzt man die Funktion und ihre Ableitung in die Differentialgleichung ein. Die Bilder zeigen das Richtungsfeld und einige spezielle Lösungen mit *Integrationskonstanten* $-30 \leq c \leq 50$.

Ein möglicher Anfangswert ist $y(0) = 0$. Damit ist die Konstante c eindeutig bestimmt. Man erhält die spezielle Lösung

$$y(x) = 2e^x - x - 2.$$

Abschnitt 9.1 Begriffe und Beispiele

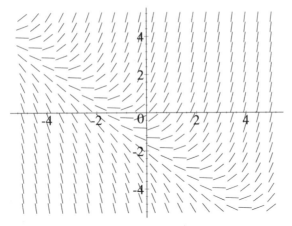

Bild 9.1. Richtungsfeld zu $y' = y + 1 + x$.

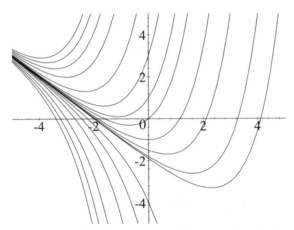

Bild 9.2. Eine Schar von Lösungen zum Richtungsfeld $y' = y + 1 + x$.

9.1.2 Technische und ökonomische Beispiele

Das Anfangswertproblem

$$L\frac{di}{dt} + Ri = u_0, \quad i(0) = 0$$

beschreibt der Stromfluss i in einem Gleichstromkreis mit Spannungsquelle u_0, Induktivität L und Ohmschem Widerstand R. Auf der linken Seite der Gleichung steht die Summe der Spannungsabfälle über Spule und Widerstand. Die Anfangsbedingung sagt aus, dass im Einschaltzeitpunkt noch kein Strom fließt. Die allgemeine Lösung der Differentialgleichung lautet

$$i(t) = \frac{u_0}{R} + ce^{-\frac{R}{L}t},$$

wobei c eine beliebige reelle Konstante ist. Durch die Anfangsbedingung $i(0) = 0$ wird c ein fester Wert zugewiesen. Man erhält die spezielle Lösung

$$i(t) = \frac{u_0}{R}(1 - e^{-\frac{R}{L}t}).$$

Die Differentialgleichung

$$\dot{x} = kx(B - x)$$

heißt *logistische Grundgleichung*. Sie dient zur Untersuchung von Wachstumsprozessen in der Biologie, der Ökonomie und anderen Gebieten. Die linke Seite der Gleichung steht als Ableitung nach der Zeit für die *Wachstumsgeschwindigkeit* der *Wachstumsgröße* x. Die Wachstumsgeschwindigkeit ist über einen *Proportionalitätsfaktor* k mit der Wachstumsgröße x, aber auch mit dem Abstand der Wachstumsgröße von der *Wachstumsgrenze* B verbunden. Diese Konstruktion verhindert ein Wachstum über alle Maßen. Die logistische Gleichung hat die allgemeine Lösung

$$x(t) = \frac{cBe^{kBt}}{1 + ce^{kBt}},$$

eine Anfangsbedingung $x(0) = x_0$ führt zur speziellen Lösung

$$x(t) = \frac{x_0 B e^{kBt}}{B - x_0(1 - e^{kBt})}.$$

9.1.3 Das Verfahren von Picard-Lindelöf

Vor der Konstruktion von numerischen Lösungsverfahren für Anfangswertaufgaben zu Differentialgleichungen erster Ordnung stellt sich die Frage nach der Existenz und Eindeutigkeit der Lösung solcher Probleme.

Der Satz von Picard-Lindelöf besagt, dass die Anfangswertaufgabe

$$y'(x) = f(x, y), \quad y(x_0) = y_0$$

im Falle einer stetigen Funktion $f(x, y)$ mit stetiger partieller Ableitung $f_y(x, y)$ eine eindeutige Lösung besitzt, die schrittweise durch die Funktionenfolge

$$y_0(x) = y_0, \tag{9.3}$$

$$y_{k+1}(x) = y_0 + \int_{x_0}^{x} f(t, y_k(t))dt \quad (k = 0, 1, \ldots) \tag{9.4}$$

approximiert werden kann. Die Bildung dieser Funktionenfolge ist bereits ein erstes Verfahren zur Lösung von Anfangswertproblemen.

Beispiel 9.2. Im Anfangswertproblem
$$y' + y = \frac{x}{2}, \quad y(0) = 1$$
besitzt die Differentialgleichung die explizite Form
$$y'(x) = f(x, y) = \frac{x}{2} - y.$$
Die Funktion $f(x, y) = x/2 - y$ ist stetig für alle $(x, y) \in R^2$. Ihre partielle Ableitung $f_y(x, y) = -1$ ist ebenfalls stetig. Das Problem besitzt daher nach dem Satz von Picard-Lindelöf eine eindeutige Lösung. Diese Lösung ist der Grenzwert der folgenden Funktionenfolge:

$$y_0(x) = y_0 = 1,$$
$$y_1(x) = y_0 + \int_{x_0}^{x} f(t, y_0(t))dt = 1 + \int_0^x \left(\frac{t}{2} - 1\right) dt$$
$$= 1 + \left(\frac{t^2}{4} - t\right)\Big|_0^x = 1 - x + \frac{x^2}{4},$$
$$y_2(x) = y_0 + \int_{x_0}^{x} f(t, y_1(t))dt = 1 + \int_0^x \left(\frac{t}{2} - \left(1 - t + \frac{t^2}{4}\right)\right) dt$$
$$= 1 + \left(-t + \frac{3}{4}t^2 - \frac{1}{12}t^3\right)\Big|_0^x = 1 - x + \frac{3}{4}x^2 - \frac{1}{12}x^3,$$
$$y_3(x) = 1 + \int_0^x \left(\frac{t}{2} - \left(1 - t + \frac{3}{4}t^2 - \frac{1}{12}t^3\right)\right) dt$$
$$= 1 + \left(-t + \frac{3}{4}t^2 - \frac{3}{12}t^3 + \frac{1}{48}t^4\right)\Big|_0^x = 1 - x + \frac{3}{4}x^2 - \frac{3}{12}x^3 + \frac{1}{48}x^4,$$
$$y_4(x) = 1 + \int_0^x \left(\frac{t}{2} - \left(1 - t + \frac{3}{4}t^2 - \frac{3}{12}t^3 + \frac{1}{48}t^4\right)\right) dt$$
$$= 1 + \left(-t + \frac{3}{4}t^2 - \frac{3}{12}t^3 + \frac{3}{48}t^4 - \frac{1}{240}t^5\right)\Big|_0^x$$
$$= 1 - x + \frac{3}{4}x^2 - \frac{3}{12}x^3 + \frac{3}{48}x^4 - \frac{1}{240}x^5,$$
$$y_5(x) = 1 - x + \frac{3}{4}x^2 - \frac{3}{12}x^3 + \frac{3}{48}x^4 - \frac{3}{240}x^5 + \frac{1}{1440}x^6,$$
$$y_6(x) = 1 - x + \frac{3}{4}x^2 - \frac{3}{12}x^3 + \frac{3}{48}x^4 - \frac{3}{240}x^5 + \frac{3}{1440}x^6 - \frac{1}{10080}x^7,$$
$$\vdots$$

Es ist zu erkennen, dass die ersten $k+1$ Summanden der Funktion $y_k(x)$ in allen folgenden Gliedern der Funktionenfolge ebenfalls auftreten. Durch die Umformungen

$$y(x) = 1 - x + \frac{3}{4}x^2 - \frac{3}{12}x^3 + \frac{1}{48}x^4 - \frac{3}{240}x^5 + \frac{3}{1440}x^6 - \cdots$$

$$= -\frac{1}{2} + \frac{x}{2} + \frac{3}{2} - \frac{3}{2}x + \frac{3}{4}x^2 - \frac{3}{12}x^3 + \frac{3}{48}x^4 - \frac{3}{240}x^5 + \frac{3}{1440}x^6 - \cdots$$

$$= \frac{x-1}{2} + \frac{3}{2}\left(1 - x + \frac{1}{2!}x^2 - \frac{1}{3!}x^3 + \frac{1}{4!}x^4 - \frac{1}{5!}x^5 + \frac{1}{6!}x^6 - \cdots\right)$$

kann man für dieses Anfangswertproblem sogar die exakte Lösung erkennen. Die Folge in der Klammer ist die bekannte Taylor-Reihe

$$e^{-x} = \sum_{l=0}^{\infty}(-1)^l \frac{x^l}{l!}.$$

Das Anfangswertproblem hat also die Lösung

$$y(x) = \frac{3}{2}e^{-x} + \frac{x-1}{2}.$$

Die Differentialgleichung ohne Anfangsbedingung hat die allgemeine Lösung

$$y(x) = ce^{-x} + \frac{x-1}{2} \quad (c \in R).$$

Die Richtigkeit der allgemeinen Lösung lässt sich leicht durch Einsetzen in die Differentialgleichung überprüfen.

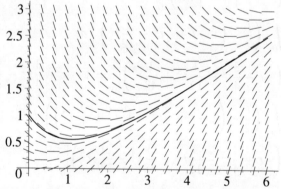

Bild 9.3. Richtungsfeld und spezielle Lösung des Anfangswertproblems.

Die exakte Lösung des Problems ist in diesem Beispiel ausnahmsweise erkennbar. Es gibt für viele Typen von Differentialgleichungen exakte Lösungsverfahren, die wesentlich effektiver als Näherungsmethoden arbeiten. Diese Verfahren können hier nicht diskutiert werden. Mit den im weiteren Verlauf herzuleitenden Näherungsverfahren kann man aber auch nicht geschlossen lösbare Probleme bearbeiten.

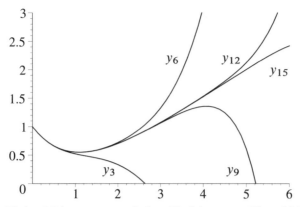

Bild 9.4. Einige Näherungen nach dem Verfahren von Picard-Lindelöf.

9.2 Taylor-Methoden

9.2.1 Der Euler-Cauchy Polygonzug

Gegeben ist ein Anfangswertproblem mit einer Differentialgleichung erster Ordnung in expliziter Form

$$y' = f(x, y), \quad y(x_0) = y_0.$$

Es wird in diesem Verfahren eine Folge von Punkten (x_k, y_k) $(k = 0, 1, \ldots, n)$ als Näherung für exakte Punkte $(x_k, y(x_k))$ auf dem Grafen der gesuchten Lösungsfunktion bestimmt. Durch die Verbindung dieser Punkte (x_k, y_k) mit Geraden erhält man den Polygonzug, nach dem das Verfahren seinen Namen hat. Dieser Polygonzug ist eine Näherung für die gesuchte Funktion. Die Stellen x_k werden äquidistant mit einer festen Schrittweite $\Delta x = h$ gebildet.

Die Differentialgleichung ordnet jedem Punkt eines Gebietes der xy-Ebene eine Richtung y' zu. Von der gesuchten Lösung ist der Punkt (x_0, y_0) bekannt, in dem die Differentialgleichung eine Richtung $y'(x_0, y_0) = f(x_0, y_0)$ vorgibt.

Die grundlegende Annahme des Verfahrens besteht darin, dass diese Richtung y' über die gewählte Schrittweite $h = \Delta x$ in x-Richtung konstant bleibt. Für eine Gerade als Kurve mit konstantem Anstieg gilt bekanntlich

$$y' = \frac{\Delta y}{\Delta x} = \frac{\Delta y}{h}.$$

Man erhält einen neuen Punkt, dessen y-Koordinate sich um $\Delta y = y' \Delta x = y' h$ geändert hat. Der erste neue Punkt kann daher durch

$$x_1 = x_0 + h, \quad y_1 = y_0 + h f(x_0, y_0)$$

berechnet werden. Allgemein gilt

$$\left.\begin{aligned} x_k &= x_{k-1} + h = x_0 + kh, \\ y_k &= y_{k-1} + hf(x_{k-1}, y_{k-1}) \end{aligned}\right\} \quad (k = 1, 2, \ldots, n). \tag{9.5}$$

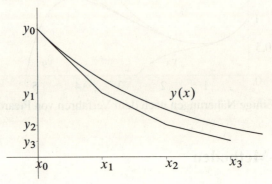

Bild 9.5. Die ersten Schritte des Polygonzugs und die exakte Lösung $y(x)$.

Beispiel 9.3. Wir bestimmen mit den Euler-Cauchyschen Polygonzug eine Näherungslösung des Anfangswertproblems

$$y' + y = \frac{x}{2}, \quad y(0) = 1.$$

Als Schrittweite wählen wir $h = 0.5$.

Die Näherung kann mit der exakten Lösung der Differentialgleichung kontrolliert werden. Durch Einsetzen in die Differentialgleichung kann man überprüfen, dass $y(x) = ce^{-x} + (x-1)/2$ die allgemeine Lösung der Gleichung ist. Die Anfangsbedingung bestimmt die spezielle Lösung

$$y(x) = \frac{3}{2}e^{-x} + \frac{x-1}{2}.$$

Zuerst muss die Differentialgleichung in ihre explizite Form $y' = x/2 - y$ gebracht werden. Die Richtung in jedem Punkt (x, y) ist durch die Funktion $f(x, y) = x/2 - y$ festgelegt. Die Punkte des Polygonzugs können dann durch

$$x_k = \frac{1}{2}k, \quad y_k = y_{k-1} + \frac{1}{2}\left(\frac{x_{k-1}}{2} - y_{k-1}\right)$$

berechnet werden. Der Anfangspunkt ist $(x_0, y_0) = (0, 1)$. Als weitere Punkte des Polygonzugs erhalten wir:

$$x_1 = 0.5, \quad y_1 = 1 + \frac{1}{2}(0-1) = \frac{1}{2},$$

$$x_2 = 1.0, \quad y_2 = \frac{1}{2} + \frac{1}{2}\left(\frac{1}{4} - \frac{1}{2}\right) = \frac{3}{8},$$

$$x_3 = 1.5, \quad y_3 = \frac{3}{8} + \frac{1}{2}\left(\frac{1}{2} - \frac{3}{8}\right) = \frac{7}{16}.$$

Die exakte Lösung des Problems, die Näherung mit dem Euler-Cauchyschen Polygonzugverfahren und die auftretenden Fehler sind in der Tabelle 9.1 zusammengefasst.

	exakte Lösung	Euler-Cauchy- Polygonzug	
x_i	$y(x_i)$	y_i	$\|y(x_i) - y_i\|$
0.0	1	1	0
0.5	0.659795990	0.500000000	0.159795990
1.0	0.551819162	0.375000000	0.176819162
1.5	0.584695240	0.437500000	0.147195240
2.0	0.703002925	0.593750000	0.109252925
2.5	0.873127498	0.796875000	0.076252498
3.0	1.074680603	1.023437500	0.051243103
3.5	1.295296075	1.261718750	0.033577325
4.0	1.527473458	1.505859375	0.021614083
4.5	1.766663495	1.752929688	0.013733807
5.0	2.010106921	2.001464844	0.008642077
5.5	2.256130157	2.250732422	0.005397735
6.0	2.503718128	2.500366211	0.003351917

Tabelle 9.1. Näherung mit Polygonzugverfahren.

In diesem Beispiel stimmte die vom Polygonzugverfahren erzeugte Lösung gut mit der exakten Lösung der Gleichung überein. Dies ist nicht immer der Fall. Es kann sogar sein, dass das Lösungsverhalten sich bei geringfügiger Änderung eines Parameters in der Aufgabenstellung vollständig ändert. Als extremes Beispiel wird hier die numerische Lösung der logistischen Gleichung demonstriert, wobei bei gleicher Schrittweite und gleicher Anfangsbedingung lediglich der Wachstumsparameter in der Gleichung variiert.

Beispiel 9.4. In diesem Beispiel untersuchen wir die numerische Lösung der logistischen Gleichung $\dot{x} = kx(B - x)$ mit dem Euler-Cauchyschen Polygonzug bei verschiedenen Koeffizienten k. Wir werden stets die Wachstumsgrenze $B = 1$ verwenden. Die Wachstumsgröße x kann man dann als Ausschöpfung der Wachstumsgrenze von 100 % interpretieren. Alle Rechnungen werden für die Anfangsbedingung $x(0) = 0.2$ mit der Schrittweite $h = 1$ durchgeführt, das dargestellte Lösungsverhalten ist davon aber unabhängig. Die Punkte des Polygonzugs lassen sich dann mit

$$\left. \begin{array}{l} t_l = l, \\ x_l = x_{l-1} + k x_{l-1}(1 - x_{l-1}) \end{array} \right\} \quad (l = 1, 2, \ldots, n)$$

berechnen. Die folgenden Grafiken 9.6 zeigen den Polygonzug für verschiedene Werte von k.

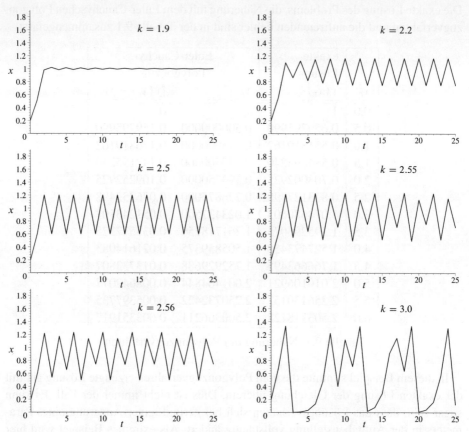

Bild 9.6. Die Lösung der logistischen Gleichung mit dem Polygonzugverfahren für verschiedene Werte des Wachstumsfaktors k.

Die vom Polygonzugverfahren gelieferte Näherung stimmt für kleine Werte von k gut mit der im Abschnitt 9.1.2 angegebenen exakten Lösung des Problems überein. Mit steigendem k beginnt der Polygonzug zwischen zwei Zuständen zu pendeln. Mit weiter wachsendem k entfernen sich diese Zustände voneinander, der Polygonzug schwankt bei noch weiter wachsenden k zwischen $4, 8, 16, 32, \ldots$ Zuständen, wobei diese Übergänge mit wachsendem k immer dichter aufeinander folgen. Ab einem gewissen k springt der Polygonzug unvorhersagbar in einem Intervall hin und her. Es ist keinerlei Beziehung zur exakten Lösung aus Abschnitt 9.1.2 mehr feststellbar. Selbst geringfügige Änderungen in der Anfangsbedingung oder sogar nur in der Stellenzahl der Rechnung führen zu völlig anderen Verläufen des Polygonzugs. Man sagt, dass deterministisches Chaos eingetreten sei. Das Wort Chaos beschreibt den unvorhersagbaren Verlauf des Polygonzugs. Mit der Bezeichnung deterministisches Chaos drückt man aus, dass dieser Effekt hier in einem vollständig bestimmten Rechenalgorithmus auftritt.

Das Feigenbaum-Diagramm für die logistische Differentialgleichung gibt einen Überblick über das Verhalten des Polygonzugverfahrens mit der Schrittweite $h = 1$. Dabei werden auf der waagerechten Achse die Werte des Wachstumsparameters k abgetragen, auf der senkrechten Achse sind die nach einer Einlaufphase vom Polygonzug durchlaufenen Zustände dargestellt. Zwei Kurven oberhalb von $k = 2.2$ zeigen also an, dass der Polygonzug bei diesem Wert zwischen zwei Zuständen pendelt. Die Höhe der Kurven gibt dabei die beiden Werte an.

Die Ursache für das Verhalten im letzten Beispiel liegt in der Nichtlinearität der Aufgabenstellung. Erkennbar ist dies daran, dass auf der rechten Seite der logistischen Gleichung das Quadrat der gesuchten Funktion $x(t)$ steht. Lineare Gleichungen, wie sie in den Aufgaben und Beispielen verwendet werden, führen nicht zu solchen Effekten.

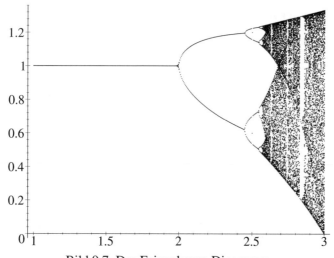

Bild 9.7. Das Feigenbaum-Diagramm.

9.2.2 Methoden höherer Ordnung

Der im vorigen Abschnitt anschaulich eingeführte Euler-Cauchysche Polygonzug kann als einfachstes Verfahren einer Klasse von Lösungsmethoden betrachtet werden, die alle auf der Taylor-Entwicklung der gesuchten Lösungsfunktion $y(x)$ beruhen. Dieser Ansatz erlaubt auch die Bestimmung des auftretenden lokalen Fehlers.

Unter der Annahme, dass die Funktion $y(x)$ an der Stelle x_i $(n+1)$-mal stetig differenzierbar ist, lautet ihre Taylor-Entwicklung der Ordnung n an dieser Stelle

$$y(x) = y(x_i) + \frac{y'(x_i)}{1!}(x-x_i)^1 + \cdots + \frac{y^{(n)}(x_i)}{n!}(x-x_i)^n + \frac{y^{(n+1)}(\xi)}{(n+1)!}(x-x_i)^{n+1}.$$

Die Substitution $x_{i+1} = x_i + h$ führt zu

$$\begin{aligned} y(x_{i+1}) = y(x_i) &+ \frac{y'(x_i)}{1!}h^1 + \frac{y''(x_i)}{2!}h^2 \\ &+ \cdots + \frac{y^{(n)}(x_i)}{n!}h^n + \frac{y^{(n+1)}(\xi)}{(n+1)!}h^{n+1}. \end{aligned} \quad (9.6)$$

Wir lassen jetzt das Restglied weg und wählen für die Näherungen von $y(x_i)$ die Schreibweise y_i. Aus der zu lösenden Differentialgleichung $y'(x) = f(x,y)$ erhält man durch schrittweise weitere Ableitung

$$y''(x) = f'(x,y), \quad y'''(x) = f''(x,y), \quad \ldots, \quad y^{(n+1)} = f^{(n)}(x,y).$$

Die Einsetzung dieser Ableitungen in die Taylor-Formel ergibt

$$y_{i+1} = y_i + \frac{f(x_i, y_i)}{1!}h^1 + \frac{f'(x_i, y_i)}{2!}h^2 + \cdots + \frac{f^{(n-1)}(x_i, y_i)}{n!}h^n. \quad (9.7)$$

Definition 9.2. Für die Anfangswertaufgabe

$$y'(x) = f(x,y), \quad y(x_0) = y_0$$

heißt das durch

$$x_{i+1} = x_i + h,$$

$$y_{i+1} = y_i + h\left(f(x_i, y_i) + \frac{h}{2!}f'(x_i, y_i) + \cdots + \frac{h^{n-1}}{n!}f^{(n-1)}(x_i, y_i)\right)$$

$$(i = 0, 1, \ldots, N-1)$$

gegebene Näherungsverfahren *Taylorsche Methode der Ordnung n*.

Abschnitt 9.2 Taylor-Methoden

Der Euler-Cauchysche Polygonzug ordnet sich als Taylorsches Verfahren erster Ordnung in diese Definition ein.

Die Schwierigkeit bei der Anwendung Taylorscher Methoden mit einer Ordnung höher als eins liegt in der Bestimmung der Ableitungen der Funktion f, da diese Funktion von den zwei Variablen x und $y(x)$ abhängt. Die Kettenregel zur Ableitung von f lautet

$$f'(x, y(x)) = \frac{\partial f(x, y(x))}{\partial x}\frac{dx}{dx} + \frac{\partial f(x, y(x))}{\partial y}\frac{dy(x)}{dx}$$
$$= \frac{\partial f(x, y(x))}{\partial x} + \frac{\partial f(x, y(x))}{\partial y} f(x, y(x)).$$

Die Ableitungen höherer Ordnung von f sind schwieriger bestimmbar, denn auf der rechten Seite sind alle partiellen Ableitungen von f nach x und y zu berücksichtigen.

Beispiel 9.5. Wir bestimmen die Näherungslösungen des bereits im Beispiel 9.3 betrachteten Anfangswertproblems

$$y' + y = \frac{x}{2}, \quad y(0) = 1$$

mit den Taylor-Verfahren dritter, fünfter und siebenter Ordnung und der Schrittweite $h = 0.5$.

Die exakte Lösung des Problems ist bekanntlich $y(x) = 3/2\, e^{-x} + (x - 1)/2$.

Wir bestimmen zunächst die ersten sechs Ableitungen der Funktion $f(x, y) = x/2 - y$, wobei wir den aus der Aufgabenstellung bekannten Zusammenhang $y' = x/2 - y$ ausnutzen. Sie lauten:

$$f'(x, y(x)) = \frac{d}{dx}\left(\frac{x}{2} - y\right) = \frac{1}{2} - y' = y - \frac{x}{2} + \frac{1}{2},$$
$$f''(x, y(x)) = \frac{d}{dx}\left(y - \frac{x}{2} - \frac{1}{2}\right) = y' - \frac{1}{2} = \frac{x}{2} - y - \frac{1}{2},$$
$$f'''(x, y(x)) = \frac{d}{dx}\left(\frac{x}{2} - y + \frac{1}{2}\right) = \frac{1}{2} - y' = y - \frac{x}{2} + \frac{1}{2},$$
$$f^{(4)}(x, y(x)) = \frac{d}{dx}\left(y - \frac{x}{2} - \frac{1}{2}\right) = y' - \frac{1}{2} = \frac{x}{2} - y - \frac{1}{2},$$
$$f^{(5)}(x, y(x)) = \frac{d}{dx}\left(\frac{x}{2} - y + \frac{1}{2}\right) = \frac{1}{2} - y' = y - \frac{x}{2} + \frac{1}{2},$$
$$f^{(6)}(x, y(x)) = \frac{d}{dx}\left(y - \frac{x}{2} - \frac{1}{2}\right) = y' - \frac{1}{2} = \frac{x}{2} - y - \frac{1}{2}.$$

Für die Taylorsche Methode dritter Ordnung erhalten wir dann

$$x_{i+1} = x_i + h,$$

$$y_{i+1} = y_i + h\left(f(x_i, y_i) + \frac{h}{2}f'(x_i, y_i) + \frac{h^2}{3!}f''(x_i, y_i)\right)$$

$$= y_i + h\left(\frac{x_i}{2} - y_i + \frac{h}{2}\left(y_i - \frac{x_i}{2} + \frac{1}{2}\right) + \frac{h^2}{3!}\left(\frac{x_i}{2} - y_i - \frac{1}{2}\right)\right)$$

$$= y_i + h\left(\left(\frac{x_i}{2} - y_i - \frac{1}{2}\right)\left(1 - \frac{h}{2} + \frac{h^2}{3!}\right) + \frac{1}{2}\right).$$

Mit der gewählten Schrittweite $h = 0.5$ gilt

$$x_{i+1} = x_i + 0.5,$$

$$y_{i+1} = y_i + \frac{1}{2}\left(\left(\frac{x_i}{2} - y_i - \frac{1}{2}\right)\left(1 - \frac{1}{4} + \frac{1}{24}\right) + \frac{1}{2}\right)$$

$$= y_i + \frac{1}{2}\left(\frac{19}{24}\left(\frac{x_i}{2} - y_i - \frac{1}{2}\right) + \frac{1}{2}\right).$$

Auf analoge Weise ergeben sich für diese Anfangswertaufgabe die Methoden fünfter Ordnung

$$x_{i+1} = x_i + h,$$

$$y_{i+1} = y_i + h\left(f(x_i, y_i) + \frac{h}{2}f'(x_i, y_i) + \frac{h^2}{3!}f''(x_i, y_i) + \frac{h^3}{4!}f'''(x_i, y_i)\right.$$

$$\left. + \frac{h^4}{5!}f^{(4)}(x_i, y_i)\right)$$

$$= y_{i+1} + h\left(\left(\frac{x_i}{2} - y_i - \frac{1}{2}\right)\left(1 - \frac{h}{2} + \frac{h^2}{3!} - \frac{h^3}{4!} + \frac{h^4}{5!}\right) + \frac{1}{2}\right)$$

und siebenter Ordnung

$$x_{i+1} = x_i + h,$$

$$y_{i+1} = y_i + h\left(\left(\frac{x_i}{2} - y_i - \frac{1}{2}\right)\left(1 - \frac{h}{2} + \frac{h^2}{3!} - \frac{h^3}{4!} + \frac{h^4}{5!} - \frac{h^5}{6!} + \frac{h^6}{7!}\right) + \frac{1}{2}\right).$$

Abschnitt 9.2 Taylor-Methoden

Mit der gewählten Schrittweite $h = 0.5$ werden daraus die Formel des Verfahrens fünfter Ordnung

$$x_{i+1} = x_i + 0.5,$$

$$y_{i+1} = y_i + \frac{1}{2}\left(\left(\frac{x_i}{2} - y_i - \frac{1}{2}\right)\left(1 - \frac{1}{4} + \frac{1}{24} - \frac{1}{192} + \frac{1}{1920}\right) + \frac{1}{2}\right)$$

$$= y_i + \frac{1}{2}\left(\frac{1511}{1920}\left(\frac{x_i}{2} - y_i - \frac{1}{2}\right) + \frac{1}{2}\right).$$

Für das Verfahren siebenter Ordnung ergibt sich die Vorschrift

$$x_{i+1} = x_i + 0.5,$$

$$y_{i+1} = y_i + \frac{1}{2}\left(\left(\frac{x_i}{2} - y_i - \frac{1}{2}\right)\left(1 - \frac{1}{4} + \frac{1}{24} - \frac{1}{192} + \frac{1}{1920}\right.\right.$$
$$\left.\left. - \frac{1}{23040} + \frac{1}{322560}\right) + \frac{1}{2}\right)$$

$$= y_i + \frac{1}{2}\left(\frac{253835}{322560}\left(\frac{x_i}{2} - y_i - \frac{1}{2}\right) + \frac{1}{2}\right).$$

		Taylor-Methode		
	5. Ordnung		7. Ordnung	
x_i	y_i	$|y(x_i) - y_i|$	y_i	$|y(x_i) - y_i|$
0.0	1	0	1	0
0.5	0.659765625	0.000030365	0.659795852	0.000000138
1.0	0.551782328	0.000036834	0.551818995	0.000000167
1.5	0.584661730	0.000033510	0.584695088	0.000000152
2.0	0.702975825	0.000027100	0.703002802	0.000000123
2.5	0.873106952	0.000020546	0.873127405	0.000000093
3.0	1.074665649	0.000014956	1.074680535	0.000000068
3.5	1.295285494	0.000010581	1.295296027	0.000000048
4.0	1.527466124	0.000007334	1.527473425	0.000000033
4.5	1.766658490	0.000005005	1.766663472	0.000000023
5.0	2.010103548	0.000003373	2.010106905	0.000000016
5.5	2.256127907	0.000002250	2.256130147	0.000000010
6.0	2.503716639	0.000001489	2.503718122	0.000000006

Tabelle 9.2. Lösungen mit Taylor-Methoden fünfter und siebenter Ordnung.

Die Tabelle 9.2 enthält die Lösungen des Problems mit den Taylor-Methoden fünfter und siebenter Ordnung und die dabei auftretenden Fehler. Zum Vergleich mit den exakten Lösungen und den Ergebnissen der Methode erster Ordnung sei auf Beispiel 9.3 verwiesen.

9.2.3 Fehlerschranken

Der in jedem Schritt auftretende lokale Fehler von Taylorschen Methoden entsteht durch das Weglassen des Restgliedes

$$\frac{y^{(n+1)}(\xi)}{(n+1)!} h^{n+1}$$

der Taylor-Formel, wobei ξ ein Element des Intervalls (x_i, x_{i+1}) ist, dessen genaue Lage man nicht kennt. Wenn die Funktion $f(x, y(x))$ hinreichend oft differenzierbar ist, um ein Taylor-Verfahren der Ordnung n anzuwenden, tritt bei diesem Verfahren der lokale Fehler $O(h^{n+1})$ auf. Diese Proportionalität des lokalen Fehlers zu h^{n+1} garantiert, dass der lokale Fehler für $h \to 0$ ebenfalls gegen 0 konvergiert. Das Polygonzugverfahren nach Euler-Cauchy hat als Taylorsches Verfahren erster Ordnung einen zu h^2 proportionalen lokalen Fehler.

9.3 Runge-Kutta-Verfahren

In den im vorigen Abschnitt behandelten Taylor-Verfahren wird die auf der rechten Seite der impliziten Differentialgleichung stehende Funktion von zwei Variablen $f(x, y)$ durch das Einsetzen der gesuchten Lösung $y(x)$ in die Form $f(x, y(x))$ gebracht. Sie kann dann als Funktion einer Variablen x betrachtet werden. Damit kann man zur Approximation von f die relativ einfache Taylor-Entwicklung für Funktionen einer Variablen anwenden. Die einfache Struktur der Formel wird erkauft durch die Notwendigkeit, die Ableitungen von f bis zur Ordnung $n-1$ bestimmen zu müssen. Die Bestimmung dieser Ableitungen kann sehr schwierig sein.

Wir werden in diesem Abschnitt Methoden behandeln, in denen die Funktion f auf der rechten Seite der Differentialgleichung als Funktion von zwei unabhängigen Variablen betrachtet wird. Auch für solche Funktionen gibt es eine Taylor-Entwicklung, die aber wegen der auftretenden partiellen Ableitungen eine kompliziertere Form hat. Mit der Schreibweise $x_1 = x_0 + \Delta x$ und $y_1 = y_0 + \Delta y$ lautet die Entwicklung:

$$f(x_1, y_1) = f(x_0, y_0) + \left(\frac{\partial f}{\partial x}(x_0, y_0)\Delta x + \frac{\partial f}{\partial y}(x_0, y_0)\Delta y \right)$$

$$+ \frac{1}{2!} \left(\frac{\partial^2 f}{\partial x^2}(x_0, y_0)\Delta x^2 + 2\frac{\partial^2 f}{\partial x \partial y}(x_0, y_0)\Delta x \Delta y + \frac{\partial^2 f}{\partial y^2}(x_0, y_0)\Delta y^2 \right)$$

$$\vdots$$

$$+ \frac{1}{n!} \sum_{l=0}^{n} \binom{n}{l} \frac{\partial^n f}{\partial x^l \partial y^{n-l}}(x_0, y_0) \Delta x^l \Delta y^{n-l}$$

$$+ \frac{1}{(n+1)!} \sum_{l=0}^{n+1} \binom{n+1}{l} \frac{\partial^{n+1} f}{\partial x^l \partial y^{n+1-l}}(\xi, \psi) \Delta x^l \Delta y^{n+1-l}.$$

Voraussetzung für diese Entwicklung der Funktion f ist ihre hinreichende Differenzierbarkeit, so müssen alle partiellen Ableitungen für alle $x \in [x_0, x_1]$ und alle $y \in [y_0, y_1]$ existieren. Der letzte Summand ist das Restglied, er verkörpert den Fehler der Approximation. Die Ableitung f^{n+1} wird dabei an gewissen $\xi \in (x_0, x_1)$ und $\psi \in (y_0, y_1)$ gebildet.

Diese Entwicklung sieht wesentlich komplizierter aus als die im vorigen Abschnitt verwendete Form. Das Ziel ist, durch einen geeigneten Koeffizientenvergleich die Bestimmung der partiellen Ableitungen zu ersparen.

Zur Demonstration des prinzipiellen Vorgehens nutzen wir die bereits bekannte Taylor-Entwicklung zweiter Ordnung für Funktionen $y(x)$ einer Variablen. In dieser Entwicklung substituieren wir mit Hilfe der expliziten Form der zu lösenden Differentialgleichung $y'(x) = f(x, y(x))$ die Ableitungen y' und y'', das Restglied kann dabei unberücksichtigt bleiben. Die Ableitung f' ersetzen wir durch die entsprechende Kettenregel. Dann erhalten wir wie im vorigen Abschnitt

$$\begin{aligned} y(x_{i+1}) &= y(x_i) + y'(x_i)h + \frac{y''(x_i)}{2!}h^2 + \frac{y'''(\xi)}{3!}h^3 \\ &= y(x_i) + f(x_i, y(x_i))h + \frac{f'(x_i, y(x_i))}{2!}h^2 + \frac{y'''(\xi)}{3!}h^3 \\ &= y(x_i) + h\bigg(f(x_i, y(x_i)) + \frac{\partial f(x_i, y(x_i))}{\partial x}\frac{h}{2} \\ &\quad + \frac{\partial f(x_i, y(x_i))}{\partial y} f(x_i, y(x_i))\frac{h}{2}\bigg) + \frac{y'''(\xi)}{3!}h^3. \end{aligned}$$

Bei genauer Betrachtung des Ausdrucks in der Klammer erkennt man, dass es sich um eine Taylor-Entwicklung 1. Ordnung ohne Restglied für eine Funktion von zwei Variablen mit $\Delta x = h/2$ und $\Delta y = h/2 f(x_i, y(x_i))$ handelt. In der Klammer steht also ein Näherungswert für $f(x_i + h/2, y(x_i) + h/2 f(x_i, y(x_i)))$. Für die Näherungswerte y_i und y_{i+1} gilt dann

$$y_{i+1} = y_i + hf\left(x_i + \frac{h}{2}, y_i + \frac{h}{2} f(x_i, y_i)\right).$$

Damit ist das Ziel erreicht. Wir haben eine Formel gefunden, die uns die Bestimmung der Ableitungen der Funktion f erspart. Bei der Ersetzung des Ausdrucks in der Klammer ist durch den Wegfall des Restgliedes der Taylor-Entwicklung von $f(x, y)$ ein Fehler proportional zu h^2 aufgetreten. Durch die Multiplikation der Klammer mit h liefert diese Ersetzung einen Fehler $O(h^3)$. Die äußere Taylor-Entwicklung für $y(x)$ hat auch einen Fehler $O(h^3)$. Damit ist der lokale Fehler dieses Verfahrens wie bei der vergleichbaren Taylor-Methode zweiter Ordnung $O(h^3)$.

Definition 9.3. Das zur Anfangswertaufgabe

$$y'(x) = f(x, y), \quad y(x_0) = y_0$$

gehörende Runge-Kutta-Verfahren 2.Ordnung

$$\left.\begin{array}{l} x_{i+1} = x_i + h, \\ y_{i+1} = y_i + hf\left(x_i + \dfrac{h}{2}, y_i + \dfrac{h}{2} f(x_i, y_i)\right) \end{array}\right\} \quad (i = 0, 1, \ldots, N-1)$$

heißt *Mittelpunktmethode*.

Die Mittelpunktmethode ist nicht das einzige Runge-Kutta-Verfahren zweiter Ordnung. Diese Methode beruht auf der Interpretation des Klammerausdrucks als an der Stelle $(x+\Delta x, y+\Delta y)$ genommener Funktionswert einer Taylor-Entwicklung von f. Der Term in der Klammer braucht aber nicht unbedingt als

$$f(x_i + \Delta x, y_i + \Delta y)$$

oder allgemein

$$af(x_i + b, y_i + c)$$

betrachtet zu werden. Man kann auch allgemeiner sagen, dass dieser Term für $a_1 f(x_i, y_i) + a_2 f(x_i + b, y_i + c)$ steht. Die Taylor-Entwicklung eines solchen Terms ist

$$a_1 f(x_i, y_i) + a_2 f(x_i + b, y_i + c)$$

$$\approx a_1 f(x_i, y_i) + a_2 f(x_i, y_i) + \frac{\partial f(x_i, y_i)}{\partial x} b a_2 + \frac{\partial f(x_i, y_i)}{\partial y} f(x_i, y_i) c a_2.$$

Ein Vergleich der Koeffizienten der rechten Seite mit dem zu substituierenden Term

$$f(x_i, y(x_i)) + \frac{\partial f(x_i, y(x_i))}{\partial x} \frac{h}{2} + \frac{\partial f(x_i, y(x_i))}{\partial y} f(x_i, y(x_i)) \frac{h}{2}$$

ergibt

$$a_1 + a_2 = 1, \quad b a_2 = \frac{h}{2} \quad \text{und} \quad c a_2 = \frac{h}{2}.$$

Dies ist ein Gleichungssystem mit unendlich vielen Lösungen. Jede Lösung mit $0 < a_2 \leq 1$ beschreibt ein spezielles Runge-Kutta-Verfahren zweiter Ordnung. Die Mittelpunktmethode ordnet sich mit $a_2 = 1$ in diesen allgemeinen Ansatz ein. Ein weiteres bekanntes Verfahren ist zum Beispiel das zur Lösung

$$a_1 = \frac{1}{4}, \quad a_2 = \frac{3}{4}, \quad b = c = \frac{2}{3} h$$

Abschnitt 9.3 Runge-Kutta-Verfahren

gehörende *Heunsche Verfahren*

$$x_{i+1} = x_i + h,$$

$$y_{i+1} = y_i + \frac{h}{4}\left\{f(x_i, y_i) + 3f\left(x_i + \frac{2}{3}h, y_i + \frac{2}{3}hf(x_i, y_i)\right)\right\} \quad (9.8)$$

$$(i = 0, 1, \ldots, N-1).$$

Der beim Heunschen Verfahren auftretende lokale Fehler ist ebenfalls $O(h^3)$.

Beispiel 9.6. Wir lösen wieder das bereits im Beispiel 9.2 betrachtete Anfangswertproblem

$$y' + y = \frac{x}{2}, \quad y(0) = 1,$$

dessen exakte Lösung $y(x) = 3/2\, e^{-x} + (x-1)/2$ ist. Als Schrittweite wählen wir $h = 0.5$.

Wegen $y'(x) = f(x, y) = x/2 - y$ erhalten wir für die Mittelpunktmethode

$$y_{i+1} = y_i + hf\left(x_i + \frac{h}{2}, y_i + \frac{h}{2}f(x_i, y_i)\right)$$

$$= y_i + \frac{1}{2}\left\{\frac{x_i}{2} + \frac{1}{8} - \left(y_i + \frac{1}{4}\left(\frac{x_i}{2} - y_i\right)\right)\right\}$$

$$= \frac{5}{8}y_i + \frac{3}{16}x_i + \frac{1}{16}$$

und für das Heunschen Verfahren

$$y_{i+1} = y_i + \frac{h}{4}\left\{f(x_i, y_i) + 3f\left(x_i + \frac{2}{3}h, y_i + \frac{2}{3}hf(x_i, y_i)\right)\right\}$$

$$= y_i + \frac{1}{8}\left\{\frac{x_i}{2} - y_i + 3\left(\frac{x_i}{2} + \frac{1}{6} - \left(y_i + \frac{1}{3}\left(\frac{x_i}{2} - y_i\right)\right)\right)\right\}$$

$$= \frac{5}{8}y_i + \frac{3}{16}x_i + \frac{1}{16}.$$

Für unser Beispielproblem erhält man also mit beiden Methoden identische Ergebnisse, die in der folgenden Tabelle 9.3 zusammengefasst sind.

x_i	exakte Lösung $y(x_i)$	Mittelpunktmethode y_i	$|y(x_i) - y_i|$
0.0	1.000000000	1.000000000	0.000000000
0.5	0.659795990	0.687500000	0.027704010
1.0	0.551819162	0.585937500	0.034118338
1.5	0.584695240	0.616210938	0.031515698
2.0	0.703002925	0.728881836	0.025878911
2.5	0.873127498	0.893051148	0.019923650
3.0	1.074680603	1.089406968	0.014726365
3.5	1.295296075	1.305879355	0.010583280
4.0	1.527473458	1.534924597	0.007451139
4.5	1.766663495	1.771827873	0.005164378
5.0	2.010106921	2.013642421	0.003535500
5.5	2.256130157	2.258526513	0.002396356
6.0	2.503718128	2.505329071	0.001610943

Tabelle 9.3. Lösung mit Mittelpunktmethode für Beispiel 9.6.

Es ist kein Zufall, dass die Mittelpunktmethode und die Methode von Heun im vorigen Beispiel die gleichen Ergebnisse liefern. Dies liegt an der Struktur der das Richtungsfeld beschreibenden Funktion $f(x, y)$. Für jede Differentialgleichung

$$y'(x) = f(x, y) = c_1 x + c_2 y + c_3 \quad (c_1, c_2, c_3 \in R)$$

führen die Runge-Kutta-Verfahren 2. Ordnung bei beliebiger Wahl von $0 < a_2 \leq 1$ zu identischen Ergebnissen.

Das bekannteste Verfahren vom Runge-Kutta-Typ ist das durch

$$x_{i+1} = x_i + h,$$
$$c_{i+1}^{I} = hf(x_i, y_i),$$
$$c_{i+1}^{II} = hf\left(x_i + \frac{h}{2}, y_i + \frac{1}{2}c_{i+1}^{I}\right),$$
$$c_{i+1}^{III} = hf\left(x_i + \frac{h}{2}, y_i + \frac{1}{2}c_{i+1}^{II}\right),$$
$$c_{i+1}^{IV} = hf(x_{i+1}, y_i + c_{i+1}^{III}),$$
$$y_{i+1} = y_i + \frac{1}{6}(c_{i+1}^{I} + 2c_{i+1}^{II} + 2c_{i+1}^{III} + c_{i+1}^{IV})$$
$$(i = 0, 1, \ldots, N-1)$$

bestimmte Verfahren vierter Ordnung, auf dessen Herleitung wir hier verzichten wollen. Sein lokaler Fehler ist $O(h^5)$.

Abschnitt 9.3 Runge-Kutta-Verfahren

Beispiel 9.7. Dieses Verfahren betrachten wir wieder an unserem bekannten Anfangswertproblem

$$y' + y = \frac{x}{2}, \quad y(0) = 1.$$

Die Schrittweite sei ebenfalls $h = 0.5$.

Die Differentialgleichung $y'(x) = f(x, y) = x/2 - y$ führt zu den Formeln

$$c_{i+1}^{I} = \frac{1}{2}\left(\frac{x_i}{2} - y_i\right)$$
$$= \frac{x_i}{4} - \frac{y_i}{2},$$

$$c_{i+1}^{II} = \frac{1}{2}\left(\frac{x_i}{2} + \frac{1}{8} - y_i - \frac{1}{2}\left(\frac{x_i}{4} - \frac{y_i}{2}\right)\right)$$
$$= \frac{3}{16}x_i - \frac{3}{8}y_i + \frac{1}{16},$$

$$c_{i+1}^{III} = \frac{1}{2}\left(\frac{x_i}{2} + \frac{1}{8} - y_i - \frac{1}{2}\left(\frac{3}{16}x_i - \frac{3}{8}y_i + \frac{1}{16}\right)\right)$$
$$= \frac{13}{64}x_i - \frac{13}{32}y_i + \frac{3}{64},$$

$$c_{i+1}^{IV} = \frac{1}{2}\left(\frac{x_i}{2} + \frac{1}{4} - y_i - \left(\frac{13}{64}x_i - \frac{13}{32}y_i + \frac{3}{64}\right)\right)$$
$$= \frac{19}{128}x_i - \frac{19}{64}y_i + \frac{13}{128}$$

für die Hilfsgrößen des Verfahrens $c_{i+1}^{I}, c_{i+1}^{II}, c_{i+1}^{III}$ und c_{i+1}^{IV}. Durch die Zusammenfassung dieser Hilfsgrößen erhalten wir

$$y_{i+1} = y_i + \frac{1}{6}(c_{i+1}^{I} + 2c_{i+1}^{II} + 2c_{i+1}^{III} + c_{i+1}^{IV})$$
$$= \frac{151}{768}x_i + \frac{233}{384}y_i + \frac{41}{768}.$$

Die Zusammenfassung der vier Hilfsgrößen $c_{i+1}^{I}, c_{i+1}^{II}, c_{i+1}^{III}$ und c_{i+1}^{IV} zu einer gemeinsamen Formel ist nur ausnahmsweise möglich. Der Grund ist die einfache Gestalt der Beispieldifferentialgleichung. Die Ergebnisse des Verfahrens und die auftretenden Fehler sind in der folgenden Tabelle 9.4 zusammengestellt.

x_i	exakte Lösung $y(x_i)$	Runge-Kutta-Verfahren 4. Ordnung	
		y_i	$|y(x_i) - y_i|$
0.0	1	1	0
0.5	0.659795990	0.660156250	0.000360260
1.0	0.551819162	0.552256266	0.000437104
1.5	0.584695240	0.585092995	0.000397755
2.0	0.703002925	0.703324656	0.000321731
2.5	0.873127498	0.873371471	0.000243973
3.0	1.074680603	1.074858211	0.000177608
3.5	1.295296075	1.295421780	0.000125705
4.0	1.527473458	1.527560612	0.000087154
4.5	1.766663495	1.766722976	0.000059481
5.0	2.010106921	2.010147014	0.000040093
5.5	2.256130157	2.256156913	0.000026756
6.0	2.503718128	2.503735836	0.000017708

Tabelle 9.4. Lösung mit Runge-Kutta-Verfahren für Beispiel 9.7.

9.4 Mehrschrittverfahren

Die Taylor- und Runge-Kutta-Methoden haben die gemeinsame Besonderheit, dass zur Berechnung von y_{i+1} nur die letzte Näherung y_i (und eventuell einige Hilfspunkte bei Verfahren vom Runge-Kutta-Typ) verwendet werden. Alle vorher berechneten Näherungen y_k ($k < i$) werden bei der Rechnung ignoriert. Verfahren dieser Art heißen *Einschrittverfahren*. Allgemein wird der in y_i enthaltene Fehler mit wachsendem Index i ansteigen. Es liegt daher nahe, die Güte der Verfahren durch Einbeziehung von m bereits bekannten Näherungen y_l ($l < i$) zu verbessern. Die dabei entstehenden Verfahren werden *m-Schrittverfahren* oder allgemeiner *Mehrschrittverfahren* genannt.

Ausgangspunkt für die Konstruktion von Mehrschrittverfahren ist die durch Integration beider Seiten der Differentialgleichung aus dem Anfangswertproblem

$$y'(x) = f(x, y), \quad y(x_0) = y_0$$

entstehende Integralgleichung

$$y(x_{i+1}) - y(x_k) = \int_{x_k}^{x_{i+1}} y'(x)\, dx = \int_{x_k}^{x_{i+1}} f(x, y(x))\, dx \quad (k \leq i).$$

In der Form

$$y(x_{i+1}) = y(x_k) + \int_{x_k}^{x_{i+1}} f(x, y(x))\, dx$$

könnte man diese Gleichung zur Berechnung von $y(x_{i+1})$ verwenden. Dazu müsste aber die unbekannte Lösung $y(x)$ bekannt sein. Dieses Problem kann umgangen werden, indem anstelle von $f(x, y(x))$ ein Interpolationspolynom $P(x)$ mit m bereits berechneten Näherungen als Stützwerten verwendet wird. Die Gleichung

$$y_{i+1} = y_k + \int_{x_k}^{x_{i+1}} P(x)dx \quad (k \le i) \tag{9.9}$$

führt in Abhängigkeit vom gewählten Polynom zu verschiedenen Typen von Mehrschrittverfahren.

Wenn der in jedem Schritt zu berechnende neue Näherungswert y_{i+1} bereits als Stützwert bei der Bildung des Polynoms verwendet wird, spricht man von *impliziten Mehrschrittverfahren*, wird das Polynom ohne Berücksichtigung von y_{i+1} gebildet, so handelt es sich um ein *explizites Mehrschrittverfahren*. Explizite Verfahren sind in der Regel besser auszuwerten, während implizite Verfahren ein besseres numerisches Verhalten haben. Eine Kombination beider Varianten führt zu *Prädiktor-Korrektor-Verfahren*.

9.4.1 Explizite Mehrschrittverfahren

Das prinzipielle Vorgehen sieht man bei der Herleitung eines Zweischrittverfahrens. Bei diesem einfachsten Typ eines Mehrschrittverfahrens werden zur Berechnung von y_{i+1} die beiden letzten Näherungen y_i und y_{i-1} verwendet.

Wir approximieren die Funktion $y'(x) = f(x, y(x))$ mit einem Polynom ersten Grades $P_1(x)$ durch die Punkte $(x_{i-1}, f(x_{i-1}, y(x_{i-1})))$ und $(x_i, f(x_i, y(x_i)))$. Dann erhalten wir

$$\begin{aligned} y'(x) = f(x, y(x)) &= P_1(x) + \frac{f''(\xi, y(\xi))}{2}(x - x_{i-1})(x - x_i) \\ &= f(x_{i-1}, y(x_{i-1})) + \frac{f(x_i, y(x_i)) - f(x_{i-1}, y(x_{i-1}))}{h}(x - x_{i-1}) \\ &\quad + \frac{y'''(\xi)}{2}(x - x_{i-1})(x - x_i), \end{aligned}$$

wobei das Polynom in der Newtonschen Form geschrieben ist. Wir ersetzen $y(x_{i-1})$ und $y(x_i)$ durch die bereits bekannten Näherungen y_{i-1} und y_i und setzen $P_1(x)$ in die Formel (9.9) ein. Die Integration erfolgt über das Intervall $[x_i, x_{i+1}]$. Dann ergibt sich mit

$$\begin{aligned} y_{i+1} &= y_i + \int_{x_i}^{x_{i+1}} P_1(x)dx \\ &= y_i + \left[f(x_{i-1}, y_{i-1})x + \frac{f(x_i, y_i) - f(x_{i-1}, y_{i-1})}{2h}(x - x_{i-1})^2 \right]_{x_i}^{x_{i+1}} \end{aligned}$$

$$= y_i + hf(x_{i-1}, y_{i-1}) + \frac{f(x_i, y_i) - f(x_{i-1}, y_{i-1})}{2} 3h$$

$$= y_i + \frac{h}{2}(3f(x_i, y_i) - f(x_{i-1}, y_{i-1}))$$

die Formel eines expliziten Zweischrittverfahrens. Durch Integration des Restgliedes erhalten wir

$$\int_{x_i}^{x_{i+1}} \frac{y'''(\xi)}{2}(x - x_{i-1})(x - x_i) dx = \frac{y'''(\xi)}{2} \int_{x_i}^{x_i+h} \left((x - x_i)^2 + h(x - x_i)\right) dx$$

$$= \frac{y'''(\xi)}{2} \left[\frac{(x - x_i)^3}{3} + h\frac{(x - x_i)^2}{2}\right]_{x_i}^{x_i+h}$$

$$= y'''(\xi)\frac{5}{12}h^3$$

als eine Schranke für den bei diesem Verfahren auftretenden lokalen Fehler. Explizite Mehrschrittverfahren, bei denen das Polynom mit den Näherungen $y_{i-m+1}, y_{i-m+2}, \ldots, y_i$ zur Berechnung von y_{i+1} über das Intervall $[x_i, x_{i+1}]$ integriert wird, heißen *Adams-Bashforth-m-Schrittverfahren*. Sie haben die Form

$$y_{i+1} = y_i + \frac{h}{d_m} \sum_{l=0}^{m-1} c_{l_m} f(x_{i-l}, y_{i-l}). \tag{9.10}$$

Die folgende Tabelle 9.5 gibt einen Überblick über die Koeffizienten c_{l_m} der Adams-Bashforth-Mehrschrittverfahren und die lokalen Fehler.

m	d_m	Koeffizienten						lokaler Fehler
		c_{0_m}	c_{1_m}	c_{2_m}	c_{3_m}	c_{4_m}	c_{5_m}	
2	2	3	-1					$\frac{5}{12}y'''(\xi)h^3$
3	12	23	-16	5				$\frac{3}{8}y^{(4)}(\xi)h^4$
4	24	55	-59	37	-9			$\frac{251}{720}y^{(5)}(\xi)h^5$
5	720	1901	-2774	2616	-1274	251		$\frac{95}{255}y^{(6)}(\xi)h^6$
6	1440	4277	-7923	9982	-7298	2877	-475	$\frac{19087}{60480}y^{(7)}(\xi)h^7$

Tabelle 9.5. Koeffizienten und lokale Fehler der Adams-Bashforth-Mehrschrittverfahren.

Abschnitt 9.4 Mehrschrittverfahren

Beispiel 9.8. Auch dieses Verfahren demonstrieren wir wieder an unserem bekannten Anfangswertproblem
$$y' + y = \frac{x}{2}, \quad y(0) = 1$$
mit der Schrittweite $h = 0.5$.

Die Formeln für das Adams-Bashforth-m-Schrittverfahren für dieses Problem sind unten für $m = 2, \ldots, 6$ aufgelistet:

a) Zweischrittverfahren

$$y_{i+1} = y_i + \frac{h}{2}(3f(x_i, y_i) - f(x_{i-1}, y_{i-1}))$$

$$= y_i + \frac{1}{4}\left(3\left(\frac{x_i}{2} - y_i\right) - \left(\frac{x_i}{2} - \frac{1}{4} - y_{i-1}\right)\right)$$

$$= \frac{1}{4}x_i + \frac{1}{4}y_i + \frac{1}{4}y_{i-1} + \frac{1}{16},$$

b) Dreischrittverfahren

$$y_{i+1} = y_i + \frac{h}{12}(23f(x_i, y_i) - 16f(x_{i-1}, y_{i-1}) + 5f(x_{i-2}, y_{i-2}))$$

$$= y_i + \frac{1}{24}\left(23\left(\frac{x_i}{2} - y_i\right) - 16\left(\frac{x_i}{2} - \frac{1}{4} - y_{i-1}\right)\right.$$

$$\left. + 5\left(\frac{x_i}{2} - \frac{1}{2} - y_{i-2}\right)\right)$$

$$= \frac{1}{4}x_i + \frac{1}{24}y_i + \frac{2}{3}y_{i-1} - \frac{5}{24}y_{i-2} + \frac{1}{16},$$

c) Vierschrittverfahren

$$y_{i+1} = y_i + \frac{h}{24}(55f(x_i, y_i) - 59f(x_{i-1}, y_{i-1}) + 37f(x_{i-2}, y_{i-2})$$

$$- 9f(x_{i-3}, y_{i-3}))$$

$$= \frac{1}{4}x_i - \frac{7}{48}y_i + \frac{59}{48}y_{i-1} - \frac{37}{48}y_{i-2} + \frac{3}{16}y_{i-3} + \frac{1}{16},$$

d) Fünfschrittverfahren

$$y_{i+1} = y_i + \frac{h}{720}(1901f(x_i, y_i) - 2774f(x_{i-1}, y_{i-1})$$

$$+ 2616f(x_{i-2}, y_{i-2}) - 1274f(x_{i-3}, y_{i-3}) + 251f(x_{i-4}, y_{i-4}))$$

$$= \frac{1}{4}x_i - \frac{461}{1440}y_i + \frac{1387}{720}y_{i-1} - \frac{109}{60}y_{i-2} + \frac{637}{720}y_{i-3}$$

$$- \frac{251}{1440}y_{i-4} + \frac{1}{16},$$

e) Sechsschrittverfahren

$$y_{i+1} = y_i + \frac{h}{1440}(4277f(x_i, y_i) - 7923f(x_{i-1}, y_{i-1})$$

$$+ 9982f(x_{i-2}, y_{i-2}) - 7298f(x_{i-3}, y_{i-3})$$

$$+ 2877f(x_{i-4}, y_{i-4}) - 475f(x_{i-5}, y_{i-5}))$$

$$= \frac{1}{4}x_i - \frac{1397}{2880}y_i + \frac{2641}{960}y_{i-1} - \frac{4991}{1440}y_{i-2} + \frac{3649}{1440}y_{i-3}$$

$$- \frac{959}{960}y_{i-4} + \frac{95}{576}y_{i-5} + \frac{1}{16}.$$

x_i	exakte Lösung $y(x_i)$	Adams-Bashforth-Verfahren				
		2-Schritt y_i	3-Schritt y_i	4-Schritt y_i	5-Schritt y_i	6-Schritt y_i
0.0	1	1	1	1	1	1
0.5	0.659796	0.660156	0.660156	0.660156	0.660156	0.660156
1.0	0.551819	0.602539	0.552256	0.552256	0.552256	0.552256
1.5	0.584695	0.628174	0.567282	0.585093	0.585093	0.585093
2.0	0.703003	0.745178	0.691775	0.709619	0.703325	0.703325
2.5	0.873128	0.905838	0.854458	0.876273	0.870939	0.873372
3.0	1.074681	1.100254	1.066102	1.084489	1.074161	1.075708
3.5	1.295296	1.314023	1.282440	1.294138	1.290063	1.295525
4.0	1.527474	1.541069	1.523658	1.539382	1.531809	1.530162
4.5	1.766664	1.776273	1.758841	1.757059	1.753825	1.762990
5.0	2.010107	2.016836	2.009382	2.029197	2.031801	2.021025
5.5	2.256130	2.260777	2.251356	2.232338	2.211920	2.231077
6.0	2.503718	2.506903	2.504469	2.540406	2.587662	2.565438

Tabelle 9.6. Lösungen mit Adams-Bashforth-Verfahren.

Durch eine andere Auswahl von bereits bekannten Näherungen zur Bildung des Polynoms und eine unterschiedliche Wahl der unteren Grenze des Integrationsintervalls in der Formel (9.9) können weiter explizite Mehrschrittverfahren gebildet werden. Die auf der Basis von

$$y_{i+1} = y_{i-1} + \int_{x_{i-1}}^{x_{i+1}} P(x)dx$$

Abschnitt 9.4 Mehrschrittverfahren

gebildeten Verfahren heißen *Nyström-Verfahren*. Das Zweischrittverfahren ergibt sich aus

$$y_{i+1} = y_{i-1} + \int_{x_{i-1}}^{x_{i+1}} P_1(x)dx$$

$$= y_{i-1} + \left(f(x_{i-1}, y_{i-1})x + \frac{f(x_i, y_i) - f(x_{i-1}, y_{i-1})}{2h}(x - x_{i-1})^2 \right) \Big|_{x_{i-1}}^{x_{i+1}}$$

$$= y_{i-1} + 2hf(x_i, y_i).$$

Dieses Verfahren ist eine in etwas geänderter Form aufgeschriebene Mittelpunktmethode (Runge-Kutta-Verfahren zweiter Ordnung). In der bekannten Schreibweise

$$y_{i+1} = y_{i-1} + \frac{h}{d_m} \sum_{l=0}^{m-1} c_{l_m} f(x_{i-l}, y_{i-l}).$$

fassen wir die Koeffizienten d_m und c_{l_m} und die lokalen Fehler der Nyström-Verfahren in der folgenden Tabelle 9.7 zusammen.

m	d_m	c_{0_m}	c_{1_m}	c_{2_m}	c_{3_m}	c_{4_m}	c_{5_m}	lokaler Fehler
2	1	2	0					$\frac{1}{3}y'''(\xi)h^3$
3	3	7	-2	1				$\frac{1}{3}y^{(4)}(\xi)h^4$
4	3	8	-5	4	-1			$\frac{29}{90}y^{(5)}(\xi)h^5$
5	90	269	-266	294	-146	29		$\frac{14}{45}y^{(6)}(\xi)h^6$
6	90	297	-406	574	-426	169	-28	$\frac{1139}{3780}y^{(7)}(\xi)h^7$

Tabelle 9.7. Koeffizienten und lokale Fehler für Nyström-Verfahren.

Beispiel 9.9. Nachfolgend sind die allgemeinen Nyström-Formeln und ihre Spezialfälle zur Lösung des Anfangswertproblems

$$y' + y = \frac{x}{2}, \quad y(0) = 1$$

mit der Schrittweite $h = 0.5$ aufgelistet:

a) Zweischrittverfahren

$$y_{i+1} = y_{i-1} + 2hf(x_i, y_i) = y_{i-1} + \left(\frac{x_i}{2} - y_i\right) = \frac{1}{2}x_i - y_i + y_{i-1},$$

b) Dreischrittverfahren

$$y_{i+1} = y_{i-1} + \frac{h}{3}(7f(x_i, y_i) - 2f(x_{i-1}, y_{i-1}) + f(x_{i-2}, y_{i-2}))$$

$$= y_{i-1} + \frac{1}{6}\left(7\left(\frac{x_i}{2} - y_i\right) - 2\left(\frac{x_i}{2} - \frac{1}{4} - y_{i-1}\right)\right.$$

$$\left. + \left(\frac{x_i}{2} - \frac{1}{2} - y_{i-2}\right)\right)$$

$$= \frac{1}{2}x_i - \frac{7}{6}y_i + \frac{4}{3}y_{i-1} - \frac{1}{6}y_{i-2} + \frac{1}{16},$$

c) Vierschrittverfahren

$$y_{i+1} = y_{i-1} + \frac{h}{3}(8f(x_i, y_i) - 5f(x_{i-1}, y_{i-1}) + 4f(x_{i-2}, y_{i-2})$$

$$- f(x_{i-3}, y_{i-3}))$$

$$= \frac{1}{2}x_i - \frac{4}{3}y_i + \frac{11}{6}y_{i-1} - \frac{2}{3}y_{i-2} + \frac{1}{6}y_{i-3},$$

d) Fünfschrittverfahren

$$y_{i+1} = y_{i-1} + \frac{h}{90}(269f(x_i, y_i) - 266f(x_{i-1}, y_{i-1})$$

$$+ 294f(x_{i-2}, y_{i-2}) - 146f(x_{i-3}, y_{i-3}) + 29f(x_{i-4}, y_{i-4}))$$

$$= \frac{1}{2}x_i - \frac{269}{180}y_i + \frac{223}{90}y_{i-1} - \frac{49}{30}y_{i-2} + \frac{73}{90}y_{i-3} - \frac{29}{180}y_{i-4},$$

e) Sechsschrittverfahren

$$y_{i+1} = y_{i-1} + \frac{h}{90}(297f(x_i, y_i) - 406f(x_{i-1}, y_{i-1}) + 574f(x_{i-2}, y_{i-2})$$

$$- 426f(x_{i-3}, y_{i-3}) + 169f(x_{i-4}, y_{i-4}) - 28f(x_{i-5}, y_{i-5}))$$

$$= \frac{1}{2}x_i - \frac{33}{20}y_i + \frac{293}{90}y_{i-1} - \frac{287}{90}y_{i-2} + \frac{71}{30}y_{i-3} - \frac{169}{180}y_{i-4} + \frac{7}{45}y_{i-5}.$$

In diesem Beispiel werden nur die Ergebnisse des Zweischritt- und des Dreischrittverfahrens und die dabei auftretenden Fehler betrachtet. Die neben der Anfangsbedingung $y(x_0) = y_0$ zur Anwendung eines m-Schrittverfahrens nötigen Startwerte $y(x_i) = y_i$ ($i = 1, 2, \ldots, m - 1$) sind wieder mit dem Runge-Kutta-Verfahren vierter Ordnung bestimmt worden.

Abschnitt 9.4 Mehrschrittverfahren

| | exakte | Nyström-Verfahren | | | |
| | Lösung | 2-Schritt | Fehler | 3-Schritt | Fehler |
x_i	$y(x_i)$	y_i	$\|y(x_i) - y_i\|$	y_i	$\|y(x_i) - y_i\|$
0.0	1	1	0	1	0
0.5	0.659795990	0.6601563	0.0003603	0.6601563	0.0003603
1.0	0.551819162	0.5898438	0.0380246	0.5522563	0.0004371
1.5	0.584695240	0.5703125	0.0143827	0.5692427	0.0154526
2.0	0.703002925	0.7695313	0.0665283	0.7121992	0.0091963
2.5	0.873127498	0.8007813	0.0723462	0.8360485	0.0370790
3.0	1.074680603	1.2187500	0.1440694	1.1293353	0.0546546
3.5	1.295296075	1.0820313	0.2132648	1.1784737	0.1168223
4.0	1.527473458	1.8867188	0.3592453	1.7415529	0.2140794
4.5	1.766663495	1.1953125	0.5713510	1.3512642	0.4153993
5.0	2.010106921	2.9414063	0.9312993	2.7991833	0.7890764
5.5	2.256130157	0.7539063	1.5022239	0.7457129	1.5104172
6.0	2.503718128	4.9375000	2.4337819	5.3870352	2.8833171

Tabelle 9.8. Ergebnisse zu Beispiel 9.9.

Obwohl die Nyström-m-Schrittverfahren den lokalen Fehler $O(h^{m+1})$ haben, also für $h \to 0$ gegen die exakte Lösung konvergieren, zeigt das Beispiel für das Zweischritt- und das Dreischrittverfahren ein starkes Anwachsen des Fehlers mit fortschreitender Rechnung.

Den Einfluss von im Verlaufe des Verfahrens auftretenden Rundungsfehlern auf die Güte des Resultats fasst man unter dem Begriff der Stabilität des Verfahrens zusammen. Die im Beispiel für das Zweischritt- und das Dreischrittverfahren erkennbaren Stabilitätsprobleme treten auch bei den anderen Nyström-Verfahren auf.

9.4.2 Implizite Mehrschrittverfahren

Zur Demonstration des Vorgehens betrachten wir wieder ein Zweischrittverfahren. In der impliziten Form des Verfahrens ist auch die noch unbekannte Näherung y_{i+1} neben y_i und y_{i-1} zum Aufbau des Polynoms einzusetzen. Die Funktion $y'(x) = f(x, y(x))$ wird dann in der Form

$$y'(x) = f(x, y(x)) = P_2(x) + \frac{f'''(\xi, y(\xi))}{3!}(x - x_{i-1})(x - x_i)(x - x_{i+1})$$

mit einem Polynom zweiten Grades durch die Punkte $(x_{i-1}, f(x_{i-1}, y(x_{i-1})))$, $(x_i, f(x_i, y(x_i)))$ und $(x_{i+1}, f(x_{i+1}, y(x_{i+1})))$ approximiert, wobei wir die Näherungen $(x_{i-1}, f(x_{i-1}, y_{i-1}))$, $(x_i, f(x_i, y_i))$ und $(x_{i+1}, f(x_{i+1}, y_{i+1}))$ verwenden.

Wegen der Äquidistanz der Stützstellen genügt zur Bestimmung der Koeffizienten das Differenzenschema. Aus

$f(x_{i-1}, y_{i-1})$

$\quad\quad\quad f(x_i, y_i) - f(x_{i-1}, y_{i-1})$

$f(x_i, y_i) \quad\quad\quad\quad\quad\quad\quad\quad\quad f(x_{i+1}, y_{i+1}) - 2f(x_i, y_i)$
$\quad\quad\quad\quad\quad\quad\quad\quad\quad\quad\quad\quad\quad\quad\quad\quad +f(x_{i-1}, y_{i-1})$

$\quad\quad\quad f(x_{i+1}, y_{i+1}) - f(x_i, y_i)$

$f(x_{i+1}, y_{i+1})$

erhalten wir das Newtonsche Interpolationspolynom mit absteigenden dividierten Differenzen

$$P_2(x) = f(x_{i+1}, y_{i+1}) + \frac{f(x_{i+1}, y_{i+1}) - f(x_i, y_i)}{h}(x - x_{i+1})$$
$$+ \frac{f(x_{i+1}, y_{i+1}) - 2f(x_i, y_i) + f(x_{i-1}, y_{i-1})}{2h^2}(x - x_{i+1})(x - x_i).$$

Dessen Integration nach Formel (9.9) ergibt die Formel eines impliziten Zweischrittverfahrens.

$$y_{i+1} = y_i + \int_{x_i}^{x_{i+1}} f(x_{i+1}, y_{i+1}) dx$$
$$+ \int_{x_i}^{x_{i+1}} \frac{f(x_{i+1}, y_{i+1}) - f(x_i, y_i)}{h}(x - x_i - h) dx$$
$$+ \int_{x_i}^{x_{i+1}} \frac{f(x_{i+1}, y_{i+1}) - 2f(x_i, y_i) + f(x_{i-1}, y_{i-1})}{2h^2}(x - x_i - h)(x - x_i) dx$$
$$= y_i + f(x_i, y_i)x\Big|_{x_i}^{x_{i+1}} + \frac{f(x_{i+1}, y_{i+1}) - f(x_{i-1}, y_{i-1})}{2h} \frac{(x - x_i)^2}{2}\Big|_{x_i}^{x_{i+1}}$$
$$+ \frac{f(x_{i+1}, y_{i+1}) - 2f(x_i, y_i) + f(x_{i-1}, y_{i-1})}{2h^2} \frac{(x - x_i)^3}{3}\Big|_{x_i}^{x_{i+1}} dx$$
$$= y_i + \frac{h}{12}\big(5f(x_{i+1}, y_{i+1}) + 8f(x_i, y_i) - f(x_{i-1}, y_{i-1})\big).$$

Den lokalen Fehler des Verfahrens bestimmen wir wieder durch Integration des Restgliedes zu

$$\int_{x_i}^{x_{i+1}} \frac{y^{(4)}(\xi)}{3!}(x - x_{i-1})(x - x_i(x - x_{i+1})) dx$$
$$= \frac{y^{(4)}(\xi)}{3!} \int_{x_i}^{x_i+h} \big((x - x_i)^3 - h^2(x - x_i)\big) dx$$
$$= \frac{y^{(4)}(\xi)}{3!} \left(\frac{(x - x_i)^4}{4}\Big|_{x_i}^{x_i+h} - h^2 \frac{(x - x_i)^2}{2}\Big|_{x_i}^{x_i+h}\right) = -y^{(4)}(\xi)\frac{1}{24}h^4.$$

Abschnitt 9.4 Mehrschrittverfahren

Durch Integration des Polynoms mit den Näherungen $y_{i-m+1}, y_{i-m+2}, \ldots, y_{i+1}$ über dem Intervall $[x_i, x_{i+1}]$ gebildete Methoden heißen Adams-Moulton-m-Schrittverfahren. Mit der Schreibweise

$$y_{i+1} = y_i + \frac{h}{d_m} \sum_{l=-1}^{m-1} c_{l_m} f(x_{i-l}, y_{i-l}).$$

enthält die Tabelle 9.9 die Koeffizienten c_{l_m} und d_m der Adams-Moulton-Mehrschrittverfahren und die lokalen Fehler.

m	\multicolumn{4}{c}{Koeffizienten}	lokaler Fehler
	d_m	c_{-1_m}	c_{0_m}	c_{1_m}	
	c_{2_m}	c_{3_m}	c_{4_m}	c_{5_m}	
2	12	5	8	−1	$\frac{-1}{24} y^{(4)}(\xi) h^4$
	−	−	−	−	
3	24	9	19	−5	$\frac{-19}{720} y^{(5)}(\xi) h^5$
	1	−	−	−	
4	720	251	646	−246	$\frac{-3}{160} y^{(6)}(\xi) h^6$
	106	−19	−	−	
5	1440	475	1427	−798	$\frac{-863}{60480} y^{(7)}(\xi) h^7$
	482	−173	27	−	
6	60480	19087	65112	−46461	$\frac{-275}{24192} y^{(8)}(\xi) h^8$
	37504	−20211	6312	−863	

Tabelle 9.9. Koeffizienten und lokale Fehler für Adams-Moulton-Verfahren.

Beispiel 9.10. Für das Anfangswertproblem

$$y' + y = \frac{x}{2}, \quad y(0) = 1$$

mit $h = 0.5$ erhält man die folgenden Adams-Moulton-Formeln:

a) Zweischrittverfahren

$$y_{i+1} = y_i + \frac{h}{12}(5f(x_{i+1}, y_{i+1}) + 8f(x_i, y_i) - f(x_{i-1}, y_{i-1}))$$

$$= y_i + \frac{1}{24}\left(5\left(\frac{x_i}{2} + \frac{1}{4} - y_{i+1}\right) + 8\left(\frac{x_i}{2} - y_i\right) - \left(\frac{x_i}{2} - \frac{1}{4} - y_{i-1}\right)\right)$$

$$= \frac{1}{4}x_i - \frac{5}{24}y_{i+1} + \frac{2}{3}y_i + \frac{1}{24}y_{i-1} + \frac{1}{16}$$

$$= \frac{6}{29}x_i + \frac{16}{29}y_i + \frac{1}{29}y_{i-1} + \frac{3}{58},$$

b) Dreischrittverfahren

$$y_{i+1} = y_i + \frac{h}{24}\bigl(9f(x_{i+1}, y_{i+1}) + 19f(x_i, y_i) - 5f(x_{i-1}, y_{i-1}) + f(x_{i-2}, y_{i-2})\bigr)$$

$$= \frac{4}{19}x_i + \frac{29}{57}y_i + \frac{5}{57}y_{i-1} - \frac{1}{57}y_{i-2} + \frac{1}{19},$$

c) Vierschrittverfahren

$$y_{i+1} = y_i + \frac{h}{720}\bigl(251f(x_{i+1}, y_{i+1}) + 646f(x_i, y_i) - 264f(x_{i-1}, y_{i-1})$$

$$+ 106f(x_{i-2}, y_{i-2}) - 19f(x_{i-3}, y_{i-3})\bigr)$$

$$= \frac{360}{1691}x_i + \frac{794}{1691}y_i + \frac{264}{1691}y_{i-1} - \frac{106}{1691}y_{i-2} + \frac{1}{89}y_{i-3} + \frac{90}{1691},$$

d) Fünfschrittverfahren

$$y_{i+1} = y_i + \frac{h}{1440}\bigl(475f(x_{i+1}, y_{i+1}) + 1427f(x_i, y_i) - 798f(x_{i-1}, y_{i-1})$$

$$+ 482f(x_{i-2}, y_{i-2}) - 173f(x_{i-3}, y_{i-3}) + 27f(x_{i-4}, y_{i-4})\bigr)$$

$$= \frac{144}{671}x_i + \frac{1453}{3355}y_i + \frac{798}{3355}y_{i-1} - \frac{482}{3355}y_{i-2} + \frac{173}{3355}y_{i-3}$$

$$- \frac{27}{3355}y_{i-4} + \frac{36}{671},$$

e) Sechsschrittverfahren

$$y_{i+1} = y_i + \frac{h}{60480}\bigl(19087f(x_{i+1}, y_{i+1}) + 65112f(x_i, y_i)$$

$$- 46461f(x_{i-1}, y_{i-1}) + 37504f(x_{i-2}, y_{i-2}) - 20211f(x_{i-3}, y_{i-3})$$

$$+ 6312f(x_{i-4}, y_{i-4}) - 863f(x_{i-5}, y_{i-5})\bigr)$$

$$= \frac{30240}{140047}x_i + \frac{55848}{140047}y_i + \frac{46461}{140047}y_{i-1} - \frac{37504}{140047}y_{i-2} + \frac{20211}{140047}y_{i-3}$$

$$- \frac{6312}{140047}y_{i-4} + \frac{863}{140047}y_{i-5} + \frac{7560}{140047}.$$

Abschnitt 9.4 Mehrschrittverfahren

Zur Demonstration gibt die Tabelle 9.10 einen Überblick über die Ergebnisse und Fehler einiger Adams-Moulton-Verfahren. Ein Vergleich mit Beispiel 9.8 ergibt zumindest für das hier gelöste Anfangswertproblem eine deutliche Überlegenheit der Adams-Moulton-Verfahren.

	2-Schritt	Fehler	6-Schritt	Fehler
x_i	y_i	$\|y(x_i) - y_i\|$	y_i	$\|y(x_i) - y_i\|$
0.0	1	0	1	0
0.5	0.660156250	0.000360260	0.660156250	0.000360260
1.0	0.553879310	0.002060148	0.552256266	0.000437104
1.5	0.586973283	0.002270843	0.585092995	0.000397755
2.0	0.705015581	0.002012656	0.703324656	0.000321731
2.5	0.874731813	0.001604315	0.873371471	0.000243973
3.0	1.075887055	0.001206452	1.074836549	0.000155946
3.5	1.296169817	0.000873742	1.295399998	0.000103923
4.0	1.528089798	0.000616340	1.527536763	0.000063305
4.5	1.767089883	0.000426388	1.766707201	0.000043706
5.0	2.010397515	0.000290594	2.010132582	0.000025661
5.5	2.256325867	0.000195710	2.256148361	0.000018204
6.0	2.503848669	0.000130541	2.503728187	0.000010059

Tabelle 9.10. Ergebnisse mit Adams-Moulton-Verfahren.

Wie bei expliziten Verfahren demonstriert, kann auch hier die Integration zu

$$y_{i+1} = y_{i-1} + \int_{x_{i-1}}^{x_{i+1}} P(x)\,dx$$

variiert werden. Damit erhält man die sogenannten *Milne-Simpson-Verfahren*. Die Herleitung der Formeln geschieht in Analogie zu den bisher betrachteten Mehrschrittverfahren, daher kann man sich auf die Angabe der Koeffizienten der Mehrschrittformel

$$y_{i+1} = y_{i-1} + \frac{h}{d_m} \sum_{l=-1}^{m-1} c_{l_m} f(x_{i-l}, y_{i-l}) \cdot$$

und der lokalen Fehler der Verfahren beschränken (s. Tabelle 9.11).

		Koeffizienten							Fehler
m	d_m	c_{-1_m}	c_{0_m}	c_{1_m}	c_{2_m}	c_{3_m}	c_{4_m}	c_{5_m}	
2	3	1	4	1					
3	3	1	4	1					$-y^{(5)}(\xi)\frac{1}{90}h^5$
4	90	29	124	24	4	-1			$-y^{(6)}(\xi)\frac{1}{90}h^6$
5	90	28	129	14	14	-6	1		$-y^{(7)}(\xi)\frac{37}{3780}h^7$
6	3780	1139	5640	33	1328	-807	264	-37	$-y^{(8)}(\xi)\frac{8}{945}h^8$

Tabelle 9.11. Koeffizienten und lokale Fehler für Milne-Simpson-Verfahren.

Beispiel 9.11. Das Anfangswertproblem

$$y' + y = \frac{x}{2}, \quad y(0) = 1$$

mit $h = 0.5$ kann dann mit den folgenden speziellen Milne-Simpson-Formeln gelöst werden:

a) Zweischrittverfahren

$$y_{i+1} = y_{i-1} + \frac{h}{3}\left(f(x_{i+1}, y_{i+1}) + 4f(x_i, y_i) + f(x_{i-1}, y_{i-1})\right)$$

$$= y_{i-1} + \frac{1}{6}\left(\frac{x_i}{2} + \frac{1}{4} - y_{i+1} + 4\left(\frac{x_i}{2} - y_i\right) + \left(\frac{x_i}{2} - \frac{1}{4} - y_{i-1}\right)\right)$$

$$= \frac{1}{2}x_i - \frac{1}{6}y_{i+1} - \frac{2}{3}y_i + \frac{5}{6}y_{i-1}$$

$$= \frac{3}{7}x_i - \frac{4}{7}y_i + \frac{5}{7}y_{i-1},$$

b) Dreischrittverfahren

$$y_{i+1} = y_{i-1} + \frac{h}{3}\left(f(x_{i+1}, y_{i+1}) + 4f(x_i, y_i) + f(x_{i-1}, y_{i-1})\right)$$

$$= \frac{3}{7}x_i - \frac{4}{7}y_i + \frac{5}{7}y_{i-1},$$

c) Vierschrittverfahren

$$y_{i+1} = y_{i-1} + \frac{h}{90}(29f(x_{i+1}, y_{i+1}) + 124f(x_i, y_i)$$
$$+ 24f(x_{i-1}, y_{i-1}) + 4f(x_{i-2}, y_{i-2})$$
$$- f(x_{i-3}, y_{i-3}))$$
$$= \frac{90}{209}x_i - \frac{124}{209}y_i + \frac{156}{209}y_{i-1} - \frac{4}{209}y_{i-2} + \frac{1}{209}y_{i-3},$$

d) Fünfschrittverfahren

$$y_{i+1} = y_{i-1} + \frac{h}{90}(28f(x_{i+1}, y_{i+1}) + 129f(x_i, y_i)$$
$$+ 14f(x_{i-1}, y_{i-1}) + 14f(x_{i-2}, y_{i-2})$$
$$- 6f(x_{i-3}, y_{i-3}) + f(x_{i-4}, y_{i-4}))$$
$$= \frac{45}{104}x_i - \frac{129}{208}y_i + \frac{83}{104}y_{i-1} - \frac{7}{104}y_{i-2} + \frac{3}{104}y_{i-3} - \frac{1}{208}y_{i-4},$$

e) Sechsschrittverfahren

$$y_{i+1} = y_i + \frac{h}{3780}(1139f(x_{i+1}, y_{i+1}) + 5640f(x_i, y_i)$$
$$+ 33f(x_{i-1}, y_{i-1}) + 1328f(x_{i-2}, y_{i-2})$$
$$- 807f(x_{i-3}, y_{i-3}) + 264f(x_{i-4}, y_{i-4})$$
$$- 37f(x_{i-5}, y_{i-5}))$$
$$= \frac{3780}{8699}x_i - \frac{5640}{8699}y_i + \frac{7527}{8699}y_{i-1} - \frac{1328}{8699}y_{i-2} + \frac{807}{8699}y_{i-3}$$
$$- \frac{264}{8699}y_{i-4} + \frac{37}{8699}y_{i-5}.$$

Die Tabelle der Ergebnisse und Fehler einiger Milne-Simpson-Verfahren (s. Tabelle 9.12) zeigt im Vergleich mit Beispiel 9.9, dass die Stabilitätsprobleme der vergleichbaren expliziten Nyström-Verfahren in den impliziten Milne-Simpson-Verfahren nicht auftreten.

	Milne-Simpson-Verfahren			
	2-Schritt	Fehler	6-Schritt	Fehler
x_i	y_i	$|y(x_i) - y_i|$	y_i	$|y(x_i) - y_i|$
0.0	1	0	1	0
0.5	0.660156250	0.000360260	0.660156250	0.000360260
1.0	0.551339286	0.000479876	0.552256266	0.000437104
1.5	0.585060587	0.000365347	0.585092995	0.000397755
2.0	0.702350583	0.000652342	0.703324656	0.000321731
2.5	0.873700086	0.000572588	0.873371471	0.000243973
3.0	1.073850368	0.000830235	1.074778210	0.000097607
3.5	1.296156994	0.000860919	1.295425105	0.000129030
4.0	1.526374838	0.001098620	1.527459778	0.000013680
4.5	1.767897945	0.001234450	1.766785569	0.000122074
5.0	2.008611773	0.001495148	2.010000409	0.000106512
5.5	2.257863233	0.001733076	2.256317673	0.000187516
6.0	2.501657990	0.002060138	2.503481409	0.000236719

Tabelle 9.12. Ergebnisse einiger Milne-Simpson-Verfahren.

Die in den Beispielen aufgetretene Überlegenheit der impliziten gegenüber den expliziten Verfahren ist allgemein festzustellen. Die impliziten Verfahren bereiten aber in der Anwendung Probleme, die wegen der Struktur der Beispielaufgabe in den bisherigen Betrachtungen noch nicht aufgetreten sind. Die in allen Beispielen untersuchte Differentialgleichung

$$y' + y = \frac{x}{2}$$

enthält die gesuchte Funktion $y(x)$ in linearer Form. Dies gestattet die Auflösung der impliziten Formeln nach y_{i+1}. Falls die Funktion $y(x)$ auf der rechten Seite der expliziten Differentialgleichung $y' = f(x, y)$ als Argument einer anderen Funktion auftritt, kann die Auflösung der Differenzengleichungen von impliziten Verfahren sehr schwierig oder sogar unmöglich werden. Die neue Näherung y_{i+1} kann dann nur iterativ bestimmt werden, wodurch der Aufwand des Verfahrens stark ansteigt.

Beispiel 9.12. Das Anfangswertproblem

$$y' = e^{-y+2}, \quad y(0) = 0$$

hat die exakte Lösung $y(x) = \ln(x + e^{-2}) + 2$. Für dieses Problem soll mit dem Adams-Moulton-Dreischrittverfahren und der Schrittweite $h = 0.2$ eine Näherungslösung bestimmt werden.

Aus der Dreischrittformel

$$y_{i+1} = y_i + \frac{h}{24}\bigl(9f(x_{i+1}, y_{i+1}) + 19f(x_i, y_i) - 5f(x_{i-1}, y_{i-1}) + f(x_{i-2}, y_{i-2})\bigr)$$

erhält man für dieses Problem die Vorschrift

$$y_{i+1} = y_i + \frac{1}{120}(9e^{y_{i+1}-2} + 19e^{y_i-2} - 5e^{y_{i-1}-2} + e^{y_{i-2}-2}).$$

Diese Differenzengleichung kann nicht nach y_{i+1} aufgelöst werden. Zur Lösung der Aufgabe ist in jedem Schritt ein Iterationsverfahren nötig. Die iterative Lösung verlangt nach der Bestimmung eines Startwertes für die Iteration.

9.4.3 Prädiktor-Korrektor-Verfahren

Bei diesen Verfahren wird der Aufwand der Iteration in einem impliziten Mehrschrittverfahren durch die Bestimmung eines guten Startwertes gering gehalten.

Dabei wird mit einem expliziten Mehrschrittverfahren der Startwert bestimmt. Der Startwert wird dann als so gut angesehen, dass nur ein Iterationsschritt des zugehörigen impliziten Verfahrens zur Verbesserung der Näherung verwendet wird. Man könnte auch sagen, das explizite Verfahren sagt die Näherung voraus, das implizite Verfahren korrigiert die Vorhersage. Daher rührt die Namensgebung *Prädiktor-Korrektor*-Verfahren.

Man kann prinzipiell durch Kombination eines beliebigen expliziten und impliziten Mehrschrittverfahrens eine Prädiktor-Korrektor-Methode gewinnen. Bei einem Nyström-Verfahren als Prädiktor und einem Milne-Simpson-Verfahren als Korrektor werden Stabilitätsprobleme, wie sie im Beispiel 9.9 demonstriert wurden, auch für das resultierende Prädiktor-Korrektor-Verfahren zu erwarten sein. Bei der Kombination von zwei Verfahren des Adams-Typs treten diese Probleme nicht auf.

In der Praxis werden Prädiktor und Korrektor mit der gleichen Fehlerordnung verwendet. Durch Vergleich der lokalen Fehler von expliziten und impliziten Verfahren erkennt man, dass ein explizites m-Schrittverfahren die gleiche Fehlerordnung wie ein implizites $(m-1)$-Schrittverfahren hat. Es ist also sinnvoll, ein explizites m-Schrittverfahren als Prädiktor und ein implizites $(m-1)$-Schrittverfahren als Korrektor zu verwenden.

Die Startwerte werden durch ein Einschrittverfahren, z. B. ein Runge-Kutta-Verfahren, oder ein spezielles Startverfahren bestimmt. Die Bestimmung der Startwerte sollte mindestens mit der Ordnung des Prädiktor-Korrektor-Verfahrens erfolgen, denn Fehler in den Startwerten pflanzen sich in der Rechnung fort und sind auch durch ein besonders genaues Verfahren nicht mehr auszugleichen.

Beispiel 9.13. Das Anfangswertproblem

$$y' + y = \frac{x}{2}, \quad y(0) = 1$$

mit $h = 0.5$ wird durch ein *Adams-Bashforth-Moulton-Verfahren* gelöst. Als Prädiktor wird das *Adams-Bashforth-Vierschrittverfahren*

$$y_{i+1}^0 = y_i + \frac{h}{24}\bigl(55f(x_i, y_i) - 59f(x_{i-1}, y_{i-1}) + 37f(x_{i-2}, y_{i-2})$$
$$- 9f(x_{i-3}, y_{i-3})\bigr)$$
$$= \frac{1}{4}x_i - \frac{7}{48}y_i + \frac{59}{48}y_{i-1} - \frac{37}{48}y_{i-2} + \frac{3}{16}y_{i-3} + \frac{1}{16}$$

verwendet. Die Näherung y_{i+1}^0 wird durch das *Adams-Moulton-Dreischrittverfahren*

$$y_{i+1} = y_i + \frac{h}{24}\bigl(9f(x_{i+1}, y_{i+1}^0) + 19f(x_i, y_i) - 5f(x_{i-1}, y_{i-1}) + f(x_{i-2}, y_{i-2})\bigr)$$
$$= \frac{1}{2}x_i - \frac{3}{16}y_{i+1}^0 + \frac{29}{48}y_i + \frac{5}{48}y_{i-1} - \frac{1}{48}y_{i-2} + \frac{1}{16}$$

verbessert. Das Ergebnis der Rechnung ist in der Tabelle 9.13 zusammengefasst.

	exakte Lösung	Adams-Bashforth-Moulton-Verfahren		
		Prädiktor	Korrektor	Fehler
x_i	$y(x_i)$	y_i^0	y_i	$|y(x_i) - y_i|$
0.0	1		1	0
0.5	0.659795990		0.660156250	0.000360260
1.0	0.551819162		0.552256266	0.000437104
1.5	0.584695240		0.585092995	0.000397755
2.0	0.703002925	0.709618490	0.701713657	0.001289268
2.5	0.873127498	0.877425323	0.871376601	0.001750897
3.0	1.074680603	1.075486149	1.073208779	0.001471824
3.5	1.295296075	1.295858118	1.294072935	0.001223140
4.0	1.527473458	1.527818669	1.526508633	0.000964825
4.5	1.766663495	1.766633486	1.765962602	0.000700893
5.0	2.010106921	2.010009407	2.009610438	0.000496483
5.5	2.256130157	2.256049114	2.255782605	0.000347552
6.0	2.503718128	2.503635397	2.503480553	0.000237575

Tabelle 9.13. Vergleich von Adams-Bashforth-Moulton-Verfahren.

9.5 Steife Differentialgleichungen

Steife Differentialgleichungen zeichnen sich dadurch aus, dass in ihrer Lösung sehr schnell abklingende und relativ langsam veränderliche Anteile vorkommen. Der langsam veränderliche Lösungsanteil heißt *stationäre Lösung*. Der sehr schnell abklingende Anteil wird *transiente* Lösung genannt. Er enthält einen Term der Gestalt e^{-cx},

Abschnitt 9.5 Steife Differentialgleichungen

wobei c eine große positive reelle Zahl ist. Man kann sagen, dass das Auftreten von e^{-cx} in der Lösung das charakteristische Merkmal einer steifen Differentialgleichung ist. Das bedeutet, dass eine steife Differentialgleichung erst an ihrer Lösung erkennbar ist.

Bei der Lösung steifer Differentialgleichungen treten Stabilitätsprobleme auf. Zur Demonstration dieser Besonderheit steifer Differentialgleichungen wird ein Beispielproblem mit Hilfe eines expliziten und eines impliziten Einschrittverfahrens gelöst. Als einfachste Methoden kommen die explizite Form

$$y_{i+1} = y_i + hf(x_i, y_i) \quad (i = 0, 1, \ldots, n)$$

und die implizite Variante

$$y_{i+1} = y_i + hf(x_{i+1}, y_{i+1}) \quad (i = 0, 1, \ldots, n)$$

des Polygonzugs nach Euler-Cauchy zum Einsatz. In der Praxis werden zwar meist Mehrschrittverfahren verwendet, die Analyse von Einschrittverfahren ist aber bedeutend einfacher.

Beispiel 9.14. Wie leicht überprüft werden kann, hat das Anfangswertproblem

$$y' = 50(x - y) + 1, \quad y(0) = y_0 \quad \text{die Lösung} \quad y(x) = y_0 e^{-50x} + x.$$

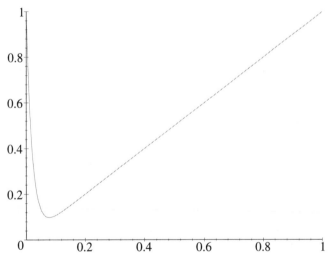

Bild 9.8. Die Funktion $y = e^{-50x} + x$ als Lösung der steifen Anfangswertaufgabe $y' = 50(x - y) + 1, y(0) = 1$.

Der transiente Lösungsanteil $y_0 e^{-50x}$ charakterisiert das Problem als steif. Er klingt sehr schnell ab, anschließend bestimmt der stationäre Anteil die Lösung des

Problems. In diesem Beispiel wird die spezielle Anfangsbedingung $y(0) = 1$ untersucht.

Der Polygonzug nach Euler-Cauchy hat für dieses Problem die Gestalt

$$y_{i+1} = y_i + hf(x_i, y_i)$$
$$= y_i + h(50x_i - 50y_i + 1) \quad (i = 0, 1, \ldots, n).$$

Wegen der starken anfänglichen Änderung der Lösungsfunktion muss das Verfahren sicher mit einer sehr kleinen Schrittweite gestartet werden. Die folgende Tabelle zeigt das Verhalten des Polygonzug-Verfahrens für die Schrittweiten $h = 0.025$ und $h = 0.05$. Dabei ist zu beachten, dass im Falle $h = 0.025$ nur jeder zweite Punkt des Polygonzugs aufgeführt ist.

x_i	$h = 0.025$		$h = 0.05$	
	y_i	$|y_i - y(x_i)|$	y_i	$|y_i - y(x_i)|$
0.000	1.0000000000	0.0000000000	1.0000000	0.0000000
0.050	0.1125000000	0.0195849986	-1.4500000	1.5820850
0.100	0.1039062500	0.0028316970	2.3500000	2.2432621
0.150	0.1502441406	0.0003089438	-3.2250000	3.3755531
0.200	0.2000152588	0.0000301411	5.2625000	5.0624546
0.250	0.2500009536	0.0000027731	-7.3437500	7.5937537
0.300	0.3000000596	0.0000002463	11.6906250	11.3906247
0.350	0.3500000036	0.0000000215	-16.7359375	17.0859375
0.400	0.4000000001	0.0000000020	26.0289063	25.6289063
0.450	0.4499999999	0.0000000003	-37.9933594	38.4433594
0.500	0.4999999999	0.0000000001	58.1650391	57.6650391
0.550	0.5499999999	0.0000000001	-85.9475587	86.4975587
0.600	0.5999999999	0.0000000001	130.3463381	129.7463381
0.650	0.6499999999	0.0000000001	-193.9695071	194.6195071
0.700	0.6999999999	0.0000000001	292.6292607	291.9292607

Tabelle 9.14. Verhalten des Polygonzug-Verfahrens für die Schrittweiten $h = 0.025$ und $h = 0.05$.

Die Tabelle 9.14 zeigt, dass der Polygonzug nach Euler-Cauchy für $h = 0.025$ brauchbare Ergebnisse liefert, im Fall $h = 0.05$ aber völlig versagt. Zur Bestimmung der größten möglichen Schrittweite h betrachtet man die ersten Schritte des Polygonzugs. Die Annahme eines beliebigen Startpunkt (x_0, y_0) gestattet noch zusätzliche Aussagen zum Lösungsverhalten des Verfahrens. Offensichtlich gilt

$$y_1 = y_0 + h(50x_0 - 50y_0 + 1) = x_0 + h + (y_0 - x_0)(1 - 50h)$$
$$= x_1 + (y_0 - x_0)(1 - 50h),$$

Abschnitt 9.5 Steife Differentialgleichungen

$$y_2 = y_1 + h(50x_1 - 50y_1 + 1) = x_1 + h + (y_1 - x_1)(1 - 50h)$$
$$= x_2 + \big(x_1 + (y_0 - x_0)(1 - 50h) - x_1\big)(1 - 50h)$$
$$= x_2 + (y_0 - x_0)(1 - 50h)^2,$$
$$y_3 = y_2 + h(50x_2 - 50y_2 + 1) = x_2 + h + (y_2 - x_2)(1 - 50h)$$
$$= x_3 + \big(x_2 + (y_0 - x_0)(1 - 50h)^2 - x_2\big)(1 - 50h)$$
$$= x_3 + (y_0 - x_0)(1 - 50h)^3.$$

Daraus erhält man

$$y_n = x_n + (y_0 - x_0)(1 - 50h)^n \tag{9.11}$$
$$= x_n + (1 - 50h)^n \quad (n = 0, 1, \ldots)$$

als Vorschrift zur Bestimmung des n-ten Stützwertes. Der erste Summand steht dabei für die stationäre Lösung. Der zweite Summand, der den transienten Lösungsanteil wiedergibt, muss mit wachsendem n gegen null gehen. Daraus ergibt sich für die Schrittweite des Verfahrens die Einschränkung

$$|1 - 50h| < 1 \quad \text{oder} \quad h < 0.04.$$

Die Formel (9.11) zeigt, dass diese Schrittweite sogar dann beizubehalten ist, wenn die transiente Lösung keine Rolle mehr spielt. Beim Übergang zu einer größeren Schrittweite h ab dem Index $n^\star$ kann der Punkt $(x_{n^\star}, y_{n^\star})$ als Startpunkt (x_0, y_0) eines neuen Polygonzugs aufgefasst werden. Solange $x_0 \neq y_0$ gilt, würde sich nach (9.11) die kleinste Differenz bei einer Schrittweite $h > 0.04$ in Laufe des Verfahrens zu beliebiger Größe aufschaukeln.

Die implizite Variante des Euler-Cauchy-Verfahrens lautet für dieses Problem

$$y_{i+1} = y_i + hf(x_{i+1}, y_{i+1})$$
$$= y_i + h(50x_{i+1} - 50y_{i+1} + 1) \quad (i = 0, 1, \ldots, n).$$

Aus den ersten Stützwerten dieses Verfahrens

$$y_1 = y_0 + h(50x_1 - 50y_1 + 1) = \frac{x_1 + 50hx_1 + y_0 + h - x_1}{1 + 50h} = x_1 + \frac{y_0 - x_0}{1 + 50h},$$

$$y_2 = x_2 + \frac{y_1 - x_1}{1 + 50h} = x_2 + \frac{x_1 + \frac{y_0 - x_0}{1 + 50h} - x_1}{1 + 50h} = x_2 + \frac{y_0 - x_0}{(1 + 50h)^2},$$

$$y_3 = x_3 + \frac{y_2 - x_2}{1 + 50h} = x_3 + \frac{x_2 + \frac{y_0 - x_0}{(1 + 50h)^2} - x_2}{1 + 50h} = x_3 + \frac{y_0 - x_0}{(1 + 50h)^3}$$

ergibt sich als allgemeine Vorschrift für den n-ten Stützwert

$$y_n = x_n + \frac{y_0 - x_0}{(1 + 50h)^n}.$$

Die Schrittweite h ist stets positiv, der Bruch tendiert daher bei beliebiger Schrittweite mit wachsendem Index n gegen null. Stabilitätsprobleme wie beim expliziten Verfahren treten nicht auf. Dies zeigt sich auch in der folgenden Tabelle, die die Ergebnisse der Rechnung mit den bereits im expliziten Verfahren benutzten Schrittweiten enthält.

x_i	$h = 0.025$		$h = 0.05$	
	y_i	$\|y_i - y(x_i)\|$	y_i	$\|y_i - y(x_i)\|$
0	1	0	1	0
0.050	0.2475308642	0.1154458656	0.3357142857	0.2036292871
0.100	0.1390184423	0.0322804953	0.1816326531	0.0748947061
0.150	0.1577073466	0.0071542622	0.1733236152	0.0227705308
0.200	0.2015224388	0.0014770389	0.2066638901	0.0066184902
0.250	0.2503007287	0.0002970020	0.2519039686	0.0019002419
0.300	0.3000594032	0.0000590973	0.3005439911	0.0005436852
0.350	0.3500117340	0.0000117089	0.3501554260	0.0001554009
0.400	0.4000023178	0.0000023157	0.4000444074	0.0000444053
0.450	0.4500004578	0.0000004576	0.4500126877	0.0000126875
0.500	0.5000000907	0.0000000907	0.5000036251	0.0000036251
0.550	0.5500000178	0.0000000178	0.5500010357	0.0000010357
0.600	0.6000000036	0.0000000036	0.6000002960	0.0000002960
0.650	0.6500000009	0.0000000009	0.6500000846	0.0000000846
0.700	0.7000000000	0.0000000000	0.7000000243	0.0000000243

Tabelle 9.15. Ergebnisse der Rechnung mit den bereits im expliziten Verfahren benutzten Schrittweiten.

Die in diesem Beispiel festgestellte bessere Eignung der impliziten Verfahren für steife Differentialgleichungen gilt allgemein. Trotzdem ist es natürlich angebracht, die Eignung eines Verfahrens zur Lösung steifer Probleme vor seinem Einsatz zu überprüfen. Dazu wird das zu untersuchende Verfahren auf die Testaufgabe

$$y' = \lambda y, \quad y(0) = y_0 \tag{9.12}$$

angewendet. Der Faktor λ darf dabei eine komplexe Zahl sein. Für die hier beabsichtigte kurze Einführung in das Problem genügt die Annahme von negativen reellen Werten für den Parameter λ.

Die Testaufgabe (9.12) hat die Lösung $y = y_0 e^{\lambda x}$, der transiente Lösungsteil lautet folglich $e^{\lambda x}$. Der stabile Lösungsteil hat den konstanten Wert null.

Abschnitt 9.5 Steife Differentialgleichungen

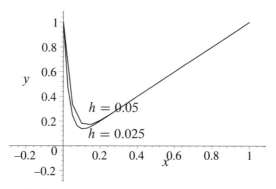

Bild 9.9. Die numerische Lösung der steifen Anfangswertaufgabe $y' = 50(x-y)+1$, $y(0) = 1$.

Die Anwendung des Euler-Cauchy-Verfahrens auf die Testaufgabe führt zu

$$y_{k+1} = y_k + hf(x_k, y_k) = y_k + h\lambda y_k = (1 + h\lambda)y_k$$
$$= (1 + h\lambda)^{k+1} y_0 \quad (k = 0, 1, \ldots, n). \tag{9.13}$$

Die implizite Variante des Euler-Cauchy-Verfahrens für die Testaufgabe (9.12) lautet

$$y_{k+1} = y_k + hf(x_{k+1}, y_{k+1}) = y_k + h\lambda y_{k+1} = \frac{y_k}{1 - h\lambda}$$
$$= \frac{y_0}{(1 - h\lambda)^{k+1}} \quad (k = 0, 1, \ldots, n). \tag{9.14}$$

Bei der Stabilitätsuntersuchung der beiden Verfahren (9.13) und (9.14) sind die Näherungswerte y_{k+1} mit der exakten Lösung der Testaufgabe

$$y(x_{k+1}) = y((k+1)h) = y_0 e^{\lambda(k+1)h} = y_0 (e^{\lambda h})^{k+1} \tag{9.15}$$

zu vergleichen. Wegen $\lambda < 0$ und $h > 0$ ist $0 < e^{\lambda h} < 1$. Allgemein kann man für $(e^{\lambda h})^{k+1}$ mit wachsendem k die Konvergenz gegen null feststellen. Wie man aus (9.13) sieht, hat das Euler-Cauchy-Verfahren diese Eigenschaft nur im Fall

$$|1 + h\lambda| < 1 \quad \text{oder} \quad -1 < 1 + h\lambda < 1, \tag{9.16}$$

andernfalls würden die Beträge der Näherungen y_{k+1} immer weiter ansteigen und der Fehler würde sehr groß werden. Wegen $h\lambda < 0$ ist nur die linke Seite der Ungleichung von Bedeutung. Daraus folgt für h die Beschränkung

$$-2 < h\lambda \quad \text{oder} \quad h < \frac{2}{|\lambda|}.$$

Für die Konvergenz der Näherungen des impliziten Euler-Cauchy-Verfahrens gegen null ist nach (9.14)

$$|1 - h\lambda| > 1 \tag{9.17}$$

notwendig. Da $\lambda < 0$ ist, stellt dies keine Einschränkung für h dar. Diese Ergebnisse decken sich mit den Überlegungen aus dem Beispiel 9.14. Die Gleichungen (9.13) und (9.14) lassen sich auch zur Untersuchung der Wirkung von kleinen Störungen, beispielsweise Rundungsfehlern, im Startwert verwenden. Dazu setzt man als neuen Startwert die durch ein kleines ϵ gestörte Größe $y_0 + \epsilon$ an. Die Gleichungen (9.13) und (9.14) haben dann die Form

$$\begin{aligned} y_{k+1} &= (1 + h\lambda) y_k = (1 + h\lambda)^{k+1} (y_0 + \epsilon) \\ &= (1 + h\lambda)^{k+1} y_0 + (1 + h\lambda)^{k+1} \epsilon \quad (k = 0, 1, \ldots, n) \end{aligned} \tag{9.18}$$

und

$$\begin{aligned} y_{k+1} &= \frac{y_k}{1 - h\lambda} = \frac{y_0 + \epsilon}{(1 - h\lambda)^{k+1}} \\ &= \frac{y_0}{(1 - h\lambda)^{k+1}} + \frac{\epsilon}{(1 - h\lambda)^{k+1}} \quad (k = 0, 1, \ldots, n). \end{aligned} \tag{9.19}$$

In beiden Fällen beschreibt der zweite Summand die Fortpflanzung des Anfangsfehlers in den weiteren Verfahrensschritten. Dabei sinkt dieser Anteil im Euler-Cauchy-Verfahren im Fall $h < \frac{2}{|\lambda|}$ mit wachsendem k ab, andernfalls steigt der Einfluss dieses Anfangsfehlers mit fortschreitender Rechnung beliebig weit an. Im impliziten Verfahren sinkt dieser zweite Summand auf alle Fälle ab. Der Einfluss des Startfehlers ist folglich in diesen Einschrittverfahren mit dem Verhalten der Näherungslösung vergleichbar.

Schwieriger zu untersuchen ist das Verhalten von Mehrschrittverfahren, bei denen die neue Näherung y_{k+1} aus mehreren Vorgängern $y_k, y_{k-1}, \ldots, y_{k+1-m}$ gebildet wird. Solche Verfahren können für die Testaufgabe allgemein in der Form

$$y_{k+1} + a_{m-1} y_k + a_{m-2} y_{k-1} + \cdots + a_0 y_{k+1-m} = 0 \tag{9.20}$$

geschrieben werden, wobei die Koeffizienten a_l ($l = 0, \ldots, m-1$) sich aus den Koeffizienten des gewählten Mehrschrittverfahrens und der gewählten Schrittweite zusammensetzen. Nach Gleichung (9.15) können die Funktionswerte $y(x_{k+1})$ in Potenzform geschrieben werden. Man setzt daher für die Näherung

$$y_l = (e^\alpha)^l = z^l \quad (l = k+1-m, \ldots, k+1)$$

an, wobei α und damit auch z komplexe Zahlen sein dürfen. Damit kann dem Mehrschrittverfahren die Gleichung

$$z^{k+1} + a_{m-1} z^k + a_{m-2} z^{k-1} + \cdots + a_0 z^{k+1-m} = 0 \tag{9.21}$$

Abschnitt 9.5 Steife Differentialgleichungen

für die komplexe Variable z zugeordnet werden. Durch Ausklammern von z^{k+1-m} erhält diese Gleichung die Form

$$z^{k+1-m}(z^m + a_{m-1}z^{m-1} + a_{m-2}z^{m-2} + \cdots + a_0) = 0.$$

Die Anwendung eines Mehrschrittverfahrens ist als Lösung dieser Gleichung für die Variable z interpretierbar. Man erkennt sofort die $(k+1-m)$-fache Lösung $z = 0$. In der Klammer steht ein Polynom vom Grad m für die komplexe Variable z, das mit $a_m = 1$ in der Form

$$p_m(z) = z^m + a_{m-1}z^{m-1} + a_{m-2}z^{m-2} + \cdots + a_0 = \sum_{l=0}^{m} a_l z^l$$

geschrieben werden kann. Die Nullstellen dieses Polynoms beschreiben das Verhalten der gewählten Mehrschrittformel. Es heißt deshalb *charakteristisches Polynom des Verfahrens* (9.20).

Als Polynom vom Grad m hat das charakteristische Polynom genau m komplexe Nullstellen z_l ($l = 1, \ldots, m$). Es kann gezeigt werden, dass das gewählte Verfahren im Sinne der für Einschrittverfahren angestellten Überlegungen stabil ist, wenn alle Nullstellen die Eigenschaft

$$|z_l| < 1 \tag{9.22}$$

besitzen.

Beispiel 9.15. Das Euler-Cauchy-Verfahren hat nach Gleichung (9.13) die Form

$$y_{k+1} = (1 + h\lambda)y_k \quad (k = 0, 1, \ldots, n),$$

das charakteristische Polynom dazu lautet

$$p_1(z) = z - (1 + h\lambda).$$

Als Nullstelle dieses Polynom erhält man

$$z = 1 + h\lambda.$$

Aus der Bedingung (9.22) folgt wieder die Stabilitätsbedingung

$$|1 + h\lambda| < 1 \quad \text{oder} \quad h < \frac{2}{|\lambda|}.$$

Beispiel 9.16. Das Adams-Bashforth-Zweischrittverfahren lautet für die Testaufgabe

$$y_{k+1} = y_k + \frac{h}{2}(3f(x_k, y_k) - f(x_{k-1}, y_{k-1}))$$
$$= y_k + \frac{3h\lambda}{2}y_k - \frac{h\lambda}{2}y_{k-1}.$$

Daraus gewinnt man das charakteristische Polynom

$$p_2(z) = z^2 - \left(1 + \frac{3h\lambda}{2}\right)z + \frac{h\lambda}{2}.$$

Mit der Substitution $\alpha = \frac{h\lambda}{2}$ ergibt sich die etwas übersichtlichere Form

$$p_2(z) = z^2 - (1 + 3\alpha)z + \alpha$$

für dieses Polynom. Bei einer Beschränkung auf reelle Parameter $\lambda < 0$ und reelle Schrittweiten h ist $\alpha < 0$ ebenfalls ein reeller Parameter. Die Nullstellen dieses quadratischen Polynoms sind

$$z_1 = \frac{1 + 3\alpha}{2} + \sqrt{\left(\frac{1 + 3\alpha}{2}\right)^2 - \alpha} = \frac{1}{2}(1 + 3\alpha + \sqrt{9\alpha^2 + 2\alpha + 1}),$$

$$z_2 = \frac{1 + 3\alpha}{2} - \sqrt{\left(\frac{1 + 3\alpha}{2}\right)^2 - \alpha} = \frac{1}{2}(1 + 3\alpha - \sqrt{9\alpha^2 + 2\alpha + 1}).$$

Wegen $\alpha < 0$ erhält man stets zwei reelle Lösungen z_1 und z_2. Aus $\alpha < 0$ folgt außerdem

$$|1 + 3\alpha| < \sqrt{9\alpha^2 + 2\alpha + 1}, \qquad (9.23)$$

z_1 ist also immer eine nichtnegative Zahl. Die Stabilitätsbedingung für z_1 lautet daher nur noch

$$2 > 1 + 3\alpha + \sqrt{9\alpha^2 + 2\alpha + 1}.$$

Wie man leicht nachprüft, ist diese Bedingung für alle $\alpha < 0$ erfüllt.

Die zweite Lösung z_2 ist wegen (9.23) stets eine negative Zahl. Die Stabilitätsbedingung für z_2 kann deshalb in der Form

$$-2 < 1 + 3\alpha - \sqrt{9\alpha^2 + 2\alpha + 1}$$

geschrieben werden. Die daraus gebildete Ungleichung

$$\sqrt{9\alpha^2 + 2\alpha + 1} < 3\alpha + 3$$

kann nur bei positiver rechter Seite, das heißt $\alpha > -1$, erfüllt sein. In diesem Fall darf man die Ungleichung quadrieren. Nach dem Auflösen nach α ergibt sich die gesuchte Bedingung

$$\alpha = \frac{h\lambda}{2} > -\frac{1}{2}.$$

Für die Schrittweite h folgt daraus die Einschränkung

$$h < \frac{1}{|\lambda|}.$$

Abschnitt 9.5 Steife Differentialgleichungen

Zur Illustration des Ergebnisses wird das Adams-Bashforth-Zweischrittverfahren mit der Schrittweite $h = 0.1$ zur Lösung der beiden speziellen Testaufgaben

$$y_1' = -9y_1, \quad y_1(0) = 1 \quad \text{(exakte Lösung: } y_1(x) = e^{-9x}\text{)}$$

und

$$y_2' = -11y_2, \quad y_2(0) = 1 \quad \text{(exakte Lösung: } y_2(x) = e^{-11x}\text{)}$$

verwendet. Nach den obigen Überlegungen ist wegen

$$\frac{1}{|\lambda_2|} = \frac{1}{11} < h < \frac{1}{|\lambda_1|} = \frac{1}{9}$$

im Fall der ersten Testaufgabe mit fortschreitender Rechnung eine Annäherung an die exakte Lösung zu erwarten. Für die zweite Testaugabe sollte sich die Näherung im Verlauf der Rechnung von der exakten Lösung entfernen.

Das Adams-Bashforth-Zweischrittverfahren benötigt zum Start der Rechnung zwei Startwerte. Um den Einfluss der Startwerte auf das zu demonstrierende Verhalten gering zu halten, werden beide Rechnungen mit den aus der exakten Lösung gewonnenen Werten

$$y_{1_0} = 1, \quad y_{1_1} = e^{\lambda_1 h} = e^{-0.9} = 0.4065696597$$

und

$$y_{2_0} = 1, \quad y_{2_1} = e^{\lambda_2 h} = e^{-1.1} = 0.3328710837$$

gestartet. Die folgenden Tabellen 9.16 zeigen in beiden Fällen das erwartete Verhalten.

x_i	y_i	$|y_i - y(x_i)|$	x_i	y_i	$|y_i - y(x_i)|$
0	1	0	0	1	0
0.1	0.406569660	0	0.1	0.332871084	0
0.2	0.307700619	0.142401731	0.2	0.333633796	0.222830637
0.3	0.075261130	0.008055617	0.3	−0.033782871	0.070666039
0.4	0.112123883	0.084800161	0.4	0.205457454	0.193180114
0.5	−0.005375851	0.016484847	0.5	−0.152127924	0.156214696
0.6	0.052337295	0.047820714	0.6	0.211884751	0.210524383
0.7	−0.020737186	0.022573491	0.7	−0.221395446	0.221848274
0.8	0.030809798	0.030063212	0.8	0.260443653	0.260292920
0.9	−0.020115163	0.020418702	0.9	−0.291055870	0.291106045
1.0	0.020904716	0.020781306	1.0	0.332430325	0.332413623

Tabelle 9.16. Lösungen von $y_1' = -9y_1$ und $y_2' = -11y_2$.

Anschaulicher ist die grafische Darstellung der Lösungen der beiden Aufgaben (s. Bild 9.10 und Bild 9.11).

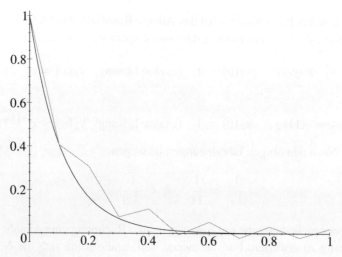

Bild 9.10. Das Absinken des Fehlers des Adams-Bashforth-Verfahrens mit $h = 0.1$ bei der Testaufgabe mit $y'_1 = -9y_1$.

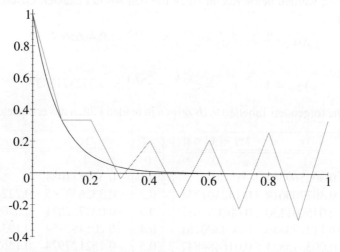

Bild 9.11. Das Ansteigen des Fehlers des Adams-Bashforth-Verfahrens mit $h = 0.1$ bei der Testaufgabe mit $y'_2 = -11y_2$.

9.6 Weitere Anfangswertaufgaben

Bisher wurden nur Anfangswertaufgaben für Differentialgleichungen erster Ordnung gelöst. In der Praxis treten jedoch häufig nicht nur einfache Differentialgleichungen, sondern Systeme miteinander verbundener Gleichungen auf. Eine weitere häufig auf-

9.6.1 Differentialgleichungssysteme erster Ordnung

Die unabhängige Variable in den zu lösenden Differentialgleichungssystemen sei t. Gesucht sind jeweils Funktionen $\mathbf{x}(t)$. Ein Anfangswertproblem zu einem *Differentialgleichungssystem erster Ordnung* hat dann die Gestalt

$$\dot{x}_1(t) = f_1(x_1, x_2, \ldots, x_n, t), \qquad x_1(0) = x_{1_0}$$
$$\dot{x}_2(t) = f_2(x_1, x_2, \ldots, x_n, t), \qquad x_2(0) = x_{2_0}$$
$$\vdots \qquad\qquad\qquad\qquad \vdots$$
$$\dot{x}_n(t) = f_n(x_1, x_2, \ldots, x_n, t), \qquad x_n(0) = x_{n_0}.$$

Das prinzipielle Vorgehen bei der numerischen Lösung dieses Aufgabentyps wird für das einfachste System von zwei miteinander gekoppelten Differentialgleichungen

$$\dot{x}_1(t) = f_1(x_1, x_2, t), \qquad x_1(0) = x_{1_0}$$
$$\dot{x}_2(t) = f_2(x_1, x_2, t), \qquad x_2(0) = x_{2_0}$$

demonstriert. Die Verallgemeinerung auf Systeme mit beliebig vielen Differentialgleichungen erster Ordnung ist dann möglich.

Die Lösung des einfachen Systems aus zwei Differentialgleichungen sind zwei Funktionen $x_1(t)$ und $x_2(t)$. Diese beiden Funktionen können als Parameterform einer Kurve in der x_1x_2-Ebene, der Phasenebene, betrachtet werden. Die Kurve ist als Trajektorie oder Bahn eines Teilchens in der Phasenebene interpretierbar. In dieser Interpretation wären die Zeitableitungen $\dot{x}_1(t)$ und $\dot{x}_2(t)$ die Geschwindigkeitskomponenten des Teilchens in Richtung der jeweiligen Koordinatenachsen. In ihrer Kombination geben sie den Geschwindigkeitsvektor des Teilchens zu jeden betrachteten Zeitpunkt an. Die Anfangsbedingung $x_1(0) = x_{1_0}$ und $x_2(0) = x_{2_0}$ gibt in dieser Vorstellung den Startpunkt des Teilchens auf seiner Bahn durch die Phasenebene an. Es sei betont, dass dies nur eine mögliche Veranschaulichung solcher Differentialgleichungssysteme ist, deren Anwendung sich aber keineswegs auf diesen Problemkreis beschränkt.

Beispiel 9.17. Das Differentialgleichungssystem

$$\dot{x}_1(t) = \alpha_1 x_1 - \beta_1 x_1 x_2$$
$$\dot{x}_2(t) = -\alpha_2 x_2 + \beta_2 x_1 x_2$$

ist eine Weiterentwicklung des Wachstumsmodells der logistischen Gleichung. Es beschreibt ein biologisches System aus einem Räuber und seiner Beute. Dabei sind x_1 und x_2 die Populationen der Beute und des Räubers. Die Zeitableitungen stehen für die Wachstumsgeschwindigkeiten der Populationen. Die ersten Summanden beider Gleichungen beschreiben die Veränderung der Population ohne den Einfluss der jeweils anderen Art. Daher ist α_1 die Differenz aus den Geburts- und Sterberaten der Beuteart. Bei einer größeren Geburtsrate ist diese Zahl positiv, die Population wächst. Analog wird α_2 für den Räuber gebildet.

Beispiel 9.18. Das Differentialgleichungssystem

$$\dot{x}_1(t) = -x_1 - 10x_2$$
$$\dot{x}_2(t) = 2x_1 + 3x_2$$

hat die durch Einsetzen in das System leicht überprüfbaren allgemeinen Lösungen

$$x_1(t) = e^t \left(c_2 \cos(4t) - \frac{5c_1 + c_2}{2} \sin(4t) \right),$$

$$x_2(t) = e^t \left(c_1 \cos(4t) + \frac{c_1 + c_2}{2} \sin(4t) \right).$$

Bei Vorgabe einer Anfangsbedingung

$$x_1(t=0) = 0, \quad x_2(t=0) = x_{2_0}$$

erhält man für die Integrationskonstanten $c_1 = x_{2_0}$ und $c_2 = 0$. Zu dieser speziellen Anfangsbedingung gehören deshalb die speziellen Lösungen

$$x_1(t) = -x_{1_0} \frac{5}{2} e^t \sin(4t),$$

$$x_2(t) = x_{1_0} e^t \left(\cos(4t) + \frac{1}{2} \sin(4t) \right).$$

Einige der daraus resultierenden Kurven für $t \in [0, 2.3]$ und die Anfangsbedingungen

$$x_1(0) = 0,$$
$$x_2(0) = 1 + k/2 \quad (k = 0, 1, \ldots, 6)$$

sind im folgenden Bild 9.12 dargestellt.

Die Übertragung der bisher behandelten numerischen Verfahren auf Anfangswertprobleme von Differentialgleichungssystemen soll wieder am Polygonzug nach Euler-Cauchy als einfachster Lösungsvariante demonstriert werden. Im System

$$\dot{x}_1(t) = f_1(x_1, x_2, t)$$
$$\dot{x}_2(t) = f_2(x_1, x_2, t)$$

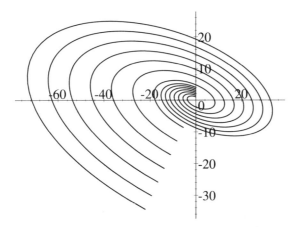

Bild 9.12. Einige Trajektorien des betrachteten Systems.

werden dazu die Zeitableitungen näherungsweise durch die Differenzenquotienten ersetzt. Die Schrittweite in t sei dabei h. Die Näherungslösung wird deshalb an den durch Diskretisierung des Parameters t entstehenden Stellen

$$t_k = t_0 + k\,h \quad (k = 0, 1, \ldots, n)$$

gebildet. Aus dem entstehenden System von Differenzengleichungen

$$\left.\begin{array}{l} \dfrac{\Delta x_1}{\Delta t} = \dfrac{x_{1_{k+1}} - x_{1_k}}{h} = f_1(x_{1_k}, x_{2_k}, t_k) \\[1em] \dfrac{\Delta x_2}{\Delta t} = \dfrac{x_{2_{k+1}} - x_{2_k}}{h} = f_2(x_{1_k}, x_{2_k}, t_k) \end{array}\right\} \quad (k = 0, 1, \ldots, n)$$

folgen sofort die Gleichungen

$$\left.\begin{array}{l} x_{1_{k+1}} = x_{1_k} + h\, f_1(x_{1_k}, x_{2_k}, t_k) \\ x_{2_{k+1}} = x_{2_k} + h\, f_2(x_{1_k}, x_{2_k}, t_k) \end{array}\right\} \quad (k = 0, 1, \ldots, n)$$

für das Polygonzugverfahren zu einem System von 2 Differentialgleichungen. Eine Erweiterung auf ein System von n Differentialgleichungen erster Ordnung sollte den Leser nicht vor größere Probleme stellen. Ebenso können auch die anderen bisher diskutierten Verfahren auf Differentialgleichungssysteme 1. Ordnung übertragen werden.

Beispiel 9.19. Es wird das Differentialgleichungssystem

$$\begin{aligned} \dot{x}_1(t) &= -x_1 - 10 x_2 = f_1(x_1, x_2, t) \\ \dot{x}_2(t) &= 2x_1 + 3x_2 = f_2(x_1, x_2, t) \end{aligned}$$

aus dem Beispiel 9.18 mit der Anfangsbedingung

$$x_1(0) = 0, \quad x_2(0) = 2$$

untersucht. Nach Beispiel 9.18 hat dieses Problem die exakte Lösung

$$x_1(t) = -5\,e^t \sin(4t),$$
$$x_2(t) = e^t \big(2\cos(4t) + \sin(4t)\big).$$

Mit der Schrittweite $h = 0.1$ soll in 10 Schritten eine Näherung auf dem Parameterintervall [0, 1] bestimmt werden. Das Euler-Cauchy-Verfahren für dieses Problem hat die Form

$$\left.\begin{array}{l} x_{1_{k+1}} = x_{1_k} + 0.1\,(-x_{1_k} - 10 x_{2_k}) \\ x_{2_{k+1}} = x_{2_k} + 0.1\,(2 x_{1_k} + 3 x_{2_k}) \end{array}\right\} \quad (k = 0, 1, \ldots, 10).$$

Als erste Schritte der Rechnung ergeben sich:

$x_{1_0} = 0,$ $\qquad x_{1_1} = 0 + 0.1(-0 - 20) = -2,$

$x_{2_0} = 2,$ $\qquad x_{2_1} = 2 + 0.1(0 + 6) = 2.6,$

$x_{1_2} = -2 + 0.1(2 - 26) = -4.4,$ $\quad x_{1_3} = -4.4 + 0.1(4.4 - 29.8) = -6.94,$

$x_{2_2} = 2.6 + 0.1(-4 + 7.8) = 2.98,$ $\quad x_{2_1} = 2.98 + 0.1(-8.8 + 8.94) = 2.994.$

Die vollständige Rechnung ist in der folgenden Tabelle 9.17 zusammengefasst.

t_i	Lösung		Fehler	
	x_{1_i}	x_{2_i}	$\|x_{1_i} - x_1(t_i)\|$	$\|x_{2_i} - x_2(t_i)\|$
0.0	0.00000000	2.00000000	0.000000000	0.000000000
0.1	−2.00000000	2.60000000	0.151869134	0.133766525
0.2	−4.40000000	2.98000000	0.019096460	0.401900299
0.3	−6.94000000	2.99400000	0.649394150	0.757615217
0.4	−9.24000000	2.50420000	1.784057060	1.100132549
0.5	−10.82020000	1.40746000	3.324309955	1.280502273
0.6	−11.14564000	−0.33434200	4.991769200	1.122121744
0.7	−9.69673400	−2.66377260	6.323817528	0.456449684
0.8	−6.06328800	−5.40225118	6.712858227	0.828845371
0.9	−0.05470802	−8.23558413	5.496831315	2.735819894
1.0	8.18634692	−10.71720098	2.099665434	5.106423357

Tabelle 9.17. Lösungswerte zu Beispiel 9.19.

9.6.2 Differentialgleichungen höherer Ordnung

Eine Anfangswertaufgabe für eine Differentialgleichung n-ter Ordnung ist durch

$$y^{(n)} = f(x, y, y', y'', \ldots, y^{(n-1)}),$$

$$y(x_0) = y_0, \quad y'(x_0) = y'_0, \quad \ldots, \quad y^{(n-1)}(x_0) = y_0^{(n-1)}$$

gegeben. Durch die Substitutionen

$$y(x) = y_1(x),$$
$$y'(x) = y'_1(x) = y_2(x),$$
$$y''(x) = y'_2(x) = y_3(x),$$
$$\vdots$$
$$y^{(n-1)}(x) = y'_{n-1}(x) = y_n(x),$$
$$y^{(n)}(x) = y'_n(x)$$

erhält man aus der Anfangswertaufgabe für eine Differentialgleichung n-ter Ordnung die folgende Anfangswertaufgabe für ein Differentialgleichungssystem 1. Ordnung:

$$y'_1 = f_1(x, y_1, y_2, \ldots, y_n) = y_2, \quad y_1(x_0) = y_0,$$
$$y'_2 = f_2(x, y_1, y_2, \ldots, y_n) = y_3, \quad y_2(x_0) = y'_0,$$
$$y'_3 = f_3(x, y_1, y_2, \ldots, y_n) = y_4, \quad y_3(x_0) = y''_0,$$
$$\vdots$$
$$y'_{n-1} = f_{n-1}(x, y_1, y_2, \ldots, y_n) = y_n(x), \quad y_{n-1}(x_0) = y_0^{(n-2)},$$
$$y'_n = f_n(x, y_1, y_2, \ldots, y_n) = f(x, y_1, y_2, \ldots, y_n), \quad y_n(x_0) = y_0^{(n-1)}.$$

Damit können jetzt die für Anfangswertaufgaben von Differentialgleichungen 1. Ordnung bereitgestellten Verfahren auf Differentialgleichungen höherer Ordnung übertragen werden.

Beispiel 9.20. Betrachtet wird das folgende Anfangswertproblem für eine Differentialgleichung 2. Ordnung:

$$y'' + 2y' + 2y = x, \quad y(0) = -\frac{1}{2}, \quad y'(0) = 1.$$

Wie man durch Einsetzen in die Aufgabenstellung leicht prüfen kann, hat dieses Problem die Lösung

$$y(x) = \frac{1}{2}(e^{-x} \sin(x) + x - 1).$$

Es ist für diese Aufgabe eine Näherungslösung mit Hilfe des Polygonzugs von Euler-Cauchy über 10 Schritte mit der Schrittweite $h = 0.2$ gesucht.

Mit der Substitution

$$y(x) = y_1(x),$$
$$y'(x) = y_1'(x) = y_2(x),$$
$$y''(x) = y_2'(x)$$

ergibt sich daraus das Differentialgleichungssystem 1. Ordnung

$$y_1'(x) = y_2(x), \quad y_1(0) = -\frac{1}{2},$$
$$y_2'(x) = -2y_1(x) - 2y_2(x) + x, \quad y_2(0) = 1.$$

Das gesuchte Euler-Cauchy-Verfahren für dieses Problem lautet dann

$$\left. \begin{array}{l} y_{1_{k+1}} = y_{1_k} + 0.2\, y_{2_k}, \\ y_{2_{k+1}} = y_{2_k} + 0.2\,(-2y_{1_k} - 2y_{2_k} + x_{2_k}) \end{array} \right\} \quad (k = 0, 1, \ldots, 10).$$

Die ersten beiden Punkte des Polygonzugs sind

$$y_{1_0} = -0.5, \quad y_{1_1} = -0.5 + 0.2 \cdot 1 = -0.3,$$

$$y_{2_0} = 1, \quad y_{2_1} = 1 + 0.2\bigl(-2(-0.5) - 2 \cdot 1 + 0\bigr) = 0.8.$$

Die weiter Rechnung kann der folgenden Tabelle 9.18 entnommen werden.

	Lösung		Fehler
x_i	$y_i = y_{1_i}$	$y_i' = y_{2_i}$	$|y_{1_i} - y(x_i)|$
0.0	−0.5000000000	1.0000000000	0.0000000000
0.2	−0.3000000000	0.8000000000	0.0186716546
0.4	−0.1400000000	0.6400000000	0.0294825394
0.6	−0.0120000000	0.5200000000	0.0330588202
0.8	0.0920000000	0.4368000000	0.0308355654
1.0	0.1793600000	0.3852800000	0.0245800621
1.2	0.2564160000	0.3594240000	0.0160536110
1.4	0.3283008000	0.3530880000	0.0067963442
1.6	0.3989184000	0.3605324800	0.0019868150
1.8	0.4710248960	0.3767521280	0.0094630694
2.0	0.5463753216	0.3976413184	0.0151546904

Tabelle 9.18. Lösungswerte für Beispiel 9.20.

9.7 Aufgaben

Aufgabe 9.1. Die Differentialgleichung $xy' + 2y - 1/x = 0$ hat die allgemeine Lösung $y(x) = (c+x)/x^2$.

a) Skizzieren Sie das Richtungsfeld der Differentialgleichung im ersten Quadranten des kartesischen Koordinatensystems.

b) Ermitteln Sie die durch die Anfangsbedingung $y(1) = 1$ bestimmte spezielle Lösung der Differentialgleichung und tragen Sie diese Lösung ebenfalls in das Koordinatensystem ein.

c) Berechnen Sie mit dem Polygonzugverfahren nach Euler-Cauchy und der Schrittweite $h = 0.2$ eine Näherungslösung für diese Anfangswertaufgabe auf dem Intervall $[1, 2]$. Vergleichen Sie die erhaltenen Näherungen mit den exakten Werten $y(x_i)$.

Aufgabe 9.2.

a) Ermitteln Sie zur Differentialgleichung aus Aufgabe 9.1 die durch die Anfangsbedingung $y(1/2) = 0$ bestimmte spezielle Lösung.

b) Berechnen Sie mit dem Polygonzugverfahren nach Euler-Cauchy und der Schrittweite $h = 0.1$ eine Näherungslösung für diese Anfangswertaufgabe auf dem Intervall $[1/2, 1]$.

Aufgabe 9.3. Die Differentialgleichung $xy' - y/(x+1) = 0$ hat mit der Anfangsbedingung $y(1) = 1$ die spezielle Lösung $y(x) = 2x/(x+1)$.
Bestimmen Sie mit dem Polygonzug nach Euler-Cauchy und der Schrittweite $h = 0.2$ eine Näherungslösung für diese Anfangswertaufgabe auf dem Intervall $[1, 2]$ und vergleichen Sie die erhaltenen Näherungen mit den exakten Werten $y(x_i)$.

Aufgabe 9.4. Bestimmen Sie zum Anfangswertproblem aus Aufgabe 9.3 mit

a) der Mittelpunktmethode (Runge-Kutta-Verfahren 2. Ordnung) und

b) der Runge-Kutta-Methode vierter Ordnung

jeweils mit der Schrittweite $h = 0.5$ eine Näherungslösung auf dem Intervall $[1, 5]$ und vergleichen Sie die erhaltenen Näherungen mit den exakten Werten $y(x_i)$.

Aufgabe 9.5. Die Differentialgleichung $y' - (y^2+2)/(x^2) = 0$ hat mit der Anfangsbedingung $y(1) = 0$ die spezielle Lösung $y(x) = \sqrt{2}\tan(\sqrt{2}(x-1)/x)$.
Bestimmen Sie mit

a) dem Polygonzug nach Euler-Cauchy und

b) der Runge-Kutta-Methode vierter Ordnung

eine Näherungslösung für diese Anfangswertaufgabe (Schrittweite $h = 0.25$) auf dem Intervall $[1, 3]$ und vergleichen Sie die erhaltenen Näherungen mit den exakten Werten $y(x_i)$.

Aufgabe 9.6. Im Beispiel 9.4 wurde das Lösungsverhalten der logistischen Differentialgleichung $\dot{x} = kx(B - x)$ für das Polygonzugverfahren nach Euler-Cauchy mit der Schrittweite $h = 1$ untersucht. Dabei wurde ein wesentlicher Einfluss des Parameters k auf das Lösungsverhalten deutlich, der im Feigenbaum-Diagramm zusammenfassend dargestellt werden kann.
Bestimmen Sie jeweils eine Näherungslösung der logistischen Differentialgleichung $\dot{x} = kx(1 - x)$ mit der Anfangsbedingung $x(0) = 0.2$ und der Schrittweite $h = 1$ mit Hilfe von 10 Schritten des Runge-Kutta-Verfahrens 4. Ordnung für die Parameter

a) $k = 2.2$ und

b) $k = 2.5$.

Vergleichen Sie diese Lösung mit der im Abschnitt 9.1.2 angegebenen exakten Lösung und dem Lösungsverhalten des Polygonzugverfahrens.

Aufgabe 9.7. Bestimmen Sie eine Näherungslösung des Anfangswertproblems $y' = -y/2 + \sin(x)$, $y(0) = -1$ mit Hilfe von 10 Schritten eines Taylor-Verfahrens 3. Ordnung und der Schrittweite $h = 0.2$.
Vergleichen Sie Ihr Ergebnis mit der exakten Lösung $y(x) = 2/5 \sin x - 4/5 \cos x - 1/5 e^{-0.5x}$.

Aufgabe 9.8. Berechnen Sie eine Näherungslösung des Anfangswertproblems $y' = x + y$, $y(0) = -0.5$ mit Hilfe von 10 Schritten eines Taylor-Verfahrens 5. Ordnung und der Schrittweite $h = 0.2$.
Vergleichen Sie Ihr Ergebnis mit der exakten Lösung $y(x) = 1/2 e^x - x - 1$.

Aufgabe 9.9. Ermitteln Sie mit Hilfe von 10 Schritten eines Taylor-Verfahrens 4. Ordnung mit der Schrittweite $h = 0.2$ eine Näherungslösung des Anfangswertproblems $y' = -2y$, $y(0) = 2$.
Vergleichen Sie Ihr Ergebnis mit der exakten Lösung $y(x) = 2e^{-2x}$.

Aufgabe 9.10. Gegeben ist das Anfangswertproblem $y' = -y/2 + \sin(x)$, $y(0) = -1$ aus Aufgabe 9.7. Bestimmen Sie eine Näherungslösung mittels des Adams-Bashforth-3-Schrittverfahrens mit der Schrittweite $h = 0.2$ und vergleichen Sie diese Lösung mit der exakten Lösung und der Näherungslösung aus Aufgabe 9.7.
Verwenden Sie das Runge-Kutta-Verfahren 4. Ordnung zur Gewinnung der Anlaufwerte.

Abschnitt 9.7 Aufgaben

Aufgabe 9.11. Gegeben ist das Anfangswertproblem $y' = y + x$, $y(0) = -0.5$ aus Aufgabe 9.8. Berechnen Sie mittels des Adams-Bashforth-2-Schrittverfahrens mit der Schrittweite $h = 0.2$ eine Näherungslösung des Problems und vergleichen Sie diese Lösung mit der exakten Lösung und der Näherungslösung aus Aufgabe 9.8.
Verwenden Sie das Runge-Kutta-Verfahren 4. Ordnung zur Gewinnung der Anlaufwerte.

Aufgabe 9.12. Es ist das Anfangswertproblem $y' + y(x^2 - 2) = 0$, $y(0) = 0.1$ gegeben. Berechnen Sie mittels des Nyström-3-Schrittverfahrens mit der Schrittweite $h = 0.2$ eine Näherungslösung des Problems und vergleichen Sie diese Lösung mit der exakten Lösung $y = 0.1 e^{-\frac{x(x^2-6)}{3}}$.
Verwenden Sie das Runge-Kutta-Verfahren 4. Ordnung zur Gewinnung der Anlaufwerte.

Aufgabe 9.13. Gegeben ist das aus den Aufgaben 9.7 und 9.10 bekannte Anfangswertproblem $y' = -y/2 + \sin(x)$, $y(0) = -1$. Bestimmen Sie eine Näherungslösung mittels des Adams-Moulton-3-Schrittverfahrens mit der Schrittweite $h = 0.2$ und vergleichen Sie diese Lösung mit der exakten Lösung und der Näherungslösung der Aufgaben 9.7 und 9.10.
Verwenden Sie das Runge-Kutta-Verfahren 4. Ordnung zur Gewinnung der Anlaufwerte.

Aufgabe 9.14. Gegeben ist das Anfangswertproblem $y' - y/(x^2 + 1) = 0$, $y(0) = 0.5$. Bestimmen Sie eine Näherungslösung mittels des Milne-Simpson-3-Schrittverfahrens mit der Schrittweite $h = 0.4$ und vergleichen Sie diese Lösung mit der exakten Lösung $y = 0.5 e^{\arctan(x)}$.
Verwenden Sie das Runge-Kutta-Verfahren 4. Ordnung zur Gewinnung der Anlaufwerte.

Aufgabe 9.15. Die Differentialgleichung $y' = \frac{x}{y^2}$, $y(0) = 1$ hat die exakte Lösung $y(x) = \frac{1}{2}\sqrt[3]{12x^2 + 8}$.
Berechnen Sie jeweils einen Näherungsschritt mit dem Adams-Moulton- bzw. Milne-Simpson-2-Schrittverfahren jeweils mit der Schrittweite $h = 0.2$. Verwenden Sie für die Anlaufrechnung die Werte der exakten Lösung.
Was stellen Sie fest?

Aufgabe 9.16. Gegeben sind die folgenden Anfangswertprobleme mit steifen Differentialgleichungen:
- a) $y' + 40y = x$, $y(0) = 1$
- b) $y' + 50y + 100x^2 = 0$, $y(0) = 1$
- c) $y' + 30y = -120x + 60$, $y(0) = 1$

Berechnen Sie jeweils 10 Schritte

- mit dem Polygonzugverfahren $y_{k+1} = y_k + hf(x_k, y_k)$ und
- mit dem impliziten Polygonzugverfahren $y_{k+1} = y_k + hf(x_{k+1}, y_{k+1})$

mit der Schrittweite $h = 0.1$ und vergleichen Sie die Ergebnisse.

Aufgabe 9.17. Gegeben ist das Differentialgleichungssystem

$$y_1'(x) = xy_1(x) - y_2(x) + 2x,$$
$$y_2'(x) = y_1(x) - x^2 y_2(x)$$

mit der Anfangsbedingung $y_1(0) = 1$, $y_2(0) = 1$. Bestimmen Sie mit dem Polygonzug nach Euler-Cauchy eine Näherungslösung für diese Anfangswertaufgabe (Schrittweite $h = 0.2$) auf dem Intervall $[0, 1]$.

Aufgabe 9.18. Bestimmen sie für das Differentialgleichungssystem

$$y_1'(x) = 2y_1(x) + (x+1)y_2(x) + 2x,$$
$$y_2'(x) = y_1(x)y_2(x) - x$$

mit der Anfangsbedingung $y_1(0) = 0$, $y_2(0) = 1$ mit dem Polygonzug nach Euler-Cauchy eine Näherungslösung (Schrittweite $h = 0.1$) auf dem Intervall $[0, 1]$.

Aufgabe 9.19. Berechnen Sie eine Näherung für die Lösung des Anfangswertproblems $y''(x) + 4y'(x) + 5y(x) = 0$, $y(0) = 1$, $y'(0) = 0$ mit 10 Schritten des Polygonzugverfahrens mit der Schrittweite $h = 0.1$.

Aufgabe 9.20. Berechnen Sie eine Näherung für die Lösung des Anfangswertproblems $y''(x) + 6y'(x) + 25y(x) = x$, $y(0) = 1$, $y'(0) = -1$ mit 10 Schritten des Polygonzugverfahrens mit der Schrittweite $h = 0.1$.

Kapitel 10

Polynome

10.1 Reelle Polynome

Häufig auftretende nichtlineare Funktionen sind Polynome in der Form

$$P_n(x) = a_0 x^n + a_1 x^{n-1} + \cdots + a_{n-1} x + a_n, \quad (a_0 \neq 0). \tag{10.1}$$

Dabei gibt der Index n den Grad des Polynoms an. Anfangs ist vorausgesetzt, dass die Koeffizienten a_i ($i = 0, 1, \ldots, n$) reell sind.

Bei der Behandlung solcher Polynomfunktionen kommen hauptsächlich folgende Aufgabenstellungen vor:

- Berechnung des Funktionswertes $P_n(x)$ bei vorgegebenem Wert x_0.
- Bestimmung von Nullstellen der Polynomfunktion $P_n(x)$.
- Division von $P_n(x)$ durch einen Linearfaktor $(x - x_0)$ und Bestimmung des Quotientenpolynoms $P_{n-1}^1(x)$ sowie des verbleibenden Restes.

10.1.1 Horner-Schema

Zunächst wird auf übersichtliche Weise der Wert einer vorgegebenen Polynomfunktion $P_n(x)$ für eine gegebene Stelle $x = x_0$ bestimmt. Das Einsetzen des Wertes x_0 in die Polynomfunktion ergibt eine aufwändige Rechnung mit zahlreichen und hohen Potenzen,

$$P_n(x_0) = a_0 x_0^n + a_1 x_0^{n-1} + \cdots + a_{n-1} x_0 + a_n.$$

Diese Berechnung kann vereinfacht werden. Das zu berechnende Polynom wird dazu durch systematisches Ausklammern von x_0 in eine andere Form gebracht:

$$P_n(x) = \left(\cdots \left((a_0 x_0 + a_1) x_0 + a_2\right) \cdots + a_{n-1}\right) x_0 + a_n. \tag{10.2}$$

Für die Klammern setzt man

$$\begin{aligned} a_0^1 &= a_0, \\ a_1^1 &= a_0^1 x_0 + a_1, \\ a_2^1 &= a_1^1 x_0 + a_2, \\ &\vdots \\ a_{n-1}^1 &= a_{n-2}^1 x_0 + a_{n-1}, \\ a_n^1 &= a_{n-1}^1 x_0 + a_n. \end{aligned} \tag{10.3}$$

Damit folgt

- Der Wert des Polynoms ergibt sich zu $P_n(x_0) = a_n^1$.

- Es sind jeweils einfache Rechnungen der Art

$$a_0^1 = a_0,$$
$$a_i^1 = a_{i-1}^1 x_0 + a_i \quad (i = 1, 2, \ldots, n)$$

auszuführen.

Diese auf gleiche Weise wiederkehrenden Berechnungen werden in einem Schema zusammengefasst, dem *Horner-Schema* (s. Tabelle 10.1).

	a_0	a_1	a_2	$\cdots$	a_{n-2}	a_{n-1}	a_n	
x_0	$-$	$x_0 a_0^1$	$x_0 a_1^1$	$\cdots$	$x_0 a_{n-3}^1$	$x_0 a_{n-2}^1$	$x_0 a_{n-1}^1$	
	a_0^1	a_1^1	a_2^1	$\cdots$	a_{n-2}^1	a_{n-1}^1	a_n^1	$= P_n(x_0)$

Tabelle 10.1. Einfaches Horner-Schema.

Beispiel 10.1. Für die Polynomfunktion $P_6(x) = x^6 - 8x^5 + 6x^4 + 76x^3 - 155x^2 - 36x + 180$ sind die Werte an den Stellen $x_1 = 4$ und $x_2 = -3$ zu berechnen.

	1	-8	6	76	-155	-36	180	
4	$-$	4	-16	-40	144	-44	-320	
	1	-4	-10	36	-11	-80	-140	$= P_6(4)$
-3	$-$	-3	33	-117	123	96	-180	
	1	-11	39	-41	-32	60	0	$= P_6(-3)$

Tabelle 10.2. Berechnung von Polynomwerten mit dem Horner-Schema.

Die Ergebnisse sind in Tabelle 10.2 enthalten. Es ist zu beachten, dass bei mehreren gleichartigen Rechnungen in einem Horner-Schema die Summenbildung immer mit den Koeffizienten der ersten Zeile auszuführen ist.

Beispiel 10.2. Für das Polynom $P_5(x) = x^5 - 9.5x^4 + 16.25x^3 + 41.375x^2 - 64.125x - 78.75$ sind die Werte an den Stellen $x_1 = 2.3$ und $x_2 = -1.6$ bei Berücksichtigung von vier Dezimalstellen zu berechnen.

Die Ergebnisse können Tabelle 10.3 entnommen werden.

Abschnitt 10.1 Reelle Polynome

		1	−9.5000	16.2500	41.375	−64.1250	−78.7500
2.3	−		2.3000	−16.5600	−0.7130	93.5226	67.6145
		1	−7.2000	−0.3100	40.6620	29.3976	−11.1355
							$= P_5(2.3)$
−1.6	−		−1.6000	17.7600	−54.4160	20.8656	69.2150
		1	−11.1000	34.0100	−13.0410	−43.2594	−9.5350
							$= P_5(-1.6)$

Tabelle 10.3. Berechnung mehrerer Polynomwerte mit dem Horner-Schema.

10.1.2 Abspaltung eines Linearfaktors

Mit dem Horner-Schema ist es neben der Berechnung des Funktionswertes $P_n(x_0)$ auch möglich, die Division von $P_n(x)$ durch einen Linearfaktor $(x-x_0)$ auszuführen. Mit den bei der Ausführung des Horner-Schemas entstandenen Koeffizienten a_k^1 ($k = 0, 1, \ldots, n-1$) kann das neue Polynom

$$P_{n-1}^1(x) = a_0^1 x^{n-1} + a_1^1 x^{n-2} + \cdots + a_{n-2}^1 x + a_{n-1}^1 \tag{10.4}$$

gebildet werden. Für dieses Polynom erhält man:

$$\begin{aligned}
P_{n-1}^1&(x)(x-x_0) + P_n(x_0) \\
&= (a_0^1 x^{n-1} + a_1^1 x^{n-2} + \cdots + a_{n-2}^1 x + a_{n-1}^1)(x-x_0) + a_n^1 \\
&= a_0^1 x^n + a_1^1 x^{n-1} + \cdots + a_{n-2}^1 x^2 + a_{n-1}^1 x \\
&\quad - x_0 a_0^1 x^{n-1} - \cdots - x_0 a_{n-3}^1 x^2 - a_{n-2}^1 x + a_n^1 \\
&= a_0^1 x^n + (a_1^1 - x_0 a_0^1) x^{n-1} + \cdots \\
&\quad + (a_{n-2}^1 - x_0 a_{n-3}^1) x^2 + (a_{n-1}^1 - x_0 a_{n-2}^1) x + (a_n^1 - x_0 a_{n-1}^1) \\
&= a_0 x^n + a_1 x^{n-1} + \cdots + a_{n-1} x + a_n.
\end{aligned} \tag{10.5}$$

Damit ergibt sich

$$P_n(x) = P_{n-1}^1(x)(x-x_0) + P_n(x_0). \tag{10.6}$$

Beispiel 10.3. Für die obigen Beispiele findet man:

$$(x^6 - 8x^5 + 6x^4 + 76x^3 - 155x^2 - 36x + 180)$$
$$= (x^5 - 4x^4 - 10x^3 + 36x^2 - 11x - 80)(x-4) - 140,$$
$$(x^5 - 9.5x^4 + 16.25x^3 + 41.375x^2 - 64.125x - 78.75)$$
$$= (x^4 - 8.8x^3 + 30.33x^2 - 7.153x - 52.6802)(x+1.6) + 5.5383.$$

10.1.3 Vollständiges Horner-Schema

Bisher wurde das einzeilige Horner-Schema betrachtet, bei dem vom Ausgangspolynom $P_n(x)$ ein Linearfaktor $(x - x_0)$ abgespaltet wird und als Ergebnis das Quotientenpolynom $P_{n-1}^1(x)$ sowie der Wert $P_n(x_0)$ entstehen. Dieses Schema wird erweitert, indem man das Quotientenpolynom $P_{n-1}^1(x)$ als Ausgangspunkt eines neuen Horner-Schemas nimmt und ebenfalls wieder den Linearfaktor $(x - x_0)$ abspaltet. Das Resultat ist

$$P_{n-1}^1(x) = P_{n-2}^2(x)(x - x_0) + P_{n-1}^1(x_0), \qquad (10.7)$$

wobei in dieser Ausführung des Schemas die Koeffizienten a_k^2 ($k = 0, 1, \ldots, n - 2$) des neuen Polynoms wie oben durch

$$a_0^2 = a_0^1,$$
$$a_k^2 = a_{k-1}^2 x_0 + a_k^1 \quad (k = 0, 1, \ldots, n - 1) \qquad (10.8)$$

entstehen. Dabei ergibt sich für den Funktionswert $P_{n-1}^1(x_0) = a_{n-1}^1$. Dieses Vorgehen kann fortgeführt werden, bis alle möglichen Linearfaktoren abgespaltet sind.

Der Algorithmus lässt sich ebenfalls schematisch abarbeiten und heißt *vollständiges Horner-Schema* (s. Tabelle 10.4).

	a_0	a_1	a_2	$\cdots$	a_{n-2}	a_{n-1}	a_n	
x_0	$-$	$x_0 a_0^1$	$x_0 a_1^1$	$\cdots$	$x_0 a_{n-3}^1$	$x_0 a_{n-2}^1$	$x_0 a_{n-1}^1$	
	a_0^1	a_1^1	a_2^1	$\cdots$	a_{n-2}^1	a_{n-1}^1	$a_n^1 = P_n(x_0)$	
x_0	$-$	$x_0 a_0^2$	$x_0 a_1^2$	$\cdots$	$x_0 a_{n-3}^2$	$x_0 a_{n-2}^2$		
	a_0^2	a_1^2	a_2^2	$\cdots$	a_{n-2}^2	$a_{n-1}^2 = P_{n-1}^1(x_0)$		
	$\vdots$	$\vdots$	$\vdots$		$\vdots$			
	a_0^{n-2}	a_1^{n-2}	a_2^{n-2}	$a_3^{n-2} = P_3^{n-3}(x_0)$				
x_0	$-$	$x_0 a_0^{n-1}$	$x_0 a_1^{n-1}$					
	a_0^{n-1}	a_1^{n-1}	$a_2^{n-1} = P_2^{n-2}(x_0)$					
x_0	$-$	$x_0 a_0^{n-1}$						
	a_0^n	$a_1^n = P_1^{n-1}(x_0)$						
x_0	$-$							
	$a_0^{n+1} = P_0^n(x_0)$							

Tabelle 10.4. Vollständiges Horner-Schema.

Abschnitt 10.1 Reelle Polynome

Allgemein folgt:

$$P_{n-k}^k(x) = a_0^k x^{n-k} + a_1^k x^{n-k-1} + \cdots + a_{n-k+1}^k x + a_{n-k}^k,$$

$$P_{n-k}^k(x_0) = a_{n-k}^{k+1} \quad (k = 1, 2, \ldots, n). \tag{10.9}$$

Das Ausgangspolynom $P_n(x)$ kann unter Verwendung der im vollständigen Horner-Schema gefundenen Polynome $P_{n-k}^k(x)$ ausgedrückt werden. Dazu wird aus dem Polynom $P_n(x)$ durch Abspaltung von $(x-x_0)$ ein neues Polynom $P_{n-1}^1(x)$ gebildet, das durch weitere Abspaltung von $(x - x_0)$ zum Polynom $P_{n-2}^2(x)$ führt. Dieses Vorgehen lässt sich fortsetzen, bis man am Ende das Polynom $P_0^n(x)$ erreicht:

$$P_n(x) = P_{n-1}^1(x)(x - x_0) + P_n(x_0)$$
$$= \left[P_{n-2}^2(x)(x - x_0) + P_{n-1}^1(x_0)\right](x - x_0) + P_n(x_0)$$
$$= \left[\left[P_{n-3}^3(x)(x - x_0) + P_{n-2}^2(x_0)\right](x - x_0) + P_{n-1}^1(x_0)\right](x - x_0)$$
$$+ P_n(x_0)$$
$$\vdots$$
$$= \left[\left[\cdots\left[\left[0(x - x_0) + P_0^n(x_0)\right](x - x_0) + P_1^{n-1}(x_0)\right](x - x_0)\cdots\right.\right.$$
$$\left.\left. + P_2^{n-2}(x_0)\right] + P_{n-1}^1(x_0)\right](x - x_0) + P_n(x_0).$$

Ausmultiplizieren dieser Formel und Sortieren der Potenzen von $(x - x_0)$ ergibt

$$P_n(x) = P_0^n(x_0)(x - x_0)^n + P_1^{n-1}(x_0)(x - x_0)^{n-1} + \cdots$$
$$+ P_{n-1}^1(x_0)(x - x_0) + P_n(x_0). \tag{10.10}$$

Diese Formel stellt eine Potenzreihenentwicklung des Ausgangspolynoms $P_n(x)$ an der Stelle x_0 dar. Da die Potenzreihenentwicklung an der Stelle x_0 nach der Taylor-Formel die Gestalt

$$P_n(x) = P_n(x_0) + \frac{P_n'(x_0)}{1!}(x - x_0) + \frac{P_n''(x_0)}{2!}(x - x_0)^2 + \cdots$$
$$+ \frac{P_n^{(n)}(x_0)}{n!}(x - x_0) \tag{10.11}$$

hat, findet man durch Koeffizientenvergleich

$$P_{n-k}^k(x_0) = \frac{1}{k!} P_{n-k}^{(k)}(x_0) \quad (k = 0, 1, 2, \ldots, n). \tag{10.12}$$

Daher können mit dem vollständigen Horner-Schema für eine gewählte Stelle x_0 der Funktionswert $P_n(x_0)$ des Polynoms n-ten Grades und die Werte der j-ten Ableitung für $j = 1, 2, \ldots, n$ berechnet werden.

Beispiel 10.4. Für die Polynomfunktion $P_6(x) = x^6 - 8x^5 + 6x^4 + 76x^3 - 155x^2 - 36x + 180$ sind neben dem Wert des Polynoms auch die Werte aller Ableitungen an der Stelle $x_0 = 4$ zu bestimmen. Damit ist für $P_6(x)$ die Taylorreihe anzugeben.

		1	−8	6	76	−155	−36	180	
4	−		4	−16	−40	144	−44	−320	
		1	−4	−10	36	−11	−80	−140	$= P_6(4)$
4	−		4	0	−40	−16	−108		
		1	0	−10	−4	−27	−188		$= \frac{1}{1!}P_6^1(4)$
		⋮	⋮	⋮		⋮			
		1	8	38	172	$= \frac{1}{3!}P_6^{(3)}(4)$			
4	−		4	48					
		1	12	86	$= \frac{1}{4!}P_6^{(4)}(4)$				
4	−		4						
		1	16	$= \frac{1}{5!}P_6^{(5)}(4)$					
4	−								
		1	$= \frac{1}{6!}P_6^{(4)}(4)$						

Tabelle 10.5. Vollständiges Horner-Schema für Beispiel 10.4.

Das vollständige Horner-Schema ist in Tabelle 10.5 enthalten. Als Taylorreihe mit dem Entwicklungspunkt $x_0 = 4$ folgt:

$$P_6(x) = -140 - 188(x-4) + 53(x-4)^2 + 172(x-4)^3 + 86(x-4)^4 + 16(x-4)^5 + (x-4)^6.$$

Beispiel 10.5. Wie im vorhergehenden Beispiel ist für die Polynomfunktion $P_5(x) = x^5 - 9.5x^4 + 16.25x^3 + 41.375x^2 - 64.125x - 78.75$ die Taylorreihe am Entwicklungspunkt $x_0 = -1.6$ aufzustellen.

Abschnitt 10.1 Reelle Polynome

		1	−9.5000	16.2500	41.3750	−64.1250	−78.7500
−1.6	−		−1.6000	17.7600	−54.4160	20.8656	69.2150
		1	−11.1000	34.0100	−13.0410	−43.2594	−9.5350
							$= P_5(-1.6)$
−1.6	−		−1.6000	20.3200	−86.9280	159.9504	
		1	−12.7000	54.3300	−99.9690	116.6910	$= \frac{1}{1!} P_5^{(1)}(-1.6)$
−1.6	−		−1.6000	22.8800	−123.5360		
		1	−14.3000	77.2100	−223.5050	$= \frac{1}{2!} P_5^{(2)}(-1.6)$	
−1.6	−		−1.6000	25.4400			
		1	−15.9000	102.6500	$= \frac{1}{3!} P_5^{(3)}(-1.6)$		
−1.6	−		−1.6000				
		1	−17.5000	$= \frac{1}{4!} P_5^{(4)}(-1.6)$			
−1.6	−						
		1	$= \frac{1}{5!} P_5^{(5)}(-1.6)$				

Tabelle 10.6. Vollständiges Horner-Schema für Beispiel 10.5.

In Tabelle 10.6 ist das vollständige Horner-Schema enthalten. Als Taylorreihe an der Stelle $x_0 = -1.6$ ergibt sich

$$P_5(x) = -9.5350 + 116.6910(x + 1.6) - 223.5050(x + 1.6)^2$$
$$- 102.6500(x + 1.6)^3 - 17.5000(x + 1.6)^4 + (x + 1.6)^5.$$

10.1.4 Newtonsches Näherungsverfahren

Um für die Polynomfunktion $P_n(x)$ mit reellen Koeffizienten eine reelle Nullstelle ausgehend von einem geeigneten Startwert x_0 zu berechnen, lässt sich das Horner-Schema mit dem *Newtonschen Näherungsverfahren* verbinden. Die in jedem Iterationsschritt

$$x_k = x_{k-1} - \frac{P_n(x_{k-1})}{P_n'(x_{k-1})}$$

benötigten Werte für $P_n(x_{k-1})$ und $P_n'(x_{k-1})$ können mit dem Horner-Schema in übersichtlicher Weise ermittelt werden.

Wie bei dem Newtonschen Näherungsverfahren üblich, müssen in der Aufgabenstellung die Abbruchschranke ϵ und die mitzuführenden Dezimalstellen vorgegeben sein. Das Verfahren endet bei $|x_k - x_{k-1}| < \epsilon$ mit der ausreichend genauen Lösung $x^* = x_k$.

Beispiel 10.6. Ausgehend von dem Startwert $x_0 = 3.5$ ist eine reelle Nullstelle der Polynomfunktion $P_6(x) = x^5 + 8x^4 - 6x^3 - 76x^2 - 27x - 36$ zu bestimmen. Die Abbruchschranke ist $\epsilon = 10^{-2}$. Es soll mit vier Dezimalstellen gerechnet werden.

Das Vorgehen ist mit dem Horner-Schema in Tabelle 10.7 dargestellt. In jedem Iterationsschritt ist die Berechnung eines Funktionswertes und einer ersten Ableitung nötig, daher sind im folgenden Schema jedem Schritt des Newton-Verfahren zwei Ausführungen eines Horner-Schemas zugeordnet. Außerdem ist zu beachten, dass in jedem neuen Iterationsschritt immer wieder mit den in der ersten Zeile stehenden Koeffizienten des Ausgangspolynoms gerechnet wird.

		1	8.0000	−6.0000	−76.0000	−27.0000	36.0000
3.5000	−		3.5000	40.2500	119.8750	153.5625	442.9688
		1	11.5000	34.2500	43.8750	126.5625	478.9688
3.5000	−		3.5000	52.5000	303.6250	1216.2500	
		1	15.0000	86.7500	347.5000	1342.8125	
3.1433	−		3.1433	35.0267	91.2396	47.9026	65.7031
		1	11.1433	29.0267	15.2396	20.9026	101.7031
3.1433	−		3.1433	44.9071	232.3961	778.3933	
		1	14.2866	73.9338	247.6357	798.3933	
3.0161	−		3.0161	33.2332	82.1381	18.5131	−25.5973
		1	11.0186	27.2332	6.1381	−8.4869	10.4027
3.0161	−		3.0161	42.3301	209.8099	651.3208	
		1	14.0347	69.5633	215.9480	642.8339	
2.9999	−		2.998	32.972	80.862	14.576	−37.247
		1	10.998	26.972	4.862	−12.424	−1.247
2.9999	−		2.9999	41.9980	206.9829	635.9068	
		1	13.9988	68.9966	211.9760	623.8856	
3.0000	−		3.0000	33.0000	81.0000	15.0000	−36.0000
		1	11.0000	27.0000	5.0000	−12.0000	0.0000
3.0000	−		3.0000	42.0000	207.0000	636.0000	
		1	14.0000	69.0000	212.0000	624.0000	

Tabelle 10.7. Newton-Verfahren mit Horner-Schema für Beispiel 10.6.

Abschnitt 10.2 Allgemeine Horner-Schemata

k	x_k	$\|x_k - x_{k-1}\|$	k	x_k	$\|x_k - x_{k-1}\|$
0	3.5000	–	3	2.9999	0.0162
1	3.1433	0.3567	4	3.0000	0.0001
2	3.0161	0.1272			

Tabelle 10.8. Iterationsschritte für Beispiel 10.6.

Die bestimmten Iterationswerte und Verbesserungen in den Iterationsschritten sind in Tabelle 10.8 angeführt. Nach dem Ermitteln einer Nullstelle x^* der Polynomfunktion $P_n(x)$ ergibt sich im Horner-Schema $P_n(x^*) = a_n = 0$. Das Restpolynom $P^1_{n-1}(x)$, dessen Koeffizienten nach der letzten Wurzelverbesserung in der ersten Ergebniszeile des Horner-Schemas stehen, kann auf gleiche Weise zur Bestimmung weiterer Nullstellen benutzt werden. Damit lassen sich nacheinander die reellen Nullstellen von $P_n(x)$ berechnen.

10.2 Allgemeine Horner-Schemata bei reellen Polynomen

10.2.1 *m*-zeiliges Horner-Schema

Kennt man von einer Polynomgleichung n-ten Grades mit reellen Koeffizienten bereits m Nullstellen, so ist es notwendig, diese Nullstellen von der Ausgangsgleichung abzuspalten, um die aufzulösende Restgleichung zu erhalten.

$P_n(x)$ und $P^*_m(x)$ seien zwei Polynome mit reellen Koeffizienten

$$P_n(x) = a_0 x^n + a_1 x^{n-1} + \cdots + a_{n-1} x + a_n, \tag{10.13}$$

$$P^*_m(x) = x^m + b_1 x^{m-1} + \cdots + b_{m-1} x + b_m. \tag{10.14}$$

Bei der Division von $P_n(x)$ durch $P^*_m(x)$, wobei $P^*_m(x) \not\equiv 0$ und $n \geq m$ gelte, erhält man ein Polynom $P^1_{n-m}(x)$ $(n-m)$-ten Grades und einen Rest

$$P_n(x) = P_m(x) \cdot P^1_{n-m}(x) + A_{n-m+1} x^{m-1} + A_{n-m+2} x^{m-2} + \cdots$$
$$+ A_{n-1} x + A_n. \tag{10.15}$$

Das Rechenschema des *m-zeiligen Horner-Schemas* ist in der Tabelle 10.9 angegeben. Die Koeffizienten a^1_ν ($\nu = 0, 1, \ldots, n-m$) des Quotientenpolynoms

$$P^1_{n-m}(x) = a^1_0 x^{n-m} + a^1_1 x^{n-m-1} + \cdots + a^1_{n-m-1} x + a^1_{n-m}, \tag{10.16}$$

die Koeffizienten $A_{n-\mu} = a^1_{n-\mu}$ ($\mu = 0, 1, \ldots, m-1$) des Restpolynoms und die später benötigten Koeffizienten a^2_ρ ($\rho = 0, 1, \ldots, n$) lassen sich nach folgenden Bildungsgesetzen bestimmen:

$$a^1_\nu = a_\nu - b_1 a^1_{\nu-1} - b_2 a^1_{\nu-2} - \cdots - b_{m-1} a^1_{\nu-m+1} - b_m a^1_{\nu-m} \tag{10.17}$$
$$(\nu = 0, 1, 2, \ldots, n-m+1)$$

	a_0	a_1	$\cdots$	a_{m-1}	a_m	$\cdots$	a_{n-m+1}	a_{n-m+2}	$\cdots$	a_{n-1}	a_n
$-b_1$		$-b_1 a_0^1$	$\cdots$	$-b_1 a_{m-2}^1$	$-b_1 a_{m-1}^1$	$\cdots$	$-b_1 a_{n-m}^1$				
$-b_2$			$\cdots$	$-b_2 a_{m-3}^1$	$-b_2 a_{m-2}^1$	$\cdots$	$-b_2 a_{n-m-1}^1$	$-b_2 a_{n-m}^1$			
$\cdots$				$\cdots$	$\cdots$		$\cdots$	$\cdots$	$\cdots$		
$-b_{m-2}$				$-b_{m-2} a_1^1$	$-b_{m-2} a_2^1$	$\cdots$	$-b_{m-2} a_{n-2m+3}^1$	$-b_{m-2} a_{n-2m+4}^1$			
$-b_{m-1}$				$-b_{m-1} a_0^1$	$-b_{m-1} a_1^1$	$\cdots$	$-b_{m-1} a_{n-2m+2}^1$	$-b_{m-1} a_{n-2m+3}^1$		$-b_{m-1} a_{n-m}^1$	
$-b_m$					$-b_m a_0^1$	$\cdots$	$-b_m a_{n-2m+1}^1$	$-b_m a_{n-2m+2}^1$		$-b_m a_{n-m-1}^1$	$-b_m a_{n-m}^1$
	a_0^1	a_1^1		a_{m-1}^1	a_m^1		a_{n-m+1}^1	a_{n-m+2}^1	$\cdots$	a_{n-1}^1	a_n^1
$-b_1$		$-b_1 a_0^2$	$\cdots$	$-b_1 a_{m-2}^2$	$-b_1 a_{m-1}^2$	$\cdots$					
$-b_2$			$\cdots$	$-b_2 a_{m-3}^2$	$-b_2 a_{b-2}^2$	$\cdots$	$-b_2 a_{n-m-1}^2$				
$\cdots$				$\cdots$	$\cdots$		$\cdots$				
$-b_{m-2}$				$-b_{m-2} a_1^2$	$-b_{m-2} a_2^2$	$\cdots$	$-b_{m-2} a_{n-2m+3}^2$	$-b_{m-2} a_{n-2m+4}^2$			
$-b_{m-1}$				$-b_{m-1} a_0^2$	$-b_{m-1} a_1^2$	$\cdots$	$-b_{m-1} a_{n-2m+2}^2$	$-b_{m-1} a_{n-2m+3}^2$			
$-b_m$					$-b_m a_0^2$	$\cdots$	$-b_m a_{n-2m+1}^2$	$-b_m a_{n-2m+2}^2$		$-b_m a_{n-m-1}^2$	
	a_0^2	a_1^2		a_{m-1}^2	a_m^2		a_{n-m+1}^2	a_{n-m+2}^2		a_{n-1}^2	

Tabelle 10.9. m-zeiliges Horner-Schema.

Abschnitt 10.2 Allgemeine Horner-Schemata

und

$$a^1_{n-m+2} = a_{n-m+2} - b_2 a^1_{n-m} - b_3 a^1_{n-m-1} - \cdots$$
$$\qquad - b_{m-1} a^1_{n-2m+3} - b_m a^1_{n-2m+2}$$
$$a^1_{n-m+3} = a_{n-m+3} - b_3 a^1_{n-m} - \cdots$$
$$\qquad - b_{m-1} a^1_{n-2m+4} - b_m a^1_{n-2m+3}$$
$$\vdots$$
$$a^1_{n-1} = a_{n-1} - b_{m-1} a^1_{n-m} - b_m a^1_{n-m-1}$$
$$a^1_n = a_n - b_m a^1_{n-m}$$

bzw.

$$a^2_\rho = a^1_\rho - b_1 a^2_{\rho-1} - b_2 a^2_{\rho-2} - \cdots - b_{m-1} a^2_{\rho-m+1} - b_m a^2_{\rho-m} \qquad (10.18)$$
$$(\rho = 0, 1, 2, \ldots, n-m+2)$$

und

$$a^2_{n-m+1} = a^1_{n-m+1} - b_2 a^2_{n-m-1} - b_3 a^2_{n-m-2} - \cdots$$
$$\qquad - b_{m-1} a^2_{n-2m+2} - b_m a^2_{n-2m+1}$$
$$a^2_{n-m+2} = a^1_{n-m+2} - b_3 a^2_{n-m-1} - \cdots$$
$$\qquad - b_{m-1} a^2_{n-2m+3} - b_m a^2_{n-2m+2}$$
$$\vdots$$
$$a^2_{n-1} = a^1_{n-1} - b_m a^2_{n-m-1}.$$

Dabei ist in den Formeln

$$a_{-\mu} = a^1_{-\mu} = a^2_{-\mu} = 0 \quad (\mu = 1, 2, \ldots) \qquad (10.19)$$

zu setzen.

Bei der Benutzung des m-zeiligen Horner-Schemas zur gleichzeitigen Abspaltung von m bekannten Wurzeln $x_1, x_2, \ldots, x_m$ einer algebraischen Gleichung n-ten Grades mit reellen Koeffizienten berechnet man zunächst nach den Vietaschen Wurzelsätzen die Koeffizienten b_λ des Divisorpolynoms

$$P^*_m = (x - x_1)(x - x_2) \cdots (x - x_m) = x^m + b_1 x^{m-1} + \cdots + b_m$$

und bestimmt danach mit den oben angeführten Formeln die Koeffizienten a_σ des Restpolynoms. Falls die Werte $x_1, x_2, \ldots, x_m$ exakte Wurzeln der algebraischen Gleichung $P_n(x) = 0$ sind, gilt

$$A_{n-m+1} = A_{n-m+2} = \cdots = A_{n-1} = A_n = 0 \quad \text{bzw.}$$
$$a^1_{n-m+1} = a^1_{n-m+2} = \cdots = a^1_{n-1} = a^1_n = 0.$$

Handelt es sich dagegen bei den Werten $x_1, x_2, \ldots, x_m$ nur um Näherungswerte der Wurzeln, sind die Koeffizienten $a_{n-\rho}$ ($\rho = 0, 1, \ldots, m-1$) im Allgemeinen von null verschieden und betragsmäßig um so größer, je schlechter die Näherung ist. In diesem Falle kann man mit Hilfe des Newtonschen Näherungsverfahrens die Koeffizienten b_λ so lange verbessern, bis die Beträge $|a_{n-\rho}|$ kleiner als vorgegebene positive Schranken $\epsilon_{n-\rho}$ sind.

Um das Newtonsche Wurzelverbesserungsverfahren in der einfachen Gestalt anwenden zu können, werden die Ableitungen der letzten $(m-1)$ Koeffizienten der a^1-Zeile des m-zeiligen Horner-Schemas nach den b_λ benötigt. Durch partielle Differentiationen ergeben sich

$$\frac{\partial a^1_\nu}{\partial b_\mu} = -a^2_{\nu-\mu} \quad (\nu = 0, 1, \ldots, n-m+1;\ \mu = 1, 2, \ldots, m)$$

$$\frac{\partial a^1_\nu}{\partial b_\mu} = -a^1_{\nu-\mu} T(m-\nu+\mu) + \sum_{k=0}^{n-\nu} b_{m-k} a^2_{\nu-m-\mu+k} \qquad (10.20)$$

$$(\nu = n-m+2, \ldots, n;\ \mu = 1, 2, \ldots, m)$$

mit $a_\rho = 0$ für $\rho > 0$ und $T(p) = \begin{cases} 0 & p \leq 0 \\ 1 & p > 0 \end{cases}.$ (10.21)

	a_0	a_1	a_2	a_3	a_4	a_5	a_6
$-b_1$	—	$-b_1 a^1_0$	$-b_1 a^1_1$	$-b_1 a^1_2$	$-b_1 a^1_3$	—	—
$-b_2$	—	—	$-b_2 a^1_0$	$-b_2 a^1_1$	$-b_2 a^1_2$	$-b_2 a^1_3$	—
$-b_3$	—	—	—	$-b_3 a^1_0$	$-b_3 a^1_1$	$-b_3 a^1_2$	$-b_3 a^1_3$
	a^1_0	a^1_1	a^1_2	a^1_3	a^1_4	a^1_5	a^1_6
$-b_1$	—	$-b_1 a^2_0$	$-b_1 a^2_1$	$-b_1 a^2_2$	—	—	
$-b_2$	—	—	$-b_2 a^2_0$	$-b_2 a^2_1$	$-b_2 a^2_2$	—	
$-b_3$	—	—	—	$-b_3 a^2_0$	$-b_3 a^2_1$	$-b_3 a^2_2$	
	a^2_0	a^2_1	a^2_2	a^2_3	a^2_4	a^2_5	

Tabelle 10.10. Newton-Verfahren mit m-zeiligen Horner-Schema für $n = 6$ und $m = 3$.

Abschnitt 10.2 Allgemeine Horner-Schemata

10.2.2 Verallgemeinertes m-zeiliges Horner-Schema

Zur einfachen Implementierung für die Verwendung auf Computern kann ein abgewandeltes Horner-Schema benutzt werden, dabei werden im m-zeiligen Horner-Schema die letzten m Spalten abgeändert. Dieses *verallgemeinerte Horner-Schema* ist in der nachfolgenden Tabelle 10.11 dargestellt.

Die Bildungsgesetze der a'- und a''-Koeffizienten des verallgemeinerten m-zeiligen Horner-Schemas haben eine übersichtlichere Form:

$$a'_\nu = a_\nu - b_1 a'_{\nu-1} - b_2 a'_{\nu-2} - \cdots - b_{m-1} a'_{\nu-m+1} - b_m a'_{\nu-m} \qquad (10.22)$$

$$(\nu = 0, 1, \ldots, n)$$

$$a''_\nu = a'_\nu - b_1 a''_{\nu-1} - b_2 a''_{\nu-2} - \cdots - b_{m-1} a''_{\nu-m+1} - b_m a''_{\nu-m} \qquad (10.23)$$

$$(\nu = 0, 1, \ldots, m-1)$$

$$\text{mit } a_{-\rho} = 0 \text{ für } \rho > 0. \qquad (10.24)$$

Speziell folgt $a'_\lambda = a^1_\lambda$ für $\lambda = 0, 1, \ldots, n - m + 1$.

Die letzten m Koeffizienten der a'-Zeile des verallgemeinerten m-zeiligen Horner-Schemas hängen mit den letzten m Koeffizienten der a^1-Zeile des ersteren Schemas in folgender Art zusammen

$$a'_{n-m+\nu} = f_\nu(a^1_{n-m+1}, a^1_{n-m+2}, \ldots, a^1_{n-m+\nu}) \quad (\nu = 1, 2, \ldots, m). \qquad (10.25)$$

Die f_ν sind Linearformen in den $(\nu - 1)$ Variablen $a^1_{n-m+1}, a^1_{n-m+2}, \ldots, a^1_{n-m+\nu}$ mit von $b_1, b_2, \ldots, b_m$ abhängigen Koeffizienten.

Sind die a^1_μ betragsmäßig kleiner als vorgegebene kleine positive Schranken $\epsilon_{1\mu}$, so werden die $f_\nu = a'_{n-m+\nu}$ betragsmäßig entsprechend unterhalb ebenfalls kleiner positiver Schranken $\epsilon_{2\nu} = \epsilon_{2\nu}(\epsilon_{1\nu})$ liegen. Umgekehrt erhält man aus $|a'_{n-m+\nu}| = |f_\nu| < \epsilon_{2\nu}$, dass $|a^1_\mu| < \epsilon_{1\mu}$ mit $\epsilon_{1\mu} = \epsilon_{1\mu}(\epsilon_{2\mu})$ ist, da die $b_{n-m+1}, b_{n-m+2}, \ldots, b_n$ für eine spezielle Rechnung fest sind. Es kann daher das Newtonsche Wurzelverbesserungsverfahren auch in Verbindung mit dem verallgemeinerten m-zeiligen Horner-Schema benutzt werden. Für die einfache Form sind die ersten Ableitungen der letzten Koeffizienten der a'-Zeile des verallgemeinerten Horner-Schemas nach den b_λ bereitzustellen.

Durch partielle Differentiation ergibt sich

$$\frac{\partial a'_\nu}{\partial b_\mu} = -a''_{\nu-\mu} \quad (\nu = 0, 1, \ldots, n\,;\ \mu = 1, 2, \ldots, m). \qquad (10.26)$$

	a_0	a_1	...	a_{m-1}	a_m	...	a_{n-m+1}	a_{n-m+2}	...	a_{n-1}	a_n
$-b_1$	—	$-b_1 a_0'$	...	$-b_1 a_{m-2}'$	$-b_1 a_{m-1}'$	...	$-b_1 a_{n-m}'$	$-b_1 a_{n-m+1}'$	...	$-b_1 a_{n-2}'$	$-b_1 a_{n-1}'$
$-b_2$	—	—	...	$-b_2 a_{m-3}'$	$-b_2 a_{m-2}'$	...	$-b_2 a_{n-m-1}'$	$-b_2 a_{n-m}'$	...	$-b_2 a_{n-3}'$	$-b_2 a_{n-2}'$
...	...	...	...	...	...	...	...	...	...	...	...
$-b_{m-2}$	—	—	...	—	$-b_{m-2} a_2'$	...	$-b_{m-2} a_{n-2m+3}'$	$-b_{m-2} a_{n-2m+4}'$	...	$-b_{m-2} a_{n-m+1}'$	$-b_{m-2} a_{n-m+2}'$
$-b_{m-1}$	—	—	...	—	$-b_{m-1} a_1'$	...	$-b_{m-1} a_{n-2m+2}'$	$-b_{m-1} a_{n-2m+3}'$	...	$-b_{m-1} a_{n-m}'$	$-b_{m-1} a_{n-m+1}'$
$-b_m$	—	—	...	—	$-b_m a_0'$	...	$-b_m a_{n-2m+1}'$	$-b_m a_{n-2m+2}'$	...	$-b_m a_{n-m-1}'$	$-b_m a_{n-m}'$
	a_0'	a_1'	...	a_{m-1}'	a_m'	...	a_{n-m+1}'	a_{n-m+2}'	...	a_{n-1}'	a_n'
$-b_1$	—	$-b_1 a_0''$	...	$-b_1 a_{m-2}''$	$-b_1 a_{m-1}''$	...	$-b_1 a_{n-m}''$	$-b_1 a_{n-m+1}''$	...	$-b_1 a_{n-2}''$	$-b_1 a_{n-1}''$
$-b_2$	—	—	...	$-b_2 a_{m-3}''$	$-b_2 a_{m-2}''$	...	$-b_2 a_{n-m-1}''$	$-b_2 a_{n-m}''$	...		
...	...	...	...	...	...	...	...	...	...		
$-b_{m-2}$	—	—	...	—	$-b_{m-2} a_2''$	...	$-b_{m-2} a_{n-2m+3}''$	$-b_{m-2} a_{n-2m+4}''$	...	$-b_{m-2} a_{n-m+1}''$	
$-b_{m-1}$	—	—	...	—	$-b_{m-1} a_1''$	...	$-b_{m-1} a_{n-2m+2}''$	$-b_{m-1} a_{n-2m+3}''$	...	$-b_{m-1} a_{n-m}''$	
$-b_m$	—	—	...	—	$-b_m a_0''$	...	$-b_m a_{n-2m+1}''$	$-b_m a_{n-2m+2}''$	...	$-b_m a_{n-m-1}''$	
	a_0''	a_1''	...	a_{m-1}''	a_m''	...	a_{n-m+1}''	a_{n-m+2}''	...	a_{n-1}''	

Tabelle 10.11. Verallgemeinertes m-zeiliges Horner-Schema.

Abschnitt 10.2 Allgemeine Horner-Schemata

	a_0	a_1	a_2	a_3	a_4	a_5	a_6
$-b_1$	–	$-b_1 a_0'$	$-b_1 a_1'$	$-b_1 a_2'$	$-b_1 a_3'$	$-b_1 a_4'$	$-b_1 a_5'$
$-b_2$	–	–	$-b_2 a_0'$	$-b_2 a_1'$	$-b_2 a_2'$	$-b_2 a_3'$	$-b_2 a_4'$
$-b_3$	–	–	–	$-b_3 a_0'$	$-b_3 a_1'$	$-b_3 a_2'$	$-b_3 a_3'$
	a_0'	a_1'	a_2'	a_3'	a_4'	a_5'	a_6'
$-b_1$	–	$-b_1 a_0''$	$-b_1 a_1''$	$-b_1 a_2''$	$-b_1 a_3''$	$-b_1 a_4''$	
$-b_2$	–	–	$-b_2 a_0''$	$-b_2 a_1''$	$-b_2 a_2''$	$-b_2 a_3''$	
$-b_3$	–	–	–	$-b_3 a_0''$	$-b_3 a_1''$	$-b_3 a_2''$	
	a_0''	a_1''	a_2''	a_3''	a_4''	a_5''	

Tabelle 10.12. Newton-Verfahren mit verallgemeinertem m-zeiligen Horner-Schema für $n = 6$ und $m = 3$.

10.2.3 Newtonsches Näherungsverfahren mit den m-zeiligen Horner-Schemata

Das im folgenden beschriebene Newtonsche Wurzelverbesserungsverfahren ist sowohl für das m-zeilige als auch für das verallgemeinerte m-zeilige Horner-Schema anwendbar. Um dies zu verdeutlichen, sind die Koeffizienten des Horner-Schemas mit a_ν^+ und a_ν^{++} bezeichnet.

Die letzten m Koeffizienten a_μ^+ der a^+-Zeile, deren Werte betragsmäßig kleiner als vorgegebene Schranken gemacht werden sollen, sind Funktionen der Art

$$a_\mu^+ = a_\mu^+(b_1, b_2, \ldots, b_m) \quad (\mu = n - m + 1, n - m + 2, \ldots, n). \tag{10.27}$$

Es seien $\bar{b}_\lambda$ Näherungswerte zu den exakten $\bar{b}_\lambda$

$$\bar{b}_\lambda = b_\lambda + \delta b_\lambda. \tag{10.28}$$

Dann erhält man für die Taylor-Entwicklung der Funktionen $a_\mu^+(\bar{b}_1, \bar{b}_2, \ldots, \bar{b}_m)$ an einer den Werten $\bar{b}_1, \bar{b}_2, \ldots, \bar{b}_m$ benachbarten Stelle, der die Werte $b_1, b_2, \ldots, b_m$ entsprechen

$$a_\mu^+(\bar{b}_1, \bar{b}_2, \ldots, \bar{b}_m) = 0$$

$$= a_\mu^+(b_1, b_2, \ldots, b_m) + \frac{\partial a_\mu^+}{\partial b_1}\delta b_1 + \frac{\partial a_\mu^+}{\partial b_2}\delta b_2 + \cdots$$

$$+ \frac{\partial a_\mu^+}{\partial b_m}\delta b_m + \phi_\mu(\delta b_1, \delta b_2, \ldots, \delta b_m). \tag{10.29}$$

In den ϕ_μ sind die nichtlinearen Korrekturen zusammengefasst, die bei der einfachen Newtonschen Näherung vernachlässigt werden. Die Korrekturglieder δb_λ ergeben sich dann als Lösungen des linearen Gleichungssystems

$$\sum_{\mu=1}^{m} \frac{\partial a_\nu^+}{\partial b_\mu} \delta b_\mu = -a_\nu^+ \quad (\nu = n-m+1, n-m+2, \ldots, n). \tag{10.30}$$

Mit den verbesserten Werten $b_\lambda^1 = b_\lambda + \delta b_\lambda$ wird anstelle von $b_\lambda = b_\lambda^0$ in das m-zeilige bzw. verallgemeinerte m-zeilige Horner-Schema eingegangen und das beschriebene Vorgehen solange wiederholt, bis die a_μ^+ betragsmäßig genügend klein sind.

10.2.4 Spezialfälle und Beispiel

Im Falle $m = 1$ führen beide beschriebenen Horner-Schemata auf das gewöhnliche Horner-Schema. Im Falle $m = 2$ stimmen das m-zeilige Horner-Schema bzw. das verallgemeinerte m-zeilige Horner-Schema in Verbindung mit dem einfachen Newtonschen Näherungsverfahren mit dem bei Zurmühl und Falk [97] angegeben Verfahren überein.

Beispiel 10.7. Es sind die Nullstellen der Polynomfunktion $P_5(x) = x^5 - 6.5x^4 - 15.25x^3 + 121.625x^2 - 20.25x - 315.0$ zu bestimmen. Die Genauigkeitsschranken sind $\epsilon_\mu = 10^{-2}$. Die Rechnungen werden mit höchstens drei Dezimalstellen geführt. Für drei Wurzeln sind die groben Näherungen

$$x_1 = 2, \quad x_2 = 3, \quad x_3 = -2$$

bekannt. Damit erhält man

$$P_3^1(x) = x^3 - 3x^2 - 4x + 12 \quad \text{mit} \quad b_0 = 1, \quad b_1 = -3, \quad b_2 = -4, \quad b_3 = 12.$$

Diese Ausgangswerte sind im ersten Fall mit dem einfachen Newtonschen Näherungsverfahren in Verbindung mit dem m-zeiligen Horner-Schema zu verbessern.

Mit $n = 5$ und $m = 3$ ergeben sich die Koeffizienten für das Gleichungssystem zur Wurzelverbesserung und das Gleichungssystem selbst zu:

$$\frac{\partial a_3^1}{\partial b_1} = -a_2^2 \qquad \frac{\partial a_3^1}{\partial b_2} = -a_1^2 \qquad \frac{\partial a_3^1}{\partial b_3} = -a_0^2$$

$$\frac{\partial a_4^1}{\partial b_1} = b_2 a_1^2 + b_3 a_0^2 \qquad \frac{\partial a_4^1}{\partial b_2} = -a_2^1 + b_2 a_0^2 \qquad \frac{\partial a_4^1}{\partial b_3} = -a_1^1$$

$$\frac{a_5^1}{\partial b_1} = b_3 a_1^2 \qquad \frac{\partial a_5^1}{\partial b_2} = b_3 a_0^2 \qquad \frac{\partial a_5^1}{\partial b_3} = -a_2^1$$

Abschnitt 10.2 Allgemeine Horner-Schemata

$$\frac{\partial a_3^1}{\partial b_1}\delta b_1 + \frac{\partial a_3^1}{\partial b_2}\delta b_2 + \frac{\partial a_3^1}{\partial b_3}\delta b_3 = -a_3^1$$

$$\frac{\partial a_4^1}{\partial b_1}\delta b_1 + \frac{\partial a_4^1}{\partial b_2}\delta b_2 + \frac{\partial a_4^1}{\partial b_3}\delta b_3 = -a_4^1$$

$$\frac{\partial a_5^1}{\partial b_1}\delta b_1 + \frac{\partial a_5^1}{\partial b_2}\delta b_2 + \frac{\partial a_5^1}{\partial b_3}\delta b_3 = -a_5^1$$

	1	−6.50	−15.25	121.625	−20.25	−315.00
3	−	3	−10.5	−65.250	−	−
4	−	−	4.0	−14.000	−87.00	−
−12	−	−	−	−12.000	42.00	261.00
	1	−3.5	−21.75	30.375	−65.25	−54.00
3	−	3	−1.50	−	−	
4	−	−	4.0	−2.000	−	
−12	−	−	−	−12.000	6.00	
	1	−0.5	−19.25	16.375	−59.25	

Tabelle 10.13. m-zeiliges Horner-Schema für Beispiel 10.7.

Mit den Zahlenwerten aus dem Horner-Schema folgt

$$19.25\delta b_1 + 0.50\delta b_2 - \delta b_3 = -30.375$$

$$-14.00\delta b_1 + 17.75\delta b_2 + 3.50\delta b_3 = 65.250$$

$$-6.00\delta b_1 + 12.00\delta b_2 + 21.75\delta b_3 = 54.000$$

und daraus

$$\delta b_1 = -1.6, \quad \delta b_2 = 2.2, \quad \delta b_3 = 0.7,$$

$$b_1^1 = -4.6, \quad b_2^1 = -1.8, \quad b_3^1 = 12.7.$$

Über die weiteren Näherungswerte

$$b_1^2 = -3.93, \quad b_1^3 = -4.417, \quad b_1^4 = -4.318, \quad b_1^5 = -4.497,$$

$$b_2^2 = -0.25, \quad b_2^3 = -0.282, \quad b_2^4 = -0.327, \quad b_2^5 = -0.247,$$

$$b_3^2 = 12.28, \quad b_3^3 = 12.883, \quad b_3^4 = 12.931, \quad b_3^5 = 13.116$$

findet man (s. Tabelle 10.14)

$$b_1^6 = -4.500, \quad b_2^6 = -0.250, \quad b_3^6 = 13.126.$$

	1	−6.500	−15.250	121.625	−20.250	−315.000
4.500	−	4.500	−9.000	−108.000	−	−
0,250	−	−	0,250	−0,500	−6,000	−
−13.126	−	−	−	−13.126	26.252	315.024
	1	−2.000	−24.000	−0.001	0.002	0.024

Tabelle 10.14. Abspaltung der ersten Nullstellen.

Daraus ergeben sich die Wurzeln

$$x_1^* = -1.50005, \quad x_2^* = 2.50025, \quad x_3^* = 3,49980,$$

$$x_4^* = -4.00000, \quad x_5^* = 6.00000.$$

10.2.5 Bestimmung konjugiert-komplexer Nullstellen von Polynomfunktionen mit reellen Koeffizienten

Besondere Bedeutung für die praktische Numerik besitzt der Spezialfall $m = 2$, das *doppelzeilige Horner-Schema*. Damit lassen sich Paare konjugiert komplexer Nullstellen von Polynomfunktionen mit reellen Koeffizienten berechnen. Ein Paar konjugiert-komplexer Nullstellen $x_0 = a + ib$, $\bar{x}_0 = a - ib$ ergibt den quadratischen Faktor

$$\begin{aligned}(x - x_0)(x - \bar{x}_0) &= (x - a - ib)(x - a + ib) \\ &= x^2 + (a - ib - a + ib)x + (a + ib)(-a + ib) \\ &= x^2 - 2ax + (a^2 + b^2) = x^2 + b_1 x + b_2.\end{aligned} \quad (10.31)$$

Die Bestimmung eines Paares $x_0, \bar{x}_0$ konjugiert komplexer Nullstellen ist daher gleichbedeutend mit der Berechnung der Koeffizienten b_1, b_2 des zugehörigen quadratischen Polynoms. Zur praktischen Rechnung werden Startwerte für die Koeffizienten b_1 und b_2 festgelegt und dann mit dem Newtonschen Näherungsverfahren solange verbessert, bis vorgegebene Genauigkeitsschranken ϵ_1 und ϵ_2 für die Koeffizienten unterschritten werden.

Beispiel 10.8. Die Polynomfunktion $P_4(x) = x^4 - 14x^3 + 74x^2 - 200x + 400$ besitzt zwei Paare konjugiert-komplexer Wurzeln. Mit Hilfe des m-zeiligen Horner-Schemas sind diese Wurzelpaare zu bestimmen. Die Rechnung wird mit maximal vier Dezimalstellen ausgeführt. Die Genauigkeitsschranken sind $\epsilon_1 = \epsilon_2 = 10^{-3}$.

Abschnitt 10.2 Allgemeine Horner-Schemata

Das Startwertpaar $x_{1_0} = 5+i, \bar{x}_{1_0} = 5-i$ führt auf das Näherungspolynom 2-ten Grades $P_2^1(x) = x^2 - 10x + 26$. Die Polynomkoeffizienten b_1 und b_2 sind mit dem Newtonschen Näherungsverfahren zu verbessern, bis die Genauigkeitsschranken unterschritten sind. Danach ist das Polynom 2-ten Grades auszuwerten sowie vom Ausgangspolynom abzuspalten. Das Restpolynom kann ebenfalls ausgewertet werden. Es wird das verallgemeinerte Horner-Schema benutzt.

Mit $n = 4, m = 2$ und $b_1^i = b_1^{i-1} + \delta b_1^{i-1}, b_2^i = b_2^{i-1} + \delta b_2^{i-1}$ folgen:

$$\frac{\partial a_3'}{\partial b_1} = -a_2'', \quad \frac{\partial a_3'}{b_2} = -a_1'', \quad \frac{\partial a_3'}{\partial b_1}\delta b_1 + \frac{\partial a_3'}{\partial b_2}\delta b_2 = -a_3',$$

$$-a_2''\delta b_1 - a_1''\delta b_2 = -a_3',$$

$$\frac{\partial a_4'}{\partial b_1} = -a_3'', \quad \frac{\partial a_4'}{\partial b_2} = -a_2'', \quad \frac{\partial a_4'}{\partial b_1}\delta b_1 + \frac{\partial a_4'}{\partial b_2}\delta b_2 = -a_4',$$

$$-a_3''\delta b_1 - a_2''\delta b_2 = -a_4'.$$

	1	−14	74	−200	400
10	−	10	−40	80	−160
−26	−	−	−26	104	−208
	1	−4	8	−16	32
10	−	10	60	420	
−26	−	−	−26	−156	
	1	6	42	248	

Tabelle 10.15. Abspaltung der ersten Näherungen.

Nach fünf Schritten ergeben sich mit ausreichender Genauigkeit $b_1^5 = -12.0000$ und $b_2^5 = 40.0000$. Die zugehörige Polynomfunktion $P_2^1(x) = x^2 - 12x + 40$ hat die Nullstellen $x_1 = 6+2i, \bar{x}_1 = 6-2i$. Im folgenden Horner-Schema (s. Tabelle 10.16) wird das Restpolynom durch Abspaltung von P_2^1 gebildet.

	1	−14.0000	74.0000	−200.0000	400.0000
12.0000	−	12.0000	−24.0000	120.0000	0.0000
−40.0000	−	−	−40.0000	80.0000	−400.0000
	1	−2.0000	10.0000	0.0000	0.0000
12.0000	−	12.0000	120.0000	1080.0000	
−40.0000	−	−	−40.0000	−400.0000	
	1	10.0000	90.0000	680.0000	

Tabelle 10.16. Bestimmung des Restpolynoms.

Aus dem Restpolynomfunktion $P_2^2(x) = x^2 - 2x + 10$ erhält man die Nullstellen $x_2 = 1 + 3i$ und $\bar{x}_2 = 1 - 3i$.

10.3 Komplexe Polynome

10.3.1 Komplexes Horner-Schema

In diesem Abschnitt werden Polynomfunktionen mit komplexen Koeffizienten behandelt. Eine solche Polynomfunktion soll in der Form

$$P_m(x) = x^m + (a_1 + ib_1)x^{m-1} + \cdots + (a_{m-1} + ib_{m-1})x + (a_m + ib_m) \quad (10.32)$$

vorliegen, wobei a_j, b_j $(j = 1, \ldots, m)$ reelle Zahlen sind.

Mit Hilfe des *komplexen Horner-Schemas* ist es möglich, die Werte dieses Polynoms m-ten Grades mit komplexen Koeffizienten und dessen Ableitungen an einer beliebigen Stelle der komplexen Ebene zu berechnen.

Damit lassen sich mit dem Newton-Verfahren die komplexen Nullstellen beliebig genau approximieren. Die Rechnung verläuft dabei stets im Reellen.

Für einen vorgegebenen Wert $x_0 = c + id$ (c, d reell) der komplexen Variablen $x = u + iv$ (u, v reell) soll der zugehörige Polynomwert $P_m(c + id)$ bestimmt werden. In Analogie zum Vorgehen im Reellen wird durch

$$P_m(x) = \{x - (c + id)\} P_{m-1}^1(x) + (a'_m + ib'_m) \quad (10.33)$$

eine Abspaltung vorgenommen. Man erhält ein Polynom $(m - 1)$-ten Grades in x mit komplexen Koeffizienten

$$P_{m-1}(x) = x^{m-1} + (a'_1 + ib'_1)x^{m-2} + \cdots$$
$$+ (a'_{m-2} + ib'_{m-2})x + (a'_{m-1} + ib'_{m-1}), \quad (10.34)$$

wobei a'_j und b'_j reell sind. Setzt man $x = c + id$ in die obige Gleichung ein, folgt

$$P_m(c + id) = a'_m + ib'_m. \quad (10.35)$$

Für die Berechnung der Koeffizienten a'_j, b'_j $(j = 0, 1, \ldots, m)$ existieren folgende Rekursionsformeln

$$a'_0 = a_0, \quad b'_0 = b_0,$$
$$a'_h = a_h + ca'_{h-1} - db'_{h-1}, \quad (h = 1, 2, \ldots, m) \quad (10.36)$$
$$b'_h = b_h + da'_{h-1} + cb'_{h-1}.$$

Die schematische Darstellung der Formeln ist das komplexe Horner-Schema (s. Tabelle 10.17).

Abschnitt 10.3 Komplexe Polynome

		a_0	b_0	a_1	b_1	$\cdots$	a_{m-1}	b_{m-1}	a_m	b_m
c	d	$-$	$-$	ca_0^1	da_0^1	$\cdots$	ca_{m-2}^1	da_{m-2}^1	ca_{m-1}^1	da_{m-1}^1
$-d$	c	$-$	$-$	$-db_0^1$	cb_0^1	$\cdots$	$-db_{m-2}^1$	cb_{m-2}^1	$-db_{m-1}^1$	cb_{m-1}^1
		a_0^1	b_0^1	a_1^1	b_1^1	$\cdots$	a_{m-1}^1	b_{m-1}^1	a_m^1	b_m^1

Tabelle 10.17. Komplexes Horner-Schema.

Wie beim gewöhnlichen Horner-Schema lassen sich mit dem vollständigen komplexen Horner-Schema an der Stelle $x_0 = c + id$ die Werte der Ableitungen bis zur m-ten Ordnung berechnen (s. Tabelle 10.18).

		a_0	b_0	a_1	b_1	$\cdot$	a_{m-1}	b_{m-1}	a_m	b_m
c	d	$-$	$-$	ca_0^1	da_0^1	$\cdot$	ca_{m-2}^1	da_{m-2}^1	ca_{m-1}^1	da_{m-1}^1
$-d$	c	$-$	$-$	$-db_0^1$	cb_0^1	$\cdot$	$-db_{m-2}^1$	cb_{m-2}^1	$-db_{m-1}^1$	cb_{m-1}^1
		a_0^1	b_0^1	a_1^1	b_1^1	$\cdot$	a_{m-1}^1	b_{m-1}^1	a_m^1	b_m^1
c	d	$-$	$-$	ca_0^2	da_0^2	$\cdot$	ca_{m-2}^2	da_{m-2}^2		
$-d$	c	$-$	$-$	$-db_0^2$	cb_0^2	$\cdot$	$-db_{m-2}^2$	cb_{m-2}^2		
		a_0^2	b_0^2	a_1^2	b_1^2	$\cdot$	a_{m-1}^2	b_{m-1}^2		
		$\vdots$	$\vdots$	$\vdots$	$\vdots$	$\vdots$	$\vdots$			
		a_0^m	b_0^m	a_1^m	b_1^m					
c	d	$-$	$-$							
$-d$	c	$-$	$-$							
		a_0^{m+1}	b_0^{m+1}							

Tabelle 10.18. Vollständiges komplexes Horner-Schema.

Allgemein gilt:

$$a_h^{(l)} = a_h^{(l-1)} + ca_{h-1}^{(l)} - db_{h-1}^{(l)}$$
$$b_h^{(l)} = b_h^{(l-1)} + da_{h-1}^{(l)} + db_{h-1}^{(l)} \qquad (10.37)$$

$$(h = 0, 1, 2, \ldots, m\,;\ l = 1, 2, \ldots, m, m+1)$$

$$a_{-1}^{(l)} = b_{-1}^{(l)} = 0 \quad \text{für alle } l\,.$$

10.3.2 Newtonsches Näherungsverfahren

Das komplexe Horner-Schema kann in Verbindung mit dem Newton-Verfahren

$$x_{p+1} = x_p - \frac{f(x_p)}{f'(x_p)}$$

zur Approximation der komplexen Wurzeln von $P_m(x) = 0$ benutzt werden. In diesem Falle gilt

$$u_{p+1} + iv_{p+1} = u_p + iv_p - \frac{P_m(u_p + iv_p)}{P'_m(u_p + iv_p)} = u_p + iv_p - \delta u_p - i\delta v_p. \quad (10.38)$$

Die δ-Größen ergeben sich als Lösung des linearen Gleichungssystems

$$\begin{aligned} a''_{m-1}\delta u_p - b''_{m-1}\delta v_p &= a'_m \\ & \text{zu} \\ b''_{m-1}\delta u_p + a''_{m-1}\delta v_p &= b'_m \end{aligned} \qquad \begin{aligned} \delta u_p &= \frac{a''_{m-1}a'_m + b''_{m-1}b'_m}{(a''_{m-1})^2 + (b''_{m-1})^2} \\ \delta v_p &= \frac{-b''_{m-1}a'_m + a''_{m-1}b'_m}{(a''_{m-1})^2 + (b''_{m-1})^2}. \end{aligned} \quad (10.39)$$

Beispiel 10.9. Die Wurzeln der Polynomfunktion 2-ten Grades mit komplexen Koeffizienten $P_2(x) = x^2 + (-1 + 5i)x + (-6 - 2i)$ sind mit den Genauigkeitsschranken $\epsilon_1 = \epsilon_2 = 10^{-4}$ zu bestimmen. Die Rechnung wird mit maximal fünf Dezimalstellen ausgeführt. Der Startwert ist $x_{1_0} = u_{1_0} + iv_{1_0} = 1 - i$. Man erhält zuerst (s. Tabelle 10.19):

		1	0	-1	5	-6	-2
1	-1	–	–	1	-1	0	0
1	1	–	–	0	0	4	4
		1	0	0	4	-2	2
1	-1	–	–	1	-1		
1	1	–	–	0	0		
		1	0	1	3		

Tabelle 10.19. Wurzelberechnung mit komplexem Horner-Schema.

Als nächster Näherungswert ergibt sich $x_{1_1} = (1 - i) - (0.4 + 0.8i) = 0.6 - 1.8i$. Mit den weiteren Näherungen $x_{1_2} = 0.2 - 2.2i$, $x_{1_3} = -0.07 - 1.93i$, $x_{1_4} = -0.004 - 1.996i$ erhält man mit hinreichender Genauigkeit für die erste Nullstelle $x_1 = -0.00002 - 1.99998i$.

Nach Abspaltung dieser Nullstelle ergibt sich aus dem Horner-Schema 10.20 der andere hinreichend genaue Näherungswert $x_2 = 1.00002 - 3.00002i$.

Die exakten Wurzeln zum Vergleich sind $x_1 = -2i$, $x_2 = 1 - 3i$.

		1	0	-1.00000	5.00000	-6.00000	-2.00000
$-0,00002$	-1.99998	–	–	-0.00002	-1.99998	0.00002	2.00002
1.99998	-0.00002	–	–	0.00000	0.00000	5.99998	-0.00006
		1	0	-1.00002	3.00002	0.00000	-0.00004

Tabelle 10.20. Abspalten der ersten komplexen Nullstelle.

10.4 Anzahl und Lage der Nullstellen von Polynomen

Im Folgenden sind Sätze und Abschätzungen zu Lage und Anzahl von Nullstellen von Polynomen mit reellen und komplexen Koeffizienten zusammengefasst. Interessenten an weiteren Aussagen und Fakten werden auf die Literatur verwiesen, insbesondere auf Obreschkoff [54].

10.4.1 Abschätzungen zu Nullstellen bei Polynomen mit reellen Koeffizienten

Die Polynomfunktion hat die Gestalt

$$P_n(x) = x^n + a_1 x^{n-1} + \cdots + a_{n-1} x + a_n \quad (a_k \text{ reell}). \tag{10.40}$$

Reelle Polynome mit nur reellen Nullstellen

Aussage 10.1. Die Anzahl der positiven reellen Nullstellen ist kleiner oder gleich der Anzahl der Vorzeichenwechsel in den Koeffizienten a_k. Die Anzahl der negativen reellen Nullstellen ist kleiner oder gleich der Anzahl der Vorzeichenwechsel in den Koeffizienten a_k, wenn x durch $-x$ ersetzt wird.

Aussage 10.2. Ist $\tilde{x}$ eine beliebige reelle Zahl und wählt man

$$\xi = n \left| \frac{P_n(\tilde{x})}{P_n'(\tilde{x})} \right| \quad \text{mit } P_n'(\tilde{x}) \neq 0, \tag{10.41}$$

so liegt im Intervall $[\tilde{x} - \xi, \tilde{x} + \xi]$ mindestens eine Nullstelle des Polynoms $P_n(x)$.

Aussage 10.3. Die n reellen Nullstellen von $P_n(x)$ liegen in einem Intervall, dessen Endpunkte durch die beiden Lösungen der quadratischen Gleichung

$$nx^2 + 2a_1 x + [2(n-1)a_2 - (n-2)a_1^2] = 0 \tag{10.42}$$

gegeben sind.

Beispiel 10.10. Für das Polynom 6-ten Grades $P_6(x) = x^6 - 14x^4 + 49x^2 - 36$ erhält man $P_6(-x) = x^6 - 14x^4 + 49x^2 - 36$ und $P_6'(x) = 6x^5 - 56x^3 + 98x$. Die exakten Nullstellen sind $x_1 = -3$, $x_2 = -2$, $x_3 = -1$, $x_4 = 1$, $x_5 = 2$, $x_6 = 3$.

Aus den Aussagen kann für dieses Polynom gefolgert werden:

A 1: Die Anzahl der Vorzeichenwechsel bei $P_6(x)$ ist gleich 3. Es gibt folglich höchstens 3 positive Nullstellen. Weil die Anzahl der Vorzeichenwechsel bei $P_6(-x)$ ebenfalls gleich 3 ist, gibt es auch nur höchstens 3 negative Nullstellen.

A 2: Mit $\tilde{x} = 4$ erhält man

$$\xi = 6 \left| \frac{P_6(4)}{P_6'(4)} \right| = 6 \frac{1260}{2952} = 2.5610 \,.$$

Es liegt eine Nullstelle in $[1.439, 6.561]$.

A 3: Aus

$$6x^2 + [10(-14) - 0] = 0 \quad \text{bzw.} \quad x^2 - \frac{70}{3} = 0 \quad \text{erhält man}$$

$$x_{1,2} = \pm \sqrt{\frac{70}{3}} = \pm 4.8304 \,.$$

Das Intervall für die reellen Nullstellen ergibt sich zu $[-4.831, 4.831]$.

Beispiel 10.11. Untersucht wird das Polynom 6-ten Grades $P_6(x) = x^6 - 4x^5 - 8x^4 + 38x^3 - 17x^2 - 34x + 24$ mit $P_6(-x) = x^6 + 4x^5 - 8x^4 - 38x^3 - 17x^2 + 34x + 24$ und $P_6'(x) = 6x^5 - 20x^4 - 32x^3 + 114x^2 - 34x - 34$. Die exakten Nullstellen sind in diesem Fall $x_1 = -3$, $x_2 = -1$, $x_{3,4} = 1$, $x_5 = 2$ und $x_6 = 4$. Für dieses Polynom lauten die Aussagen:

A 1: Die Anzahl der Vorzeichenwechsel bei $P_6(x)$ ist gleich 4, es gibt höchstens 4 positive Nullstellen. Das Polynom hat höchstens 2 negative Nullstellen, da die Anzahl der Vorzeichenwechsel bei $P_6(-x)$ gleich 2 ist.

A 2: Mit $\tilde{x} = 0$ wird

$$\xi = 6 \left| \frac{P_6(0)}{P_6'(0)} \right| = 6 \frac{24}{34} = 4,2353 \,.$$

Es liegt eine Nullstelle in $[-4.236, 4.236]$.

A 3: Aus

$$6x^2 + 2(-4)x + [10(-8) - 4 \cdot 16] = 0 \quad \text{bzw.} \quad x^2 - \frac{4}{3}x - 24 = 0 \quad \text{folgt}$$

$$x_{1,2} = \frac{2}{3} \pm \frac{\sqrt{220}}{3} \,.$$

Als Intervall für die reellen Nullstellen erhält man $[-4.278, 5.611]$.

Beispiel 10.12. Die Lage der Nullstellen des folgenden Polynoms ist abzuschätzen:

$$P_6(x) = x^6 - 8x^5 - 40x^4 + 160x^3 + 1040x^2 + 1792x + 1024$$

$$P_6(-x) = x^6 + 8x^5 - 40x^4 - 160x^3 + 1040x^2 - 1792x + 1024$$

$$P_6'(x) = 6x^5 - 40x^4 - 160x^3 + 480x^2 + 2080x + 1792 \,.$$

Die exakten Nullstellen sind $x_{1,2,3,4} = -2$, $x_{5,6} = 8$. Es ergeben sich folgende Aussagen:

A 1: Es gibt 2 Vorzeichenwechsel bei $P_6(x)$, daher existieren höchstens 2 positive Nullstellen. Weil die Anzahl der Vorzeichenwechsel bei $P_6(-x)$ gleich 4 ist, gibt es höchstens vier negative Nullstellen.

A 2: Für $\tilde{x} = 0$ folgt

$$\xi = 6 \left| \frac{P_6(0)}{P_6'(0)} \right| = 6 \frac{1024}{1792} = 3.4286.$$

Eine Nullstelle liegt in $[-3.429, 3.429]$.

A 3: Aus

$$6x^2 + 2(-8)x + [10(-40) - 4 \cdot 64] = 0 \quad \text{bzw.} \quad x^2 - \frac{8}{3} - \frac{328}{3} = 0$$

ergibt sich $\quad x_{1,2} = \frac{4}{3} \pm \frac{\sqrt{1000}}{3}.$

Als Intervall für alle reellen Nullstellen folgt $[-9.208, 11.875]$.

Beliebige reelle Polynome

Aussage 10.4. Alle Nullstellen x_j des Polynoms $P_n(x)$ genügen der Abschätzung

$$\frac{|a_n|}{|a_n| + A_n} \leq |x_j| \leq 1 + A_0 \tag{10.43}$$

mit

$$A_0 = \max\{|a_1|, |a_2|, \ldots, |a_n|\} \quad \text{und} \quad A_n = \max\{1, |a_1|, \ldots, |a_{n-1}|\}.$$

Beispiel 10.13. Vorgelegt ist das Polynom sechsten Grades $P_6(x) = x^6 - 14x^4 + 49x^2 - 36$. Die exakten Nullstellen sind $x_1 = -3$, $x_2 = -2$, $x_3 = -1$, $x_4 = 1$, $x_5 = 2$ und $x_6 = 3$.

Mit $A_0 = \max\{0, 14, 0, 49, 0, 36\} = 49$ und $A_n = \max\{1, 0, 14, 0, 49, 0\} = 49$ erhält man aus Aussage 4 als Intervall für die Nullstellen:

$$\frac{36}{36 + 49} \leq |x_j| \leq 1 + 49 \quad \text{bzw.} \quad 0.42 \leq |x_j| \leq 50.$$

Beispiel 10.14. Das Polynom sechsten Grades $P_6(x) = x^6 - 8x^5 - 40x^4 + 160x^3 + 1040x^2 + 1792x + 1024$ besitzt die exakten Nullstellen: $x_{1,2,3,4} = -2$, $x_{5,6} = 8$.

Mit den Größen $A_0 = \max\{8, 40, 160, 1040, 1792, 1024\} = 1792$ und $A_n = \max\{1, 8, 40, 160, 1040, 1792\} = 1792$ liefert die Aussage 4 für die Nullstellen das Intervall

$$\frac{1024}{1024 + 1792} \leq |x_j| \leq 1 + 1792 \quad \text{bzw.} \quad 0.36 \leq |x_j| \leq 1793.$$

Beispiel 10.15. Es wird das Polynom $P_6(x) = x^6 - 9x^4 - 10x^3 + 94x^2 - 160x + 104$ mit den Nullstellen $x_1 = 1+i$, $x_2 = 1-i$, $x_3 = -3+2i$, $x_4 = -3-2i$, $x_{5,6} = 2$ betrachtet. Die Beträge dieser Nullstellen sind $|x_1| = |x_2| = \sqrt{2}$, $|x_3| = |x_4| = \sqrt{13}$, $|x_5| = |x_6| = 2$.

Unter Verwendung von $A_0 = \max\{0, 9, 10, 94, 160, 104\} = 160$ und $A_n = \max\{1, 0, 9, 10, 94, 160\} = 160$ kann mit Aussage 4 für die Beträge der Nullstellen das Intervall

$$\frac{104}{104 + 160} \leq |x_j| \leq 1 + 160 \quad \text{oder} \quad 0.39 \leq |x_j| \leq 161$$

gefunden werden.

Polynome mit reellen oder komplexen Koeffizienten

Die Polynomfunktion $P_n(x)$ hat die Gestalt

$$P_n(x) = x^n + a_1 x^{n-1} + \cdots + a_{n-1} x + a_n \quad (a_j \text{ komplex}). \tag{10.44}$$

Aussage 10.5. Für die Nullstellen x_j von $P_n(x)$ gelten die Ungleichungen

$$|x_j| \leq \min\{1 + \alpha, \beta\} \tag{10.45}$$

mit

$$\alpha = \max\{|a_1|, |a_2|, \ldots, |a_n|\},$$
$$\beta = 2 \cdot \max\{|a_1|, \sqrt{|a_2|}, \sqrt[3]{|a_3|}, \ldots, \sqrt[n]{|a_n|}\}.$$

Aussage 10.6. Für die Nullstellen x_j von $P_n(x)$ gelten folgende Abschätzungen:

a) $|x_j| \leq \max\{1, |a_1| + |a_2| + \cdots + |a_n|\}$

b) $|x_j| \leq \max\{|a_n|, 1 + |a_{n-1}|, 1 + |a_{n-2}|, \ldots, 1 + |a_1|\}$

c) $|x_j| \leq \max\left\{\left|\frac{a_n}{a_{n-1}}\right|, 2\left|\frac{a_{n-1}}{a_{n-2}}\right|, \ldots, 2\left|\frac{a_1}{a_0}\right|\right\}$ (10.46)

d) $|x_j| \leq |a_1| + \left(\left|\frac{a_2}{a_1}\right| + \left|\frac{a_3}{a_2}\right| + \cdots + \left|\frac{a_n}{a_{n-1}}\right|\right)$

e) $|x_j| \leq 2 \cdot \max\{|a_1|, \sqrt{|a_2|}, \sqrt[3]{|a_3|}, \ldots, \sqrt[n]{|a_n|}\}$.

Beispiel 10.16. Für das Polynom dritten Grades mit komplexen Koeffizienten $P_3(x) = x^3 + (-2 - 2i)x^2 + (-9 + 14i)x + (4 + 8i)$ sind Abschätzungen für die Lage der Nullstellen gesucht. Es ergeben sich

Abschnitt 10.4 Anzahl und Lage der Nullstellen von Polynomen

A 5: $\alpha = \max\{\sqrt{8}, \sqrt{117}, \sqrt{80}\} = 10.82$,
$\beta = 2 \cdot \max\{\sqrt{8}, \sqrt[4]{117}, \sqrt[6]{80}\} = 6.58$.
Es folgt $|x_j| \leq \min\{11.82, 6.58\} = 6.58$.

A 6: a) $\quad |x_j| \leq \max\{1, \sqrt{8} + \sqrt{117} + \sqrt{80}\} = 22.59$,

b) $\quad |x_j| \leq \max\{\sqrt{80}, 1 + \sqrt{117} + \sqrt{8}\} = 14.65$,

c) $\quad |x_j| \leq \max\left\{\frac{\sqrt{80}}{\sqrt{117}}, 2\frac{\sqrt{117}}{\sqrt{8}}, 2\frac{\sqrt{8}}{1}\right\} = 7.65$,

d) $\quad |x_j| \leq \sqrt{8} + \frac{\sqrt{117}}{\sqrt{8}} + \frac{\sqrt{80}}{\sqrt{117}} = 7.48$,

e) $\quad |x_j| \leq 2 \cdot \max\{\sqrt{8}, \sqrt[4]{117}, \sqrt[6]{80}\} = 6.58$.

Die exakten Nullstellen des Polynoms sind $x_1 = i, x_2 = -2 + i, x_3 = 4$.

Beispiel 10.17. Für das Polynom sechsten Grades $P_6(x) = x^6 - 8x^5 - 40x^4 + 160x^3 + 1040x^2 + 1792x + 1024$ sind Abschätzungen zur Lage der Nullstellen gesucht. Die Aussagen 5 und 6 ergeben

A 5: $\alpha = \max\{8, 40, 160, 1024, 1792, 1024\} = 1792$,
$\beta = 2 \cdot \max\{8, 6.325, 5.429, 5.679, 4.474, 3.175\} = 16$.

A 6: a) $\quad |x_j| \leq \max\{1, 4064\} = 4064$,

b) $\quad |x_j| \leq \max\{1024, 1793, 1041, 161, 41, 9\} = 1793$,

c) $\quad |x_j| \leq \max\{0.571, 3.446, 13, 8, 10, 8\} = 13$,

d) $\quad |x_j| \leq 8 + 5 + 4 + 6.5 + 1.723 + 0.571 = 25.294$,

e) $\quad |x_j| \leq 2 \cdot \max\{8, 6.325, 5.429, 5.679, 4.474, 3.175\} = 16$.

Die exakten Nullstellen sind in diesem Fall $x_{1,2,3,4} = -2, x_{5,6} = 8$.

10.4.2 Berechnung der Anzahlen der voneinander verschiedenen Nullstellen von Polynomfunktionen

Grundlagen

Die Polynomfunktion n-ten Grades habe die Form

$$P_n(x) = x^n + a_1 x^{n-1} + \cdots + a_{n-1}x + a_n \qquad (10.47)$$

mit reellen oder komplexen Koeffizienten a_j ($j = 1, 2, \ldots, n$). Werden mit $\alpha_1, \alpha_2, \ldots, \alpha_n$ ihre Wurzeln bezeichnet, sind die Potenzsummen s_h der Wurzeln erklärt durch:

$$s_0 = n, \qquad (10.48)$$
$$s_h = \alpha_1^h + \alpha_2^h + \cdots + \alpha_n^h \quad (h = 1, 2, \ldots).$$

Unter Benutzung der Newtonschen Formel (siehe Fricke [25]) lassen sich diese Potenzsummen s_h rekursiv aus den Koeffizienten der Polynomfunktion $P_n(x)$ berechnen:

$$s_h = -\left\{h \cdot a_h + \sum_{k=1}^{h-1} a_{h-k} s_k\right\} \quad \text{mit } a_{n+l} = 0 \text{ für } l > 0. \tag{10.49}$$

Mit den Potenzsummen wird die quadratische, symmetrische Matrix **M** gebildet:

$$\mathbf{M} = \begin{pmatrix} s_0 & s_1 & \cdots & s_{n-1} \\ s_1 & s_2 & \cdots & s_n \\ \vdots & \vdots & \ddots & \vdots \\ s_{n-1} & s_n & \cdots & s_{2n-2} \end{pmatrix}. \tag{10.50}$$

Aussage 10.7. Die Anzahl g der voneinander verschiedenen Nullstellen von $P_n(x)$ ist gleich dem Rang ρ der Matrix **M**.

Polynomfunktionen mit reellen Koeffizienten

Die Polynomfunktion $P_n(x)$ hat die Gestalt

$$P_n(x) = x^n + a_1 x^{n-1} + \cdots + a_{n-1} x + a_n \quad (a_j \text{ reell}). \tag{10.51}$$

Dann ist **M** eine quadratische und symmetrische Matrix mit reellen Elementen s_ν ($\nu = 0, 1, \ldots, 2n-2$). Zur Bestimmung der Anzahl der Nullstellen werden der Rang der Matrix und die Hauptminoren p-ter Ordnung ($p = 0, 1, \ldots, n-1$) von **M** benötigt.

Es wird mit D die Determinante der Matrix **M** bezeichnet

$$D = \det(\mathbf{M}) = \begin{vmatrix} s_0 & s_1 & \cdots & s_{n-1} \\ s_1 & s_2 & \cdots & s_n \\ \vdots & \vdots & \ddots & \vdots \\ s_{n-1} & s_n & \cdots & s_{2n-2} \end{vmatrix}. \tag{10.52}$$

Abschnitt 10.4 Anzahl und Lage der Nullstellen von Polynomen

Der Hauptminor $(p+1)$-ter Ordnung von D ist

$$D_p = \begin{vmatrix} s_0 & s_1 & \cdots & s_p \\ s_1 & s_2 & \cdots & s_{p+1} \\ \vdots & \vdots & \ddots & \vdots \\ s_p & s_{p+1} & \cdots & s_{2p} \end{vmatrix}. \tag{10.53}$$

Man erhält D_p aus D, indem in D die $(n-1-p)$ letzten Zeilen und Spalten gestrichen werden. Für die zu behandelnde Problemstellung benötigt man die Hauptminorenreihe $1, D_0, D_1, \ldots, D_{n-1}$.

Zur Vermeidung numerischer Probleme kann es vorteilhaft sein, eine äquivalente Hauptminorenreihe aufzustellen. Dazu wird vor dem Übergang von D_r zu D_{r+1} in D_r eine gleichstellige Umordnung vorgenommen. Eine Umordnung in D_r heißt gleichstellig, wenn sowohl die i-te und k-te Zeile als auch die i-te und k-te Spalte vertauscht werden, wenn also Hauptdiagonalelemente wieder in Hauptdiagonalelemente übergehen.

Aussage 10.8. Die Anzahl d der voneinander verschiedenen Paare konjugiert komplexer Nullstellen von $P_n(x)$ ist gleich der Anzahl m der Zeichenwechsel in der Hauptminorenreihe $1, D_0, D_1, \ldots, D_{n-1}$.

Die Herleitungen der Aussagen sind bei Fricke [25], Obreschkoff [54] und Gantmacher [32] ausgeführt.

Die Bestimmung des Ranges ρ der Matrix **M** und die Berechnung der Determinanten der Hauptminorenreihe erfordern umfangreiche Rechnungen. Dieser Aufwand kann wesentlich verringert werden, wenn die Matrix **M** auf eine Dreiecksgestalt transformiert wird.

Mit den Bezeichnungen

$$s_{u,v}^{(0)} = s_{v,u}^{(0)} = s_{u+v} \quad (u, v = 0, 1, \ldots, n-1) \tag{10.54}$$

folgt

$$\mathbf{M} = \begin{pmatrix} s_{0,0}^{(0)} & s_{0,1}^{(0)} & \cdots & s_{0,n-1}^{(0)} \\ s_{1,0}^{(0)} & s_{1,1}^{(0)} & \cdots & s_{1,n-1}^{(0)} \\ \vdots & \vdots & \ddots & \vdots \\ s_{n-1,0}^{(0)} & s_{n-1,1}^{(0)} & \cdots & s_{n-1,n-1}^{(0)} \end{pmatrix}. \tag{10.55}$$

Ziel ist eine Dreiecksform der Art

$$
\mathbf{M}^* = \begin{pmatrix}
\bar{s}_{0,0}^{(0)} & \bar{s}_{0,1}^{(0)} & \cdots & \bar{s}_{0,n-1}^{(0)} \\
0 & \bar{s}_{1,1}^{(1)} & \cdots & \bar{s}_{1,n-1}^{(1)} \\
\vdots & \vdots & \ddots & \vdots \\
0 & 0 & \cdots & \bar{s}_{n-1,n-1}^{(n-1)}
\end{pmatrix}. \tag{10.56}
$$

Durch die Querstriche ist vermerkt, dass eventuelle erforderliche gleichstellige Umordnungen bei der Transformation von $\mathbf{M}$ auf die Dreiecksform ausgeführt worden sind. Für die Transformation wird das übliche Vorgehen der Gaußschen Elimination benutzt.

Ergibt sich im Laufe der Rechnung eine Teilmatrix, in der auch nach erfolgter gleichstelliger Umordnung alle Hauptdiagonalelemente null sind,

$$
\mathbf{M}^{**} = \begin{pmatrix}
0 & s_{t,t+1}^{(t)} & s_{t,t+2}^{(t)} & \cdots & s_{t,n-1}^{(t)} \\
s_{t+1,t}^{(t)} & 0 & s_{t+1,t+2}^{(t)} & \cdots & s_{t+1,n-1}^{(t)} \\
s_{t+2,t}^{(t)} & s_{t+2,t+1}^{(t)} & 0 & \cdots & s_{t+2,n-1}^{(t)} \\
\vdots & \vdots & \vdots & \ddots & \vdots \\
s_{n-1,t}^{(t)} & s_{n-1,t+1}^{(t)} & s_{n-1,t+2}^{(t)} & \cdots & 0
\end{pmatrix}, \tag{10.57}
$$

so kann man durch eine gleichstellige Zeilen- und Spaltenaddition mit $q \neq 0$, beliebig reell, die Teilmatrix auf eine für die Weiterrechnung geeignete Form

$$
\mathbf{M}^{***} = \begin{pmatrix}
q\left(\bar{s}_{t,t+1}^{(t)} + \bar{s}_{t+1,t}^{(t)}\right) & \bar{s}_{t,t+1}^{(t)} & \bar{s}_{t,t+2}^{(t)} & \cdots & \bar{s}_{t,n-1}^{(t)} \\
\bar{s}_{t+1,t}^{(t)} & 0 & \bar{s}_{t+1,t+2}^{(t)} & \cdots & \bar{s}_{t+1,n-1}^{(t)} \\
\bar{s}_{t+2,t}^{(t)} & \bar{s}_{t+2,t+1}^{(t)} & 0 & \cdots & \bar{s}_{t+2,n-1}^{(t)} \\
\vdots & \vdots & \vdots & \ddots & \vdots \\
\bar{s}_{n-1,t}^{(t)} & \bar{s}_{n-1,t+1}^{(t)} & \bar{s}_{n-1,t+2}^{(t)} & \cdots & 0
\end{pmatrix}, \tag{10.58}
$$

gebracht werden. Die Rechnung wird abgebrochen, wenn entweder die Matrix vollständig in eine Dreiecksform überführt ist oder sich eine Teilmatrix ergibt, die aus lauter Nullen besteht. Durch den Umwandlungsprozess werden sowohl der Rang ρ der Matrix $\mathbf{M}$ als auch die Hauptminorenreihe bestimmt. Hat man bei der Umwandlung $\bar{s}_{0,0}^{(0)}, \ldots, \bar{s}_{\rho-1,\rho-1}^{(\rho-1)} \neq 0$ berechnet und sind die Elemente der nachfolgenden $(n - 1 - \rho)$ Zeilen alle gleich null, so ist

$$
D_{\rho-1} \neq 0 \quad \text{und} \quad D_\rho = D_{\rho+1} = \cdots = D_{n-1} = 0, \tag{10.59}
$$

Abschnitt 10.4 Anzahl und Lage der Nullstellen von Polynomen

und der Rang der Matrix **M** ist gleich ρ. Da durch die gleichstellige Umordnung von Zeilen und Spalten bei der Ausführung der Transformation auf Dreiecksgestalt Hauptminoren von **M** wieder in Hauptminoren des gleichen Typs überführt werden, erhält man mit den Hauptdiagonalelementen der transformierten Matrix die Hauptminorenreihe

$$D_w = \prod_{\sigma=0}^{w-1} \overline{s}_{\sigma,\sigma}^{(\sigma)} \quad (w = 1, 2, \ldots, \rho-1). \tag{10.60}$$

Zur Bestimmung der Anzahl m der Zeichenwechsel in der Hauptminorenreihe genügt es, die Anzahl der Minuszeichen in der Hauptdiagonalelementenfolge $\overline{s}_{\sigma,\sigma}^{(\sigma)}$, $\sigma = 0, 1, 2, \ldots, \rho-1$ abzuzählen.

Aussage 10.9. Für eine Polynomfunktion $P_n(x)$ seien

g Anzahl der voneinander verschiedenen Nullstellen,

r Anzahl der voneinander verschiedenen reellen Nullstellen,

d Anzahl der voneinander verschiedenen Paare konjugiert komplexer Nullstellen.

Dann ergibt sich

$$g = \rho, \quad r = \rho - 2m, \quad d = m. \tag{10.61}$$

Beispiel 10.18. Betrachtet wird die Polynomfunktion $P_4(x) = x^4 - 5x^3 + 6x^2 + 4x - 8$. Mit $a_1 = 5, a_2 = 6, a_3 = 4, a_4 = -8$ folgen

$$s_0 = 4$$
$$s_1 = 5$$
$$s_2 = -\{2 \cdot 6 - 5 \cdot 5\} = 13$$
$$s_3 = -\{3 \cdot 4 + 6 \cdot 5 - 5 \cdot 13\} = 23$$
$$s_4 = -\{-4 \cdot 8 + 4 \cdot 5 + 6 \cdot 13 - 5 \cdot 23\} = 49$$
$$s_5 = -\{-8 \cdot 5 + 4 \cdot 13 + 6 \cdot 23 - 5 \cdot 49\} = 95$$
$$s_6 = -\{-8 \cdot 13 + 4 \cdot 23 + 6 \cdot 49 - 5 \cdot 95\} = 193$$

und

$$\mathbf{M} = \begin{pmatrix} 4 & 5 & 13 & 23 \\ 5 & 13 & 23 & 49 \\ 13 & 23 & 49 & 95 \\ 23 & 49 & 95 & 193 \end{pmatrix}.$$

Die Überführung in Dreiecksgestalt liefert

$$\begin{pmatrix} 4 & 5 & 13 & 23 \\ 0 & \frac{27}{4} & \frac{27}{4} & \frac{81}{4} \\ 0 & \frac{27}{4} & \frac{27}{4} & \frac{81}{4} \\ 0 & \frac{81}{4} & \frac{81}{4} & \frac{243}{4} \end{pmatrix} \rightarrow \begin{pmatrix} 4 & 5 & 13 & 23 \\ 0 & \frac{27}{4} & \frac{27}{4} & \frac{81}{4} \\ 0 & 0 & 0 & 0 \\ 0 & 0 & 0 & 0 \end{pmatrix}.$$

Die Auswertung ergibt

$\rho = 2$: zwei voneinander verschiedene reelle Nullstellen,

$m = 0$: keine konjugiert komplexen Nullstellen.

Die exakten Nullstellen sind $x_1 = -1$, $x_{2,3,4} = 2$.

Beispiel 10.19. Von dem Polynom $P_4(x) = x^4 - 6x^3 + 14x^2 - 16x + 8$ sind die Anzahlen der voneinander verschiedenen Nullstellen zu bestimmen. Es folgen

$$s_0 = 4$$
$$s_1 = 6$$
$$s_2 = -\{2 \cdot 14 - 6 \cdot 6\} = 8$$
$$s_3 = -\{-3 \cdot 16 + 14 \cdot 6 - 6 \cdot 8\} = 12$$
$$s_4 = -\{4 \cdot 8 - 16 \cdot 6 + 14 \cdot 8 - 6 \cdot 12\} = 24$$
$$s_5 = -\{8 \cdot 6 - 16 \cdot 8 + 14 \cdot 12 - 6 \cdot 24\} = 56$$
$$s_6 = -\{8 \cdot 8 - 16 \cdot 12 + 14 \cdot 24 - 6 \cdot 56\} = 128$$

und

$$\mathbf{M} = \begin{pmatrix} 4 & 6 & 8 & 12 \\ 6 & 8 & 12 & 24 \\ 8 & 12 & 24 & 56 \\ 12 & 24 & 56 & 128 \end{pmatrix}.$$

Die Transformation auf Dreiecksgestalt liefert

$$\begin{pmatrix} 4 & 6 & 8 & 12 \\ 0 & -1 & 0 & 6 \\ 0 & 0 & 8 & 32 \\ 0 & 6 & 32 & 92 \end{pmatrix} \rightarrow \begin{pmatrix} 4 & 6 & 8 & 12 \\ 0 & -1 & 0 & 6 \\ 0 & 0 & 8 & 32 \\ 0 & 0 & 32 & 128 \end{pmatrix} \rightarrow \begin{pmatrix} 4 & 6 & 8 & 12 \\ 0 & -1 & 0 & 6 \\ 0 & 0 & 8 & 32 \\ 0 & 0 & 0 & 0 \end{pmatrix}.$$

Abschnitt 10.4 Anzahl und Lage der Nullstellen von Polynomen

Für die Nullstellenanzahlen erhält man

$\rho = 3$:   drei voneinander verschiedene Nullstellen,

$m = 1$:   ein Paar konjugiert komplexer Nullstellen.

Das Polynom besitzt die exakten Nullstellen $x_{1,2} = 2$, $x_3 = 1 + i$, $x_4 = 1 - i$.

Beispiel 10.20. Untersuchungsgegenstand ist das Polynom $P_4(x) = x^4 - 1$. Man erhält

$$s_0 = 4, \quad s_1 = 0, \quad s_2 = 0, \quad s_3 = 0, \quad s_4 = 4, \quad s_5 = 0, \quad s_6 = 0$$

und

$$\mathbf{M} = \begin{pmatrix} 4 & 0 & 0 & 0 \\ 0 & 0 & 0 & 4 \\ 0 & 0 & 4 & 0 \\ 0 & 4 & 0 & 0 \end{pmatrix}.$$

Die Transformation in die Dreiecksgestalt ergibt mit gleichstelligen Umordnungen

$$\begin{pmatrix} 4 & 0 & 0 & 0 \\ 0 & 4 & 0 & 0 \\ 0 & 0 & 0 & 4 \\ 0 & 0 & 4 & 0 \end{pmatrix} \rightarrow \begin{pmatrix} 4 & 0 & 0 & 0 \\ 0 & 4 & 0 & 0 \\ 0 & 0 & 8 & 4 \\ 0 & 0 & 4 & 0 \end{pmatrix} \rightarrow \begin{pmatrix} 4 & 0 & 0 & 0 \\ 0 & 4 & 0 & 0 \\ 0 & 0 & 8 & 4 \\ 0 & 0 & 0 & -2 \end{pmatrix}.$$

Das bedeutet

$\rho = 4$:   vier verschiedene Nullstellen,

$m = 1$:   ein Paar konjugiert komplexer Nullstellen.

Die exakten Nullstellen lauten $x_1 = 1$, $x_2 = -1$, $x_3 = i$, $x_4 = -i$.

Polynomfunktionen mit komplexen Koeffizienten

Die Polynomfunktion $P_n(x)$ mit komplexen Koeffizienten $a_j = c_j + id_j$ habe die Gestalt

$$P_n(x) = x^n + (c_1 + id_1)x^{n-1} + \cdots + (c_{n-1} + id_{n-1})x + (c_n + id_n). \quad (10.62)$$

Es ergibt sich eine quadratische, symmetrische Matrix $\mathbf{M}$, deren Elemente ebenfalls komplex sind. Mit einem bekannten Verfahren, z.B. mit dem Gaußschen Algorithmus, kann der Rang l dieser komplexen Matrix $\mathbf{M}$ bestimmt werden.

Aussage 10.10. Bezeichnet k die Anzahl der voneinander verschiedenen komplexen Nullstellen (außer den Paaren konjugiert komplexer Nullstellen) einer Polynomfunktion $P_n(x)$, so gilt

$$r + k + 2d = l. \tag{10.63}$$

Multipliziert man weiterhin das komplexe Polynom $P_n(x)$ mit dem konjugiert komplexen Polynom $\overline{P_n(x)}$

$$\overline{P_n(x)} = x^n + (c_1 - id_1)x^{n-1} + \cdots + (c_{n-1} - id_{n-1})x + (c_n - id_n), \tag{10.64}$$

ergibt sich eine Polynomfunktion $Q_{2n}(x)$ vom Grade $2n$

$$Q_{2n}(x) = P_n(x) \cdot \overline{P_n(x)} = x^{2n} + r_1 x^{2n-1} + \cdots + r_{2n-1} x + r_{2n} \tag{10.65}$$

mit reellen Koeffizienten. Für die Polynomfunktion $Q_{2n}(x)$ können mit Hilfe der oben beschriebenen Vorgehensweise der Rang ρ der zugehörigen Matrix $\mathbf{N}$ und die Anzahl m der Zeichenwechsel in der Hauptminorenreihe bestimmt werden. Da $\overline{P_n(x)}$ die Konjugierten der Nullstellen von $P_n(x)$ als Nullstellen besitzt, treten bei der Polynomfunktion $Q_{2n}(x)$ die reellen Nullstellen von $P_n(x)$ als reelle Doppelnullstellen und die komplexen Nullstellen von $P_n(x)$ als Paare konjugiert komplexer Nullstellen auf. Hat $P_n(x)$ ein Paar konjugiert komplexer Nullstellen, so tritt bei $Q_{2n}(x)$ ein entsprechendes konjugiert komplexes Doppelnullstellenpaar auf.

Aussage 10.11. Für eine Polynomfunktion $P_n(x)$ mit komplexen Koeffizienten gilt

$$g = l, \quad r = \rho - 2m, \quad k = \rho - l, \quad d = m + l - \rho. \tag{10.66}$$

Beispiel 10.21. Vorgegeben ist das Polynom $P_2(x) = x^2 + (-1+i)x + (6-3i)$. Es folgen

$$s_0 = 2, \quad s_1 = 1 - i, \quad s_2 = -12 + 4i$$

und

$$\overline{\mathbf{M}} = \begin{pmatrix} 2 & 1-i \\ 1-i & -12+4i \end{pmatrix}.$$

Die Determinante $D = \det(\overline{\mathbf{M}})$ hat den Wert $-24 + 10i$, d. h. es ist $\rho = 2$.

Bei Polynomen P_n mit komplexen Koeffizienten ist Q_{2n} zu bilden:

$$Q_4(x) = P_2(x) \cdot \overline{P_2(x)}$$
$$= \left[x^2 + (-1+i)x + (6-3i)\right]\left[x^2 + (-1-i)x + (6+3i)\right]$$
$$= x^4 - 2x^3 + 14x^2 - 18x + 45.$$

Für diese Polynomfunktion $Q_4(x)$ mit reellen Koeffizienten ergeben sich

$$s_0 = 4, \quad s_1 = 2, \quad s_2 = -24, \quad s_3 = -6, \quad s_4 = 180, \quad s_5 = 18, \quad s_6 = -1512$$

und
$$N = \begin{pmatrix} 4 & 2 & -24 & -6 \\ 2 & -24 & -6 & 180 \\ -24 & -6 & 180 & 18 \\ -6 & 180 & 18 & -1512 \end{pmatrix}.$$

Die Transformation auf Dreiecksgestalt führt zu

$$\begin{pmatrix} 4 & 2 & -24 & -6 \\ 0 & -25 & 6 & 183 \\ 0 & 6 & 36 & -18 \\ 0 & 183 & -18 & -1521 \end{pmatrix} \rightarrow \begin{pmatrix} 4 & 2 & -24 & -6 \\ 0 & -25 & -6 & 183 \\ 0 & 0 & \dfrac{936}{25} & \dfrac{648}{25} \\ 0 & 0 & \dfrac{648}{25} & -\dfrac{4311}{25} \end{pmatrix}$$

$$\rightarrow \begin{pmatrix} 4 & 2 & -24 & -6 \\ 0 & -25 & -6 & 183 \\ 0 & 0 & \dfrac{936}{25} & \dfrac{648}{25} \\ 0 & 0 & 0 & -\dfrac{2475}{13} \end{pmatrix}.$$

Mit $l = 2$, $\rho = 4$ und $m = 2$ folgen $g = 2$, $r = 0$, $k = 2$ und $d = 0$.
Die exakten Nullstellen des Polynoms sind $x_1 = 1 + 2i$, $x_2 = -3i$.

10.5 Aufgaben

Aufgabe 10.1. Führen Sie folgende Polynomdivision mit dem Horner-Schema aus

a) $(x^3 - 216) : (x - 6)$,

b) $(6x^5 + 13x^4 - 17x^3 - 5x^2 + 3x) : (x + 3)$.

Aufgabe 10.2. Bei den folgenden Gleichungen ist eine Lösung bekannt. Bestimmen Sie die restlichen Lösungen.

a) $x^3 - x^2 + 17x + 87 = 0$, $x_1 = -3$,

b) $x^3 - 9x^2 + 26x - 24 = 0$, $x_1 = 4$,

c) $x^4 + 5x^3 + 5x^2 - 5x - 6 = 0$, $x_1 = -1$,

d) $x^4 - 10x^3 + 35x^2 - 50x + 24 = 0$, $x_1 = 4$.

Aufgabe 10.3. Berechnen Sie den Wert der folgenden Polynome für die jeweils angegebenen x-Werte:

a) $P_3(x) = x^3 - 6x^2 + 7x - 1$ für $x = 2, -3, 5$,

b) $P_4(x) = x^4 - x^3 + 2x - 12$ für $x = 2, 3, 5$.

Aufgabe 10.4. Gegeben ist die Polynomfunktion $P_5(x) = 0.5x^5 - 2x^4 - 16x^3 + 25x^2 - 126x + 1025$. Berechnen Sie mit Hilfe des Horner-Schemas die Funktionswerte $P_5(x_i)$ für $x_1 = 2$, $x_2 = 4.26$, $x_3 = -3$ und $x_4 = -5.94$.

Aufgabe 10.5. Berechnen Sie mit Hilfe des Horner-Schemas die Funktionswerte

a) $P_3(-2)$ von $P_3(x) = 2x^3 - 3x^2 + 4x + 10$,

b) $P_4(1.2)$ von $P_4(x) = x^4 + 4.40x^3 + 9.24x^2 - 10.08x + 4.32$,

c) $P_4(-1.28)$ von $P_4(x) = 1.6x^4 - 2.8x^3 - 10.2x^2 + 5.8x - 12.6$.

Aufgabe 10.6. Berechnen Sie mit dem Horner-Schema die Werte der ersten Ableitungen der Funktionen aus Aufgabe 10.5 an den dort vorgegebenen Stellen.

Aufgabe 10.7. Gegeben ist die Polynomfunktion $P_3(x) = x^3 - 6x^2 + 9x - 2$.

a) Stellen Sie die Funktion im Intervall $[-1, 5]$ grafisch dar. Berechnen Sie dazu mit Hilfe des Horner-Schemas eine Wertetafel und wählen Sie auf der x-Achse 2 cm und auf der y-Achse 0.5 cm als Einheiten.

b) Bestimmen Sie mit dem Horner-Schema die Nullstellen der Funktion.

Aufgabe 10.8. Lösen Sie die folgenden Gleichungen

a) $x^6 - 5x^5 + 9x^4 - 5x^3 = 0$,

b) $x^4 - 2x^3 - 8x^2 + 18x - 9 = 0$,

c) $x^4 - x^3 - 27x + 27 = 0$,

d) $x^5 - x^4 - 27x^2 + 27x = 0$.

Aufgabe 10.9. Bestimmen Sie alle Lösungen $x \in C$ und zerlegen Sie die Polynomfunktion in Faktoren:

a) $x^3 + 2x^2 + 4x + 8 = 0$,

b) $4x^3 - 27x - 27 = 0$,

c) $x^4 + 3x^3 - x - 3 = 0$.

Aufgabe 10.10. Die Gleichung $x^3 - 0.21x^2 + 1.79x - 8.84 = 0$ besitzt zwischen $x = 1$ und $x = 2$ eine Lösung. Bestimmen Sie diese mit dem Horner-Schema auf zwei Dezimalstellen genau. Wie lauten die beiden anderen Lösungen?

Aufgabe 10.11. Entwickeln Sie folgende ganzrationale Funktionen nach Potenzen von $(x - x_0)$:

a) $P_4(x) = 3x^4 - 2x^3 + 4x - 12$, $x_0 = 2$,

b) $P_3(x) = -2x^3 + 5x + 10$, $x_0 = 3$,

c) $P_4(x) = x^4 + 2.40x^3 - 3.45x - 4.08$, $x_0 = -1.20$,

d) $P_4(x) = -0.80x^4 + 2.28x^2 + 1.04x + 3.16$, $x_0 = 1.18$,

e) $P_4(x) = x^4 - 10x^2 - 20x - 16$, $x_0 = -2$,

f) $P_3(x) = x^3 - 5x^2 + 3x + 9$, $x_0 = 3$.

Aufgabe 10.12. Bestimmen Sie für die Polynomfunktionen aus Aufgabe 10.11 die Werte von $P'_i(x), P''_i(x), \ldots$ für die genannten x_0 mit dem Horner-Schema.

Aufgabe 10.13. Führen Sie folgende Polynomdivisionen mit dem mehrzeiligen Horner-Schema aus:

a) $(16x^6 + 10x^5 - 17x^4 + 33x^3 + 14x^2) : (x^2 + 7x + 2)$,

b) $(40x^5 + 56x^4 + 69x^3 + 88x^2 + 62x + 15) : (8x^3 + 9x + 5)$.

Aufgabe 10.14. Gegeben ist das Polynom sechsten Grades mit reellen Koeffizienten $P_6(x) = x^6 - 6x^5 - 4x^4 + 64x^3 - 45x^2 - 82x + 24$. Von $P_6(x)$ ist das Polynom $P_4(x) = x^4 - 2x^3 - 13x^2 + 14x + 24$ mit dem mehrzeiligen Horner-Schema abzuspalten. Die Nullstellen des Restpolynoms sind anzugeben.

Aufgabe 10.15. Vom Polynom $P_4(x) = x^4 + 3x^3 - 5x^2 - 2x + 8$ sind die Nullstellen $x_1 = -4$ und $x_2 = -1.20556943$ bekannt. Man bestimme die restlichen Nullstellen bei Rechnung mit acht Dezimalen.

Aufgabe 10.16. Zu dem Polynom $P_4(x) = x^4 - 5.8x^3 - 1.23x^2 + 35.92x - 9.43$ sind die Nullstellen $x_{1,2} = 2 \pm \sqrt{3}$ bekannt. Man spalte diese Nullstellen vom Ausgangspolynom mit dem allgemeinen Horner-Schema ab und bestimme die restlichen Nullstellen mit dem Newtonschen Näherungsverfahren mit den Startnäherungen $x_3 = -2.00000$, $x_4 = 4.00000$. Die zu erzielende Genauigkeit ist $\epsilon = 10^{-3}$. Es ist mit fünf Dezimalstellen zu rechnen.

Aufgabe 10.17. Gegeben sind die Polynome $P_6(x)$ mit reellen Koeffizienten

a) $P_6(x) = x^6 - 12x^5 + 63x^4 - 192x^3 + 367x^2 - 420x + 225$,

b) $P_6(x) = x^6 - 6x^5 + 23x^4 + 4x^3 - 165x^2 + 650x - 507$.

Es ist zu zeigen, dass für a) $x_{1,2} = 3$, $x_3 = -2 + i$, $x_4 = -2 - i$ bzw. für b) $x_{1,2} = 2 + 3i$, $x_{3,4} = 2 - 3i$ Nullstellen sind. Man spalte diese Nullstellen von Ausgangspolynom ab und bestimme die restlichen Nullstellen.

Aufgabe 10.18. Es ist das Polynom sechsten Grades mit komplexen Koeffizienten $P_6(x) = x^6 + (-8 + 2i)x^5 + (32 - 18i)x^4 + (-80 + 70i)x^3 + (127 - 158i)x^2 + (-124 + 208i)x + (60 - 120i)$ gegeben. Man zeige, dass $x_{1,2} = 2$, $x_3 = 1 + 2i$ und $x_4 = 1 - 2i$ Nullstellen des Polynoms sind, spalte diese Nullstellen vom Ausgangspolynom mit dem komplexen Horner-Schema ab und bestimme das Restpolynom.

Aufgabe 10.19. Für das Polynom dritten Grades mit reellen Koeffizienten $P_3(x) = x^3 + 5x^2 + 3x - 9$ sind Anzahl und Lage der Nullstellen zu ermitteln.

Aufgabe 10.20. Für das Polynom zweiten Grades mit komplexen Koeffizienten $P_2(x) = x^2 + (-2 - 2i)x + (-3 + 6i)$ bestimme man Anzahl und Lage der Nullstellen.

Kapitel 11
Numerische Simulation von Zufallsgrößen

11.1 Zufallsgrößen

11.1.1 Charakterisierung von Zufallsgrößen

Die Behandlung von Problemen in den Naturwissenschaften und in der Technik führt oftmals auf mathematische Modelle, in denen zufällige Parameter enthalten sind. Für die numerischen Behandlung derartiger Aufgaben ist die numerische Simulation von zufälligen Größen erforderlich.

Definition 11.1. Es bezeichne X eine reelle *Zufallsgröße*. Die reellen Werte x, die X annehmen kann, heißen *Realisierungen* von X.

Man unterscheidet zwischen diskreten Zufallsgrößen (mit endlichen oder abzählbar unendlichen Realisierungsmengen) und stetigen Zufallsgrößen (mit überabzählbar unendlichen Realisierungsmengen).

Die Zufallsgröße X ist durch die *Verteilungsfunktion*

$$F_X(\xi) = P(X \leq \xi) \quad (-\infty < \xi < \infty) \tag{11.1}$$

statistisch eindeutig bestimmt, wobei $P(X \leq \xi)$ die Wahrscheinlichkeit dafür angibt, dass die Zufallsgröße X eine reelle Zahl als Realisierung annimmt, die kleiner oder gleich einer vorgegebenen Zahl ξ ist.

Falls $F_X(\xi)$ eine stetige, stückweise differenzierbare Funktion ist, kann die Zufallsgröße äquivalent auch durch die *Dichtefunktion*

$$f_X(\xi) = \frac{d}{d\xi} F_X(\xi) \tag{11.2}$$

beschrieben werden.

Neben der Verteilungsfunktion $F_X(\xi)$ und der Dichtefunktion $f_X(\xi)$ sind für die Charakterisierung der Zufallsgröße X die statistischen Kennwerte oder Momente von Bedeutung. In der Praxis wichtig sind besonders der Erwartungswert, die Varianz und die Standardabweichung.

Definition 11.2. Bei bekannter Dichtefunktion $f_X(\xi)$ sind erklärt

- der *Erwartungswert*

$$EX = m_X = \int_{-\infty}^{\infty} \xi f_X(\xi)\, d\xi, \tag{11.3}$$

- die *Varianz*

$$D^2 X = \sigma_X^2 = E(X - EX)^2 = \int_{-\infty}^{\infty} (\xi - EX)^2 f_X(\xi)\, d\xi \qquad (11.4)$$

- und die *Standardabweichung*

$$DX = \sqrt{D^2 X}, \qquad (11.5)$$

falls die auftretenden Integrale konvergent sind.

Zu den theoretischen Grundlagen der Zufallsgrößen existieren ausführliche Einführungen (siehe insbesondere Storm [82], Weber [88], Friedrich und Lange [29]).

11.1.2 Monte-Carlo-Methode

Probleme komplexen Charakters, deren numerische Bearbeitung infolge der großen Anzahl von arithmetischen Operationen praktisch unmöglich oder zumindest uneffektiv ist bzw. für die keine zufrieden stellenden Lösungsalgorithmen gefunden werden können, haben zur Entwicklung eines wirksamen und relativ einfachen Verfahrens geführt, das als *Monte-Carlo-Methode* oder mitunter als *Methode der statistischen Versuche* bezeichnet wird. Die Monte-Carlo-Methode ist eine numerische Methode stochastischer Natur zur Lösung mathematischer Prozesse unter Benutzung von Zufallsgrößen, ihrer Modellierung und Simulation. Das zu lösende numerische Problem ersetzt man durch ein angepasstes stochastisches Modell. Dann werden Realisierungen der im Modell enthaltenen Zufallsgrößen entsprechend der gegebenen Verteilungsfunktionen oder anderer statistischer Kenngrößen mit Hilfe von *Zufallszahlen* simuliert. Das Vorgehen wird für N Realisierungen wiederholt, wobei jede Erzeugung einer Realisierung von der anderen unabhängig ist. Die Ergebnisse aller behandelten Realisierungen werden statistisch ausgewertet, und am Schluss erfolgt eine Interpretation für die ursprüngliche Aufgabenstellung.

Die Monte-Carlo-Methode verbindet Elemente der Wahrscheinlichkeitsrechnung, der mathematischen Statistik und der numerischen Analysis. Mit ihrer Hilfe können sowohl Probleme deterministischer Natur, z. B. Berechnung bestimmter Integrale, Lösung von gewöhnlichen und partiellen Differentialgleichungen als auch Probleme stochastischer Natur, z. B. Zuverlässigkeit von Konstruktionen und Erzeugnissen, Warteschlangen- und Lagerhaltungsprobleme, Modellierung von Wind- und Erdbebenerscheinungen behandelt werden. Die grundlegenden Schritte dabei sind:

- Auffindung von geeigneten stochastischen Modellen, die den zu behandelnden Problemen hinreichend gut angepasst sind

- Erzeugung von Zufallszahlenfolgen als Realisierungen von Zufallsgrößen mit gegebenen Verteilungsgesetzen

- Ermittlung von Schätzwerten aus den erhaltenen Realisierungen und Gewinnung von Aussagen für das Ausgangsproblem

Die größte Schwierigkeit bei Benutzung der Monte-Carlo-Methode besteht in der Bereitstellung von geeigneten stochastischen Modellen (s. dazu insbesondere Ermakov [20], Buslenko und Schreider [12], Sobol [77]).

Zur Erzeugung von Zufallszahlen sind eine Reihe von Berechnungsalgorithmen (als *Zufallszahlengeneratoren* bezeichnet) entwickelt worden, die bei Vorhandensein von leistungsfähigen digitalen Rechnern gewünschte Ergebnisse schnell und in guter statistischer Qualität liefern. Die Monte-Carlo-Methode ist ein weit einsatzfähiges numerisches Verfahren, das im Vergleich zu anderen klassischen Methoden der numerischen Analysis in relativ einfacher Weise Resultate liefert. Im Allgemeinen ist die Genauigkeit der mit dieser Methode erhaltenen, meistens nur näherungsweisen Lösungen bei vertretbarem Rechenaufwand nicht sehr hoch. Die Steigerung der Genauigkeit erfordert eine beträchtliche Erhöhung der Realisierungszahl und damit des Rechenaufwandes, so dass Vorteile dieser Methode wieder verloren gehen. Deshalb kann die Monte-Carlo-Methode die herkömmlichen Methoden nicht ersetzen.

11.1.3 Historische Entwicklung

Umfassende Untersuchungen zur Erarbeitung und Weiterentwicklung der Monte-Carlo-Methode und zu deren Nutzung sowohl für theoretische als auch angewandte Aufgabenstellungen begannen Mitte der vierziger Jahre des vorigen Jahrhunderts. Diese systematischen Forschungen wurden während des zweiten Weltkrieges hauptsächlich im Zusammenhang mit Arbeiten am Atombombenprojekt durchgeführt, sie betrafen speziell Simulationen der Diffusion von Neutronen. Später wurde die Monte-Carlo-Methode sowohl zur Lösung weiterer stochastischer als auch deterministischer Probleme mehr und mehr benutzt. Besondere Impulse erhielt die Erarbeitung und Weiterentwicklung der Methode durch leistungsfähige Computer.

Wesentlichen Einfluss auf das Vordringen der Monte-Carlo-Methode hatten J. v. Neumann, E. Fermi und S. Ulami. Die erste systematische Darstellung der Methode wurde 1949 von Metropolis und Ulami vorgelegt.

Erste Tabellen von Zufallszahlen sind unter Benutzung der Ergebnisse der Roulettespiele im Casino von Monte Carlo aufgestellt worden. Dies hatte übrigens wesentlichen Einfluss auf die Namensgebung für dieses Verfahren.

Als ältestes Anwendungsbeispiel zur Benutzung der Monte-Carlo-Methode für die Lösung einer deterministischen Aufgabenstellung gilt das Buffonsche Nadelproblem. Die Aufgabe zur Bestimmung der transzendenten Zahl π durch zufälliges Werfen einer Nadel stammt von dem Franzosen Buffon (1707–1788) und wurde von Hall ausführlich untersucht (s. Friedrich und Lange [29]).

Ein umfassender Beitrag zur historischen Entwicklung der Monte-Carlo-Methode ist bei Ermakov [20] zu finden.

11.1.4 Zufallszahlen

Bei Benutzung der Monte-Carlo-Methode sind den in einem stochastischen Modell enthaltenen Zufallsgrößen zufällige Werte zuzuordnen. Dies geschieht durch Auswahl und Zuweisung von *Zufallszahlen*.

Definition 11.3. Es sei im Folgenden X eine reelle Zufallsgröße mit der Verteilungsfunktion $F_X(\xi) = P(X \leq \xi)$. Jede Realisierung $x \in \mathbb{R}$ der Zufallsgröße X heißt Zufallszahl mit der Verteilung F_X.

Die einfachsten und verbreitetsten Fälle sind *gleichmäßig verteilte* und *normalverteilte* Zufallszahlen.

Beispiel 11.1. Einfache Zufallszahlen und Möglichkeiten ihrer Erzeugungen:

- Beim wiederholten Werfen einer idealen Münze mit den Seiten 0 und 1 ergibt sich eine Folge gleichmäßig verteilter Zufallszahlen auf der Menge $\{0, 1\}$, z. B. $1, 0, 0, 1, 1, 1, \ldots$.

- Es liege eine Urne mit 100 gleichen Kugeln vor, die von 1 bis 100 nummeriert seien. Zieht man nach gutem Durchmischen eine Kugel zufällig heraus, notiert die gezogene Zahl, legt die Kugel wieder zurück und wiederholt den Vorgang, ergibt sich eine Folge von gleichmäßig verteilten Zufallszahlen auf der Menge $\{1, 2, \ldots, 100\}$, z. B. $5, 81, 79, 13, 28 \ldots$.

- Werden mit einem Präzisionsmessgerät, das beliebig genaue Messungen ausführen kann, die Abweichungen vom Sollmaß eines von Automaten hergestellten Werkstückes aufgenommen und sei bekannt, dass diese Abweichungen normalverteilt sind, dann ergeben die Messwerte eine Folge normalverteilter Zufallszahlen.

Natürlich sind derartige aufwändige Erzeugungsmethoden für praktische Aufgabenstellungen ungeeignet. Man benötigt dafür große Mengen von computererzeugten Zufallszahlen.

Definition 11.4. Eine endliche oder unendliche *Folge von Zufallszahlen* ist eine bezüglich der Zufallsgröße X ausgewählte Stichprobe von endlichem oder unendlichem Umfang aus einer der Zufallsgröße zugeordneten Grundgesamtheit mit der Verteilungsfunktion F_X.

Obige Beispiele lassen sich zwar als einfache Erzeugungsmechanismen für Zufallszahlen mit vorgegebener Verteilungsfunktion und Grundgesamtheit, meistens als *Zufallszahlengeneratoren* bezeichnet, ansehen. Bessere und günstigere Erzeugungsarten werden aber unten angeführt.

Der wichtigste Fall für die Arbeit mit der Monte-Carlo-Methode sind die *auf dem Intervall $[0, 1]$ gleichmäßig verteilten Zufallszahlen* als Realisierungen einer reellen, stetigen und gleichmäßig verteilten Zufallsgröße.

Abschnitt 11.1 Zufallsgrößen

Definition 11.5. Eine stetige Zufallsgröße X genügt auf dem Intervall $[0, 1]$ einer *gleichmäßigen Verteilung*, wenn sie die Dichtefunktion

$$f_X(\xi) = \begin{cases} 1 & \text{für } 0 \leq \xi \leq 1 \\ 0 & \text{sonst} \end{cases} \tag{11.6}$$

bzw. die Verteilungsfunktion

$$F_X(\xi) = \begin{cases} 0 & \xi < 0 \\ \xi & \text{für } 0 \leq \xi < 1 \\ 1 & \xi \geq 1 \end{cases} \tag{11.7}$$

aufweist. Für den Erwartungswert und die Varianz bzw. die Standardabweichung der Zufallsgröße gelten

$$EX = \frac{1}{2}, \quad \sigma_X^2 = \frac{1}{12} \quad \text{bzw.} \quad \sigma_X = \frac{1}{2\sqrt{3}}. \tag{11.8}$$

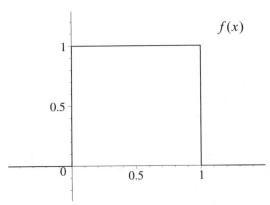

Bild 11.1. Dichtefunktion $f_X(x)$ für im Intervall $[0, 1]$ gleichmäßig verteilte Zufallsgrößen.

Es hat sich als günstig erwiesen und in der Praxis durchgesetzt, Zufallszahlen mit beliebigen Verteilungsfunktionen durch Transformationen aus gleichmäßig verteilten Zufallszahlen zu erzeugen.

Zur Gewinnung von gleichmäßig verteilten Zufallszahlen lassen sich verschiedene Möglichkeiten aufzählen. In Verbindung mit digitalen Rechenanlagen erweist sich die Konstruktion einer Zufallsfolge auf rein arithmetische Weise durch rekursive Beziehungen als günstigstes Verfahren. Da dem Rechnerprogramm eine festgelegte Vorschrift zugrunde liegt, erhält man eine determinierte Zahlenfolge. Es ist aber bei entsprechendem Erzeugungsalgorithmus möglich, nahezu völlig regellose Zahlenfolgen,

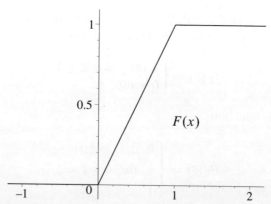

Bild 11.2. Verteilungsfunktion $F_X(x)$ für in $[0, 1]$ gleichmäßig verteilte Zufallsgrößen.

also Zufallsfolgen zu erhalten. Ein weiteres mit der Digitaltechnik zusammenhängendes Problem besteht darin, dass die Computer nur eine endliche Anzahl von Zahlendarstellungsmöglichkeiten aufweisen und deshalb nicht alle reellen Zahlen des Intervalls $[0, 1]$ erzeugt werden können. Dies führt in der Regel dazu, dass sich die erzeugten Zufallszahlen periodisch wiederholen. Auf solche Weise mittels digitaler Rechenanlagen ermittelte Zufallszahlen werden als *Pseudozufallszahlen* bezeichnet (s. Buslenko [12]). Die Länge einer solchen Wiederholungsperiode ist u. a. ein wesentliches Gütemerkmal für Zufallszahlengeneratoren. Dieser Tatbestand hat für praktische Anwendungen aber keine tief greifenden Folgen.

In einer digitalen Rechenanlage mit einer k-stelligen binären Zahlendarstellung kann ein einfaches Zahlwort insgesamt 2^k untereinander verschiedene Zahlen darstellen. Anstelle einer kontinuierlichen Menge von gleichmäßig verteilten Zufallszahlen als Realisierung der stetigen Zufallsgröße X kann nur von einer Grundmenge von 2^k Zahlen $0, 1, \ldots, 2^k - 1$ ausgegangen werden, die aber alle die gleiche Eintretenswahrscheinlichkeit $p = \frac{1}{2^k}$ haben. Durch

$$y_i = \frac{i}{2^k - 1} \quad (i = 0, 1, \ldots, 2^k - 1).$$

Die stetige Zufallsgröße X und ihre diskrete Näherung Y werden anhand der Erwartungswerte und Varianzen verglichen. Wie üblich ist

$$EY = \sum_{i=0}^{2^k - 1} \frac{i}{2^k - 1} \frac{1}{2^k} = \frac{1}{2}$$

und

$$\sigma_Y^2 = E\left(Y - \frac{1}{2}\right)^2 = \sum_{i=0}^{2^k - 1} \left(\frac{i}{2^k - 1}\right)^2 \frac{1}{2^k} - \frac{1}{4} = \frac{1}{12} \frac{2^k + 1}{2^k - 1}$$

bzw.
$$\sigma_Y = \frac{1}{2\sqrt{3}} \sqrt{\frac{2^k+1}{2^k-1}}.$$

Im Vergleich zu den Formeln (11.8) ist zu sehen, dass bei entsprechend großem k die ersten beiden Momente der Zufallsgrößen X und Y gut übereinstimmen (s. auch Buslenko [12], Friedrich und Lange [28]).

11.1.5 Genauigkeit der Monte-Carlo-Methode

Es wurde bereits angedeutet, dass bei Verwendung der Monte-Carlo-Methode die Genauigkeit der Ergebnisse unter vertretbarem Rechenaufwand nicht hoch ist. Eine grobe Genauigkeitsabschätzung kann mit Hilfe des *Gesetzes der großen Zahlen* erfolgen. Bei Anwendung der Monte-Carlo-Methode zur Bestimmung einer Größe m ist ein stochastisches Modell so zu formulieren, dass der Erwartungswert m_X einer Zufallsgröße X mit einer Verteilungsfunktion $F_X(x)$ gleich m ist, also $EX = m_X = m$ gilt. Für die Zufallsgröße X werden N unabhängige Realisierungen x_i ($i = 1, \ldots, N$) erzeugt. Dann ist der *empirische Mittelwert* $\bar{x} = \frac{1}{N} \sum_{i=1}^{N} x_i$ ein Schätzwert für m_X. Eine wesentliche Frage lautet:

Ist es möglich, m_X beliebig genau zu bestimmen und wie viele Realisierungen der Zufallsgröße X sind dazu erforderlich?

Man betrachtet im Weiteren N unabhängige Zufallsgrößen X_i ($i = 1, \ldots, N$) mit gleicher Verteilung und sieht $x_1, \ldots, x_N$ als einen Realisierungssatz der Zufallsgrößen $X_1, \ldots, X_N$ an. Jeweils eine Realisierung aller Zufallsgrößen $X_1, X_2, \ldots X_N$ ist äquivalent zu N Realisierungen der Zufallsgröße X.

Unter der Voraussetzung
$$EX_k = m_X < \infty, \quad D^2 X_k = E(X_k - m_X)^2 = \sigma_X^2 < \infty$$
wird die Zufallsgröße
$$\widetilde{X} = X_1 + X_2 + \cdots + X_N$$
gebildet. Für beliebige $\varepsilon > 0$ gilt dann die *Tschebyscheffsche Ungleichung*
$$P\left\{\left|\frac{\widetilde{X}}{N} - m_X\right| \le \varepsilon\right\} \ge 1 - \frac{\sigma_X^2}{N\varepsilon^2} \quad \text{bzw.}$$
$$P\left\{\left|\frac{\widetilde{X}}{N} - m_X\right| \le \frac{\sigma_X}{\sqrt{\varepsilon N}}\right\} \ge 1 - \varepsilon. \tag{11.9}$$

Falls der Erwartungswert m_X endlich ist, gilt nach einem Satz von Chintchin
$$P\left\{\left|\frac{\widetilde{X}}{N} - m_X\right| > \varepsilon\right\} \xrightarrow{N \to \infty} 0, \tag{11.10}$$

d. h., der Erwartungswert der Zufallsgröße $\widetilde{X}/N$ konvergiert gegen m_X. Daraus folgt, dass der Fehler bei Verwendung von N Realisierungen für die Zufallsgröße X proportional zu $\frac{1}{\sqrt{N}}$ ist. Das bedeutet z. B., um den Fehler auf ein Zehntel zu verkleinern, muss die Anzahl der notwendigen Realisierungen auf das Hundertfache vergrößert werden.

In den Anwendungen spielt die Normalverteilung eine wesentliche Rolle. Sie hat weiterhin den Vorteil, dass dafür die Abschätzung (11.9) verbessert werden kann. Die Zufallsgröße X sei normalverteilt mit

$$EX = m_X, \quad E(X - m_X)^2 = \sigma_X^2.$$

Die Formeln für das Konfidenzintervall normalverteilter Zufallsgrößen (s. Storm [82]) ergeben

$$P\left\{\left|\frac{\widetilde{X}}{N} - m_X\right| < \frac{q_\alpha \sigma_X}{\sqrt{N}}\right\} = 1 - \alpha, \tag{11.11}$$

wobei sich q_α aus $\Phi(q_\alpha) = 1 - \frac{\alpha}{2}$ bestimmt.

In einer Vergleichsrechnung sei $\sigma_X = 1$ und $\alpha = \varepsilon$ gesetzt, und es wird gefordert, dass mit einer Wahrscheinlichkeit von $1 - \alpha$ die Ungleichungen

a) $\quad \left|\dfrac{\widetilde{X}}{N} - m_X\right| \leq \dfrac{1}{\sqrt{\varepsilon N}} < \delta \quad$ in (11.9)

und

b) $\quad \left|\dfrac{\widetilde{X}}{N} - m_X\right| < \dfrac{q_\alpha}{\sqrt{N}} < \delta \quad$ in (11.11)

für $\delta = 10^{-1}, \delta = 10^{-2}$ und 10^{-3} erfüllt werden.

Die jeweils erforderlichen Realisierungsanzahlen sind in Tabelle 11.1 eingetragen.

δ	α					
	0,01		0,05		0,1	
10^{-1}	10^4	666	$2 \cdot 10^3$	385	10^3	271
10^{-2}	10^6	$6{,}66 \cdot 10^4$	$2 \cdot 10^5$	$3{,}85 \cdot 10^4$	10^5	$2{,}71 \cdot 10^4$
10^{-3}	10^8	$6{,}66 \cdot 10^6$	$2 \cdot 10^7$	$3{,}85 \cdot 10^6$	10^7	$2{,}71 \cdot 10^6$

Tabelle 11.1. Erforderliche Realisierungen zur Sicherung von vorgegebenen Genauigkeiten.

11.2 Zufallszahlengeneratoren

Eine wesentliche Voraussetzung für die numerische Simulation stochastischer Größen ist das Vorhandensein eines Zufallszahlengenerators, der eine hinreichend große Anzahl von im Intervall [0, 1] gleichmäßig verteilten und voneinander unabhängigen Zufallszahlen erzeugt.

Definition 11.6. Als *Zufallszahlengenerator* bezeichnet man ein Verfahren oder einen Mechanismus zur Erzeugung von Zufallszahlen.

Es existieren unterschiedliche Zufallszahlengeneratoren zur Zufallszahlengewinnung. Manuelle Verfahren und Verfahren mit physikalischen oder mechanischen Apparaturen fasst man unter *physikalischen Verfahren* zusammen. Verfahren zur Erzeugungen von Zufallszahlen mit Hilfe digitaler Rechenanlagen werden als *programmierbare Zufallszahlengeneratoren* bezeichnet, die infolge der oben erwähnten Gegebenheiten bei der Zahlendarstellung Pseudozufallszahlen ergeben. Insbesondere sind darunter *arithmetische Erzeugungsverfahren* und *Kongruenzverfahren* zu verstehen. Diese programmierbaren Zufallszahlengeneratoren haben sich in den Anwendungen eindeutig durchgesetzt. Ausführlichere Darstellungen dazu sind u. a. bei Zielinski [94], Ermakov [20], Friedrich und Lange [28] zu finden.

11.2.1 Erzeugung gleichmäßig verteilter Zufallszahlen

Definition 11.7. *Deterministische Algorithmen zur Erzeugung von Zufallszahlen haben die Form*

$$x_{i+1} = f(x_i) \quad \text{oder} \quad x_{i+1} = f(x_i, \ldots, x_{i-n}) \quad (n > 0). \tag{11.12}$$

Die Funktionen f sind von unterschiedlicher Gestalt.

Beispiel 11.2. Die wichtigsten Algorithmen sind:

- Quadratmittenmethode

Es sei eine 2K-stellige Zahl x_i gegeben. Die Zahl x_{i+1} ist dann durch die mittleren 2K Ziffern der 4K-stelligen Zahl x_i^2 bestimmt.

- Dezimalbruchzerlegung transzendenter Zahlen z. B. π, e

- Fibonacci-Methode

$x_{i+2} = x_i \oplus x_{i+1}$, wobei $\oplus$ eine spezielle Addition bezeichnet.

- Gemischte Kongruenzmethode

$x_{i+1} = (\lambda x_i + \mu) \bmod p$. Die Zahlen λ, p, μ und x_1 sind entsprechend dem Rechnertyp zu wählen. Von ihnen hängen wesentlich die Eigenschaften der ermittelten Pseudozufallszahlenfolge ab.

Am häufigsten wird die gemischte Kongruenzmethode benutzt. Bei Beachtung der Voraussetzungen und bei hinreichend oftmaligem Anwenden der Algorithmen liefern aber alle Methoden gute Zufallszahlenfolgen. Mit geeigneten statistischen Tests können die Parameter und der Verteilungstyp sowie die Durchmischung und die Unabhängigkeit der Zufallszahlen geprüft werden.

11.2.2 Erzeugung beliebig verteilter Zufallszahlen

Mit Hilfe der gleichmäßig verteilten Zufallszahlen können Zufallszahlen *beliebiger* Verteilung bestimmt werden. Basis dafür ist folgender Satz.

Satz 11.8. *Es seien Z eine stetige, gleichmäßig auf $[0,1]$ verteilte Zufallsgröße und $F_X(x)$ eine rechtsseitig stetige und monoton nichtfallende Verteilungsfunktion mit den Eigenschaften $F_X(-\infty) = 0$ und $F_X(\infty) = 1$. Dann hat die durch*

$$X = \sup\{x : F_X(x) \leq Z\} \tag{11.13}$$

gegebene Zufallsgröße X die Verteilungsfunktion $F_X(x)$.

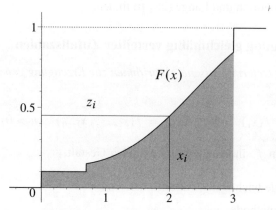

Bild 11.3. Erzeugung von Zufallszahlen mit beliebiger Verteilungsfunktion $F_X(x)$ aus gleichmäßig verteilten Zufallszahlen.

Damit kann eine Folge x_i ($i = 1, 2, \ldots$) von Zufallszahlen mit der Verteilung $F_X(x)$ aus einer Folge z_j ($j = 1, 2, \ldots$) von gleichmäßig auf $[0, 1]$ verteilten Zufallszahlen nach der Vorschrift

$$x_i = \sup\{x : F_X(x) \leq z_i\} \quad (i = 1, 2, \ldots) \tag{11.14}$$

bestimmt werden. Liegt das Bild der Verteilungsfunktion $F_X(x)$ grafisch vor, lassen sich die gesuchten x_i leicht ablesen, wie in Bild 11.3 skizziert ist.

Inversionsverfahren

Falls X eine stetige Zufallsgröße mit streng monoton wachsender Verteilungsfunktion $F_X(x)$ und der Dichtefunktion $f_X(x) = \frac{d}{dx} F_X(x)$ sowie Z eine stetige, gleichmäßig auf $[0, 1]$ verteilte Zufallsgröße sind, so gilt die vereinfachte Beziehung

$$X = F_X^{-1}(Z) = \int_{-\infty}^{Z} f_X(t)\, dt. \tag{11.15}$$

Dabei bezeichnet F_X^{-1} die Umkehrfunktion zu F_X.

Dann erhält man als Zufallszahlenfolge

$$x_i = F_X^{-1}(z_i) = \int_{-\infty}^{z_i} f_X(t)\,dt \quad (i = 1, 2, \ldots). \tag{11.16}$$

Wegen der Monotonie der Verteilungsfunktion ist die Gleichung (11.16) immer eindeutig auflösbar. Wenn die Verteilungsfunktion $F_X^{-1}(x)$ eine einfache analytische Form hat, kann diese Methode günstig benutzt werden. Ansonsten muss auf Näherungen zurückgegriffen werden (s. Friedrich und Lange [28]).

Zur Illustration werden zwei einfache Beispiele angegeben.

Beispiel 11.3. *Dreiecksverteilung*

Die Dreiecksverteilung hat die Dichte- bzw. Verteilungsfunktion

$$f_X(\xi) = \begin{cases} 2\xi : \xi \in (0, 1) \\ 0 : \text{sonst} \end{cases}, \quad F_X(\xi) = \begin{cases} 0 : \xi \leq 0 \\ \xi^2 : \xi \in (0, 1) \\ 1 : \xi \geq 1 \end{cases}.$$

Zur Bestimmung der Zufallszahlen x_i im Intervall $(0, 1)$ ergibt Gleichung (11.16) $x_i = \sqrt{z_i}$.

Beispiel 11.4. *Exponentialverteilung*

Dichte- bzw. Verteilungsfunktion der Exponentialverteilung mit $\lambda > 0$ sind durch

$$f_X(\xi) = \begin{cases} 0 & : \xi < 0 \\ \lambda e^{-\lambda \xi} & : \xi \geq 0 \end{cases}, \quad F_X(\xi) = \begin{cases} 0 & : \xi < 0 \\ 1 - e^{-\lambda \xi} & : \xi \geq 0 \end{cases}$$

gegeben. Die Auswertung von (11.16) ergibt $x_i = -\frac{1}{\lambda} \ln(1 - z_i)$.

Näherungsverfahren

Bei einer komplizierten Gestalt der Verteilungsfunktion $F_X(x)$ lässt sich die inverse Funktion $F_X^{-1}(x)$ in der Regel nicht angeben. Die der Verteilungsfunktion $F_X(x)$ genügende Zufallszahlenfolge x_i kann dann nicht nach (11.16) aus der im Intervall $[0, 1]$

gleichmäßig verteilten Zufallszahlenfolge z_i bestimmt werden. In diesem Fall muss man zu Näherungsverfahren greifen. Hier wird eine einfache Näherungsmethode kurz dargestellt.

Auf der x-Achse sind $n+1$ Punkte $x_0^* < x_1^* < \cdots < x_n^*$ so auszuwählen, dass einerseits $F_X(x_0^*) \approx 0$ und andererseits $F_X(x_n^*) \approx 1$ ist. Dann lassen sich die Stützwerte q_i auf der Ordinate nach

$$q_0 = 0, \quad q_1 = F_X(x_1^*), \ldots, \quad q_{n-1} = F_X(x_{n-1}^*), \quad q_n = F_X(x_n^*) = 1$$

bilden. Ist die Anzahl der gewählten Punkte x_i^* hinreichend groß, kann die Verteilungsfunktion $F_X(x)$ mittels

$$F_X^*(x) = \frac{F_X(x_i^*) - F_X(x_{i-1}^*)}{x_i^* - x_{i-1}^*}(x - x_{i-1}^*) + F_X(x_{i-1}^*) \qquad (11.17)$$

$$(x_{i-1}^* \leq x \leq x_i^*, \; i = 1, 2, \ldots, n)$$

durch eine stückweise lineare Funktion ersetzt werden.

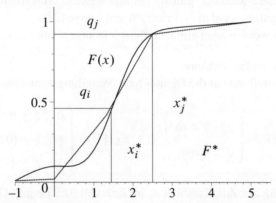

Bild 11.4. Ersetzung der Verteilungsfunktion $F_X(x)$ durch einen Polygonzug $F_X^*(x)$.

Zur näherungsweisen Berechnung der Folge x_i ist dann wie folgt vorzugehen:
- Für die ausgewählte gleichmäßig verteilte Zufallszahl z_k wird das Intervall mit der Eigenschaft $q_{i-1} \leq z_k \leq q_i, i = 1, 2, \ldots, n$ bestimmt.
- Danach wird die Zufallszahl x_k durch

$$x_k = x_{i-1}^* + \frac{(z_k - q_{i-1})(x_i^* - x_{i-1}^*)}{q_i - q_{i-1}} \qquad (11.18)$$

ermittelt.

Das Vorgehen kann auch für diskrete Zufallsgrößen benutzt werden. Erleichterungen und Arbeitsverringerungen lassen sich insbesondere durch eine günstige Wahl der Stützpunkte x_i^* erzielen. Das ist aber wesentlich von der Gestalt der konkreten Verteilungsfunktion abhängig.

11.2.3 Erzeugung normalverteilter Zufallszahlen

Neben den gleichmäßig verteilten unabhängigen Zufallszahlen kommt für praktische Zwecke den normalverteilten Zufallszahlen die größte Bedeutung zu. Zur Erzeugung solcher Zufallszahlen existieren gleichfalls verschiedene Verfahren. Im folgenden werden zwei Vorgehensweisen angegeben.

Erzeugung durch Summen unabhängiger gleichmäßig verteilter Zufallszahlen

Diese Methode basiert auf dem zentralen Grenzwertsatz der Wahrscheinlichkeitsrechnung.

Satz 11.9. *Es seien $Z_1, Z_2, \ldots, Z_n$ unabhängige, identisch nach $F(z)$ verteilte Zufallsgrößen mit*

$$EZ_1 = EZ_2 = \cdots = EZ_n = EZ \quad \text{und} \quad \sigma^2_{Z_1} = \sigma^2_{Z_2} = \cdots = \sigma^2_{Z_n} = \sigma^2_Z.$$

Dann ist die Summe $Y = Z_1 + Z_2 + \cdots + Z_n$ asymptotisch normalverteilt mit dem Erwartungswert $EY = n\,EZ$ und der Varianz $\sigma^2_Y = n\,\sigma^2_Z$.

Als Folgerung des zentralen Grenzwertsatz kann gezeigt werden, dass aus Zufallsgrößen Z_i, die unabhängig voneinander und auf dem Intervall $[0, 1]$ gleichmäßig verteilt sind, asymptotisch die standardisierte, normalverteilte Zufallsgröße Y mit $EY = 0$ und $\sigma^2_Y = 1$ durch

$$Y = \sqrt{\frac{12}{n}} \sum_{i=1}^{n} \left(Z_i - \frac{1}{2}\right) \tag{11.19}$$

gebildet werden kann. Wenn z_j unabhängige, auf $[0, 1]$ gleichmäßig verteilte Zufallszahlen sind, ergibt sich zur Gewinnung einer Folge standardisierter normalverteilter Zufallszahlen y_k $(k = 1, 2, \ldots)$ die einfache Erzeugungsvorschrift

$$y_k = \sqrt{\frac{12}{n}} \sum_{j=1}^{n} \left(z_{(k-1)n+j} - \frac{1}{2}\right) \quad (k = 1, 2, \ldots). \tag{11.20}$$

Die Approximationsgüte hängt von n ab. Für praktische Fälle sind Approximationen mit $n = 8, \ldots, 12$ zufriedenstellend (s. Buslenko und Schreider [12]).

Erzeugung nach Box-Muller

Es werden Realisierungen von normalverteilten Zufallsgrößenpaaren Y_1, Y_2 mit

$$EY_1 = m_1, \quad EY_2 = m_2, \quad E(Y_1 - m_1)^2 = \sigma^2_1, \quad E(Y_2 - m_2)^2 = \sigma^2_2,$$

$$\frac{E(Y_1 - m_1)(Y_2 - m_2)}{E(Y_1 - m_1)E(Y_2 - m_2)} = q \tag{11.21}$$

gesucht. Eine Erzeugungsvorschrift wurde von Box und Muller angegeben. Sind $\{z_{1,i}\}$ und $\{z_{2,i}\}$ Folgen unabhängiger auf [0, 1] gleichmäßig verteilter Zufallszahlen, ergeben sich Paare normalverteilter Zufallszahlen $y_{1,i}$ und $y_{2,i}$ mit obigen Eigenschaften durch

$$y_{1,i} = m_1 + \sigma_1 \sqrt{-2\ln z_{1,i}} \cdot \sin 2\pi z_{2,i}$$

$$y_{2,i} = m_2 + \sigma_2 \left\{ q \sqrt{-2\ln z_{1,i}} \cdot \sin 2\pi z_{2,i} \right. \quad (11.22)$$

$$\left. + \sqrt{1-q^2} \sqrt{-2\ln z_{1,i}} \cdot \cos 2\pi z_{2,i} \right\}.$$

11.2.4 Statistische Tests

Bei der Erzeugung von gleichmäßig verteilten, unabhängigen Zufallszahlen nach festen Vorschriften mit Hilfe von Computern müssen verschiedene Vereinfachungen und Näherungen vorgenommen werden, damit sich Zahlenfolgen ergeben, die näherungsweise die gewünschten Eigenschaften besitzen. Der Einfluss dieser Näherungen auf die erzeugten Zufallszahlen lässt sich durch verschiedene statistische Teste abschätzen, die zur Prüfung auf bestimmte Merkmale entwickelt worden sind.

Ausführliche Darstellungen zu statistischen Tests sowie über Herleitung und Überprüfung geeigneter Testkriterien sind u. a. bei Storm [82], Müller [52], Zielinski [94] gegeben.

11.3 Anwendungen der Monte-Carlo-Methode

11.3.1 Übersicht

Die Monte-Carlo-Methode hat eine breite Anwendung gefunden. Viel praktische Aufgabenstellungen können mit ihrer Hilfe zumindest näherungsweise gelöst werden.

Beispiel 11.5. Einige in der Literatur vorhandene Beispiele sind:
- Berechnung bestimmter Integrale
- Lösung von Gleichungen und Gleichungssystemen
- Berechnung von Eigenwerten
- Randwertprobleme bei Differentialgleichungen
- Probleme der Informationsübertragung und Bedienungssysteme
- Lagerhaltungs-, Reihenfolge-, Ablaufplanungsmodelle
- Untersuchung des Neutronendurchganges durch eine Platte
- Verschmutzungsmodelle

Weiterhin kann die Monte-Carlo-Methode zur numerischen Simulation von stochastischen Prozessen, stochastischen Vorgängen in Natur, Technik und Sozialwesen sowie zur Lösung gewöhnlicher stochastischer Differentialgleichungen vorteilhaft eingesetzt werden (s. insbesondere Friedrich und Lange [29]).

11.3.2 Berechnung bestimmter Integrale

Berechnung mittels Erwartungswert von Zufallsgrößen

Gegeben sei das bestimmte Integral

$$I = \int_a^b g(x)\,dx \quad \text{mit } g(x) \text{ stetig in } [a,b], \quad a,b \text{ reell}. \tag{11.23}$$

Ohne Beschränkung der Allgemeinheit wird vorausgesetzt, dass $g(x) \geq 0$ gilt.

In einem ersten Schritt erfolgt die Transformation des Integrationsintervalls $[a,b]$ auf das Einheitsintervall $[0,1]$. Durch

$$z = \frac{x-a}{b-a}, \quad dx = (b-a)\,dz \tag{11.24}$$

ergibt sich

$$I = \int_0^1 g[(b-a)z + a](b-a)\,dz = \int_0^1 h(z)\,dz. \tag{11.25}$$

Wir nehmen Z als im Intervall $[0,1]$ gleichmäßig verteilte Zufallsgröße an. Sie hat die Dichtefunktion

$$f_Z(z) = \begin{cases} 1 : 0 \leq z \leq 1 \\ 0 : \text{sonst} \end{cases}. \tag{11.26}$$

Mit
$$Y = h(Z) \tag{11.27}$$

wird eine neue Zufallsgröße Y eingeführt. Der Erwartungswert EY dieser Zufallsgröße bestimmt sich zu

$$EY = \int_{-\infty}^{\infty} h(z) f_Z(z)\,dz = \int_0^1 h(z)\,dz. \tag{11.28}$$

Feststellung 11.10. Der Erwartungswert EY der transformierten Zufallsgröße Y ist identisch mit dem Wert des gesuchten Integrals I: $I = EY$

Damit ist ein praktikables Verfahren ableitbar:
- Wahl von Realisierungen $z_1, z_2, \ldots, z_n$ für die Zufallsgröße Z, das sind im Intervall $[0,1]$ gleichmäßig verteilte Zufallszahlen

- Bilden einer Folge von Zufallszahlen $y_1, y_2, \ldots, y_n$ als Realisierungen der transformierten Zufallsgröße Y durch $y_i = h(z_i)$ $(i = 1, 2, \ldots, n)$
- Bestimmen des Mittelwertes $\overline{y}$ der Zufallszahlenfolge y_i $(i = 1, 2, \ldots, n)$ als Näherungswert für den Erwartungswert EY bzw. für den Wert des bestimmten Integrals

$$\overline{y} = \frac{1}{n} \sum_{i=1}^{n} y_i \approx EY = I.$$

Beispiel 11.6. Es ist das bestimmte Integral

$$I = \int_0^{\frac{\pi}{2}} \sin x \, dx$$

auszuwerten. Die Transformation auf das Einheitsintervall $[0, 1]$ ergibt

$$I = \int_0^1 \frac{\pi}{2} \sin \frac{\pi}{2} z \, dz \quad \text{mit } h(z) = \frac{\pi}{2} \sin \frac{\pi}{2} z.$$

Mit Hilfe eines Zufallsgenerators werden n im Intervall $[0, 1]$ gleichmäßig verteilte Zufallszahlen $z_1, z_2, \ldots, z_n$ erzeugt. Die Transformation $y_i = h(z_i) = \frac{\pi}{2} \sin \frac{\pi}{2} z_i$ ergibt daraus n Zufallszahlen $y_1, y_2, \ldots, y_n$.

Der empirische Mittelwert $\overline{y}$ dieser Zufallszahlenfolge wird ermittelt zu $\overline{y} = \frac{1}{n} \sum_{i=1}^{n} y_i$. Als Näherungswert des Integrals folgt $I = \overline{y}$. Für unterschiedliche n-Werte erhält man z. B.:

n	I	n	I	n	I
100	0.967719	300	0.993095	500	0.999806
200	0.983045	400	0.981736		

Der exakte Wert ist $I_{exakt} = 1$.

Die Genauigkeit hängt wesentlich von der Anzahl n der benutzten Zufallszahlen ab. Für ernsthafte Berechnungen sollte $n > 1000$ gewählt werden.

Berechnung mittels relativer Häufigkeiten

Wie oben sei das bestimmte Integral

$$I = \int_a^b g(x) \, dx \quad \text{mit } g(x) \text{ stetig in } [a, b], \quad a, b \text{ reell}$$

gegeben und ohne Beschränkung der Allgemeinheit $g(x) \geq 0$ vorausgesetzt. Eine Transformation des Integrationsintervalls $[a, b]$ auf das Einheitsintervall $[0, 1]$ wird mittels

$$z = \frac{x - a}{b - a}, \quad dx = (b - a) \, dz$$

Abschnitt 11.3 Anwendungen der Monte-Carlo-Methode

ausgeführt, wodurch sich das zu bearbeitende Integral ergibt:

$$I = \int_0^1 g[(b-a)z + a](b-a)\,dz = \int_0^1 h(z)\,dz$$

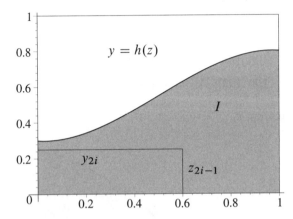

Bild 11.5. Berechnung bestimmter Integrale mit der Methode der relativen Häufigkeiten.

Im Bild 11.5 sind das Einheitsintervall und die Kurve $y = h(z)$ dargestellt. Der Wert des bestimmten Integrals I ist gleich dem Inhalt der Fläche zwischen der Kurve $y = h(z)$ und der z-Achse. Dieser Flächeninhalt ist gestrichelt gezeichnet.

Es kann folgendermaßen vorgegangen werden:

- Es ist eine Folge von $2n$ im Intervall $[0, 1]$ gleichmäßig verteilten Zufallszahlen $z_1, z_2, \ldots, z_{2n-1}, z_{2n}$ auszuwählen, die zu n Zufallszahlenpaaren (z_{2i-1}, z_{2i}) ($i = 1, 2, \ldots, n$) zusammengefasst werden.
- Die Zufallszahl z_{2i} in jedem Paar wird durch $y_{2i} = h(z_{2i})$ transformiert.
- Es wird ein Vergleich $z_{2i-1} \leq y_{2i}$ ausgeführt für $i = 1, 2, \ldots, n$. Grafisch bedeutet dies, dass festgestellt wird, ob der Punkt $P_i(z_{2i-1}, y_{2i})$ in der gestrichelten Fläche liegt.
- Bei dem Vergleich werde die Ungleichung m-mal erfüllt.

Feststellung 11.11. Erfüllen von n zufällig ausgewählten Zahlenpaaren (z_{2i-1}, y_{2i}) m Zahlenpaare die Ungleichung $z_{2i-1} \leq y_{2i}$ für $i = 1, 2, \ldots, n$, so gilt $I \approx \frac{m}{n}$.

Beispiel 11.7. Es ist wieder das bestimmte Integral $I = \int_0^{\frac{\pi}{2}} \sin x\,dx$ zu berechnen. Die Transformation auf das Einheitsintervall $[0, 1]$ ergibt

$$I = \int_0^1 \frac{\pi}{2} \sin \frac{\pi}{2} z\,dz \quad \text{mit } h(z) = \frac{\pi}{2} \sin \frac{\pi}{2} z\,.$$

Mit Hilfe eines Zufallsgenerators werden $2n$ im Intervall $[0,1]$ gleichmäßig verteilte Zufallszahlen $z_1, z_2, \ldots, z_{2n}$ erzeugt. Bei der Umformung $y_{2i} = h(z_{2i}) = \frac{\pi}{2} \sin \frac{\pi}{2} z_{2i}$ folgen daraus $2n$ Zufallszahlen $z_1, y_2, z_3, y_4, \ldots, z_{2n-1}, y_{2n}$. Durch Vergleich erhält man m und damit $I \approx \frac{m}{n}$.

Für unterschiedliche n-Werte hat sich ergeben:

$2n$	I	$2n$	I	$2n$	I
100	1.005310	300	0.973894	500	0.955044
200	1.005310	400	0.958186		

Der exakte Wert beträgt $I_{exakt} = 1$.

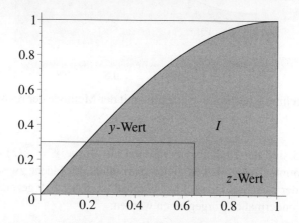

Bild 11.6. Berechnung des bestimmten Integrals I.

11.3.3 Bestimmung von π

Betrachte das Einheitsquadrat E des ersten Quadranten einer xy-Ebene. Um den Koordinatenursprung O wird von der positiven x-Achse ausgehend in mathematisch positiver Richtung bis zur y-Achse mit dem Radius $r = 1$ der Viertelkreis K gezogen. Aus dem Einheitsquadrat E wähle man zufällig und unabhängig voneinander n Punkte $P_1, P_2, \ldots, P_n$ mit den Koordinaten $(x_1, y_1), (x_2, y_2), \ldots, (x_n, y_n)$ so aus, dass jeder Punkt des Einheitsquadrates E die gleiche Auswahlchance besitzt. Dann bestimmt sich die Wahrscheinlichkeit $P(A)$ des zufälligen Ereignisses $A = \{\text{Auswahl eines Punktes im Viertelkreis } K\}$ nach der klassischen Wahrscheinlichkeitsdefinition zu

$$P(A) = \frac{\text{Fläche von } K}{\text{Fläche von } E} = \frac{\frac{\pi}{4}}{1} = \frac{\pi}{4}. \tag{11.29}$$

Abschnitt 11.3 Anwendungen der Monte-Carlo-Methode

Bei einer zufälligen und unabhängigen Auswahl von n Punkten $P_1, \ldots, P_n$ mögen m Punkte im Viertelkreis liegen. Die relative Häufigkeit $h_n(A)$ des zufälligen Ereignisses A ist dann $h_n(A) = \frac{m}{n}$. Nach der statistischen Wahrscheinlichkeitsdefinition gilt für großes n

$$P(A) \approx h_n(A) = \frac{m}{n}. \tag{11.30}$$

Für hinreichend großes n ergibt sich $\pi \approx \frac{4m}{n}$.

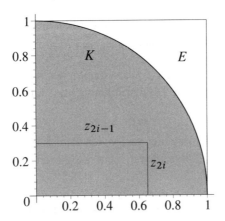

Bild 11.7. Näherungsweise Bestimmung von π.

Die praktische Bestimmung von π kann mit im Intervall $[0, 1]$ gleichmäßig verteilten Zufallszahlen z_j erfolgen. Es werden jeweils zwei solche Zufallszahlen $x_i = z_{2i-1}$, $y_i = z_{2i}$ ($i = 1, 2, \ldots, n$) erzeugt. Mit ihnen wird die Bedingung $x_i^2 + y_i^2 \leq 1$ geprüft. Falls die Bedingung erfüllt ist, fällt der mit den Zufallszahlen z_{2i-1}, z_{2i} erzeugte Punkt P_i in den Viertelkreis.

n		10^2	10^3	$5 * 10^3$
h_n	1. Versuch	3.24	3.148	3.1448
	2. Versuch	3.20	3.132	3.1392
	3. Versuch	3.24	3.168	3.1448
	4. Versuch	2.92	3.116	3.1464
	5. Versuch	3.24	3.144	3.1496

Tabelle 11.2. Näherungswerte h_n für π.

Beispiel 11.8. Beispielrechnungen mit dem Computeralgebrasystem MAPLE V haben für verschiedene n-Werte die in Tabelle 11.2 angegebenen Näherungen für π ergeben.

11.4 Aufgaben

Aufgabe 11.1. Ermitteln Sie 1000 im Intervall [0, 1] gleichmäßig verteilte Zufallszahlen z_i mittels eines arithmetischen Zufallszahlengenerators.

Aufgabe 11.2. Bestimmen Sie von der Zufallszahlenfolge z_i den empirischen Mittelwert $\bar{z}$ und die Standardabweichung s_z.

Aufgabe 11.3. Bilden Sie mittels Transformation aus im Intervall [0, 1] gleichmäßig verteilten Zufallszahlen z_i neue Zufallszahlen y_k, die im Intervall [−2, 2] gleichmäßig verteilt sind.

Aufgabe 11.4. Bilden Sie mit einer geeigneten Transformation aus im Intervall [0, 1] gleichmäßig verteilten Zufallszahlen z_i neue Zufallszahlen y_k, die standardnormalverteilt sind.

Aufgabe 11.5. Bestimmen Sie für die Folge standardnormalverteilter Zufallszahlen y_k den empirischen Mittelwert $\bar{y}$ und die Standardabweichung s_y.

Aufgabe 11.6. Bestimmen Sie unter Benutzung von im Intervall [0, 1] gleichmäßig verteilten Zufallszahlen $z_1, z_2, \ldots, z_n$ (mit $n = 500$ bzw. $n = 1000$) mittels Erwartungswert von Zufallsvariablen Näherungswerte für die bestimmten Integrale

$$I_1 = \int_0^2 \frac{3x^2}{1+x^3}\,dx, \quad I_2 = \int_0^1 \frac{x}{1+x^4}\,dx, \quad I_3 = \int_1^2 \sin\left(\ln(x)\right)\,dx,$$

$$I_4 = \int_0^2 \frac{e^{-x}}{1+x^2}\,dx, \quad I_5 = \int_0^1 e^{-\sqrt{x}}\,dx, \quad I_6 = \int_1^2 e^{-\frac{1}{\ln(x)}}\,dx.$$

Aufgabe 11.7. Bestimmen Sie unter Benutzung von im Intervall [0, 1] gleichmäßig verteilten Zufallszahlen $z_1, z_2, \ldots, z_n$ (mit $n = 500$ bzw. $n = 1000$) mittels relativer Häufigkeiten von Zufallsvariablen Näherungswerte für die bestimmten Integrale

$$I_1 = \int_0^2 \frac{3x^2}{1+x^3}\,dx, \quad I_2 = \int_0^1 \frac{x}{1+x^4}\,dx, \quad I_3 = \int_1^2 \sin\left(\ln(x)\right)\,dx,$$

$$I_4 = \int_0^2 \frac{e^{-x}}{1+x^2}\,dx, \quad I_5 = \int_0^1 e^{-\sqrt{x}}\,dx, \quad I_6 = \int_1^2 e^{-\frac{1}{\ln(x)}}\,dx.$$

Anhang A
Lösungen

Lösungen zu Kapitel 1

1.1. Ausführbar sind $\mathbf{B} \cdot \mathbf{A}, \mathbf{A} \cdot \mathbf{B}^T, \mathbf{B} \cdot \mathbf{A}^T, \mathbf{A}^T \cdot \mathbf{B}^T$.

1.2.
$$2 \cdot \mathbf{A} = \begin{pmatrix} 4 & -2 & 10 & 6 \\ 6 & -12 & -2 & 8 \\ -4 & 10 & 14 & -6 \end{pmatrix}, \quad 3 \cdot \mathbf{B} - 5 \cdot \mathbf{C} = \begin{pmatrix} -37 & 57 & 6 \\ 26 & -22 & 19 \\ -3 & 30 & 7 \end{pmatrix},$$

$$9 \cdot \mathbf{C}^T - 7 \cdot \mathbf{B} = \begin{pmatrix} 65 & -91 & -22 \\ -60 & 46 & -40 \\ -1 & -45 & -11 \end{pmatrix}.$$

1.3.
$$\mathbf{A} \cdot \mathbf{B} = \begin{pmatrix} 14 & -21 \\ 1 & -20 \\ 5 & -24 \\ 29 & -52 \end{pmatrix}, \quad \mathbf{C} \cdot \mathbf{A} = \begin{pmatrix} 46 & 0 & -22 \\ -38 & 20 & -13 \end{pmatrix},$$

$$\mathbf{A} \cdot \mathbf{B} \cdot \mathbf{C} = \begin{pmatrix} 91 & 84 & -98 & 147 \\ 62 & 6 & -81 & 103 \\ 82 & 30 & -101 & 135 \\ 214 & 174 & -237 & 347 \end{pmatrix}.$$

1.4. **B** ist symmetrisch,

$$\mathbf{AU} = \begin{pmatrix} 2 & 1 \\ 0 & -2 \end{pmatrix}, \quad \mathbf{AL} = \begin{pmatrix} 2 & 0 \\ 3 & -2 \end{pmatrix}, \quad \mathbf{BU} = \begin{pmatrix} 1 & 2 & 3 & 4 \\ 0 & 3 & 4 & 5 \\ 0 & 0 & 5 & 6 \\ 0 & 0 & 0 & 7 \end{pmatrix}, \quad \mathbf{BL} = \begin{pmatrix} 1 & 0 & 0 & 0 \\ 2 & 3 & 0 & 0 \\ 3 & 4 & 5 & 0 \\ 4 & 5 & 6 & 7 \end{pmatrix},$$

$\det(\mathbf{A}) = -7$ (**A** regulär), $\det(\mathbf{B}) = 0$ (**B** nicht regulär).

1.5. A nicht positiv definit, B positiv definit.

1.6.

$$\mathbf{A}^{-1} = \begin{pmatrix} \frac{2}{7} & \frac{1}{7} \\ \frac{3}{7} & -\frac{2}{7} \end{pmatrix}, \quad \mathbf{B}^{-1} = \begin{pmatrix} \frac{27}{56} & \frac{5}{26} & -\frac{11}{56} \\ \frac{5}{28} & \frac{3}{14} & -\frac{1}{28} \\ -\frac{11}{56} & -\frac{1}{28} & \frac{19}{56} \end{pmatrix}, \quad \mathbf{C}^{-1} \text{ existiert nicht,}$$

$\|\mathbf{A}\|_1 = \max\{5, 3\} = 5$, $\quad \|\mathbf{A}\|_\infty = \max\{3, 5\} = 5$,

$\|\mathbf{B}\|_1 = \max\{9, 11, 7\} = 11$, $\quad \|\mathbf{B}\|_\infty = \max\{9, 11, 7\} = 11$,

$\|\mathbf{C}\|_1 = \max\{10, 14, 18, 22\} = 22$, $\quad \|\mathbf{C}\|_\infty = \max\{10, 14, 18, 22\} = 22$,

$\|\mathbf{A}^{-1}\|_1 = \max\left\{\frac{5}{7}, \frac{3}{7}\right\} = \frac{5}{7}$, $\quad \|\mathbf{A}^{-1}\|_\infty = \max\left\{\frac{3}{7}, \frac{5}{7}\right\} = \frac{5}{7}$,

$\|\mathbf{B}^{-1}\|_1 = \max\left\{\frac{48}{56}, \frac{24}{56}, \frac{32}{56}\right\} = \frac{6}{7}$, $\quad \|\mathbf{B}^{-1}\|_\infty = \max\left\{\frac{48}{56}, \frac{24}{56}, \frac{32}{56}\right\} = \frac{6}{7}$.

1.7. $0, 63, -918$.

1.8. $-5 - x^2 = 0$, daraus folgt $x_{1,2} = \pm\sqrt{5} \cdot i$,
$9 - 5y - 3y^2 = 0$, daraus folgt $y_{1,2} = -\frac{5}{6} \pm \frac{\sqrt{133}}{6}$,
$188z = 0$, daraus folgt $z = 0$.

1.9. $\cos^2 t + \sin^2 t = 1, 30, 6 - 7 \cdot i$.

1.10. $V = (x_1 - x_2)(x_1 - x_3) \cdots (x_1 - x_{n-1})(x_1 - x_n)$
$(x_2 - x_3) \cdots (x_2 - x_{n-1})(x_2 - x_n)$
$\vdots \qquad \vdots$
$(x_{n-2} - x_{n-1})(x_{n-2} - x_n)$
$(x_{n-1} - x_n),$

$D = \{a + (n-1)b\}(a - b)^{n-1}$.

1.11. Determinante:

$$A = \frac{1}{2} \begin{vmatrix} 1 & x_1 & y_1 \\ 1 & x_2 & y_2 \\ 1 & x_3 & y_3 \end{vmatrix} = \frac{1}{2}\{x_1(y_2 - y_3) + x_2(y_3 - y_1) + x_3(y_1 - y_3)\}.$$

1.12. Aus $\mathbf{y} = \mathbf{A} \cdot \mathbf{x}$ folgt $\mathbf{x} = \mathbf{A}^{-1} \cdot \mathbf{y}$.
Koeffizientenmatrizen:

$$\mathbf{A} = \begin{pmatrix} 1 & 2 & -1 \\ 2 & -1 & 4 \\ -1 & -3 & 2 \end{pmatrix}, \quad \mathbf{B} = \begin{pmatrix} 1 & -1 & -1 & 1 \\ -1 & 1 & -1 & 3 \\ -2 & 4 & 1 & -3 \\ 2 & 2 & -3 & 4 \end{pmatrix}.$$

Inverse:
$$\mathbf{A}^{-1} = \begin{pmatrix} 10 & -1 & 7 \\ -8 & 1 & -6 \\ -7 & 1 & -5 \end{pmatrix}, \quad \mathbf{B}^{-1} = \begin{pmatrix} 25 & 13 & 8 & -10 \\ 15 & 8 & 5 & -6 \\ 56 & 30 & 18 & -23 \\ 22 & 12 & 7 & -9 \end{pmatrix},$$

$$\begin{aligned} x_1 &= 10\,y_1 - y_2 + 7\,y_3 \\ x_2 &= -8\,y_1 + y_2 - 6\,y_3 \\ x_3 &= -7\,y_1 + y_2 - 5\,y_3 \end{aligned}, \qquad \begin{aligned} x_1 &= 25\,y_1 + 13\,y_2 + 8\,y_3 - 10\,y_4 \\ x_2 &= 15\,y_1 + 8\,y_2 + 5\,y_3 - 6\,y_4 \\ x_3 &= 56\,y_1 + 30\,y_2 + 18\,y_3 - 23\,y_4 \\ x_4 &= 22\,y_1 + 12\,y_2 + 7\,y_3 - 9\,y_4 \end{aligned}.$$

1.13. Mit den Voraussetzungen $\mathbf{A} \cdot \mathbf{A}^T = \mathbf{E}_n$ und $\mathbf{B} \cdot \mathbf{B}^T = \mathbf{E}_n$ folgt
$$(\mathbf{A} \cdot \mathbf{B}) \cdot (\mathbf{A} \cdot \mathbf{B})^T = (\mathbf{A} \cdot \mathbf{B}) \cdot (\mathbf{B}^T \cdot \mathbf{A}^T) = \mathbf{A} \cdot (\mathbf{B} \cdot \mathbf{B}^T) \cdot \mathbf{A}^T = \mathbf{A} \cdot \mathbf{E}_n \cdot \mathbf{B}^T$$
$$= \mathbf{A} \cdot \mathbf{A}^T = \mathbf{E}_n.$$

Lösungen zu Kapitel 2

2.1. $\|\mathbf{A}\|_1 = \max_j \sum_{i=1}^n |a_{ij}|$ Spaltensummennorm,
$\|\mathbf{A}\|_\infty = \max_i \sum_{j=1}^n |a_{ij}|$ Zeilensummennorm,
$\mathrm{acond}_p(\mathbf{A}) = \|\mathbf{A}\|_p$, $\mathrm{cond}_p(\mathbf{A}) = \|\mathbf{A}^{-1}\|_p \cdot \|\mathbf{A}\|_p$,

$$\mathbf{A}^{-1} = \begin{pmatrix} \frac{2}{7} & \frac{1}{7} \\ \frac{3}{7} & -\frac{2}{7} \end{pmatrix}, \quad \mathbf{B}^{-1} = \begin{pmatrix} \frac{1}{18} & \frac{1}{18} & \frac{5}{18} \\ -\frac{11}{72} & -\frac{29}{72} & -\frac{19}{72} \\ \frac{2}{9} & \frac{2}{9} & \frac{1}{9} \end{pmatrix},$$

$$\mathbf{C}^{-1} = \begin{pmatrix} \frac{2}{15} & -\frac{4}{5} & -\frac{14}{15} & -\frac{19}{15} \\ \frac{7}{20} & -\frac{3}{5} & -\frac{9}{20} & -\frac{1}{5} \\ -\frac{1}{30} & \frac{1}{5} & \frac{7}{30} & \frac{1}{15} \\ \frac{5}{12} & 0 & \frac{1}{12} & \frac{2}{3} \end{pmatrix},$$

$\|\mathbf{A}\|_\infty = 5$, $\quad \|\mathbf{A}\|_\infty = 12$, $\quad \|\mathbf{A}\|_\infty = 17$,
$\|\mathbf{A}^{-1}\|_\infty = \frac{5}{7}$, $\|\mathbf{B}^{-1}\|_\infty = \frac{59}{72}$, $\|\mathbf{C}^{-1}\|_\infty = \frac{44}{15}$,
$\|\mathbf{A}\|_1 = 5$, $\quad \|\mathbf{A}\|_1 = 10$, $\quad \|\mathbf{A}\|_1 = 17$,
$\|\mathbf{A}^{-1}\|_1 = \frac{5}{7}$, $\|\mathbf{B}^{-1}\|_1 = \frac{49}{72}$, $\|\mathbf{C}^{-1}\|_1 = \frac{11}{5}$,

$\mathrm{acond}_\infty(\mathbf{A}) = 5$, $\mathrm{cond}_\infty(\mathbf{A}) = \frac{25}{7}$, $\mathrm{acond}_1(\mathbf{A}) = 5$, $\mathrm{cond}_1(\mathbf{A}) = \frac{25}{7}$,
$\mathrm{acond}_\infty(\mathbf{B}) = 12$, $\mathrm{cond}_\infty(\mathbf{B}) = \frac{59}{6}$, $\mathrm{acond}_1(\mathbf{B}) = 10$, $\mathrm{cond}_1(\mathbf{B}) = \frac{245}{36}$,
$\mathrm{acond}_\infty(\mathbf{C}) = 17$, $\mathrm{cond}_\infty(\mathbf{C}) = \frac{799}{15}$, $\mathrm{acond}_1(\mathbf{C}) = 17$, $\mathrm{cond}_1(\mathbf{C}) = \frac{187}{5}$.

2.2. Inverse Matrizen:

$$\mathbf{A}^{-1} = \begin{pmatrix} \frac{2}{13} & \frac{3}{13} \\ \frac{3}{13} & -\frac{2}{13} \end{pmatrix}, \quad \mathbf{B}^{-1} = \begin{pmatrix} \frac{27}{56} & \frac{5}{28} & -\frac{11}{56} \\ \frac{5}{28} & \frac{3}{14} & -\frac{1}{18} \\ -\frac{11}{28} & -\frac{1}{28} & \frac{19}{56} \end{pmatrix},$$

$$\mathbf{C}^{-1} = \begin{pmatrix} \frac{15}{88} & \frac{23}{176} & \frac{1}{11} & -\frac{13}{176} \\ \frac{23}{176} & \frac{9}{88} & -\frac{9}{176} & \frac{1}{22} \\ \frac{1}{11} & -\frac{9}{176} & \frac{5}{88} & \frac{7}{176} \\ -\frac{13}{176} & \frac{1}{22} & \frac{7}{176} & \frac{3}{88} \end{pmatrix},$$

$\mathrm{acond}_\infty (\mathbf{A}) = 5$, $\mathrm{cond}_\infty (\mathbf{A}) = 5$, $\mathrm{acond}_1 (\mathbf{A}) = 5$, $\mathrm{cond}_1 (\mathbf{A}) = 5$,
$\mathrm{acond}_\infty (\mathbf{B}) = 11$, $\mathrm{cond}_\infty (\mathbf{B}) = \frac{66}{7}$, $\mathrm{acond}_1 (\mathbf{B}) = 11$, $\mathrm{cond}_1 (\mathbf{B}) = \frac{66}{7}$,
$\mathrm{acond}_\infty (\mathbf{C}) = 22$, $\mathrm{cond}_\infty (\mathbf{C}) = \frac{41}{4}$, $\mathrm{acond}_1 (\mathbf{C}) = 22$, $\mathrm{cond}_1 (\mathbf{C}) = \frac{41}{4}$.

Lösungen zu Kapitel 3

3.1. a) $f(x) = x^3 + 2x^2 + 10x - 20 = 0 \Rightarrow x = \phi(x) = \frac{20}{x^2+2x+10}$,

Iterierfähige Form: $x^{(n+1)} = \frac{20}{(x^{(n)})^2+2x^{(n)}+10}$,

$\phi'(x) = \frac{-40(x+1)}{(x^2+2x+10)^2}$, $|\phi'(x)| \leq 1$ erfüllt für alle x.

b) $f(x) = xe^x - 1 = 0 \Rightarrow x = \phi(x) = e^{-x}$,

Iterierfähige Form: $x^{(n+1)} = e^{-x^{(n)}}$,

$\phi'(x) = -e^{-x}$, $|\phi'(x)| \leq 1$ erfüllt für alle $x \geq 0$.

c) $f(x) = x^2 - 5 = 0 \Rightarrow x = \phi(x) = \frac{x^2+3x-5}{3}$,

Iterierfähige Form: $x^{(n+1)} = \frac{(x^{(n)})^2+3x^{(n)}-5}{3}$,

$\phi'(x) = \frac{2x+3}{3}$, $|\phi'(x)| \leq 1$ erfüllt für $-3 \leq x \leq 0$.

d) $f(x) = \sin(2x) - 0.5x + 2 = 0 \Rightarrow x = \frac{\sin(2x)+1.5x+2}{2}$,

Iterierfähige Form: $x^{(n+1)} = \frac{\sin(2x^{(n)})+1.5x^{(n)}+2}{2}$,

$\phi'(x) = \frac{2\cos(2x)+1.5}{2}$, $|\phi'(x)| \leq 1$ erfüllt für $0.66 \leq x \leq 2.48$,

(periodisch mit π fortgesetzt).

Lösungen zu Kapitel 3

3.2.

		$x^{(0)}$	Lösung x^*	Iterationen n		$x^{(0)}$	Lösung x^*	Iterationen n
a)		−5.0	1.368808	19	c)	−3.0	−2.236068	21
		0.0	1.368808	19		−1.0	−2.236068	19
		2.0	1.368808	18		1.0	−2.236068	21
		10.0	1.368808	20		3.0	—	—
b)		0.0	0.567143	26	d)	0.0	2.156853	16
		1.0	0.567143	25		1.5	2.156853	15
		3.0	0.567143	27		2.0	2.156853	14
		10.0	0.567143	27		3.0	4.568323	12

3.3. $|x^* - x^{(n)}| \leq \frac{M^n}{1-M}|x^{(1)} - x^{(0)}|$, $M = \max_{x \in [a,b]} |\phi'(x)|$,

a) $\phi'(x) = \frac{40(x+1)}{(x^2+2x+10)^2} \Rightarrow M = 0.4812$,

b) $\phi'(x) = e^{-x} \Rightarrow M = 0.6066$,

		$|x^* - x^{(n)}|$	
n	5	10	15
a)	0.027	$0.69 \cdot 10^{-3}$	$0.18 \cdot 10^{-4}$
b)	0.13	0.011	$0.89 \cdot 10^{-3}$

3.4. $n > \frac{-\ln \varepsilon - \ln(1-M) + \ln|x^{(1)} - x^{(0)}|}{-\ln M}$, n ist die Anzahl der Intervallhalbierungen,

	$x^{(0)}$	n	$x^{(0)}$	n
a)	1.0	19	2.0	17
b)	1.0	29	2.0	30

3.5.

	x^*	n		x^*	n
a)	0.3776331	20	c)	−0.7692921	23
b)	1.9275072	22	d)	2.5605574	22

3.6. $|x^{(n)} - x^*| \leq \frac{|b-a|}{2^n}$,

	a	b	$n = 5$	$n = 10$	$n = 15$
a)	0	1	0.0313	$0.977 \cdot 10^{-3}$	$0.305 \cdot 10^{-4}$
b)	1	4	0.0938	$0.293 \cdot 10^{-2}$	$0.916 \cdot 10^{-4}$
c)	−1	5	0.188	$0.586 \cdot 10^{-2}$	$0.183 \cdot 10^{-3}$
d)	1	5	0.125	$0.391 \cdot 10^{-2}$	$0.122 \cdot 10^{-3}$

3.7.

	a)	b)	c)	d)
n	27	29	30	29

3.8.

	x^*	n		x^*	n
a)	1.4527376	22	c)	−0.7692925	11
b)	1.9274898	269	d)	2.5605387	381

3.9.

	x^*	n		x^*	n
a)	0.377630	10	c)	−0.7692924	8
b)	0.7535908	7	d)	0.3275565	21

3.10.

	$x^{(0)}$	x^*	n	$x^{(0)}$	x^*	n
a)	0.0	1.36880811	6	2.0	1.36880811	5
b)	0.0	nicht geeignet		1.0	0.56714329	5
c)	−2.0	−2.23606798	4	2.0	nicht geeignet	
	1.0	nicht geeignet		2.0	2.23606798	4
d)	1.0	nicht geeignet		1.2	nicht geeignet	
	1.5	2.15685334	6	2.5	2.15685334	5

3.11.

	$x^{(0)}$	x^*	n	$x^{(0)}$	x^*	n
a)	−3.0	−1.51590732	6	1.0	nicht geeignet	
	2.0	−1.51590732	56	3.0	−1.51590732	25
b)	0.5	nicht geeignet		1.0	nicht geeignet	
	1.5	1.30766049	5	2.0	1.30766049	7
c)	0.5	nicht geeignet		1.0	1.12915007	4
	1.5	1.12915007	5	2.0	1.12915007	6
d)	−1.5	−1.19744718	6	−0.5	nicht geeignet	
	1.5	−1.19744718	73	2.0	−1.19744718	19

3.12.

	$x^{(0)}$	x^*	n	$x^{(0)}$	x^*	n
a)	0.5	0.37763284	5	1.5	1.45273794	4
	2.5	nicht geeignet		π	3.16275351	3
b)	0.5	0.75359084	5	1.5	nicht geeignet	
	2.5	1.92750785	7	3.5	1.92750785	9
c)	−1.0	−0.76929235	5	1.0	nicht geeignet	
	2.0	nicht geeignet		3.0	−0.76929235	9
d)	1.0	0.32755574	6	2.0	nicht geeignet	
	3.0	2.56055820	6	4.0	2.56055820	8

Lösungen zu Kapitel 3

3.13. $|f'(x)| \geq m > 0$, $|f''(x)| \leq M$ in $[a;b]$, $|x^{(n)} - x^*| \leq \frac{M}{2m}|x^{(n)} - x^{(n-1)}|^2$

  a) $f(x) = x^3 + 2x^2 + 10x - 20$, $[0, 2]$, $m = 10$, $M = 16$,
  b) $f(x) = xe^x - 1$, $[0.5, \pi]$, $m = 2.4731$, $M = 188.4021$,
  c) $f(x) = x^2 - 5$, $[-3, 3]$, $m = 0$, $M = 2$,
  d) $f(x) = \sin(2x) - 0.5x + 2$, $[1, 3]$, $m = 0.5$, $M = 1$,

$\|x^{(n)} - x^*\|$	$x^{(0)}$	$n = 5$	$n = 10$	$n = 15$
a)	0.00	$0.444 \cdot 10^{-2}$	$0.132 \cdot 10^{-5}$	$0.391 \cdot 10^{-9}$
b)	0.00	0.426	$0.149 \cdot 10^{-2}$	$0.514 \cdot 10^{-5}$
c)	—	keine	Abschätzung	möglich
d)	0.75	$0.409 \cdot 10^{-5}$	$0.152 \cdot 10^{-9}$	$0.578 \cdot 10^{-14}$

3.14.

	$x^{(0)}$	$x^{(10)}$	$x^{(0)}$	$x^{(10)}$
a)	0.00	1.36841368	10.0	1.36961311
b)	0.00	0.56487935	10.0	0.57114276
c)	-3.00	-2.23668128	1.0	-2.23528646
d)	0.75	2.15684636	0.9	2.15685389

3.15. a) $\phi'(x) = -\frac{-40(x+1)}{(x^2+2x+10)^2}$, $\bar{x} = 1$, $\mu = \phi'(\bar{x}) = -0.473$

$\Rightarrow \quad x^{(n+1)} = \frac{13.5777}{(x^{(n)})^2 + 2x^{(n)} + 10} + 0.3211 x^{(n)}$,

$x^{(0)}$	$x^{(6)}$	$x^{(0)}$	$x^{(6)}$
0.0	1.36878716	10.0	1.36878720

  b) $\phi'(x) = -e^{-x}$, $\bar{x} = 0.5$, $\mu = \phi'(\bar{x}) = 0.6065$

$\Rightarrow \quad x^{(n+1)} = \frac{e^{-x^{(n)}} + 0.6065 x^{(n)}}{1.6065}$,

$x^{(0)}$	$x^{(6)}$	$x^{(0)}$	$x^{(6)}$
0.0	0.56714329	10.0	0.56714681

  c) $\phi'(x) = \frac{2x+3}{3}$, $\bar{x} = -3.0$, $\mu = \phi'(\bar{x}) = -1.0$

$\Rightarrow \quad x^{(n+1)} = \frac{(x^{(n)})^2 + 6x^{(n)} - 5}{6}$,

$x^{(0)}$	$x^{(6)}$	$x^{(0)}$	$x^{(6)}$
-3.0	-2.23616353	1.0	-2.20081803

  d) $\phi'(x) = \cos(2x) + 0.75$, $\bar{x} = 2.0$, $\mu = \phi'(\bar{x}) = 0.09636$

$\Rightarrow \quad x^{(n+1)} = \frac{\sin(2x^{(n)}) + 1.30728 x^{(n)} + 2}{1.80728}$,

$x^{(0)}$	$x^{(6)}$	$x^{(0)}$	$x^{(6)}$
0.75	2.15685334	0.9	2.15685334

3.16. $x^{(n+1)} = x^{(n)} - \frac{w^{(n)}}{z^{(n)}}$, $w = (\phi(x) - x)^2$, $z = \phi(\phi(x)) - 2\phi(x) + x$,

	$x^{(0)}$	$x^{(4)}$	$x^{(0)}$	$x^{(4)}$
a)	0.00	1.36880811	10.0	1.36880811
b)	0.00	0.56714329	10.0	0.56714329
c)	−3.00	−2.23606798	0.0	−2.23606798
d)	0.75	2.15685334	1.0	2.15685334

Lösungen zu Kapitel 4

4.1.

	x_1	x_2	x_3		x_1	x_2	x_3	x_4
a)	2.08	0.02	−0.59	c)	2.15	−0.82	−0.17	0.80
b)	1.23	−1.39	−1.36	d)	0.44	−0.22	0.44	0.47

4.2.

	x_1	x_2	x_3		x_1	x_2	x_3	x_4
a)	2.0842	0.0176	−0.5869	c)	2.1545	−0.8246	−0.1667	0.7966
b)	1.2280	−1.3899	−1.3561	d)	0.4379	−0.2225	0.4398	0.4684

4.3.

$$\mathbf{A}^{-1} = \begin{pmatrix} -1.0 & -3.0 & 2.5 & 1.5 \\ -1.5 & -3.0 & 3.0 & 1.0 \\ 0.0 & 1.0 & -0.5 & -0.5 \\ 0.5 & -0.5 & 0.0 & 0.5 \end{pmatrix},$$

$$\mathbf{B}^{-1} = \begin{pmatrix} 0.482143 & 0.178571 & -0.196429 \\ 0.178571 & 0.214286 & -0.035714 \\ -0.196429 & -0.035714 & 0.339286 \end{pmatrix},$$

$$\mathbf{C}^{-1} = \begin{pmatrix} 0.170455 & 0.130682 & 0.090909 & -0.073864 \\ 0.130682 & 0.102273 & -0.051136 & 0.045455 \\ 0.090909 & 0.045455 & 0.039773 & 0.034091 \end{pmatrix}.$$

4.4.

$$\mathbf{A} = \begin{pmatrix} 6 & 1 & 3 & -1 \\ 1 & 4 & 2 & 0 \\ 3 & 2 & 5 & 1 \\ -1 & 0 & 1 & 7 \end{pmatrix}, \quad \mathbf{AC} = \begin{pmatrix} \sqrt{6} & 0 & 0 & 0 \\ \frac{1}{6}\sqrt{6} & \frac{1}{6}\sqrt{138} & 0 & 0 \\ \frac{1}{2}\sqrt{6} & \frac{3}{46}\sqrt{138} & \frac{1}{23}\sqrt{1541} & 0 \\ -\frac{1}{6}\sqrt{6} & \frac{1}{138}\sqrt{138} & \frac{33}{1541}\sqrt{1541} & \frac{1}{67}\sqrt{27470} \end{pmatrix},$$

x_1	x_2	x_3	x_4
0.8732	−2.0488	0.1610	0.6732

Lösungen zu Kapitel 4

4.5.
$$A = \begin{pmatrix} 4 & -2 & 1 \\ -2 & 6 & 3 \\ 1 & 3 & 5 \end{pmatrix}, \quad AC = \begin{pmatrix} 2 & 0 & 0 \\ -1 & \sqrt{5} & 0 \\ \frac{1}{2} & \frac{7}{10}\sqrt{5} & \frac{1}{10}\sqrt{230} \end{pmatrix},$$

	x_1	x_2	x_3
einfach	-0.186	-0.839	1.195
nachiteriert	-0.185870	-0.839348	1.194783

4.6.

	x_1	x_2	x_3	x_4	n
a)	1.110045	0.048500	0.059086		20
b)	0.280225	0.387834	0.312996	0.158856	19
c)	1.227955	-1.389857	-1.356103		14
d)	Verfahren konvergiert nicht			

4.7. $\|\cdot\|_\infty$-Norm,

a) $\max_i(0.621, 0.630, 0.684) = 0.684 < 1$ Konvergenz gesichert
b) $\max_i(0.654, 0.561, 0.694, 0.723) = 0.723 < 1$ Konvergenz gesichert
c) $\max_i(0.882, 0.844, 0.837, 0.837) = 0.882 < 1$ Konvergenz gesichert
d) $\max_i(3.258, \ldots) > 1$ Konvergenz nicht gesichert

4.8.

	x_1	x_2	x_3	x_4	n
a)	1.110045	0.048500	0.059086		17
b)	0.280225	0.387834	0.312996	0.158856	11
c)	1.227955	-1.389857	-1.356102		11
d)	Verfahren konvergiert nicht			

4.9. Sassenfeld-Kriterium

a) $k_0 = \max_m(0.62068, 0.49126, 0.35797) = 0.62068 < 1$ Konverg. ges.
b) $k_0 = \max_m(0.65403, 0.46050, 0.44568, 0.36988) = 0.65403 < 1$ Konverg. ges.
c) $k_0 = \max_m(0.88225, 0.78800, 0.67306) = 0.88225 < 1$ Konverg. ges.
d) $k_0 = \max_m(3.258, \ldots) > 1$ Konverg. n. ges.

4.10. $\|\delta x\|_p \leq \dfrac{\|A^{-1}\|_p \cdot \|A\|_p \left\{\frac{\|\Delta b\|_p}{\|b\|_p} + \frac{\|\Delta A\|_p}{\|A\|_p}\right\}}{1 - \|A^{-1}\|_p \cdot \|\Delta A\|_p}, \quad \|A^{-1}\|_p \cdot \|\Delta A\|_p < 1,$

a) $\|A\|_1 = 15$, $\|A^{-1}\|_1 = 7.5$, $\|A\|_\infty = 12$, $\|A^{-1}\|_\infty = 8.5$,
$\|b\|_1 = 8.85$, $\|b\|_\infty = 4.31$, $\|\delta x\|_1 \leq 0.636$, $\|\delta x\|_\infty \leq 1.183$,

b) $\|A\|_1 = 22$, $\|A^{-1}\|_1 = 0.46591$, $\|A\|_\infty = 22$, $\|A^{-1}\|_\infty = 0.46591$,
$\|b\|_1 = 58$, $\|b\|_\infty = 23$, $\|\delta x\|_1 \leq 0.0177$, $\|\delta x\|_\infty \leq 0.0446$,

c) $\|\mathbf{A}\|_1 = 12.9$, $\|\mathbf{A}^{-1}\|_1 = 0.452663$, $\|\mathbf{A}\|_\infty = 11.35$, $\|\mathbf{A}^{-1}\|_\infty = 0.422954$,
$\|\mathbf{b}\|_1 = 11.85$, $\|\mathbf{b}\|_\infty = 6.75$, $\|\boldsymbol{\delta}\mathbf{x}\|_1 \leq 0.493 \cdot 10^{-2}$, $\|\boldsymbol{\delta}\mathbf{x}\|_\infty \leq 0.711 \cdot 10^{-2}$.

4.11. a) $\|\boldsymbol{\delta}\mathbf{x}\|_\infty \leq 0.290$,
b) $\|\boldsymbol{\delta}\mathbf{x}\|_\infty \leq 0.142$,
c) $\|\boldsymbol{\delta}\mathbf{x}\|_\infty \leq 0.0943$.

4.12. Gesamtschrittverfahren $\mathbf{T} = -\mathbf{D}^{-1}(\mathbf{L} + \mathbf{R})$

a)
$$\mathbf{T} = -\begin{pmatrix} 0 & -0.22413 & 0.39655 \\ -0.36680 & 0 & 0.26359 \\ -0.17142 & -0.51208 & \end{pmatrix},$$

$\|\mathbf{T}\|_\infty = 0.6835 = M$, $\|\mathbf{x}^{(1)} - \mathbf{x}^{(0)}\|_\infty = 1.12261$,

$\|\boldsymbol{\delta}^{(3)}\|_\infty \leq 1.237$, $\|\boldsymbol{\delta}^{(15)}\|_\infty \leq 0.0126$,

b)
$$\mathbf{T} = -\begin{pmatrix} 0 & 0.22299 & -0.35625 & 0.07479 \\ -0.29159 & 0 & -0.08983 & -0.17996 \\ 0.34243 & 0.23972 & 0 & -0.11132 \\ -0.19869 & 0.43649 & 0.08734 & 0 \end{pmatrix}$$

$\|\mathbf{T}\|_\infty = 0.72252 = M$, $\|\mathbf{x}^{(1)} - \mathbf{x}^{(0)}\|_\infty = 0.48424$,

$\|\boldsymbol{\delta}^{(3)}\|_\infty \leq 0.658$, $\|\boldsymbol{\delta}^{(15)}\|_\infty \leq 0.0133$.

4.13. Einzelschrittverfahren $\mathbf{T} = -(\mathbf{D} + \mathbf{L})^{-1}\mathbf{R}$,

c)
$$\mathbf{T} = \begin{pmatrix} 0 & 0.757843 & -0.124373 \\ 0 & 0.362314 & -0.0.425675 \\ 0 & 0.289254 & 0.302663 \end{pmatrix},$$

$\|\mathbf{T}\|_\infty = 0.882216 = M$, $\|\mathbf{x}^{(1)} - \mathbf{x}^{(0)}\|_\infty = 1.480226$,

$\|\boldsymbol{\delta}^{(3)}\|_\infty \leq 8.629$, $\|\boldsymbol{\delta}^{(15)}\|_\infty \leq 1.918$.

4.14.

	x_1	x_2	x_3	x_4	x_5	x_6
a)	1	3	4	2		
b)	2	1	-1	-2		
c)	$54 + 57t$	$16 + 18t$	$-3 - 4t$	t		
d)	$-\frac{3}{4}$	$-\frac{20}{9}$	$\frac{17}{9}$	$-\frac{53}{36}$		
e)	-5	4	3	-2	1	
f)	1	2	3	-3	-2	-1

4.15.

$$\mathbf{A}^{-1} = \begin{pmatrix} -1 & 1 & -1 \\ -3 & 6 & -7 \\ 6 & -11 & 13 \end{pmatrix}, \quad \mathbf{B}^{-1} = \begin{pmatrix} 1 & 0 & -1 \\ 2 & -1 & 0 \\ -2 & 1 & 1 \end{pmatrix},$$

$$\mathbf{C}^{-1} = \begin{pmatrix} -0.6 & -1.2 & 1.0 \\ -1.2 & -0.4 & 1.0 \\ 1.0 & 1.0 & -1.0 \end{pmatrix}, \quad \mathbf{D}^{-1} = \begin{pmatrix} 1 & -3 & -8 & -14 \\ 0 & 1 & 3 & 4 \\ 0 & 0 & 1 & 2 \\ 0 & 0 & 0 & 1 \end{pmatrix},$$

$$\mathbf{F}^{-1} = \begin{pmatrix} 1 & 0 & -3 & 2 \\ 0 & 1 & 2 & 1 \\ 0 & 0 & 1 & -1 \\ 0 & 0 & 0 & 1 \end{pmatrix}, \quad \mathbf{G}^{-1} = \begin{pmatrix} 1 & 3 & -2 & 4 & 5 \\ 0 & 1 & -1 & 0 & 2 \\ 0 & 0 & 1 & -2 & -1 \\ 0 & 0 & 0 & 1 & -3 \\ 0 & 0 & 0 & 0 & 1 \end{pmatrix},$$

$$\mathbf{H}^{-1} = \begin{pmatrix} -19 & -9 & -3 & 8 \\ -2 & -1 & 0 & 1 \\ -56 & -27 & -9 & 23 \\ 12 & 6 & 2 & -5 \end{pmatrix}, \quad \mathbf{I}^{-1} = \begin{pmatrix} 2.0 & -1.0 & -1.0 & 1.0 \\ 0.0 & 0.5 & 1.0 & -0.5 \\ 5.0 & -4.0 & -3.0 & 2.0 \\ 2.0 & -1.5 & -1.0 & 0.5 \end{pmatrix},$$

$$\mathbf{K}^{-1} = \begin{pmatrix} 0 & -1 & 1 & -1 \\ 1 & 0 & -1 & 1 \\ -1 & 1 & 0 & -1 \\ 1 & -1 & 1 & 0 \end{pmatrix}.$$

Lösungen zu Kapitel 5

5.1. a) $y = 70.762374 + 0.288069 \cdot x$,

b) $y = 673.114286 - 24.517857 \cdot x$.

5.2. a) $y = 100.791143 - 2.606619 \cdot x + 0.023381 \cdot x^2$,

b) $y = 52.008571 + 17.130000 \cdot x - 3.664286 \cdot x^2$.

5.3. a) $y = 2.009442 \cdot x^{0.281265}$,

b) $y = 1520527.1623 \cdot x^{-2.001365}$.

5.4. a) $y = 1.007925 \cdot e^{0.045243x}$,

b) $y = 2.044543 \cdot e^{-1.014425x}$.

5.5. $y = \frac{289.570344}{x+7.228941}$.

5.6. a) Taylorpolynom $f_4(x) = 1 - \frac{1}{2}x^2 - \frac{1}{8}x^4$,

b) Näherung 0.11686198,

c) Exakt 0.11682698.

5.7. a) Taylorpolynom $f_2(x) = 1 + \frac{1}{3}x - \frac{1}{9}x^2$,

b) Näherungswert 1.12962963.

5.8. Abschätzung des Restglied $R_2(x)$ für die Funktion $f(x) = \sqrt{1+x}$.

a) Bestimmung der 3-ten Ableitung der Funktion $f'''(x) = \frac{3}{8}\frac{1}{\sqrt{(1+x)^5}}$,

b) Maximum des Betrages der 3-ten Ableitung in [0, 1]

$$M_2 = \max_{t \in (0,1)} \left|\frac{3}{8}\frac{1}{\sqrt{(1+x)^5}}\right| = \frac{3}{8},$$

c) Abschätzung des maximalen absoluten Fehlers im Intervall [0, 1]

$$|R_2| \leq \frac{\frac{3}{8}}{3!}|1|^2 = \frac{1}{16} = 0.0625.$$

5.9. a) Skizze der Funktion (s. Bild A.1).

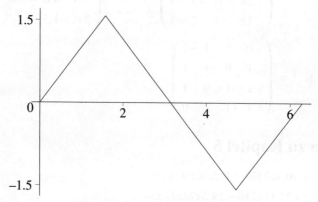

Bild A.1. Skizze zu Aufgabe 5.9.

b) Fourierreihe

$$f(x) = \frac{4}{\pi} \sum_{m=1}^{\infty} \frac{(-1)^m}{(2m+1)^2} \sin\left((2m+1)x\right),$$

c) Spezielle Werte:

$$f(0) = 0, \quad f\left(\frac{3\pi}{2}\right) = \frac{\pi}{2}.$$

5.10. I) Periodenlänge $T = 2$,

Ansatz für die Fourierreihe
$$f(x) = \frac{a_0}{2} + \sum_{k=1}^{\infty} \left(a_k \cos(k\pi x) + b_k \sin(k\pi x)\right),$$

Fourierkoeffizienten
$$a_0 = -\frac{1}{2}, \quad a_k = \frac{1}{k^2 \pi^2}\left[\cos(k\pi) - 1\right], \quad b_k = -\frac{1}{k\pi}.$$

II) Periodenlänge $T = 2c$,

Ansatz für die Fourierreihe
$$f(x) = \frac{a_0}{2} + \sum_{k=1}^{\infty} \left(a_k \cos\left(\frac{k\pi}{c}x\right) + b_k \sin\left(\frac{k\pi}{c}x\right)\right),$$

Fourierkoeffizienten
$$a_0 = h, \quad a_k = \frac{2h}{k^2 \pi^2}\left[\cos(k\pi) - 1\right], \quad b_k = 0.$$

5.11. a) Approximation von $f(x) = e^x - e^{-x}$ im Intervall $[-1, 1]$ durch ein Polynom dritten Grades

$$\begin{aligned} P_3(x) &= c_0 + c_1 x + c_2 x^2 + c_3 x^3 \\ &= \frac{1}{2}\{(105e - 765e^{-1})x + (-175e + 1295e^{-1})x^3\} \\ &= 1.99590975x + 0.35227817x^3, \end{aligned}$$

b) Approximation von $f(x) = e^x - e^{-x}$ im Intervall $[-1, 1]$ durch ein Polynom fünften Grades

$$\begin{aligned} P_5(x) &= c_0 + c_1 x + c_2 x^2 + c_3 x^3 + c_4 x^4 + c_5 x^5 \\ &= \frac{1}{8}\{(-53865e + 398055e^{-1})x + (252630e - 1866690e^{-1})x^3 \\ &\quad + (-227997e + 1684683e^{-1})x^5\} \\ &= 2.00003313x + 0.33303563x^3 + 0.01731838x^5, \end{aligned}$$

c) Approximation von $g(x) = -\cos\left(\frac{\pi}{2}x\right)$ im Intervall $[-1, 1]$ durch ein Polynom zweiten Grades

$$\begin{aligned} P_3(x) &= c_0 + c_1 x + c_2 x^2 + c_3 x^3 \\ &= \frac{3(\pi^2 - 20)}{\pi^3} - \frac{15(\pi^2 - 12)}{\pi^3} x^2 \\ &= -0.98016241 + 1.03062790 x^2, \end{aligned}$$

d) Approximation von $g(x) = -\cos\left(\frac{\pi}{2}x\right)$ im Intervall $[-1, 1]$ durch ein Polynom vierten Grades

$$P_3(x) = c_0 + c_1 x + c_2 x^2 + c_3 x^3$$
$$= -\frac{15(\pi^4 - 308\pi^2 + 3024)}{4\pi^5} + \frac{105(\pi^4 - 228\pi^2 + 2160)}{2\pi^5} x^5$$
$$- \frac{315(\pi^4 - 180\pi^2 + 1680)}{4\pi^5} x^4$$
$$= -0.99957951 + 1.22479888 x^2 - 0.22655371 x^4.$$

5.12. a) Approximation von $f(x) = e^x - e^{-x}$ im Intervall $[-1, 1]$ durch ein Legendre-Polynom dritten Grades

$$P_3(x) = c_0 p_0(x) + c_1 p_1(x) + c_2 p_2(x) + c_3 p_3(x)$$
$$= \frac{5}{2}\{(21e - 153e^{-1})x + (-35e + 259e^{-1})x^3\}$$
$$= 1.99590975 x + 0.35227817 x^3,$$

b) Approximation von $f(x) = e^x - e^{-x}$ im Intervall $[-1, 1]$ durch ein Legendre-Polynom fünften Grades

$$P_5(x) = c_0 p_0(x) + c_1 p_1(x) + c_2 p_2(x) + c_3 p_3(x) + c_4 p_4(x) + c_5 p_5(x)$$
$$= \frac{21}{8}\{(-2565e + 18955e^{-1})x + (12030e - 88890e^{-1})x^3$$
$$+ (-10857e + 80223e^{-1})x^5\}$$
$$= 2.00003318 x + 0.33303559 x^3 + 0.01731844 x^5,$$

c) Approximation von $g(x) = -\cos\left(\frac{\pi}{2}x\right)$ im Intervall $[-1, 1]$ durch ein Legendre-Polynom zweiten Grades

$$P_2(x) = c_0 p_0(x) + c_1 p_1(x) + c_2 p_2(x)$$
$$= \frac{3}{\pi^3}\{(-20 + \pi^2) + (60 - 5\pi^2)x^2\}$$
$$= -0.98016241 + 1.03062791 x^2,$$

d) Approximation von $g(x) = -\cos\left(\frac{\pi}{2}x\right)$ im Intervall $[-1, 1]$ durch ein Legendre-Polynom vierten Grades

$$P_4(x) = \frac{15}{4\pi^5}\{(-3024 + 308\pi^2 - \pi^4) + (30240 - 3192\pi^2 + 14\pi^4)x^2$$
$$+ (-35280 + 3780\pi^2 - 21\pi^4)x^4\}$$
$$= -0.99957951 + 1.22479898 x^2 - 0.22653292 x^4.$$

Lösungen zu Kapitel 6

6.1. Lagrange-Polynom zu den Stützstellen

$$P_4(x) = -\frac{(x-3)(x-4)(x-6)}{72} + \frac{2x(x-4)(x-6)}{9} - \frac{x(x-3)(x-6)}{4} + \frac{x(x-3)(x-4)}{36}.$$

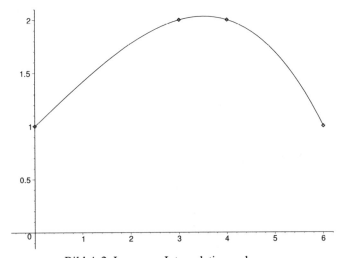

Bild A.2. Lagrange-Interpolationspolynom.

6.2. Lagrange-Polynom

$$P_4(x) = -\frac{(x-1)(x-2)(x-7)}{48} + \frac{(x+1)(x-2)(x-7)}{4}$$
$$+ \frac{(x+1)(x-1)(x-7)}{15} + \frac{(x+1)(x-1)(x-2)}{240}$$
$$= \frac{64}{15} + \frac{7}{10}x - \frac{34}{15}x^2 + \frac{3}{10}x^3,$$

Newton-Polynom

$$P_4(x) = 2 + x - \frac{5(x+1)(x-1)}{3} + \frac{3(x+1)(x-1)(x-2)}{10}$$
$$= \frac{64}{15} + \frac{7}{10}x - \frac{34}{15}x^2 + \frac{3}{10}x^3.$$

Hinzunahme eines weiteren Stützpunktes

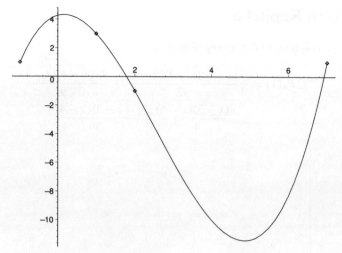

Bild A.3. Interpolationspolynome nach Lagrange und nach Newton.

Lagrange-Polynom

$$P_5(x) = \frac{(x-1)(x-2)(x-7)(x-8)}{432} - \frac{(x+1)(x-2)(x-7)(x-8)}{28}$$
$$- \frac{(x+1)(x-1)(x-7)(x-8)}{90} - \frac{(x+1)(x-1)(x-2)(x-8)}{240}$$
$$+ \frac{(x+1)(x-1)(x-2)(x-7)}{378}$$
$$= \frac{221}{45} + \frac{2}{7}x - \frac{361}{126}x^2 + \frac{5}{7}x^3 - \frac{29}{630}x^4,$$

Newton-Polynom

$$P_4(x) = 2 + x - \frac{5(x+1)(x-1)}{3} + \frac{3(x+1)(x-1)(x-2)}{10}$$
$$- \frac{29(x+1)(x-1)(x-2)(x-7)}{630}$$
$$= \frac{221}{45} + \frac{2}{7}x - \frac{361}{126}x^2 + \frac{5}{7}x^3 - \frac{29}{630}x^4.$$

6.3. Interpolationspolynom nach Hermite

$$P_5(x) = x - x^2 + x^2(x-1) - \frac{x^2(x-1)^2}{4} - \frac{3x^2(x-1)^2(x-2)}{4}$$
$$+ \frac{2x^2(x-1)^2(x-2)^2}{3} - \frac{17x^2(x-1)^2(x-2)^2(x-3)}{36}$$
$$+ \frac{13x^2(x-1)^2(x-2)^2(x-3)^2}{72}$$

$$-\frac{35x^2(x-1)^2(x-2)^2(x-3)^2(x-4)}{576}$$
$$= x + \frac{137}{6}x^2 - \frac{12563}{144}x^3 + \frac{2255}{18}x^4 - \frac{53059}{576}x^5 + \frac{2753}{72}x^6$$
$$- \frac{2615}{288}x^7 + \frac{83}{72}x^8 - \frac{35}{576}x^9.$$

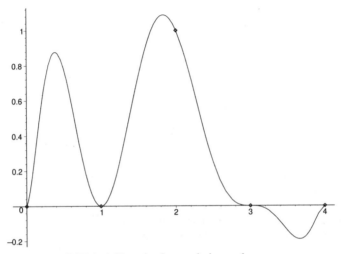

Bild A.4. Hermite-Interpolationspolynom.

6.4. Quadratisches Interpolationspolynom
$$p_2(x) = 0.18394x(x-1) - (x-1)(x+1) + 1.35914x(x+1).$$

Fehlerabschätzung auf dem Intervall $[-1, 1]$
$$f(x) - p_2(x) = \frac{f^{(3)}(\xi)}{3!}(x+1)x(x-1) = \frac{e^\xi}{6}(x+1)x(x-1) \leq \frac{2.71828}{6} \cdot 0.3849$$
$$= 0.17438.$$

6.5. Mit den gegebenen Stützstellen x_0, $x_1 = x_0 + h$, $x_2 = x_0 + 2h$ und den zugehörigen Stützwerten $y_0 = f(x_0)$, $y_1 = f(x_1)$, $y_2 = f(x_2)$ ergeben sich für das Intervall $[x_0, x_2]$ die Lagrange-Polynome

$$L_0(x) = \frac{(x-x_1)(x-x_2)}{(x_0-x_1)(x_0-x_2)} = \frac{1}{2h^2}(x-x_1)(x-x_2)$$

$$L_1(x) = \frac{(x-x_0)(x-x_2)}{(x_1-x_0)(x_1-x_2)} = -\frac{1}{h^2}(x-x_0)(x-x_2)$$

$$L_2(x) = \frac{(x-x_0)(x-x_1)}{(x_2-x_0)(x_2-x_1)} = \frac{1}{2h^2}(x-x_0)(x-x_1).$$

Damit folgt für das Interpolationspolynom im Intervall $[x_0, x_2]$

$$p_2(x) = y_0 L_0(x) + y_1 L_1(x) + y_2 L_2(x)$$
$$= \frac{y_0}{2h^2}(x - x_1)(x - x_2) - \frac{y_1}{h^2}(x - x_0)(x - x_2) + \frac{1}{2h^2}(x - x_0)(x - x_1).$$

Für das bestimmte Integral folgt

$$\int_{x_0}^{x_2} p_2(x)\,dx = y_0 \int_{x_0}^{x_2} L_0(x)\,dx + y_1 \int_{x_0}^{x_2} L_1(x)\,dx + y_2 \int_{x_0}^{x_2} L_2(x)\,dx$$
$$= \frac{y_0}{2h^2} \int_{x_0}^{x_2}(x - x_1)(x - x_2)\,dx - \frac{y_1}{h^2} \int_{x_0}^{x_2}(x - x_0)(x - x_2)\,dx$$
$$+ \frac{1}{2h^2} \int_{x_0}^{x_2}(x - x_0)(x - x_1)\,dx$$
$$= y_0 \cdot \frac{h}{3} + y_1 \cdot \frac{(-4h)}{3} + y_2 \cdot \frac{h}{3} = \frac{h}{3}\{y_0 + y_2 - 4y_1\}.$$

Der letzte Ausdruck stimmt mit der Simpsonschen Formel für das Intervall $[x_0, x_2]$ überein.

6.6. Interpolationspolynom zu den Stützpunkten $P_3(x) = \frac{(x+2)(x-1)(x-4)}{8} + \frac{(x+2)x(x-1)}{36}$.
Natürlicher kubischer Spline zu den Stützpunkten

$$s(x) = \begin{cases} \frac{305}{282}(x+2) - \frac{41}{282}(x+2)^3 & : -2 \leq x \leq 0 \\ 1 - \frac{187}{282}x - \frac{41}{47}x^2 + \frac{151}{282}x^3 & : 0 \leq x \leq 1 \\ -\frac{113}{141}(x-1) + \frac{69}{94}(x-1)^2 - \frac{23}{282}(x-1)^3 & : 1 \leq x \leq 4. \end{cases}$$

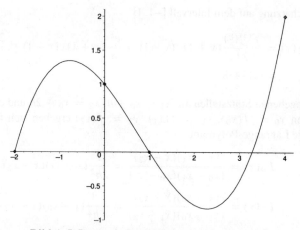

Bild A.5. Interpolationspolynom zu Aufgabe 6.6.

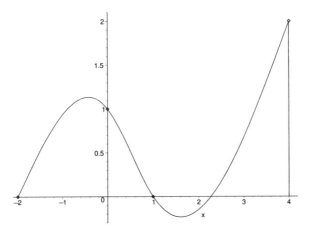

Bild A.6. Natürlicher kubischer Spline zu Aufgabe 6.6.

6.7. Linearer Spline

$$s(x) = \begin{cases} \frac{1}{2} + \frac{1}{2}x & : -1 \leq x \leq 1 \\ 2 - x & : 1 \leq x \leq 4 \\ -6 + x & : 4 \leq x \leq 6, \end{cases}$$

Quadratischer Spline mit $f'(-1) = 1$

$$s(x) = \begin{cases} 1 + x - \frac{1}{4}x^2 & : -1 \leq x \leq 1 \\ 1 - \frac{1}{3}(x-1)^2 & : 1 \leq x \leq 4 \\ 6 - 2x + \frac{3}{2}(x-4)^2 & : 4 \leq x \leq 6, \end{cases}$$

Natürlicher kubischer Spline

$$s(x) = \begin{cases} \frac{25}{26} + \frac{25}{26}x - \frac{3}{26}(x+1)^3 & : -1 \leq x \leq 1 \\ \frac{37}{26} - \frac{11}{26}x - \frac{9}{13}(x-1)^2 + \frac{1}{6}(x-1)^3 & : 1 \leq x \leq 4 \\ -\frac{22}{13} - \frac{1}{13}x + \frac{21}{26}(x-4)^2 - \frac{7}{52}(x-4)^3 & : 4 \leq x \leq 6, \end{cases}$$

Periodischer kubischer Spline

$$s(x) = \begin{cases} \frac{91}{62} + \frac{91}{62}x - \frac{51}{124}(x+1)^2 - \frac{9}{248}(x+1)^3 & : -1 \leq x \leq 1 \\ \frac{50}{31} - \frac{19}{31}x - \frac{39}{62}(x-1)^2 + \frac{1}{6}(x-1)^3 & : 1 \leq x \leq 4 \\ -\frac{76}{31} + \frac{7}{62}x + \frac{27}{31}(x-4)^2 - \frac{53}{248}(x-4)^3 & : 4 \leq x \leq 6. \end{cases}$$

6.8. Natürlicher kubischer Spline

$$s(x) = \begin{cases} \frac{511}{425} - \frac{339}{1700}x - \frac{511}{6800}(x+4)^3 & : -4 \le x \le -2 \\ -\frac{511}{425} - \frac{468}{425}x - \frac{1533}{3400}(x+2)^2 \frac{1877}{3400}(x+2)^3 & : -2 \le x \le -1 \\ -\frac{1179}{3400} - \frac{1179}{3400}x + \frac{2049}{1700}(x+1)^2 - \frac{5317}{13600}(x+1)^3 & : -1 \le x \le 1 \\ \frac{2069}{1700} - \frac{369}{1700}x - \frac{1551}{1360}(x-1)^2 + \frac{6849}{27200}(x-1)^3 & : 1 \le x \le 5 \\ -\frac{1137}{85} + \frac{1167}{425}x + \frac{1599}{850}(x-5)^2 - \frac{533}{850}(x-5)^3 & : 5 \le x \le 6, \end{cases}$$

Not-a-knot-Spline

$$s(x) = \begin{cases} \frac{24661}{2820} + \frac{19021}{11280}x - \frac{2573}{1504}(x+4)^2 + \frac{6967}{22560}(x+4)^3 & : -4 \le x \le -2 \\ -\frac{10727}{5640} - \frac{16367}{11280}x + \frac{1069}{7520}(x+2)^2 + \frac{6967}{22560}(x+2)^3 & : -2 \le x \le -1 \\ -\frac{5419}{22560} - \frac{5419}{22560}x + \frac{2009}{1880}(x+1)^2 - \frac{31517}{90240}(x+1)^3 & : -1 \le x \le 1 \\ \frac{13049}{11280} - \frac{1769}{11280}x - \frac{3089}{3008}(x-1)^2 + \frac{9911}{45120}(x-1)^3 & : 1 \le x \le 5 \\ -\frac{29005}{2256} + \frac{24493}{11280}x + \frac{24199}{15040}(x-5)^2 + \frac{9911}{45120}(x-5)^3 & : 5 \le x \le 6, \end{cases}$$

Periodischer Spline

$$s(x) = \begin{cases} \frac{2088}{385} + \frac{659}{770}x - \frac{2939}{3080}(x+4)^2 + \frac{851}{6160}(x+4)^3 & : -4 \le x \le -2 \\ -\frac{1237}{770} - \frac{2007}{1540}x - \frac{193}{1540}(x+2)^2 + \frac{3}{7}(x+2)^3 & : -2 \le x \le -1 \\ -\frac{59}{220} - \frac{59}{220}x + \frac{1787}{1540}(x+1)^2 - \frac{2391}{6160}(x+1)^3 & : -1 \le x \le 1 \\ \frac{989}{770} - \frac{219}{770}x - \frac{3599}{3080}(x-1)^2 + \frac{6481}{24640}(x-1)^3 & : 1 \le x \le 5 \\ -\frac{475}{28} + \frac{419}{140}x + \frac{2449}{1232}(x-5)^2 - \frac{863}{880}(x-5)^3 & : 5 \le x \le 6. \end{cases}$$

6.9. Komplexes Fourier-Polynom

$$F_8(x) = \frac{3}{8} - \frac{1}{8}(e^{2\pi ix} + e^{-2\pi ix}) - \frac{1}{16}(e^{4\pi ix} + e^{-4\pi ix}) + \frac{i}{8}(e^{2\pi ix} + e^{-2\pi ix})$$

Reelles Fourier-Polynom

$$F_8(x) = \frac{3}{8} - \frac{1}{4}\cos(2\pi x) - \frac{1}{4}\sin(2\pi x) - \frac{1}{8}\cos(4\pi x).$$

6.10. Komplexes Fourier-Polynom

$$F_8(x) = \frac{1}{8}(1 + \sqrt{2}) - \frac{i}{4}(e^{\pi ix} + e^{-\pi ix}) - \frac{1}{8}(e^{2\pi ix} + e^{-2\pi ix})$$
$$+ \frac{1}{16}(1 - \sqrt{2})(e^{4\pi ix} + e^{-4\pi ix}),$$

Lösungen zu Kapitel 6

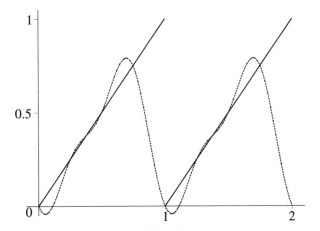

Bild A.7. Das mit der FFT gewonnene trigonometrische Interpolationspolynom für Aufgabe 6.9 mit 8 Knoten.

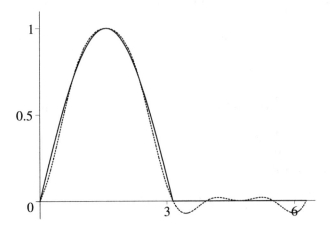

Bild A.8. Das mit der FFT gewonnene trigonometrische Interpolationspolynom für Aufgabe 6.10 mit 8 Knoten.

Reelles Fourier-Polynom

$$F_8(x) = \frac{1}{8}(1 + \sqrt{2}) + \frac{1}{4}\cos(2\pi x) + \frac{1}{8}(1 - \sqrt{2})\cos(4\pi x).$$

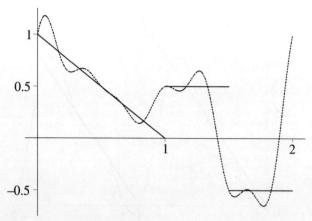

Bild A.9. Das mit der FFT gewonnene trigonometrische Interpolationspolynom für Aufgabe 6.11 mit 12 Knoten.

6.11. Komplexes Fourier-Polynom

$$F_{12}(x) = \frac{7}{24} + \frac{1}{72}(1-\sqrt{3})(e^{\pi ix} - e^{-\pi ix}) - \frac{i}{24}(3+\sqrt{3})(e^{\pi ix} - e^{-\pi ix})$$

$$+ \frac{1}{8}(e^{2\pi ix} + e^{-2\pi ix}) - \frac{i\sqrt{3}}{8}(e^{2\pi ix} + e^{-2\pi ix}) + \frac{7}{72}(e^{3\pi ix} + e^{-3\pi ix})$$

$$+ \frac{1}{24}(e^{4\pi ix} + e^{-4\pi ix}) - \frac{i\sqrt{3}}{72}(e^{4\pi ix} - e^{-4\pi ix})$$

$$+ \frac{1}{72}(1+\sqrt{3})(e^{5\pi ix} + e^{-5\pi ix}) + \frac{1}{24}(-3+\sqrt{3})(e^{5\pi ix} - e^{-5\pi ix})$$

$$+ \frac{1}{16}(e^{6\pi ix} + e^{-6\pi ix}),$$

Reelles Fourier-Polynom

$$F_8(x) = \frac{1}{8}(1+\sqrt{8}) + \frac{1}{4}\cos(2\pi x) + \frac{1}{8}(1-\sqrt{2})\cos(4\pi x).$$

Lösungen zu Kapitel 7

7.1. Formel 7.6:

$$f(x) = \frac{(x-x_0+h)(x-x_0)(x-x_0-h)(x-x_0-2h)}{24h^4} f(x_0-2h)$$

$$- \frac{(x-x_0+2h)(x-x_0)(x-x_0-h)(x-x_0-2h)}{6h^4} f(x_0-h)$$

$$+ \frac{(x-x_0+2h)(x-x_0+h)(x-x_0-h)(x-x_0-2h)}{4h^4} f(x_0)$$

$$- \frac{(x-x_0+2h)(x-x_0+h)(x-x_0)(x-x_0-2h)}{6h^4} f(x_0+h)$$

$$+ \frac{(x-x_0+2h)(x-x_0+h)(x-x_0)(x-x_0-h)}{24h^4} f(x_0+2h)$$

$$+ \frac{f^{(5)}(\xi)}{120}(x-x_0+2h)(x-x_0+h)(x-x_0)(x-x_0-h)(x-x_0-2h),$$

$$f'(x) = \left(\frac{(x-x_0)(x-x_0-h)(x-x0-2h)}{24h^4} \right.$$

$$+ \frac{(x-x_0+h)(x-x_0-h)(x-x0-2h)}{24h^4}$$

$$+ \frac{(x-x_0+h)(x-x_0)(x-x0-2h)}{24h^4}$$

$$\left. + \frac{(x-x_0+h)(x-x_0)(x-x_0-h)}{24h^4} \right) f(x_0-2h)$$

$$- \left(\frac{(x-x_0)(x-x_0-h)(x-x_0-2h)}{6h^4} \right.$$

$$+ \frac{(x-x_0+2h)(x-x_0-h)(x-x_0-2h)}{6h^4}$$

$$+ \frac{(x-x_0+2h)(x-x_0)(x-x_0-2h)}{6h^4}$$

$$\left. + \frac{(x-x_0+2h)(x-x_0)(x-x_0-h)}{6h^4} \right) f(x_0-h)$$

$$+ \left(\frac{(x-x_0+h)(x-x_0-h)(x-x_0-2h)}{4h^4} \right.$$

$$+ \frac{(x-x_0+2h)(x-x_0-h)(x-x_0-2h)}{4h^4}$$

$$+ \frac{(x-x_0+2h)(x-x_0+h)(x-x_0-2h)}{4h^4}$$

$$\left. + \frac{(x-x_0+2h)(x-x_0+h)(x-x_0-h)}{4h^4} \right) f(x_0)$$

$$- \left(\frac{(x-x_0+h)(x-x_0)(x-x_0-2h)}{6h^4} \right.$$

$$+ \frac{(x-x_0+2h)(x-x_0)(x-x_0-2h)}{6h^4}$$

$$+ \frac{(x-x_0+2h)(x-x_0+h)(x-x_0-2h)}{6h^4}$$

$$\left. + \frac{(x-x_0+2h)(x-x_0+h)(x-x_0)}{6h^4} \right) f(x_0+h)$$

$$+ \left(\frac{(x-x_0+h)(x-x_0)(x-x_0-h)}{24h^4} \right.$$

$$+ \frac{(x-x_0+2h)(x-x_0)(x-x_0-h)}{24h^4}$$

$$
\begin{aligned}
&+ \frac{(x-x_0+2h)(x-x_0+h)(x-x_0-h)}{24h^4} \\
&+ \frac{(x-x_0+2h)(x-x_0+h)(x-x_0)}{24h^4}\Bigg) f(x_0+2h) \\
&+ \frac{f^{(5)}(\xi)}{120}\big((x-x_0+h)(x-x_0)(x-x_0-h)(x-x_0-2h) \\
&+ (x-x_0+2h)(x-x_0)(x-x_0-h)(x-x_0-2h) \\
&+ (x-x_0+2h)(x-x_0+h)(x-x_0-h)(x-x_0-2h) \\
&+ (x-x_0+2h)(x-x_0+h)(x-x_0)(x-x_0-2h) \\
&+ (x-x_0+2h)(x-x_0+h)(x-x_0)(x-x_0-h)\big),
\end{aligned}
$$

$$
f'(x_0) = \frac{2h^3}{24h^4} f(x_0-2h) - \frac{4h^3}{6h^4} f(x_0-h) + \left(\frac{2h^3}{4h^4}+\frac{4h^3}{4h^4}-\frac{4h^3}{4h^4}-\frac{2h^3}{4h^4}\right) f(x_0)
$$
$$
+ \frac{4h^3}{6h^4} f(x_0+h) - \frac{2h^3}{24h^4} f(x_0+2h) + \frac{f^{(5)}(\xi)}{120} 4h^4,
$$

$$
f'(x_0) = \frac{f(x_0-2h)}{12h} - \frac{2f(x_0-h)}{3h} + \frac{2f(x_0+h)}{3h} - \frac{f(x_0+2h)}{12h} + \frac{f^{(5)}(\xi)}{30} h^4.
$$

7.2.

t_i im s	0	1	2	3	4	5	6	7	8	9	10
$\tilde{v}_i$ in $\frac{cm}{s}$ (2-P.)	10	8	6	11	10	11	12	8	8	6	
$\tilde{v}_i$ in $\frac{cm}{s}$ (3-P.-MP)		9	7	9.5	10.5	10.5	11.5	10	8	7	
$\tilde{v}_i$ in $\frac{cm}{s}$ (3-P.-RP)	11	9	3.5	11.5	9.5	10.5	14	8	9		
$\tilde{a}_i$ in $\frac{cm}{s^2}$			-2	-2	5	-1	1	1	-4	0	-2

7.3.

x_k	$y(x_k)$	$y'(x_k)$	$y''(x_k)$	$\tilde{y}'_k$	Fehler	$\tilde{y}''_k$	Fehler
0.0	0.00000	1.00000	-0.00000	0.00000	0.00000	0.00000	0.00000
0.3	0.29552	0.95534	-0.29552	0.94107	0.01427	-0.29331	0.00221
0.6	0.56464	0.82534	-0.56464	0.81301	0.01233	-0.56037	0.00428
0.9	0.78333	0.62161	-0.78333	0.61233	0.00928	-0.77743	0.00589
1.2	0.93204	0.36236	-0.93204	0.35695	0.00541	-0.92509	0.00695
1.5	0.99750	0.07074	-0.99750	0.06968	0.00106	-0.99001	0.00748
1.8	0.97385	-0.22720	-0.97385	-0.22381	0.00339	-0.96661	0.00724
2.1	0.86321	-0.50485	-0.86321	-0.49731	0.00754	-0.85680	0.00641
2.4	0.67546	-0.73739	-0.67546	-0.72638	0.01101	-0.67046	0.00501
2.7	0.42738	-0.90407	-0.42738	-0.89057	0.01350	-0.42419	0.00319
3.0	0.14112	-0.98999	-0.14112	0.00000	0.00000	0.00000	0.00000

h_k	$\tilde{y}'(2)$	$|y'(2) - \tilde{y}'(2)|$	h_k	$\tilde{y}'(2)$	$|y'(2) - \tilde{y}'(2)|$
10^{-1}	22.22878689	0.06161859	10^{-5}	22.16720000	0.00003170
10^{-2}	22.16778410	0.00061580	10^{-6}	22.16800000	0.00083170
10^{-3}	22.16717400	0.00000570	10^{-7}	22.16000000	0.00716830
10^{-4}	22.16717000	0.00000170	10^{-8}	22.20000000	0.03283170

Lösungen zu Kapitel 8

8.1. $I_1 = 2\ln 3 = 2.19722457734$
$I_2 = \frac{1}{8}\pi = 0.392699081699$
$I_3 = -\frac{3}{2}\ln 2 + \frac{1}{2}\ln 3 = -0.490414626505$
$I_4 = -\frac{1}{2}e^{-4} + \frac{1}{2} = 0.490842180556$
$I_5 = \ln 2 - \ln(-1 + \sqrt{5}) = 0.481211825059$
$I_6 = -4e^{-1} + 2 = 0.52848223532$
$I_7 = 0.605326031318$
$I_8 = 0.520132107611$
$I_9 = 2\ln 2 - 3 + \frac{\sqrt{3}}{3}\pi = 0.20009372535$
$I_{10} = \ln 2 = 0.693147180560$
$I_{11} = \sin(\ln 2) - \cos(\ln 2) + \frac{1}{2} = 0.369722374950$
$I_{12} = \frac{\sqrt{2}}{4}\pi + \frac{\sqrt{2}}{4}\ln 2 - \frac{\sqrt{2}}{2}\ln(2 + \sqrt{2}) = 0.4874954955$

8.2. $A_1 = 1.70078160758 \quad A_4 = 0.33835157897$
$A_2 = -0.16420382713 \quad A_5 = 2.35040238729$
$A_3 = -0.43378547585 \quad A_6 = 0.42460426304$

8.3.

	$n = 10$	$n = 20$		$n = 10$	$n = 20$
I_1	2.1957425590	2.1968541368	I_7	0.6085087275	0.6061194890
I_2	0.3914478287	0.3923865035	I_8	-----	-----
I_3	−0.4907469890	−0.4904977906	I_9	0.2013450803	0.2004063100
I_4	0.4870695828	0.4899012676	I_{10}	0.6938126011	0.6938158896
I_5	0.4811372745	0.4811931902	I_{11}	0.3692096504	0.3695941764
I_6	0.5344996805	0.5306663620	I_{12}	0.4834337341	0.4860062400

8.4. Trapezregel

$$|I - T^h| \leq \frac{(b-a)h^2}{12} M_2 \quad \text{mit} \quad M_2 = \max_{x \in [a,b]} |f''(x)|, \quad h = \frac{b-a}{n},$$

	$f''(x)$	M_2
I_1	$\frac{6(x^6-7x^3+1)}{(x^3+1)^3}$	$M_2 = 726$
I_2	$\frac{4x^3(3x^4-5)}{(x^4+1)^3}$	$M_2 = 32$
I_3	$-\frac{2x(x^2+3)}{(x^2-1)^3}$	$M_2 = 2.6667$
I_4	$(4x^3 - 6x)e^{-x^2}$	$M_2 = 44$

$|I - T^h|$	$n = 10$	$n = 20$
I_1	4.84	1.21
I_2	0.0267	$0.667 \cdot 10^{-2}$
I_3	$0.222 \cdot 10^{-2}$	$0.556 \cdot 10^{-3}$
I_4	0.293	0.0733

8.5.

	$n = 10$	$n = 20$
I_1	2.1972197009	2.1972246628
I_2	0.3927041400	0.3926993951
I_3	−0.4904161656	−0.4904147244
I_4	0.4908917119	0.4908451625
I_5	0.4812118848	0.4812118288
I_6	0.5310419736	0.5293885890

	$n = 10$	$n = 20$
I_7	0.6052743742	0.6053230760
I_8	-----	-----
I_9	0.2000882930	0.2000933866
I_{10}	0.6931942684	0.6931503191
I_{11}	0.3697219996	0.3697223518
I_{12}	0.4857091309	0.4868637420

8.6. Simpsonsche Formel

$$|I - S^h| \leq \frac{(b-a)h^4}{180} M_4 \quad \text{mit} \quad M_4 = \max_{x \in [a,b]} |f^{(4)}(x)|, \quad h = \frac{b-a}{2n}$$

	$f^{(4)}(x)$	M_4
I_1	$\frac{72x(x^9-30x^6+45x^3-5)}{(x^3+1)^5}$	$M_4 = 402768$
I_2	$\frac{24x(15x^{12}-135x^8+101x^4-5)}{(x^4+1)^5}$	$M_4 = 6144$
I_3	$-\frac{24x(x^4+10x^2+5)}{(x^2-1)^5}$	$M_4 = 52.14815$
I_4	$(16x^5 - 80x^3 + 60x)e^{-x^2}$	$M_4 = 1272$

$|I - S^h|$	$n = 10$	$n = 20$
I_1	0.448	0.0280
I_2	$0.213 \cdot 10^{-3}$	$0.133 \cdot 10^{-4}$
I_3	$0.181 \cdot 10^{-5}$	$0.113 \cdot 10^{-6}$
I_4	$0.141 \cdot 10^{-2}$	$0.883 \cdot 10^{-4}$

Lösungen zu Kapitel 8

8.7.

	$n = 5$	$n = 10$		$n = 5$	$n = 10$
I_1	2.197224573	2.197224578	I_7	0.6053260230	0.6053260313
I_2	0.3926990811	0.3926990817	I_8	-----	-----
I_3	−0.4904146265	−0.4904146265	I_9	0.2000937253	0.2000937254
I_4	0.4908421788	0.4908421806	I_{10}	0.6931471817	0.6931471806
I_5	0.4812118251	0.48121182571	I_{11}	0.3697223750	0.3697223750
I_6	0.5288609505	0.5284843276	I_{12}	0.4872316184	0.4874940373

8.8. Romberg-Verfahren

$$|I - T_{n,n}| \leq \frac{(b-a)^{2n+3} B_{2n+2}}{2^{n(n+1)}(2n+2)!} M_{2n+2} \quad \text{mit}$$

$$M_{2n+2} = \max_{x \in [a,b]} |f^{(2n+2)}(x)|,$$

I_2	$f^{(6)}(x) = \frac{2880x^3(7x^{16}-182x^{12}+532x^8-282x^4+21)}{(x^4+1)^7}$	$M_6 = 2949120$
	$f^{(8)}(x) = \frac{40320x(45x^{24}-2598x^{20}+18351x^{16}-+\cdots)}{(x^4+1)^9}$	$M_8 = 2642411520$
I_4	$f^{(6)}(x) = (64x^7 - 672x^5 + 1680x^3 - 840x)e^{-x^2}$	$M_6 = 44816$
	$f^{(8)}(x) = (256x^9 - 4608x^7 + 24192x^5 - +\cdots)e^{-x^2}$	$M_8 = 1847840$

$$|I_2 - T_{2,2}| \leq 1.524 \quad |I_2 - T_{3,3}| \leq 0.533$$
$$|I_4 - T_{2,2}| \leq 2.964 \quad |I_4 - T_{3,3}| \leq 0.191$$

8.9.

	I exakt	T, $n = 10$	S, $n = 10$	R, $n = 10$
I_1	2.1972245773	2.1957425590	2.1972197009	2.1972245773
I_2	0.3926990817	0.3914478287	0.3927041400	0.3926990817
I_3	−0.4904146265	−0.4907469890	−0.4904161656	−0.4904146265
I_4	0.4908421806	0.4870695828	0.4908917119	0.4908421806

8.10.–8.12

	8.10	8.11	8.12
I_1	2.1972244370	2.1972246130	2.1972245748
I_2	0.3926989625	0.3926991294	0.3926990811
I_3	−0.4904147534	−0.4904146415	−0.4904146272
I_4	0.4908420909	0.4908422087	0.4908421788
I_5	0.4812117113	0.4812118342	0.4812118238
I_6	0.5284825148	0.5284825450	0.5284842497
I_7	0.6053263337	0.6053260037	0.6053260230
I_8	—	—	—
I_9	0.2000938446	0.2000936737	0.2000937253
I_{10}	0.6931474360	0.6931472111	0.6931471817
I_{11}	0.3697221793	0.3697223182	0.3697224119
I_{12}	0.4874945300	0.4874952788	0.487494980

8.13. $A_1 = 1.7007816782$ $A_4 = 0.3383515987$
$A_2 = -0.0164203550$ $A_5 = 2.3504023839$
$A_3 = -0.4337856100$ $A_6 = 0.4246041450$

8.14.

k	x_k	$x_k + 1$	$f(x_k + 1)$	$c_k f(x_k + 1)$
0	−0.7745966692	0.2254033310	0.1506942359	0.08371901995
1	0	1.0	1.500000000	1.333333333
2	0.7745966692	1.774596669	1.433939618	0.7966331212
				2.213685474

$\Rightarrow\ I_1 \approx \frac{2}{2} \cdot 2.213685474 = 2.213685474$

$I_2 \approx 0.3926095097$ $I_3 \approx -0.4904018542$ $I_4 \approx 0.4883061717$
$I_5 \approx 0.4812118341$ $I_6 \approx 0.5260002055$ $I_7 \approx 0.6082048680$
$I_8 \approx 0.5201272732$ $I_9 \approx 0.1999081029$ $I_{10} \approx 0.6925838265$
$I_{11} \approx 0.3697214943$ $I_{12} \approx 0.4892416330$

8.15.

k	x_k	$x_k + 1$	$f(x_k + 1)$	$c_k f(x_k + 1)$
0	−0.8611363117	0.1388636885	0.05769488085	0.02006944384
1	−0.3399810434	0.6600189566	1.015032221	0.6619483444
2	0.3399810434	1.339981043	1.581516327	1.031378209
3	0.8611363117	1.861136312	1.395456438	0.4854162829
				2.198812280

$\Rightarrow \quad I_1 \approx \frac{2}{2} \cdot 2.198812280 = 2.198812280$

$I_2 \approx 0.3927416217 \quad I_3 \approx -0.4904142445 \quad I_4 \approx 0.4911715646$
$I_5 \approx 0.4812118285 \quad I_6 \approx 0.5273294790 \quad I_7 \approx 0.6050083230$
$I_8 \approx 0.5201320996 \quad I_9 \approx 0.2001043660 \quad I_{10} \approx 0.6931055195$
$I_{11} \approx 0.3697222816 \quad I_{12} \approx 0.4883038371$

Lösungen zu Kapitel 9

9.1. b) $y(x) = \frac{1}{x}$,

c)

x_i	$y(x_i)$	y_i	$\lvert y_i - y(x_i)\rvert$
1.0	1.0000000000	1.0000000000	0.0000000000
1.2	0.8333333333	0.8000000000	0.0333333333
1.4	0.7142857143	0.6722222223	0.0420634920
1.6	0.6250000000	0.5821995466	0.0428004534
1.8	0.5555555556	0.5147746600	0.0407808956
2.0	0.5000000000	0.4621086862	0.0378913138

9.2. a) $y(x) = \frac{2x-1}{2x^2}$,

b)

x_i	$y(x_i)$	y_i	$\lvert y_i - y(x_i)\rvert$
0.5	0.0000000000	0.0000000000	0.0000000000
0.6	0.2777777778	0.4000000000	0.1222222222
0.7	0.4081632653	0.5444444446	0.1362811793
0.8	0.4687500000	0.5929705218	0.1242205218
0.9	0.4938271605	0.6009778913	0.1071507308
1.0	0.5000000000	0.5908840389	0.0908840389

9.3.

x_i	$y(x_i)$	y_i	$\lvert y_i - y(x_i)\rvert$
1	1	1	0
1.2	1.090909091	1.100000000	0.009090909
1.4	1.166666667	1.183333333	0.016666666
1.6	1.230769231	1.253769841	0.023000610
1.8	1.285714286	1.314047237	0.028332951
2.0	1.333333333	1.366191969	0.032858636

9.4. a) Mittelpunktmethode

x_i	$y(x_i)$	y_i	$\lvert y_i - y(x_i)\rvert$
1	1	1	0
1.5	0.7208728603	1.200000000	0.4791271397
2.0	1.208460241	1.332987013	0.124526772
2.5	1.605074775	1.427929108	0.177145667
3.0	1.947854496	1.499140118	0.448714378
3.5	2.252482170	1.554538207	0.697943963
4.0	2.527468849	1.598867005	0.928601844
4.5	2.778204070	1.635143819	1.143060251
5.0	3.008460245	1.665380165	1.343080080

b) Runge-Kutta-Methode 4. Ordnung

x_i	$y(x_i)$	y_i	$\lvert y_i - y(x_i)\rvert$
1	1	1	0
1.5	1.200000000	1.200086420	0.000086420
2.0	1.333333333	1.333447161	0.000113828
2.5	1.428571429	1.428698605	0.000127176
3.0	1.500000000	1.500135440	0.000135440
3.5	1.555555556	1.555696821	0.000141265
4.0	1.600000000	1.600145685	0.000145685
4.5	1.636363636	1.636512830	0.000149194
5.0	1.666666667	1.666818733	0.000152066

9.5. a) Polygonzugverfahren nach Euler-Cauchy

x_i	$y(x_i)$	y_i	$|y_i - y(x_i)|$
1	0	0	0
1.25	0.4110194227	0.50	0.0889805773
1.50	0.7208728603	0.8600000000	0.1391271397
1.75	0.9802154158	1.164400000	0.1841845842
2.00	1.208460241	1.438345091	0.229884850
2.25	1.414994530	1.692647379	0.277652849
2.50	1.605074775	1.932897016	0.327822241
2.75	1.781964802	2.162340651	0.380375849
3.00	1.947854496	2.383025514	0.435171018

b) Runge-Kutta-Methode 4. Ordnung

x_i	$y(x_i)$	y_i	$|y_i - y(x_i)|$
1	0	0	0
1.25	0.4110194227	0.4074074075	0.0036120152
1.50	0.7208728603	0.7164581290	0.0044147313
1.75	0.9802154158	0.9751927320	0.0050226838
2.00	1.208460241	1.202778925	0.005681316
2.25	1.414994530	1.408585304	0.006409226
2.50	1.605074775	1.597878325	0.007196450
2.75	1.781964802	1.773933734	0.008031068
3.00	1.947854496	1.938951545	0.008902951

Vergleich der Näherungen mit der exakten Lösung

x_i	$y(x_i)$	y_i	$|y_i - y(x_i)|$
1	0	0	0
1.25	0.4110194227	0.4112250334	0.0002056107
1.50	0.7208728603	0.7211568830	0.0002840227
1.75	0.9802154158	0.9805645537	0.0003491379
2.00	1.208460241	1.208874775	0.000414534
2.25	1.414994530	1.415477119	0.000482589
2.50	1.605074775	1.605628276	0.000553501
2.75	1.781964802	1.782591754	0.000626952
3.00	1.947854496	1.948557015	0.000702519

9.6. a) Parameter $k = 2.2$

t_i	$x(t_i)$	x_i
0	0.2	0.2
1	0.6928985906	0.6822223956
2	0.9531894749	0.9161161903
3	0.9945879774	0.9661536981
4	0.9993974313	0.9857608346
5	0.9999331975	0.9939844950
6	0.9999925981	0.9974607892
7	0.9999991800	0.9989290909
8	0.9999999090	0.9995485521
9	0.9999999900	0.9998097298
10	0.9999999990	0.9999198142

b) Parameter $k = 2.5$

t_i	$x(t_i)$	x_i
0	0.2	0.2
1	0.7528193111	0.7351562500
2	0.9737555469	0.8913588813
3	0.9977925466	0.9326777959
4	0.9998184330	0.9559304568
5	0.9999850932	0.9707607396
6	0.9999987760	0.9805945259
7	0.9999999000	0.9871719903
8	0.9999999920	0.9915599874
9	0.9999999990	0.9944699913
10	1.0	0.9963882925

9.7. Taylor-Formel (zusammengefasst):

$$y_{k+1} = y_k + 0.2\bigl(-0.4758333 y_k + 0.945 \sin(x_k) + 0.096667 \cos(x_k)\bigr)$$

Vergleich der Näherung mit der exakten Lösung

k	x_k	$y(x_k)$	y_{x_k}
0	0.0	−1.0000000000	−1.0000000000
1	0.2	−0.8855530135	−0.8855000000
2	0.4	−0.7448276088	−0.7447334593
3	0.6	−0.5825751469	−0.5824524125
3	0.8	−0.4044869403	−0.4043484419
5	1.0	−0.2169595827	−0.2168179843
6	1.2	−0.0268328964	−0.0267002788
7	1.4	0.1588891168	0.1590016683
8	1.6	0.3333232661	0.3334060400
9	1.8	0.4899867962	0.4900317854
10	2.0	0.6230605517	0.6230617222

9.8. Taylor-Formel (zusammengefasst):

$$y_{k+1} = y_k + 0.2(1.10701333 x_k + 1.10701333 y_k + 0.107013333)$$

Vergleich der Näherung mit der exakten Lösung

k	x_k	$y(x_k)$	y_{x_k}
0	0.0	−0.5000000000	−0.5000000000
1	0.2	−0.5892986210	−0.5892986666
2	0.4	−0.6540876510	−0.6540877628
3	0.6	−0.6889406000	−0.6889408044
4	0.8	−0.687229536	−0.6872298690
5	1.0	−0.640859086	−0.6408595946
6	1.2	−0.539941538	−0.5399422845
7	1.4	−0.372400016	−0.3724010794
8	1.6	−0.123483788	−0.1234852716
9	1.8	0.224823732	0.2248216932
10	2.0	0.694528050	0.6945252820

9.9. Taylor-Formel (zusammengefasst):

$$y_{k+1} = y_k + 0.2(-1.648 y_k)$$

Vergleich der Näherung mit der exakten Lösung

k	x_k	$y(x_k)$	y_{x_k}
0	0.0	2.0000000000	2.000000000
1	0.2	1.3406400920	1.340800000
2	0.4	0.8986579282	0.8988723200
3	0.6	0.6023884238	0.6026040034
4	0.8	0.4037930360	0.4039857239
5	1.0	0.2706705664	0.2708320293
6	1.2	0.1814359066	0.1815657924
7	1.4	0.1216201253	0.1217217072
8	1.6	0.08152440796	0.08160223250
9	1.8	0.05464744490	0.05470613666
10	2.0	0.03663127778	0.03667499402

9.10.

k	x_k	$y(x_k)$	y_k	Typ
0	0	-1	-1	Anfang
1	0.2	-0.8855530135	-0.8855529839	Anlauf
2	0.4	-0.7448276088	-0.7448275878	Anlauf
3	0.6	-0.5825751469	-0.5821774883	AB-3
4	0.8	-0.4044869403	-0.4038486061	AB-3
5	1.0	-0.2169595827	-0.2161667684	AB-3
6	1.2	-0.0268328964	-0.0260014304	AB-3
7	1.4	0.1588891168	0.1596560279	AB-3
8	1.6	0.3333232661	0.3339299362	AB-3
9	1.8	0.4899867962	0.4903507719	AB-3
10	2.0	0.6230605517	0.6231146394	AB-3

9.11.

k	x_k	$y(x_k)$	y_k	Typ
0	0	-0.5	-0.5	Anfang
1	0.2	-0.5892986210	-0.5893000001	Anlauf
2	0.4	-0.6540876510	-0.6560900001	AB-2
3	0.6	-0.6889406000	-0.6939870001	AB-2
4	0.8	-0.687229536	-0.6965741001	AB-2
5	1.0	-0.640859086	-0.6561476301	AB-2
6	1.2	-0.539941538	-0.5633345091	AB-2
7	1.4	-0.372400016	-0.4067200988	AB-2
8	1.6	-0.123483788	-0.1724026775	AB-2
9	1.8	0.224823732	0.1565485293	AB-2
10	2.0	0.694528050	0.6007533557	AB-2

9.12.

k	x_k	$y(x_k)$	y_k	Typ
0	0	0.1	0.1	Anfang
1	0.2	0.1487851798	0.1487759571	Anlauf
2	0.4	0.2178565574	0.2178317489	Anlauf
3	0.6	0.3089471374	0.3102740354	Ny-3
4	0.8	0.4175914319	0.4212934800	Ny-3
5	1.0	0.5294490052	0.5365290695	Ny-3
6	1.2	0.6196595324	0.6292024559	Ny-3
7	1.4	0.6588550257	0.6676207109	Ny-3
8	1.6	0.6263046117	0.6304528638	Ny-3
9	1.8	0.5238315620	0.5227919437	Ny-3
10	2.0	0.3793667893	0.3767847281	Ny-3

9.13.

k	x_k	$y(x_k)$	y_k	Typ
0	0	-1	-1	Anfang
1	0.2	-0.8855530135	-0.8855529839	Anlauf
2	0.4	-0.7448276088	-0.7448275878	Anlauf
3	0.6	-0.5825751469	-0.5825698538	AM-3
4	0.8	-0.4044869403	-0.4044760794	AM-3
5	1.0	-0.2169595827	-0.2169430285	AM-3
6	1.2	-0.0268328964	-0.02681082265	AM-3
7	1.4	0.1588891168	0.1589162726	AM-3
8	1.6	0.3333232661	0.3333548227	AM-3
9	1.8	0.4899867962	0.4900218600	AM-3
10	2.0	0.6230605517	0.6230980562	AM-3

9.14.

k	x_k	$y(x_k)$	y_k	Typ
0	0	0.5	0.5	Anfang
1	0.4	0.7315126220	0.7314901720	Anlauf
2	0.8	0.9817621220	0.9816774470	Anlauf
3	1.2	1.200707385	1.200410397	MS-3
4	1.6	1.375819881	1.375385992	MS-3
5	2.0	1.512859453	1.512387256	MS-3
6	2.4	1.620699792	1.620176017	MS-3
7	2.8	1.706808420	1.706277835	MS-3
8	3.2	1.776711667	1.776144335	MS-3
9	3.6	1.834372196	1.833805719	MS-3
10	4.0	1.882631409	1.882034150	MS-3

9.15. Es liegt (im Gegensatz zu den vorangegangenen Aufgaben) eine nichtlineare Differentialgleichung vor. Dies führt bei impliziten Verfahren in jedem Schritt zu einer nichtlinearen Gleichung zur Bestimmung von y_{k+1}. Im Allgemeinen ist diese Gleichung in jedem Schritt mit Hilfe eines Iterationsverfahrens zu lösen.

9.16. a) exakte Lösung:
$$y = (40x - 1 + 1601e^{-40x})/1600$$

Näherungen mit Polygonzugverfahren und impliziten Polygonzugverfahren

x_k	$y(x_k)$	y_{k_e}	y_{k_i}
0	1	1	1
0.10	0.02020208616	−3.0	0.2020000000
0.20	0.004710672292	9.010000000	0.04440000000
0.30	0.006881148052	−27.01000000	0.01488000000
0.40	0.009375112606	81.06000000	0.01097600000
0.50	0.01187500206	−243.1400000	0.01219520000
0.60	0.01437500004	729.4700000	0.01443904000
0.70	0.01687500000	−2188.350000	0.01688780800
0.80	0.01937500000	6565.120000	0.01937756160
0.90	0.02187500000	−19695.28000	0.02187551232
1.0	0.02437500000	59085.93000	0.02437510246

b) exakte Lösung:
$$y = (-1250x^2 + 50x - 1 + 626e^{-50x})/625$$

Näherungen mit Polygonzugverfahren und impliziten Polygonzugverfahren

x_k	$y(x_k)$	y_{k_e}	y_{k_i}
0	1	1	1
0.10	−0.00685127229	−4.00000000	0.1500000000
0.20	−0.06555452743	15.90000000	−0.04166666667
0.30	−0.1575996936	−64.00000000	−0.1569444445
0.40	−0.2895999979	255.1000000	−0.2928240742
0.50	−0.4616000000	−1022.00000	−0.4654706790
0.60	−0.6736000000	4085.500000	−0.6775784465
0.70	−0.9256000000	−16345.60000	−0.9295964078
0.80	−1.217600000	65377.50000	−1.221599401
0.90	−1.549600000	−261516.4000	−1.553599900
1.0	−1.921600000	1046057.500	−1.925599983

c) exakte Lösung:
$$y = (-60x + 32 - 17e^{-30x})/15$$

Näherungen mit Polygonzugverfahren und impliziten Polygonzugverfahren

x_k	$y(x_k)$	y_{k_e}	y_{k_i}
0	1	1	1
0.10	1.676907989	4.000000000	1.450000000
0.20	1.330524081	−3.200000000	1.262500000
0.30	0.9331934686	10.00000000	0.9156250000
0.40	0.5333263696	−17.60000000	0.5289062500
0.50	0.1333329863	36.40000000	0.1322265625
0.60	−0.2666666843	−72.80000000	−0.2669433595
0.70	−0.6666666679	144.4000000	−0.6667358400
0.80	−1.066666667	−291.2000000	−1.066683960
0.90	−1.466666667	578.8000000	−1.466670990
1.0	−1.866666667	−1162.400000	−1.866667748

9.17.

k	x_k	y_{1_k}	y_{2_k}	k	x_k	y_{1_k}	y_{2_k}
0	0.0	1.0000000000	1.000000000	3	0.6	0.6156800000	1.441587200
1	0.2	0.8000000000	1.200000000	4	0.8	0.6412441600	1.460928922
2	0.4	0.6720000000	1.350400000	5	1.0	0.7716574412	1.402178852

9.18.

k	x_k	y_{1_k}	y_{2_k}	k	x_k	y_{1_k}	y_{2_k}
0	0.0	0.000000000	1.000000000	6	0.6	1.595543387	1.124845516
1	0.1	0.100000000	1.000000000	7	0.7	2.214627347	1.244319498
2	0.2	0.250000000	1.000000000	8	0.8	3.009087131	1.449889897
3	0.3	0.460000000	1.005000000	9	0.9	4.031884739	1.806174400
4	0.4	0.742650000	1.021230000	10	1.0	5.361434823	2.444403100
5	0.5	1.114152200	1.057071646				

9.19.

x_k	$y_{1_k} = y_k$	$y_{2_k} = y'_k$
0.0	1.0	0.0
0.1	1.0000000000	−0.5000000000
0.2	0.9500000000	−0.8000000000
0.3	0.8700000000	−6.9550000000
0.4	0.7745000000	−1.0080000000
0.5	0.6737000000	−0.9920500000
0.6	0.5744950000	−0.9320800000
0.7	0.4812870000	−0.8464955000
0.8	0.3966374500	−0.7485408000
0.9	0.3217833700	−0.6474432050
1.0	0.2570390495	−0.5493576080

9.20.

x_k	$y_{1_k} = y_k$	$y_{2_k} = y'_k$
0.0	1.0	−1.0
0.1	0.900000000	−2.9000000000
0.2	0.610000000	−3.4000000000
0.3	0.270000000	−2.8650000000
0.4	−0.016500000	−1.7910000000
0.5	−0.195600000	−0.6351500000
0.6	−0.259115000	0.0284940000
0.7	−0.230621000	0.8217635000
0.8	−0.148444650	0.9752579000
0.9	−0.050918860	0.8412147850
1.0	0.0332026185	0.5537830640

Lösungen zu Kapitel 10

10.1. a) $(x^3 - 216) : (x - 6) = x^2 + 6x + 36$,

b) $(6x^5 + 13x^4 - 17x^3 + 3x) : (x + 3) = 6x^4 - 5x^3 - 2x^2 + x$.

10.2. a) $(x^3 - x^2 + 17x + 87) : (x + 3) = x^2 - 4x + 29$,

$x^2 - 4x + 29 = 0 \Rightarrow x_{1,2} = 2 \pm \sqrt{-25} \Rightarrow x_1 = 2 + 5i \quad x_2 = 2 - 5i$.

b) $(x^3 - 9x^2 + 26x - 24) : (x - 4) = x^2 - 5x + 6$,

$x^2 - 5x + 6 = 0 \Rightarrow x_{2,3} = \frac{5}{2} \pm \sqrt{\frac{25}{4} - \frac{24}{4}} = \frac{5}{2} \pm \frac{1}{2} : \Rightarrow x_2 = 2 \quad x_3 = 3$,

c) $(x^4 + 5x^3 + 5x^2 - 5x - 6) : (x - 1) = x^3 + 4x^2 + x - 6$,

Durch Probieren zweite Lösung $x_2 = 1$. Weitere Lösungen

$(x^3 + 4x^2 + x - 6) : (x - 1) = x^2 + 5x + 6$,

$x^2 + 5x + 6 = 0 \Rightarrow x_{3,4} = -\frac{5}{2} \pm \sqrt{\frac{25}{4} - \frac{24}{4}} = -\frac{5}{2} \pm \frac{1}{2}$

$\Rightarrow x_3 = -3 \quad x_4 = -2$,

d) $(x^4 - 10x^3 + 35x^2 - 50x + 24) : (x - 4) = x^3 - 6x^2 + 11x - 6$,

Durch Probieren zweite Lösung $x_2 = 1$. Weitere Lösungen

$(x^3 - 6x^2 + 11x - 6) : (x - 1) = x^2 - 5x + 6$,

$x^2 - 5x + 6 = 0 \Rightarrow x_{3,4} = \frac{5}{2} \pm \sqrt{\frac{25}{4} - \frac{24}{4}} = \frac{5}{2} \pm \frac{1}{2} \Rightarrow x_3 = 2 \quad x_4 = 3$.

Lösungen zu Kapitel 10

10.3. a) $P_3(x) = x^3 - 6x^2 + 7x - 1$ $x = 2, -3, 5$

Horner-Schema

	1	−6	7	−1
2	−	2	−8	−2
	1	−4	−1	−2
−3	−	−3	27	−102
	1	−9	34	−103
5	−	5	−5	10
	1	−1	2	9

b) $P_4(x) = x^4 - x^3 + 2x - 12$ $x = 2, 3, 5$

Horner-Schema

	1	−1	0	2	−12
2	−	2	2	4	12
	1	1	2	6	0
3	−	3	6	18	60
	1	2	6	20	48
5	−	5	20	100	510
	1	4	20	102	498

10.4. $P_5(2) = 729$, $P_5(4.26) = -252.20$, $P_5(-3) = 1776.5$, $P_5(-5.94) = -178.43$.

10.5. a) $P_3(-2) = -26$,

b) $P_4(1.2) = 15.21$,

c) $P_4(-1.28) = -26.569$.

10.6. 40, 38.016, 4.728.

10.7. a)

x	−1	0	1	2	3	4	5
y	−18	−2	2	0	−2	2	18

b) $x_1 = 2$, $x_2 = 0.268$, $x_3 = 3.732$.

10.8. a) $x_{1,2,3} = 0$ $x_4 = 1$ $x_5 = 2 + i$ $x_6 = 2 - i$,

b) $x_{1,2} = 1$ $x_3 = 3$ $x_4 = -3$,

c) $x_1 = 1$ $x_2 = 3$ $x_3 = -\frac{3}{2} + \frac{3}{2}\sqrt{3}i$ $x_4 = -\frac{3}{2} - \frac{3}{2}\sqrt{3}i$,

d) $x_1 = 0$ $x_2 = 1$ $x_3 = 3$ $x_4 = -\frac{3}{2} + \frac{3}{2}\sqrt{3}i$ $x_5 = -\frac{3}{2} - \frac{3}{2}\sqrt{3}i$.

10.9. a) $x_1 = -2$ $x_2 = 2i$ $x_3 = -2i$, $P_3(x) = (x+2)(x^2+4)$,
  b) $x_1 = 3$ $x_2 = x_3 = -\frac{3}{2}$, $P_3(x) = 4(x-3)\left(x+\frac{3}{2}\right)^2$
  c) $x_1 = 1$ $x_2 = -3$ $x_{3,4} = -\frac{1}{2} \pm \frac{\sqrt{3}}{2}i$, $P_4(x) = (x-1)(x+3)(x^2+x+1)$.

10.10. $x_1 = 1.84$ $x_2 = 0.82 + 2.03i$, $x_3 = 0.82 - 2.03i$.

10.11. a) $P_4(x) = 3(x-2)^4 + 22(x-2)^3 + 60(x-2)^2 + 76(x-2) + 28$,
  b) $P_3(x) = -2(x-3)^3 - 18(x-3)^2 - 49(x-3) - 29$,
  c) $P_4(x) = (x+1.2)^4 - 2.4(x+1.2)^2 - 0.006(x+1.2) - 2.0136$,
  d) $P_4(x) = -0.8(x-1.18)^4 - 3.776(x-1.18)^3 - 4.404(x-1.18)^2$
       $+ 1.163(x-1.18) + 6.012$,
  e) $P_4(x) = (x+2)^4 - 8(x+2)^3 + 14(x+2)^2 - 12(x+2)$,
  f) $P_3(x) = (x-3)^3 + 4(x-3)^2$.

10.12.

	x_0	$P'(x_0)$	$P''(x_0)$	$P'''(x_0)$	$P''''(x_0)$
a)	2	76	120	132	72
b)	3	−49	−36	−12	0
c)	−1.2	0.006	0	−14.4	24
d)	1.18	1.163	−8.808	−22.656	−19.2
e)	−2	−12	28	−48	24
f)	3	0	8	6	0

10.13. a) $(16x^6 + 10x^5 - 17x^4 + 33x^3 + 14xx^2) : (x^2 + 7x + 2) = 16x^4 - 8x^3 + 7x^2$,
  b) $(40x^6 + 56x^4 + 69x^3 + 88x^2 + 62x + 15) : (8x^3 + 9x + 5) = 5x^2 + 7x + 3$.

10.14. $P_6(x) = x^6 - 6x^5 - 4x^4 + 64x^3 - 45x^2 - 82x + 24$
  $P_4(x) = x^4 - 2x^3 - 13x^2 + 14x + 24$,

	1	−6	−4	64	−45	−82	24
2	−	2	−8	2	−	−	−
13	−	−	13	−52	13	−	−
−14	−	−	−	−14	56	−14	−
−24	−	−	−	−	−24	96	−24
	1	−4	1	0	0	0	0

Restpolynom $R_2(x) = x^2 - 4x + 1$, Nullstellen $x_1 = 2 - \sqrt{3}$, $x_2 = 2 + \sqrt{3}$.

10.15. $P_4(x) = x^4 + 3x^3 - 5x^2 - 2x + 8$,
  Aus den Nullstellen $x_1 = -4$ $x_2 = -1.20556943$ ergibt sich

$$P_2(x) = x^2 + 5.20556943x + 4.82227772,$$

Lösungen zu Kapitel 10

	1	3	−5	−2	8
−5.20556943	−	−5.20556943	11.48124481	−8.63586837	−
−4.82227772	−	−	−4.82227772	10.63586832	−8.00000004
	1	−2.20556943	1.65896709	−0.00000005	−0.00000004

Restpolynom $R_2(x) = x^2 - 2.20556943x + 1.65896709$,

Nullstellen $x_{1,2} = 1.10278472 \pm 0.66545696\, i$.

10.16. $P_4(x) = x^4 - 5.8x^3 - 1.23x^2 + 35.92x - 9.43$,

Aus den gegebenen Nullstellen $x_{1,2} = 2 \pm \sqrt{3}$ ergibt sich

$$P_2(x) = (x - 2 + \sqrt{3})(x - 2 - \sqrt{3}) = x^2 - 4x + 1,$$

Abspalten der Nullstellen x_1, x_2,

	1	−5.80	−1.23	35.92	−9.43
4	−	4.00	−7.20	−37.72	−
−1	−	−	−1.00	−1.80	9.43
	1	−1.80	−9.43	0.00	0.00

Restpolynom $R_2(x) = x^2 - 1.80x - 9.43$,

Nullstellen $x_{3,4} = 0.90 \pm \sqrt{10.24}$.

10.17. a) $P_6(x) = x^6 - 12x^5 + 63x^4 - 192x^3 + 367x^2 - 420x + 225$,

Aus den gegebenen Nullstellen $x_{1,2} = 3$, $x_3 = -2 + i$, $x_4 = -2 - i$ erhält man

$$P_4(x) = x^4 - 10x^3 + 38x^2 - 66x + 45,$$

	1	−12	63	−192	367	−420	225
10	−	10	−20	50	−	−	−
−38	−	−	−38	76	−190	−	−
66	−	−	−	66	−132	330	−
−45	−	−	−	−	−45	90	−225
	1	−2	5	0	0	0	0

Restpolynom $R_2(x) = x^2 - 2x + 5$,

Nullstellen $x_{5,6} = 1 \pm \sqrt{1 - 5} = 1 \pm 2i$.

b) $P_6(x) = x^6 - 6x^5 + 23x^4 + 4x^3 - 165x^2 + 650x - 507$,

Die gegebenen Nullstellen $x_{1,2} = 2 + 3i$, $x_{3,4} = 2 - 3i$ führen zu

$$P_4(x) = x^4 - 8x^3 + 42x^2 - 104x + 169,$$

	1	−6	23	4	−165	650	−507
8	−	8	16	−24	−	−	−
−42	−	−	−42	−84	126	−	−
104	−	−	−	104	208	−312	−
−169	−	−	−	−	−169	−338	507
	1	2	−3	0	0	0	0

Restpolynom $R_2(x) = x^2 + 2x - 3$,

Nullstellen $x_{5,6} = -1 \pm \sqrt{1+3} \;\Rightarrow\; x_5 = -3 \quad x_6 = 1$.

10.18. $P_6(x) = x^6 + (-8 + 2i)x^5 + (32 - 18i)x^4 + (-80 + 70i)x^3 + (127 - 158i)x^2$
$+ (-124 + 208i)x + (60 - 120i)$,

			1	0	−8	2	32	−18	−80	70	127	−158	−124	208	60	−120
2	0		−	−	2	0	−12	0	40	0	−80	0	94	0	−60	0
0	2		−	−	0	0	0	4	0	−28	0	84	0	−148	0	120
			1	0	−6	2	20	−14	−40	42	47	−74	−30	60	0	0
2	0		−	−	2	0	−8	0	24	0	−32	0	30	0		
0	2		−	−	0	0	0	4	0	−20	0	44	0	−60		
			1	0	−4	2	12	−10	−16	22	15	−30	0	0		
1	2		−	−	1	2	−3	−6	1	2	9	18				
−2	1		−	−	0	0	−8	4	24	−12	−24	12				
			1	0	−3	4	1	−12	9	12	0	0				
1	−2		−	−	1	−2	−2	4	3	−6						
2	1		−	−	0	0	4	2	−12	−6						
			1	0	−2	2	3	−6	0	0						

Restpolynom $R_2(x) = x^2 + (-2 + 2i)x + (3 - 6i)$,

10.19. Anzahl der Nullstellen:

Mit $n = 3, a_1 = 5, a_2 = 3$ und $a_3 = -9$ folgt

$$s_0 = 3$$
$$s_1 = -1 \cdot a_1 = -5$$
$$s_2 = -2 \cdot a_2 + a_1 \cdot s_1 = 19$$
$$s_3 = -3 \cdot a_3 + a_2 \cdot s_1 + a_1 \cdot s_2 = -53$$
$$s_4 = -a_3 \cdot s_1 + a_2 \cdot s_2 + a_1 \cdot s_3 = 163.$$

Damit ergibt sich

$$M = \begin{pmatrix} 3 & -5 & 19 \\ -5 & 19 & -53 \\ 19 & -53 & 163 \end{pmatrix}$$

und daraus Rang $\rho = 2$.

Aus der Hauptminorenreihe 1, $D_1 = 3$, $D_2 = 32$, $D_3 = 0$ folgt $m = 0$.

Die Aussagen 7, 8 und 9 ergeben:

Die Anzahl g der voneinander verschiedenen Nullstellen von $P_3(x)$ ist $g = \rho = 2$.

Die Anzahl d der voneinander verschiedenen Paare konjugiert komplexer Nullstellen ist

$$d = m = 0.$$

Abschätzung für die Nullstellen:

Aussage 1 besagt: Es existieren eine positive und zwei negative reelle Wurzeln.

Aus Aussage 1 folgt die Abschätzung für die Lage der Wurzeln zu

$$3x^2 + 10x - 38 = 0 \Rightarrow [-5.60, 2.26].$$

Mit Aussage 6 erhält man Abschätzungen für die Nullstellen

a) $|x_j| \leq \max\{1, 18\} = 18$,

b) $|x_j| \leq \max\{9, 4, 6\} = 9$,

c) $|x_j| \leq \max\left\{\left|\frac{9}{3}\right|, 2|35|, 2\left|\frac{5}{1}\right|\right\} = 10$,

d) $|x_j| \leq 5 + \left(\frac{3}{5} + \frac{9}{3}\right) = 8.6$,

e) $|x_j| \leq 2\max\{5, \sqrt{3}, 3\} = 10$.

10.20. $P_2(x) = x^2 + (-2 - 2i)x + (-3 + 6i)$, $a_1 = -2 - 2i$, $a_2 = -3 + i$.

Aus Matrix **M** folgt $s_0 = 2$, $s_1 = 2 - 2i$, $s_2 = 6 + 4i$ und

$$\mathbf{M} = \begin{pmatrix} 2 & 2 - 2i \\ 2 - 2i & 6 + 4i \end{pmatrix}.$$

Als Wert der Determinante $D = \det(\mathbf{M})$ ergibt sich $12 + 16i$.

Der Rang der Matrix **M** ist $l = 2$.

Es ist das reelle Polynom $Q_4(x) = P_2(x) \cdot \overline{P_2(x)}$ zu bilden

$Q_4(x) = x^4 - 4x^3 + 2x^2 - 12x + 45$, $b_1 = -4$, $b_2 = 2$, $b_3 = -12$, $b_4 = 45$.

Für dieses Polynom $Q_4(x)$ sind die Anzahlen der verschiedenen Nullstellen zu bestimmen:

$s_0 = 4$, $s_1 = 4$, $s_2 = 12$, $s_3 = 76$, $s_4 = 148$, $s_5 = 404$, $s_6 = 1692$.

Damit wird die Matrix $\mathbf{M}$ gebildet

$$\mathbf{M} = \begin{pmatrix} 4 & 4 & 12 & 76 \\ 4 & 12 & 76 & 148 \\ 12 & 76 & 148 & 404 \\ 76 & 148 & 404 & 1692 \end{pmatrix}.$$

Es ist der Rang dieser Matrix zu bestimmen. Dazu wird die Matrix $\mathbf{M}$ in eine obere Dreiecksgestalt transformiert,

$$\begin{pmatrix} 4 & 4 & 12 & 76 \\ 4 & 12 & 76 & 148 \\ 12 & 76 & 148 & 404 \\ 76 & 148 & 404 & 1692 \end{pmatrix} \to \begin{pmatrix} 1 & 1 & 3 & 19 \\ 1 & 3 & 19 & 37 \\ 3 & 19 & 37 & 101 \\ 19 & 37 & 101 & 423 \end{pmatrix} \to \begin{pmatrix} 1 & 1 & 3 & 19 \\ 0 & 2 & 16 & 18 \\ 0 & 16 & 28 & 44 \\ 0 & 18 & 44 & 62 \end{pmatrix} \to$$

$$\begin{pmatrix} 1 & 1 & 3 & 19 \\ 0 & 1 & 8 & 9 \\ 0 & 4 & 7 & 11 \\ 0 & 9 & 22 & 31 \end{pmatrix} \to \begin{pmatrix} 1 & 1 & 3 & 19 \\ 0 & 1 & 8 & 9 \\ 0 & 0 & -25 & -25 \\ 0 & 0 & -50 & -50 \end{pmatrix} \to \begin{pmatrix} 1 & 1 & 3 & 19 \\ 0 & 1 & 8 & 9 \\ 0 & 0 & 1 & 1 \\ 0 & 0 & 1 & 1 \end{pmatrix} \to \begin{pmatrix} 1 & 1 & 3 & 19 \\ 0 & 1 & 8 & 9 \\ 0 & 0 & 1 & 1 \\ 0 & 0 & 0 & 0 \end{pmatrix}.$$

Daraus folgt für den Rang von $\mathbf{M}$: $\rho = 3$.

Aus der Matrix $\mathbf{M}$ erhält man die Hauptminorenreihe

$$1, \quad D_1 = 4, \quad D_2 = 32, \quad D_3 = -12800, \quad D_4 = 0.$$

Hieraus kann die Anzahl der Zeichenwechsel abgelesen werden: $m = 1$.

Aussage 11 ergibt

Anzahl der voneinander verschiedenen Nullstellen: $g = l = 2$,

Anzahl der voneinander verschiedenen reellen Nullstellen: $r = \rho - 2m = 1$,

Anzahl der voneinander verschiedenen komplexen Nullstellen: $k = \rho - l = 1$,

Anzahl der voneinander verschiedenen Paare konjugiert komplexer Nullstellen:

$$d = m + l - \rho = 0.$$

Die exakten Nullstellen sind: $x_1 = 3$, $x_2 = -1 - 2i$.

Die Aussagen 5 und 6 ergeben Abschätzungen für die Beträge der Nullstellen. Mit

$$a_1 = -2 - 2i, \quad |a_1| = \sqrt{8} = 2.828, \quad a_2 = -3 + 6i, \quad |a_2| = \sqrt{47} = 6.856$$

folgt aus Aussage 5

$$\alpha = \max\{2.83, 6.86\} = 6.86,$$
$$\beta = 2 \cdot \max\{2.83, 2.62\} = 5.66,$$
$$|x_j| \leq \min\{7.86, 5.66\} = 5.66$$

Lösungen zu Kapitel 11

und aus Aussage 6

a) $|x_j| \leq \max\{1, 9.68\} = 9.68$,

b) $|x_j| \leq \max\{6.86, 3.83\} = 6.86$,

c) $|x_j| \leq \max\{2.42, 5.66\}$,

d) $|x_j| \leq 2.83 + 2.42 = 5.25$,

e) $|x_j| \leq 2 \cdot \max\{2.83, 2.62\} = 5$.

Zusammenfassend erhält man: $|x_j| \leq 5.25$.

Die Beträge der exakten Nullstellen sind: $|x_1| = 3$, $|x_2| = \sqrt{5} = 2.24$.

Lösungen zu Kapitel 11

11.1. Siehe Anhang Zufallszahlen.

11.2. $\bar{z} = 0.5077277790$, $s_z = 0.2861443819$.

11.3. Aus im Intervall $[0, 1]$ gleichmäßig verteilten Zufallszahlen z_k durch $y_k = 4z_k - 2$.

11.4. 12-Regel

11.5. u_k standardnormalverteilte Zufallszahlen, y_k aus u_k durch Transformation

$$y_k = \sqrt{s_y^2 - \bar{y}^2}\, u_k + \bar{y}.$$

11.6.

$$I_1 = \int_0^2 \frac{3x^2}{1+x^3}\, dx = \int_0^1 \frac{24u^2}{1+8u^3}\, du$$

$$I_3 = \int_1^2 \sin(\ln x)\, dx = \int_0^1 \sin\left(\ln(u+1)\right) du$$

$$I_4 = \int_0^2 \frac{e^{-x}}{1+x^2}\, dx = \int_0^1 \frac{2e^{-2u}}{1+4u^2}\, du$$

$$I_6 = \int_1^2 e^{-\frac{1}{\ln(x)}}\, dx = \int_0^1 e^{-\frac{1}{\ln(u+1)}}\, du$$

I_k	$n = 500$	$n = 1000$	$n = 10000$	exakt
I_1	2.158260	2.235986	2.208790	2.197225
I_2	0.386590	0.399151	0.394994	0.392699
I_3	0.363974	0.374933	0.372562	0.369722
I_4	0.624897	0.588579	0.598418	0.605326
I_5	0.532646	0.524848	0.526905	0.528482
I_6	0.092154	0.096507	0.095713	0.094249

11.7.

I_k	$n=500$	$n=1000$	$n=10000$	exakt
I_1	2.232	2.160	2.1816	2.197225
I_2	0.354	0.422	0.3940	0.392699
I_3	0.348	0.387	0.3726	0.369722
I_4	0.584	0.590	0.6028	0.605326
I_5	0.536	0.541	0.5263	0.528482
I_6	0.096	0.085	0.0907	0.094249

Anhang B
Zufallszahlentabelle

Tabelle von im Intervall [0; 1] gleichmäßig verteilten Zufallszahlen (mit dem Faktor 100 000 multipliziert)

46064	49081	15352	16542	42147	64978	13134	26152	24112	5797
68034	2167	24290	84913	43121	96067	19687	59281	93048	36420
63558	47150	21456	47862	68262	8239	68817	63612	59950	4488
27463	4026	91904	59053	50366	18624	6806	79613	93686	45651
92243	38747	71487	95019	21954	73331	95332	36350	35424	16711
30700	23220	45460	38656	17874	2669	834	17348	55794	93255
51376	47136	82359	72243	70104	65791	17958	99842	16286	36117
78026	52035	44132	34800	1786	1823	80019	91240	46983	75
42327	82601	63940	26168	74478	35823	96048	21636	3920	82497
81974	99584	6641	99292	39130	60682	40923	94153	80707	71836
12050	56569	96976	64037	24623	95139	55008	69010	66973	61629
84419	59816	98505	68135	14244	62838	628	75969	64809	54750
54588	39999	84087	24534	46309	19785	73034	73802	7716	47716
35960	58181	48524	26709	58530	40937	18983	39084	57059	12458
54648	76209	19500	3949	4453	39717	49217	87476	96490	81595
60399	72562	89719	13451	8379	18506	53569	46844	72516	23732
87744	17866	90064	88546	92986	94172	7975	12570	14426	30169
95383	13356	87682	30223	21700	68983	82284	62896	45121	94532
16356	84495	20313	10532	81704	15008	25806	95717	91425	78345
47704	72127	37404	22135	25511	45263	49	4316	97481	7496
93817	85557	45728	44810	5254	61592	51922	1952	99035	20989
58164	16441	87931	27218	58611	19238	86801	79674	70278	74673
68788	76662	15856	10782	74383	87	77183	14348	27776	72070
51888	44437	63826	58782	90943	68138	55427	55071	20566	3273
52549	40608	71644	84060	66912	29162	61878	2744	17549	18769

18881	91610	79444	19753	90132	8488	24253	47569	18378	25705
78223	74094	90410	8454	68965	85911	95284	35874	43080	50501
54328	52386	83362	6039	46122	30613	25849	98160	54133	86828
95582	68678	99343	3095	57285	2920	87149	77143	58946	15924
75244	82	54123	39359	3391	65689	28425	41531	57118	95560
18232	91611	68711	12165	34140	61810	70011	27962	37510	22937
99546	79174	22907	13516	27200	58910	91658	10558	32054	1998
69675	81160	17294	87412	2129	18199	55364	96530	88091	26914
11214	43862	74106	41655	69113	74370	5824	9009	46930	48295
95708	71355	58169	11422	73924	98797	40266	16696	95643	15632
43401	90963	70891	66229	61808	3179	40675	64786	6536	7801
73871	3947	15963	85054	22149	25741	24728	7758	25410	87515
84478	462	9757	65202	90550	31775	21530	38047	93377	18041
92092	74008	20416	83140	94475	94501	48197	61547	85147	44039
9063	79591	8028	49756	9446	58692	777	35436	62421	82144
27621	61862	28112	70250	62081	98757	25199	6743	48525	3554
72090	34662	23456	12137	88804	59259	34266	63996	56571	17134
84311	97757	12995	40147	4017	63923	78906	25346	97381	44026
71142	71119	7802	73153	58205	56041	49837	98156	84442	49985
80847	11061	69396	22987	46589	48545	70031	19384	99435	84157
26854	96412	61366	84078	69943	10996	48854	40474	89235	61086
52333	68748	40131	76969	17948	57937	98762	88623	79967	43143
10501	61484	22799	25116	77302	91335	33812	80593	99660	30848
70610	59376	96704	59597	65562	46184	4598	87070	86762	84250
81712	7061	7452	69582	24655	64304	28919	48597	7759	69350
31196	15941	97273	47503	12858	72927	61236	21480	68972	20890
76177	29994	8145	44778	73398	34727	27899	91086	21507	63338
44666	83438	54914	11868	44201	40822	27988	67057	18741	12837
96861	90106	68091	76628	23997	44870	60316	83186	787	11009
9845	99788	43925	80256	53789	55724	8237	31179	80993	4429
4519	22270	23527	48338	8936	87102	15541	12671	69612	37061
66178	87637	67067	77393	75447	70938	31284	67054	58924	26637
39439	70430	50568	64630	62554	8952	16979	66881	94194	27635
39537	19312	61485	79317	48195	28360	20435	83145	58022	394

Tabelle von im Intervall [0; 1] gleichmäßig verteilten Zufallszahlen

20780	12712	35399	37444	71660	19465	65277	88742	19464	46220
2386	84269	45979	49638	30213	2920	88394	12964	80282	639
93580	18987	54732	40194	90686	59141	94854	14647	17769	34538
58822	81067	94017	21390	83441	27617	66419	76084	36889	97919
30395	31173	5899	84372	4136	51060	38143	90136	93034	61888
49349	69775	82325	55833	74077	44002	87373	18169	65992	22283
93243	68178	35595	93782	41265	81884	90497	18054	78524	81012
59847	16570	36505	20690	3852	6094	27979	62794	43644	98706
33878	52646	59506	7723	84015	79988	39270	38510	6584	87224
94767	64726	90539	58633	61547	52322	87701	83052	69896	57557
80864	26503	98665	87787	37745	2371	72008	99925	47520	77056
16646	81988	44054	33009	37446	34355	51532	35684	77697	44825
75835	36035	39623	42602	46080	83151	10905	35157	63845	34526
77098	20672	13895	1290	76569	9916	93486	10620	76568	25878
48384	99464	83002	54651	15016	72001	78611	1496	89306	95007
70733	26105	63904	52897	12167	3871	69802	21622	15372	31717
52755	76255	34964	26376	53523	60514	29133	69741	53343	39609
99112	86688	3962	78471	22129	94816	98328	14866	13037	59952
25663	21926	65011	92418	32231	83169	85084	41920	71135	37789
87288	64221	69266	33527	30798	41809	59257	67630	859	52084
39850	50564	84621	50797	32695	63040	27968	42682	88747	14024
35202	47414	35388	35705	75174	80671	29457	79912	26674	48599
34678	69799	97166	3904	41319	33642	23624	93172	27872	85110
27325	6584	17750	72858	74398	88789	77736	14696	13429	67344
47487	61269	40203	31731	53083	72234	47567	73041	97538	50669
40132	19993	49899	14900	60455	84313	57111	63805	39244	23306
25679	85475	64468	54991	18574	12150	49515	62716	66083	4023
14181	37055	13205	48518	2192	27292	7520	23352	48360	53465
46744	78974	39289	92807	34968	21596	50666	15827	41980	88424
63984	18608	69761	12215	6538	26412	92176	44205	39479	68488
34815	16611	41687	33040	78380	52015	54716	35341	52781	17994

Literaturverzeichnis

[1] Allen, M. B. und Isaacson, E. L.: *Numerical Analysis for Applied Science*. Wiley-Verlag, New York, 1998.

[2] Antia, H. M.: *Numerical Methods for Scientists and Engineers*. Birkhäuser-Verlag, Basel, 2002.

[3] Bärwolff, G.: *Numerik für Ingenieure, Physiker und Informatiker*. Spektrum Akademischer Verlag, Heidelberg Berlin Oxford, 2006.

[4] Becker, J., Dreyer, H.-J., Haacke, W. und Nabert, R.: *Numerische Mathematik für Ingenieure*. Teubner-Verlag, Stuttgart, 2. Auflage, 1985.

[5] Boehm, W., Gose, G. und Kahmann, J.: *Methoden der numerischen Mathematik*. Vieweg-Verlag, Braunschweig Wiesbaden, 1985.

[6] Boehm, W. und Prautzsch, H.: *Numerical Methods*. Vieweg-Verlag, Braunschweig Wiesbaden, 1993.

[7] Bollhöfer, M. und Mehrmann, V.: *Numerische Mathematik*. Vieweg-Verlag, Braunschweig Wiesbaden, 2004.

[8] Bornemann, F., Laurie, D., Wagon, S. und Waldvogel, J.: *Vom Lösen numerischer Probleme*. Springer-Verlag, Berlin, 2006.

[9] Bronstein, I. N., Semendjajew, K. A., Musiol, G. und Mühlig, H.: *Taschenbuch der Mathematik*. Verlag Harri Deutsch, Frankfurt/Main, 7. Auflage, 2008.

[10] Brosowski, B. und Kress, R.: *Einführung in die Numerische Mathematik, Band I und Band II*. BI-Wissenschafts-Verlag, Mannheim, 1976.

[11] Bude, E.: *Numerische Mathematik*. Shaker-Verlag, Aachen, 1990.

[12] Buslenko, H. P. und Schreider, J. A.: *Die Monte-Carlo-Methode und ihre Verwirklichung mit elektronischen Digitalrechnern*. Teubner-Verlag, Leipzig, 1964.

[13] Dahlquist, G. und Björck, A.: *Numerische Methoden*. Oldenbourg-Verlag, München, 2. Auflage, 1979.

[14] Dahmen, W. und Reusken, A.: *Numerik für Ingenieure und Naturwissenschaftler*. Springer-Verlag, Berlin, 2. Auflage, 2008.

[15] Deuflhard, P. und Bornemann, F.: *Numerische Mathematik II*. de Gruyter-Verlag, Berlin New York, 3. Auflage, 2008.

[16] Deuflhard, P. und Hohmann, A.: *Numerische Mathematik I*. de Gruyter-Verlag, Berlin New York, 4. Auflage, 2008.

[17] Drabe, W.: *Numerische Mathematik*. Dümmler, Frankfurt/Main, 1999.

[18] Engeln-Müllges, G., Niederdrenk, K. und Wodicka, R.: *Numerik-Algorithmen*. Springer-Verlag, Berlin, 9. Auflage, 2005.

[19] Engeln-Müllges, G. und Reutter, F.: *Numerische Mathematik für Ingenieure*. Springer-Verlag, Berlin, 5. Auflage, 2003.

[20] Ermakov, S. M.: *Die Monte-Carlo-Methode und verwandte Fragen*. Deutscher Verlag der Wissenschaften, Berlin, 1975.

[21] Eylert, B. und Eylert, D.: *Kompendium Numerische Mathematik*. New Media, 2. Auflage, 2008.

[22] Faires, D. J. und Burden, R. L.: *Numerische Methoden*. Spektrum Akademischer Verlag, Heidelberg Berlin Oxford, 2000.

[23] Feldmann, D.: *Repetitorium der numerischen Mathematik*. Merzinger-Wirth, Barsinghausen, 2008.

[24] Finck von Finkenstein, K.: *Einführung in die numerische Mathematik, Band I und Band II*. Carl Hanser-Verlag, München, 1978.

[25] Fricke, R.: *Lehrbuch der Algebra, 1. Band*. Verlag von Friedrich Vieweg, Braunschweig, 1924.

[26] Friedrich, A.: *Numerik*. expert-Verlag, 2003.

[27] Friedrich, H.: *Analytische und numerische Untersuchungen von nichtlinearen, stochastisch fremderregten Schwingungssystemen*. Technische Hochschule Magdeburg, 1976.

[28] Friedrich, H. und Lange, C.: *Numerische Simulation von Zufallsgrössen*. Akademie der Wissenschaften, Institut für Mechanik, Berlin, 1985.

[29] Friedrich, H. und Lange, C.: *Stochastische Prozesse in Natur und Technik*. Verlag Harri Deutsch, Thun Frankfurt/Main, 1999.

[30] Gander, W.: *Computermathematik. Lösungen der Aufgaben*. Birkhäuser-Verlag, Basel, 1986.

[31] Gander, W.: *Computermathematik*. Birkhäuser-Verlag, Basel, 2. Auflage, 1992.

[32] Gantmacher, F. R.: *Matrizenrechnung, Teil I und Teil II*. Deutscher Verlag der Wissenschaften, Berlin, 1966.

[33] Gautschi, W.: *Numerical Analysis*. Birkhäuser-Verlag, Basel Boston, 1997.

[34] Hagander, N. und Sundblad, Y.: *Aufgabensammlung Numerische Mathematik*. Oldenbourg-Verlag, München Wien, 1982.

[35] Hämmerlin, G. und Hoffmann, K.-H.: *Numerische Mathematik*. Springer-Verlag, Berlin Heidelberg New York, 4. Auflage, 1994.

[36] Hanke-Bourgeois, M.: *Grundlagen der Numerischen Mathematik und des Wissenschaftlichen Rechnens*. Teubner-Verlag, Stuttgart, 3. Auflage, 2009.

[37] Hermann, M.: *Numerische Mathematik*. Oldenbourg-Verlag, München, 2. Auflage, 2006.

[38] Herzberger, J.: *Wissenschaftliches Rechnen. Eine Einführung in das Scientific Computing*. Akademie-Verlag, Berlin, 1995.

[39] Herzberger, J.: *Einführung in das wissenschaftliche Rechnen. Für Informatiker, Mathematiker und Naturwissenschaftler.* Oldenbourg-Verlag, München, 1997.

[40] Herzberger, J.: *Übungsbuch zur Numerischen Mathematik.* Oldenbourg-Verlag, München, 1998.

[41] Hoffmann, A., Marx, B. und Vogt, W.: *Mathematik für Ingenieure. Band 1: Lineare Algebra, Analysis - Theorie und Numerik.* Pearson Studium, 2005.

[42] Höllig, K.: *Grundlagen der Numerik.* Zavelstein, Stuttgart, 1998.

[43] Huckle, T. und Schneider, S.: *Numerische Methoden.* Springer-Verlag, Berlin, 2006.

[44] Isaacson, E. und Keller, H. B.: *Analyse Numerischer Verfahren.* Verlag Harri Deutsch, Thun Frankfurt/Main, 1973.

[45] Knorrenschild, M. und Engelmann, B.: *Numerische Mathematik.* Carl Hanser Verlag, München, 2008.

[46] Locher, F.: *Numerische Methoden für Informatiker.* Springer-Verlag, Berlin Heidelberg New York, 2007.

[47] Maess, G.: *Vorlesungen über numerische Mathematik, Band I.* Akademie-Verlag, Berlin, 1984.

[48] Maess, G.: *Vorlesungen über numerische Mathematik, Band II.* Akademie-Verlag, Berlin, 1988.

[49] Meinardus, G. und Merz, G.: *Praktische Mathematik, Band I und Band II.* BI-Wissenschafts-Verlag, Mannheim, 1982.

[50] Meister, A.: *Numerik linearer Gleichungssysteme.* Vieweg-Verlag, Braunschweig, 3. Auflage, 2007.

[51] Mennicken, R. und Wagenführer, E.: *Numerische Mathematik, Band 1 und 2.* Vieweg-Verlag, Wiesbaden, 1977.

[52] Müller, P. H.: *Wahrscheinlichkeitsrechnung und mathematische Statistik – Lexikon der Stochastik.* Akademie-Verlag, Berlin, 5. Auflage, 1991.

[53] Neuendorf, W.: *Numerische Mathematik.* Shaker-Verlag, Aachen, 2002.

[54] Obreschkoff, N.: *Verteilung und Berechnung der Nullstellen reeller Polynome.* Deutscher Verlag der Wissenschaften, Berlin, 1963.

[55] Oelschlägel, D. und Matthäus, W.-G.: *Numerische Methoden.* Teubner-Verlag, Leipzig, 4. Auflage, 1991.

[56] Oevel, W.: *Einführung in die Numerische Mathematik.* Spektrum Akademischer Verlag, Heidelberg Berlin Oxford, 1996.

[57] Opfer, G.: *Numerische Mathematik für Anfänger. Eine Einführung für Mathematiker, Ingenieure und Informatiker.* Vieweg-Verlag, Braunschweig, 5. Auflage, 2008.

[58] Paulitsch, A.: *Wie die Zahlen Mathematik machen.* Aulis-Verlag, Hallbergmoos, 2002.

[59] Plato, R.: *Übungsbuch zur Numerischen Mathematik.* Vieweg-Verlag, Braunschweig, 2004.

[60] Plato, R.: *Numerische Mathematik kompakt. Grundwissen für Studium und Praxis.* Vieweg-Verlag, Braunschweig, 4. Auflage, 2009.

[61] Preuss, W. und Wenisch, G.: *Lehr- und Übungsbuch Numerische Mathematik.* Fachbuchverlag, Leipzig, 2001.

[62] Quarteroni, A., Sacco, R. und Saleri, F.: *Numerische Mathematik 1 und 2.* Springer-Verlag, Berlin, 2007.

[63] Rade, L. und Westergren, B.: *Springers Mathematische Formeln.* Springer-Verlag, Berlin, 3. Auflage, 2000.

[64] Ralston, A. und Wilf, H.: *Mathematische Methoden für Digitalrechner, Band I und Band II.* Oldenbourg-Verlag, München Wien, 2. Auflage, 1979.

[65] Reimer, M: *Grundlagen der Numerischen Mathematik, Band I und Band II.* Akademische Verlagsgesellschaft, Wiesbaden, 1982.

[66] Roos, H.-G. und Schwetlick, H.: *Numerische Mathematik.* Teubner-Verlag, Stuttgart Leipzig, 1999.

[67] Rutishauser, H.: *Vorlesungen über numerische Mathematik, Band 1 und 2.* Birkhäuser-Verlag, Basel, 1976.

[68] Rutishauser, H.: *Numerische Proceduren.* Birkhäuser-Verlag, Basel, 1977.

[69] Schaback, R. und Werner, H.: *Numerische Mathematik.* Springer-Verlag, Berlin Heidelberg New York, 5. Auflage, 2005.

[70] Schuppar, B.: *Elementare Numerische Mathematik.* Vieweg-Verlag, Braunschweig, 1998.

[71] Schwarz, H. R.: *Numerische Mathematik.* Teubner-Verlag, Stuttgart, 4. Auflage, 2001.

[72] Schwarz, H. R. und Köckler, N.: *Numerische Mathematik.* Teubner-Verlag, Stuttgart, 7. Auflage, 2009.

[73] Schwarz, H. R., Rutishauser, H. und Stiefel, E.: *Numerik symmetrischer Matrizen.* Teubner-Verlag, Stuttgart, 1972.

[74] Schwetlick, H. und Kretzschmar, H.: *Numerische Verfahren für Naturwissenschaftler und Ingenieure.* Fachbuchverlag, Leipzig, 1991.

[75] Seidel, H. U., Latussek, P., Vogt, W. und Wagner, E.: *Lehr- und Übungsbuch Mathematik, Band V: Einführung in die numerische Mathematik.* Carl Hanser Verlag, München, 1992.

[76] Selder, H.: *Einführung in die numerische Mathematik für Ingenieure.* Oldenbourg-Verlag, München, 2. Auflage, 1979.

[77] Sobol, I. M.: *Die Monte-Carlo-Methode.* Verlag Harri Deutsch, Thun Frankfurt/Main, 4. Auflage, 1991.

[78] Späth, H.: *Numerik.* Vieweg-Verlag, Braunschweig Wiesbaden, 1994.

[79] Stiefel, E.: *Einführung in die numerische Mathematik.* Teubner-Verlag, Stuttgart, 5. Auflage, 1976.

[80] Stoer, J, Bulirsch, R., Freund, R. W. und Hoppe, R. H. W.: *Numerische Mathematik 1*. Springer-Verlag, Berlin Heidelberg New York, 10. Auflage, 2007.

[81] Stoer, J., Bulirsch, R., Hoppe, R. H. W. und Freund, R. W.: *Numerische Mathematik 2*. Springer-Verlag, Berlin Heidelberg New York, 6. Auflage, 2008.

[82] Storm, R.: *Wahrscheinlichkeitsrechnung, mathematische Statistik und statistische Qualitätskontrolle*. Carl Hanser Verlag, München, 2. Auflage, 2007.

[83] Stummel, F. und Hainer, K.: *Praktische Mathematik*. Teubner-Verlag, Stuttgart, 2. Auflage, 1982.

[84] Törnig, W. und Spelluci, P.: *Numerische Mathematik für Ingenieure und Physiker, Band 1: Numerische Methoden der Algebra*. Springer-Verlag, Berlin Heidelberg New York, 2. Auflage, 1990.

[85] Überhuber, Ch.: *Computer-Numerik, Teil 2*. Springer-Verlag, Berlin Heidelberg New York, 1995.

[86] Überhuber, Ch.: *Computer-Numerik, Teil 1*. Springer-Verlag, Berlin Heidelberg New York, 2. Auflage, 2004.

[87] Überhuber, Ch., Katzenbeisser, S. und Praetorius, D.: *Matlab 7*. Springer-Verlag, Wien, 2004.

[88] Weber, H.: *Einführung in die Wahrscheinlichkeitsrechnung und Statistik für Ingenieure*. Teubner-Verlag, Stuttgart, 3. Auflage, 1992.

[89] Weller, F.: *Numerische Mathematik für Ingenieure und Naturwissenschaftler*. Vieweg-Verlag, Braunschweig Wiesbaden, 1996.

[90] Werner, J.: *Numerische Mathematik, Band 1 und 2*. Vieweg-Verlag, Braunschweig Wiesbaden, 1992.

[91] Westermann, T.: *Mathematik für Ingenieure mit Maple, Teil 1 und Teil 2*. Springer-Verlag, Berlin, 4. Auflage, 2004.

[92] Westermann, T.: *Mathematische Probleme lösen mit Maple*. Springer-Verlag, Berlin, 3. Auflage, 2008.

[93] Willers, F. A.: *Methoden der praktischen Analysis*. Verlag Walter de Gruyter, Berlin, 1956.

[94] Zielinski, R.: *Erzeugen von Zufallszahlen*. Fachbuchverlag, Leipzig, 1978.

[95] Zulehner, W.: *Numerische Mathematik 1 und 2*. Birkhäuser-Verlag, Basel, 2008.

[96] Zurmühl, R.: *Praktische Mathematik für Ingenieure und Physiker*. Springer-Verlag, Berlin Heidelberg New York, 5. Auflage, 1984.

[97] Zurmühl, R. und Falk, S.: *Matrizen und ihre Anwendungen, Teil 2: Numerische Methoden*. Springer-Verlag, Berlin Heidelberg New York, 5. Auflage, 1986.

Abbildungsverzeichnis

2.1	Berechnung von π.	30
3.1	Zwischenwertsatz von Bolzano.	44
3.2	Skizze für die Kurve $y = f(x)$.	45
3.3	Skizze für $y = f_1(x)$ und $f_2(x)$.	46
3.4	Konvergenz der Iterationsfolge.	54
3.5	Divergenz der Iterationsfolge.	55
3.6	Bisektionsmethode.	62
3.7	Konvergenz der ersten Variante der Regula falsi.	64
3.8	Versagen der ersten Variante der Regula falsi.	65
3.9	Regula falsi, 2. Variante.	66
3.10	Iterationsverfahren nach Newton.	70
3.11	Versagen der Newton-Iteration.	71
5.1	Die Beispielmesspunkte.	123
5.2	Die Ausgleichsgerade zu den Beispielpunkten.	126
5.3	Die Kurve aus dem Beispiel 5.3.	130
5.4	Die transformierten Daten.	132
5.5	Die Gerade zu den transformierten Daten.	133
5.6	Die Exponentialfunktion zu den Ausgangsdaten.	134
5.7	Die transformierten Daten des Beispiels 5.6.	135
5.8	Die Gerade zu den transformierten Daten.	136
5.9	Die Potenzfunktion zu den Ausgangsdaten.	136
5.10	Daten aus Beispiel 5.5.	137
5.11	Daten aus Beispielen 5.6 in logarithmischer Achsenteilung.	137
5.12	Das quadratische Polynom zur Exponentialfunktion.	140
5.13	Die ersten sechs Legendre-Polynome.	147
5.14	Eine Rechteckkurve mit $h = 1$ und $p = 2$.	151
5.15	Die Fourier-Polynome F_1, F_3, F_5 und F_7 zur einer Rechteckkurve.	153
5.16	Die vorgegebene Kurve.	154
5.17	Die zu approximierende Funktion und die Fourier-Polynome F_1 und F_3.	155
5.18	Die Sägezahnkurve.	159
5.19	Die Beträge der Fourier-Koeffizienten c_{-10} bis c_{10}.	160
5.20	Die Fourier-Entwicklung F_{10} zur Sägezahnkurve.	161
5.21	Die Taylor-Polynome der Exponentialfunktion bis zum Grad 2.	167
5.22	Die Taylor-Polynome der Cosinus-Funktion bis zum Grad 6.	169

Abbildungsverzeichnis

6.1 Die Lagrange-Polynome zu den Stützstellen $x_0 = -2, x_1 = 0, x_2 = 1$. . 176
6.2 Ein quadratisches Interpolationspolynom zur Sinus-Funktion. 177
6.3 Kubisches Interpolationspolynom zur Sinus-Funktion. 178
6.4 Das Interpolationspolynom nach Lagrange durch die Knoten $(-1, 1)$, $(1, -1), (2, 4)$ und $(5, 1)$. 179
6.5 Das Newtonsche Interpolationspolynom durch fünf äquidistante Knoten $(-2, 1), (-1, 2), (0, -1), (1, 0)$ und $(2, -1)$. 188
6.6 Ein Newtonsche Interpolationspolynom durch sieben äquidistante Knoten. 191
6.7 Ein Newtonsche Interpolationspolynom durch neun äquidistante Knoten. 191
6.8 Extreme Überschwünge in einem Interpolationspolynom durch vierzehn Knoten. 191
6.9 Hermite-Polynom durch die Knoten $(-1, 1), (1, -1), (2, 4)$ und $(5, 1)$ mit Tangenten bei vorgegebenen Anstiegen. 195
6.10 Der lineare Spline für Beispiel 6.14. 201
6.11 Ein quadratischer Spline mit vorgegebener Ableitung am linken Rand $s'(0) = 1$. 204
6.12 Ein quadratischer Spline durch die gleichen Punkte, vorgegeben ist $s'(8) = 1$. 205
6.13 Der natürliche kubische Spline des Beispiels. 210
6.14 Die Überschwünge des Interpolationspolynoms. 214
6.15 Der natürliche kubische Spline durch die gleichen Knoten. 214
6.16 Die linearen B-Splines zu den Stützstellen $x_0 = 0, x_1 = 1, x_2 = 2$ und $x_3 = 4$. 217
6.17 Die linearen B-Splines des Beispiels 6.22 zu den Stützstellen $x_0 = 0$, $x_1 = 1, x_2 = 3, x_3 = 4$ und $x_4 = 7$. 222
6.18 Die quadratischen B-Splines des Beispiels 6.22 zu den Stützstellen $x_0 = 0, x_1 = 1, x_2 = 3, x_3 = 4$ und $x_4 = 7$. 223
6.19 Alle linearen B-Splines zu den Stützstellen $x_0 = 0, x_1 = 1, x_2 = 2$ und $x_3 = 4$ aus dem Beispiel 6.19. 225
6.20 Alle quadratischen B-Splines zu $x_0 = 0, x_1 = 1, x_2 = 3, x_3 = 4$ und $x_4 = 7$ aus dem Beispiel 6.22. 231
6.21 Alle kubischen B-Splines zu den äquidistanten Stützstellen $x_0 = 0, x_1 = 1, \ldots, x_8 = 8$. 238
6.22 Alle linearen B-Splines zu den äquidistanten Stützstellen $x_0 = 0, x_1 = 1, \ldots, x_8 = 8$. 240
6.23 Alle quadratischen B-Splines zu den äquidistanten Stützstellen $x_0 = 0, x_1 = 1, \ldots, x_8 = 8$. 242
6.24 Beträge der Fourier-Koeffizienten c_{-5} bis c_5 und der diskreten Fourier-Koeffizienten der Sägezahnkurve mit $h = 0.4$. 250
6.25 Beträge der Fourier-Koeffizienten c_{-10} bis c_{10} und der diskreten Fourier-Koeffizienten der Sägezahnkurve mit $h = 0.2$. 252

6.26	Die diskrete Fourier-Entwicklung mit 5 Interpolationsknoten zur Sägezahnfunktion.	262
6.27	Die diskrete Fourier-Entwicklung mit 10 Interpolationsknoten zur Sägezahnfunktion.	267
6.28	Die verschobene Sägezahnkurve und ihr trigonometrisches Interpolationspolynom mit 10 Knoten zur Sägezahnfunktion.	269
6.29	Das mit der schnellen Fourier-Transformation gewonnene trigonometrische Interpolationspolynom mit 2^3 Knoten zur Sägezahnfunktion.	274
6.30	Das mit der schnellen Fourier-Transformation gewonnene trigonometrische Interpolationspolynom mit 2^4 Knoten zur Rechteckkurve.	280
6.31	Das mit der FFT gewonnene trigonometrische Interpolationspolynom mit 12 Knoten zur Dreieckkurve.	284
7.1	Der Anstieg von Tangente und Sekante.	288
8.1	Einteilung des Integrationsintervalls in Teilbereiche bei der Benutzung der Trapezformel.	302
8.2	Herausstellung eines Integrationsteilintervalls bei der Benutzung der Trapezformel.	303
8.3	Einteilung des Integrationsintervalls in Teilintervalle bei der Benutzung der Simpsonschen Formel.	307
8.4	Herausstellung eines Doppelstreifens bei der Benutzung der Simpsonschen Formel.	308
8.5	Vorgehen beim Romberg-Verfahren.	319
8.6	Ungleichmäßiges Verhalten des Integranden in gleich großen Teilintervallen des Integrationsintervalls.	326
8.7	Einteilung des Integrationsintervalls bei der adaptiven Simpson-Integration.	327
9.1	Richtungsfeld zu $y' = y + 1 + x$.	345
9.2	Eine Schar von Lösungen zum Richtungsfeld $y' = y + 1 + x$.	345
9.3	Richtungsfeld und spezielle Lösung des Anfangswertproblems.	348
9.4	Einige Näherungen nach dem Verfahren von Picard-Lindelöf.	349
9.5	Die ersten Schritte des Polygonzugs und die exakte Lösung $y(x)$.	350
9.6	Die Lösung der logistischen Gleichung mit dem Polygonzugverfahren für verschiedene Werte des Wachstumsfaktors k.	352
9.7	Das Feigenbaum-Diagramm.	353
9.8	Die Funktion $y = e^{-50x} + x$ als Lösung der steifen Anfangswertaufgabe $y' = 50(x - y) + 1$, $y(0) = 1$.	381
9.9	Die numerische Lösung der steifen Anfangswertaufgabe $y' = 50(x - y) + 1$, $y(0) = 1$.	385

9.10 Das Absinken des Fehlers des Adams-Bashforth-Verfahrens mit $h = 0.1$ bei der Testaufgabe mit $y'_1 = -9y_1$. 390
9.11 Das Ansteigen des Fehlers des Adams-Bashforth-Verfahrens mit $h = 0.1$ bei der Testaufgabe mit $y'_2 = -11y_2$. 390
9.12 Einige Trajektorien des betrachteten Systems. 393

11.1 Dichtefunktion $f_X(x)$ für im Intervall [0, 1] gleichmäßig verteilte Zufallsgrößen. 443
11.2 Verteilungsfunktion $F_X(x)$ für in [0, 1] gleichmäßig verteilte Zufallsgrößen. 444
11.3 Erzeugung von Zufallszahlen mit beliebiger Verteilungsfunktion $F_X(x)$ aus gleichmäßig verteilten Zufallszahlen. 448
11.4 Ersetzung der Verteilungsfunktion $F_X(x)$ durch einen Polygonzug $F_X^*(x)$. 450
11.5 Berechnung bestimmter Integrale mit der Methode der relativen Häufigkeiten. 455
11.6 Berechnung des bestimmten Integrals I. 456
11.7 Näherungsweise Bestimmung von π. 457

A.1 Skizze zu Aufgabe 5.9. 470
A.2 Lagrange-Interpolationspolynom. 473
A.3 Interpolationspolynome nach Lagrange und nach Newton. 474
A.4 Hermite-Interpolationspolynom. 475
A.5 Interpolationspolynom zu Aufgabe 6.6. 476
A.6 Natürlicher kubischer Spline zu Aufgabe 6.6. 477
A.7 Das mit der FFT gewonnene trigonometrische Interpolationspolynom für Aufgabe 6.9 mit 8 Knoten. 479
A.8 Das mit der FFT gewonnene trigonometrische Interpolationspolynom für Aufgabe 6.10 mit 8 Knoten. 479
A.9 Das mit der FFT gewonnene trigonometrische Interpolationspolynom für Aufgabe 6.11 mit 12 Knoten. 480

Tabellenverzeichnis

2.1	Auswertung der Näherungsformel für π.	32
3.1	Wertetabelle für die Kurve $y = f(x)$.	45
3.2	Näherungsfolgen mit verschiedenen Startwerten für Beispiel 3.5.	49
3.3	Verschiedene Startwerte für Beispiel 3.5.	50
3.4	Verschiedene Startwerte für Beispiel 3.7.	52
3.5	Verschiedene Startwerte für Beispiel 3.8.	53
3.6	Verschiedene Startwerte für Beispiel 3.9.	54
3.7	Näherungsfolge zu Beispiel 3.12.	57
3.8	a-posteriori-Abschätzung für Beispiel 3.12.	59
3.9	Iterationsfolge zu Beispiel 3.15 mit linearer Konvergenz.	61
3.10	Iterationsfolge mit quadratischer Konvergenz.	61
3.11	Bisektionsmethode für Beispiel 3.16.	64
3.12	Iteration mit Regula falsi, 1. Variante.	67
3.13	Iteration mit Regula falsi, 2. Variante.	67
3.14	Iteration mit Regula falsi, 1. Variante und Startwert $x^{(0)} = 5$.	68
3.15	Iteration mit Regula falsi, 1. Variante und Startwert $x^{(0)} = 2$.	68
3.16	Iteration mit Regula falsi, 2. Variante und Startwert $x^{(0)} = 2$.	69
3.17	Iterationsverlauf zu Beispiel 3.20.	73
3.18	Erster Iterationsverlauf für Beispiel 3.21.	74
3.19	Zweiter Iterationsverlauf für Beispiel 3.21.	74
3.20	Näherungen mit verbesserter Lipschitz-Konstanten.	75
3.21	Näherungen mit Verfahren von Aitken.	76
3.22	Näherungen mit Verfahren von Steffensen.	77
5.1	Wertetabelle.	122
5.2	Ausgleichsgerade zu Beispiel 5.1.	126
5.3	Messwerte zu Beispiel 5.3.	129
5.4	Messwerte zu Beispiel 5.5.	131
5.5	Transformierte Messwerte.	132
5.6	Wertepaare zu Beispiel 5.6.	134
5.7	Transformierte Wertetabelle.	134
6.1	Newtonsches Interpolationsschema für $n = 3$.	183
6.2	Steigungsschema zu Beispiel 6.6.	184
6.3	Dividierte Differenzen zu Beispiel 6.7.	185

6.4	Differenzenschema.	186
6.5	Differenzenschema zu Beispiel 6.8.	187
6.6	Differenzenschema zu Beispiel 6.9.	189
6.7	Differenzenschema zu Beispiel 6.9 nach Ergänzung um zwei Punkte.	190
6.8	Steigungsschema zu Beispiel 6.12.	196
6.9	Steigungsschema für Hermite-Polynom zu Beispiel 6.13.	198
6.10	Daten zu Beispiel 6.16.	209
6.11	Daten zu Beispiel 6.17.	211
7.1	Rechenfehler und theoretische Fehlerschranken für Beispiel 7.1.	290
7.2	Rechenfehler und theoretische Fehlerschranken für Beispiel 7.2.	292
7.3	Rechenfehler und theoretische Fehlerschranken für Beispiel 7.3 bei Verwendung der Dreipunkte-Randpunktformel mit negativen Schrittweiten.	294
7.4	Rechenfehler und theoretische Fehlerschranken für Beispiel 7.3 bei Verwendung der Dreipunkte-Randpunktformel mit positiven Schrittweiten.	295
8.1	Vergleich exakte Integration und Gauß-Integration.	337
8.2	Stützstellen für Gauß-Integration.	339
8.3	Zusammenstellung der Werte zu Beispiel 8.16.	341
9.1	Näherung mit Polygonzugverfahren.	351
9.2	Lösungen mit Taylor-Methoden fünfter und siebenter Ordnung.	357
9.3	Lösung mit Mittelpunktmethode für Beispiel 9.6.	362
9.4	Lösung mit Runge-Kutta-Verfahren für Beispiel 9.7.	364
9.5	Koeffizienten und lokale Fehler der Adams-Bashforth-Mehrschrittverfahren.	366
9.6	Lösungen mit Adams-Bashforth-Verfahren.	368
9.7	Koeffizienten und lokale Fehler für Nyström-Verfahren.	369
9.8	Ergebnisse zu Beispiel 9.9.	371
9.9	Koeffizienten und lokale Fehler für Adams-Moulton-Verfahren.	373
9.10	Ergebnisse mit Adams-Moulton-Verfahren.	375
9.11	Koeffizienten und lokale Fehler für Milne-Simpson-Verfahren.	376
9.12	Ergebnisse einiger Milne-Simpson-Verfahren.	378
9.13	Vergleich von Adams-Bashforth-Moulton-Verfahren.	380
9.14	Verhalten des Polygonzug-Verfahrens für die Schrittweiten $h = 0.025$ und $h = 0.05$.	382
9.15	Ergebnisse der Rechnung mit den bereits im expliziten Verfahren benutzten Schrittweiten.	384
9.16	Lösungen von $y_1' = -9y_1$ und $y_2' = -11y_2$.	389
9.17	Lösungswerte zu Beispiel 9.19.	394
9.18	Lösungswerte für Beispiel 9.20.	396

Tabellenverzeichnis

10.1	Einfaches Horner-Schema.	402
10.2	Berechnung von Polynomwerten mit dem Horner-Schema.	402
10.3	Berechnung mehrerer Polynomwerte mit dem Horner-Schema.	403
10.4	Vollständiges Horner-Schema.	404
10.5	Vollständiges Horner-Schema für Beispiel 10.4.	406
10.6	Vollständiges Horner-Schema für Beispiel 10.5.	407
10.7	Newton-Verfahren mit Horner-Schema für Beispiel 10.6.	408
10.8	Iterationsschritte für Beispiel 10.6.	409
10.9	m-zeiliges Horner-Schema.	410
10.10	Newton-Verfahren mit m-zeiligen Horner-Schema für $n=6$ und $m=3$.	412
10.11	Verallgemeinertes m-zeiliges Horner-Schema.	414
10.12	Newton-Verfahren mit verallgemeinertem m-zeiligen Horner-Schema für $n=6$ und $m=3$.	415
10.13	m-zeiliges Horner-Schema für Beispiel 10.7.	417
10.14	Abspaltung der ersten Nullstellen.	418
10.15	Abspaltung der ersten Näherungen.	419
10.16	Bestimmung des Restpolynoms.	419
10.17	Komplexes Horner-Schema.	421
10.18	Vollständiges komplexes Horner-Schema.	421
10.19	Wurzelberechnung mit komplexem Horner-Schema.	422
10.20	Abspalten der ersten komplexen Nullstelle.	422
11.1	Erforderliche Realisierungen zur Sicherung von vorgegebenen Genauigkeiten.	446
11.2	Näherungswerte h_n für π.	457

Index

A
Adaptive Simpson-Quadratur
    Fehlerschranke, 328
    Genauigkeitsschranke, 325, 328
    Schrittweite, 325
Approximation, 122, 138
    Beste Approximation, 142
    Diskrete Approximation, 122
    Extremwertaufgabe, 145
    Gleichmäßige Approximation, 122
    Stetige Approximation, 138

B
B-Splines
    Äquidistante Stützstellen, 231
    Innere Splines, 215
    Rand-Splines, 223
Betrag, 23
Buffonsches Nadelproblem, 441

D
Determinante, 9
    Adjunkte, 9, 19
    Eigenschaften, 13
    Element, 9
    Entwicklungssatz von Laplace, 9
    Hauptabschnittsdeterminanten, 17
    Hauptminoren, 17
    Regel von Sarrus, 12
    Reihe, 9
    Spalte, 9
    Unterdeterminante, 9
    Zeile, 9
Differentialgleichungen
    Allgemeine Lösung, 343, 344
    Anfangswertaufgabe, 343, 346
    Anfangswertproblem, 343
    Differentialgleichungen erster Ordnung, 344
    Euler-Cauchy-Polygonzugverfahren, 349
        Schrittweite, 349
    Feigenbaum-Diagramm, 353
    Heun-Verfahren, 361
    Logistische Gleichung, 351
    Mehrschrittverfahren, 364
    Richtungsfeld, 344
    Runge-Kutta-Verfahren, 358
    Spezielle Lösung, 343
    Steife Differentialgleichungen, 380
    Taylor-Methoden, 349, 354
        Fehlerabschätzung, 358
        Fehlerschranke, 358
    Verfahren von Picard-Lindelöf, 346
Differentialgleichungenen
    speziell gewöhnliche Differentialgleichungen, 343
Differentialgleichungssysteme, 391
Diskrete Approximation
    Exponentialfunktion, 131
    Gaußsche Transformation, 128
    Gerade, 122
    Methode der kleinsten Quadrate, 122
    Parabel, 125
    Polynom n-ten Grades, 127
    Polynomapproximation, 122
    Potenzfunktion, 133
    Rationale Funktion, 128

E
Eliminationsalgorithmus, 101
Eliminationsverfahren, 82

F
Fehler, 29
    Absoluter Fehler, 29
    Eingabefehler, 29
    Fehlerabschätzung, 104
    Fehlerfortpflanzung, 35
    Fehlerquadratsumme, 37
    Interpolationsfehler, 179
    Maximalfehler, 35
    Mittlerer Fehler, 37
    Relativer Fehler, 29

Rundungsfehler, 29
Verfahrensfehler, 29
Feigenbaum-Diagramm, 353
Fixpunktsatz, 47, 70
Fourier-Reihe, 153, 156, 248
    Fourier-Koeffizienten, 156, 248
    Komplexe Fourier-Koeffizienten, 264, 270
    Komplexe Fourier-Reihe, 264, 270
    Trigonometrische Funktionen, 264
Fourier-Transformation
    Diskrete Fourier-Transformation, 248
    Inverse Fourier-Transformation, 258

G

Gauß-Integration
    Näherungsformel, 334
    Quadraturformeln, 337
    Schrittweite, 335
    Stützstellen, 335
    Standardintervall, 336
Gaußscher Algorithmus, 82
Gesetz der großen Zahlen, 445
Gewöhnliche Differentialgleichungen, 343
    siehe Differentialgleichungen, 343
Givensrotationsmatrix, 21

H

Horner-Schema, 402
    m-zeiliges Horner-Schema, 409
    Allgemeines Horner-Schema, 409
    Doppelzeiliges Horner-Schema, 418
    Komplexes Horner-Schema, 420
    Verallgemeinertes m-zeiliges Horner-Schema, 413
    Vollständiges Horner-Schema, 404
    Vollständiges komplexes Horner-Schema, 421

I

Interpolation
    Äquidistante Stützstellen, 185, 231, 247
    B-Splines, 214, 242
    Differenzenschema, 186
    Diskrete Fourier-Transformation, 248
    Dividierte Differenzen, 180, 195
    Fehler, 178, 190, 199
    FFT, 270
    Hermite-Interpolation, 192
    Hermite-Polynome, 192
    Interpolationsfunktion, 173
    Interpolationspolynom, 174
    Interpolationsproblem, 173
    Komplexe Exponentialfunktionen, 261
    Lagrange-Interpolation, 175
    Lagrange-Polynome, 175
    Newton-Interpolation, 180
    Newton-Interpolationspolynome, 180
    Periodische Funktion, 247
    Schnelle Fourier-Transformation, 270
    Spline-Interpolation, 199
    Trigonometrische Interpolationspolynome, 264, 274
Iterationsverfahren, 43, 46, 53, 54, 60, 68, 80, 99, 107
    a-posteriori-Abschätzung, 59
    a-priori-Abschätzung, 56
    Abbruchbedingung, 109, 110
    Abbruchkriterium, 59
    Bisektionsverfahren, 61
    Einzelschrittverfahren, 110, 117
    Fehlerabschätzung, 55, 67, 70, 114
    Fixpunktsatz, 47
    Gauß-Seidel-Verfahren, 110
    Gesamtschrittverfahren, 107, 116
    Jacobi-Verfahren, 107
    Kontraktivitätsbedingung, 52
    Konvergentes Verfahren, 46
    Konvergenz, 111, 113
    Konvergenzgebiet, 48
    Konvergenzverbesserung, 73
    Lipschitzkonstante, 73
    Nachiteration, 99
    Newtonsches Iterationsverfahren, 68
    Regula falsi, 1. Variante, 64
    Regula falsi, 2. Variante, 65
    Sassenfeld-Kriterium, 113

Startwert, 44, 70
Stationäres Einschrittverfahren, 46
Verfahren von Aitken, 75
Verfahren von Steffensen, 76

K
Komplexe Polynome
    Horner-Schema, 420
    Nullstellen, 426
Konditionszahl, 40, 41, 105
    Absolute Konditionszahl, 40
    Relative Konditionszahl, 40
Konvergenzordnung, 60

L
Lineares Gleichungssystem, 80
    Äquivalenzoperation, 83, 102
    Koeffizientenmatrix, 81
    Nullvektor, 81
    Pivotelement, 83, 84
    Rückwärtseinsetzen, 86
    Rechte Seite, 81
    Reguläre Matrix, 81
    Verfahren von Cholesky, 95
    Verfahren von Givens, 89
Lokale Approximation, 163
    MacLaurin-Entwicklung, 165
    Restglied nach Lagrange, 165
    Restgliedabschätzung, 167
    Taylor-Entwicklung, 163
    Taylor-Polynom, 165

M
Matrix, 2
    Addition, 4
    Deiecksmatrix, 89
    Dreiecksmatrix, 16
    Einheitsmatrix, 15
    Element, 2
    Givensrotationsmatrix, 21
    Hauptdiagonale, 2
    Hilbertsche Matrix, 103
    Inverse Matrix, 18, 101
    Matrixnorm, 23
    Matrizenmultiplikation, 6
    Multiplikation mit Skalar, 5
    Nullmatrix, 5
    Orthogonale Matrix, 20
    Positiv definite Matrix, 17, 95
    Quadratische Matrix, 14
    Reguläre Matrix, 16, 101
    Reihe, 2
    Spalte, 2
    Symmetrische Matrix, 15, 95
    Transponierte Matrix, 8
    Zeile, 2
Matrizenoperationen, 3
Mehrschrittverfahren, 364
    Adams-Bashforth-Verfahren, 366
    Adams-Moulton-Verfahren, 373
    Explizites Mehrschrittverfahren, 365
    Fehler, 371
    Implizites Mehrschrittverfahren, 365, 371
    Lokaler Fehler, 366, 371, 373, 375
    Milne-Simpson-Verfahren, 375
    Newtonsches Interpolationspolynom, 373
    Nyström-Verfahren, 368
    Prädiktor-Korrektor-Verfahren, 365, 379
Monte-Carlo-Methode, 440, 445, 453

N
Näherungslösung, 43
Norm
    Betragssummennorm, 25
    Euklidische Norm, 25
    Matrixnorm, 23, 41
    Maximumnorm, 25
    Schursche Norm, 25
    Spaltensummennorm, 25
    Vektornorm, 23
    Zeilensummennorm, 25
Nullstellen komplexer Polynome
    Anzahl, 434
Nullstellen reeller Polynome
    Abschätzung, 423, 425, 428
    Anzahl, 423
    Lage, 423
    Potenzsummen, 427
Numerische Differentiation, 288
    Ableitung höherer Ordnung, 298
    Dreipunkte-Mittelpunktformel, 292, 298

Dreipunkte-Randpunktformel, 293
Erste Ableitung, 289
Fehlerabschätzung, 296
Interpolationspolynom, 289
Schrittweite, 296
Zweipunkteformel, 292
Numerische Integration, 301
Adaptive Simpson-Quadratur, 325
Bestimmtes Integral, 301
Gauß-Integration, 334
Simpsonsche Formel, 307
Trapezformel, 302
Verfahren von Romberg, 318
Numerische Methoden, v

O
Orthogonalität, 149
Orthogonalsystem, 142
Orthogonale Funktionen, 143
Orthogonale Vektoren, 143
Orthonormalsystem, 142
Periodische Funktion, 144
Skalarprodukt, 143

P
Polynome
Komplexe Polynome, 420, 426
Reelle Polynome, 401, 423
Prädiktor-Korrektor-Verfahren, 365

R
Reelle Polynome
Horner-Schema, 402
Iterationsverfahren, 407
Newton-Verfahren, 407
Newtonverfahren, 415
Nullstellenberechnung, 407
Regel von Sarrus, 12
Runge-Kutta-Verfahren, 358
Heun-Verfahren, 361

S
Simpsonsche Formel
Abbruchbedingung, 311
Fehlerabschätzung, 314
Genauigkeitsschranke, 311
Schrittweite, 307
Stützstellen, 307

Stützwerte, 307
Simulation
Monte-Carlo-Methode, 453
Simulation stochastischer Prozesse, 453
Simulation von Zufallsgrößen, 453
Skalar, 2
Spline-Interpolation, 199
Kubische Splines, 205
Minimalitätseigenschaft, 213
Natürliche Splines, 207
Not-a-knot Splines, 207
Periodische Splines, 207
Lineare Splines, 200
Quadratische Splines, 201
Stetige Approximation
Fourier-Polynome, 153
Fourier-Reihe, 156
Harmonische Analyse, 148
Komplexe Fourier-Reihe, 156
Legendresche Polynome, 146
Methode der kleinsten Quadrate, 138, 150
Orthogonalsystem, 145
Rechteckfunktion, 151
Sägezahnkurve, 159
Trigonometrische Funktionen, 148
Trigonometrische Polynome, 148
Verallgemeinerte Polynome, 145
Verallgemeinertes Polynom, 138

T
Trapezformel
Abbruchbedingung, 304
Genauigkeitsschranke, 304
Schrittweite, 302
Stützstellen, 302
Stützwerte, 302

V
Vektor, 2
Vektornorm, 23
Verfahren von Romberg
Abbruchbedingung, 322
Extrapolationsverfahren von Aitken-Neville, 321
Fehlerabschätzung, 324

Genauigkeitsschranke, 322
Schrittweite, 318
Trapezformel, 320
Verteilung
   Dreiecksverteilung, 449
   Exponentialverteilung, 449
   Gleichmäßige Verteilung, 443
   Konfidenzintervall, 446
   Normalverteilung, 446
   Tschebyscheffsche Ungleichung, 446
   Verteilungsfunktion, 442

Z

Zahlen
   Abbruch, 34
   Exponent, 33
   Fixpunktdarstellung, 33
   Gleitpunktdarstellung, 33
   Mantisse, 33
   Maschinenzahlen, 33
   Rundung, 34
   Zahlendarstellungen, 33
Zufallsgröße, 439, 442, 443
   Dichtefunktion, 439
   Erwartungswert, 440, 443, 453
   gleichmäßig verteilte Zufallsgröße, 453
   Korrelationsfunktion, 440
   Momente, 440
   Realisierung, 439
   Reihenentwicklung, 440
   Spektraldichtefunktion, 440
   Standardabweichung, 440
   Unabhängigkeit, 445
   Varianz, 440, 443
   Verteilungsfunktion, 439, 440, 453
   Zentraler Grenzwertsatz, 451
Zufallszahlen, 440, 442, 454
   Fibonacci-Methode, 447
   Gemischte Kongruenzmethode, 447
   Gleichmäßig verteilte Zufallszahlen, 442, 447, 451
   Integralberechnung, 453
      Reative Häufigkeit, 454
   Inversionsverfahren, 449
   Methode der Dezimalbruchzerlegung, 447
   Näherungsverfahren, 449
   Normalverteilte Zufallszahlen, 451
   Pseudozufallszahlen, 443
   Quadratmittenmethode, 447
   Rauschgeneratoren, 447
   Statistischer Test, 452
   Unabhängige Zufallszahlen, 447
   Zufallszahlen mit beliebiger Verteilung, 448
   Zufallszahlengeneratoren, 441, 442, 447
Zwischenwertsatz von Bolzano, 44